高等院校地理科学类专业系列教材

城乡规划概论

孙斌栋　主编

科学出版社
北　京

内 容 简 介

本书为高等院校地理科学类专业系列教材分册之一。全书共9章,在内容编排上,包括城乡规划的理论知识以及总体规划、详细规划、道路交通规划等基本内容,注重突出地理学科的特点,发挥地理科学在规划研究与政策制定、资源环境与土地资源利用、地理信息系统技术应用等领域的传统研究优势,并着重强化城镇体系规划与社会经济发展战略、土地利用与精明增长、社会发展与社区规划、生态环境保护与能源利用规划,以及地理信息系统、规划支持系统与大数据等内容。本书编写突出理论性和应用性统一,对规划的编制程序以及方案评价都有所涉及。

本书可作为高等学校地理科学类专业及其相关专业的本科生教材,也可供从事国土空间规划的专业人员参考。

图书在版编目(CIP)数据

城乡规划概论/孙斌栋主编. —北京:科学出版社,2025.3
高等院校地理科学类专业系列教材
ISBN 978-7-03-077795-9

Ⅰ.①城⋯ Ⅱ.①孙⋯ Ⅲ.①城乡规划-高等学校-教材 Ⅳ.①TU984

中国国家版本馆 CIP 数据核字(2024)第 009605 号

责任编辑:郑欣虹/责任校对:杨 赛
责任印制:张 伟/封面设计:迷底书装

科学出版社出版
北京东黄城根北街16号
邮政编码:100717
http://www.sciencep.com

三河市骏杰印刷有限公司印刷
科学出版社发行 各地新华书店经销
*

2025年3月第 一 版 开本:787×1092 1/16
2025年3月第一次印刷 印张:27 1/4
字数:672 000
定价:79.00元
(如有印装质量问题,我社负责调换)

"高等院校地理科学类专业系列教材" 编写委员会

主　　编　　傅伯杰

副 主 编　　陈发虎　刘宝元　蔡运龙　鹿化煜
　　　　　　顾朝林　李小建　闾国年　胡华强

编　　委　（以姓氏拼音为序）

　　　　　　曹明明　柴彦威　陈松林　陈友飞　丁建丽
　　　　　　董玉祥　董治宝　高　峻　龚胜生　惠泱河
　　　　　　江　南　李长安　李双成　刘　敏　刘彦随
　　　　　　刘艳芳　陆　林　吕拉昌　潘保田　潘玉君
　　　　　　秦耀辰　束　炯　汪正祥　王　建　王建力
　　　　　　王乃昂　王士君　王中良　徐颂军　徐宗学
　　　　　　杨胜天　臧淑英　张甘霖　张国友　郑祥民
　　　　　　周春山　朱　竑

"高等院校地理科学类专业系列教材"前言

地理学是一门既古老又现代的基础学科，它主要研究地球表层自然要素与人文要素相互作用及其形成演化的特征、结构、格局、过程、地域分异与人地关系等。地理科学类专业培养学生具备地理科学的基本理论、基本知识，掌握运用地图、遥感及地理信息系统与资源环境实验分析的基本技能，具有在资源、环境、土地、规划、灾害等领域的政府部门、科研机构、高等院校从事相关研究和教学工作的能力。

据不完全统计，目前全国共有300余所高校开设地理科学类专业，每年招生人数超过2万人，随着国家大力加强基础学科建设以及相关部门对该类专业人才的需求，地理科学类专业人才培养必须适应社会发展需要，进行全面改革。党的二十大报告中指出"教育是国之大计、党之大计"，作为承载学科知识传播、促进学科发展、体现学科教学内容和要求的载体——教材是落实立德树人根本任务，提高人才培养质量的重要保证；也是课堂教学的基本工具，提高教学质量的重要保证。为落实教育部"加强课程教材建设、强化实践教学环节"的精神，以培养创新型人才为目标，中国地理学会和科学出版社共同策划，与相关高校携手打造了高等院校地理科学类专业系列教材。

本丛书的策划开始于2015年，编委会由我国著名地理学家及具有丰富教学经验的专家学者组成，充分发挥编委会与科学出版社的协同优势，加强整合专家、教师与编辑，教学与出版的智力资源与品牌效应，共同担负起地理科学类高校教材建设的责任，通过对课程已有教材的全面分析，参考国外经典教材的编写及辅助教学资源建设模式，采取总体设计、分步实施的方式努力打造一套兼具科学性、时代性、权威性、适用性及可读性的精品教材。

本丛书按照地理科学类专业本科教学质量国家标准中的课程设置，共设有23个分册，每个分册作者都具有多年的课程讲授经验和科学研究经历，具有丰富的专业知识和教学经验。该套教材的编写依据以下5个原则。

(1) 精品原则。编委会确立了以"质量为王"的理念，并以此为指导，致力于培育国家和省级精品教材，编写出版高质量、具有学科与课程特色的系列教材。

(2) 创新原则。坚持理念创新、方法创新、内容创新，将教材建设与学科前沿的发展相结合，突出地理特色，确保教材总体设计的先进性。

(3) 适用原则。注重学生接受知识能力的分析、评价，根据教学改革与教育实践的最新要求，讲清学科体系及课程理论架构，并通过课内外实习强化学生感性认识，培养其创新能力。

(4) 简明原则。在教材编写工程中，强化教材结构和内容体系的逻辑性、重点与难点提示、相关知识拓展的建设，确保教材的思想性和易读性。

（5）引领原则。在吸纳国内外优秀教材编写设计思路与形式的基础上，通过排制版、总体外观设计及数字教辅资源同步建设等手段，打造一批具有学术和市场引领的精品。

本丛书集成当前国内外地理科学教学和科研的最新理论和方法，并吸取编著者自身多年的教学研究成果，是一套集科学前沿性、知识系统性和方法先进性的精品教程。希望本丛书的出版可促进我国地理学科创新人才的培养，对地理学科相关教学和科研具有重要的参考价值，为我国地理科学的蓬勃发展做出贡献！

中国科学院院士

2023 年 6 月

前　言

为贯彻教育部加强高等学校本科教学的精神，建立面向科学研究和社会服务的地理科学人才培养体系，中国地理学会与科学出版社于2015年联合策划了"高等院校地理科学类专业系列教材"编撰工作。本书为该系列教材分册之一。

本书主要供高等院校地理科学类专业本科生使用，在内容编排上，不仅包括城乡规划的发展、体系、性质以及总体规划、详细规划、道路交通规划等基本要素，而且聚焦地理学科的特点，注重发挥地理科学在规划研究与政策制定、资源环境与土地资源利用、地理信息系统技术应用等领域的传统优势，并着重强化城镇体系规划与社会经济发展战略、土地利用与精明增长、社会发展与社区规划、生态环境保护与能源利用规划等内容。同时，考虑到现代技术手段在城乡规划编制中越来越广泛的运用，本书编排了地理信息系统、规划支持系统和大数据等方面的内容，以帮助学生将来能够更好地胜任国土空间规划编制工作。此外，本书突出理论性和应用性统一，对规划的编制程序以及方案评价都有所涉及。

本书共9章。第1章为城乡规划的发展、性质与体系，在介绍城市与城市发展的基本概念和基本事实的基础上，重点阐述城市规划思想演变、中国城乡规划的实践历程以及城乡规划性质和体系；第2章为城镇体系规划与社会经济发展战略，主要阐述相关的理论基础以及编制程序、方法与内容；第3章为土地利用与精明增长，重点介绍土地利用基本概念、精明增长以及国土空间规划；第4章为总体规划与用地布局，阐述了总体规划的定位、编制内容与方法，以及总体规划案例与评价；第5章为城市详细规划与城市开发，主要阐述控制性详细规划、修建性详细规划、城市设计、城市开发与规划控制等内容；第6章为道路交通规划与管理政策，主要阐述道路交通规划的理论知识、内容、编制流程以及城市道路与设施规划设计；第7章为社会发展与社区规划，主要介绍社会发展与社区规划的定位、编制内容与程序；第8章为生态环境保护与能源利用规划，重点阐述城市生态环境规划的理论与方法，以及城市生态安全格局、水系统、气候、能源等相关规划内容；第9章为地理信息系统、规划支持系统与大数据，主要介绍地理信息系统的相关概念、理论基础以及在城乡规划中的应用。

本书由国内各大高校地理科学专业和城乡规划专业学者集体完成。孙斌栋承担了教材的编写组织，包括大纲设计、内容审定以及统稿工作。各章主要编撰者包括：孙斌栋（第1

章)、王士君、刘艳军(第2章)、杨山(第3章)、周春山(第4章)、朱青(第5章)、赵鹏军(第6章)、李志刚(第7章)、姜允芳(第8章)和钮心毅(第9章)。另外还有多位老师和同学在本书写作过程中提供了方便和协助,在此一并表示感谢。本书在编写过程中,参考了大量相关教材与文献,为此向所有相关作者致以谢意。特别感谢顾朝林教授在教材前期选题立项与大纲设计过程中给予的指导,感谢科学出版社编辑团队的辛苦工作。本书出版经费得到了国家社科基金重大项目(23ZDA049)的资助。

全体编撰者历经近十年的努力,几易提纲,甚至大幅度重组内容,终于定稿付梓。然而,囿于作者能力水平和时间条件,书中难免存在疏漏之处,敬请读者批评指正。

孙斌栋

2024年12月12日

于荷兰乌特勒支

目 录

"高等院校地理科学类专业系列教材"前言
前言
第1章 城乡规划的发展、性质与体系 ·· 1
 1.1 城市与城市发展 ··· 1
  1.1.1 城市的产生 ··· 1
  1.1.2 古代城市发展 ·· 1
  1.1.3 近代城市发展 ·· 2
  1.1.4 现代城市发展 ·· 3
  1.1.5 城市化 ··· 5
 1.2 城市规划思想演变 ·· 5
  1.2.1 古代城市规划思想 ·· 5
  1.2.2 现代城市规划思想 ·· 9
 1.3 中国城乡规划的发展与实践 ··· 22
  1.3.1 城乡规划的起步期（1949～1957 年） ····································· 22
  1.3.2 城乡规划的动荡期（1958～1977 年） ····································· 24
  1.3.3 城乡规划的迅速发展期（1978～1999 年） ······························· 25
  1.3.4 城乡规划的转型期（2000 年以后） ·· 27
 1.4 城乡规划性质与体系 ·· 29
  1.4.1 城乡规划性质 ·· 29
  1.4.2 中国城乡规划体系 ·· 30
 参考文献 ·· 33
第2章 城镇体系规划与社会经济发展战略 ······································ 35
 2.1 城镇体系规划理论基础 ··· 35
  2.1.1 城镇体系的内涵与外延 ·· 35
  2.1.2 城镇体系规划特征与内容 ··· 37
  2.1.3 城镇体系规划发展历程与未来趋势 ······································· 38
 2.2 城镇体系规划编制程序与方法 ·· 42
  2.2.1 城镇体系规划编制流程 ·· 43

2.2.2　城镇体系规划编制方法 …………………………………………… 44
2.3　城镇与区域发展条件及发展战略 ……………………………………………… 49
　　2.3.1　城镇与区域发展条件 ………………………………………………… 49
　　2.3.2　城镇与区域发展方向及战略目标 …………………………………… 50
　　2.3.3　城镇发展模式与路径 ………………………………………………… 52
　　2.3.4　区域经济社会发展战略 ……………………………………………… 55
2.4　城镇体系等级结构与优化 ……………………………………………………… 56
　　2.4.1　城镇体系等级规模调控 ……………………………………………… 57
　　2.4.2　城镇体系职能引导 …………………………………………………… 61
　　2.4.3　城镇体系空间组织与布局 …………………………………………… 65
　　2.4.4　城镇体系网络架构 …………………………………………………… 69
2.5　城镇体系与经济社会发展支撑体系建设 ……………………………………… 71
　　2.5.1　公共服务设施配置 …………………………………………………… 72
　　2.5.2　市政基础设施完善 …………………………………………………… 73
　　2.5.3　生态环境设施共建共享 ……………………………………………… 74
2.6　城镇与区域发展规划案例及评价 ……………………………………………… 77
　　2.6.1　省域城镇体系规划 …………………………………………………… 77
　　2.6.2　跨行政区域城镇体系规划 …………………………………………… 79
　　2.6.3　市域经济社会发展规划 ……………………………………………… 81
　　2.6.4　县域城镇体系规划 …………………………………………………… 82
　　2.6.5　规划案例的总体评价 ………………………………………………… 84
小结与讨论 ………………………………………………………………………………… 85
思考题 ……………………………………………………………………………………… 86
参考文献 …………………………………………………………………………………… 87

第3章　土地利用与精明增长 …………………………………………………………… 90

3.1　土地利用基本概念 ……………………………………………………………… 90
　　3.1.1　土地利用与开发 ……………………………………………………… 90
　　3.1.2　土地利用分类 ………………………………………………………… 92
　　3.1.3　城市土地利用 ………………………………………………………… 96
3.2　城市扩展与精明增长 …………………………………………………………… 101
　　3.2.1　城市扩展 ……………………………………………………………… 101
　　3.2.2　精明增长 ……………………………………………………………… 112
　　3.2.3　精明收缩 ……………………………………………………………… 123
3.3　国土空间规划 …………………………………………………………………… 126
　　3.3.1　国土空间规划概念 …………………………………………………… 126
　　3.3.2　国土空间规划类型与体系 …………………………………………… 127

  3.3.3　国土空间规划"双评价" ………………………………………………… 128
  3.3.4　国土空间用途管制 ……………………………………………………… 130
参考文献 ………………………………………………………………………………… 134

第4章　总体规划与用地布局 …………………………………………………………… 137
4.1　城市总体规划概述 …………………………………………………………… 137
  4.1.1　城市总体规划的定位与原则 …………………………………………… 137
  4.1.2　城市总体规划内容与成果 ……………………………………………… 138
4.2　城市总体规划调查内容与方法 ……………………………………………… 141
  4.2.1　城市总体规划调查内容 ………………………………………………… 141
  4.2.2　城市总体规划调查方法 ………………………………………………… 143
4.3　城市定位及其分析 …………………………………………………………… 146
  4.3.1　城市发展目标、城市职能、城市性质与城市规模 …………………… 147
  4.3.2　城市化水平与城市人口规模预测 ……………………………………… 149
  4.3.3　城市地理区位分析 ……………………………………………………… 152
  4.3.4　城市自然资源、环境与生态系统分析 ………………………………… 153
  4.3.5　城市社会要素分析 ……………………………………………………… 154
  4.3.6　城市经济要素分析 ……………………………………………………… 155
  4.3.7　城市文化要素分析 ……………………………………………………… 157
4.4　城市用地分类及适宜性评价 ………………………………………………… 158
  4.4.1　城市用地分类与用地标准 ……………………………………………… 158
  4.4.2　城市用地适宜性评价 …………………………………………………… 162
  4.4.3　城市用地综合分析 ……………………………………………………… 171
4.5　城市空间形态与结构 ………………………………………………………… 172
  4.5.1　城市形态与城市布局的基本形态 ……………………………………… 172
  4.5.2　城市结构与城市空间结构 ……………………………………………… 177
4.6　城市用地布局 ………………………………………………………………… 183
  4.6.1　城市用地组织的基本要求 ……………………………………………… 184
  4.6.2　城市总体布局的原则 …………………………………………………… 185
  4.6.3　居住用地布局 …………………………………………………………… 185
  4.6.4　公共管理与公共服务用地布局 ………………………………………… 186
  4.6.5　商业服务业用地布局 …………………………………………………… 187
  4.6.6　工矿用地布局 …………………………………………………………… 187
  4.6.7　物流仓储用地布局 ……………………………………………………… 189
  4.6.8　交通运输用地布局 ……………………………………………………… 191
  4.6.9　绿地与开敞空间用地布局 ……………………………………………… 195
4.7　总体规划案例与评价 ………………………………………………………… 196

  4.7.1 中心镇 ··· 196
  4.7.2 县城——北川新县城 ··· 200
  4.7.3 城市——广州市 ··· 204
 参考文献 ·· 209

第5章 城市详细规划与城市开发 ·· 212
 5.1 城市详细规划概述 ·· 212
  5.1.1 城市详细规划的主要任务与编制 ·· 212
  5.1.2 控制性详细规划的内涵、作用与特征 ··· 213
  5.1.3 修建性详细规划的内涵、任务与特点 ··· 214
 5.2 控制性详细规划 ··· 216
  5.2.1 控制性详细规划的基本内容与编制程序 ··· 216
  5.2.2 控制性详细规划的控制体系与指标 ·· 219
  5.2.3 控制性详细规划的实施与管理 ·· 230
  5.2.4 规划案例——重庆市江津区东部新城控制性详细规划 ················· 231
 5.3 修建性详细规划 ··· 233
  5.3.1 修建性详细规划的主要内容 ·· 233
  5.3.2 修建性详细规划的编制程序 ·· 234
  5.3.3 修建性详细规划的成果 ·· 235
 5.4 城市设计 ··· 236
  5.4.1 城市设计的概述 ··· 236
  5.4.2 城市设计与城市规划 ··· 236
  5.4.3 城市设计与城市地理学 ··· 237
  5.4.4 城市设计的原则与方法 ··· 237
  5.4.5 城市公共空间 ··· 238
 5.5 城市开发与规划控制 ·· 244
  5.5.1 城市开发概述 ··· 244
  5.5.2 城市土地开发 ··· 246
  5.5.3 城市开发的调控 ··· 248
 思考题 ·· 251
 参考文献 ·· 252

第6章 道路交通规划与管理政策 ·· 254
 6.1 城市交通系统 ··· 254
  6.1.1 交通运输系统 ··· 254
  6.1.2 城市综合交通体系 ·· 255
  6.1.3 城市综合交通体系规划的目标与原则 ·· 258
  6.1.4 城市综合交通体系规划的内容 ··· 259

6.2 道路交通基本理论知识 ……………………………………………………………… 260
6.2.1 道路交通与城乡发展的关系 …………………………………………………… 260
6.2.2 道路概念、要素及其体系 ……………………………………………………… 266
6.3 道路交通规划内容与编制流程 ………………………………………………………… 270
6.3.1 道路交通规划目标、原则及依据 ……………………………………………… 270
6.3.2 道路交通规划内容 ……………………………………………………………… 271
6.3.3 道路交通规划编制流程 ………………………………………………………… 272
6.4 道路交通调查、需求与分析预测 ……………………………………………………… 274
6.4.1 道路交通调查 …………………………………………………………………… 274
6.4.2 道路交通需求分析 ……………………………………………………………… 276
6.4.3 道路交通需求预测 ……………………………………………………………… 277
6.5 城市道路与设施规划设计 ……………………………………………………………… 280
6.5.1 道路构成与设施设计 …………………………………………………………… 280
6.5.2 城市道路网交通规划 …………………………………………………………… 283
6.6 道路交通管理政策 ……………………………………………………………………… 286
6.6.1 道路设施管理 …………………………………………………………………… 286
6.6.2 交通需求管理政策 ……………………………………………………………… 289
思考题 ………………………………………………………………………………………… 295
参考文献 ……………………………………………………………………………………… 295

第7章 社会发展与社区规划 …………………………………………………………… 298
7.1 社会发展与社区规划概述 ……………………………………………………………… 298
7.1.1 社会发展与社区规划的基本概念 ……………………………………………… 298
7.1.2 社会发展与社区规划的目的与意义 …………………………………………… 300
7.1.3 社会发展与社区规划的内涵 …………………………………………………… 303
7.2 社会发展规划的编制 …………………………………………………………………… 306
7.2.1 当代中国社会发展的阶段性特征 ……………………………………………… 306
7.2.2 社会发展规划与城乡规划的关系 ……………………………………………… 308
7.2.3 社会发展规划的内容 …………………………………………………………… 310
7.2.4 我国社会发展规划的实践：以武汉市为例 …………………………………… 311
7.3 社区规划的编制 ………………………………………………………………………… 313
7.3.1 社区类型与发展阶段特征 ……………………………………………………… 313
7.3.2 社区规划的目的与过程 ………………………………………………………… 315
7.3.3 社区规划的内容 ………………………………………………………………… 317
7.3.4 社区规划的手段与尺度 ………………………………………………………… 319
7.3.5 国内外社区规划的实践 ………………………………………………………… 320
7.4 我国社会发展与社区规划的未来方向 ………………………………………………… 323

　　　　7.4.1　社会发展与社区发展趋势 ·· 323
　　　　7.4.2　我国社会发展与社区规划的趋势 ··································· 324
　思考题 ··· 326
　参考文献 ·· 326

第8章　生态环境保护与能源利用规划 ·· 329
　8.1　城市生态环境问题与规划发展趋势 ·· 329
　　　　8.1.1　城市化带来的生态环境问题 ·· 329
　　　　8.1.2　我国城市生态环境保护的紧迫性 ··································· 330
　　　　8.1.3　城市生态空间规划的发展趋势 ····································· 330
　8.2　城市生态环境规划基本理论与分析方法 ··································· 332
　　　　8.2.1　可持续发展理论与评估框架 ·· 332
　　　　8.2.2　城市生态系统承载力理论与分析方法 ···························· 334
　　　　8.2.3　生态位理论与城市生态位分析方法 ······························· 337
　　　　8.2.4　景观安全格局理论与分析方法 ····································· 339
　　　　8.2.5　弹性城市理论与分析方法 ·· 341
　8.3　城市生态安全格局与生态空间规划 ·· 344
　　　　8.3.1　城市生态安全格局的概念与研究动态 ···························· 344
　　　　8.3.2　城市生态安全格局规划的原则与方法 ···························· 345
　　　　8.3.3　城市生态网络格局规划 ··· 347
　　　　8.3.4　案例分析 ··· 348
　8.4　城市水系统弹性与相关城市规划 ·· 350
　　　　8.4.1　水生态系统规划的弹性相关概述 ··································· 350
　　　　8.4.2　城市水系统规划原则与方法 ·· 354
　　　　8.4.3　城市水生态系统保护与海绵城市规划 ···························· 355
　8.5　低碳发展与气候弹性城市规划 ·· 365
　　　　8.5.1　低碳发展与气候弹性城市研究动态 ······························· 365
　　　　8.5.2　低碳空间规划原则与构建方法 ····································· 367
　　　　8.5.3　低碳城市格局与气候弹性城市规划 ······························· 369
　　　　8.5.4　案例分析：北戴河新区实证研究 ··································· 371
　8.6　可持续能源利用与规划控制引导 ·· 372
　　　　8.6.1　城市化能源挑战与国内外相关研究动态 ·························· 372
　　　　8.6.2　城市规划在能源方面的开源节流原则与方法 ··················· 374
　　　　8.6.3　可持续能源利用专项规划及其土地使用控制引导 ············· 375
　　　　8.6.4　案例分析 ··· 380
　参考文献 ·· 382

第 9 章 地理信息系统、规划支持系统与大数据 ……………………………………………… 384

9.1 地理信息系统与城乡规划 ……………………………………………………………… 384
9.1.1 地理信息系统概念与数据模型 …………………………………………………… 384
9.1.2 地理信息系统在城乡规划中的优势 ……………………………………………… 388

9.2 地理信息系统查询与分析功能及其在城乡规划中的应用 ……………………………… 389
9.2.1 查询功能 …………………………………………………………………………… 389
9.2.2 常用矢量型分析 …………………………………………………………………… 389
9.2.3 常用栅格型分析 …………………………………………………………………… 393
9.2.4 GIS 在城乡规划中的应用案例 …………………………………………………… 399

9.3 规划支持系统的概念与特征 …………………………………………………………… 402
9.3.1 规划支持系统的渊源 ……………………………………………………………… 402
9.3.2 规划支持系统的定义与特征 ……………………………………………………… 404
9.3.3 典型的规划支持系统 ……………………………………………………………… 405
9.3.4 规划支持系统的应用案例 ………………………………………………………… 407
9.3.5 规划支持系统与地理信息系统 …………………………………………………… 410

9.4 移动定位大数据与城乡规划 …………………………………………………………… 412
9.4.1 大数据与移动定位大数据的概念 ………………………………………………… 412
9.4.2 移动定位大数据应用于城乡规划的理论基础 …………………………………… 412
9.4.3 移动定位大数据在城乡规划中的应用方向 ……………………………………… 413
9.4.4 移动定位大数据在城乡规划中的优势 …………………………………………… 420

参考文献 ……………………………………………………………………………………… 420

第1章 城乡规划的发展、性质与体系

1.1 城市与城市发展

1.1.1 城市的产生

城市作为人类聚居地的一种形式,与乡村相比,具有更高的人口和社会经济活动密度,以非农产业为主要经济构成,往往是经济、行政、文化或交通中心。城市是人类社会发展到一定阶段、人类文明发展到一定程度的产物,经济发展是城市产生的主要动力,具体表现在人类社会几次劳动大分工对城市的催生这一方面。原始社会人类在长期的自然采集经济活动中发现,集中种植植物可以获得更加稳定的食物来源,于是发生了人类社会的第一次劳动大分工,农业从畜牧业中分离出来,人类社会也就随之有了固定的居所。后来手工业从农业中分离出来,极大地提高了劳动生产率。可交换产品增加,交易场所扩大,商业也从农业中分离出来,从而城市诞生了。城市的形成除了一般的经济动力之外,还有其他原因,如政治统治和战争防御的需要。

1.1.2 古代城市发展

古代社会的生产力低下,经济发展以第一产业为主,因而古代城市也往往位于自然资源丰腴和农业生产条件优越的地带,包括平原地区、易于灌溉的河流流域,以及气候适宜的中纬度地区。古代埃及的尼罗河三角洲地区、古代两河流域以及中国黄河中下游一带,都是当时农业较发达且城市发展较好的地区(图1.1)。自然环境恶化会导致城市衰退甚至消亡,如中国西部地区的楼兰古城。古代城市作为剩余农产品交换和商业贸易的场所,需要方便的交通区位,因而在通航河道岸边或交汇处,往往会发展出较大规模的商业城市,如中国宋代的东京(今河南开封)、平江(今江苏苏州及上海部分地区)、扬州、广州等。

古代城市限于当时的技术条件,为了适应自然和避免水患等灾害,往往在地势较高处建设和发展,或者建于人工修建的高台之上。古代埃及的孟菲斯(Memphis)古城、卡洪(Kahun)城,古代两河流域的乌尔城,古代印度的摩亨佐达罗(Mohenjodaro)城等都是典型的例子。

政治和军事防御也是城市发展的重要动力。不少城市位于军事战略要地和交通要塞,汉初定都位于关中的长安,就是基于便于防守以及便于东出潼关控制中原的考虑(董鉴泓,2004)。或者依托地形地势选址于易守难攻的地点,城市四周建有多套城墙,中国西周时代淹国的都城淹城就是这类典型的城市,把城市防御与周边河流有机结合(图1.2)。

鉴于古代社会的经济技术水平和产业结构,当时的城市职能包括基于政治意义的都城和地方政治中心城市,经济意义上的农村集镇、手工业城市、商业中心城市和海外贸易中心城

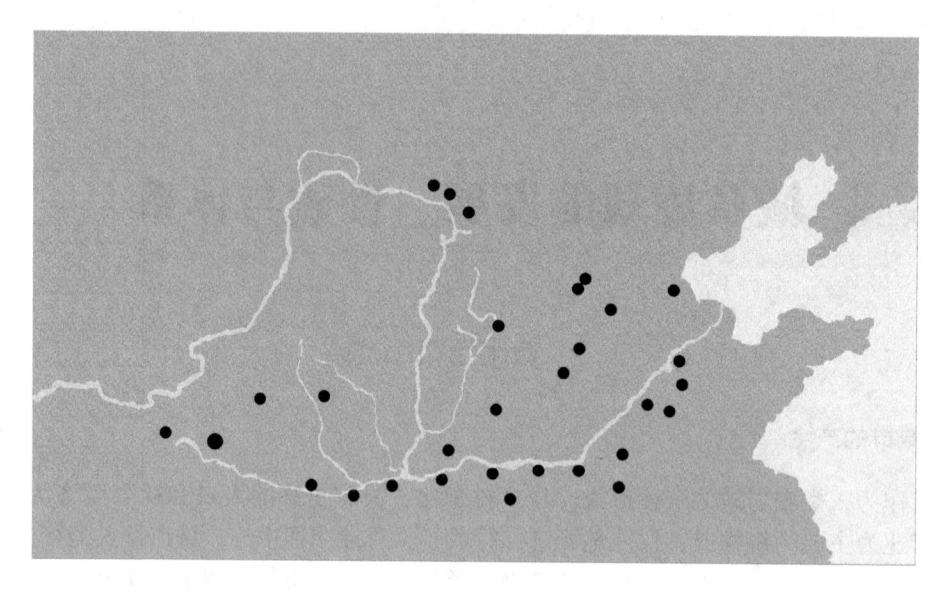

图1.1　黄河中下游古代城市分布示意（董鉴泓，2004）

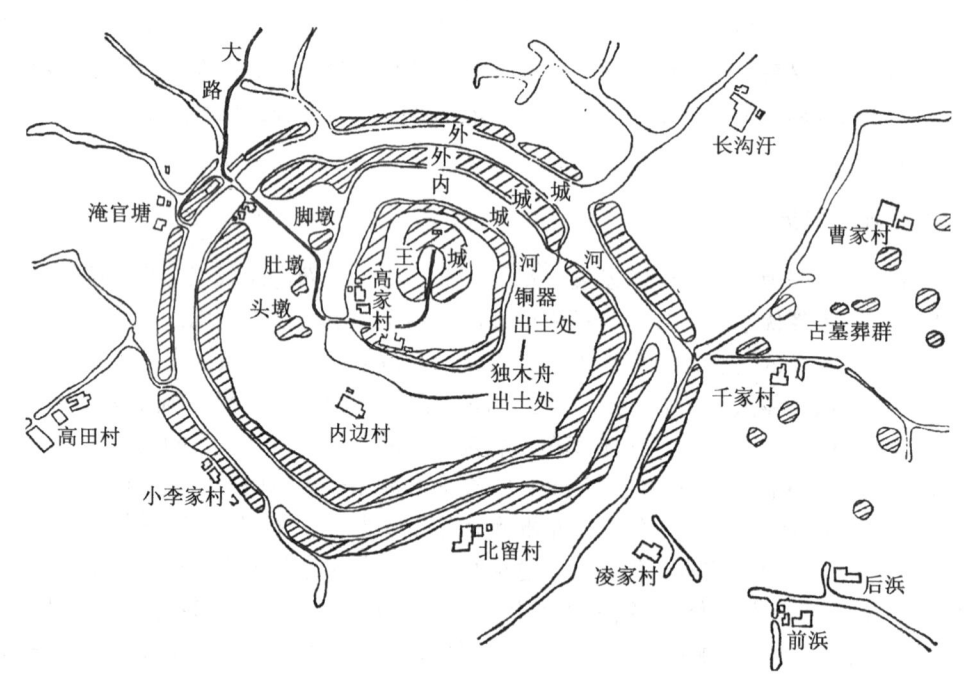

图1.2　淹城平面图（董鉴泓，2004）

市，以及军事意义上的防卫城堡。

1.1.3　近代城市发展

近代工业革命促进了人类社会生产力的极大提高，工业化的快速进程也带动了城市发展的巨大变化。

随着蒸汽机的发明，人工能源取代自然能源的动力革命使得生产可以集中在城市进行。集聚经济效应使得工业生产力空前提高，加工工业在城市内部迅速扩张，城市人口规模急剧扩张，同时也带动了商业、贸易甚至金融业的发展。工业在城市产业结构中的地位上升，使得近代城市的职能较古代城市发生了显著的变化，工业城市、矿业城市地位显现，贸易城市、港口城市、金融城市职能增强，并且出现了综合职能城市，工业革命后的伦敦成为典型的经济中心城市。

城市职能和性质的变化也反映在城市用地构成和布局上，工业用地、仓储用地比重上升，相应的商业、贸易服务功能区出现扩张，城市用地功能分区更加明显，城市景观较古代城市有了很大变化。城市扩张带来了人口集聚，城市基础设施和公共服务设施也因之迅速扩张，自来水系统、污水系统、电灯、电话、煤气、路灯等的出现，为城市运转提供了基础性支撑，而图书馆、学校、文娱设施的增加则提高了城市居民的文化生活水平。

近代工业革命所带来的动力革命还体现在交通运输工具的升级上，火车、轮船、汽车在19世纪末先后出现，不仅为城市扩张奠定了交通基础，也改变了原来人力和畜力出行时代的道路交通格局。

近代工业革命在促进城市大发展的同时，也带来了环境、生态、卫生、交通等一系列城市问题。工业在城市里集聚带来了废气、污水，污染加剧，城市环境受到破坏；城市基础设施（尤其是卫生设施）的建设跟不上人口增加速度，流行疾病问题突出；交通设施不足致使城市交通拥堵日益严峻。与此同时，城市内部居民的空间分化，不同阶层的住区位于不同空间区位，阶层对立、两极分化开始凸显。伦敦既是因工业化而获得迅速发展的城市，也是产生城市问题最为典型的城市。为了应对这些城市问题，英国一方面在城市内部进行改建改造，另一方面提出了在郊区建设卫星城镇以缓解大城市病的策略。

中国进入近代工业社会的时间比西方晚得多，直至1840年鸦片战争后，近代工业才开始对中国城市产生影响。不过，大部分地区城市仍然长期处于农业社会阶段，因而，全国范围来看，呈现不平衡特征。这些受近代工业影响的城市大致可以分为两类，第一类城市发生较大变化或属于新兴起的城市。青岛、广州、哈尔滨、旅顺、大连等城市因曾被外国控制，具有明显的异域色彩。上海、天津、汉口等曾作为租界城市，租界与旧城区以及不同国家租界之间界限分明，城市布局和面貌混杂。中国官僚资本和民族资本开办工矿企业，催生了唐山、焦作、锡矿山、大冶等一些新城市。铁路引进和建设则使得铁路枢纽或铁路沿线的城市得到很大发展，包括郑州、徐州、石家庄、蚌埠等。第二类城市受近代工业影响发生了局部变化。包括首都北京和地方政治中心如西安、成都等，以及由于资本主义工商业发展而发生产业变化的南通、无锡、内江、自贡等。一些沿江、沿海城市，因开辟商埠或设有租界而形成了与旧城区不同的商业区，如南京、济南、重庆等。一些原为传统的手工业商业中心或位于原交通要道的城市，因被新的资本主义工商业或位于新交通线上的城市所取代，相对地位衰落，如大运河沿线的临清、淮安、扬州，上海附近的浏河和嘉定（董鉴泓，2004）。

1.1.4 现代城市发展

第二次世界大战结束后，世界经济发展重新回到正常轨道上来。工业化走向深入，向深加工、集约化、知识化方向演化，进一步促进了城市发展。在大多数发展中国家城市仍然处在工业化初期和中期阶段的时候，发达国家进入高科技工业发展阶段，服务业逐渐成为发达国家经济支柱，城市中心地区出现了以金融、保险等生产服务业为主导的中央商务区（central business district，CBD）。

西方发达国家城市规模扩张进入稳定状态。英国、法国等西欧国家的大城市为了缓解城市问题，继续实施新城运动。不少城市的市中心在经历了一定程度的衰败后，在政府的支持下实施了城市复兴计划。美国的大城市人口向郊区蔓延，形成通勤范围内的都市区。最近几年，美国都市区内人口出现向市中心回流的趋势，是否会持续再中心化还需要观察。发展中国家的城市主体上还处于集聚发展阶段，少数发达地区的特大、超大城市也出现了向郊区拓展的态势。

现代交通技术普遍发达，城市内部交通出行机动化成为大势所趋。不仅在发达国家，而且在发展中国家，小汽车逐步进入家庭。地铁等现代快速大容量交通工具正成为大城市出行的重要方式。城市交通拥堵成为全世界城市亟待解决的难题。在交通设施增加无法根本解决交通问题的情况下，限制小汽车出行，鼓励乘坐公共交通和步行、骑行等绿色出行方式成为世界各国的选择。

公路、铁路的发展和小汽车、火车甚至高速列车的应用，扩大了城市人口活动范围，也增加了区域内的城市间联系。一定地域内社会经济联系密切的城市所构成的城市群（又称都市连绵区）正成为城市发展的重要空间形态。最有影响力的世界六大城市群包括美国东北部大西洋沿岸城市群、北美五大湖城市群、日本太平洋沿岸城市群、欧洲西北部城市群、英国以伦敦为核心的城市群，以及中国以上海为中心的长江三角洲城市群。跨越时空的城市网络也在形成，甚至在全球化推动下，形成全球范围内的城市间产业分工。在全球城市网络中出现了主导全球城市发展的全球城市，以纽约、伦敦、东京三个城市最为典型。

现代新技术对城市发展的影响越来越大，除了交通技术外，信息技术的影响最为深刻。越来越多的城市功能可以借助互联网得以实现，如电子购物、远程教育和医疗、居家办公等，智慧城市的概念被提出；信息化也打破了原来城市用地格局的平衡，城市空间的集聚与分散在重构。

现代城市的快速发展在提高城市居民物质文化生活水平的同时，也带来众多城市环境问题和社会问题。城市发展消耗了大量可再生能源，带来了环境污染。1992年，在巴西里约热内卢召开的联合国环境与发展大会提出了可持续发展的倡议；城市发展在取得繁荣和效率的同时，也造成了城市内部各阶层的空间分异，社会公正问题引起关注；全球化导致城市建设渐趋千篇一律，历史文化遗产的保护和地方特色维护亟待加强。

中国现代城市发展呈现复杂曲折的过程。中华人民共和国成立以后，随着国民经济的恢复和发展，城市建设全面展开。第一个五年计划顺利实施，举全国之力优先发展重工业，在现有城市中安排大量工业项目，更多的工业项目布置在内地，包括很多新建的工业城市和工业新区。1958年开始的"大跃进"运动导致了城市高速发展，大量农村人口涌进城市，但随之而来的调整和"文化大革命"又致使城市人口向农村流动，城市发展停滞甚至倒退。改革开放后，中国经济发展重回正常轨道。在工业化、市场化、全球化的浪潮下，中国城市进入快速发展期，城市数量、城市规模迅速增加。特大城市和超大城市不断涌现，北京、上海等超大城市正崛起为全球城市。除了长三角城市群外，京津冀、珠三角等更多的城市群在形成和发展中，城市间的联系在高铁的带动下更加紧密。城市快速发展带来的交通拥堵、环境污染等城市问题凸显。中共中央 国务院颁布《国家新型城镇化规划（2014—2020年）》和《国家新型城镇化规划（2021—2035年）》，旨在全面提高城镇化质量，走中国特色新型城镇化道路。

1.1.5 城市化

城市发展促进了城市化进程。城市化是农村人口向城市和城镇集中的过程，从业结构由农业型经济向非农业型经济转变，生活方式由农村型向城市型转变，结果是城市规模扩大和城市数量增加。

一个国家或地区的城市人口占全部人口的比重称为该国家或地区的城市化水平。在城市化初期阶段，对应工业化前期，城市化水平上升缓慢；到了30%左右时开始加速，这时候进入工业化阶段，对应城市化中期；到了70%左右，工业化和城市化均进入后期，城市化水平增速又趋于平缓。城市化水平的演化总体上呈现拉平的S形曲线形态（图1.3），美国城市地理学家诺瑟姆（Northam）发现了这一经验规律，因此该曲线又称为诺瑟姆曲线。

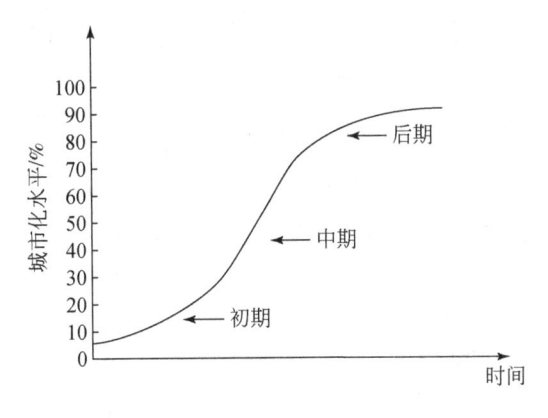

图1.3 城市化S形曲线示意

城市化水平与经济发展水平正相关。发达国家的城市化水平多数位于70%以上的稳定阶段。据联合国人类住区规划署统计，世界城市化水平在2008年达到了50%。中华人民共和国成立之初的城市化水平在10%左右，20世纪70年代末不到20%，改革开放后，伴随着经济快速发展，城市化水平迅速提升，在2011年首次超过50%，2022年末则上升到65.2%。因而目前中国城市化正从S形曲线的快速提升阶段向稳定增长阶段过渡。由于中国各地区社会经济发展不平衡，各地城市化水平差异很大。预计在未来10~20年内，中国城市化水平才会达到70%以上的稳定增长状态，将有数亿农村人口进入城市，对经济、社会、环境都将产生巨大影响，因而规划建设好城市任重道远。

城市化水平提升主要源于城市化动力。经济发展作为最主要的城市化动力，从历史发展来看，经历了工业化、第三产业发展等阶段。我国城市地理学者从地理空间的角度对城市化动力挖掘做出了重要贡献。崔功豪、马润潮强调了自下向上的地方社区政府在城市化中的重要作用，许学强、薛凤旋等基于珠三角城镇化实践提出了对外开放和外资驱动城市化的观点，宁越敏则从城镇化行动者视角解释城镇化动力机制，认为在市场经济制度逐渐建立的过程中，政府、企业、个人都积极参与了中国的经济发展和城镇化进程（许学强等，2022）。

1.2 城市规划思想演变

1.2.1 古代城市规划思想

为了生存和发展的需要，古代城市建设中体现了朴素的城市规划思想，注重与自然环境相适应，同时人与人之间的社会经济关系也体现在城市格局中。

1. 中国古代城市规划思想

中国古代没有关于城市规划建设的专门论著，城市规划思想主要散布于《周礼》《管子》等书中。中国古代城市规划建设主要受两种思想影响较深，一是对社会等级与宗教礼法的尊重，二是效法自然和自然至上。这些思想甚至影响到日本、朝鲜等东亚国家的城市建设实践。

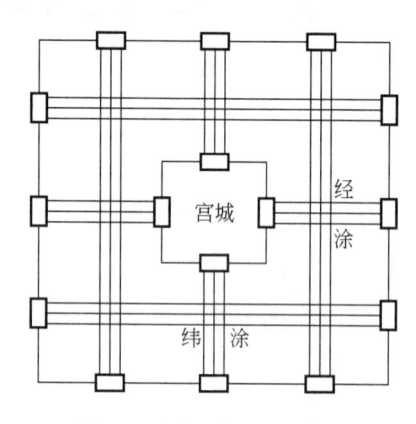

图1.4 周王城平面想象图
（李德华，2001）

成书于春秋战国时期的《周礼·考工记》中有关于周代王城空间布局的描述："匠人营国，方九里，旁三门，国中九经九纬，经涂九轨，左祖右社，面朝后市，市朝一夫"。根据这一思想，周王城平面想象图如图1.4所示，轴线对称、王族居中的格局体现了统治秩序和权力的核心地位（董鉴泓，2004）。周王城布局所体现的社会等级思想与后期儒家思想所提倡的宗法礼制是一致的，因而对中国古代城市布局影响深远，从唐长安、元大都、明清北京这些都城甚至府城、县城的城市布局中都可以看到这一思想的烙印。唐长安是当时世界上最大的城市，采用严格的对称格局。南北中轴线是最宽的朱雀大街，北端正对的皇城和宫城位于城市核心位置。

除了《周礼·考工记》所体现的社会等级和宗教礼法外，对城市建设具有重要影响的还有老子和管子所倡导的自然观。与老子的"人法地，地法天，天法道，道法自然"一脉相传，《管子》强调"因天材，就地利，故城郭不必中规矩，道路不必中准绳"，认为城市建设应该效法自然，人工环境应与自然环境相协调。这一思想打破了单一的周制建城模式，对中国古代城市建设格局产生了重要影响。春秋战国时代的都城建设中，吴国都城的规划充分考虑了江南水乡的特点。齐国临淄城规划因地制宜，与自然河道协调，与防御功能结合。淹城的城市建设完全与河流相结合，便于防御（图1.2）。北宋东京城（今河南开封）尽管也具有三套城墙、皇城居中的周制特点，但受自然地理因素影响，城市平面形状已经变得不规则了，道路划分也有一定的自发倾向；商业不再限定在"市"内，而是分布在全城，与住宅区混杂，沿街沿河，《清明上河图》反映了当时商业布局的面貌。明初都城南京是另一个受自然观影响的城市建设例子。尽管皇城和宫城布局依然遵从了周制的等级规范，但整个城市的选址依山傍水，体现了与自然的融合；城市内部的商业和手工业布局自发形成，布局不规则，以鼓楼至秦淮河的商业中心最为典型（图1.5）。元大都和明清北京尽管在整个城市空间结构上是周制的典型代表，但在城市布局中引入的山水，以及皇城中的园林自然格局，也都体现了"天人合一"的自然观。

2. 欧洲古代城市规划思想

欧洲古代城市规划思想同样体现了时代的社会经济背景和社会经济秩序。

古希腊城邦国家的城市，公共场所以广场和公共建筑（神庙、露天剧场等）为特征，市民集会场所成为城市核心，体现民主和平等的城邦精神（图1.6）。

古罗马时代，城市建设逐渐进入鼎盛时期。城市中不仅散布着公共浴池、斗兽场、宫殿

图 1.5　明代南京城平面复原图（潘谷西，2009）

等供统治阶级享乐的设施，城市核心和节点更是布置了广场、铜像、凯旋门、纪功柱等，成为统治阶级宣扬和炫耀功绩的工具（图 1.7）。古罗马建筑师维特鲁威（Vitruvius）的著作《建筑十书》是西方古代保留至今唯一最完整的古典建筑典籍，其中包含不少关于城市规划方面的论述。

罗马帝国灭亡后，中世纪的欧洲分裂成数量众多的领主王国，封建割据，战争不断，因而防御功能成为城市规划的重要出发点，也出现了不少具有防御作用的城堡。同时，教会势力强大，教堂占据城市中心位置，教堂广场是集市贸易和举行集会的场所，高耸的尖塔成为城市天际轮廓线的标志。

随着资本主义在封建体制内萌芽和发展，欧洲开始进入文艺复兴时期，科学、技术和艺术都得到快速发展。人文主义思想对城市建设影响很大，再生和复兴古典文化得到倡导，古典风格、构图严谨的广场和街道成为当时城市的突出特征，以意大利罗马的圣彼得大教堂广场为典型（图 1.8）。

出于反对封建和教会势力的共同需要，国王与新兴资产阶级联合，建立了一些君主专制国家，以法国最为强盛，其首都巴黎随之获得了快速发展。在法国，文学艺术领域居于统治地位的古典主义对巴黎城市的改建影响深刻。轴线放射的街道（香榭丽舍大道）、壮观的公共广场（协和广场）和宏伟的宫殿花园（凡尔赛宫）（图 1.9）是当时的典范。

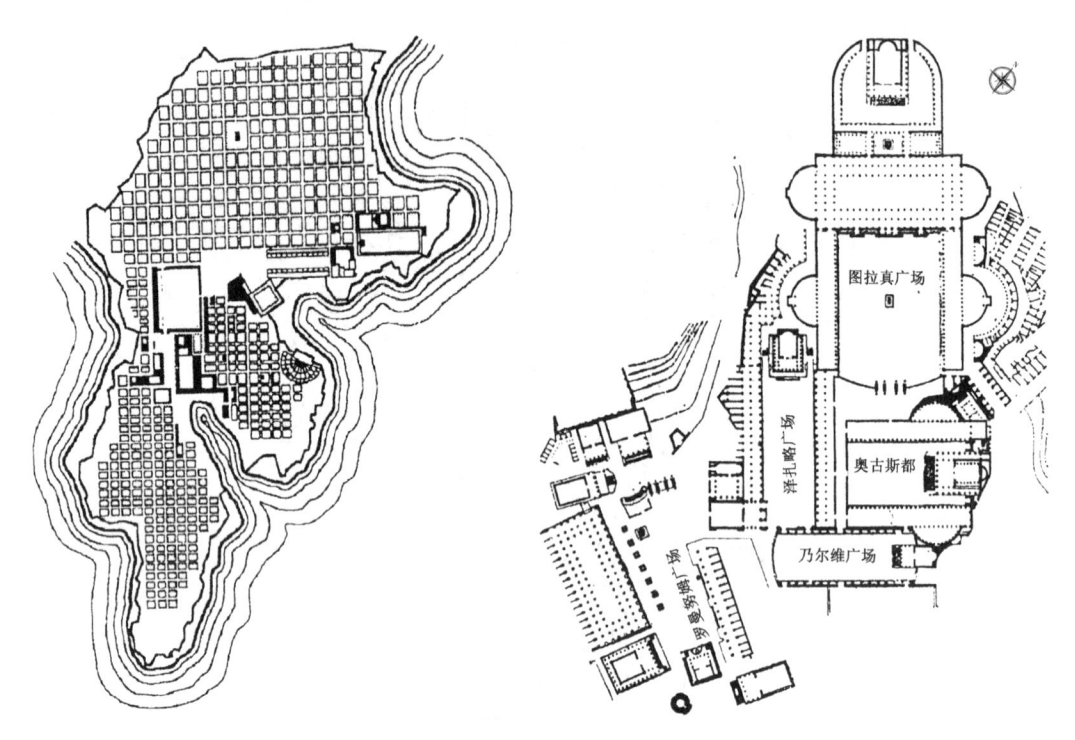

图 1.6　米列都城平面图
（李德华，2001）

图 1.7　古罗马城的共和广场和帝国
广场平面图（沈玉麟，1989）

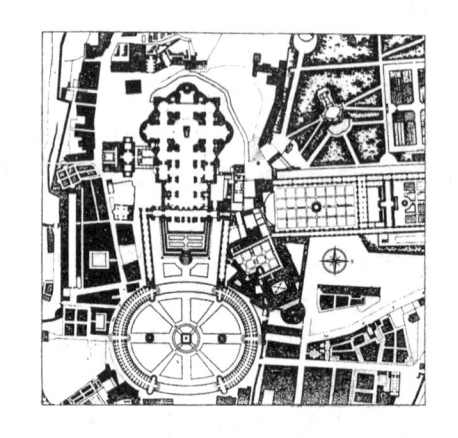

图 1.8　罗马的圣彼得大教堂广场
平面图（沈玉麟，1989）

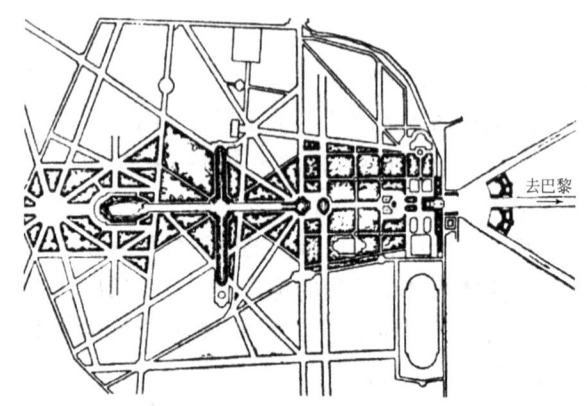

图 1.9　巴黎凡尔赛宫平面图
（沈玉麟，1989）

3. 其他古代文明的城市规划思想

　　古代埃及、古代两河流域以及古代印度等古代文明也都有各自的城市规划思想和实践。
　　古代埃及城市选址因地制宜，往往位于尼罗河畔的天然高地或人工高地上，以获得水源和避免水患。古代埃及文明对死神和自然力的神秘崇拜影响到了城市布局。以建筑师英霍德普（Imhotep）受国王委托规划的孟菲斯古城为例，城市主要节点布置庙宇、狮身人面像，反映古代埃及对灵魂永生和复活的信仰；同时在萨瓜勒（Saqqarah）按照国王生前的生活方式规划了墓区，孟菲斯内城和墓区大小相等，均坐北朝南。卡洪城是代表古代埃及文明的重要城市，功能分区的规划原则体现了阶级差别。卡洪城平面为长方形，厚厚的死墙把城市分成东西两部分，城西为奴隶居住区，迎着由西面沙漠吹来的热风；城东又由东西向大道分成南北两部分，北部为贵族区，朝向北来的凉风方向，南部为商人、手工业者和小官吏等中产阶层的住宅（沈玉麟，1989）。

古代两河流域城市往往南北向布局，以适应南北向良好的通风。为了防御需要，城市外围设置城墙和城壕。城市内部布局反映了阶层差别，无论是波尔西巴（Borsippa）、乌尔（Ur），还是新巴比伦城，城市内部上层阶段和下层阶级住所都是分开

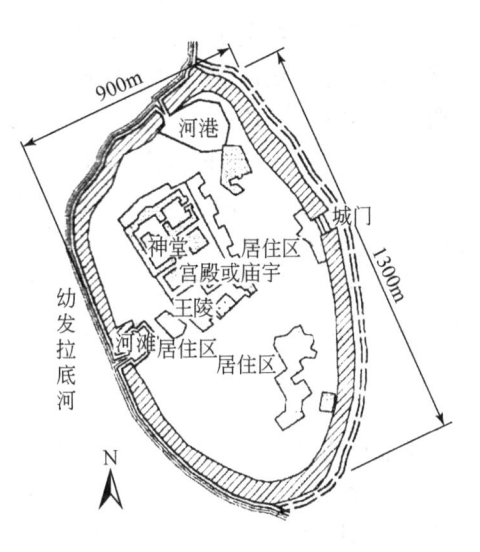

图 1.10　乌尔城复原图（李德华，2001）

的，王宫、庙宇和贵族居所往往位于地势优越的独立地段或夯土高台上（图 1.10）。

古代印度的城市主要是通过摩亨佐达罗和哈拉帕（Harappa）两地的发掘而揭晓于世。两个城市均南北向布局，内部都由东西两部分构成，西部往往是稍高的"卫城"，布置行政中心、大谷仓、大浴场等；东部以街道划分为街坊，道路系统、排水系统和住宅区布置都反映了较高的技术水平和计划性（沈玉麟，1989）。

1.2.2　现代城市规划思想

现代城市规划思想体现在不断涌现的城市规划理论中。规划理论根据内容侧重点可以归纳为三类：功能理论（function theory）、决策理论（decision theory）和规范理论（normative theory）（全国城市规划执业制度管理委员会，2002）。功能理论涉及城乡规划方案如何实现城市空间优化，是编制城乡规划所遵循的原理；决策理论关注城乡规划的编制方法和编制程序；规范理论强调城乡规划的价值观取向。现实中的理论往往不能简单地归为某一类，而可能是涉及了两类甚至三类的内容。因而下面介绍的城市规划思想和理论将不做类别区分。

1. 现代城市规划思想启蒙

在漫长的古代社会中，人们虽然积累了丰富的城市规划建设经验，但从来没有遇到过近代工业革命到来时所带来的史无前例的挑战。18 世纪工业革命不仅极大地提高了人类社会生产力，也促进了城市化的快速发展。近代工业革命诞生地——欧洲的城市开始了迅速扩张，在工业大生产、城市集中的同时，人口迅速集聚，原有城市没有为此做好准备，因此出现了一系列城市问题，住宅供不应求，交通拥挤加剧，污染加剧，环境恶化，基础设施严重不足，并进而带来了卫生问题和传染性疾病泛滥。为了应对这些挑战，有关城市发展的思考和规划建设一下子多了起来。它们不仅延续了古代城市规划思想，更促进了现代城市规划思想的诞生和形成。

1）空想社会主义

早在 16 世纪资本主义萌芽时期，城乡对立、私有制等带来的社会矛盾催生了空想社会

主义。代表性人物莫尔（More）提出了乌托邦（utopia）理想社会组织，由50个城市构成，城市之间临近，城市规模得到控制，财富和公共设施公有，人们在城市和乡村间轮流工作，以避免城乡对立。19世纪资本主义带来的生产私有性和消费社会性的矛盾越发突出，空想社会主义的代表英国的欧文（Owen）和法国的傅立叶（Fourier）分别提出了新协和村（new harmony）和法朗吉（Phalange）的公社性组织，每个组织从几百人到两千人不等，试图通过财富共有和统一生产来达到改良社会的目的。他们和追随者还把思想付诸实现，在美国建设了若干新协和村和法朗吉。空想社会主义把城市当作社会组织，其思想深度超越了城市造型艺术的范畴。空想社会主义的理论也成为后来田园城市和卫星城等规划理论的思想源泉。

2）公共卫生运动

工业革命进程中的工业生产污染了城市用水，恶化了环境，同时快速城市化导致基础设施（尤其是卫生设施）建设跟不上，贫民窟出现，肺结核和霍乱等传染病流行。为此，在19世纪中期，英国开始了公共卫生运动。1833年，英国专门成立了委员会调查疾病原因，于1848年通过了《公共卫生法案》，规定地方当局应当对污水排放、垃圾收集、供水等基础设施建设负责；通过了一系列卫生法规来控制卫生问题。随后还通过了《贫民窟清理法》和《工人住房法》，要求地方政府提供公共住房来改善住房条件。

3）城市改建运动

疾病传播和基础设施不足引发了一系列城市改建活动，以奥斯曼（Haussmann）领导的法国巴黎改建最为典型。针对巴黎在工业革命之后的环境恶化，这项改建大规模建设、拓宽了城市道路系统，奠定了巴黎"大十字"和环形道路的城市骨架，加强了塞纳河两岸的交通联系；结合街景整治，设计和建设了标准的住房平面布局和街道设施；在城市外围建设森林公园，并通过滨河绿带和林荫大道引入城市，在城市内部配置大面积公共开放空间；建设了大规模的地下排水管道系统，改善了城市供水水压，开通了出租马车的公共交通，增加了街道照明。巴黎改建为后来欧美城市改建树立了典范。

4）城市美化运动

工业革命之后，单调乏味的街区建设和绿化的缺乏引起了居民的不满。为了改善城市景观和美化城市，英国在18世纪率先开始了公园运动，把英国乡村的风景庄园特色引入城市中来，使城市住宅散布在自然风景当中，围绕城市公园布置住宅的格局出现。基于同样的目标，美国城市中的绿化建设也得到了当局的关注，奥姆斯特德（Olmsted）设计的纽约中央公园是个典范，他同时也设计了旧金山、芝加哥、波士顿、蒙特利尔等很多城市的公园绿地。

2. 集中与分散

集中与分散是空间最基本的属性，城市空间发展的集中与分散理论在城市规划理论中一直占据重要的位置，影响至今。

城市本身就是集中的产物，这表明集中有助于提高效率。经济学对此有较深入的探讨，英国经济学家马歇尔（Marshall）早在1920年就已经提出了集聚的三个好处：劳动力市场共享、靠近供货商和顾客、技术与信息的"溢出效应"。后期的新经济地理学理论则按照规范经济学范式进一步提出了集聚有助于规模报酬递增的观点，为城市集中和集聚发展提供了经济学上的解释。城市规划中倡导集中发展的理论不多，具有代表性的是现代建筑运动的先驱者勒·柯布西埃（Le Corbusier）的城市规划思想。他于1922年提出了"明日的城市"的规划方案，体现了提高市中心密度的思想（图1.11）。他于1933年提出了"光辉城市"的规划方案，对他以前的规划方案进行了深化，集中体现了他关于集中发展的规划思想。按他的设想，只有集中的城市才有生命力，城市应该是"垂直的花园城市"，向高空发展而不是水平拓展。为此，他建议采用大量高层建筑来提高密度，高层之间保持较大比例的空地，以保证充足的阳光、空间和绿地。为了解决集中带来的交通拥堵问题，大量建设地铁，地面交通实行人车分流，所有建筑物地面架空，供行人使用，汽车交通干道和停车系统设立在架空层上。勒·柯布西埃上述规划思想在现今不少城市规划实践中得到应用。

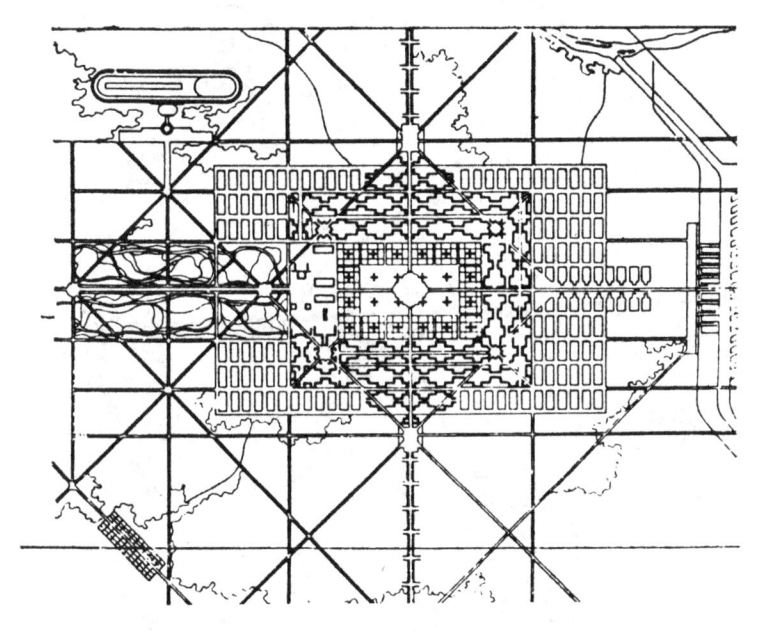

图1.11 勒·柯布西埃"明日的城市"规划方案（沈玉麟，1989）

与集中思想相比，倡导分散的规划理论得到更多的关注和发展。其实，空想社会主义中的乌托邦、新协和村和法朗吉已经隐含了分散布局的思想，后来的田园城市、卫星城、新城以及有机疏散理论则把分散的城市规划思想完整地体现出来。

为了应对工业革命带来的种种冲击，受空想社会主义和社会改良思想的影响，英国社会活动家霍华德（Howard）在1898年出版了《明天：一条通往真正改革的和平道路》(*Tomorrow：A Peaceful Path Towards Real Reform*)一书，提出了关于田园城市的理论。霍华德认为：①城市和乡村各有优缺点，城市可以提供就业机会和方便的生活设施，而乡村拥有更好的自然环境，理想的城市应该兼具城乡优点，城市生活和乡村生活像磁铁那样相互吸引，这种城乡磁体（town-country magnet）被称为田园城市。②城市中种种问题源于城市的无限制扩张，因而应该对城市规模加以控制，当城市增长到一定规模时应停止增长，发展邻近的新的田园城市来接纳新增人口。因而整体上呈现若干田园城市围绕中心城市的城市组群（图1.12），霍华德称之为"社会城市"（沈玉麟，1989）。③为了做到城乡融合，按照霍华德设想，每个田园城市大约容纳32000人，占地2400hm^2，城市在中心位置，城市居民约30000人，城市周围围绕着永久性农业用地和散居着的约2000名乡村居民（沈玉麟，

1989)。"田园城市"理论提出后在英国得到了试点建设,如在伦敦周围建设的莱奇沃思(Letchworth)和韦林(Welwyn),不过这些田园城市实质是城郊的居住区,与霍华德的设想有较大距离。不管怎样,"田园城市"理论是一套相对完整的城市规划思想体系,被公认为是现代城市规划诞生的标志。

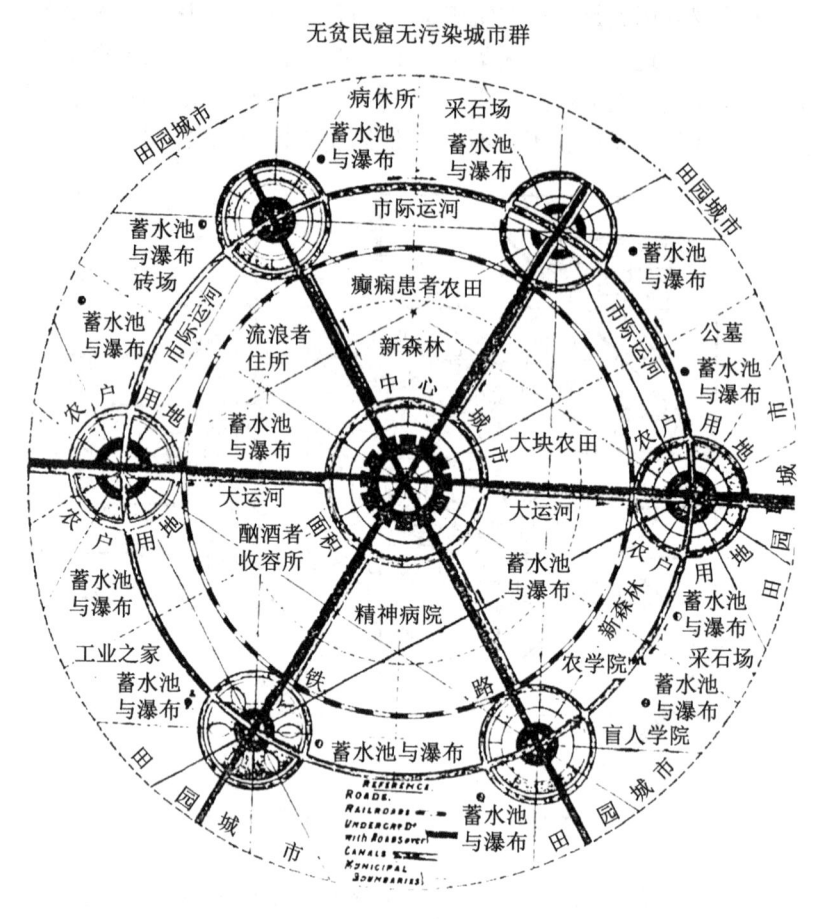

图1.12 霍华德构思的田园城市组群(沈玉麟,1989)

为了应对工业革命之后大城市过度膨胀带来的城市问题,昂温(Unwin)在"田园城市"理论的基础上提出了卫星城的理论方案,旨在疏散大城市人口。早期的卫星城基本上是仅具有居住功能的卧城,如1912~1920年在法国巴黎郊区规划建设的28个卫星城。之后建设的半独立卫星城则具有一定的就业岗位和服务设施,部分居民可以就地工作,如芬兰建筑师萨里宁(Saarinen)牵头规划的赫尔辛基附近的卫星城镇。卧城和半独立的卫星城在疏散大城市人口方面效果不明显。因而,第二次世界大战后的城市重建时期,郊区规划的卫星城具有更强的独立性。以阿伯克龙比(Abercrombie)主持的大伦敦规划为例,第一批规划建设了哈洛(Harlow)、斯蒂夫尼奇(Stevenage)等8个卫星城镇,在吸收伦敦市区工厂和居民方面取得了一定效果。以英国20世纪60年代建造的米尔顿·凯恩斯(Milton Keynes)为代表的第三代卫星城已经是功能相对独立的新城了,它比前两代卫星城规模更大,就业机会更加多元化,公共交通和社会设施也更完善,对人口的吸引力也更大。总之,从卫星城发展演化历程来看，由卧城到半独立卫星城，再到基本独立的新城，规模由小到大，功能逐渐完善，对人口的吸引力也不断增强。卫星城对现代城市规划影响深远，不仅英国和法国，芬兰、瑞典、苏联、日本、新加坡都有卫星城和新城的规划实践，中华人民共和国成立后甚至于到今天的城市总体规划，都受到卫星城理论的深刻影响。

针对城市扩张带来的城市问题，萨里宁在 1934 年出版的《城市：它的发展、衰败与未来》(*The City: Its Growth, Its Decay, Its Future*) 一书中提出了有机疏散（organic decentralization）的规划思想。他认为城市是一个类似于人体的有机体，城市功能有机疏散才能避免过于集中导致的拥挤等城市问题。人体由不断发育成长的细胞构成，因而城市也应该由具有不同功能的组团组成，组团之间预留发展空间。交通拥挤类似于人体血流不畅，因而为了解决城市交通问题，不同功能组团应该由类似于主动脉和大静脉的高速交通连接，高速交通干道位于不同功能组团间的带状绿化空间中，以避免对居住区的干扰。萨里宁制订的大赫尔辛基规划方案体现了他所主张的有机疏散的规划思想（图 1.13）。

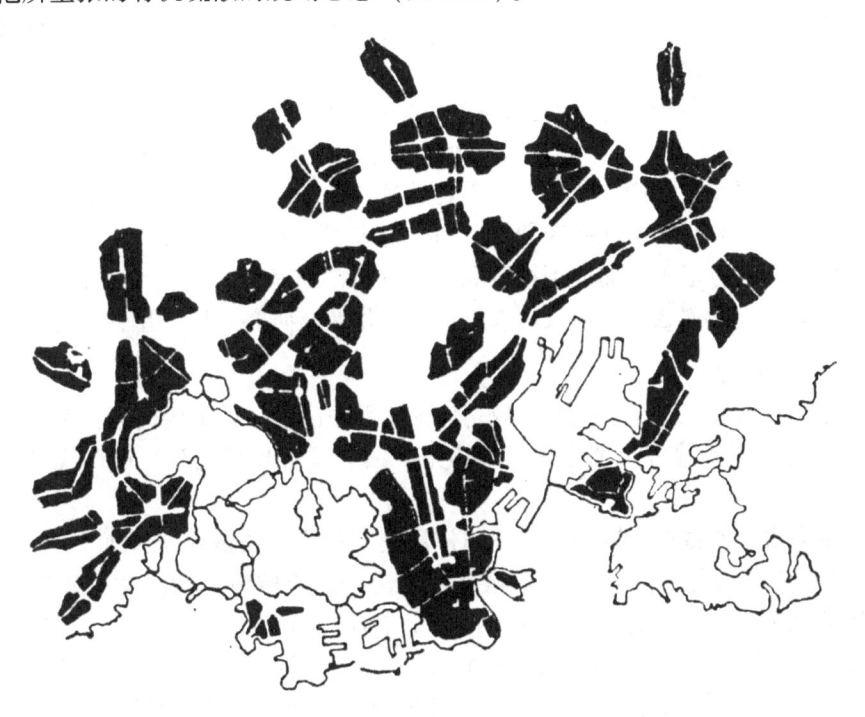

图 1.13　萨里宁制订的大赫尔辛基规划方案（沈玉麟，1989）

上述分散的规划思想强调从中心城市分散出去的人口和要素在外围形成新的集中区域，因而从用地形态上来看整个城市呈现多中心的空间结构。20 世纪末期美国地理学界的洛杉矶学派认为，以洛杉矶为原型的多中心大都市区是未来城市发展的趋势。中国学者在这个领域也做出了贡献。朱喜钢（2002）针对萨里宁的"有机疏散"，从另一个角度提出了"有机集中"的概念，辩证地阐述了集中与分散的对立统一关系。针对多中心的规划思想还主要处于理想层面而缺乏科学依据这一不足，孙斌栋和魏旭红等（2016）从集聚经济和集聚不经济权衡角度阐述了多中心城市空间结构形成的原理，并对多中心结构的绩效进行了多维度的实证检验，希冀推动具有科学范式的理论构建，并能对中国如火如荼的多中心规划实践产生指导意义。

与多中心式的分散不同，美国建筑师赖特（Wright）崇尚自然主义，对现代城市环境不满，倡导低密度分散的规划思想。这些思想集中地体现在他在1932年发表的《正在消灭中的城市》(The Disappearing City) 和1935年发表的《广亩城市：一个新的社区规划》(Broadacre City: A New Community Plan) 两本著作里。他认为大城市将消亡，住宅和工作岗位分散将成为趋势，居民将走向乡村，回归工业化时代之前的自然环境，小汽车和公路设施为分散布局提供了技术支撑，这种低密度分布的城市形态被他称为"广亩城市"，其实质是一种"没有城市的城市"（沈玉麟，1989）。广亩城市成为后来美国郊区化低密度蔓延的理论渊源。

西班牙工程师索里亚·玛塔于1882年提出的线形城市理论是另一种分散发展的规划思想（沈玉麟，1989）。他认为，传统的城市扩张只会带来城市拥挤加剧，因而提出了长条形的城市发展地带概念，即在有限宽（如500m宽）的地带里发展城市，城市长度不限，一条铁路和道路干道把长条形城市的各部分连接在一起。运用线形城市理论的城市规划建设包括哥本哈根的指状发展和巴黎的轴向延伸等。

属于集中与分散视角的理论还包括彼得·霍尔（Peter Hall）的城市演变模型和范·登·伯格（van den Berg）等的城市生命周期模型。他们把城市空间演化过程分为城市化、郊区化、逆城市化和再城市化四个阶段，从宏观的时空维度描述城市空间集中与分散的演化阶段。这些理论模型得到后续实证研究的支持和广泛应用，但也因对城市演化特征、演化阶段和演化顺序的异质性考虑不足而遭到批判和质疑（孙斌栋等，2023）。中国学者在这一理论框架下，对中国城市的郊区化阶段及其人口空间演化展开研究（周一星，1996）。

3. 功能分区与融合

城市功能的分区和融合是现代城市规划理论体系中的另一个重要内容，集中体现在加尼耶（Garnier）的"工业城市"理论和《雅典宪章》、《马丘比丘宪章》两部现代城市规划宣言之中。

在工业革命之后的城市发展中，工业的作用越来越大。法国建筑师加尼耶于1917年出版了《工业城市》专著，提出了"工业城市"理论以适应城市转型。为了解决当时居住用地与工业用地混杂的种种问题，加尼耶提出城市中各项功能应明确分区。1933年召开的国际现代建筑协会（Congrès International d'Architecture Modern，CIAM）第四次会议发表了《雅典宪章》。针对当时多数城市无秩序发展带来的城市问题，尤其是居住区与工业区混杂导致的公共卫生、居住环境和交通拥挤问题，《雅典宪章》提出了城市功能分区的思想，即城市活动按其功能属性可以分为居住、工作、游憩和交通四大部分，城市是四种功能的组合；四种基本功能有着各自的发展需求，因而空间上各自独立。《雅典宪章》还提出城市规划应注意保留历史古迹，要考虑城市三维立体空间的塑造，应立法保证规划实施，等等。功能分区思想在勒·柯布西埃主持的印度新城市昌迪加尔规划中得到了充分的体现（图1.14）。昌迪加尔的行政中心孤立于城市北端，商业中心和公共文化设施位于近期规划范围的几何中心，工业区和文化区分别被安排在城东和城西，居住区则分布于全城，与上述功能区基本分开（沈玉麟，1989）。功能分区的思想对现代城市规划影响至深，城市规划核心内容被理解为划定不同功能分区，并使不同功能之间的关系达到一种理想的平衡状态。代表性案例是巴西首都巴西利亚的规划建设。

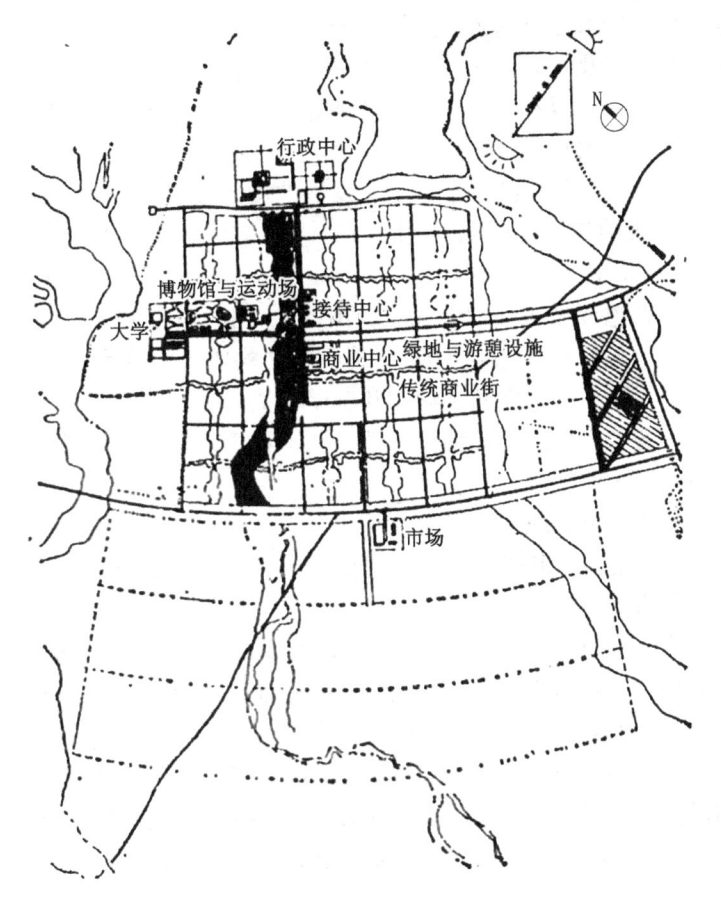

图 1.14　昌迪加尔规划（沈玉麟，1989）

1977 年，CIAM 在秘鲁的利马召开了国际学术会议，并签署发布了《马丘比丘宪章》。在总结《雅典宪章》几十年实践的基础上，《马丘比丘宪章》指出了其中某些指导思想已不适应时代需要，尤其是批评了功能分区的思想。《雅典宪章》为了综合四大基本功能而追求分区的思想牺牲了城市构成的有机性，忽视了真实社会里人与人之间丰富的联系。《马丘比丘宪章》强调城市是为人服务的，城市应该是一个综合的、多功能融合的环境，纯粹的功能分区导致单调、冷漠、没有人情味。著名的美国专栏作家简·雅各布斯（Jane Jacobs）在其著作《美国大城市的死与生》（The Death and Life of Great Cities）中也表达了类似的观点，她认为，现代城市规划中单纯的功能安排和简单的功能分区没有考虑人们日常生活多样性的需要和相互间的联系，破坏了城市活力。解决这一问题的思路是功能兼容和土地混合使用。

4. 城市设计

城市美化运动是城市设计的先驱，体现了建筑美学传统在城市规划中的重要影响。在近代工业革命所带来的快速城市建设中，对土地利润的追逐造成了城市空间的呆板、单调和机械。西特（Sitte）针对当时城市建设缺乏空间艺术性的状况，于 1889 年出版了《城市建筑艺术》（The Art of Building Cities）一书，提出了城市空间组织和空间美学的原则（周国艳和于立，2010）。他强调要从古希腊、古罗马、中世纪和文艺复兴时期的城市空间作品中提炼出美的规律，作为指导城市建设的艺术原则。他认为要协调好广场、街道、建筑、小品等城市空间构成要素之间，以及它们与人的活动及感受之间在使用、艺术等方面的关系，目的是构造丰富多彩的城市空间。西特也认识到要处理好艺术性和经济性之间的平衡关系，做到艺术布局与土地最经济使用的有机结合。

第二次世界大战后，各国经济处于恢复和发展的黄金时期。如何规划建设更美观的城市也成为关注的重点。吉伯德（Gibberd）和林奇（Lynch）分别于1952年和1960年出版了《市镇设计》（Town Design）和《城市意象》（The Image of the City），成为影响城市设计和城市空间美学的重要思想（吴志强和李德华，2010）。当时城市设计研究的重点是城市空间景观的形态构成要素。林奇把城市空间景观最重要的构成要素分为界面、路径、节点、场地、地标五个，关注人们对城市空间的认知和感受，提出了设计原则，指导城市景观规划与设计。如果说历史上的城市空间艺术创作是基于艺术灵感，那这个时期的城市设计理论则理性地归纳了城市空间艺术的规律。

传统的城市设计哲学更多地展示了设计师的个人思想，重视空间形式，忽视了空间内容和空间使用主体——人的感受和需求，因而受到了越来越多的批评。亚历山大（Alexander）认为，城市系统不是简单的树形，人与人之间、人与空间之间存在多种多样的交错和联系，城市空间是被赋予了情感的场所。他在20世纪70年代出版的专著《图式语言》（A Pattern Language）给出了对应不同尺度、满足不同使用者需求的城市空间设计语言（沈玉麟，1989）。1987年艾伦·雅各布斯（Allan Jacobs）与阿普尔亚德（Appleyard）的著作《走向城市设计的宣言》（Towards an Urban Design Manifesto）把城市设计新目标确定为：良好的都市生活、创造和保持城市肌理、再现城市的生命力（吴志强和李德华，2010）。逐渐地，城市设计内涵超出了城市空间美化，被赋予了解决城市社会问题的职能。

5. 生态环境保护与可持续发展

近代工业革命使城市快速扩张与生态环境之间的矛盾暴露出来。霍华德的"田园城市"理论、卫星城理论以及其他关于城市空间分散的理论，其部分初衷是通过城市布局多中心化来缓解生态环境矛盾，赖特则走向绝对分散化的极端，力图回归自然，勒·柯布西埃的集中城市发展理念是力图通过集中高密度布局来为居民留下大面积生态绿地空间。

第二次世界大战后的快速发展使经济增长与环境资源之间的紧张关系再次得到关注，罗马俱乐部《增长的极限》是其中的代表性思想。1972年，联合国在斯德哥尔摩召开的第一次联合国人类环境会议通过《人类环境宣言》，第一次提出了"只有一个地球"的口号。1976年，第一届联合国人类住区会议（人居一）提出了"人居环境"（human settlement）的概念。1978年，联合国环境与发展会议第一次正式提出"可持续发展"（sustainable development）的观念，1987年，世界环境与发展委员会发表了《我们共同的未来》，全面阐述了可持续发展理念，即"既满足当代人的需要，又不损害后代人满足他们需要的能力的发展"，核心是实现经济、社会和环境之间的协调发展。1992年，于巴西里约热内卢召开的联合国环境与发展会议发布了《21世纪议程》，将可持续发展理念推向行动（吴志强和李德华，2010）。1994年，中国政府推出了《中国21世纪议程——中国21世纪人口、环境与发展白皮书》，强调可持续发展是中国未来发展的自身需要和必然选择，人类住区可持续发展是重要组成部分。

城市规划学术界出现大量关于可持续发展的文献和研究，并尝试搭建可持续发展理论的框架，城市生态系统承载力理论是可持续发展战略的具体延伸，主张按照生态学原理进行城市规划，强调城市发展不能超过城市生态环境容量，在测度后者的方法中，加拿大生态经济学家里斯（Rees）在1992年提出的"生态足迹"具有代表性，将人类活动所需占用的资源环境用统一的生态生产性土地面积表征。

维护城市生态安全是可持续发展的重要方面。为此需要城市规划树立韧性城市（resilient city）理念，即城市应具有在遭到生态消耗和冲击后可以适应并迅速恢复原来状态和基本功能的能力。特别地，城市水系统韧性要求城市在水资源利用和水灾害防御两个维度上，针对水量（干旱或洪涝）、水质（污染）以及水生态（环境破坏）三个方面具有自我适应能力和恢复能力。相关的理论还包括"低影响开发"（low impact development，LID）和中国的"海绵城市"理念。后者在2014年中国发布的《海绵城市建设技术指南——低影响开发雨水系统构建（试行）》中得到全面阐述，即城市水系统要像海绵一样具有"弹性"，下雨时蓄水，需要时放水。为此，城市规划建设要注意对城市生态系统的保护，将开发对城市生态的影响降到最低，并对已破坏的环境进行修复。

西方发达国家（尤其是北美国家）的低密度郊区化蔓延，导致资源环境受到破坏、土地开发绩效低下、私人小汽车交通污染严重和生活环境恶化。针对这些问题，涌现出新城市主义（new urbanism）、精明增长（smart growth）、紧凑城市（compact city）等规划理念。新城市主义是20世纪80年代在美国兴起的一个社区发展规划运动，强调以人为本，通过更新改造传统的城市中心区，打造发展紧凑、尺度宜人、公共交通导向型发展（transit-oriented development，TOD）、功能多样化的邻里街区，从而塑造可持续发展的城市形态。精明增长于1997年由美国马里兰州州长提出，倡导土地混合利用、密集型建筑设计、步行邻里社区、多种交通选择机会、公众参与城市规划等，旨在促进经济发展、环境资源保护和社区生活质量改善相结合。紧凑城市理念最早在1973年由丹齐格（Dantzig）提出，在1990年欧洲共同体委员会（Commission of the European Communities，CEC）发布的《城市环境绿皮书》中作为缓解城市蔓延与自然环境保护之间矛盾的途径被再度提出来。紧凑城市的规划理念强调高密度开发、混合土地利用、社会文化多样性、汽车低依赖的思想。

近年来，针对全球气候变化和能源危机，低碳发展理念得到世界各国认可。"低碳城市"成为城市规划的重要目标之一。2007年英国公布了《气候变化法案》草案（Draft Climate Change Bill），2008年美国规划协会发表《规划与气候变化的政策指引》（Policy Guide on Planning and Climate Change），力求在土地利用、社区建设、城市交通、能源利用等城市规划各个方面把低碳理念贯彻到实处。

6. 理性的规划思想

工业革命后的西方社会，科学技术的蓬勃发展使科学主义与实用主义哲学思潮的影响越来越大，崇尚功能、实用和实效的理性主义思想在各个领域逐渐占据主导地位。在城市规划领域中，理性的规划思想反映在规划内容、规划技术、规划分析以及规划编制程序等各个方面。以勒·柯布西埃新建筑运动和《雅典宪章》为代表的物质性空间规划思想，强调了功能、理性、技术和科学的思维。大型计算机的出现使得城市规划编制技术取得长足进步，大量数据处理成为可能，定量数理模型在城市规划中得到应用。

理性的规划思想还系统地体现在城市规划分析与编制程序上。早在20世纪初，格迪斯（Geddes）就指出，城市是一个复杂的系统，城市规划应该对城市各个方面进行系统的分析；在规划编制程序时应该遵从"调查—分析—规划"的过程范式。格迪斯的思想后来分化发展为系统规划理论和过程规划理论（周国艳和于立，2010）。第二次世界大战后，系统思想和系统方法被引入规划领域，并在美国的交通运输与土地利用规划中最早得到运用。麦克洛克林（McLoughlin）在1969年出版的《系统方法在城市和区域规划中的应用》一书中对系统规划理论进行了阐述，认为城市规划应该理解城市复杂系统中各要素之间的关系（周国艳和于立，2010）。过程规划理论则关注城市规划编制的理性程序，以凯博（Keeble）在1952年出版的《城乡规划的原则与实践》为标志。城市规划对象仍然聚焦于物质空间，城市规划编制过程被看作一个技术综合过程，包括现状调查、数据收集、方案提出、比较与评估、专业工程规划等各个步骤，体现了逻辑严密的理性主义思想（吴志强和李德华，2010）。Meyerson和Banfield（1955）及Taylor（1998）则把理性规划过程（rational planning process）分解为问题识别和目标确认、方法选择和评估、规划实施和政策保障以及效果反馈和调整等几个步骤。法卢迪（Faludi）在《规划原理》一书中把规划理论分为实质性理论和程序性理论，系统规划理论和过程规划理论则分别属于实质性理论和程序性理论范畴（周国艳和于立，2010）。系统和过程的规划思想在《马丘比丘宪章》中得到总结和认可。

理性的规划思想被定义为城市规划理论的现代主义范畴（Harper and Stein，1995），其前提是可以获取充分的客观知识，相信运用科学技术能够解决城市问题，满足所有个人的需要。随着社会变迁，尤其是后工业社会和信息社会的到来，现代主义遭到质疑。后现代主义（postmodernism）拒绝承认一般规律性的存在，强调情景、个人的异质性和多样性。Sandercock（1998）试图对现代主义城市规划进行修正，提出了后现代时期多元文化背景下城市规划的重要原则，包括强调社会公正、文化差异、市民权利、社区理念和市民文化。

7. 人文关怀与空间正义

城市社会学中的芝加哥学派根据城市内部不同社会阶层的空间区位提出了同心圆、扇形和多核心三种经典的城市结构模型理论，反映出城市空间中不同阶层的不平等地位。但占主导地位的理性规划思想重视功能却忽视人文关怀和社会问题，20世纪60年代以后遭到越来越多的质疑。简·雅各布斯在1961发表的著作《美国大城市的死与生》中提出了"规划为谁服务"的根本性问题。达维多夫（Davidoff）在60年代中期提出的"规划的选择理论"（a choice theory of planning）和"倡导性规划与多元主义"（advocacy and pluralism）的概念，强调在规划过程中保证不同利益群体（尤其是弱势群体）的利益，成为城市规划公众参与的重要理论基础。1977年，城市规划的第二个纲领性文件《马丘比丘宪章》摒弃了《雅典宪章》的物质空间决定论，强调社会文化论，把关注人与人之间的相互关系列为城市规划的基本任务，倡导规划技术人员、政治领导人与公众的共同参与和合作。在倡导性规划的基础上，Krumholz（1982）提出平等规划（equity planning）的概念，强调在资源分配上向低收入群体倾斜，减少种族差别和隔离，并在克利夫兰（Cleveland）规划实践中推行。90年代，强调男女性别平等和发挥女性规划师的积极作用成为国际规划界讨论热点之一。针对种族不平等问题，费恩斯坦（Fainstein）于2000年提出了正义城市（the just city）的概念，认为规划应该在利益分配过程中采取明确的价值观，注重弱势群体参与规划决策，以实现结果公平。Thomas（2008）则强调发挥少数民族规划师在规划过程中的作用，以保证少数民族群体利益不受损。

新马克思主义城市理论则关注资本主义社会空间生产中不同社会阶级和阶层的矛盾，从制度本质上揭示城市规划和建设过程中不同群体的利益公平问题。以 20 世纪 70 年代哈维（Harvey）出版的《社会公正与城市》（Social Justice and the City）、卡斯特（Castells）出版的《城市问题的马克思主义探索》（The Urban Question: A Marxist Approach）和《城市、阶级与权力》（City, Class and Power），以及苏贾（Soja）出版的《寻求空间正义》（Seeking Spatial Justice）为代表性文献。

为了在城市规划中兼顾不同群体的利益，需要不同群体之间充分交流，获取信息，达成共识。交流一方面可以使公众了解规划师的职责和规划的性质，另一方面可以使规划师了解各个群体的利益诉求。Innes 和 Booher（1999）认为形成共识（consensus building）的过程实际是一个复杂的适应系统，并提出了这类合作式规划的评估框架。

8. 邻里单位与建成环境

19 世纪末，美国在英国田园城市理论影响下建设城郊花园居住区。他们认识到，不仅要设计好住宅，还必须创造适合人们生活的社区，因而开启了社区运动。在此之前的住宅区不是独立的，而是从属于城市道路划分方格的街区。由于道路方格很小，每个街区内居住人口不多，难以布置公共设施，儿童上学以及居民购物等日常活动都要穿越城市道路，安全问题堪忧（吴志强和李德华，2010）。为了避免住宅受城市交通干扰，大街坊成为当时采用的规划单元，如建筑师斯泰因（Stein）设计的位于新泽西以北的雷德朋（Radburn）新镇大街坊。1929 年，美国建筑师佩里（Perry）在编制纽约区域规划时，针对纽约等大城市人口密集、房屋拥挤、居住环境恶劣和交通事故严重的现状，进一步提出了"邻里单位"（neighbourhood unit）的规划思想，以此作为组成居住区的"细胞"（图 1.15）。邻里单位四周是城市交通道路，邻里单位内部设有小学和日常生活所需的商业服务设施，儿童上学和日常购物等基本功能可以在邻里单位内完成。佩里建议邻里单位大小按一个小学服务的面积来确定，任何方向的距离都不超过 0.8~1.2km，规模大约为 1000 个住户，相当于 5000 个居民。邻里单位内部还设想安排不同阶层的居民居住，以达到缓和阶级矛盾的目的。

邻里单位以构造相对独立的居住环境为目的，重视居住的安静、安全、卫生等要求，适应汽车进入家庭后的城市生活，被各国规划师所接受和发展。20 世纪 50 年代，世界各国在邻里单位思想的基础上发展出适合各国国情的居住单元组织，并被赋予居住小区、居住区、新村、邻里等不同名称（沈玉麟，1989）。相对于邻里单位来说，居住小区规模更大，其中的公共设施更丰富，小区由城市干道界定和划分，小区内部道路与城市道路从属于不同系统。

随着汽车进入家庭带来的交通拥堵、环境污染等问题愈演愈烈，如何优化社区建成环境来更高效地组织城市交通成为城市土地利用与交通规划领域的关注焦点。美国加利福尼亚大学伯克利分校城市规划教授 Cervero（1989）提出了职住均衡（jobs-housing balance）的规划思想，力图通过就业和住所临近来缩短通勤距离，从而达到降低拥堵的目的。进一步地，他把城市社区建成环境影响要素归纳为 3D，后来扩展到 5D，即社区的密度（density）、土地利用多样化（diversity）、设计（design）、目的地可达性（destination accessibility）和公交站可达性（distance to transit）（Ewing and Cervero，2010）。这些因素影响居民出行行为，一般认为，紧凑高密度、土地利用多样化、合理的道路设施设计以及较高的目的地可达性和公交站可达性有助于鼓励居民放弃汽车出行，而转向步行、自行车和公共交通等积极的出行方式，从而解决汽车交通盛行所衍生出的种种弊端。紧凑发展策略虽然适合低密度发展的北美

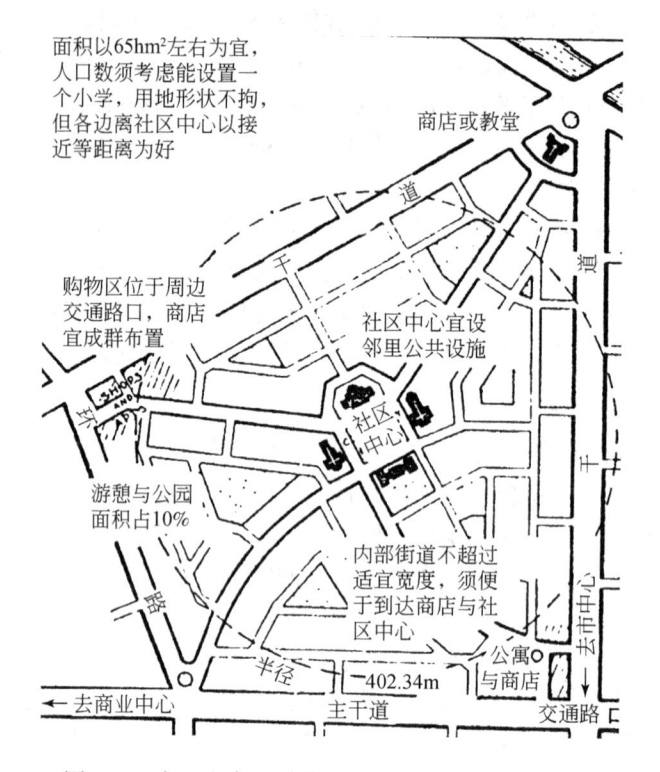

图 1.15　佩里的邻里单位平面示意（沈玉麟，1989）

城市，但对高密度特征明显的中国城市并不一定适用。针对我国城市和社区的实证研究发现，密度过高会适得其反，带来交通和污染的集中以及居民健康水平、幸福感的下降，密度与宜居环境的关系应呈现倒 U 型（Sun and Yin, 2020；Sun et al., 2022）。

9. 城市区域与城市网络

随着城市间社会经济联系的加强和现代交通通信技术的发展，城市发展逐渐跳出了城市本身范围，都市区、大都市带逐渐形成，都市连绵区和城市群等具有中国内涵的概念被我国城市地理学者提出（许学强等，2022），甚至形成了超出地理邻近空间的不同尺度的城市功能网络。区域和网络理念对城市规划的影响越来越大。

城市规划的区域思想可以追溯到苏格兰生物学家格迪斯在 1915 年出版的《进化中的城市》(*Cities in Evolution*) 一书。他在关于工业革命和城市化对人类社会影响的人类生态学研究中发现，工业的集聚和经济规模的扩大已经使城市发展超出自身边界而形成了新的城市群体形态：城市地区、复合城市以及世界城市（沈玉麟，1989）。因而，城市发展离不开周围环境的影响，人文地理学提供了规划的基础，城市规划应该是城市地区的规划，城市周边的城镇和乡村都要纳入考虑。美国著名学者芒福德（Mumford）在其文献和 1938 年出版的著作《城市的文化》(*The Culture of Cities*) 中进一步支持和发扬了格迪斯的理论，与格迪斯共同成为区域综合研究和区域规划思想的奠基人。德国地理学家克里斯塔勒（Christaller）1933 年完成的著作《德国南部中心地原理》(*Die Zentralen Orte in Süddeutschland*) 中提出了中心地理论，阐述了一定区域内城市间在职能、规模和空间三个方面的经验规律。贝里

（Berry）则在此基础上发展了城市体系理论（全国城市规划执业制度管理委员会，2002）。经过芒福德等的努力，20世纪60年代，城市体系成为一个科学概念而得到研究，为后来的区域规划或城镇体系规划奠定了基础。区域规划实践工作从20年代就已经有所起步，如1921~1922年由阿伯克龙比主持的英国顿开斯特附近煤矿区的区域规划。1927年成立了大伦敦区域规划委员会，1944年阿伯克龙比制定的大伦敦规划方案则成为早期区域规划的典范，吸收了格迪斯等关于城市规划的区域思想（周国艳和于立，2010）。城市区域的思想在我国最早是城市地理学者倡导的，宋家泰、胡序威、崔功豪、许学强、周一星、姚士谋、顾朝林等学者作出了重要贡献，并推动形成了中国城乡规划体系中的城镇体系规划。

城市之间基于功能联系形成城市网络，卡斯特的流空间（space of flows）理论是代表性思想。互联网信息技术的发展和经济全球化使城市网络可以超越临近地理空间的限制，形成不同尺度甚至是全球性的城市网络。在这个网络中，城市之间既有水平的分工联系，也有垂直的控制与被控制的关系。霍尔（Hall）、弗里德曼（Friedmann）和沙森（Sassen）先后指出世界城市或全球城市在全球城市网络（或体系）中占据着枢纽和控制地位，纽约、伦敦和东京被公认处于全球城市体系的顶端。通过城市网络，生产要素的流动强化或弱化了城市地位，同时也决定了城市在城市网络中扮演的角色，对城市规划中的城市功能定位和产业规划都具有重要影响。

10. 未来趋势

根据城乡规划建设实践的需要和城乡规划理论发展演变，未来城乡规划思想和理论发展在三类理论范式方面具有以下趋势。

（1）在规范理论（normative theory）方面，以人为本、全面发展的价值取向将进一步强化。

城乡规划的目的是为人类构建宜居的建成环境，因而人的需求满足是规划必须考虑的出发点。人的需求除了就业和收入，还有良好的社会环境和生态环境，表现在城市层面就是经济效益、社会效益和环境效益的最大化统一。在市场经济环境下，按照经济规律进行土地资源的空间配置是规划的自发行为。同时，环境保护和生态维护也得到了普遍的共识，在规划理论中得到充分发展。目前的城乡规划理论体系中，需要强调的价值观是社会效益。尽管有不少关于人文关怀和社会公正呼吁的思想和理论，包括"倡导性规划"和"公平规划"，但在实践中遇到很多困难，强调社会公平价值观仍然需要理论上的努力。

除了社会公平，社会效益还包括健康、幸福、安全等人类的最终价值取向。空间组织和土地安排作为规划的核心内容，被证明会显著影响身心健康。现代城乡规划诞生的思想启蒙之一就是英国的公共卫生运动，但面对现代社会居民面临的新的健康问题，城乡规划的健康价值观强调得明显不够。随着城市化水平提高，人类高度集聚于城市化地区，面临的安全风险也越来越大，安全价值观在城乡规划理论发展中需要给予更多的关注。

（2）在决策理论（decision theory）方面，公众参与、动态弹性以及现代技术辅助规划编制是重要趋势。

满足人的全方面、多样化需求的价值观取向，客观上需要在规划程序和规划方法上加强社会公众参与。以往的"倡导性规划"和"公平规划"在实施中都遇到不小的困难，如何变革规划编制程序与方法、协调好不同社会阶层的关系、考虑不同个体的多样化需求，仍然是人们面临的重要任务。

市场化、全球化、信息化使得本地与外界具有更密切的联系，城乡发展面对更大的不确定性。城乡规划作为对未来发展预测和部署的科学，提高自身弹性以适应外部环境变化是规划自身合法性和合理性的客观要求。在市场经济主体分散决策体制下，准确预测难度很大，时空尺度越大，即时期越长、空间范围越大，预测越困难。因而提高规划弹性首先要界定清楚规划对象合理的时间和空间范围。其次，达到最佳目标的规划方案往往不止一个，实践中采用哪一种，取决于后期的发展变化和需求。因而规划体系应当保证各种合理方案可能性的存在，不同方案具有各自的适用条件，在保证不违背规划原则和遵守规划目标的前提下，要适应市场多变的需要。规划难点落在了规划实施层面，规划管理部门承担更重要的职责，要根据不断变化的市场情况进行动态把控和优化调整，保证城市发展方向不偏离综合收益最大化方向。这对于整个规划体系都提出了变革的要求。

此外，随着大数据和人工智能技术的应用，规划面临的数据难题有了很大改观，城乡规划技术方法乃至规划编制办法和编制程序都需要随之变革。

（3）在功能理论（function theory）方面，增强规划理论的科学性和新技术对城乡空间的影响是需要深入探索的方向。

相当数量的城乡规划思想体现的是规划者美好的愿望和理想，并不是经过严谨检验的科学理论，包括在集中与分散、功能分区与融合等领域的诸多思想。因而，城乡规划要成为真正的科学，其功能理论的科学化是当务之急。要按照科学范式对理论进行检验，洞悉客观规律，清楚理论适用条件。功能理论的建设还需要对当今乃至未来影响人类社会和空间发展的重要变化进行研究。一个典型的事实是，以信息与通信技术（information and communication technology，ICT）为代表的现代信息技术作为近几十年来最大的科技创新正在深刻地改变着人类社会。信息技术使得信息传播突破了空间限制，因而对空间结构的影响势必是深远的。这种影响到底是怎样的，相关研究很多，但主要是浅层次的讨论，多数仍停留在分散还是集聚的争论上，实证证据远远不够，对于规划实践的指导作用非常有限，这与信息化对人类社会影响的深远程度是不匹配的。如果不能洞悉信息化对空间结构的影响，不能做到未雨绸缪，规划科学性无法保证，城乡规划实践也势必是被动的。

1.3　中国城乡规划的发展与实践

1949年以来，中国城乡规划的发展与实践大致可以分为四个阶段：城乡规划的起步期（1949～1957年）；城乡规划的动荡期（1958～1977年）；城乡规划的迅速发展期（1978～1999年）；城乡规划的转型期（2000年以后）。

1.3.1　城乡规划的起步期（1949～1957年）

随着中华人民共和国的成立，工作中心由乡村转移到了城市，城市经济得到发展，城市建设迅速恢复，城市规划开始起步。"苏联模式"城市规划的引入是这一阶段的重要特征。配合工业发展和新型工业城市建设是规划的主要任务，一些大城市内的棚户区改造与工人新村的规划建设（如上海的肇嘉浜、北京的龙须沟等）完成，人民居住环境得到改善。全国设市的城市数量随之快速增加，由新中国成立前的58个增加到1949年底的136个和1952年的160个（董鉴泓，2004）。

随着城市建设的恢复，城市规划工作也逐渐起步。主管全国建设工程和城市规划及建设工作的建筑工程部于 1952 年 9 月召开全国第一次城市建设座谈会，会议决定：从中央到地方建立健全的城市建设管理机构，其中 39 个城市设置了城市建设委员会，内含规划设计机构与监督检查机构；各城市都需制定城市规划，有序地开展城市建设，并将城市按性质与工业建设比重分为四类：重工业城市、工业比重较大的改建城市、工业比重不大的旧城市、采取维持方针的一般城市（董鉴泓，2004）。

为了配合当时以苏联援建的 156 个重点工程为中心的大规模工业建设，处理好与原有城市的关系，急需建立城市规划体系。为此，引入了"苏联模式"城市规划方式。主要做法包括：沿用苏联的城市规划编制办法；聘请苏联专家来华授课、作报告，参与制定中国最初的城市规划标准，并参与指导"一五"期间重点城市的建设；翻译出版苏联城市规划书籍；城市规划专业的设置与人才培养也采取苏联模式，如 1952 年同济大学成立建筑系并设立了中国近现代以来第一个城市规划专业，其课程教材就采用了苏联列甫琴科的《城市规划技术经济指标》（董鉴泓，2004）。

"苏联模式"城市规划强调城市规划是国民经济计划的具体化与延续，强调城市的根本特征是生产性，其职能是工业生产。"苏联模式"城市规划适应了中国当时优先发展重工业的需要，一批新型工业城市的规划建设是这一时期的重要规划实践，拉开了中国现代城市规划始于工业城市的序幕。这一时期所建设的中国第一代工业城市主要分布在东北和中西部地区，如沈阳、洛阳、兰州等。这些重点城市都是基于苏联专家指导编制的城市规划，依托经济不发达的老城市，或依托大规模的工业建设而平地起建的。例如，"一五"期间，国家安排了 5 项工程落户洛阳，并于 1954 年编制了《涧西工业区总体规划》。国家在筹建工厂的同时，协助地方进行城市建设，最终使洛阳从历史古都成功转变成为当时重要的机械工业城市（图 1.16）。

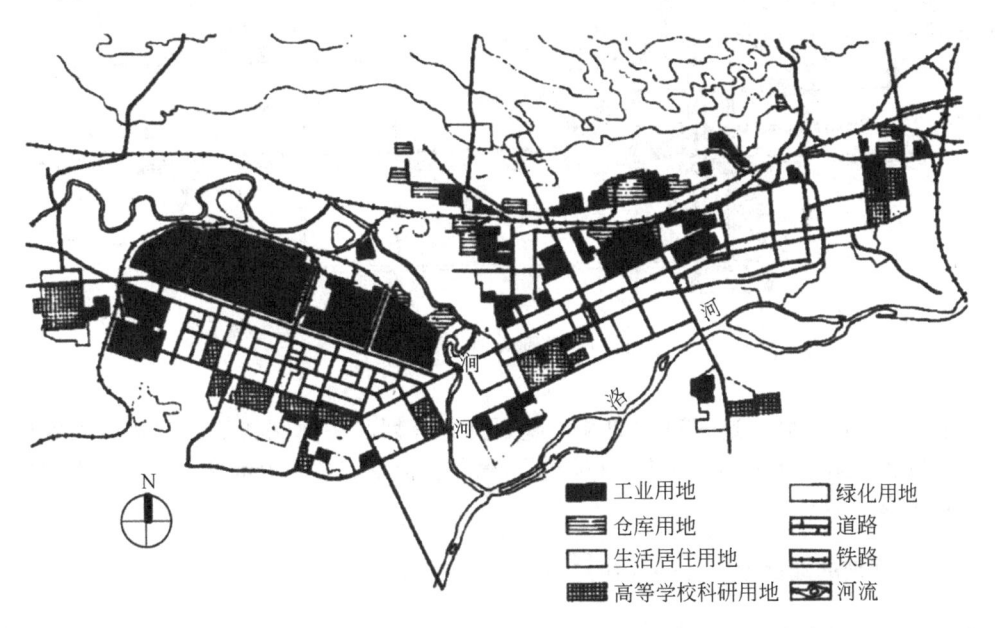

图 1.16　洛阳市区用地现状示意（曹洪涛和储传亨，1990）

经过几年的实践总结发现,"苏联模式"城市规划编制办法难以完全适应当时中国的实际需要。因此,1955 年,国家建设委员会邀请苏联专家共同总结分析已编制的城市规划的经验教训,在借鉴"苏联模式"城市规划编制办法的基础上,制定中国自己的城市规划编制办法。中国第一部现代城市规划技术性法规《城市规划编制暂行办法》于 1956 年颁布,对统一中国城市规划设计程序与方法起到重要作用(董鉴泓,2004)。

在此期间,北京和全国省会城市也纷纷开展城市规划工作,城市规划走向普遍化。至 1957 年,全国共计 150 个城市编制了城市规划。因此,这一时期的城市规划与建设工作取得了重大的成功,奠定了中国城市规划与建设事业的开创性基础。在规划政治中心北京的过程中,中苏专家在中央行政中心的布局位置上存在分歧。苏联专家认为应该考虑利用原有城市设施,优点是经济、美观,也与周围各区交通联系便利;以梁思成先生和陈占祥先生为代表的中国专家则强调旧城密度高,用地紧张,庞大的行政中心会破坏历史文化环境的完整性,因而建议行政中心布局在旧城西郊(图 1.17)。当时鉴于财力限制等方面的考虑,城内派占上风。

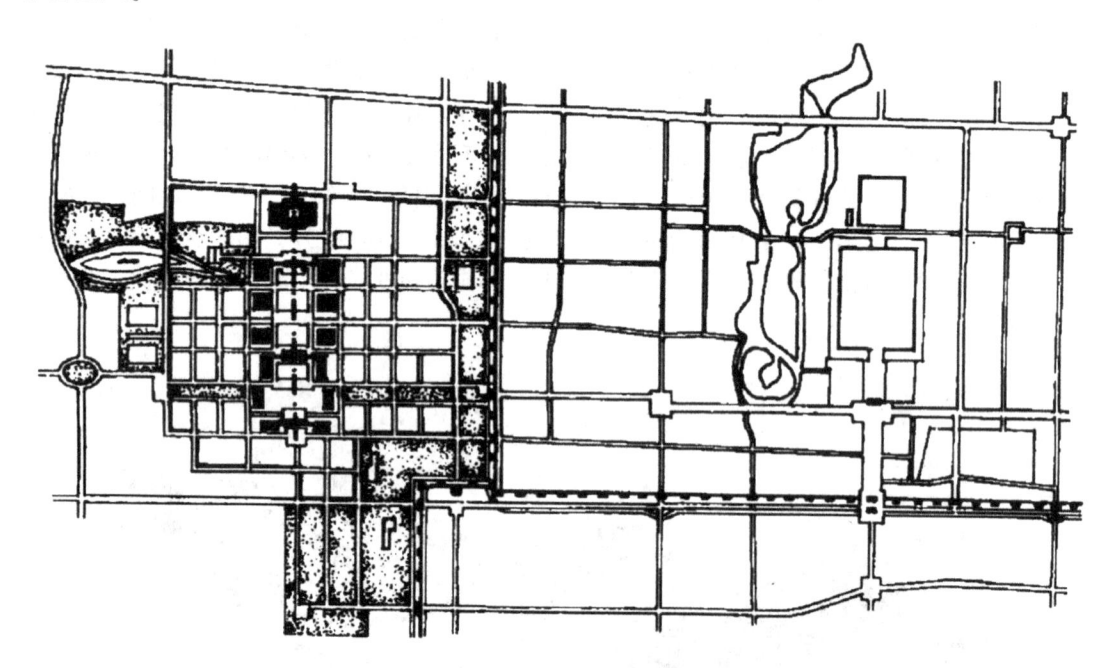

图 1.17 首都规划的梁陈方案[①]

由于全面学习苏联,这一时期的城市规划具有计划经济体制特征,重视基础资料的收集,采用规划定额指标对建设标准进行控制。同时,追求城市建设的艺术性,城市规划布局具有"古典形式主义"特点。

1.3.2 城乡规划的动荡期(1958~1977 年)

这个阶段是中国政治经济起伏波动较大的时期,中国现代城市规划在结束之前短暂的

[①] 资料来源:《建国以来的北京城市建设资料 第一卷 城市规划》。

"春天"后，进入了长达 20 年的动荡期。

随着 1958 年全国掀起了"大跃进"的高潮，城市规划与建设也出现了"大跃进"形式，具体表现为城市规模大、建设标准高、规划速度快等特征。例如，西安市将城市规模扩大到了 220 万人口，湖北的襄樊也提出了 120 万人口的城市规模建设目标（董鉴泓，2004）。许多县城和一些建制镇为迎合"大跃进"中上马的工业建设项目，仓促绘制出规划图纸。1960 年 10 月，全国第二次城市规划工作座谈会中进一步提出，"要在十年到十五年左右的时间内，把中国的城市基本建设或改建成为社会主义的现代化城市"，并要求城市规划应根据人民公社的组织形式和发展前途来编制。这一时期的城市规划建设急于改变城市面貌，不切实际地扩大城市规模以追求大城市发展，致使中国城市布局混乱，"一五"期间刚刚奠定的城市规划基础遭到破坏。1960 年，全国计划会议宣布了"三年不搞城市规划"的决定，导致城市规划机构撤并、人员下放，城市规划建设混乱。

1964 年 8 月，在国家层面与地方层面展开了大、小三线建设，要求沿海的一些重要企业迁往内地。反映在城市规划与建设上，就是采取一种"小集中、大分散"的城市规划与建设政策。这一时期的城镇建设主要有以下几种：第一种为集中建设城市，如攀枝花市通过规划建设成为一个具有 30 万人口的新兴工业城市；第二种是工业靠近原有城镇布置，促进原有城镇的改造和发展；第三种是工厂进山进沟分散布置，形成许多小工业点和工人镇。这一时期建设的大多数城镇规模太小，遗留下较多问题。

1966 年开始的"文化大革命"一度使城市规划与建设处于停滞状态，由此引发全国许多城市的规划机构撤销以及高等院校学科专业停办。城市违规建筑泛滥，历史文化遗产与园林景观缺乏有效保护，城市整体布局呈现混乱的状态。1966～1971 年，三线建设进一步迈入高峰期。这一时期建设的工厂无差别地被安排在山沟或山洞中。1971 年 6 月，北京召开城市建设会议，决定恢复城市规划机构，重新编制城市规划。随着 1973 年 9 月国家基本建设委员会城市建设总局在合肥召开全国城市规划小型座谈会，城市规划与建设工作才开始出现转机。

在这个城市规划的动荡与中断时期，有两个城市制定了较为系统的总体规划。一个是由于三线建设而制定的攀枝花钢铁基地的总体规划，另一个是地震后重建的新唐山总体规划（董鉴泓，2004）。攀枝花市是位于四川省西南部金沙江河谷地带的一个冶金工业城市。1965 年编制的攀枝花工业区总体规划，根据资源分布生产协作关系和用地条件，采取小城镇群的布局形式，沿金沙江两岸，按产业性质形成 33km 长的带状组团式城市结构（图 1.18）。唐山在 1976 年大地震中被夷为废墟。在充分考虑地震地质条件、资源分布等状况后，基于有利生产、方便生活、合理布局、保护环境的规划方针，唐山重建规划将新唐山分为老市区、新区与东矿区共三大片，通过干道和铁路连接成一个整体（董鉴泓，2004）。攀枝花市与唐山市的城市总体规划为中国改革开放后的城市规划实践提供了宝贵经验，也让人们认识到了城市规划的重要性。

1.3.3 城乡规划的迅速发展期（1978～1999 年）

改革开放的实施使中国经济发展进入了一个新的机遇期，中国城市规划及其建设也获得了迅速的发展。如果说 20 世纪 50 年代是中国城市规划与建设的"第一个春天"，那么改革开放则迎来了中国城市规划与建设的"第二个春天"。

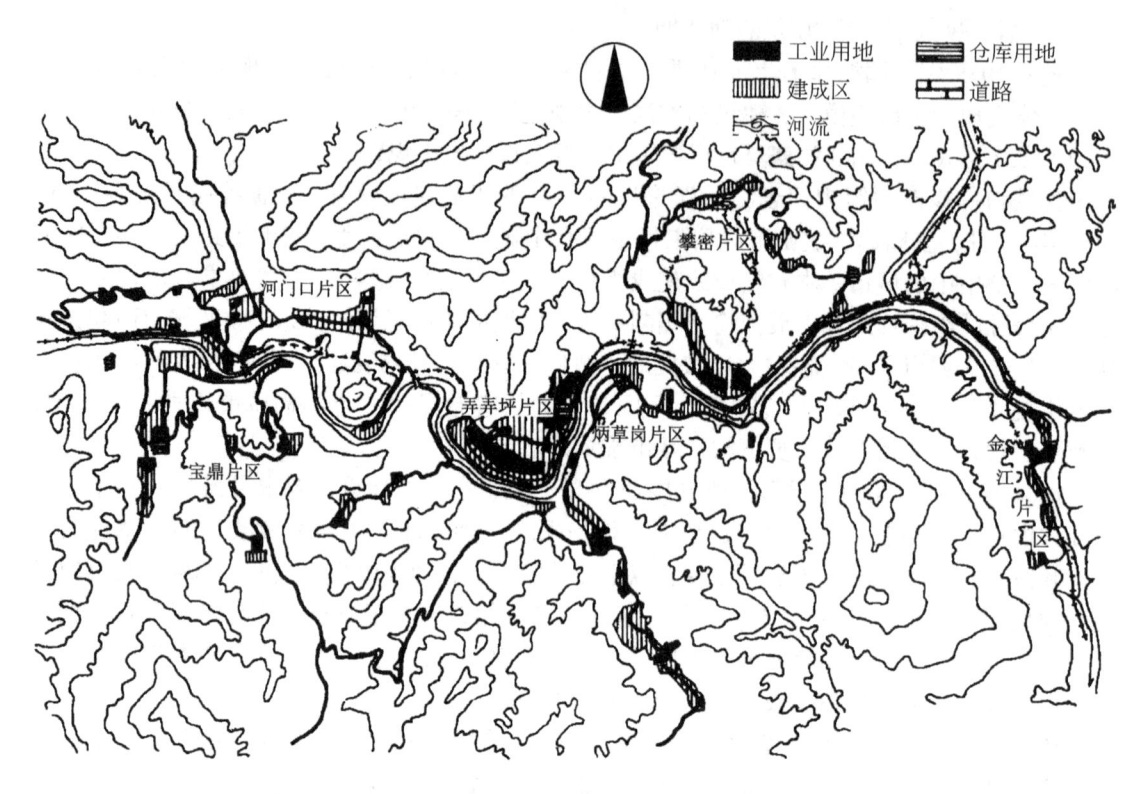

图1.18　攀枝花市区的分散式布局（曹洪涛和储传亨，1990）

改革开放后，伴随着经济建设和城市建设的巨大需求，城市规划体系迅速得到恢复。国务院于1978年召开第三次全国城市工作会议，强调"认真抓好城市规划工作"。1979年，国家基本建设委员会起草了《中华人民共和国城市规划法（草案）》《关于城镇建设用地综合开发的试行办法》等文件，开始着手全面开展城市规划工作准备。1980年，国家基本建设委员会召开全国城市规划工作会议，明确批判忽视城市规划和城市建设的错误，提倡"市政府一把手亲自抓城市规划"，提出"控制大城市规模、合理发展中等城市、积极发展小城市"的城市建设方针，标志着城市规划建设的"第二个春天"的到来。同年12月，国家基本建设委员会正式颁布了《城市规划编制审批暂行办法》与《城市规划定额指标暂行规定》，使全国城市规划制定拥有了新的技术性法规。1984年，国务院颁布了中国第一个现代城市规划基本法规《城市规划条例》。1989年，全国人大通过了中国第一部现代城市规划法——《中华人民共和国城市规划法》（简称《城市规划法》），详细规定了城市发展方针、城市规划的编制要求、实施管理制度及法律责任等内容，中国的城市规划事业从此走上依法行政的道路。此外，城市规划管理机构与人才培养机制得到完善。在中国城市规划设计院恢复建制的背景下，全国各省市纷纷设立了城市规划设计院。城市规划与城市建设学科在高校恢复招生，众多地理院校和地理研究机构加入城市规划行列，各类专业人才得以全面培养。在此背景下，全国各城市规划的编制快速展开。截至1986年底，全国多数设市城市完成了总体规划的编制。

进入20世纪90年代，伴随着社会主义市场经济体制建立和国有土地使用权出让转让制度的实施，城镇化进程的加速势不可挡，城市规划得到了快速发展。1991年，全国城市规划工作会议提出，城市规划不完全是国民经济计划的具体化与延续，城市建设应该按照市场来运作。同年，《城市规划编制办法》正式颁布。在政绩指标考核和自身财政收入的驱动下，20世纪90年代初期的城市规划仍被定位为一切配合地方政府工作，为推动"经济发展"服务。各类建设项目利用各种形式的规划方案做包装纷纷上马，一些问题日益凸显，包括：城市规划的违法违章现象加剧，规划权力分散与责权不统一，总体规划滞后于市场需求变化，城市规划的整体利益在对经济利益的追求面前得不到维护。鉴于这种形势，1995年，建设部颁布了《城市规划编制办法实施细则》，控制性详细规划的具体编制内容和要求得到了规范。1996年5月，《国务院关于加强城市规划工作的通知》要求，各级人民政府要"切实发挥城市规划对城市土地及空间资源的调控作用"，并指定非农业人口50万人以上的80个大城市的总体规划需要报国务院审批。至20世纪90年代末，全国第三轮设市城市总体规划编制工作基本结束。在市场经济体制建设背景下，这一时期的城乡规划强调为经济建设服务。为了强化城市竞争力，不少城市探索编制非法定的城市发展战略规划，如广州市。许多城市为提高城市土地的集约化和高效化利用，从自身发展需求的角度出发，对控制性详细规划进行了以指标调整为主要内容的修编。面对追求经济发展带来的问题，后期的总体规划开始加强对历史文化名城和历史街区的保护，探索协调城乡发展、经济效益与社会公益、资源和环境与可持续发展等关系的协调，提出要树立城市-区域多层次的规划概念。

在这一时期，中国的城市规划与建设实践主要体现在三个方面：新兴城市与城市新区的规划和建设、旧城改造、历史文化名城保护。深圳与上海浦东新区是新兴城市与城市新区的规划建设成功典例。1981年，深圳编制了《深圳经济特区社会经济发展大纲（1982—2000）》，确定以组团式为城市建设总体规划的布局。经过几十年的发展，深圳从过去的边陲小镇发展成为当前的特大城市。上海浦东的城市结构则采取轴向开发、组团布局、滚动发展和经济功能集聚、社会生活多中心、用地布局开敞的城市模式，经过几十年的规划与建设，现已成为中国最大的经济中心和重要的远东金融经济贸易中心。旧城改造在这一时期得到很大发展，由过去单纯依靠国家的福利型转为多渠道投资的效益型，改造对象也从居住环境转向城市机能更新，完善基础设施和发展第三产业成为旧城改造主要动因。这一时期旧城改造也暴露出推倒重建比重过高、经济效益看得过重和历史地段文化保护不够等弊端。城市快速的开发建设使规划者意识到历史文化遗产保护工作的严峻性，也极大地推动了历史文化名城保护的发展，逐渐形成了由"文物古迹—历史文化保护区—历史文化名城"构成的具有中国特色的历史文化名城保护框架。1982~1994年，共三批99座城市被列入中国国家级历史文化名城目录。1997年，中国的历史文化名城平遥、丽江首次被纳入《世界遗产名录》中，这也标志着中国历史文化名城的保护工作已经得到了世界的肯定（图1.19）。

1.3.4 城乡规划的转型期（2000年以后）

针对片面追求经济发展带来的弊端，党中央相继提出科学发展观、生态文明建设、以人民为中心的发展思想等新发展理念。为了适应新时代发展的要求，城乡规划主动调整，在规划理念、内容与方法上反思求变，从物质空间规划向物质空间规划与公共政策并重转型，从

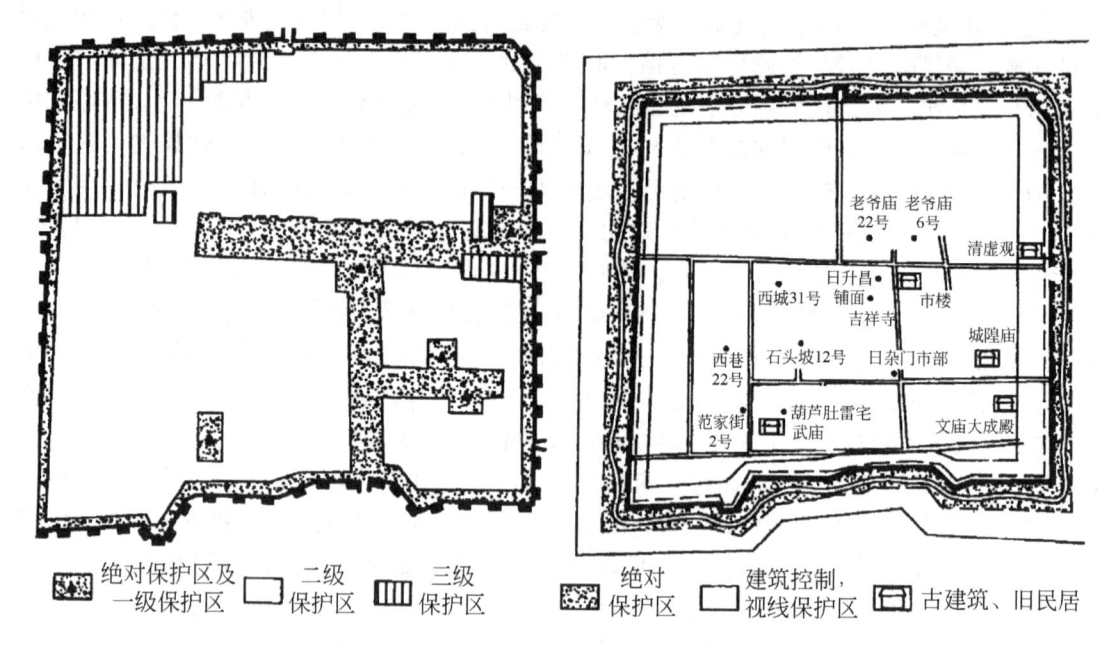

图 1.19　平遥古城内保护等级分区与文物及古城墙保护规划平面（王景慧等，1999）

偏重城市发展向更加注重城乡统筹发展转变，从侧重经济发展向强调经济、社会、生态全面协调可持续发展和促进人的全面发展转变。

20 世纪 90 年代至世纪末，受以经济发展为核心的发展理念的影响，城乡规划在成功推动中国城市建设和经济发展的同时，土地、生态、社会、文化问题受到忽视并日益严峻，引起了城乡规划界的反思。2002 年，时任建设部部长汪光焘就中国城市建设问题总结出四点原因：城市建设指导思想出现偏差；城市总体规划对城市建设的综合指导作用没有得到落实；缺乏有效的城乡规划监督约束机制；城乡规划管理法制不健全。中央政府对这些问题予以高度重视，并于同年颁布《国务院关于加强城乡规划监督管理的通知》，对这些问题制定了初步的解决方针，城市规划的更新转型就此"打响第一枪"。

党中央层面则对全社会的发展理念进行了反思和重塑。2003 年，十六届三中全会提出"坚持以人为本，树立全面、协调、可持续的发展观，促进经济社会和人的全面发展"与"五个统筹"的科学发展观。十八大以来，党中央提出以人民为中心的发展思想和创新、协调、绿色、开放、共享的新发展理念。党的十九大明确了习近平新时代中国特色社会主义思想和基本方略，提出新时代中国社会主要矛盾已经转化为人民日益增长的美好生活需要和不平衡不充分的发展之间的矛盾。新发展理念对城乡规划提出了新要求，指明了新方向，公共政策转向、城乡统筹、以人为本、"可持续发展"的新型城乡规划理念应声而出。

为了解决以物质空间优化为主的规划导向带来的社会、环境、历史文化问题，城乡规划的公共政策属性不断加强。2005 年 10 月颁布的《城市规划编制办法》强化了规划编制程序，规范了规划编制行为，并突出了城市规划的公共政策属性。2007 年，《中华人民共和国城乡规划法》（简称《城乡规划法》）取代了 1990 年版的《城市规划法》，反映了"科学发展观"和"城乡统筹"新理念对规划的指导，再次明确依法治城的严肃性及其公共政策属性。2007年，城市规划督察员制度的实施进一步维护了城市规划的严肃性和权威性。习近平总书记多次强调城市规划的重要地位与作用，他于2014年在北京市规划展览馆考察时指出"规划科学是最大的效益，规划失误是最大的浪费，规划折腾是最大的忌讳"[1]。由此可见，城乡规划管理已然成为国家治理体系及治理能力现代化的重要环节。中共中央在十九届中央委员会第四次全体会议上表决通过了《中共中央关于坚持和完善中国特色社会主义制度 推进国家治理体系和治理能力现代化若干重大问题的决定》，这对城乡规划的公共政策角色提出了更高的要求。

以城乡统筹与区域一体化发展为主要内容的区域规划得到了大量的探索与尝试。例如，成都、济南等城市陆续编制、实施城乡规划，在促进城乡统筹发展方面取得了初步的成绩。2011年，城市规划学从建筑学下面的二级学科升格为一级学科，并正式更名为"城乡规划学"，凸显了城乡统筹的重要性。城市群规划也不断推出。自2003年一些地区的城市群规划研究取得进展后，建设部先后组织和指导编制了珠三角、长三角、京津冀等地区的城市群规划，山东半岛、中原、长株潭等地区的城市群规划也相继完成。

以人为本的发展理念促进了城乡规划开始更多地从"人"的视角规划建设与管理城市。在规划建设中更加强调关系到人民群体切身利益的公共服务设施部署，注重设施布局的公平性；积极促进职住均衡发展，努力探索创建"社区服务圈""个人生活圈"等基于"人的需求"的优良人居环境；在规划过程中积极调动公众参与的能动性，通过网络或问卷的形式了解大众的心声，通过规划方案的公示听取群众的建议。继2015年底召开的第四次中央城市工作会议后，《中共中央 国务院关于进一步加强城市规划建设管理工作的若干意见》出台，明确提出城市工作要把创造优良人居环境作为中心目标，努力把城市建设成为人与人、人与自然和谐共处的美丽家园。

建设生态城市的可持续发展理念在城乡规划中得到前所未有的重视。大量城市总体规划明确将"生态"列入城市发展的重要目标之一，如《北京城市总体规划（2004年—2020年）》提出"建设空气清新、环境优美、生态良好的宜居城市"，《北京城市总体规划（2016年—2035年）》进一步提出到2035年"成为天蓝、水清、森林环绕的生态城市"；《上海市城市总体规划（2017—2035年）》也明确提出把上海建设为"生态之城"的发展目标。在规划实践中，探索采用承载力分析、"先底后图"的方法优先保护生态环境敏感区，例如，2005年，深圳市在全国率先出台了"基本生态线"政策（黄鹭新等，2009）；同时，依附TOD、新城市主义等规划理念的城市规划方案陆续出现，旨在通过改善城市空间结构引导体力型出行，降低机动车污染。在规划研究中，以生态城市建设为目标的"低碳城市""海绵城市""韧性城市"等规划的探索也如火如荼地展开。

城乡规划与主体功能区规划及土地利用规划同属于空间规划性质，三者规划内容密切相关，甚至有交叉重叠之处。为了减少相互之间的冲突，更好地实现对国土资源的利用和生态空间保护，"多规合一"成为改革和重构空间规划体系的目标。2019年，《中共中央 国务院关于建立国土空间规划体系并监督实施的若干意见》发布，提出建立统一高效的国土空间规划体系。城乡规划正处在融入国土空间规划的过程中，城乡规划的很多理论与方法将内化

---

[1] 资料来源：http://www.xinhuanet.com/politics/2015-12/20/c_128549102.htm。

为国土空间规划的理论与方法，部分类型的城乡规划还会演化为国土空间规划体系中的专项规划（杨保军等，2019）。

1.4 城乡规划性质与体系

1.4.1 城乡规划性质

城乡规划是关于空间资源配置的公共政策。因而，城乡规划的第一个属性是公共政策。城乡规划的主要任务是，对城乡土地和空间资源进行合理配置和控制引导，促进城乡经济、社会、环境、文化等全面协调可持续发展，实现效率、公平、安全、卫生等多个目标。《城乡规划法》第四条指出，"制定和实施城乡规划，应当遵循城乡统筹、合理布局、节约土地、集约发展和先规划后建设的原则，改善生态环境，促进资源、能源节约和综合利用，保护耕地等自然资源和历史文化遗产，保持地方特色、民族特色和传统风貌，防止污染和其他公害，并符合区域人口发展、国防建设、防灾减灾和公共卫生、公共安全的需要"。可以看出，城乡规划是有价值取向的，目的是社会整体效益最大化。从这个意义上来说，城乡规划属于公共政策范畴。

对城乡规划的公共政策性质的认识在中国有一个逐步发展的过程。最初的城乡规划被等同于物质形态规划，主要任务是把既定的社会经济发展任务在空间上落实，强调技术工程方案的制定，建筑设计扩大化的性质浓厚。但随着社会经济发展的需要，今天的城乡规划已经不仅仅囿于这一范畴，更加强调通过空间资源配置手段对规划目标（即社会整体效益最大化）的实现，公共政策属性越来越明显。

城乡规划的公共政策属性在西方发达国家表现得更为突出。西方发达国家的城市化已经到了成熟阶段，大规模城市建设活动比较少。城乡规划职责更多地偏重于研究和制定政策，从空间维度解决各种城市问题。以美国为例，尽管仍然还存在物质形态空间规划，包括法定的区划（zoning），但规划的目的更多的是解决社会问题、交通问题、环境问题等。在社会问题方面，规划主要是为社会弱势群体争取空间权益，实现社会公平目标。因而政策的研究、制定和实施是规划实践的主要内容。

城乡规划作为公共政策的价值取向也有一个变化过程。改革开放伊始，经济建设任务是重中之重，规划的侧重点是实现土地经济价值最大化。随着经济发展水平的提高，环境保护和生态维护的挑战越来越大，已经影响到人民生活水平的提高。在党中央的重视下，生态文明建设终于被提到了前所未有的高度，规划开始重视生态空间保护。从制度层面来讲，目前规划对社会公平、卫生健康、安全等价值观仍然不够重视，也没有实质性地落实在规划实践中。

城乡规划的第二个属性是空间政策。中国的规划体系包括国民经济和社会发展五年规划纲要、区域规划、专项规划和空间规划。其中，国民经济和社会发展五年规划纲要是统领，区域规划是分地区的部署，专项规划是支撑，而空间规划是基础，以空间治理和空间结构优化为主要内容，对其他规划具有空间性指导和约束作用。城乡规划与主体功能区规划、土地利用规划同属于空间规划之列。三者之间都是以空间为规划对象，但侧重点不同。主体功能区规划是根据不同区域的资源环境承载能力、现有开发密度和发展潜力，将国土空间划分为优化开发、重点开发、限制开发和禁止开发四类，明确各自的开发方向和开发强度，以期形成人口、经济、资源环境相协调的空间开发格局。土地利用规划是对土地开发、利用、整治、保护等方面做统筹安排和长远规划，目的是促进土地资源合理利用。为了避免不同空间规划交叉冲突，促进衔接和协调，"多规合一"是规划改革方向。空间规划目前正在构建统一的国土空间规划体系，规划范畴涵盖了城乡规划、主体功能区规划和土地利用规划所涉及的内容。

1.4.2 中国城乡规划体系

中国城乡规划正式立法始于1989年12月26日第七届全国人民代表大会常务委员会通过的《中华人民共和国城市规划法》。为了强调城乡统筹发展，2007年10月28日第十届全国人民代表大会常务委员会第三十次会议通过了《中华人民共和国城乡规划法》。这一法律及其配套法规决定了目前阶段城乡规划体系的构成。按照当前"多规合一"和国家空间规划体系改革的方向，城乡规划和主体功能区规划及土地利用规划在实践层面正融入统一构建的国土空间规划体系。考虑到当前规划体系处于特殊的变革阶段，本节仍主要介绍变革前的城乡规划体系。

1. 编制体系

按照《城乡规划法》，在规划区，即城市、镇和村庄的建成区以及因城乡建设和发展需要必须实行规划控制的区域内进行建设活动，必须依法制定和实施城乡规划。城乡规划包括城镇体系规划、城市规划、镇规划、乡规划和村庄规划。城镇体系规划分为全国城镇体系规划和省域城镇体系规划。城市规划、镇规划分为总体规划和详细规划。详细规划分为控制性详细规划和修建性详细规划。

城乡规划编制过程中，规划组织方通常采取招标形式面向社会公布规划设计任务，由规划设计单位竞标。这些单位包括政府所属的规划编制中心、规划设计院、设计公司、设计事务所等。不同规划任务要求规划设计单位具有不同的规划编制资质。为了满足规划编制资质的要求，规划设计单位需按照规定具备相应条件的规划设计人员。其中条件之一是具有一定数量的注册城乡规划师，注册城乡规划师资格需要通过全国注册城乡规划师职业资格考试后方可获取。注册城乡规划师职业资格考试设城乡规划原理、城乡规划管理与法规、城乡规划相关知识和城乡规划实务4个科目。

2. 管理体系

城乡规划的管理机构包括国务院及其城乡规划主管部门、地方各级人民政府及其城乡规划主管部门。管理职责包括组织城乡规划的编制、审批和修改，按照依法批准的城乡规划实施管理，并对上述规划管理活动进行监督检查。

规划编制一般由本级人民政府组织，如全国城镇体系规划由国务院城乡规划主管部门会同国务院有关部门组织编制，省域城镇体系规划由省、自治区人民政府组织编制，城市总体规划由城市人民政府组织编制。规划审批通常由上级人民政府执行，例如，全国城镇体系规划和省域城镇体系规划报国务院审批；直辖市的城市总体规划、省和自治区人民政府所在地的城市以及国务院确定城市的总体规划，报国务院审批；其他城市的总体规划，报省、自治区人民政府审批。

规划的实施管理既包括主动实施规划确定的建设活动，也包括依据规划对建设活动进行审批。各级人民政府城乡规划主管部门是本行政区域内规划实施管理的行政主体。城乡规划实施管理的核心是规划许可制度，具体地讲，在城市、镇、乡和村庄规划区范围内使用土地进行各项建设，须持有城乡规划管理部门核发选址意见书、建设用地规划许可证、建设工程规划许可证和乡村建设许可证。

规划的监督检查是指本行政区域人民政府城乡规划主管部门，依法对城乡规划编制、审批、实施和修改等进行监督检查，并对违法用地和违法建设进行处理。目的是保障城乡规划的实施，促进遵守城乡规划的法律规范，使城乡规划管理工作系统保持良性运行。对违反经批准的城乡规划、法律规范和规划许可，尚未构成犯罪的建设单位或者个人进行行政处罚。

3. 法规体系

城乡规划的制定和实施管理需要依法行政。在宪法作为根本大法的指导下，目前已经形成以《城乡规划法》为核心的城乡规划法规体系。从横向体系来看，城乡规划法规体系包括城乡规划基本法、配套法和相关法。其中，《城乡规划法》是基本法。配套法是指为了实施《城乡规划法》制定的若干法规规章和技术规范，如国家层面的配套法规包括《村庄和集镇规划建设管理条例》《省域城镇体系规划编制审批办法》等，技术规范指包括《城乡规划技术标准体系》在内的共计60项城乡规划技术标准。相关法是指城乡规划领域之外，但与城乡规划密切相关的法律法规，国家层面的相关法包括《中华人民共和国土地管理法》（简称《土地管理法》）、《中华人民共和国环境保护法》（简称《环境保护法》）和《中华人民共和国建筑法》等。按照纵向体系来看，中国的城乡规划法规体系可以分为国家体系和地方体系，包括国家层面的法律、行政法规、部门规章和技术规范性文件，以及地方性法规条例、规章和技术规范性文件。

4. 学科体系

城乡规划在我国高等教育体系里属于工学门类的建筑类专业，所属学科是工学门类城乡规划学一级学科。城乡规划以土地利用为对象，对城乡经济、社会、环境资源进行空间配置和优化，涉及社会经济、工程技术、艺术美学各个领域，具有理性分析与艺术创造双重性质，因而城乡规划学具有多学科交叉融合特点，是一门复合型学科。从专业课程设置来看，既有城乡规划学的核心主干课程，也包括相关学科的课程。

从与其他学科之间的关系来看，城乡规划学与建筑学关系最为密切。中国城乡规划学脱胎于建筑学，城乡规划学的前身是建筑学一级学科下的二级学科城市规划与设计。如果说建筑学是对建筑单体和群体的功能性、视觉性设计，城乡规划则是对更大尺度的建设用地的空间布局；同时，城乡规划内涵更加广泛，涵盖非建设用地（如生态空间、农业空间）的安排，涉及与社会、经济、文化、环境等非物质空间因素的更加复杂的关联，因而公共政策属性越来越突出。城乡规划学与地理学的关系也非常密切，地理学从地理空间角度探索城市化的动力机制、城市空间结构和城镇体系形成规律，以及城市经济、社会、文化、生态、环境发展的空间规律，为城乡规划提供了理论源泉。与城乡规划学关系密切的学科还包括经济学、社会学、生态学、环境学、美术学、美学、道路交通以及市政工程等，这些相关学科都从某一个领域为城乡规划实践提供了不可或缺的专业知识。城乡规划学是在解决城乡发展问题过程中对多种学科知识的综合运用，因而总体上属于应用学科之列。

目前全国设置工科门类的城乡规划专业的高校有200多所，本科学制多为5年。与城乡规划相关的专业还包括理科门类的人文地理与城乡规划专业，是隶属于地理学一级学科的二级学科。此外，在社会科学中，在管理学科下面也有专注城市规划管理的专业。城乡规划专业毕业生主要有四类就业方向。第一，从事城乡规划设计咨询工作，就业机构包括规划设计院、设计事务所或咨询公司。第二，进入政府或开发区的自然资源和规划局、住房和城乡建设委员会、住房和城乡建设局等政府机关，从事规划管理工作。第三，进入房地产公司的规划部门，从事房地产开发前期的规划设计准备工作。第四，城乡规划相关专业的研究生毕业生进入高等院校或科研院所，从事城市规划研究和教学工作。对于地理学专业的学生，如果毕业后从事城乡规划工作，依据专业特点，主要可以在城乡社会经济发展战略、城镇体系格局、土地资源利用、产业政策、城市地理和经济地理空间、城镇化和人口预测等领域发挥较大作用。

参 考 文 献

曹洪涛，储传亨．1990．当代中国的城市建设．北京：中国社会科学出版社．

董鉴泓．2004．中国城市建设史．3版．北京：中国建筑工业出版社．

黄鹭新，谢鹏飞，荆锋，等．2009．中国城市规划三十年（1978—2008）纵览．国际城市规划，23（1）：1-8.

李德华．2001．城市规划原理．3版．北京：中国建筑工业出版社．

潘谷西．2009．中国建筑史．6版．北京：中国建筑工业出版社．

全国城市规划执业制度管理委员会．2002．城市规划原理．北京：中国计划出版社．

沈玉麟．1989．外国城市建设史．北京：中国建筑工业出版社．

孙斌栋，魏旭红，等．2016．中国城市区域的多中心空间结构与发展战略．北京：科学出版社．

孙斌栋，付钰，古荭欢．2023．城市生命周期理论：过去、现在与未来．地理科学进展，42（9）：1841-1852.

王景慧，阮仪三，王林．1999．历史文化名城保护理论与规划．上海：同济大学出版社．

吴志强，李德华．2010．城市规划原理．4版．北京：中国建筑工业出版社．

谢守红，宁越敏．2003．城市化与郊区化：转型期都市空间变化的引擎——对广州的实证分析．城市规划，11：24-29，38.

许学强，周一星，宁越敏．2022．城市地理学．3版．北京：高等教育出版社．

杨保军，汪科，陈鹏．2019．城市规划70年．城乡规划年，（5）：11-15，19.

周春山，许学强．1997．广州市人口空间分布特征及演变趋势分析．热带地理，17（1）：53-60.

周国艳，于立．2010．西方现代城市规划理论概论．南京：东南大学出版社．

周一星．1996．北京的郊区化及引发的思考．地理科学，16（3）：7-15.

朱喜钢．2002．城市空间集中与分散论．北京：中国建筑工业出版社．

Cervero R. 1989. Jobs-housing balancing and regional mobility. Journal of the American Planning Association, 55 (2): 136-150.

Davidoff P. 1965. Advocacy and pluralism in planning. Journal of the American Institute of Planners, 31 (4): 331-338.

Ewing R, Cervero R. 2010. Travel and the built environment: A meta-analysis. Journal of the American Planning Association, 76 (3): 265-294.

Harper T T, Stein S M. 1995. Out of the postmodern abyss: Preserving the rationale for liberal planning. Journal of

Planning Education and Research, 14 (4): 233-244.

Innes J E, Booher D E. 1999. Consensus building and complex adaptive systems: A framework for evaluating collaborative planning. Journal of the American planning association, 65 (4): 412-423.

Krumholz N. 1982. A retrospective view of equity planning Cleveland 1969–1979. Journal of the American Planning Association, 48 (2): 163-174.

Meyerson M, Banfield E. 1955. Politics, Planning and the Public Interest: The Case of Public Housing in Chicago. Glencoe: The Free Press.

Sandercock L. 1998. Toward cosmopolis: Planning for multicultural cities. Chichester: John Wiley & Sons.

Sun B, Yin C, Yao X. 2022. Densification and health in China: A U-shaped association between population density and obesity. Transactions in Planning and Urban Research, 1 (1-2): 135-151.

Sun B, Yin C. 2020. Impacts of a multi-scale built environment and its corresponding moderating effects on commute duration in China. Urban Studies, 57 (10): 2115-2130.

Taylor N. 1998. Urban Planning Theory Since 1945. Thousand Oaks: Sage Publications.

Thomas J. 2008. The minority-race planner in the quest for a just city. Planning Theory, 7 (3): 227-247.

第 2 章 城镇体系规划与社会经济发展战略

城镇体系是城市化的重要载体，优化城镇布局是推进我国新型城镇化的主要任务。1984年1月公布的《城市规划条例》第一次提出："直辖市和市的总体规划，应当把行政区域作为统一的整体，合理部署城镇体系"。1989年12月，全国人民代表大会常务委员会通过的《城市规划法》进一步把城镇体系规划的区域尺度向宏观与微观延伸，明确规定"国务院城市规划行政主管部门和省、自治区、直辖市人民政府应当分别组织编制全国和省、自治区、直辖市的城镇体系规划，用以指导城市规划的编制"；"设市城市和县级人民政府所在地镇的总体规划，应当包括市或县的行政区域的城镇体系规划"。自党的十八届三中全会明确提出坚持走中国特色、科学发展的新型城镇化道路的方针以来，新型城镇化的理论内涵不断丰富。《国家新型城镇化规划（2014—2020年）》中明确提出了"完善基础设施网络，健全功能完备、布局合理的城镇体系，强化城市分工合作，提升中心城市辐射带动能力"的规划要求。目前，我国正处于城乡规划制度变革时期，2019年《中共中央 国务院关于建立国土空间规划体系并监督实施的若干意见》出台，国土空间五级三类规划体系确立，城镇体系规划不再作为法定规划单独编制，其核心内容融入国土空间总体规划及相关专项规划之中。

须强调的是，虽然城乡规划制度变革改变了城镇体系规划的法定地位，但是其作用以及与区域社会经济发展战略的密切联系仍然存在甚至不可替代；城镇体系规划与社会经济发展战略研究的理论体系、思想方法仍然十分重要，是国土空间规划理论的重要组成部分。事实上，2019~2022年的国土空间规划编制历程也证明，城镇体系规划与社会经济发展战略研究理论思想强有力地支撑了国土空间规划的编制。

2.1 城镇体系规划理论基础

2.1.1 城镇体系的内涵与外延

1. 城镇体系的内涵和基本特征

城镇，作为客观存在的物质实体，占有一定的地域空间，与周围环境具有广泛的经济社会联系；其既是区域经济社会发展的产物，又是一个区域的政治、经济、文化中心。当前信息化时代的城市发展机制相较农业文明、工业文明时期已出现颠覆性的变化，生产资料（生产工具和劳动对象）从有形变为无形的趋势日渐明显，先进制造业和服务经济迅速崛起，城市从相对割裂的单一尺度空间中的地点，日益变为相互联系的多尺度空间中的地点。因此，城镇体系（urban system）是指在一个相对完整的区域中，由一系列不同职能分工、不同等级规模、空间分布有序的城镇所组成的联系密切、相互依存的城镇群体（顾朝林，1992）。

从城镇体系的概念、结构以及发展条件可以认识到，其具有动态性、等级性、有机联系性等基本特征。

1）动态性

城镇体系作为一个复杂系统，其内部联系和组织并非自然形成与一成不变，而是随着社会性空间生产过程同步进行着积极或消极的重构与演化。伴随环境变化，城镇体系的内在机制——经济运行逻辑与组织形式在不断演变，并进一步导致城镇体系的外在表现——规模与功能在同步演进。体系中城市节点的集聚与扩散能力此消彼长，对城镇体系的结构、功能、规模与边界产生较大的影响。因此，任何城市及其所在的城镇体系，都不应被视为相对稳定的结果，而应被视为一个形成、不断变化、发展的动态过程。

2）等级性

城镇体系的各个组成要素之间按照其作用强度的高低存在等级和地位的差异。例如，全国性的城镇体系，由国家级、省级、区县级城镇体系构成，而每个城镇体系中，也存在核心城市、中心城市、一般城市之分。同时，在全球化时代，每一个城市都可以是全球生产网络的组成部分和积极参与者，城镇体系的等级性又可以上升至全球范围的全球生产网络。因此，城镇体系是众多的经济地域分化组合而成的错综复杂的层次叠加系统。

3）有机联系性

城镇体系是不同等级、规模、职能、区位的城镇之间，通过发生与发展纵向、横向的联系，从而构成的一个有机整体。因此，关联关系是城镇体系的本质特征之一。不同于独立的城镇节点，城镇体系中的城镇发展依赖于城市之间频繁的人流、物流、信息流、资金流和技术流交互作用所形成的关系网络，一个城市的机遇更多地取决于节点之间紧密的相互作用及由此而产生与发展的劳动分工中的相互补充和协调。

2. 城镇体系的主要相关理论

城镇体系研究，特别是城镇关系的研究，一直在城市地理、城乡规划、区域经济等学科中占有重要地位。从中心地理论、增长极理论，到城镇体系理论、核心-边缘结构和世界城市假说、流空间，城镇体系研究的理论模式在不断进化。

1）中心地理论

中心地理论是20世纪城市地理学的核心理论之一，也是城镇体系研究的基础理论之一。克里斯塔勒通过对乡村聚落的市场中心和服务范围进行实验性研究，基于理想地表和理性经济人的假设，以演绎法得出三角形聚落分布和六边形市场区的区位标准化理论。克里斯塔勒指出人类的活动空间具有明显的地理中心性，而承担中心职能的节点被称为中心地。不同职能的中心地具有不同的等级规模结构，进而影响着与其等级相对应的服务范围。在市场竞争条件下，各级中心地最终会形成正六边形几何结构的分布体系。此后，勒施（Lösch）利用数学推导和经济学理论，得出了一个与克里斯塔勒中心地完全相同的六边形区位模型，增强了中心地的理论基础。中心地理论创立以来，被广泛运用在城镇体系研究中，西方学者也从中心地等级、时空框架、模型稳定条件与职能均衡特征等多角度对中心地的理论内涵和研究模型进行了进一步的修正和扩展（王士君等，2012）。

2）地域分工理论

地域分工也称为地理分工、劳动地理分工、生产地域分工。地域分工是社会生产劳动分工的空间表现，是区域内部以及区域与区域之间按照自身发展优势组成的专业化生产协作组织形式。地域分工思想早在古典经济学派出现之前即已产生，并可上溯到亚当·斯密（Adam Smith）的"地域分工论"。地域分工思想的实质在于：根据地区自然、社会、经济、技术等条件，确定区域经济专业化方向，通过区域间大规模的产品交换，实现区域间的比较经济利益，提高整个区域的劳动生产率。这种区域之间大规模的产品交换，也正是城镇体系之间有机联系的主要方式之一。因此，地域分工理论对科学研究与认识城镇体系内部联系、形成合理职能结构具有重要意义。特别是在当前全球化进程加速、地域分工日益凸显、全球城市网络化发展的背景下，运用地域分工理论解析城镇在各级城镇体系，以及区域城镇体系在高级城镇体系中的地位、作用，对实现城镇职能与等级的合理定位、科学编制城镇体系规划具有重要意义。

3）全球化理论

全球化和信息化正深刻影响着全球城市体系，对于地理空间而言主要表现为不断加剧的空间差异性和不断增强的空间联系性这两种对立统一的复杂变化特征（Sheppard，2002），全球化成为国家与地方尺度城镇系统演进的一个过程。现代城市化进程深受世界经济的全球化和信息化影响，如高级生产活动从传统的物质产品生产向信息产品生产转移，金融、证券、管理中心等高端服务业进一步向优势区位的中心城市集聚，而大量的标准化生产环节则无差别地向全球各地迅速扩散，这些都深刻地改变了传统城镇体系的发展逻辑。在全球价值链和全球供应链的作用下，原本相对隔离的城市节点通过各种渠道高度整合，以往本地化或区域化的生产与销售活动被不同程度地纳入全球价值链体系。因此，对于处于全球城市体系顶端的城市以及因新经济迅速崛起而形成的新兴城市，其所处城镇体系的空间结构与关系组织遵循着和传统城镇体系完全不同的空间逻辑，在城镇体系规划编制过程中应对此给予充分重视。

2.1.2 城镇体系规划特征与内容

1. 城镇体系规划的特征

城镇体系规划是针对城镇群体整体发展战略的研究，其目标是在一个特定范围内合理进行城镇布局，优化区域环境，配置区域基础设施，明确不同层次的城镇地位、性质和作用，综合协调相互关系，以实现区域经济、社会、空间的可持续发展。城镇体系规划具有综合性、地域系统性和法律规范性三个特征。

（1）综合性。城镇体系规划是合理配置区域空间资源、优化城乡空间布局、统筹基础设施和公共设施建设的根本依据，因此，城镇体系规划的目标涵盖经济、社会、生态的可持续发展，空间对象涵盖城乡建设用地与非建设用地。同时，在规划内容上强调区域的生活、生产、生态空间的管控与布局，包括城镇与城镇、城镇与乡村、建设用地与非建设用地间的协调发展，以及区域性综合交通和市政基础设施、公共设施等的布局（张泉和刘剑，2014）。

（2）地域系统性。城镇体系规划目标是在一定地域范围内，合理组织城镇体系内各城镇之间以及城镇体系与其外部环境之间在经济、社会等方面的相互联系，以实现区域生产力合理布局和城镇职能合理分工。规划内容涉及经济、社会、生态环境等多个系统，各城镇间也借助多种要素流发生系统联系，因此需运用现代系统理论与方法探究整个体系的整体效益，实现整体效益最大化。

（3）法律规范性。在城镇体系规划编制过程中，必须以相关法律和政策规范为"准绳"；必须对城镇开发空间范围、数量指标范围等重要技术规范要求做出明确的规定，提出协调各级城镇发展及其利益关系的基本准则。

2. 城镇体系规划的内容

1994年建设部颁发的《城镇体系规划编制审批办法》，将城镇体系规划分为全国、省域、市域、县域四个层次。不同层次的城镇体系规划，其编制的侧重点不同。例如，全国城镇体系规划的主要内容为：确定国家城镇化与城镇发展战略，明确不同类型地区城镇化与城镇发展要求，综合安排区域基础设施建设，明确需要由中央政府协调的重点地区和重点项目。省域城镇体系规划的主要内容为：确定本省城镇发展战略、区域城镇布局、中心镇的布局、重要基础设施的布局和建设要求、需要控制和保护的区域。县域城镇体系规划的主要内容为：确定县域城镇发展战略、城镇和乡村居民点布局，协调用地和其他空间资源利用，统筹安排县域基础设施和社会服务设施。

综合而言，城镇体系规划内容主要包括以下五点。

（1）综合评价城镇体系的发展背景、当前发展条件，如规划区的历史脉络、历史基础和经济社会基础等。

（2）确定城镇体系的发展目标与发展战略，根据城镇之间的职能相似性与差异性，划分功能区域，根据城镇体系的职能协作组织方式，进一步提出城镇在体系中的分工及合理发展目标预测。

（3）确定城镇体系的等级和规模结构。城市的存在与发展取决于其作为一个中心对周围的吸引力和辐射力。这种中心功能，由于其影响范围的大小不同，形成了地域空间的等级体系特征。在当前我国发展阶段下，城镇体系一般可分为全国性、区域性和地方性三个等级。根据自身等级，确定城镇体系及其内部城镇的发展规模，对不同等级城镇发展进行合理引导，是城镇体系规划的最主要内容之一，其目的在于使整个城镇体系有机协调发展。

（4）确定城镇体系的空间布局，优化城镇体系空间结构。城镇体系空间结构是指体系内各个城镇在地域空间中的分布和组合形式，是地域经济结构、社会结构和自然环境条件在空间的形象体现。通过对区域城镇空间网络组织的规划研究把不同职能和不同规模的城镇落实到空间，综合审度城镇与城镇之间、城镇与交通网络之间、城镇与区域之间的合理结合。

（5）统筹安排区域基础设施和社会服务设施。确定保护区域生态环境、自然环境和人文景观以及历史文化遗产的原则和措施，并相应提出实施规划的政策和措施。

2.1.3 城镇体系规划发展历程与未来趋势

1. 城镇体系规划的发展历程

1）国外城镇体系规划的概念形成与理论发展

城镇体系规划理论和方法研究源于城市规划学的区域发展研究。从现代城市规划学创始人霍华德提出"田园城市"（garden cities）理论开始，田园城市进一步发展成"卫星城"。1915年，英国生态学家格迪斯提出了区域规划综合研究方法。1918年芬兰建筑师萨里宁将其"有机疏散理论"（theory of organic decentralization）应用到大赫尔辛基规划方案中获得成功。1933年，德国地理学家克里斯塔勒提出了中心地理论，第一次把区域内的城镇系统化，被后人公认为城镇体系研究的基础理论。这些理论从区域发展的角度探讨了城镇发展空间集聚与扩散的过程与模式、城镇之间相互作用的条件与模式、城镇等级规模的形成及其空间分布一般规律，为城镇体系规划提供了坚实的理论基础（王士君等，2012）。

1960年邓肯（Duncan）在其著作《大都市和区域》（*Metropolis and Region*）中，首先明确提出"城镇体系"（urban system）一词，并阐明了城镇体系研究的实际意义。20世纪60年代后，以美国为首的西方发达国家逐步进入了后工业社会，城镇体系也因社会经济组织形式的重构而发生深刻的变化，学者对城镇体系的研究也相应扩展到了世界范围，提出"世界城市体系"（world urban system）的概念。80年代后，城镇体系的研究重心开始向发展中国家转移，如加拿大学者麦吉（McGee）对东南亚国家城市密集地区进行研究，并提出了"城乡融合区"（deskota）的概念，这些成果为中国学者开展城镇体系研究与规划提供了借鉴。

2）国内城镇体系规划的理论发展与实证研究

（1）城镇体系规划理论与实践探索阶段（20世纪70年代末~80年代中期）。

中国的城镇体系规划工作在20世纪50年代已初现端倪，70年代中后期，为适应经济建设的需要，自上而下地开展了国土规划和区域规划工作。这一时期，城镇体系规划的重点是配合国家和地方的重点建设项目，将城镇的发展与当地经济发展结合起来，从分析工业和交通布局、区域城市化、城镇体系及空间联系等方面入手，探讨区域城镇体系的形成和发展机制、发展前景，编制市域、县域城镇体系规划。这一时期的城镇体系规划带有浓厚的计划经济色彩，规划注重指令性指标和数据，理论上也主要集中在城镇体系的职能结构和等级规模结构等方面。

（2）城镇体系规划理论的完善与系统化阶段（20世纪80年代中后期~90年代中期）。

中国城镇体系理论与实证的系统性研究始于20世纪80年代。由于中心地理论所表述的组织特征与我国垂直等级的城镇体系结构具有较大的相似性，加之行政体系的同构化加固，因此在计划经济时期以及改革开放以来向市场经济转型的长期过程中，城镇体系在很大程度上是遵从和延续着自上而下的中心地体系来进行规划的。同时，中心地理论对于当时的中国城镇体系也具有较强的解释力。以中心地理论、核心-边缘模型、位序-规模法则、分形理论等为理论基础，学者先后提出了"三结构一网络"理论、"点-轴系统"模型、中国国土开发的"T"字形空间结构战略，并长期指导中国城镇体系研究和实践。

其中，宋家泰和顾朝林（1988）在《城镇体系规划的理论与方法初探》一文中首次系统提出了城镇体系的地域空间结构、等级规模结构、职能类型结构和网络系统组织规划内容，即"三结构一网络"理论。"三结构一网络"理论在较长的一段时期内都是中国城镇体系规划的基础理论和指导方针，同时也是规划的核心内容。原因是，其理论背景与当时我国社会经济发展的历史背景高度契合。首先，该理论与当时我国欠发达的生产力水平及相对均衡的区域发展空间特征相适应，有效引导经济活动向城镇空间集聚。我国城镇体系脱胎于农业社会，具有生产要素均质分布的空间特征和生产力、城镇化水平较低的发展阶段背景，因此，"三结构一网络"理论的表述较为符合当时的社会实际，并且体现出城镇体系规划对引导资源要素空间集聚、凸显中心地区城镇职能、引导区域生产分工协作、对城镇空间组织有效协调的战略部署的作用。其次，"三结构一网络"理论的提出与我国计划主导的经济体制相适应。在我国计划经济时期以及改革开放以来向市场经济转型的长期过程中，自上而下的城市体系占据了主导地位。在此背景下，城镇体系规划以落实国家重点建设项目为主要目的，使国家的资本得到均衡配置。而这一工作的前提就在于确定城市的性质、规模、等级，这正是"三结构一网络"理论的核心内容（张泉和刘剑，2014）。

（3）规划理论与模式的突破创新阶段（20世纪90年代中期至今）。

改革开放以来，市场经济体制的确立使得我国城镇体系的组织原则产生根本性变革，企业和个人作为经济活动主体的地位已经基本确立。在经济结构调整、社会结构变迁、地方政府治理转变与区域、城市等不同尺度的空间重构的相互作用下，城市作为经济社会活动的载体，其内部各种力量的成长、组合与嬗变强烈地反作用于经济与社会过程（张京祥等，2008），这种往复相互作用的过程不断推动着城镇体系的空间重构与研究理论框架的创新与转变。顾朝林和张勤（1997）从世界体系、全球与地方联系、城市间相互作用的新途径、城市职能演化、参与全球城市体系竞争必由之路五个方面阐述了新的城市体系布局理论，并将城市体系研究方法归纳为特性法和联系法。阎小培和方远平（2002）在研究全球化和新国际劳动地域分工背景的基础上，提出了基于都市区理论和产业空间规划、以都市区为核心的城镇体系规划新思路。而且，新时期的城镇体系规划在实践过程中强调可持续发展，突出区域发展战略研究及空间管制规划。因此有学者认为，当今的城镇体系规划，正从区域分析走向全球化研究，从比较分析走向竞争优势分析，从"计划"走向"管治"，从"组织"走向"协调"。

2. 城镇体系规划的发展趋势

1) 多规融合的空间规划

传统的城镇体系规划，强调自上而下地组织一定区域范围内城镇的空间地域结构、职能组合结构和规模等级结构，这种组织行为带有较强的指令性，往往因忽视对各利益主体的协调而使规划缺乏可操作性。然而，城镇体系规划的本质特点是超越行政区划，把多个行政单元、多个利益主体协调在一起，谋求整体发展，协调发展是其核心任务。针对当前多种区域空间规划并存且难以有效衔接的局面，中央城镇化工作会议和《国家新型城镇化规划（2014—2020年）》明确提出要"建立空间规划体系，推进规划体制改革"，"推动有条件地区的经济社会发展总体规划、城市规划、土地利用规划等'多规合一'"。"多规合一"是指将国民经济和社会发展规划、城乡规划、土地利用规划、生态环境保护规划等多个规划融合到一个区域上，实现一个市县一本规划、一张蓝图，解决现有各类规划自成体系、内容冲突、缺乏衔接等问题。

空间规划体系是以空间资源的合理保护和有效利用为核心，从空间资源（土地、海洋、生态等）保护、空间要素统筹、空间结构优化、空间效率提升、空间权利公平等方面进行突破，探索"多规融合"模式下的规划编制、实施、管理与监督机制。我国的国家空间规划体系包括全国、省、市县三个层面。1990年以来，我国有关城镇体系规划的指导思想从强调经济发展转为强调区域协调、空间管制以及资源环境的保护与合理开发利用；强调打破行政区界线，促进区域一体化和跨区域治理（谢涤湘和江海燕，2009）。党的十八届三中全会通过的《中共中央关于全面深化改革若干重大问题的决定》指出要"建立空间规划体系，划定生产、生活、生态空间开发管制界限，落实用途管制"。2015年9月，中共中央 国务院印发的《生态文明体制改革总体方案》进一步要求"构建以空间治理和空间结构优化为主要内容,全国统一、相互衔接、分级管理的空间规划体系,着力解决空间性规划重叠冲突、部门职责交叉重复、地方规划朝令夕改等问题",同时指出编制空间规划要"整合目前各部门分头编制的各类空间性规划,编制统一的空间规划,实现规划全覆盖。空间规划分为国家、省、市县(设区的市空间规划范围为市辖区)三级"。

2) 城市网络

信息化作用下,地方空间与流空间的共存促使地域空间结构从等级化转向网络化(Henderson et al., 2002),随着网络社会的崛起,传统的"场所空间"正被"流动空间"所取代(Castells, 1996)。作为一种新的地理空间现象和研究范式,网络通过代理人将城市联系在一起,组织其中要素的流动、互动、生产,为城镇体系研究提供了新的视角和解释力。流空间是通过流动而运作的共享时间的社会实践的物质组织(Castells, 1992),是围绕人流、物流、资金流、技术流和信息流等要素流动而建立起来的空间,是以以信息技术为基础的网络流线和快速交通流线为支撑,创造的一种有目的的、反复的、可程式化的动态运动(沈丽珍和顾朝林,2009)。

城市网络(city network)是一种全新的城市系统空间组织形式,在城市网络中,城市依托网络系统而存在,节点和链接是城市网络的主要结构。各城市作为网络节点而相互发生作用,这种作用的强度与规模同时决定了各个节点在城市网络中的地位。在城市网络中,城市所占有的物质资源禀赋的重要性被大大弱化,网络联系的便利性和强度直接决定了节点城市的功能。城市网络是一个十分复杂的系统,并不断处于变化发展中,这种以基础设施网络为基底,复合了生产网络和社会网络的新地理空间,成为城市空间全新而高效的组织形式。城市网络的相关研究从最初的世界城市(world city)和全球城市(global city)到世界城市网络(world city networks),再到向区域城市网络(region city networks)的方向演变,当前的研究明显开始多元化,不仅关注少数全球城市在世界城市体系中的控制地位以及如何发挥网络中心的作用,而且关注原有的底层中心地城市如何向上融入高层的城市网络,同时加强了对地方城市如何通过协同合作形成区域城市网络并与全球城市网络产生关联效应的研究。

3) 大数据应用下城镇体系规划的变革

区域与城市体系研究通常采用属性数据,其虽揭示了城市的重要性,但突出强调城市发展的静态结果。应用关系型数据的网络研究关注于城市发展的动态过程和交互效应。然而官方往往无法提供研究所需的关系型数据,关系型数据的缺失也被称为城市研究的"阿喀琉斯之踵"。进一步,传统普查数据已难以反映当前中国快速城镇化背景下流空间的变化特征与城市间日益复杂的交互关系。例如,在以往人口流动的相关研究中,数据多来源于人口普查和统计年鉴。受统计口径限制,研究以大尺度的静态分布特征、长期演化规律为主,同时在时效上存在滞后性。信息化时代下,全球导航卫星系统(global navigation satellite system,GNSS)、基于位置的服务(location based service,LBS)、位置共享服务(location sharing service,LSS)等技术的发展,使包括地理位置、社会属性、移动轨迹、迁移过程和交互模式等信息在内的人类时空行为数据的综合、连续观测成为可能。人口流动的时空特征通过大量且复杂的移动智能设备数据的形式表现出来,为城市网络研究提供了足量、足精度的实测流数据支持。

2.2 城镇体系规划编制程序与方法

城镇体系规划是城乡规划体系的组成部分,规划的编制工作是在政府的统一管理和指导下,由专家、技术人员、各职能部门协助配合,公众建言献策,多方参与并共同完成的。经过多年的实践,中国城镇体系规划摸索出一条自己的编制道路,编制流程和方法较总体规划、其他专项规划等既有联系又有区别,尤其伴随《城乡规划法》《省域城镇体系规划编制审批办法》《县域城镇体系规划编制要点》(试行)等法律法规和规范规程的颁布与完善,城镇体系规划编制更加有法可依、有章可循。同时,在目前信息技术与科学研究不断进步的趋势下,城镇体系规划编制的程序与方法也在与时俱进,在内业与外业、理论与实践、传统与新潮的多方位协调下开展,形成一套系统流程,具体如图2.1所示。

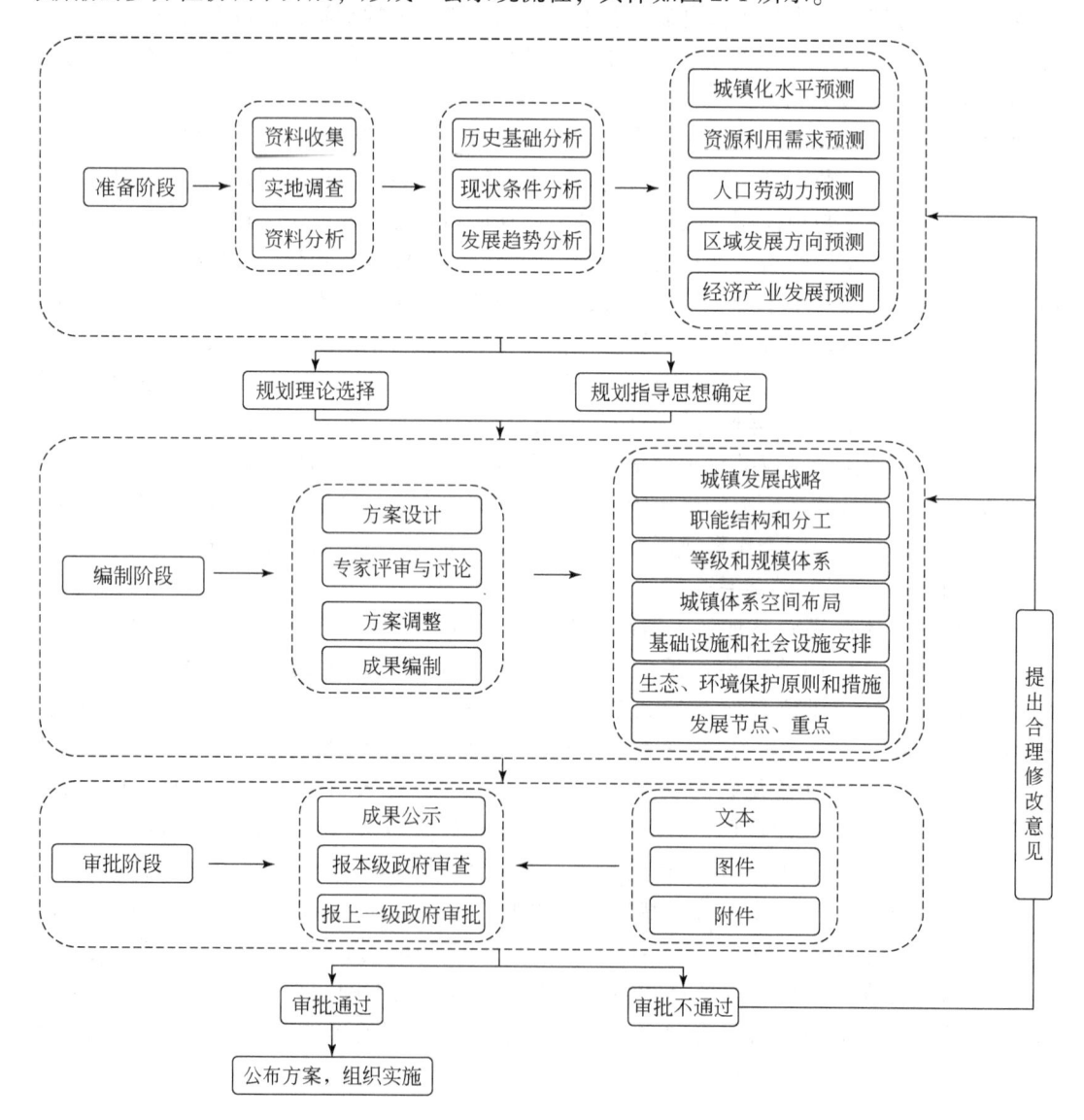

图2.1 城镇体系规划编制流程图

2.2.1 城镇体系规划编制流程

1. 规划编制准备阶段

1)资料收集阶段

城镇体系规划一般由相关地方政府（甲方）通过招标等多种形式，授权编制单位（乙方）进行规划编制，并由甲方进行审批。作为甲方的政府，在组织编制城镇体系规划时可在政府规划主管部门设立办公室，用以协调联络相关的各有关部门。甲方各有关部门应向乙方提供规划地域的各种基本情况相关资料，如编制规划必备的各种比例尺地形图，同时表明对规划编制的具体要求。

作为乙方的编制单位，在编制城镇体系规划时需要组织好编制工作队伍。查阅规划区域的基本情况和背景资料，利用遥感、卫星影像等现代信息技术手段，提前了解规划区域实时状况。根据已有资料和规划编制的需要，列出规划编制工作所需的资料清单。结合特定时期规划区域的尺度选取恰当的城镇体系规划理论和方法，是实现城镇体系规划编制科学性、前瞻性的前提条件。

2)实地调查阶段

实地调查包括座谈交流、现场踏勘、实地观察、访问调查、网络调查、问卷调查等方法。通过实地调查进行资料补充，工作人员能全面、翔实地了解区域情况。这一阶段关系到规划的质量，必须予以足够的重视，重点要做好如下几项工作：①制定完整的资料清单收集计划，包括各种表格；②安排好相关调查路线；③与当地政府及相关主管部门召开沟通协调交流会议。

3)资料分析阶段

资料分析在资料收集、实地调查的基础上展开。初步的资料分析应与资料收集、实地调查交叉进行，边收集边分析，边调查边分析，以为后期资料收集提供思路。深入的资料分析在资料收集和实地调查结束后进行，应总结城镇发展的历史过程，分析规划区的现状特点，如区位、人口、自然条件、经济基础、社会发展等，综合评价区域发展的条件，如优势条件、制约因素、存在问题等。同时，要在不同尺度上进行综合考虑。在宏观尺度，要参照全国的发展战略、方针政策和预测指标来对本级规划在发展战略、目标和城镇化水平预测等大的方向性问题上进行研究。在中观尺度，要分门别类地进行部门分析，并进行综合归纳的特征分析。在微观尺度上，要对一些特殊地域、特殊问题进行深入分析。

2. 规划编制工作阶段

城镇体系规划编制工作一般分为编制城镇体系规划纲要（以下简称规划纲要）和编制城镇体系规划成果（以下简称规划成果）两个阶段①。

1)编制城镇体系规划纲要

编制规划纲要的目的是综合评价规划区域的城镇化发展条件及对城乡空间布局提出基本要求，分析研究区域相关规划和重大项目布局对城乡空间的影响，明确规划编制的原则和重

---

① 《省域城镇体系规划编制审批办法》，中华人民共和国住房和城乡建设部令第3号，2010年7月1日施行，索引号：000013338/2010-00288。

点，研究提出城镇化目标和需要采取的对策与措施，为编制规划成果提供基础。在编制规划纲要时，要根据资料分析结果对区域城镇化和城镇发展中的重大问题进行专题研究，如发展战略专题、城镇化进程专题、用地用水专题等。

规划编制单位应就规划纲要与地方城乡规划主管部门协调沟通，并由城乡规划主管部门组织专家对纲要的合理性与科学性进行充分论证，征求同级人民政府有关部门和下一级人民政府的意见，在确定城镇体系的规划目标、规划原则、规划指导思想的基础上，对城镇体系规划的基本内容提出意见与建议，给出对规划纲要的审查意见，并将上述内容反馈给编制单位，加强对城镇体系规划编制工作的指导。规划编制单位在此基础上对规划纲要作进一步的调整，确定最终的规划纲要。

2）编制城镇体系规划成果

确定规划纲要后，可以开展对城镇体系规划成果的编制。规划成果应包括规划文本、说明书和图件。编制单位应在明确分工的基础上，对规划成果的内容、格式、完成时间作出统一要求，在编制过程中应当根据需要进行必要的研究、讨论，并与相关政府部门随时沟通，最终完成规划成果的编制。城乡规划主管部门在收到规划成果后，需要对其进行论证评审，论证评审一是组织专家进行专家评审，根据专家意见，进一步修改规划成果；二是将最终的规划成果提请本级人民代表大会常务委员会审议，审议通过后应当将规划成果予以公告，征求专家和公众的意见，省域城镇体系规划成果的公告时间不得少于三十日。

2.2.2 城镇体系规划编制方法

1. 城镇体系规划编制原则

1）政策引导，科学指导

规划是政府行为，城镇体系规划是政府在未来一段时间内协调和引导区域发展的决策依据和调控手段（邹军等，2002）。规划目标与政府的发展意向、发展政策和国民经济计划密切联系，同时，政府也是规划落地实施的主体。因此，城镇体系规划的编制要尊重政府意见，并充分合理地融入规划中，作为规划的宏观引导。但是，如果完全参照政府的发展政策，规划的科学性和合理性得不到保障，就不能为区域发展提供科学的指导和建议。因此，在政策引导下，还要运用科学方法编制城镇体系规划。一方面，规划的目标要建立在对过去和当下数据的科学分析与预测之上，尤其在当下的大数据时代，应将传统数据与大数据适当结合，充分运用经济学、人口学、计量学的相关知识，用尽可能简单有效的数学模型制定合理、可实现的目标；另一方面，城镇体系规划要充分发挥地理学、社会学、建筑工程学、地质学、生态学等学科的作用，综合考虑资源开发、生态环境保护与可持续发展要求，为规划的可操作性、可持续性提供科学指导。

2）实地考察，因地制宜

对区域特征的分析和掌握是编制城镇体系规划的重要前提，实地调研是规划开展的基础工作。以往的城镇体系规划在基础资料调查方面比较薄弱，导致规划"不接地气"。中国幅员辽阔，区域差异较大，通过调研，一是可以知历史，了解不同地域内城镇产生和形成的历史基础、发展过程、影响因素及其特点，在规划中以史为鉴；二是可以明现状，即深入观察城镇目前的发展特征、分布状况、地域差异、规模等级及各城镇的主要职能，更重要的是对区域发展条件进行全面和有理有据的分析，即对区域内城镇的地理位置、自然条件、资源生态、经济结构及面临的困境等情况有较好的掌握，为城镇体系规划的开展提供依据。更重要的是通过实地考察，真切感受到区域之间以及区域内部的客观发展条件与差异，并在规划中充分考虑地方特色，做到因地制宜，扬长避短，统筹兼顾，规划出最优方案，并解决区域内的个性问题，实现对症下药，避免规划千篇一律，脱离实际。

3) 上下联系，多方衔接

城镇体系规划上由上至下依次为全国、省域、市域和县域四个层级，而不同层级规划之间关系割裂、信息不对称是导致过去我国部分规划落实困难的一个重要原因。在总结历史经验的基础上，新形势下的城镇体系规划在发展战略、目标和城镇化水平预测等方向性问题上应注重宏观分析，与高层次城镇体系规划乃至全国发展战略、方针政策和预测指标相衔接，同时也要关注地域本身的发展条件，听取各部门、各地方的意见，衔接好本地发展和更高层次发展要求的关系，加强规划的纵向联系。此外，在以人为本的发展理念下，城镇体系规划应该更加注重公众利益，听取民声，应通过论证会、听证会的方式或者报刊、电视、网络等大众传媒的宣传征求公众意见，提高公众参与度。应认识到城镇体系规划不是孤立的个体，在"多规合一"理念的引导下，城镇体系规划应注重与其他规划（如国民经济和社会发展规划、主体功能区规划、土地利用总体规划、城市总体规划、环境保护规划等）衔接；与各行业（如交通运输、水利资源利用、供电等）规划相衔接；同时也要关注周边地区发展规划，处理好"邻里关系"，要结合城市群、都市区等城镇发展新趋势、新形态，与所在城市群、周边的城市群发展规划建立联系，抓住机遇。在新形势下，网络范式的构建和研究方兴未艾，城镇体系规划也应引入网络分析方法，国家重点地区的城镇体系规划还应进行全球化背景的研究，将其放入全球城市网络中，在未来发展上与国际接轨。

4) 时空有序，弹性规划

城镇体系规划具有时间和空间双重维度，其核心是随着时间的推移，发展权在空间上的分配。因此，城镇发展在时间和空间上的分配与把控决定着城镇体系规划的成败与可持续性。在全球化、市场化的背景下，城镇发展环境日新月异，影响区域发展的机制越来越复杂，区域未来发展的可预测性降低，不确定性升高。因此，只有提高规划的调控性、弹性，降低规定性、刚性，城镇体系规划才能在复杂多变的环境中发挥作用。具体来看，时间上，在 15~20 年的规划期内，可进一步细分为近期、中期和远期规划，设置重要时间节点，深入研究发展机制和宏观的长期性的影响因素，确定发展目标，通过分阶段引导增强规划的适应性。空间上，地理的实体空间是规划基础，规划中首先应明确空间开发管制要求，在此基础上协调好城乡空间布局关系，明晰空间发展的重点区域、主要轴线、层次体系，合理引导重点地区空间形态；对城市群、城市带等重点城镇空间、大型生态敏感区要重点考虑跨界的空间协调问题，在明确空间布局和结构的基础上科学有序地安排各类空间的开发和发展次序，有计划地一步步推进，将会增强规划的调控性和弹性。此外，区域交通条件的改善和互联网的快速发展大大削弱了区域联系在空间距离上的阻碍，对区域发展的空间结构产生深远影响，因此，在传统的实体空间规划基础上，把虚拟空间纳入新时期的城镇体系规划中，将进一步增强规划的弹性，使其更好地适应当下城镇发展的新形势。

2. 城镇体系规划编制一般方法

城镇体系规划编制经过多年实践，在资料准备和方案编制过程中形成了众多共识性的方法。然而，随着全球化、信息化、网络化发展，新技术、新方法在城乡规划领域中逐步得到关注并被引进，尤其在方案编制过程中，3S［地理信息系统（geographical information system，GIS）、全球导航卫星系统（global navigation satellite system，GNSS）、遥感（remote sensing，RS）］和4D［数字高程模型（digital elevation model，DEM）、数字正射影像图（digital orthophoto map，DOM）、数字栅格地图（digital raster graph，DRG）、数字线划图（digital line graph，DLG）］等技术方法的应用成为趋势和必然选择。

1）资料收集

（1）现场踏勘。现场踏勘是城镇体系规划调查最基本、最直接的方法。根据规划区域的大小可进行全域性和局域性的踏勘，同时可借助地图、GPS仪、相机、航拍等技术工具进行现状记录标识，利用野外土壤、水质等检测仪器检测区域物理、化学环境，为规划编制提供全面的基础数据。

（2）问卷调查。问卷调查是征集规划意见和想法的有效手段。设计的问卷可采用实体发放、网络媒体调查、电话采访等形式进行调查，尤其在互联网普及的情况下，通过网络媒介进行的社会问卷调查已经成为一种覆盖范围广的有效方法。问卷的设计是关键步骤，从结构到内容均需认真研究，根据规划的内容和重点确定调查对象、问题和结构，问卷结束后可通过统计分析的方法得出相关结论。

（3）文献查阅。文献查阅是一种传统而有效的资料收集方法，文献可分为文字、音像、机读和卫星文献等。其中，以文字文献为主，主要包括相关专家学者的研究成果、各部门的专项资料和地方统计年鉴、普查资料、城市志或者专项的志书、历年的规划和进展资料及国家地方重大发展意见和相关政策等，此外还有地方发展纪录片、遥感影像资料等，都是规划开展的重要基础性资料。

2）数据分析与方案制定

（1）定性方法。定性方法在数据分析中常采用因果分析、比较法，方案制定中常采用定性描述，如对城市定位、城市职能、等级规模等的描述，是体现规划弹性的重要方法。

（2）定量方法。定量方法常用于经济动态分析、人口动态分析、规划目标确定、规模等级评价以及发展空间的划定中。研究城市化、人口规模等社会经济要素相关关系和发展目标常用相关分析、回归分析、线性规划、灰色系统法等方法；对城市发展空间、界限的确定可采用城市增长边界（urban growth boundary，UGB）法、断裂点理论、区位商等方法，对城市规模和等级的研究常用网络分析法、位比重法、首位城市法、集中化指数法；城市经济区划分常用d_Δ系理论与R_d链方法（顾朝林，2005）。此外，基于各种流空间的分析测度方法和信息技术与数据开放态势下的大数据研究，因其大量、高速、多样、高价值和真实的强大功能，已经得到广泛应用（张京祥和胡嘉佩，2016）。未来的城镇体系规划也应顺应时代要求，将流空间、大数据与传统数据相结合，提高规划的精度、可操作性和时代性。

（3）空间技术方法。空间技术方法越来越成为城镇体系规划中的重要手段。基于计算机的空间分析是通过对空间地理数据的处理，直观体现城镇体系的规模、等级结构、空间布局及空间关联等，其中，以空间关系数据库为核心的GIS系统应用最为广泛。将RS、航摄像片、GNSS等技术手段获取的地理数据和地图影像通过GIS系统等进行处理，结合DEM、DPM、DRG、DLG等进一步进行分析模拟和预测，为城镇体系规划的制定提供技术和数据支持（尧传华等，2012）。

3）方案展示

方案展示是帮助提高规划质量的重要体现。在文件部分，内容要求符合《城乡规划法》《省域城镇体系规划编制审批办法》，以及基础设施、土地利用和其他专项规划相关法律法规、技术标准的要求，制定合理的结构框架，语言上要符合有关技术标准的术语和定义，并反复斟酌，清晰表达，避免出现歧义。图件部分是规划方案的直观体现，土地用色、名称和比例尺等要符合《城市规划制图标准》（CJJ/T 97—2003）等的要求，图纸上应含有图题、图界、指北针、比例尺、规划期限、图例图标等内容，计量单位应使用国家法定计量单位，作图习惯要符合常规的逻辑思维，部分特殊情况应做出说明。此外，要选择合适的绘图软件，常用的有 AutoCAD、ArcGIS、PhotoShop 等。

3. 城镇体系规划编制重点

因地制宜、扬长避短，发挥各自优势，形成统筹协调、整体最优的城市与区域发展格局，是城镇体系规划的核心任务（张泉，2015）。在编制中要着重从区域整体空间、统筹城乡空间布局、兼顾并综合协调各方利益的角度出发，通过落实国家城镇化战略，引导调控城镇发展，从而实现城镇健康发展（刘继斌等，2016）。总的来说，城镇体系规划编制重点大致包括下列五个方面。

1）优化城镇布局和形态，明确城镇体系布局结构

资源环境承载力是在一定时期和一定区域范围内，在维持区域资源结构符合持续发展需要、区域环境功能仍具有维持其稳态效应能力的条件下，区域资源环境系统所能承受人类各种社会经济活动的能力（高湘昀等，2012）。不同地域单元的资源环境承载力差异影响着城镇的规模形态与格局分布，也影响着城镇体系规划编制过程中对城镇布局和形态的研究与规划。因此，为实现城镇体系规划对规划区域资源、环境、人文要素的有序调控，在城镇体系规划编制过程中必须考虑规划区域的资源环境承载力。

2）科学制定区域空间发展重大战略，确保相关战略有效落实

在广域层面上存在如"一带一路"倡议、京津冀协同发展、长江经济带等重大战略，通过编制全国城镇体系规划对全国城镇发展和城镇空间布局进行统筹安排。同时，全国城镇体系规划的编制也为各省、自治区、直辖市制定城镇体系规划和城市总体规划提供了依据。在省域层面上明确全省、自治区、直辖市城乡统筹发展的总体要求，根据空间范围内的区域差异提出分类指导的城镇化政策，通过编制省域城镇体系规划对城镇化目标和战略、城镇化发展质量目标及相关指标、城镇化途径和相应的城镇协调发展政策与策略、城乡统筹发展目标、城乡结构变化趋势和规划策略进行统筹布置，解决如区域性重大基础设施、相邻城市的重大基础设施布局等，促进城乡协调发展。

3）提高城镇建设质量，推动城乡发展一体化和公共服务均等化

传统城镇化进程建立在资源消耗的基础之上，其重速度而轻质量的城市发展方式，加剧了城乡发展的矛盾，对生态环境存在显著负向影响效应。新型城镇化则是以可持续发展为理念的，在稳步推进城镇化的同时，注重城镇化质量的提升，强调人与环境协调发展。因此，在城镇体系规划编制过程中需注重城乡土地流转、城乡空间的布局与优化、城乡人口流动、城乡综合交通体系的建立、强化城乡市政基础设施系统、城乡均等社会服务系统以及城乡生态环境系统的构建，从而促进大中小城市、小城镇、新型农村社区协调发展以及城乡基础设施一体化和公共服务均等化，最终实现城乡共同富裕与经济社会的一体化。

4）强调资源环境底线，加强空间开发管制

城镇体系规划中应把城镇发展布局与城镇土地利用紧密地结合起来，不仅要对开发活动在空间和时间上做出合理安排，而且要从维护经济社会可持续发展的角度出发，综合协调长远发展和环境保护的关系，在空间和时间上对不合理的开发活动进行限制。要把对规划区域土地利用开发活动的控制，作为间接调控规划区域开发和产业布局的重要手段，从而使城镇体系规划具有可操作性。尤其是对基本农田和生态环境脆弱区与敏感区的保护，防止其受外界影响而出现退化是城镇体系规划编制时必须考虑的。

5）健全规划实施机制，强化规划约束性，加强规划实施管理

根据实施城镇体系规划的需要，政府城乡规划主管部门可以依据经批准的城镇体系规划，会同有关部门组织编制规划区域内的区域性专项规划，以落实城镇体系规划的相关要求。城市、县、镇人民政府应当根据城市总体规划、镇总体规划、土地利用总体规划和年度计划以及国民经济和社会发展规划，制定近期建设规划，报总体规划审批机关备案。近期建设规划应当以重要基础设施、公共服务设施和中低收入居民住房建设以及生态环境保护为重点内容，明确近期建设的时序、发展方向和空间布局。

4. 城镇体系规划编制成果

根据《城乡规划法》《省域城镇体系规划编制审批办法》和各地方的编制办法，城镇体系规划成果应当包括规划文件和图纸，以书面和电子文件两种形式表达。文件包括规划文本和附件，文本是对规划的目标、原则和内容提出规定性和指导性要求的文件，文本中应明确城乡统筹发展的总体要求、资源利用与资源生态环境保护的目标、要求和措施、城乡空间和规模控制要求、城乡空间布局相协调的区域综合交通体系、城乡基础设施支撑体系、空间开发管制要求、对下层次城乡规划编制的要求、规划实施的政策措施等内容。附件是对规划文本的具体解释，包括综合规划报告、专题规划报告和基础资料汇编。图纸部分反映规划意图和各阶段区域状态，一般包括现状图、规划图、分析图，具体有现状图、区位分析图、城市等级体系规划图、空间结构规划图、综合交通体系规划图、基础设施规划图、生态建设与环境保护规划图、空间管制规划图、空间区划图等，不同等级的城镇体系规划可根据地方规划条例要求和规划需求适当调整。除此之外，市、县域城镇体系规划图件还可细化到产业布局规划图、近期建设发展规划图、重点地区规划图等，根据城市总体规划的要求灵活开展。图件中对图纸、用地图例、规划要素图例等的要求可参照《城市规划制图标准》（CJJ/T 97—2003）[①]。

5. 城镇体系规划审批与实施

1）城镇体系规划的审批

城镇体系规划是我国目前唯一具有法律地位的区域性空间规划，在审批过程中采取分级审批的方式。根据《省域城镇体系规划编制审批办法》第十一条，全国城镇体系规划，由国务院城市规划行政主管部门报国务院审批。省域（或自治区域）城镇体系规划，由省或自治区人民政府报经国务院同意后，由国务院城市规划行政主管部门批复。市域（包括直

[①] 《城市规划制图标准》（CJJ/T 97—2003），中华人民共和国建设部发布，中国建设工业出版社出版，2003年12月1日起实施。

辖市、市和有中心城市依托的地区、自治州、盟域)、县域(包括县、自治县、旗域)城镇体系规划纳入市级和县级人民政府驻地镇的总体规划,依据《城乡规划法》实行分级审批。跨行政区域的城镇体系规划,报有关地区的共同上一级人民政府审批。根据《省域城镇体系规划编制审批办法》第十八条,修改省域城镇体系规划应当符合《城乡规划法》的相关规定。修改省域城镇体系规划向国务院报告前,省、自治区人民政府城乡规划主管部门应当结合对省域城镇体系规划实施情况的评估,提出规划修改的必要性、修改规划的基本思路和重点,经省、自治区人民政府同意后,向国务院城乡规划主管部门报告。上报国务院的规划成果应当附具省域城镇体系规划说明书、规划编制工作的说明、征求意见和意见采纳的情况、人大常委会组成人员的审议意见和根据审议意见修改规划的情况等。

2) 城镇体系规划的实施

应明确不同层面上城镇体系规划的实施主体与实施内容,进而达到有计划、分步骤、有组织地实施城镇体系规划。

(1) 明确城镇体系规划的实施主体。《城乡规划法》第二十八条指出城镇体系规划的实施主体是地方各级人民政府。

(2) 明确城镇体系规划分阶段的实施计划。地方各级人民政府应当根据当地经济社会发展水平,量力而行,尊重群众意愿,有计划、分步骤地组织实施城乡规划。根据城镇体系规划目标和发展路径,判断各阶段要达到的发展状态,以城镇化策略、产业政策、户籍制度、交通支撑等进行保障。通过合理安排行动重点和时序,使规划能够分阶段、分步骤、分层次地推进;通过对相关部门提出行动建议,形成区域发展的合力。行动内容不求面面俱到,而是围绕区域总体发展目标,抓住关键环节,突出针对性、战略性、可操作性和实效性。

(3) 明确事权的规划实施。协调各级地方政府,界定规划部门与相关部门的权力与职责,明确事权,按照"一级政府、一级事权"的原则,合理确定政府监管与协调管制以及地方政府引导的空间范围,落实城镇体系规划内容。按照城镇体系规划的内容协调好政府与市场的关系,使政府在公共服务方面更好地发挥主动作用,使市场在生产资源、要素合理配置方面发挥更为积极的主导作用。

2.3 城镇与区域发展条件及发展战略

2.3.1 城镇与区域发展条件

1. 自然资源条件

自然资源是自然界中能为人类所利用的物质和能量,主要包括土地资源、气候资源、水资源、生物资源、矿物资源、海洋资源和能源资源等。丰沃的土壤、适宜的温度、充足的水源、多样的动植物、储备丰富的煤炭和石油等优良的自然资源条件有利于开发建设,这些条件较好的地区易于形成一定规模的聚居区,因此良好的自然资源条件在一定程度上会促使城镇或乡村聚落的产生,并从根源上影响其发展。自然资源的地域组合状况会直接影响城镇的产业构成,城镇所在空间拥有的独特资源一般都会对城镇主导产业产生影响。此外,自然资源状况对区域的发展也具有重要作用,区域自然资源数量的多寡直接影响区域生产规模的大小,某种自然资源的数量越多,利用这种自然资源发展生产的规模可能越大,区域发展势头可能越好（崔功豪等，2006）。

2. 人口与劳动力条件

人口与劳动力作为生产者、消费者和科技载体对城镇与区域发展有重要作用。劳动力从农业向第二、第三产业转移促使城镇形成，第二、第三产业的出现和集聚加强了生产的社会化和专业化，促进了区域的发展。劳动人口的数量影响城镇自然资源开发利用的规模，城镇经济发展水平和产业结构受到当地劳动人口的身体素质、文化技术水平和思想素质的制约（杜宁睿，2004）。人口的自然增长使人类社会得以繁衍，也使区域劳动力得以补充，人口与劳动力的迁移则会带来区域经济布局的变化，从而成为区域发展必不可少的条件。

3. 科学技术条件

科学技术的发展促使城镇进步，科技的进步以及多种产业的协作促进城镇基础设施发展，生活服务设施、工厂生产设备等设施的技术革新使城镇物质生活达到较高水平，给城镇带来巨大的集聚效益和规模效益。科学技术的进步同时也降低了人们对自然资源的依赖程度，改变了以往以自然资源开发为主导的区域发展模式，促进了新的生产要素产生，为区域发展开拓了更广阔的空间。此外，科学技术的进步还推动了区域经济结构的多样化，促进区域产业结构调整（黄本笑等，2002）。

4. 经济背景条件

从经济学角度看，城镇化是在空间体系下的一种经济转换过程，人口和经济向城镇集中是集聚经济和规模经济作用的结果。一方面，城镇的成长和发展离不开经济发展，经济增长也同样需要城镇作为载体，二者相互协调，是对立统一的关系；另一方面，区域发展也要依靠不同种类的经济活动和一定的市场规模，经济活动的顺利开展有助于区域良好发展。同时，城镇与区域良好的市场环境可以促进科学技术的进步，提高劳动生产率和服务质量，而只有在健康的市场和经济环境背景下，城镇与区域内部才会更加协调，影响范围才会不断扩大，城镇与区域才会不断发展（潘学标，2003）。

5. 政策与制度条件

政策与制度是城镇与区域发展的重要条件，也是影响城镇与区域发展的重要因素。政策与制度能确定一个城镇的发展规模与发展方向，如十九大报告提出的以疏解北京非首都功能为"牛鼻子"推动京津冀协同发展政策，必然会影响北京未来的发展目标与方向。政策与制度同时也是维持区域稳定发展的重要手段，可以优化区域内部资源配置，也可以推动区域内部生产要素合理流动。区域政策与制度能够有效促进区域均衡发展，对各个区域间的经济发展效率有重大影响。

2.3.2 城镇与区域发展方向及战略目标

1. 发展方向

1）创新发展

创新是历史进步的源泉、时代发展的关键。首先，城镇与区域的发展应强化科技创新源地建设，聚焦对未来经济社会发展具有颠覆性意义的技术创新、应用创新和组织创新，建立全球领先的创新生态，构建符合创新创业规律的治理体系和政策环境，营造鼓励创新、宽容失败的文化氛围。其次，应积极搭建全球创新网络平台，打造更具创新力和竞争力的、能够从容应对各种挑战的、具有活力的城镇与区域，建设国际一流的创新环境，提供前沿和完备的科研设施，培养顶尖创新人才，不断发展世界领先的技术、产品和服务，用创新引领发展。最后，要提高科技创新投入水平，加大科技创新投入力度和规模，打造具有创新带动作用的城镇型、区域型创新平台（辛晓梅，2007）。

2）信息化驱动

信息化能够促进知识的扩散、应用和创新，是推动城镇与区域发展的重要因素。城镇与区域在发展过程中应充分利用信息技术，发挥后发优势，加快推进信息化进程，重点加强信息网络的建设和管理，优化网络结构和布局。要鼓励城镇内企业进行信息化改造，促进电子商务的发展及公共管理部门的信息化建设；同时还要加快打造区域信息服务业，推动区域整体信息化发展（王业强和魏后凯，2015）。

3）永续发展

城镇与区域当下的发展不能给未来的发展带来危害，要维护生态环境，节约使用资源。城镇与区域的永续发展在当今社会不仅指生态的永续性，更要扩展到社会、文化、经济等领域。在生态系统承载能力范围内充分利用资源，加强基础设施建设，合理利用土地，解决交通堵塞、发展不协调等问题（吴志强和李德华，2010）。要尊重自然生态，在生态发展可持续能力的基础上进行一系列的开发与发展工作（吴殿廷，2004）。健康发展要走与环境相协调的道路，提高对发展与环境关系的认识，通过整合城镇与区域发展规模及发展水平和自然基础及生态承载力之间的关系，使城镇与其所在区域获得永续发展的能力（金逸民和张军，2003）。

4）协调发展

城镇与区域在发展过程中要将经济增长、社会保障和生态保护三个目标结合起来，平衡三者关系，形成一个相互促进的有机整体（孙斌栋和郑燕，2014）。在发展过程中应以协调发展思想引导工业化、城镇化和农业现代化进一步提升，这有利于城镇与区域实现绿色发展和健康发展（杨荫凯，2015）。城镇与城镇、区域与区域、城镇与区域之间都要形成优势互补、良性互动的机制，这有利于提高整体的竞争优势和发展效率，避免重复建设和产业结构趋同，有利于打造综合实力较强的城镇以及协调发展的区域（樊杰和洪辉，2012）。

2. 战略目标

1）经济发展目标

城镇与区域发展要以促进经济快速稳定增长、优化居民生活环境、缩小发展差距、坚持永续和谐发展、使经济总量维持在较高水平并拥有持续增长的能力为目标。这需要协调各产业之间的竞争和转换能力，调整产业结构，不断优化区域产业空间格局，提高高新技术产业比例（张金锁和康凯，2003），以适应市场需求变化，达到最佳的经济效益。同时，需要稳定物价，充分给予居民就业的机会，使人民安居乐业，提高城镇与区域的整体活力。要打破行政分割和市场壁垒，推动经济要素有序自由流动、资源高效配置和市场统一融合，促进区域经济协同发展。此外，还应构建开放型经济新体制，积极融入全球化进程，形成对外合作与交流新格局，增强城镇与区域的竞争力与吸引力，结合自身条件不断扩大经济总量，实现城镇与区域经济的繁荣发展。

经济发展目标的具体指标一般包括国内生产总值，人均国内生产总值，消费者物价指数、工农业总产值、人均工农业产值、主要工农产品产量、能源产量、第一、第二、第三产业的就业比例，各产业占国内生产总值的比例，各产业之间的产值比例等。

2) 社会发展目标

完善就业、教育、文化、医疗、住房等公共服务体系，提高人民生活水平和生活质量，推进社会公平，逐步缩小收入差距，提高国民素质和社会文明程度，构建社会公共服务体系和现代化社会发展系统是城镇与区域发展的重要目标和任务。城镇与区域发展首先要平等地给予和保护公民财产不受侵害、人身安全、自由迁徙等基本权利；其次要合理布局基础设施和公共服务，保证和提高人民生存和发展的基本能力，在满足公众基本权利及生存和发展需求的前提下，要注重土地利用和资源配置、开发的效率；最后则是国家基于社会公平理念对弱势群体的关怀，这是保证社会公平性和良好运转的基础。城镇与区域的社会发展目标与动力归根到底是更好地满足居民的生活，改善居民生活质量，提高居民经济收入。因此，城镇与区域发展必须以人为本，做到基本服务均等化，保证社会的可持续发展。

社会发展目标具体指标一般包括总人口，城乡人口比例，劳动力总数，人口就业结构，人均居住面积，人均食物消费量，人均寿命，每万人平均医生数量，婴儿成活率，教育普及程度，每万人拥有大学生数量，每万人拥有各类文化、体育、娱乐设施等。

3) 生态环境目标

城镇与区域发展的生态环境目标包括提高城镇与区域生态环境质量，促进生产方式和生活方式的低碳化、绿色化，通过科技进步提高能源资源开发利用效率，减少能源和资源的消耗，合理控制建设用地的规模，避免盲目扩张而导致的生态破坏，降低碳排放总量和主要污染物排放总量，提高整体可持续发展能力。为此应倡导绿色生活方式，提高居民环保意识，鼓励绿色消费、绿色出行，减少城市中易出现的热岛效应等环境问题，为城镇与区域居民提供优质的居住环境和高质量的生活环境。

生态环境目标具体指标一般包括国土治理面积，森林覆盖增加率，城市绿化率，人均绿化面积，水土流失减少率，污染物排放总量减少率，大气粉尘浓度降低率，大气中 SO_2 浓度降低率，废水、废液年排放量，城市生活污染物年排放量，固体污染物年排放量等。

2.3.3 城镇发展模式与路径

1. 城镇发展模式

1) 区域中心型

区域中心型城镇在其所处地理大区具备引领、辐射、集散功能，是区域的增长极。一些城镇依托其有利的政治、资源、交通、技术等区位优势，成为区域中心型城镇，带动、辐射周边县市，产生集聚效应。把城镇建成现代化的区域中心型城镇，需要做好各方面的工作。首先要推进城市经济、产业和基础设施建设；其次，教育、社会、科技、文化的繁荣也是一个区域中心型城镇的必备条件。

2) 卫星城镇型

卫星城镇是指在大城市外围形成的既有就业岗位，又有较完善的住宅和公共设施的城镇，其功能是疏散大城市人口，防止大城市无限扩张。卫星城镇虽有一定的独立性，但是在行政管理、经济、文化以及生活上仍然依赖大城市（母城），承接中心城市的技术、产业、经济和社会等各方面的辐射，承担中心城市的部分功能和作用。一些大城市外围城镇通过充分利用邻近母城的区位优势以及三类产业同步发展的产业优势,有效减缓了大城市发展压力,并推动城镇整体发展。

3) 工业主导型

工业主导型城镇泛指由工业的产生和发展带动而形成的城镇。这类城镇发展大多依靠主导的工业产业,其就业人员多数为工业企业职工,工业用电、用水、用地所占比例相对较大,城镇大多走专业化的发展道路,实行"一镇一品"模式。城镇中工业企业的集群化有利于深度合作与分工,可降低科技创新成本,使城镇更易融入国内外经济大循环,创造更多经济收益。

4) 商贸带动型

商贸带动型城镇发展得益于其发达的商贸经营模式,能够吸引大批商业机构在城镇内进行贸易和商品展示。这类城镇发展要发挥先进的市场技术优势,结合科学管理,促进区域商贸中心的繁荣,吸引并辐射带动周边。这类城镇通常需要优化交通运输、环境卫生和人居环境三方面要素,从而使城镇环境更有助于发展高水平的商业产业,实现可持续发展。

5) 旅游服务型

旅游服务型城镇的发展一般依靠其独特的自然风光或者人文景观等资源,吸引旅游者前往,具备一定的旅游基础服务设施和旅游服务能力,应以景区景点为核心、以旅游服务产业为主体制定城镇发展战略。这类城镇需合理利用当地优势资源,既要保护自然资源,又要合理开发旅游资源,发展第三产业,经过正确引导形成居民自我建镇、主动发展旅游产业的良好局面。

6) 交通枢纽型

交通枢纽型城镇一般位于综合交通网络交会处,内部重要线路、场站等设施众多,为旅客与货物通过、到发与换乘以及运载工具技术作业提供空间。由于其具有交通便捷、运输量大、信息流动迅速、流动人口多等特点,这类城镇获得较多发展机会,应积极发展与交通运输业相关的第二、第三产业,形成以交通促流通的发展模式。

7) 资源依托型

资源依托型城镇是以本地区矿产、森林等自然资源开采及加工为主导产业的城镇类型。这类城镇的生产和发展与资源开采关系密切。根据资源开采与城镇形成的先后顺序,资源依托型城镇的形成有两种模式,一种为"先矿后城式",即城镇是因资源开采而出现的;另一种为"先城后矿式",即在资源开发之前城镇已具备一定规模,资源的开发加快了城镇发展(何一民等,2005)。这些城镇既要找到接续性产业以保证健康持续发展,同时也要进行适量的开采与加工。

8) 边界发展型

边界发展型城镇可以看作位于国际或省际边界区域内的城镇及其职能区所共同组成的地域,对整个边界区域具有辐射作用。这类城镇由于其特殊的区位而具有明显的边缘性,在自然、经济、区位、文化和习俗等方面都具有同质性。这类城镇虽然可以通过边境贸易促进经济发展,但边界的刚性作用也可能会使其被隔离,城镇发展往往受到制约。因此要加强国家间合作,强化交通服务等基础设施建设,聚集各方面的生产要素,构筑边缘区域的城镇化基点。

9）历史文化型

一些城镇在历史上曾经是政治、经济、文化中心或近代革命运动和重大历史事件发生地，这些城镇往往因具有历史、文化、地理方面的研究价值而被加以保护。该类城镇依托其独特的历史文化来发展相关产业，如文化旅游、红色产业等，在很大程度上促进了城镇发展。历史文化型城镇在发展过程中尤其要注意地脉和文脉的延伸和保护，以实现可持续发展。

2. 城镇发展路径

1）科学确立城镇发展战略

首先，应做到合理规划、准确定位，制定一套科学的发展战略指导城镇的发展（任涵和胡同泽，2007）。科学的城镇发展战略能够决定一个城镇未来的发展方向，提高城镇综合发展效益，促进城镇合理布局。科学的、实施性强的城镇发展战略应倡导社会公平，实现规划制定程序的民主，让城镇居民有机会参与到发展战略的制定与决策过程中，保证社会民众的意愿得到合理表达。其次，城镇发展战略需要考虑城镇全面发展，辩证对待不同利益主体的矛盾冲突，协调人与城镇的关系，协调经济社会环境的关系，协调不同产业的发展等。通过制定合理的、可行性强的城镇发展战略，规范城镇发展，实现最优发展路径，使城镇发展有迹可循。

2）升级产业结构

随着世界经济快速发展，全球竞争进入产业调整、产业结构重组的全新时期。城镇发展需要依托产业结构的调整，淘汰落后产能，提升产业科技价值。发展高新技术型产业成为当下城镇提高核心竞争力的主要方向。为保持城镇发展活力，需要积极推动产业技术结构调整，扩大企业竞争优势，拓展跨国经营，加快城镇产业发展和结构升级，实现永续发展。产业结构升级的核心内容包括将信息技术、低碳技术等前沿技术应用于产业建设之中，用科技创新引领城镇进步，打造具有扎实基础研究、技术研发、创新精神的大型骨干企业，培养拥有多元化技术路线的战略性创新企业（郭旭红和李玄煜，2016）。

3）完善基础设施

城镇基础设施是保证城镇正常运转和提升城镇居民生活水平的关键因素。城镇的基础设施建设情况很大程度上影响其发展前景。为实现城镇可持续的、稳定的、全面的发展，首先应做好基础设施规划及建设。城镇基础设施和公共服务设施的数量和质量以及不同设施间的功能组合是影响城镇综合发展的直接因素，其空间地域规模也影响着整个城镇的空间地域规模和发展潜力。随着经济贸易的发展，城镇间要素流动日益频繁，城镇内部基础设施建设需考虑其与其他城镇或区域的连接性。因此，完善城镇设施是进行城镇各项经济社会活动的基础，也是保障优良的生活质量、提高工作效率的必备条件。建设功能齐全、布局合理、彼此协调的城镇基础设施能够促进城镇健康、可持续发展，实现永续发展的目标。

4）发挥城镇文化带动作用

城镇是否具有竞争力，在一定程度上可以通过其文化底蕴、文化氛围、文化资源和文化发展水平来衡量，城镇的发展潜力也与城镇文化密不可分。文化是城镇经济社会发展的重要推动力，城镇社会发展、城镇居民综合素质的提高，都离不开城镇文化的影响。任何一座具有影响力的城镇均有其独特的城镇特色文化。应发掘城镇特色文化，积极进行城镇文化宣传工作，为城镇发展注入新鲜血液。一方面可以利用城镇特色文化进行宣传工作，提高知名度，吸引对城镇发展有实质性帮助的产业或企业入驻；另一方面可以依托城镇文化发展第三产业，如文化旅游、创意产业等，促进城镇经济、社会、文化全方位发展。

5）走协同发展道路

从宏观区域来看，单体城镇（不论是大城市还是中小城镇）的发展容易产生集聚不经济等负面效应，因此孤立发展并不可行，城镇应走合作发展道路。城市群是建立在区域市场整合基础上的地域空间组织，是聚集与扩散共同作用的产物。构建城市群是各城镇建立竞争、合作、协调机制的有效方式，能够实现整体利益最大化，解决单体城镇发展中无法解决的问题。目前，经济一体化是一种必然趋势，在这种趋势下，城镇管理者必须强化整体战略认识，按照经济大环境要求和所在区位的优势，转变自身发展模式，与其他城镇和谐发展、共同发展。

2.3.4 区域经济社会发展战略

1. 区域产业发展战略

1）优化产业结构

区域产业结构发展是一个由低级到高级演进的过程，结合区域内自然资源条件和区位优势条件，建立起具有区域特色的优势产业，为适应世界环境变化积极探索发展新型产业，发展区域特色经济。为优化区域产业结构，首先要发展能够带动其他产业发展的主导型专门化产业；其次要提升产业结构韧性，当外部条件发生剧烈变化时，区域产业结构应具有自我调节与发展的能力，能依靠自身的产业运行模式，快速从危机中恢复发展；最后应改变依赖资源的传统区域产业结构模式，探索适应时代发展的新型产业结构。区域还要增强产业结构转换能力，提高产业结构的适应性，从而更好地适应市场需求的变化，获得最佳收益（陆大道，2009）。

2）强化科技创新支撑

区域的发展离不开科学技术的支撑，科学技术进步有利于区域产业水平提升和产业结构调整。区域在发展过程中应积极利用高新技术改造提升传统优势产业，注重新产品的开发以及新工艺、新技术的应用，加快高科技人才队伍培养，不断提升就业队伍的知识技术水平，推动产业加快向价值链高端升级。加强政产学研用合作，推动企业与高等院校、科研院所建立健全的协同创新机制，推动科技创新成果向生产端转化，加强区域的科技创新水平并提高其能力（陆大道，2003）。

3）积极培育产业集群

区域整体发展水平和创新能力的提高得益于产业集群发展，集群发展有利于信息、技术和新思想的交流与传播。集群内部可以形成比较完善的产业链和产业体系，有利于规模效益和集聚效应的发挥；集群内部也易形成良好的合作与竞争氛围，可以促进企业更好更快发展。从区域长远发展来看，应将培育产业集群作为区域发展战略，促进区域工业化、城镇化和现代化（范恒山，2013）。培育产业集群应进行合理的区域规划，首先要根据区域经济的现实基础和发展需要，合理规划整合各类产业集群，建立各具特色的产业基地，形成相对完善的区域产业结构；其次要加强基础设施建设，切实改善产业集群内外的交通运输条件，建立互联互通的供电、供水、供气和排污、治污系统，提高服务水平与发展效率（刘恒茂，2003）。

2. 区域社会事业发展战略

1）推进基本公共服务均等化

随着公共服务需求的日趋多样，公平正义成为区域发展的普遍追求，公共资源分配不合理、区域公共服务发展失衡的矛盾亟待解决。区域应按照可持续、广覆盖、保基本的原则，以社会保障、义务教育、医疗卫生服务和社会保障为基础，确立区域基本公共服务均等化的最低标准，政府通过投资市政设施、公用设施、医疗设施、交通设施、廉价住房等基本公共服务设施建设，提高基层公共服务可达性，改善人民生活条件，使区域所有居民享有基本公共服务的权利和均等机会，推进区域社会事业蓬勃发展（栾贵勤，2006）。

2）促进教育优先发展

教育事业发展的成功与否关系到区域人口的综合素质、全社会的创新能力以及社会公平性，因此要把教育摆在优先发展的位置上。在制定区域教育事业发展战略时，要坚持育人为本、改革创新、促进公平、提高质量的教育方针，首先要发展创新型教育，在传统教育的基础上探索新型教育发展模式，不断提高受教育者的学习能力、实践能力和创新能力，争取为区域提供创新型人才，增强区域创新能力及发展高新技术产业的能力；其次要保证教育的公平性，确保人人享有平等接受教育的权利，切实加大教育投入力度，落实对家庭经济困难学生的资助政策，扩大资助面，提高资助水平；最后要协调发展各类教育，提升区域综合教育水平，培养适应区域经济社会发展需要的各类人才，建设学习型社会。

3）建立健全基本医疗卫生制度

医疗卫生事业能为区域居民提供健康保障，是区域经济社会平稳运行的基本条件，区域制定医疗卫生事业发展战略时要以人民健康为中心，完善公共卫生和医疗服务体系，深化医药卫生体制改革，确保人人享有基本医疗卫生服务。首先要保障药品食品安全，坚决取缔违规企业，加大监管惩处力度，规范药品生产、流通秩序；其次要加大投资，提升基本医疗保障水平，加快实现基本医疗保障覆盖全民，逐步提高基本医疗保障制度筹资标准和保障水平，有条件的区域可实行统一的城乡居民基本医疗保险制度；最后要不断提高基层医疗卫生服务能力和水平，健全分级医疗卫生服务网络和以社区卫生服务为基础的新型卫生服务体系。

4）完善社会保障体系

社会保障事业关系到社会的基本稳定和居民基本生活，通过发展社会保障事业调节社会分配，有利于社会的协调发展，也有利于促进社会的公平和稳定。首先要建立完备的社会保障待遇确定机制和调整机制，建立健全与区域经济发展水平相适应的社会保障体系，促进整体保障水平持续、有序、合理增长，处理好各类人员的社会保障关系；其次要建立社会救助体系，完善城乡最低生活保障制度，全面建立临时救助制度，实现医疗救助区域统筹，切实保障困难群众基本生活；最后要提高社会保障服务管理水平，统筹建立层次相适应的社会保险经办管理体制，加强基层社会保障服务平台建设和信息化建设。

2.4 城镇体系等级结构与优化

我国城镇体系规划的重点内容可概括为"三结构一网络"。"三结构"指城镇等级规模结构、职能类型结构、地域空间结构；"一网络"指城镇联系与网络组织，包括产业经济网络与基础设施网络。在产业经济网络与基础设施网络的支撑下，城镇职能结构、等级规模结构与地域空间结构共同形成城镇体系结构。因此，合理调控城镇体系等级规模结构，引导城镇体系职能结构分工发展，组织城镇体系空间布局，强化城镇联系网络建设，对实现城镇体系内各城镇的分类指导、促进区域协调发展具有重要的意义。

2.4.1 城镇体系等级规模调控

城镇体系由一定地域范围内不同规模的城镇共同组成，具有等级规模结构特征。"城镇体系等级规模结构"是指城镇体系内层次不同、规模大小不等的城镇在质和量方面的组合形式（顾朝林，1990）。等级规模结构的合理调控将使城镇体系内不同等级规模的城镇形成动态、高效、经济的区域城镇体系价值链，在各城市取得最佳规模经济效益的基础上实现整体发展效益的最大化，对城镇体系发展具有重要意义。

1. 城镇体系等级规模结构研究方法

1) 城市首位度

首位分布度量最大城市在城镇体系中的地位。首位度常用来刻画城镇体系中城市人口在最大城市的集中程度，其变化情况可反映整个城镇体系的发展特征。一个国家（或区域）最大城市与第二位城市人口的比值即为城市首位度，又称2城市指数。首位度大的城市规模分布即为首位分布（许学强等，2009）。后为改进2城市指数过于简单化的问题，又相继提出了4城市指数与11城市指数。其公式为

$$S_2 = P_1/P_2$$
$$S_4 = P_1/(P_2+P_3+P_4) \tag{2.1}$$
$$S_{11} = 2P_1/(P_2+P_3+\cdots+P_{11})$$

式中，S_2为2城市指数；S_4为4城市指数；S_{11}为11城市指数；P_i为第i位城市的城镇人口规模。

2) 位序-规模法则

位序-规模法则是研究国家与区域城镇规模分布的重要理论工具，是考察一个国家或区域城镇体系发展状况的重要指标，是衡量区域内城镇体系是否均衡的重要标准。该法则由齐普夫（Zipf）在综合奥尔巴克和辛格关于规模分布的模式基础上提出（许学强等，2009）。其简单的公式为

$$P_r = P_1/R \tag{2.2}$$

式中，P_r为城镇体系中第r位城市的城镇人口规模；P_1为城镇体系中最大城市的城镇人口规模；R为P_r城市的位序。

位序-规模法则是一种理想的均衡状态，不具有普遍意义，后在其基础上产生了较为一般化的公式：

$$P_i = P_1 \cdot R_i^{-q} \tag{2.3}$$

式中，P_i为第i位城市的城镇人口规模；P_1为最大城市的城镇人口规模；R_i为第i位城市的位序；q为常数。

对式（2.3）两边取对数，得$\lg P_i = \lg P_1 - q\lg R_i$，进行回归分析，得到城镇规模的双对数回归曲线。将曲线落在坐标图上，曲线在Y轴的截距反映最大城市的规模，曲线斜率的绝对值越接近1，说明城镇规模分布越接近理想状态；曲线斜率的绝对值大于1，说明规模分布比较集中，大城市突出；曲线斜率的绝对值小于1，说明城市人口比较分散，中小城市比较

发育。

在实际研究与应用过程中,除了以人口规模指代城市规模外,也可利用建成区面积指代城市规模(谈明洪和吕昌河,2003),利用位序–规模法则测度区域城镇体系发展状态。近年来,伴随遥感数据的兴起与分析技术的发展,以城市灯光数据为代表的夜间遥感数据因其时效性以及与城市规模评估指标的强相关性(吴健生等,2014)而逐渐被应用于城镇体系等级规模结构(许伟攀等,2018)及空间格局分析,并取得良好效果。因此,在城镇体系规划编制过程中可尝试将位序–规模法则与城市灯光数据等新数据、新方法相结合,对科学研判城镇体系当前发展状态与发展格局,并在此基础上进行针对性的引导与规划具有重要意义。

3)分形理论

分形的本义为破碎和不规则,用以表征由与整体以某种方式相似的部分组成的一类形体。分形的基本特征是分形体具有自相似性,由于分形体不具备特征尺度,难以通过数学尺度来进行度量分析。描述分形数量特征的主要参数为分维数。其反映局部对整体的填充能力,通过对分维数的分析,可以揭示整个系统的演化机理。

分维数测定的主要方法如下:若具有大于 r 的特征线性尺度的客体数目(对象)N 满足关系式:$N=c/r^{-D}$(式中,c 为常数;D 为分形体的分维数),可定义一个分形体,分维数可通过公式两边取对数获得(杜明军,2013)。

相关研究发现(刘继生和陈彦光,1998),区域城镇体系的等级规模结构分布具有分形特征,即区域城镇体系的等级规模结构分布具有自相似性。对于一个给定的区域范围,假设其由 n 个城镇构成,以人口尺度 r 作为城镇规模的划分标准,将 n 个城镇的规模由大到小进行排序 $(1,2,3,\cdots,n)$,所得区域内城镇数目 $N(r)$ 与人口尺度 r 的关系应满足:$N(r) \propto r^{-D}$。该分形模型反映了区域城镇体系等级规模结构的分布特征。

4)城市中心性分析

中心城市对区域经济社会发展起到引领、调节作用,是推动区域经济一体化的核心。城市中心性反映的是城市功能的基本部分,即为外部地区提供服务的能力。对区域城镇体系中城市的中心性进行判断,有利于从科学、综合的角度确定城镇等级规模以及各城镇在城镇体系中的功能与地位,这对于城市在网络化发展背景下编制城镇体系规划具有重要的意义。城市中心性多采用复合指标体系进行综合评价,包括城市规模、经济发展、产业构成、社会生活等多个方面(王士君等,2010)。

5)城市网络识别与测度方法

基于对城市网络的不同理解与侧重点,可将城市网络分为"硬网络"与"软网络"两个体系。硬网络主要是城市间基础设施系统,如公路网络、铁路网络、通信网络等;软网络则是城市间通过经济活动和人的信息交流两个层面产生的金融网络、信息网络、社交网络等。借助于对客流、信息流、资金流等"流"的分析,实现对城市网络的识别与测度,所采用的分析方法为连锁网络模型。

Taylor(2001)认为,高端生产性服务业是表征城市对外服务能力的核心部门,生产性服务企业空间离散、连接紧密的特性使其能够将世界城市联系起来,形成世界城市网络。因此,基于生产性服务业,识别并测度城市网络化程度是城市网络研究中的主要做法。以下简要介绍连锁网络模型在城市网络分析中的应用(王聪,2017)。

假设 n 个城市中有 m 个生产性服务企业，V_{ij} 表示 j 公司在 i 城市的服务值，即 i 城市的分支机构在 j 公司办公网络中的重要程度。服务企业 $n \times m$ 构成服务矩阵 V，则以 j 公司表示的城市 a 与城市 b 的网络连接度为

$$R_{ab.j} = V_{aj} \cdot V_{bj} \tag{2.4}$$

式中，V_{aj} 为 j 公司在 a 城市的服务值；V_{bj} 为 j 公司在 b 城市的服务值；$R_{ab.j}$ 表示基于 j 公司的城市 a 与城市 b 之间的联系度。

城市 a 与城市 b 之间的综合网络连接度可表示为

$$R_{ab} = \sum_{j=1}^{m} R_{ab.j} \tag{2.5}$$

因各城市最多有 $n-1$ 个这样的联系，网络中每个城市的总连接度为

$$N_a = \sum_{i=1}^{n} R_{ai} (a \neq i) \tag{2.6}$$

式中，R_{ai} 为城市 a 与城市 i 的联系度；N_a 为 a 城市与网络中其他城市的总连接度。对于单个城市，其相对网络连接度可表示为

$$P_a = \frac{N_a}{N_h} \tag{2.7}$$

式中，N_h 为网络总连接度最高的城市，即网络内的首位城市。

2. 城镇等级规模分级

当前我国城镇体系规划中对城镇等级规模进行分级的主要指标是城镇的人口规模。国务院于 2014 年 10 月颁布出台了《国务院关于调整城市规模划分标准的通知》，其中将城市规模划分为五类七档（表 2.1），与原有城市规模划分标准相比，新标准中将城市类型由四类变为五类，增设了超大城市；同时将数量相对较多的小城市和大城市内部划分成两个亚类，提升区分度；作为各类型城市划分标准的人口规模上下限普遍提高，小城市人口上限由 20 万提高到 50 万，中等城市的上下限分别由 50 万、20 万提高到 100 万、50 万，大城市的上下限分别由 100 万、50 万提高到 500 万、100 万，特大城市下限由 100 万提高到 500 万；城市人口统计口径统一为城区常住人口。

表 2.1 中国城市等级规模划分标准

城市类型		城区常住人口 K/万人
超大城市		$K \geq 1000$
特大城市		$500 \leq K < 1000$
大城市	I 型大城市	$300 \leq K < 500$
	II 型大城市	$100 \leq K < 300$
中等城市		$50 \leq K < 100$
小城市	I 型小城市	$20 \leq K < 50$
	II 型小城市	$K < 20$

除基于人口规模的城镇等级规模划分外，基于城镇中心性、产业集聚发展程度、网络连接度的城镇等级规模划分方法在城镇体系等级规模研究中也有比较广泛的应用。但当前城镇

体系规划中仍以城镇人口规模为城镇等级规模划分的核心指标，今后规划编制过程中应尝试从多角度进行城镇等级综合评价，特别是在全球城市网络化发展的背景下，应强化在综合分析的基础上，基于网络连接度的城镇等级规模划分。同时，部分研究成果表明城市在铁路网络中的等级结构与城市体系的规模等级存在较大的相似性（钟业喜和陆玉麒，2011），因此从"流空间"的视角基于交通客货运输流数据进行分型划类，也是确定城镇等级规模的重要方法。

3. 城镇体系等级规模确定与调控过程中需注意的问题

1）规划目标应向强化网络体系构建转变

一方面，在工业化的初期和中期，城镇以要素集聚功能为主，因此，生产力水平的提升、经济的发展与城市规模直接相关，城镇规模的大小与城镇在区域、国家乃至世界的地位直接"挂钩"，因此城镇等级规模成为城镇体系规划关注的重点。另一方面，我国传统的计划经济体制影响深远，强调依托于行政区划对城镇分级划类以实现对资源的有效配置，因此，城镇体系规划过程中对城镇等级规模规划更为注重，强调分清城镇层级，特别是在省域层面，往往希望在空间范围内形成完整、稳定的金字塔形结构。但这种基于中心地理论的城镇层级划分方式带来了政府在城镇发展过程中的等级观念，使资源的使用出现等级化，加剧资源与要素向中心城镇的过度集聚；同时也割裂了不同城镇之间的联系，对同等级城镇的分工协作等缺少关注与调控。

在信息化与全球化进程加速的全新背景下，全球城市呈现"城镇体系职能专业、等级扁平、空间开放"的特点（徐泽，2012），催生了新型的城镇体系组织形式——城市网络。在流空间网络高效运行的情况下，城镇间功能的横向联系增强，并以城市群的方式形成扁平化、专业化分工格局（樊杰等，2014）。在这种分工体系的带动下，以人口规模和用地规模为代表的城镇规模不再是决定城镇地位的核心要素，行政等级不再是影响资源要素流动的"藩篱"。城镇在全球与区域经济社会要素流动中的参与度、重要性程度成为影响城镇等级的决定性力量，部分处于世界城市周边的城镇规模可能不大，但其功能等级可能远高于其他地区同等规模的城镇。应注意到，在区域网络一体化的背景下，区域城镇体系等级化、区域经济社会要素点轴式流动的特征依然存在（沈丽珍等，2018），城镇体系规划应正视城镇等级规模的存在，更应重视发展城镇间联系，形成网络化发展新格局，优化网络结构。通过系统协同，实现"合理配置区域空间资源，优化城乡空间布局，统筹基础设施与公共设施建设"[①] 的最终目标。

2）规划过程中应摆脱计划经济思想，强化对宏观背景与市场条件的系统分析

当前，我国城镇体系等级规模结构规划过程中计划经济思想依然存在。一方面表现为对基于行政区划的等级规模划分的"过度重视"，另一方面表现为规划编制过程中，特别是在城镇规模增长的预测过程中，对市场考虑不足。当前关于城镇人口规模、土地规模增长的预测，多数未能将市场的发展变化纳入考虑范围，对经济社会发展宏观背景分析不足，导致规模增长预测简单化，认为城市在一定的时间段内保持惯性增长，预测结果与实际情况存在较

[①] 中华人民共和国住房和城乡建设部，《省域城镇体系规划编制审批办法》，2010年4月25日发布，2010年7月1日起实施。

明显的偏差，不能科学地指导城镇体系等级规模调控。因此，在城镇体系规划编制过程中，对于城镇规模的预测与调控，应充分利用大数据分析等信息化时代的先进分析手段，通过复杂系统模拟，进行多情景模式仿真，并利用历史数据进行检验，实现对不同城镇未来规模变化的科学预测。

4. 城镇体系等级规模调控的基本出发点与手段

1）基本出发点

在经济活动全球化、区际贸易自由化、世界发展多极化、社会网络信息化和世界文化多元化的新时代，世界城市体系呈现出显著的网络化发展态势，国家与区域城镇体系内城镇等级规模分化与扁平化并存。部分主导生产网络的中心城市等级规模地位持续提升，部分处于门户区位和拥有信息基础优势的城镇发展发育成为新的中心与重要控制节点，但更多的城市在世界城市体系网络中的地位逐步扁平化，等级差异削弱，纵向联系减少，横向联系增加。基于传统中心地系统和行政区划的等级规模规划体系已不再适用，单中心层级模式的中心地体系正在向多中心的城市网络演进，中心地体系全面瓦解。因此，新时期的城镇体系等级规模规划应继续转变视角，不再将行政等级作为确定等级规模结构的根本出发点，而是基于市场的视角和当前时代背景，在综合评估城市竞争力（特别是参与全球经济活动的能力）、中心性的基础上确定城镇等级规模结构。

2）调控手段

（1）行政手段。行政手段调控主要通过政府采取行政力推动城镇体系规模结构调整。主要手段为以行政力进行区划调整，迁村并点，拆乡并镇，即通过裁撤、合并镇村，强制扩大城镇规模，改变城镇的规模等级，快速增强城镇发展实力。这种途径方式简单，易于实现，能够基于生态环境保护、空间管治等非市场化因素，实现对城镇规模的合理调控。但无视市场规律采取的强制性城镇规模结构调整行为可能会面临诸多问题并带来多种不良后果。例如，被合并的乡镇间是否存在密切的联系，合并后如何实现对空间和资源的有效整合，如何处理好原有两个镇区间的关系，避免无序竞争，实现协同发展？迁村并点后如何实现对空间的有效利用？农村剩余劳动力的就业问题如何解决？这些需要规划编制者与政府决策者审慎思考。

（2）市场经济手段。对于城镇，经济是左右人口规模的主导力量，地方经济水平、产业门类的差异直接影响其人口构成和对周边地区人口的吸引力。故应依托城镇自身优势条件，通过发挥城镇自身优势，增强对人口、资金等各种生产要素的凝聚力来提升城镇人口和经济规模，优化调整城镇等级规模结构。规划应根据市场变化引导城镇主动作为，不断调整升级、优化产业结构，完善城市功能，培育城市的核心与特色竞争力。对于单个城镇具体的人口规模，则应当在城市总体规划中根据就业岗位、土地资源、水资源和环境容量情况具体研究确定（张泉和刘剑，2014），而不应区域平衡分配，更不是所有城市都惯性增长。

2.4.2 城镇体系职能引导

城镇体系职能结构是在特定区域范围内，各种不同性质、等级和类型的城镇，在相互联系、作用过程中，各种职能作用的互动与分工情况。城镇职能的分类与确定对于城镇体系规划工作及其发展分析意义重大，引导城镇体系内城镇职能合理分化与协作，对促进区域经济协调发展具有重要的意义。

1. 城镇职能分类与识别

1）城镇职能分类的基础——城镇经济活动类型划分

按照城市全部经济活动的服务对象，可将城市产业活动划分为两部分：一部分为本城市的需要服务，该部分称为城市的非基本活动部分；另一部分为本城市以外的需要服务，是城市存在和发展的经济基础，称为城市的基本活动部分。城市经济活动的基本部分与非基本部分的比例关系称为基本–非基本比率。城市每个经济部门内部可能既为本地服务（非基本活动部分），又为外地服务（基本活动部分）。此时将基本活动部分占有明显优势的经济部门称为基本部门，非基本活动部分占有明显优势的经济部门称为非基本部门（许学强等，2009）。划分城市基本和非基本活动部分的方法有普查法、残差法、区位商法、正常城市法、最小需要量法等，具体方法在此不再详述。

2）城镇职能识别与分类方法

正确区分城镇职能与城镇性质的概念，是进行城镇职能识别与分类的基础。两概念间既有联系又有区别。两者间的联系在于城镇职能是指城镇在国家或区域中所起的作用以及所承担的分工，城镇性质指城镇在国家和地区中的地位和作用，代表了城镇的特点与发展方向，即城镇性质是对城镇主要职能的概括。两者间的区别在于城镇职能分析一般基于现状资料，即城镇职能具有现实性；城镇性质则是指城镇希望达到的目标与方向，具有目标性与指向性。城镇职能是客观存在，城镇性质则加入了人的主观意识。从关系上来看，城镇性质关注的是城镇最本质的职能。城镇体系规划过程中要注意对城镇职能与城镇性质的区分，在科学认识城镇职能的基础上，合理确定城镇性质。

按照城镇职能的相似性与差异性，对一定区域内的城镇进行分类就是城镇职能分类。城镇职能由三个要素构成：专业化部门、职能强度、职能规模。专业化部门指为城市以外地区服务的部门，包括政治、经济、文化等部门，其中，专业化工业部门是划分城市经济职能的主要依据；职能强度指城市某专业化部门的专业化程度，其体现了城市基本活动部分与非基本活动部分的关系；职能规模指城市对外服务绝对规模的大小。城镇职能分类应强调是在三要素相似性和差异性基础上的分类。确定城镇职能的步骤为：①明确城镇的专业化部门；②对于专业化城镇，职能强度成为城镇职能的主要差异，职能规模的差异处于次要地位；③对于综合性城镇，职能规模成为城镇职能的主要差异，同时也反映城镇在职能体系中的地位。

城镇职能分类方法主要有一般描述法、统计描述法、统计分析法、城市经济基础研究法、多变量分析法等，以上方法的应用经历了一个随时间演变的过程，方法逐步深化。当前我国常用的方法为纳尔逊统计分析分类法与多变量分析法相结合的方法（杨永春和赵鹏军，2000）。

纳尔逊统计分析分类法与多变量分析法相结合指的是以城镇分行业就业数据为基础，首先借助聚类分析的沃德聚类法取得科学客观的初步成果，其次借助判别分析找出初步结果中被误判的城市并进行调整，最后借助纳尔逊分析法来反映各职能的强度，对各组城市进行特征概括和命名（许锋和周一星，2010）。该方法吸收了多变量分析法综合判别的客观性与快速性的优点，避免了统计分析分类法不能把职能相似的城市归并成类的缺点，同时体现了统计分析分类法能简要揭示城镇职能的特长，弥补了多变量分析法无法体现每一类别定性特征的缺陷，实现了定性与定量的结合。

3) 中国城镇职能分类

关于中国城镇职能分类，存有多种认识，在此主要介绍应用较广的顾朝林的分类方式。顾朝林（1992）认为现代城镇在本质上是经济、社会、物资三位一体的有机实体。因此，其在进行城镇职能划分时主要依据作为经济实体（经济职能）的城镇、作为社会实体（行政职能与文化职能）的城镇、作为物资实体（交通职能）的城镇三个方面划分城镇职能，并根据我国城镇现状特征，将职能划分为以下基本类型，见表2.2。

表2.2 中国城镇基本职能分类

地域主导作用	城镇基本职能	
	类型	具体职能
以行政职能为主的综合性城镇	行政中心城市	全国性中心城市
		区域性中心城市
		地方性中心城市
以交通职能为主的城镇	综合交通枢纽城市	水运枢纽城市
		陆运枢纽城市
	部门交通性城市	铁路枢纽城市
		港口城市
		公路枢纽城市
以经济职能为主的城镇	矿业城市	煤矿城市
		石油工业城市
		有色金属矿业城市
		非金属矿业城市
	工业城市	钢铁工业城市
		电力工业城市
		化学工业城市
		建材工业城市
		机械（含电子）工业城市
		食品工业城市
		纺织工业城市
		林业城市
		轻工业城市
以流通职能为主的城镇	贸易中心城市	地方贸易中心城市
		对外贸易中心城市
		边境口岸城市
以文化职能为主的城镇	旅游城市	
	科学城市	
	其他城市	

2. 中国城镇体系职能结构存在的问题及调整路径

1）对存在问题的思考

（1）城镇职能同质化现象明显。自 1949 年至 20 世纪 90 年代初期，中国长期处于短缺经济的背景下，产品的市场供给与需求之间存在巨大缺口，为产业发展提供了充足的空间，各地产业均处于快速发展阶段，各种产业"一拥而上"，导致了城镇职能结构同质化现象的出现。从城镇就业结构上看，制造业、建筑业以及以批发零售为代表的生活性服务业是大部分城镇的主要职能，出现了"城市有大小，职能无分别"的现象，城镇体系内部缺乏必要的分工与协作，而目前所编制的部分城镇体系规划对城镇体系内部职能结构调控不足，未能从根本上改变这一现象。

（2）不同规模层次城镇职能"两极分化"，城镇体系规划对这一现象缺乏引导。因城镇体系内各城镇职能结构雷同，当前城镇体系中规模位次较高的城镇职能过于单一，职能组成综合性不强，不能为周边次一级的城镇提供充分的服务。而规模位次较低的城镇职能则相对单一化且彼此多重叠，专业化程度普遍较低，未能利用各城镇自身发展优势形成特色产业，导致城镇体系内部未能形成良好的分工协作，出现无序竞争。城镇体系规划中对各级城镇职能分工和相应的发展方向缺乏导引，更多的是在现有基础上结合主观认识对城镇职能的简单罗列，未能对城镇发展的优势与限制性条件进行全面分析，对城镇体系职能结构调整缺乏有序引导。

2）调整路径引导

a. 原则

（1）突出优势原则：城镇职能确定及引导调控过程中，首先应充分分析城镇发展在自然、经济、社会、资源等方面具备的优势条件及面临的机遇与挑战，在此基础上确定自身经济与产业发展优势，依托优势条件，确定自身城镇职能。

（2）差异性原则：城镇职能的确定应充分尊重城镇发展条件差异，使城镇体系内部城镇职能多样化，各具特色，既搭配合理，又突出自身优势。

（3）开放性原则：在全球化时代世界城市体系与新国际劳动地域分工形成的背景下，借助我国发起"一带一路"倡议的契机，以开放的视角，综合考虑经济全球化与区域一体化的影响，分析城镇职能变迁，确定城镇体系职能结构，特别是对一些中心性强、层级高的城市，考虑其在国际劳动地域分工中的地位，确定其在世界城市体系下的特色职能。

b. 调整路径

（1）丰富城镇群体职能多样性：城镇生态哲学研究与复合生态系统论认为，城镇和城镇体系如同自然生态系统一样，存在着形成、发展、兴衰、演替的过程（李广斌和王勇，2002）。每一个城镇在城镇体系中都扮演一个角色，有其特定的位置，彼此间存在竞争与协作。因此，城镇体系中城镇职能的多样化正如生态系统多样化一样，有利于保持城镇体系的稳定性，降低城镇体系发展演化过程中面对外界经济冲击的风险。丰富城镇职能的多样性将增加城镇体系的经济产量，提升城镇体系整体经济发展水平。

（2）强化中心城市服务功能，提升职能层次：中心城市是城镇体系中的首位增长极。一方面，基于中心地理论，应完善中心城市的综合服务职能，在强化对城镇体系内部其他城镇凝聚力、吸引要素集聚的同时，为其他城镇提供优质的高层次服务，带动其他特色专业型城镇快速发展，也为特色专业型城镇发展提供支撑。另一方面，基于世界城市体系与新国际劳动地域分工，积极培育职能引领作用强大的中心城市，促进区域首位城市职能转型升级，提升职能层次。对于具备发展条件的中心城市，应基于融入世界城市体系的视角实现城镇职能转型。

（3）扶持中心镇，强化中心镇服务职能：在区域城镇体系中，中心城镇既是接受中心城市辐射的载体，又是区域性的中心，具有承上启下的节点作用。因此，应充分依托原有职能特色，将有限的资源集中于中心城镇建设，提高中心城镇社会、经济集聚力与辐射力，使中心城镇成为面向农村地区扩展城市功能与文化的载体，带动一般城镇、乡村协同发展，这在当前新型城镇化的背景下具有重要意义。

（4）强化低层次城镇个体职能的专业化与特色化：层次较低的城镇建设应结合城镇自身经济基础以及优势条件，突出优势，扶持特色产业，避免城镇职能低级化、全面化。借助城镇等级规模结构优化，促进区域产业结构调整与资源合理开发、利用，承接中心城市、区域性中心城镇的产业转移，在城镇职能中更突出生产功能，突出自身产业功能特色。

2.4.3 城镇体系空间组织与布局

城镇体系空间结构是指一定区域内各个城镇在空间上的分布、联系及组合状态，其实质是一个国家或一定地域范围内城镇的空间组合形式，是地域经济结构、社会结构和自然环境在城镇体系布局上的空间投影。对城镇体系空间布局进行科学组织，形成差异化的发展方向与发展战略，有助于发挥区域发展优势，合理利用空间资源，实现区域可持续发展。因此，城镇体系空间组织与布局是城镇体系规划关注的重点问题之一。

1. 城镇体系空间结构类型

城镇体系空间结构依据其分布形态、核心城市数量以及城市总量的多少，可分为五种基本类型。

1) 单核松散型空间结构

该类城镇体系以一个特大城市或大城市为中心，结合周边中小城市、城镇，形成城镇体系空间结构。该类型多见于经济发展基础仍较薄弱的地区，周边与核心城市联系较弱，除核心城市外的其他城市尚待进一步发育，交通基础网络较薄弱，尚未形成发展轴线。例如，以贵阳市为核心的贵州省域城镇体系。

2) 双核驱动型空间结构

该类城镇体系以两个特大、超大型城市为中心形成城镇体系空间结构。两中心城市主次关系不明确，彼此相互依存，相互制约，两者间在城镇职能上形成分工，建立密切职能联系，共同驱动城镇体系发展。典型地区为：辽中南城市群、山东半岛城市群、海峡西岸城市群。

以辽中南城市群为例，如图2.2所示。沈阳市为全国重要工业基地，辽宁省政治、经济、文化、交通与信息中心，在城市职能上以金融、贸易、制造业为核心；大连市为我国北方沿海重要港口城市，是辽宁省门户城市，在城市职能上以文化、体育、旅游与现代产业为核心，两者城市职能分工明确，通过哈大高速公路、哈大高速铁路等重要交通轴线形成密切联系，并通过多级轴线带领周边城镇协同发展。

3) 多核协同型空间结构

该类城镇体系主要表现为区域内存在若干个经济发展水平相近、城市职能互补、资源条

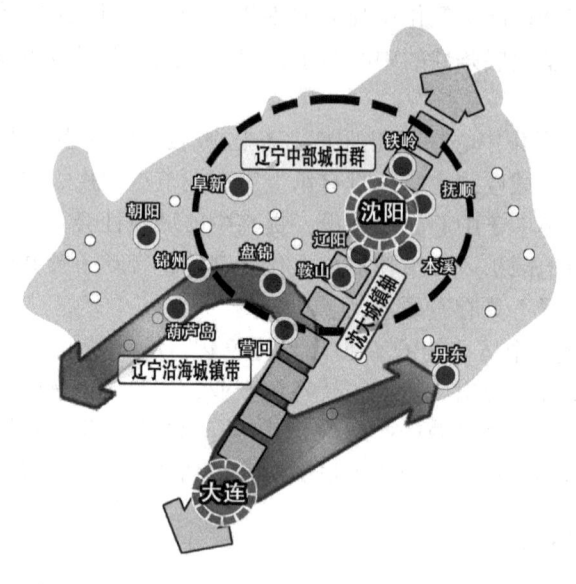

图 2.2 典型的双核驱动型城镇体系（韦佳，2016）

件和主导产业各具特色的大城市，共同组成区域城镇体系发展核心，带动周边若干专业化城镇，共同形成城镇体系。典型地区为长株潭城市密集区。

长沙、株洲、湘潭三市空间邻近，其中，长沙市为区域信息、金融、服务中心，文化创意产业、文化休闲产业中心，株洲市为区域交通枢纽中心和先进制造业基地，湘潭市为区域旅游业基地，其周边望城区、宁乡市、长沙县等为地方特色鲜明的产业基地、物流中心。三市借助空间邻近性，依托以交通廊道为代表的密集基础设施网络，串联周边中小城镇特色产业基地，实现网络化协同发展，形成长株潭都市区，辐射带动全省发展。

4）点-轴型条状空间结构

该类城镇体系内所含城镇数量较少，以一个中心城市为核心，基本形成条带状网络型城镇密集区框架，但城镇发展轴线仍处在形成过程中，需进一步发展。依托交通轴线，处于发育初期的城市群是该类地区的代表，如关中平原城市群，如图 2.3 所示。与长三角、京津冀等成熟城市群相比，关中城市群尚处于发展的初期阶段，内部城镇数量较少，密度低，中心城市西安市在城市群中处于绝对核心地位。陇海铁路与连霍高速公路串联天水市、宝鸡市、运城市等形成城市群发展的主轴线。

5）块状网络型空间结构

该类型城镇群体分布范围较大，由两个以上特大、超大城市共同组成城镇体系的核心，若干个大城市以及众多的中小城市依托发达的交通通道密切联系，形成城镇网络，是城镇体系发展的高级形态，以发展相对成熟的城市群为代表。该类型城镇体系主要分布于我国具备地理优势与优良经济基础的东部沿海及长江中下游地区。典型地区为：辽中南城市群、京津冀城市群、长江三角洲城市群、珠江三角洲城市群。

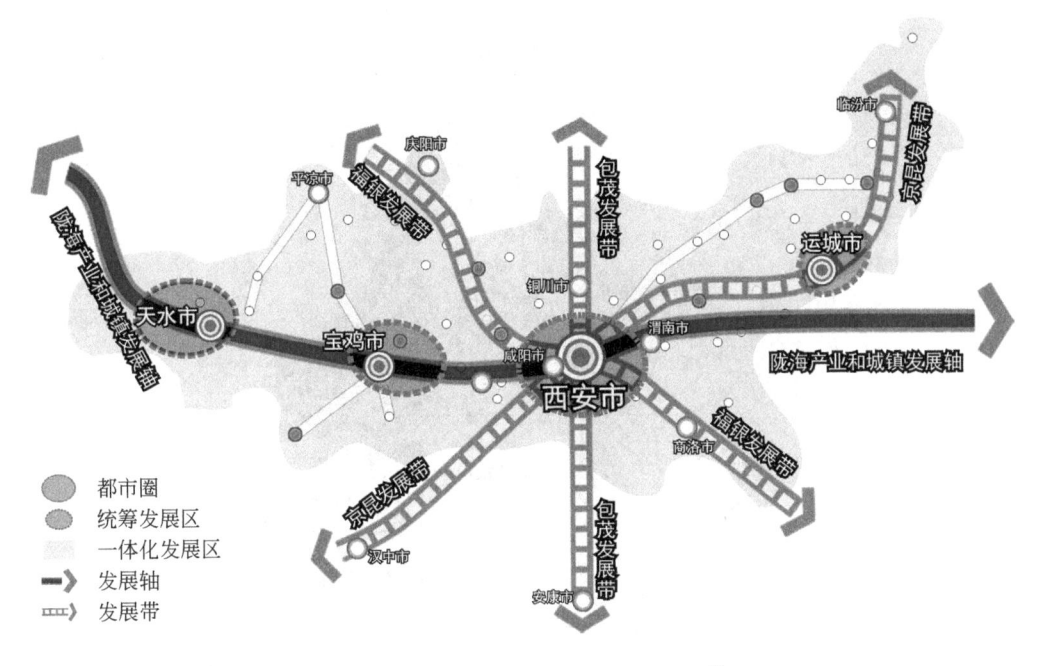

图 2.3　典型的点-轴型条状空间结构[①]

以长江三角洲城市群为例，如图 2.4 所示，当前长江三角洲内已形成以上海（超大城市）为主中心，南京、杭州（特大城市）为副中心的多核心发展格局。以核心城市为中心，形成包括上海都市圈、南京都市圈、杭州都市圈，以及次一级的合肥都市圈、宁波都市圈等多个连片城镇集聚区，各城镇密集区内部及城镇密集区之间依托以京沪高铁、沪宁城际、沪杭客专、宁杭客专等为代表的交通轴线密切联系，形成中国目前最大的城镇密集区。

2. 城镇体系空间结构组织引导的原则、战略及实施过程

1）城镇体系空间结构组织引导的原则

空间组织是区域产业、经济、城镇化研究的核心。城镇体系空间结构既要充分考虑资源环境容量，又要适应区域格局演变的趋势；既要合理引导城镇之间的空间关系，又要合理引导城镇化政策区，优化城市区域的空间组织。

2）城镇体系空间结构组织与布局战略

为适应城镇体系建设发展的需要，促进城镇体系全面、协调、可持续发展，必须在城镇体系现有空间布局上进行优化、调整。基于中心地理论、增长极理论、点-轴系统理论，一般可以采用"中心集聚、点轴推进、带动腹地、网络发展"的空间发展战略，即以中心城市为节点，以快速交通网络为依托，构建城镇发展轴，进一步发展、强化次级交通网络，形成以中心城镇为核心、城镇发展轴为骨架的网络化空间结构。

---

① 资料来源：《国家发展改革委、住房城乡建设部关于印发关中平原城市群发展规划的通知》（发改规划〔2018〕220 号）。对原图进行了简化处理。

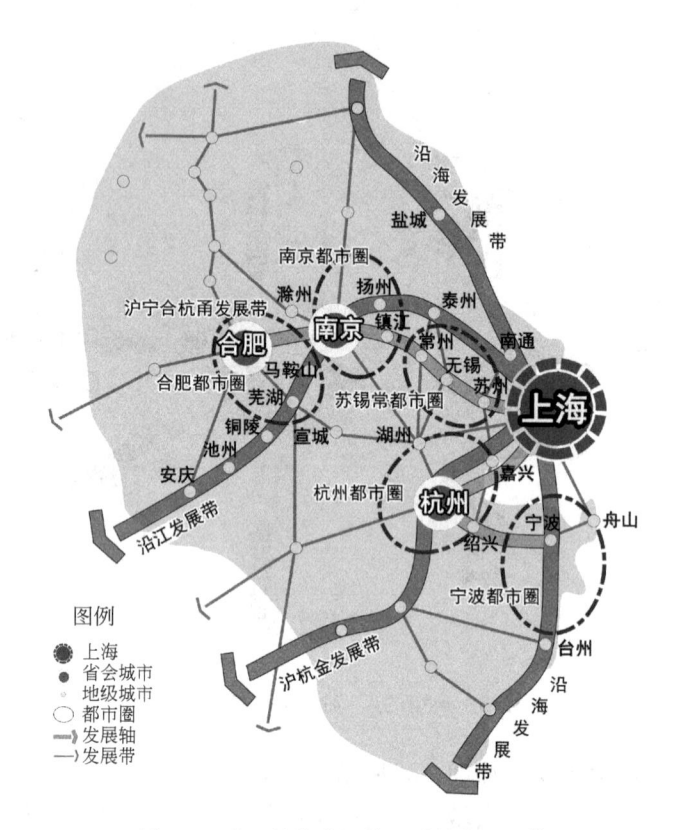

图 2.4　典型的块状网络型城镇集聚区[①]

中心集聚，即引导和促进生产要素向中心城镇集中，扩大中心城镇规模，强化中心城镇服务功能，提升中心城镇职能层级，增强城镇对外辐射能力。培育并形成强大的中心城镇是城镇体系发展的必经阶段与根本前提，只有形成强大的增长极方能引领区域经济发展。

点轴推进，在培育强大中心城镇的基础上，进一步培育多级中心，依托并发展现有交通网络通道，以通道为轴线，连接各级中心城镇，为中心城镇对外辐射、形成新增长极创造条件，促进轴线沿线城镇整体发展。

带动腹地、网络发展，即通过完善区域内部以交通网络为代表的基础设施网络，扩大沿线城镇带的辐射范围，使沿线城镇带与两侧腹地的城镇协调发展，形成一个有机的城镇体系网络，从而达到区域整体协调发展的目的。

3）城镇体系空间结构组织引导的实施过程

首先，开展区域城镇化发展格局特征与问题分析。重点分析区域城镇化空间格局形成的历史过程、自然与社会条件，总结城镇发展格局的基本特征与主要问题。充分考虑政策导向、交通设施、信息化条件等条件改变所可能产生的新的增长点以及现有城镇的衰落现象，对城镇当前空间格局以及近期发展变化趋势形成系统认识。

在此基础上进行区域城镇化发展条件评价与政策分区，并开展区域空间结构与城乡聚落

---

① 资料来源：《国家发展改革委、住房城乡建设部关于印发长江三角洲城市群发展规划的通知》（发改规划〔2016〕1176号）。对原图进行了简化处理。

体系规划。即在把握区域城镇化发展格局特征以及存在问题的基础上，从历史、现状与未来发展前景，自然、经济与社会条件，基础、责任与目标等方面，对区域空间的发展条件做出综合的评价，并据此划分区域城镇化的不同政策分区。明晰空间发展的重点区域、主要轴线、层次体系等，并以此作为对次区域、各级城镇空间规划的上位指引。规划过程中需进行多情景分析，针对不同发展前景进行多方案比较，选择可行的空间发展方案。

进一步制定村镇建设要求与发展策略，并对次区域规划进行协调指引。除对城镇空间进行统筹安排外，结合新农村发展策略与目标，对村镇建设类型、规划原则提出要求，对村庄合并问题提出空间整合分类、分区策略，为地方性村镇规划提供编制依据。根据区域空间总体格局、城镇化政策分区等划分区域空间发展的次区域，针对不同次区域的特点与发展目标，进一步明确各个次区域的发展重点，尤其是空间开发管制重点、重大设施布局、跨区域协调发展等。

最终，实现合理引导重点地区空间形态。对重点城镇空间、大型生态敏感区等重点考虑跨界空间协调问题。同时，要加强城镇体系空间结构规划同区域性基础设施建设、生态环境保护与建设等支撑系统规划的协调研究。

2.4.4 城镇体系网络架构

城镇体系网络是一种全新的城市系统空间组织形式，在网络中，城市依托网络系统而存在，节点和链接是城市网络的主要结构，城市所占有的物质资源禀赋的重要性被大大弱化，网络联系的便利性和强度直接决定了节点城市的功能。作为一种复杂且不断处于变化发展过程的空间组织，城镇体系网络以基础设施网络为基底，复合了生产网络和社会网络的新地理空间，成为城镇体系的全新组织形式。

城镇体系网络是指一个国家或区域中城镇体系的点（城市）、线（城市间连通通道）、面（区域）三要素在空间上的复杂组合关系。随着经济活动全球化、区际贸易自由化、世界发展多极化、社会网络信息化和世界文化多元化的推进，城镇体系组织机制和城镇体系内各城市间的功能联系正处于快速演进阶段。有关城镇体系的理论研究由过去的侧重城市属性转向城市之间的联系，从侧重城市等级排序与竞争转向城市间的连接方向与互补关系，从侧重特定范围内的城镇体系转向如何组织到更大范围甚至全球的城镇开放体系，在研究方法上也由侧重统计比较转向以点和线为一体的网络分析方法（杨永春等，2011）。在此背景下，更需构建合理的网络系统来引导和承载城镇体系之间及内部各城市间的信息、资本、人口、物资等的流动。

1. 城镇体系网络系统类型

从物质形态来看，城镇体系网络系统包括以基础设施系统（公路网、铁路网、通信网等）为依托的有形"硬"网络系统和通过经济活动、人的信息交流等（金融网络、信息网络、社交网络等）层面产生的无形"软"网络系统，"软""硬"网络系统在实际承载过程中相互支撑、相互影响。

1）基础设施网络系统

在有形的"硬"网络系统中，以交通运输网络为主的基础设施网络对城镇体系的影响十分显著，是沟通城市间生产和流通的先决条件（顾朝林，2005）。交通是与城市同步形成的，一般先有过境交通，再沿交通线形成城市，而后随着城市功能的完善和城市规模的扩大,城市内部交通也随之形成与发展。同时,城市由于对外交通系统与对内交通系统的发展与完善而进一步发展与完善,周而复始地遵循着城市交通与城市间相辅相成、相互促进的发展过程(李德华,2001)。一定区域范围内,多个城市及多条城市交通路线相互组合,不断发展与完善,构成城镇体系交通网络。

交通基础设施网络可直接反映城镇间的功能联系及连通度,揭示城镇间联系的空间格局及演变特征(王姣娥和丁金学,2011)。航空站、火车站、汽车站、码头等交通站点分别构成不同尺度下交通运输网络的节点,而各类航线、铁路线、高速公路等通道则将节点连接起来,组成综合交通运输网络。城镇体系综合交通运输网络中枢纽节点所在城市通过运输通道进行各类物质、人口的流动交换,实现产业链生产活动过程中的协同配套。以高速公路、城际铁路为代表的快速交通网络改善城镇体系空间通达性,加剧城市空间增长,增强城镇间相互作用,改变城镇联系方向,对增进城镇体系内部联系具有重要作用。近年来,伴随着我国高速铁路建设的快速发展,高速铁路通过改变城市间的旅行时间、连接性和联系强度影响经济发展和城镇化(焦敬娟等,2016),在引导促进城镇体系发展、形成网络化结构方面起到日益突出的作用。

正由于以上原因,基础设施网络系统规划在城镇体系规划中占据重要位置,且其重要性日益提升。国家在关乎未来发展的规划文件中多次提出,要坚持网络化布局、智能化管理、一体化服务、绿色化发展;要建设国内国际通道联通、区域城乡覆盖广泛、枢纽节点功能完善、运输服务一体高效的综合交通运输体系;要构建横贯东西、纵贯南北、内畅外通的综合运输大通道,加强进出疆、出入藏通道建设,构建西北、西南、东北对外交通走廊和海上丝绸之路走廊。这些战略设想在国家尺度的"三横两纵"网络化模式与区域网络化的城市群格局基础上,响应"一带一路"倡议建设目标,更加强调对外联系,将区域嵌入世界城镇网络,这一网络化的发展模式既是顺应时代要求的必然选择,也是现阶段我国区域与国家经济空间格局构建的重要基础。

2)产业经济网络系统

城镇体系内各城市间时刻都在发生着资金、信息、技术等无形资源的交换与流动,从而构筑起城镇体系内各城市间无形的"软"网络系统。在该类网络系统中,产业经济网络承载着巨大的作用。城镇体系内各城镇遵照利益最大化的原则,制定产业发展计划,协同打造产业链,实行行业对口领导,以骨干企业为依托发展城镇间多种形式的经济联合。

城市网络的本质是城市之间的经济联系,企业是经济网络的构建者,隐含了城市之间的资本、信息、人员和产品等经济流通。随着企业规模和复杂性的增加,企业的功能也会随之分化,并由此导致企业组织在空间上的分化。有学者研究指出:全球化背景下,中国的经济活动空前深入地融入了全球生产体系中,跨国公司的功能片段化布局既依托中国的城市等级体系,又在一定程度上重塑中国城市空间结构(贺灿飞和肖晓俊,2011)。基于企业组织的中国城市网络呈现出明显的空间异质性、集聚趋势、核心-边缘结构,腹地和层级之间具有显著的相关性;网络联系东密西疏,形成了以北京、上海、广深和成渝为核心(顶点)的菱形结构、钻石结构的主干网络;城市网络具有无标度网络特性,呈现出"小世界"现象等(冷炳荣等,2011;吴康等,2015;唐子来等,2017;赵渺希等,2016)。

产业经济网络对城镇体系的影响越来越明显,在世界城镇体系中,以跨国公司及其分支机构间的分工协作为代表的产业经济网络已成为当前划定城市地位、竞争能力及全球控制力的重要表征。区域城镇体系内，产业经济网络的重要性也不言而喻，既包括以打造产业链条为契合点的交流合作，也有以城镇间基本功能与非基本功能交换互补为主的物资流动，无论采取哪种网络模式，产业经济网络都是支撑城镇体系内各城镇经济、社会健康可持续发展的生命通道和优化促进城镇体系内部资源最大化利用的催化剂。

3）信息流网络系统

较以往基于官方渠道统计数据进行城镇体系研究，信息流渠道数据具有精确、动态、实时的重要特征与优势。信息流的虚拟性、无边界性特征使得从中可以发掘出区别于实体流的网络特征，同时互联网中城市间关注强度的"出"与"入"能够反映城市间吸引力的非均衡性特征（刘铮等，2013）。有学者基于微博、CN 域名、百度指数等互联网数据对中国城市网络的结构特征进行研究，并进一步指出：中国信息空间呈现"异质"发展趋势，省份的信息影响力呈现"东—中—西"三层递减态势，现阶段中国的信息空间格局在一定程度上依然部分依赖于地域分布（王宁宁等，2016）；中国互联网基础设施的空间格局整体上趋于均衡，节点可达性基本遵循原有的城市等级体系（汪明峰和宁越敏，2006）；基于微博社会空间视角下的中国城市网络存在着明显的等级关系与层级区分，高等级城市在整个城市网络中处于绝对支配地位，北京以突出的优势成为全国性的网络联系中心，而上海、广州、深圳则成为全国性的网络联系副中心（甄峰等，2012）。

2. 对城镇体系网络系统功能的正确认识与构建

城镇体系网络系统的构建对城镇体系内城市间互动空间格局的形成不仅起着承载与支撑作用，更是整合空间资源、引导城镇空间发展的基础。基础设施网络系统的共建使城镇体系中各城市共同承担责任、共享合作利益，通过基础设施廊道效应的发挥促使城镇体系内部城市间通达性不断提高，强化城市间交往和产业联系的互动（刘艳军等，2007）。国内外存在众多由基础设施网络系统的变更而引发的城镇功能地位的演化变迁案例，如由铁路干线的建设给河北省保定市、石家庄市带来重要影响。产业经济网络对城镇体系的调控与引导随着信息化技术的发展、时空距离的不断压缩而愈发重要，风投共享、产业联盟、联合创新、政务互通等逐渐成为新时代提升区域整体竞争能力的主要手段。

现代信息技术手段下，越来越多的数据、技术被运用到城镇体系网络系统规划中来。例如，大数据（手机信令数据、微博数据、夜间灯光数据等）在城镇体系网络构建中的应用就越来越普遍，其应用不仅可以用于评估城镇体系现状；也可用于界定中心城市腹地，科学划分城镇体系空间范围；还可用于识别区域发展廊道，优化升级现状网络通道。随着对属性和关系型数据、应用方法、模拟和调控手段的掌握，人类将会构筑起更加科学合理的城镇体系网络系统。

2.5 城镇体系与经济社会发展支撑体系建设

城镇体系规划及经济社会发展支撑体系建设以公共服务设施合理配置、市政基础设施全面完善、生态环境基础设施共建共享为主要体现。公共服务设施强调合作共享原则，在体现政府职能部门的服务性的同时，更加强调民众参与度，不断提升城市竞争力及居民生活便利性。市政基础设施布局与城镇轴带发育联系紧密，在当今城镇空间联系网络化格局愈发明显的情况下，基于转变中心性与城市控制力，市政基础设施网络化建设正朝新的方向发展。生态环境设施共建共享是提升区域生态系统健康水平和人居环境的关键环节，是社会赖以生存发展的基本物质条件，是科学发展观下的可持续发展的重要基础，也是建设生态文明型城市的坚实保障。总体上，城镇体系规划及经济社会发展支撑体系更加关注区域之间的协同发展、资源整合利用，进而实现区域之间优势互补、共享发展的新格局。

2.5.1 公共服务设施配置

1. 概念及主要内容

公共服务设施是指能够满足各个阶层、不同群体的基本生活需要，并提供相应软件和硬件服务的所有设施的总和。其内容主要包括教育、医疗卫生、文化娱乐、体育和社会福利等非营利性的服务设施。学术界则一般认为公共服务设施是城市社会性服务业的依托载体，其实质上属于社会公共物品的范畴。

1）教育设施

教育设施一般指由政府主导提供，旨在保障全体公民（特别是学龄人口）参与科学教育活动、提高科学素质的基本需求，并具备科学教育功能的基础性物质工程设施。教育设施布局需重点关注教育资源覆盖和辐射范围，提高科学教育信息化程度，其中对于农村教育事业的资源分配不可忽视。当今中国现代科学教育的方式多种多样，如学前教育、职业技术教育、成人教育以及民办教育等，都为区域发展和行业经济发展提供服务。同时教育层面的对外交流合作是提升区域国际性教育空间的重要途径。总体而言，教育设施配置的出发点应为满足新时代背景下社会对各类人才的需要，满足人民群众对优质教育和终身教育的需求。

2）医疗卫生基础设施

医疗卫生基础设施是指满足与社会经济发展水平相对应的社会公众低层次的或基本的公共需求的设施。其功能作用上体现为基础性，涵盖范围上体现为基础层次性，运行目的上体现为公平优先性，提供主体上体现为公共财政依赖性，供给水平上体现为现实可行性。在城乡统筹的背景下，将医疗卫生基础设施界定为医院、镇卫生院（社区卫生服务中心）、村卫生室（社区卫生服务站）。医疗卫生设施主要包括医疗服务、预防保健和卫生监督三大体系，与此同时还有农村合作医疗保险制度、大病救助制度等一列惠民措施。医疗卫生设施配置应重点注意布局合理、反应快捷、监督有力，能够对突发性的公共卫生事件进行及时、合理、科学的应对。

3）文化娱乐设施

文化娱乐设施分为公益性与经营性两大类，两者共同作用达到提高全社会文化生活质量的目的。其主要包括电影院、剧院、文化城、博物馆、音乐厅、美术馆、书城、文化馆、公共图书馆、文化艺术中心、文化体育广场、公园、社区文化宫、社区阅览室、综合文化站、广播电视站、村落文化宫、农家书屋等。在构筑文化娱乐设施体系时应注意层次分明，同时满足不同群体的文化需求，不可忽略街道（乡镇）及社区文化设施的合理配套。

4）体育设施

体育设施主要包括公共体育设施、竞技体育设施以及社会体育设施三个部分，其目的是满足日益增长的全民健身、体育竞技、体育产业等方面的要求。在体育设施配置的过程中，需根据使用目的、竞赛规则，力求形成多元化的体育健身资源保障系统。在新时代的背景下，所有体育设施规划需要考虑更加充分地保护参与者，更加重视安全性、适用性及环保性。体育设施合理化建设能有效引导和促进区域体育的产业化经营。

5）社会福利设施

社会福利设施根据市场需求主要分为养老服务设施、儿童服务设施、社会救助设施、残疾人服务设施和殡葬服务设施等。当前，中国社会福利设施建设相比于发达国家有着一定的差距，但同时也应意识到，中国社会福利设施配置应与中国特色社会主义的发展道路相适应。但现阶段关于此类设施的管理体制及运行机制尚需进一步合理、科学、有效规范。

2. 公共服务设施合理布局

城镇体系规划中的公共服务设施布局以基本满足当前和将来发展的需求为前提，并充分考虑人对活动空间、周边环境及社会交流的需求，按照合理、规模和经济等原则进行设置。具体需要充分考虑以下因素：①合理选择实施单元，实现配置效率最优化；②考虑服务当量、服务半径和可获得性；③考虑周边公共服务设施配置状况。

总的来说，按照国家战略要求，公共服务资源配置要向中小城市和县城倾斜，引导高等院校和职业院校在中小城市布局，促进优质教育和医疗机构在中小城市设立分支机构，增强产业城镇作为集聚要素的吸引力。

2.5.2 市政基础设施完善

1. 概念及主要内容

市政基础设施是城市综合服务的功能载体，是社会各项发展以及城市经济的重要基础，同时也是体现城市现代化水平高低的重要标志。而城镇体系规划层面的市政基础设施则更多关注于区域内部或区域之间的等级联系、协同建设。一般而言，市政基础设施配置主要针对交通系统、供水系统、污水处理系统、燃气系统、电力系统开展。

1）交通系统

交通基础设施大致分为一般公路交通设施、高速公路交通设施、轨道交通设施、航空交通设施、停车场设施等；同时也包括为保障交通系统安全正常运营而建设的公路、轨道、隧道、高架道路、车站、通风亭、机电设备、供电系统、通信信号、道路标线等设施。一般可分为对外、对内交通体系。交通基础设施配置过程中，需体现综合性，注意区域协调，强化各种交通方式之间的衔接，提高门户城市的服务水平，加强综合交通枢纽建设。在城镇密集区注意轨道交通建设，提高区域之间的公共交通水平。

2）供水系统

供水基础设施按照其作用范围可以分为区域和城市内部两部分，其中区域层面可分为国家、省、市级。在城镇体系规划中，需根据水资源支撑能力来合理确定城镇人口规模和产业结构。由于中国水资源分布不均，社会经济发展进程中有着大量的区域性供水基础设施，如全国层面的"南水北调"，省级层面的"引滦入津""引黄入晋"等，地级市层面的"引松入长""引滦入唐"等。这些供水基础设施有效缓解了区域城镇体系内的供水紧张形势，为社会经济发展提供了良好的支撑。

3）污水处理系统

城镇污水处理系统应根据城市等级、区位确定处理率高低，但基本要求是所有规划城市污水处理率不能低于50%。目前中国城市污水处理能力有着明显的区域差异，东部地区一些经济比较发达的城市，其污水处理厂自控系统建设及使用状况整体比较好。尽管如此，现有的系统仍然有很多不完善的地方，与其他行业的技术水平相比有很大的差距。而中西部地区的污水处理厂自控系统状况更不理想，甚至有很多处于半瘫痪状态。故完善现有污水处理系统时，应重点关注区域差异，秉持因地制宜、积极推进分流制排水的原则，根据区域发展的特点制定不同的措施。

4）燃气系统

近年来，低碳经济和节能减排的社会需求推动了中国燃气行业的发展。燃气由天然气、液化石油气、人工煤气等3类气源构成。2004年"西气东输"管道投入商业运营，使得天然气用气人口首次超过人工煤气用气人口，2009年已接近液化石油气用气人口；2009年天然气消费量占据了56.4%的燃气市场，首次超过液化石油气，成为燃气领域的主导气源。因此，燃气系统建设时，基于安全、稳定、高效、节能的角度，主要构建天然气管道设施，同时根据地区资源差异规划确定燃气管道标准。

5）电力系统

电力来源主要有火电、核电、水电、风电、天然气发电等。近年来，中国清洁能源建设正逐步推进，同时资源跨区调配，形成了典型的"西电东送"的格局。电力设施完善过程中，着力开发以小水电、太阳能、风能和核能等为主的新能源和清洁能源，在电力总体布局分布时，秉持因地制宜、合理分布的原则。同时建立多种能源并举的高效、清洁、安全的能源供应体系。

2. 市政基础设施配置的原则及做法

市政基础设施配置应以安全、节约、高效、环保、生态等作为主要的指导思想，节约与开发相结合，坚持可持续发展。采用新技术，运用新理念，优化结构产业，提高能源利用率，优化能源结构，全面满足城镇体系发展的需求。同时，注意区域之间的差异性，根据城镇自身的特点、等级等属性，因地制宜地制定不同的配置方案。

目前，中国城市生态环境面临严峻挑战，而大多数的问题都与市政基础设施建设息息相关。总体来看，支撑城镇体系发展的市政基础设施建设需要重点关注交通、供水、污水处理、燃气、供电等工程设施的区域协调问题。在技术层面上，市政基础设施配置除了传统的规划布局做法外，还应顺应智能社会的发展趋势，采用大数据和地理信息技术以及现代通信技术来支撑和管控。具体操作层面上，应强化区域一体化规划、建设和管理，综合地建立起一套包括市政管线数据、路网数据、市政设施审批数据、基本地形图数据等的系列基础设施数据库，同时考虑城市之间、区域之间、城市与区域之间的市政基础设施合理衔接和共建共享，据此实现对市政基础设施的科学规划管理，进而达到支撑各层级城镇体系、城镇群体持续发展的目的。

2.5.3 生态环境设施共建共享

良好的生态环境是城镇体系建设和发展的重要支撑，并关乎人类社会的可持续发展。解决好生态环境问题，理顺生态环境与可持续发展的关系，科学编制生态环境规划，树立生态文明观念，是实现区域生态环境共建共享的前提。

1. 生态环境问题与可持续发展

随着人口的急剧增长以及社会生产力的飞速提高，人类生产与开发活动给资源、环境以及社会带来了巨大压力。不合理的开发与利用，如盲目开垦、乱砍滥伐、过度放牧、过度捕捞等不当行为导致土地资源、水资源、生物资源和矿产资源等的退化与减少，引起空气污染、温室效应与全球变暖、臭氧层破坏、水体污染等环境问题，并使得环境灾害频发。

可持续发展正是在人口激增、资源枯竭、环境恶化等全球性危机的大背景下提出的。1980年3月5日，世界自然保护联盟（International Union for Conservation of Nature，IUCN）、世界自然基金会（World Wildlife Fund，WWF）和联合国环境规划署（United Nations Environment Programme，UNEP）联合发表《世界自然资源保护大纲》（World Conservation Strategy），首次明确提出了"可持续发展"的概念。1983年12月，联合国成立了世界环境与发展委员会，于1987年向联合国提交了《我们共同的未来》的报告。该报告中，可持续发展思想贯穿始终，第一次系统地对可持续发展的内涵进行了阐述，指出可持续发展是"在满足当代人需求的同时，又不损害后代满足其需求的能力的发展"。1992年6月3~14日，联合国在巴西里约热内卢召开联合国环境与发展会议，会议通过并签署了《21世纪议程》，推动可持续发展战略实践。

可持续发展理念的核心思想是：既满足当代人的需要，又不对后代人满足其需要的能力构成危害。可持续发展突出强调可持续，认为经济发展与环境保护相互联系、互为因果，应在保护环境的情况下推动人类个体和社会整体进步。此外，需保证代内、代际、区际的和谐与公平。可持续发展涉及的领域十分广泛，在不同领域的内涵各有不同。可持续发展作为一个复杂的系统主要包含以下五个要素：人口、资源、环境、经济与社会，基于这五个要素可进一步综合从生态、经济和社会三个方面对可持续发展进行定义。即在生态承载力范围内，人类通过合理高效地利用自然资源，保持生态系统的完整性，维持资本系统的稳定性，维护社会系统的公平性，在不断提高人类生活质量的同时，实现生态系统、经济系统和社会系统的协同进化（龚胜生和敖荣军，2009）。

2. 生态环境规划的内涵及主要内容

生态环境规划应谋求生态、经济和社会的协调发展，保证自然资源的持续利用、社会生产力的持续发展以及"人与人"之间的和谐共处。其中，生态要素分析包括气象、水体、地质、地貌等自然地理要素及区域内生态环境现状，经济要素分析如资源配置、产业结构与布局以及生产力发展水平等，社会要素分析如人口数量、结构、分布以及思想意识等。生态环境规划因规划范围、期限和方向等的不同产生不同规划类型，主要可分为生态规划、污染综合防治规划、专题规划（自然保护规划等）及环境科学技术与产业发展规划（崔功豪等，2006）。

生态环境规划具体包括以下几个方面。

1）环境调查与评价

首先收集规划区有关资料，主要包括生态、经济、社会等方面的历年统计资料，环境质量报告，相关调研报告，上轮生态环境规划、专项规划以及基础资料等。然后通过对上述信息的整理与分析，考虑生态、经济、社会三方面对规划区生态环境进行综合评定，找出目前区域内存在的主要生态环境问题，为规划方案提供依据与思路。

2）规划目标与指标体系

通过前期分析以及规划范围、期限和方向的要求，制定出相应规划目标。环境规划目标是在规划期限内力求达到的环境质量水平与环境结构状态，需要简洁、明确的文字进行概括，以突出其规划重点。而指标就是对规划目标的具体表述。根据实际规划的目标要求选取适当的指标，建立起相互独立、互为补充的有机联系的指标体系，同时要保证指标的科学性、针对性与可操作性。指标类型主要包括环境质量指标、污染物总量控制指标、环境管理与环境建设指标、环境投入以及相关的社会经济发展指标等。

3）生态环境功能区划

功能区是指对经济和社会发展起特定作用的地域或环境单元。环境功能区划是依据社会发展需要和不同区域在环境结构、环境状态和服务功能上的差异对区域进行合理划分（郭怀成等，2009）。一般依据环境保护的重点和特点划分为重点保护区、一般保护区、污染控制区和重点污染治理区等。还可以根据自然条件现状、社会经济发展趋势、行政辖区等进行进一步细分。

4）规划方案设计与决策

规划方案设计是依据该区域生态环境问题、规划目标并综合考虑国家或地区相关政策以及经济、社会发展目标等因素所提出有关生态保护、污染防治、可持续开发的具体措施和对策。规划方案设计要与规划目标紧密结合，以提高资源利用率为根本途径，并遵循国家和地区的相关政策法规。其设计过程主要包括分析调查评价结果、分析预测结果、列出生态环境规划总目标和各项分目标及具体指标、提出实现规划目标的具体措施和对策。

在多个不同规划方案中综合考虑生态、经济、社会三方面的目标要求，分析、比较、选出经济和技术上合理、可行的最佳规划方案即为规划方案决策。这是一个动态过程，并贯穿规划始终，即对规划方案设计过程中的问题反馈应进行及时修改，不断优化。

5）规划实施与管理

生态环境规划的真正价值取决于其实施程度，需要制定相关措施以保证其能顺利实施。主要措施有将生态环境规划纳入国民经济与社会发展规划体系、规划与环境管理制度相结合、获取政策与法律的支持、完善规划实施的组织管理、实行环境保护目标责任制等。

3. 生态文明观与生态环境设施共建共享

与发达国家不同，我国仍处于工业化、城镇化快速推进阶段，经济的持续增长导致环境压力不断增大，经济与生态两大系统之间关系紧张，必须要选择一条新的发展道路，即在提高生活水平的同时保证生态环境的可持续发展，即生态文明发展。党的十七大首次提出"建设生态文明"的发展理念，确立了一种崭新的文明形态，从而实现了社会主义现代文明的整体形态，即社会主义物质文明、政治文明、精神文明、生态文明。党的十八大把生态文明建设纳入中国特色社会主义建设"五位一体"总布局中。十八届五中全会首次将增强生态文明建设写入国家五年规划中。党的十九大提出"加快生态文明体制改革，建设美丽中国"。生态文明观的本质内涵是关注人与自然、人与人、人与社会和人自身等四大关系的和谐（卢黎歌和王福益，2014）。其核心是协调人与自然的关系，以建设人与自然以及人与人关系协调的可持续社会为目标，强调文明进程中生产方式和消费方式的可持续性，以及社会系统与生态系统的协同进化。

生态环境状况往往跨越行政界限，所以生态环境设施的共建共享是如今保护生态环境、实现可持续发展的新思路。综合考虑区内、区际的自然资源、环境问题、生态环境保护目标等诸多因素，有学者提出跨区域的生态设施建设，如长江经济带绿色生态廊道建设，在保证区域生态安全的同时将推动生态环境的改善、社会和经济的发展（杨桂山等，2015）。

从环境问题治疗角度来看，环境问题的跨区域性导致单一区域的独自治理远不能解决问题，必须跨区域共同治理。首先，综合各地突出问题以及跨区域环境问题，制定统一的环境治理规划，统一环境标准。其次，搭建信息共享平台，建立完善的监管机制与协调机构，进行统一检测、预警与管理。最后，启动统一应急预案，对环境污染事件联合治理。

以京津冀为例，生态环境问题突出，例如，水资源短缺且水质较差；森林覆盖率低，环境承载力小；大气污染严重，空气质量差。由于水污染、水土流失、森林资源短缺、雾霾等问题超出了三地的行政界限，近年来，京津冀三地实行生态一体化发展，构建生态协同圈，实行污染联防联治和生态共建共享，打破行政界限，生态环境保护工作取得突破性进展。通过提供资金、政策、技术支持放大三地协同治污的效应，推进合作治污，形成共同治理的长效机制，使得京津冀雾霾天数减少，空气质量有所提高。

2.6 城镇与区域发展规划案例及评价

2.6.1 省域城镇体系规划

以吉林省城镇体系规划（图 2.5）为例，概念性介绍其核心内容并简要评价。

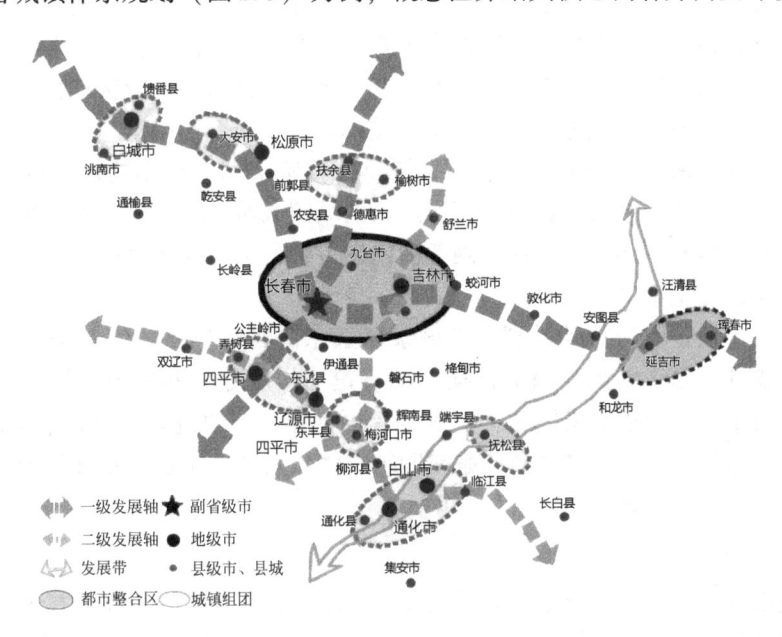

图 2.5　吉林省城镇体系规划示意图[①]

吉林省城镇体系规划是在党的十六大提出"支持东北地区等老工业基地加快调整和改造，支持以资源开采为主的城市和地区发展接续产业"的宏观背景下组织编制的。

1. 规划区概况

吉林省位于日本、俄罗斯、朝鲜、韩国、蒙古国与中国东北地区构成的东北亚腹地，是

---

① 资料来源：《吉林省城镇体系规划（2011—2020 年）》。对原图进行了简化处理。

重要的农业大省、老工业基地、教育强省，首位城市为省会长春市。

2. 规划要点

吉林省城镇体系规划年限为 2011~2020 年[①]，内容主要分为三个部分。

第一部分为发展目标。规划的发展目标为：至 2020 年，全省地区生产总值预期达到 9500 亿元，年均增长 7% 左右，人口导向为 2870 万~3000 万人，城镇化水平达到 58%~60%，把吉林省建设成为经济高效、资源节约、环境友好和社会和谐的国家生态省。

第二部分是规划核心内容，重点包括城镇体系等级规模结构规划、职能结构规划和空间结构规划。

等级规模结构规划：预期城镇人口为 9 个等级，分别是，人口大于 200 万、100 万~200 万、50 万~100 万、20 万~50 万、10 万~20 万、5 万~10 万、1 万~5 万、0.5 万~1 万、小于 0.5 万。至 2020 年，全省建成 2 个 200 万人口以上城市（长春市和吉林市），6 个 50 万~100 万人口城市（四平市、通化市、辽源市、松原市、延吉市、白城市），10 个 20 万~50 万人口城市（区、县）（白山市、公主岭市、九台区、梅河口市、敦化市、榆树市、德惠市、珲春市、双辽市和农安县）。

职能结构规划：主要将城镇职能分为七种类型，即综合、工业、工贸、工矿、旅游、口岸、交通。规划思路是引导吉林省积极响应十六大号召，争取快速转型，发展高新技术产业和现代服务业，加速推进长春、吉林两市的产业升级，推进新兴工业化进程，振兴东北老工业基地，同时强化小城镇的职能分工，丰富小城镇类型。

空间结构规划：采用"一区、四轴、一带"的城镇空间布局结构。一区即长吉都市整合区，是指长春与吉林两市捆绑式发展而形成新的城镇区域；四轴即哈大、沈吉两条纵向发展轴以及图乌发展轴、南部门户发展轴两条横向发展轴，也是四条对内对外经济联系的主要通道；一带即东部边境生态发展带。

第三部分是规划指引与行动计划。在城镇体系总体目标与战略的基础上，从现实性入手，破除传统规划"纸上画画，墙上挂挂"的理论与实际分离的现象。提出次区域发展指引，并从多个角度细化规划实施措施，使其具有可操作性。通过政策分区、分级空间管制、制定行动计划等多种措施，推进城镇体系空间结构优化发展，实现从目标与理论向行动与现实的转变（刘继斌等，2016）。

3. 规划案例解析与评价

吉林省城镇体系规划根据国家宏观发展要求而编制，符合当时发展方式转型、振兴东北老工业基地战略和区域空间重组的要求。规划前期做了大量实地调研，现状分析比较翔实，从跨省域层次、省域层次和次区域层次三个层面展开分析，针对交通、产业布局、社会、生态环境出现的一些现状问题，提出问题导向性的规划方案。

从区域关系的角度看，规划着重强调区域之间的衔接，将吉林省放在更宏观的背景下进行研究。吉林省拥有独特的区位条件，与其他区域的联系显得尤为重要，这不仅对吉林省城镇体系形成发育、现状特征具有重要作用，而且将对吉林省城镇体系未来走向有更大、更深层次的影响。因此，规划把支撑吉林省城镇体系的区域关系作为方案构思的考虑重点之一。

[①] 吉林省人民政府，中国城市规划设计研究院.2010.吉林省城镇体系规划（2011–2020 年）.

在全国层面，协调与其他区域的关系，通过合理的规划手段实现振兴吉林省的目标；在东北区域层面，要求吉林省构建开放联动式区域发展格局、重塑区域协调发展关系，提升省域空间竞争力；在吉林省内层面，要求实施差异化的城镇化空间策略，主要向南拓展，限制东西部发展以保护、恢复吉林省东西部生态环境。

从可操作性的角度看，强化了规划的可操作性。按照依法行政、有限干预、明晰事权的原则将省级政府的诉求和地方发展的实际需要与规划实施过程紧密结合起来，突出体现一级政府、一级事权、一级规划的规划思想。同时，通过行动计划安排，保证各城乡规划建设管理部门充分合作，破除部门障碍，提升行政办事效率，将各级政府管理部门充分调动起来，合力保证规划的实施（刘继斌等，2016）。

2.6.2 跨行政区域城镇体系规划

以山东半岛蓝色经济区城镇体系规划（图2.6）为例，概念性介绍跨行政区域城镇体系规划的主要内容并简要评价。

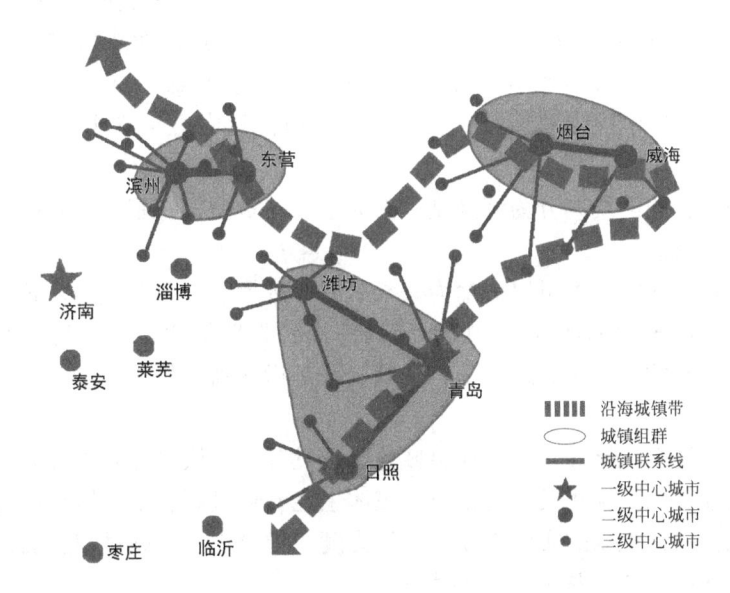

图 2.6　山东半岛蓝色经济区城镇体系规划示意图[①]

山东半岛蓝色经济区是中国第一个以海洋经济为主题的战略区域，是中国区域发展从陆域经济延伸到海洋经济、积极推进陆海统筹的重大战略举措。规划由山东省政府组织，山东省城乡规划设计研究院负责编制，既有跨越省内行政区的空间范围，又有海洋经济区的特色。

1. 规划区概况

山东半岛蓝色经济区内共有城镇387个，其中，设区城市7个，县级市21个，县城10个，建制镇349个。规划范围南起日照市，北至滨州市，包括青岛、烟台、威海、潍坊、日

---

① 资料来源：《山东半岛蓝色经济区城镇体系规划（2009—2020）》。对原图进行了简化处理。

照、东营、滨州七市和临沂莒南、淄博高青、德州乐陵、庆云四县市的全部行政地域范围。

2. 规划要点

山东半岛蓝色经济区城镇体系规划的规划年限为 2009~2020 年[①]，内容主要分为三部分。

第一部分为发展目标。面向日韩欧美开拓国际市场，拓展广大西部内陆腹地，加快城镇现代产业发展，以信息化、工业化加速推进新型城镇化进程，进一步提高城镇化水平。规划到 2015 年城镇化水平达到 60%，2020 年 70%，远景 75% 左右；城镇人口 2015 年达到 2597 万人，2020 年 3246 万人，远景 3789 万人左右。

第二部分是规划核心内容，重点包括城镇体系等级规模结构规划、职能结构规划和空间结构规划。

等级规模结构规划：2020 年规划建设 500 万人口城市 1 个（青岛 500 万人），100 万~500 万人口城市 5 个（烟台 230 万人，潍坊 175 万人，威海 130 万人，日照 135 万人，东营 103 万人），50 万~100 万人口城市 11 个（滨州、即墨、胶州、胶南、龙口、平度、寿光、乳山、莱州、莱阳、青州）。等级上分为五级结构层次，一级：龙头城市青岛；二级：区域中心城市烟台、威海、日照、潍坊、东营、滨州；三级：县级市和县城，共 31 个；四级：43 个省级中心镇和 32 个国家重点镇；五级：一般镇，除中心镇和重点镇以外的 274 个建制镇。

职能结构规划：职能结构分为综合型、工业型、工贸型、农副产品集散及加工型、旅游型、商贸流通型六类。

空间结构规划：在空间上可以概括为一条沿海经济带、三个城镇群。其中，一条沿海经济带是指起始于黄河三角洲地区，沿胶东半岛海岸到日照沿海，由青岛、烟台、威海、胶州、龙口等城市组成的经济隆起地带；三个城镇群是指青岛-潍坊-日照、烟台-威海、东营-滨州。

第三部分是规划实施指导。通过提出城乡协调发展、加快中心城市发展、加快小城镇和新农村发展、加强基础设施建设、创新农村集体土地流转机制、推进城乡社会保障一体化发展六个政策措施，强化规划的实施力度、监管力度，指导规划实施过程，加强了规划的可操作性，避免了以往规划"无从下手"的问题。

3. 规划案例解析与评价

方案重点突出，目标明确，打造龙头城市青岛，强化烟台、威海等区域中心城市的地位和作用，使其成为蓝色经济区发展的重要战略节点。在地域空间上形成各有特色的三个城镇组群。总体上体现了跨行政区域城镇体系规划的特点，强化了不同行政等级城镇之间的联系（李延成和朱莉，2010）。

通过青岛带动经济区内其他城镇发展，打造山东半岛特色海洋型经济区，促进区域内各城市稳步提升。方案针对蓝色经济区的空间特征，规划了一条沿海城镇带和鲁东、鲁南、鲁西北三个城镇群，开拓国际市场的同时也拓展了与广大内陆腹地的联系，提高城镇综合发展实力与城镇化水平。

---

① 山东省人民政府，山东省城乡规划设计研究院. 2009. 山东半岛蓝色经济区城镇体系规划（2009—2020）.

在空间管制上，方案根据半岛的特殊环境与地理位置，重点突出滨海和蓝色经济特色，重视对海洋资源的保护，制定了海岸带空间管制规划，按基本构成条件分为8个岸段，从类型上分12类空间，设38处重点保护区域。

2.6.3 市域经济社会发展规划

以湖北省《荆门市国民经济和社会发展第十四个五年规划和2035年远景目标纲要》（简称荆门市"十四五"规划）为例，概念性介绍其核心内容并简要评价。

"十四五"时期是我国开启全面建设社会主义现代化国家新征程的第一个五年，我国将进入新发展阶段。国内外环境的深刻变化既带来一系列新机遇，也带来一系列新挑战。"十三五"期间，荆门市坚持生态立市、产业强市、资本兴市、创新活市，为新一轮经济社会发展规划奠定了良好基础。荆门市应抓住"十四五"新的发展机遇，巩固已有发展基础。荆门市政府通过综合研判未来五年城市发展的机遇及挑战，组织编制了荆门市"十四五"规划。

1. 规划区概况

荆门市位于湖北中部，素有"荆楚门户"之称，辖一县两市四区，国土面积1.24万km^2，2020年常住总人口291万。具备"铁、水、公、空、管"五位一体的现代立体综合交通运输体系，是长江经济带重要节点城市。

2. 规划要点

荆门市"十四五"规划规划期为2021~2025年，展望到2035年。内容主要包含以下五个方面。

第一方面，发展基础。"十三五"时期，荆门市通过提升综合实力，推动乡村振兴，完善基础设施，促进环境整治，深化改革发展，增进民生福祉，圆满完成五年规划的任务。"十四五"时期正值"两个一百年"奋斗目标历史交汇点，是重要的战略机遇期。从全球、全国及全省层面综合分析"十四五"时期的机遇与挑战，提出抓住长江经济带和汉江经济带发展、促进中部地区崛起等重大战略机遇，加快融入以国内大循环为主体、国内国际双循环相互促进的新发展格局，积极应对自主创新能力不足、现代物流发展滞后、生态环境问题突出等挑战的战略举措。

第二方面，总体思路。以高质量发展为主题，以深化供给侧结构性改革为主线，以改革创新为根本动力，以满足人民日益增长的美好生活需要为根本目的，统筹发展和安全，实施"一区两点三元四化五个荆门"发展计划，打造湖北中部中心城市和全省高质量发展先行区，构筑国内国际双循环新发展格局的重要节点和促进湖北"建成支点、走在前列、谱写新篇"的重要支点，实现市级领跑、县域突破、乡村振兴，推进新型工业化、信息化、城镇化、农业现代化同步发展，建设创新荆门、富强荆门、美丽荆门、法治荆门、幸福荆门。

第三方面，空间布局。持续推进"中国农谷"建设，着力构建"一核一圈三带五区"农业发展新格局；工业发展朝着园区化方向推进，做大做强国家、省级开发区，做精做优特色园区，推动园区产业集群发展、绿色发展、高质量发展。服务业方面，旅游业发展采取"一主三副六组团、一环三廊通全域"的空间布局，物流业完善"物流聚集区+综合性物流园+专业性物流园（中心）"的空间结构体系，中心城区以现有大型商业综合体为中心构建以区域级核心商圈为龙头、以市级核心商圈为中心、以市级副商圈为骨架、以社区便民商业网点为网络的四层级商圈发展格局。

第四方面，重点任务。突出创新引领，全面提升创新能力，精准引进紧缺人才。构建战略性新兴产业引领、先进制造业主导、现代服务业驱动的现代产业体系，打造以国内大循环为主体、国内国际双循环相互促进的新发展格局重要节点。以"数字产业化、产业数字化、数字化治理、数据价值化"为发展主线建设数字荆门。优化城镇空间布局，形成"一主三副四群"的新型城镇化格局，全面推进乡村振兴，推进城乡一体化发展。全面深化改革，推动有效市场和有为政府有机结合。着力改善生态环境质量，完善生态环境治理体系。加快完善交通、能源、水利等基础设施，提高基础设施现代化水平。增进民生福祉，补齐民生领域短板，提高教育、医疗水平，健全多层次社会保障体系，建设文化强市。加强民主法治建设，推进市域治理现代化。加强国家安全体系和能力建设，防范化解重大风险。

第五方面，规划实施保障。首先，明确政府责任，强化规划任务分解落实，明确牵头部门和工作责任，深化细化落实计划，强化实施监督，完善评估机制，扩大公众参与，确保规划目标的顺利实现；其次，强化规划衔接协调，国土空间规划、各年度规划、区域规划及专项规划等要与本规划衔接，形成定位准确、边界清晰、功能互补、统一衔接的规划体系；最后，健全规划实施机制，强化规划实施责任，明确措施、责任、期限，加强绩效考核，加强合作、切实推进，提高规划执行力，确保规划目标和任务落到实处。

3. 规划案例解析与评价

荆门市"十四五"规划立足城市发展的机遇与挑战，根据指导思想、发展定位与发展目标的要求，从区域发展布局、产业体系、乡村振兴与新型城镇化、文化发展、生态文明建设、基础设施、社会民生、安全与发展等方面进行发展任务部署，其规划特色如下。

通过实施"一区两点三元四化五个荆门"发展计划，明确荆门市"十四五"时期的区域定位和功能定位、战略重点和区域布局、实施路径和愿景目标，推动新型工业化、信息化、城镇化、农业现代化协同发展，支撑荆门市高质量发展。

实施区域协调发展战略、主体功能区战略，统筹规划引领、要素供给、资源配置，通过优化农业、工业、服务业发展布局，推进市级、县域、乡村高质量发展，形成"市级领跑、县域突破、乡村振兴"三级联动、多点支撑、全域腾飞的发展格局。

2.6.4 县域城镇体系规划

以湖南省宁乡县[①]县域城镇体系规划（图2.7）为例，概念性介绍其核心内容并简要评价。

为了科学地指导宁乡县城镇化的规划建设和发展，协调城镇与区域之间的发展关系，保护环境和资源，统筹安排县域基础设施和社会设施，规范县域城镇的开发行为，引导和控制县域城镇的合理发展与布局，实现区域和城镇的经济、社会发展目标，满足宁乡县城镇化健康、持续的发展要求，制定宁乡县县域城镇体系规划。

---

① 2017年，撤销宁乡县，设立县级宁乡市。本书介绍内容多取自宁乡县时期，因此沿用宁乡县称谓。

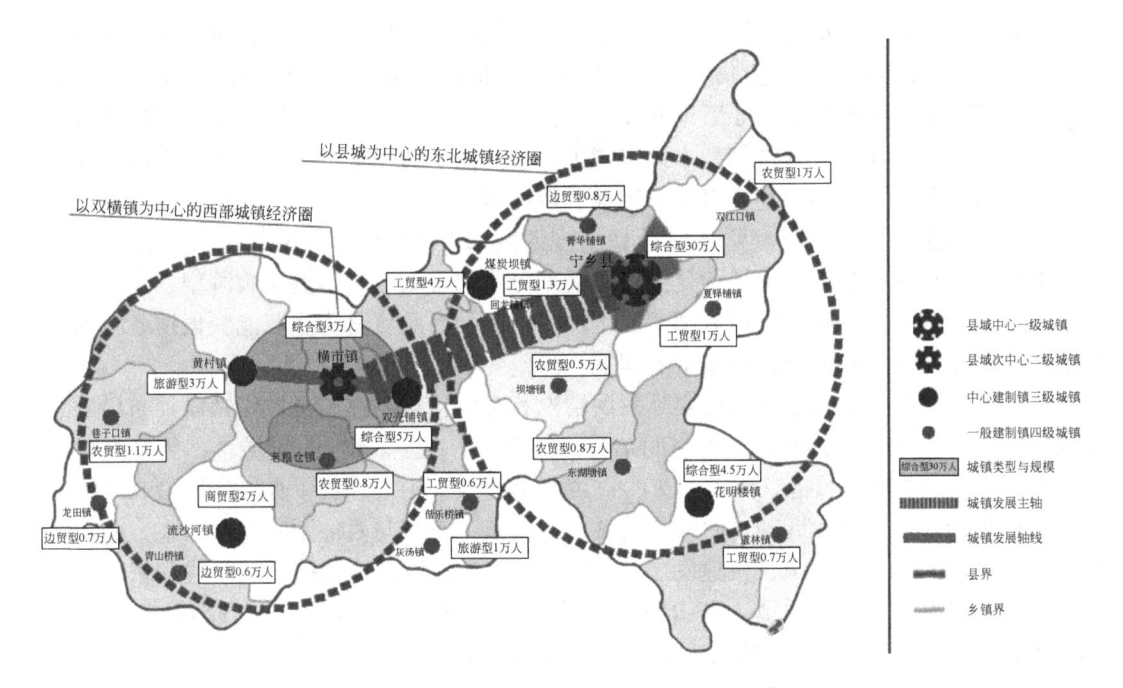

图 2.7　宁乡县县域城镇体系规划示意图[①]

1. 规划区概况

宁乡县地处湖南省中部，县域总面积 2906km²，总人口 145 万，是省会长沙的近郊县，处于长株潭城市群和环洞庭湖生态经济圈的接合部，交通区位优势明显，经济实力较强，2016 年县域经济基本竞争力居全国百强县第 35 位。

2. 规划要点

规划至 2020 年，城镇化水平为 48%，城镇人口 62 万人左右[①]。其内容主要分为以下三个部分。

第一部分是产业发展战略与产业空间布局。农业上实施"四区四点"的发展战略，四区是指科技示范区、高效农业区、生产基地区、特色产业区；四点是指以生产示范大户、农产品加工企业、农产品流通市场、农产品流通协会为四大支撑点。工业上科学选择主导产业，大力发展电子信息产业、服装制鞋业、农副产品加工业、环保产业、精细化工，同时在空间上应集聚布局，突出重点，优化工业生产的空间结构。第三产业注重推进科技服务社会化，促进科技成果向现实生产力转化，培养多个服务业新品种，改造提升传统第三产业，如流通运输业、物流业等。加强旅游资源整合、旅游产品开发和旅游市场拓展，加快旅游休闲业的发展步伐，努力实现旅游资源向旅游产业转变。

第二部分是规划核心内容，重点包括城镇体系等级规模结构规划、职能结构规划和空间结构规划。

等级规模结构规划：根据人口规模与性质，城镇分为四个等级：县域中心城镇、次中心

---

① 宁乡县人民政府.2003.宁乡县县域城镇体系规划（2003—2020）.

城镇、片区中心镇、一般建制镇。第一级城镇为县域中心城镇——县城，规划期末人口规模30万人左右；第二级城镇为县域次中心城镇——双横镇（双凫铺、横市，下同）和花明楼镇，规划期末人口规模分别为8万人和4.5万人；第三级城镇为片区中心镇，包括煤炭坝、黄材和流沙河三个城镇，其规划期末人口规模分别达到4万、3万和2万人；第四级城镇为一般建制镇，包括回龙铺、巷子口、夏铎铺、双江口、灰汤、老粮仓、菁华铺、东湖塘、道林、龙田、青山桥、偕乐桥、坝塘13个镇，规划期末人口规模为0.5万~2万人。

职能结构规划：县域各城镇按其主要职能划分为综合型、边贸型、旅游型、工贸型、商贸型、农贸型6类，各集镇应以农副产品生产、加工和商品贸易为主职能，根据各自的资源特点优势侧重发展，形成农村地域中心职能。

空间结构规划：根据宁乡县的实际发展情况和需要，规划提出县域城镇体系布局的总体框架为"一主两次，一轴两环"的空间结构。其中，"一主"指宁乡县城，即将县城作为县域增长极发展；"两次"指双横镇、花明楼镇两个县域次中心；"一轴"是指沿S209省道、宁横公路规划形成城镇发展轴，此轴将县城与双横镇、东部与西部紧密联系起来，构建县域城镇发展主导空间，带动全县快速发展；"两环"是指县域西部城镇发展环线和东南部城镇发展环线，将双横镇、黄材镇、月山镇、沩山乡、巷子口镇、龙田镇、青山桥镇、流沙河镇、老粮仓镇等乡镇紧密联系起来，构建西部地区环形城镇发展圈。

第三部分是规划实施指导。在规划政策方面，通过改革户籍管理制度等方式创造良好的政策环境，建立完善的政策体系，对行政区划适时调整，以适应城镇化进程与经济发展的需要；在规划实施方面，保证规划实施的连续性，加快规划实施的响应速度，拓宽城镇建设投融资渠道，推进城镇管理的创新机制，增强规划的可实施性。

3. 规划案例解析与评价

在产业发展方面，规划对宁乡县整体产业发展方向把握准确，从第一、第二、第三产业三个方面入手，对宁乡县域的产业进行空间布局与发展战略规划，重点突出特色产业，全面发展新型产业，升级改造旧产业。

在空间布局方面，规划提出"一轴两环"发展模式，引导县城向长沙市靠拢，充分利用区位优势，通过交通网络形成城镇发展轴，将县域东西部与南北部分别串联起来，构建县域城镇发展主导空间，促进全县快速发展。

在城镇分级上，以增长极理论为基础，规划县域整体呈"一主两次"式发展模式，以中心县城作为县域增长极，双横镇、花明楼镇两个区域作为次中心辅助，带动县域其他地区发展，以点带面，以城带乡，体现城乡协调发展模式。

规划体现了县域城镇体系发展的三个重点：①确定城乡居民点有序发展的总体格局，选定中心镇；②合理布置县域基础设施和社会服务设施；③保护基本农田和生态环境，防止污染，促进可持续发展（何志平等，1999）。从基础产业入手，规划第一、第二、第三产业的发展方向与空间布局模式，根据县域自身的特殊性，因地制宜进行分析，确定重点发展农业、大力发展工业、创新发展服务业的发展战略，为之后的规划提供相应指导。

2.6.5 规划案例的总体评价

1. 各级城镇体系规划的比较

从规划范围来看，省域和县域城镇体系规划的主体范围是所属的完整行政管辖区域，跨行政区城镇体系规划的范围则不限于行政管辖区。从规划编制部门来看，省、自治区人民政府城乡规划主管部门负责组织编制省域城镇体系规划，跨行政区城镇体系规划由有关地区的共同上一级人民政府城乡规划主管部门负责组织编制，县级人民政府负责组织编制县域城镇体系规划。从规划理论来看，编制省域、市县域城镇体系规划的目的是统筹全省、市、县城镇发展，缩小因城镇行政等级带来的发展失衡；而跨行政区城镇体系规划偏向于不同行政区域间的经济合作和优势共享，以及跨区域重大基础设施和资源环境问题的协调。从规划编制方法来看，相同之处是都需要做大量的实地调研以获取一手资料，在分析城镇体系现状时都用到了 SWOT（强项 strength，弱项 weakness，机会 oppotunity，威胁 threat）分析；不同之处是省域城镇体系规划与跨行政区城镇体系规划在方法上趋向于宏观，注重区域与城镇之间的联系，而县域城镇体系规划更加把握细部内容，如着重解决政策如何在空间上落实的问题（王明田，2013）。

2. 城镇体系规划与经济社会发展规划的比较

城镇体系规划主要是为确定城镇人口规模等级、城镇空间布局、职能分工而做出的未来安排；而经济社会发展规划的任务是确立城市和区域发展战略目标，提供实现该目标的对策与措施；城镇体系规划是以全国城镇体系规划为指导，经济社会发展规划是以国家五年发展规划为指导。具体来看，一方面，二者相辅相成，经济社会发展规划是城镇体系规划的前提条件，城镇体系规划有利于促进经济社会发展战略的实施；另一方面，城镇体系规划更加注重空间布局，通过一些定量预测方法，以具体数字的形式对城市与区域现状进行分析并把握未来发展方向，同时将规划的内容落实在空间上，因此空间安排和空间表达是必不可少的内容。而经济社会发展规划主要依据国家、地区每个五年规划，在经济社会转型、城镇化发展、基础设施建设、改革开放、民生建设、生态建设等方面对城镇或者区域进行政策性、方针性、战略性的指导，提出发展目标与对策。

小结与讨论

城镇体系规划是行政行为，也是公共政策。近年来，随着经济全球化和城乡一体化以及城市群和都市圈的发展，城市与城市、城市与区域之间的联系越发紧密，国土空间规划制度下的区域城镇空间格局及社会经济发展战略研究越来越受到关注。党的十九大报告提出，设立国有自然资源资产管理机构，统一行使所有国土空间用途管制职责。新成立的自然资源部把分散在各个职能部门的规划职责整合，统一建立空间规划体系并实施和监督，更好地对各类规划进行统筹，相当于真正实现"多规合一"。优化城镇空间格局是政府统筹配置空间资源、推动城镇发展的重要依据和调控手段，是推进"多规合一"的基础，是空间规划体系的重要组成部分。

本章以城镇体系理论为基础，界定其基本概念，解释其内涵，说明城镇体系规划的性质、内容、技术流程及审批程序，总结其发展历程并分析其前沿动态和未来趋势；重点阐述城市与区域发展条件、发展战略，以及城镇体系规模、职能、空间结构和网络系统的规划要点和方法，以案例的方式，概念性地介绍省域、县域、跨区域三种空间尺度的城镇体系规划方案，并简要予以解读和评价。

须指出的是，全球化、信息化改变了城市化进程和城镇体系结构，城镇体系规划既要顺应变化了的条件，随形就势，同时也要符合并落实上位规划以及同区域经济社会发展战略的要求，以经济社会发展需求的角度制定城镇体系规划方案，促进城镇之间的有机协调，实现城镇体系规划—多规合一规划—空间规划的规划制度演替。

此外，随着社会变革和技术进步，城镇体系研究范式及其规划逻辑会在区域科学发展动态和前沿中不断发生变化。其中，从目前及可预见未来的视角，尤其要关注流空间和城市网络两种力量对城镇体系成长及其研究与规划的影响。

流空间将最终取代场所空间成为主导区域城镇体系空间组织形式的决定性力量，并在交通与信息网络的支撑下，进一步引发城镇体系空间形态、格局和功能等方面的变革。而我们当前的研究，无论以实测流数据、企业关系数据还是基于传统普查数据和物理模型构建网络，还仍然遵循着通过关系强度测度规模，通过规模划分等级，最终回归到城镇体系的等级规模结构的传统研究视角和论证方法上，忽略了网络特性和网络研究视角所带来的研究范式与研究视角的根本性转变，即网络关系的特征、网络关系的建立及其连锁效应。如果仅凭以往规模等级的传统视角，则仍然无法识别网络中城市间的差异性和多样性，无法识别出专业性城市在网络中所起到的重要作用和突出地位。

城市网络是当前乃至长远城镇体系发展的到达点，也是未来规划及学术研究的出发点。建立于农业社会向工业社会转变的历史背景以及古典区位论基础上的中心地理论，在当前中国城镇体系研究的应用过程中出现了诸多不适，但这不代表对传统理论应该全盘否决。城市网络作为一种新的研究方法，其中也存在诸多与中心地理论的共同之处。此外，市场化力量和转型期复杂的正式与非正式制度安排共同作用于中国城镇体系的空间过程，使得其在发展中出现诸多西方理论无法解释的现象与机制。因此，针对中国的特殊国情和转型期城镇发展的现实状况和时代背景，构建具有中国特色的城镇体系研究和规划框架，将是城市地理学和城乡规划学者学习与研究的重要方向。

思 考 题

1. 城镇发展的基础条件有哪些？
2. 简述城镇的发展历程及其主要特征。
3. 讨论城镇的发展方向和发展目标。
4. 论述城镇的发展模式及与其相适应的发展路径。
5. 以你家乡所在城市为例，简述其产生和发展的条件、动力以及未来的发展趋势。
6. 简析区域发展的条件。
7. 结合具体区域简述其发展方向和发展目标。
8. 结合具体区域简述其产业发展战略。
9. 结合具体区域简述其社会事业发展战略。
10. 简述我国国民经济和社会发展规划编制方法。
11. 试说明跨行政区域城镇体系规划与省域城镇体系规划的不同之处。
12. 简要说明城镇体系规划的编制与实施过程。
13. 各级城镇体系规划中的核心内容分别是什么？对城镇体系的发展有什么作用？
14. 你认为公众参与在城镇体系规划中是不是必要的？说明你的理由。
15. 举一个你家乡所在省或县的城镇体系规划案例，并参照本章案例简要说明。

参 考 文 献

崔功豪，魏清泉，刘科伟．2006．区域分析与区域规划．北京：高等教育出版社．
杜明军．2013．区域城镇体系等级规模结构协调发展：判定方法与路径选择．区域经济评论，(5)：153-160．
杜宁睿．2004．区域研究与规划．武汉：武汉大学出版社．
樊杰，洪辉．2012．现今中国区域发展值得关注的问题及其经济地理阐释．经济地理，32 (1)：1-6．
樊杰，蒋子龙，陈东．2014．空间布局协同规划的科学基础与实践策略．城市规划，38 (1)：16-25，40．
范恒山．2013．关于深化区域合作的若干思考．经济社会体制比较，(4)：1-10．
高湘昀，安海忠，刘红红．2012．我国资源环境承载力的研究评述．资源与产业，14 (6)：116-120．
龚胜生，敖荣军．2009．可持续发展基础．北京：科学出版社．
顾朝林．2005．城镇体系规划——理论、方法、实例．北京：中国建筑工业出版社．
顾朝林．1992．中国城镇体系：历史、现状、展望．北京：商务印书馆．
顾朝林．1990．中国城镇体系等级规模分布模型及其结构预测．经济地理，(3)：54-56．
顾朝林，张勤．1997．新时期城镇体系规划理论与方法．城市规划学刊，(2)：14-26．
郭怀成，尚金城，张天柱．2009．环境规划学．2版．北京：高等教育出版社．
郭旭红，李玄煜．2016．新常态下我国产业结构调整升级研究．华东经济管理，30 (1)：49-54．
何一民，范瑛，付春．2005．中国城市发展模式研究．社会科学研究，(1)：45-47．
何志平，李永璋，杨介榜．1999．论县域城镇体系规划和推进城镇化进程——浙江省永嘉县城镇体系规划编制探讨．城市研究，(5)：11-12，16．
贺灿飞，肖晓俊．2011．跨国公司功能区位实证研究．地理学报，66 (12)：1669-1681．
贺欢欢，吕斌．2014．长株潭城市群经济联系测度研究．经济地理，34 (7)：67-74．
黄本笑，张雪平，赵修卫．2002．科技进步与区域发展．武汉：武汉大学出版社．
焦敬娟，王姣娥，金凤君，等．2016．高速铁路对城市网络结构的影响研究——基于铁路客运班列分析．地理学报，71 (2)：265-280．
金逸民，张军．2003．中国小城镇发展战略研究．北京：中国农业科学技术出版社．
冷炳荣，杨永春，李英杰，等．2011．中国城市经济网络结构空间特征及其复杂性分析．地理学报，66 (2)：199-211．
李德华．2010．城市规划原理．4版．北京：中国建筑工业出版社．
李德华．2001．城市规划原理．3版．北京：中国建筑工业出版社．
李广斌，王勇．2002．生态位理论在城镇职能体系优化中的应用研究．规划师，18 (11)：80-82，89．
李会，王利，赵彪．2014．辽宁省城镇体系分形研究．国土与自然资源研究，(4)：50-52．
李延成，朱莉．2010．山东半岛蓝色经济区城镇发展战略规划初探．城乡建设，(9)：32-34．
刘恒茂．2003．试论西部地区城市可持续发展．中共四川省委省级机关党校学报，(4)：34-37．
刘继斌，杜雪，张哲．2016．吉林省城镇体系规划（2011—2020 年）编制解析．北方建筑，(1)：81-84．
刘继生，陈彦光．1998．城镇体系等级结构的分形维数及其测算方法．地理研究，17 (1)：82-89．
刘艳军，李诚固，孙迪．2007．东北地区城镇体系发展的基础设施响应．规划师，23 (10)：67-69．
刘铮，王世福，赵渺希，等．2013．有向加权型城市网络的探索性分析．地理研究，32 (7)：1253-1268．
卢黎歌，王福益．2014．生态文明观的理论定位探析．学习与实践，(4)：122-128．
陆大道．2009．关于我国区域发展战略与方针的若干问题．经济地理，29 (1)：2-7．
陆大道．2003．中国区域发展的新因素与新格局．地理研究，22 (3)：261-271．
栾贵勤．2006．发展战略概论．上海：上海财经大学出版社．
明雪菲，乔雪峰．2017．中规院院长杨保军就《全国城镇体系规划》编制工作答记者问．(2017-03-17)
[2023-06-01]．http://finance.people.com.cn/n1/2017/0317/c1004-29152415.html．

潘学标. 2003. 经济地理与区域发展. 北京：气象出版社.
任涵, 胡同泽. 2007. 我国城市发展路径选择. 合作经济与科技, (18)：9-10.
深圳市城市规划设计研究院. 2015. 城乡规划编制技术手册. 北京：中国建筑工业出版社.
沈丽珍, 顾朝林. 2009. 区域流动空间整合与全球城市网络构建. 地理科学, 29 (6)：787-793.
沈丽珍, 席广亮, 秦萧, 等. 2018. 基于快递物流测度的区域流动空间特征——以江苏省为例. 人文地理, 33 (1)：102-108.
宋家泰, 顾朝林. 1988. 城镇体系规划的理论与方法初探. 地理学报, (2)：97-107.
孙斌栋, 郑燕. 2014. 我国区域发展战略的回顾、评价与启示. 人文地理, 29 (5)：1-7.
谈明洪, 吕昌河. 2003. 以建成区面积表征的中国城市规模分布. 地理学报, 58 (2)：285-293.
谭纵波, 顾朝林, 袁晓辉, 等. 2015. 黑瞎子岛保护与开发规划研究. 城市与区域规划研究, 7 (2)：52-72.
唐子来, 李涛, 李粲. 2017. 中国主要城市关联网络研究. 城市规划, 41 (1)：28-39.
汪明峰, 宁越敏. 2006. 城市的网络优势——中国互联网骨干网络结构与节点可达性分析. 地理研究, 25 (2)：193-203.
王彬燕, 王士君, 田俊峰. 2015. 基于城市流强度的哈长与辽中南城市群比较研究. 经济地理, 35 (11)：94-100, 116.
王聪. 2017. 基于生产性服务业的长三角城市网络空间演化特征. 经济地理, 37 (12)：121-128.
王姣娥, 丁金学. 2011. 高速铁路对中国城市空间结构的影响研究. 国际城市规划, 26 (6)：49-54.
王明田. 2013. 城市行政等级序列与城乡规划体系//中国城市规划学会. 城市时代, 协同规划——2013 中国城市规划年会论文集（6 规划实施）：9.
王宁宁, 陈锐, 赵宇. 2016. 基于信息流的互联网信息空间网络分析. 地理研究, 35 (1)：137-147.
王士君, 冯章献, 刘大平, 等. 2012. 中心地理论创新与发展的基本视角和框架. 地理科学进展, 31 (10)：1256-1263.
王士君, 冯章献, 张石磊. 2010. 经济地域系统理论视角下的中心地及其扩散域. 地理科学, 17 (6)：803-809.
王业强, 魏后凯. 2015. "十三五"时期国家区域发展战略调整与应对. 党政视野, (11)：44.
韦佳. 2016. 辽宁省城镇体系空间组合特征与结构优化//中国城市规划学会, 沈阳市人民政府. 规划 60 年：成就与挑战——2016 中国城市规划年会论文集（13 区域规划与城市经济）：9.
吴殿廷. 2004. 区域分析与规划. 北京：北京师范大学出版社.
吴健生, 刘浩, 彭建, 等. 2014. 中国城市体系等级结构及其空间格局——基于 DMSP/OLS 夜间灯光数据的实证. 地理学报, 69 (6)：759-770.
吴康, 方创琳, 赵渺希. 2015. 中国城市网络的空间组织及其复杂性结构特征. 地理研究, 34 (4)：711-728.
吴志强, 李德华. 2010. 城市规划原理. 4 版. 北京：中国建筑工业出版社.
谢涤湘, 江海燕. 2009. 1990 年以来我国城镇体系规划研究述评. 热带地理, 29 (5)：460-465.
辛晓梅. 2007. 区域发展战略与规划. 合肥：中国科学技术大学出版社.
徐泽. 2012. 对新一轮省域城镇体系规划编制的认识与思考. 国际城市规划, 27 (3)：107-112.
许锋, 周一星. 2010. 科学划分我国城市的职能类型建立分类指导的扩大内需政策. 城市发展研究, 17 (2)：88-97.
许伟攀, 李郇, 陈浩辉. 2018. 基于城市夜间灯光数据的中美两国城市位序规模分布对比. 地理科学进展, 37 (3)：385-396.
许学强, 周一星, 宁越敏. 2009. 城市地理学. 2 版. 北京：高等教育出版社.
阎小培, 方远平. 2002. 全球化时代城镇体系规划理论与模式探新——以广东省阳江市为例. 城市规划, 26 (6)：40-45.

杨桂山, 徐昔保, 李平星. 2015. 长江经济带绿色生态廊道建设研究. 地理科学进展, 34（11）: 1356-1367.

杨荫凯. 2015. 我国区域发展战略演进与下一步选择. 改革,（5）: 88-93.

杨永春, 冷炳荣, 谭一洺, 等. 2011. 世界城市网络研究理论与方法及其对城市体系研究的启示. 地理研究, 30（6）: 1009-1020.

杨永春, 赵鹏军. 2000. 中国西部河谷型城市职能分类初探. 经济地理, 20（6）: 61-64.

尧传华, 余勇, 王忠. 2012. 基于3S和4D的城镇体系规划技术研究和系统开发. 北京: 中国建筑工业出版社.

张改素, 丁志伟, 胥亚男, 等. 2014. 河南省城镇体系等级层次结构研究——基于河南省新型城镇化战略分析. 地域研究与开发, 33（1）: 46-51.

张金锁, 康凯. 2003. 区域经济学. 天津: 天津大学出版社.

张京祥, 胡嘉佩. 2016. 中国城镇体系规划的发展演进. 南京: 东南大学出版社.

张京祥, 吴缚龙, 马润潮. 2008. 体制转型与中国城市空间重构——建立一种空间演化的制度分析框架. 城市规划, 32（6）: 55-60.

张泉. 2015. 区域发展差别化——关于区域城镇体系规划方法的探讨. 城市规划. 39（3）: 34-41.

张泉, 刘剑. 2014. 城镇体系规划改革创新与"三规合一"的关系——从"三结构一网络"谈起. 城市规划, 38（10）: 13-27.

赵渺希, 黎智枫, 钟烨, 等. 2016. 中国城市群多中心网络的拓扑结构. 地理科学进展, 35（3）: 376-388.

甄峰, 王波, 陈映雪. 2012. 基于网络社会空间的中国城市网络特征: 以新浪微博为例. 地理学报, 67（8）: 1031-1043.

钟业喜, 陆玉麒. 2011. 基于铁路网络的中国城市等级体系与分布格局. 地理研究, 30（5）: 785-794.

朱玲玲, 郭志富, 张竟竟, 等. 2017. 河南省城镇体系空间优化研究. 地域研究与开发, 36（3）: 78-81, 98.

邹军, 张京祥, 胡丽娅. 2002. 城镇体系规划 新理念 新范式 新实践. 南京: 东南大学出版社.

Castells M. 1996. The Informational City. Oxford: Blackwell.

Castells M. 1992. The space of flows: A theory of space in the informational society//Conference of the New Urbanism. Princeton: Princeton University Press: 131-140.

Henderson J, Dicken P, Martin H, et al. 2002. Global production networks and the analysis of economic development. Review of International Political Economy, 9（3）: 436-464.

Sheppard E. 2002. The spaces and times of globalization: Place, scale, networks, and positionality. Economic Geography, 78（3）: 307-330.

Taylor P J. 2001. Specification of the world city network. Geographical Analysis, 33（2）: 181-194.

Wang J, Mo H, Wang F, et al. 2011. Exploring the network structure and nodal centrality of China's air transport network: A complex network approach. Journal of Transport Geography, 19（4）: 712-721.

第3章 土地利用与精明增长

3.1 土地利用基本概念

3.1.1 土地利用与开发

1. 土地和土地承载力

土地是由地球陆地部分一定高度和深度范围内的岩石、矿藏、土壤、水文、大气和植被等要素构成的，既包括影响土地利用潜力的自然环境要素，也包括人类过去和现在活动的结果（陈百明和周小平，2015），具有自然和社会两种属性。从自然属性方面讲，土地是地球系统的自然环境要素，是能量流、物质流及物质交换转移得以实现的基础，包括地表、地下及地上所附着的一切自然物和自然力。从社会属性方面讲，在农业社会，土地是人类获取衣食住行的基本条件，而进入工业社会，土地则成为重要的生产资料和资本，对土地的所有、占有、使用、收益是一切财富的源泉。

土地是人类各种经济社会活动的载体，同时也制约着其发展的空间。土地承载力又称为土地人口承载力或土地资源承载力，是指单位土地在一定社会生产条件下，保证符合社会文化准则的物质生活水平所持续供养的人口数量。例如，以资源为衡量标准，土地承载力指在可预见的时期内，单位土地资源对人类社会、经济活动支持能力的限度，其特征包括以下三个方面：①客观性，土地承载力是客观存在的，一个区域能够承载的人口数量与人类活动受该区域土地承载力的限制。②可持续性，土地承载力强调的是区域土地资源对区域人口数量或经济活动的持续承载能力，不能仅以当前的发展能力和强度作为衡量标准。③动态性，土地承载力的变化取决于一定生产条件下的土地生产能力和一定生活水平下的社会消费能力。在工业化以前，土地承载力受到很大限制，产出的粮食仅能维持少量人口规模，随着农业生产技术和科技水平的提高，粮食产量逐步提升，土地所能满足的人口规模越来越大。

2. 土地利用类型与结构

人类根据土地的自然特点，按照一定的经济、社会目的，采取一系列生物、技术手段，对土地进行周期性的经营管理和治理改造（马克思，1972），这个包含自然和人文活动的综合过程称为土地利用。从不同角度，土地利用有不同的内涵，经济学把土地利用看作人类对特定土地投入劳动力和资本以获得物质产品和服务的经济活动过程；地理学根据土地的功能，认为土地利用是依据土地自身自然属性，通过人类改造活动，发挥其承载、养育、财产、文化功能的过程；社会学从人类的需求角度，认为土地利用是人类以土地为劳动对象，满足自身生产生活需求的过程。

空间和位置需求相同的土地集聚形成属性一致的土地利用类型。不同土地利用类型的空间组合形成土地利用结构，又称为土地结构或土地构成，它是一定区域内各类土地利用类型在数量上的对比关系、空间上的相互位置关系以及权属上的所属关系共同形成的空间格局。一个国家和地区根据经济发展的需求，可以通过调整和优化土地利用结构，规划今后一定时期内的土地开发利用，预测其发展趋势，并实现土地利用规划目标。

3．土地开发整理

随着人口的增长和经济社会的快速发展，土地资源的紧张状况日趋明显，无论是城市化进程还是新农村建设都对土地有着迫切的开发需求，通过土地开发整理能够提升土地资源的供给能力。根据我国土地开发整理内容的不同，土地开发整理可分为三种类型：土地开发、土地整理和土地复垦。

1）土地开发

广义的土地开发，是指因人类生产和生活不断发展的需要，采用一定的现代科学技术和经济手段，为扩大土地的有效利用范围和提高土地的利用深度所进行的活动，既包括对尚未利用的土地进行开垦和利用以扩大土地利用范围，也包括对已利用的土地进行整治以提高土地利用率和集约经营程度。狭义的土地开发，主要是指对未利用土地的开发利用，是补充耕地的一种有效途径，以实现耕地总量动态平衡。

按开发后土地的用途划分，土地开发可分为农用地开发和建设用地开发两种形式。农用地开发是以农林牧渔为中心的土地开发，大型的农用地开发内容包括水利道路设施和生物工程设施的配置。依据《土地管理法》的规定，在土地利用总体规划指导下，以保护和改善生态环境、防止水土流失和土地荒漠化为前提，单位或个人对未利用土地的开发在经过科学论证和评估后，根据其农用地开发适宜性优先开发成农用地，其次再开发成建设用地。建设用地开发指用于各类建筑物、构筑物用地的开发，主要是指对城镇土地的开发。对城镇土地的开发又可进一步划分为老城区和新城区的开发，包括六个方面内容：土地勘测和社会经济情况调查、土地开发方案的可行性论证、开发区的总体布局与功能分区、基础设施的规划布局、小区规划设计、土地开发实施计划。无论开发成建设用地还是开发成农用地，都必须依法经过批准。

2）土地整理

土地整理是指在一定区域内，按照土地利用规划或城市规划所确定的目标和用途，采取行政、经济、法律和工程技术手段，对土地利用状况进行综合整治和调整改造，以提高土地利用率和产出率，改善生产、生活条件和生态环境的过程。

根据土地整理后的主导用途，可将土地整理分为农用地整理和建设用地整理。农用地整理指在一定区域内，依据土地利用总体规划及相关专项规划，对田、水、路、林、村等进行综合整治，以调整土地关系，改善土地利用结构，增加土地有效供给量，提高农用地质量的过程，具体包括农用地调整、农用地改造、地块规整、基础设施配套、零星农宅的迁并以及农田生态建设等。建设用地整理是以提高土地集约利用为主要目的，采取一定措施和手段，对利用率不高的建设用地进行综合整理，具体包括村镇用地、城镇用地、独立工矿用地、交通用地、水利设施用地以及其他建设用地的整理。

3）土地复垦

土地复垦是通过专业手段对土地进行改造和处理，使其恢复到可利用的状态，以有效解决土地供需矛盾，不断提升土地开发整理水平。根据废弃原因的不同，可将土地复垦分为五种类型：第一类是各类工矿企业在生产建设过程中挖损、塌陷、压占等造成的破坏土地的复垦；第二类是道路改线、建筑物废弃、村庄搬迁以及垃圾压占等遗弃荒废土地的复垦；第三类是农村砖瓦窑、水利建设取土等造成的废弃坑、塘、洼地的废弃土地的复垦；第四类是各种工业污染引起的污染土地的复垦；第五类是水灾、地质灾害及其他自然灾害引起的灾后土地复垦。

3.1.2 土地利用分类

土地利用分类是为了完成土地资源调查与管理，从土地利用现状出发，根据土地利用的地域分异规律、土地用途和土地利用方式等，将一个国家或地区的土地利用情况，按照一定的层次等级体系划分为若干不同的土地利用类别。科学地进行土地利用分类，不仅有助于提高土地利用制图与调查研究的质量，也有利于科学合理地组织土地利用和生产布局。

2007年7月1日，我国全面启动全国土地调查，主要依据土地的自然属性、覆盖特征、利用方式、土地用途、经营特点及管理特性等因素对土地进行分类。具体分类原则包括以下内容。

（1）科学性原则，依据土地的自然和社会经济属性，运用土地管理科学及相关科学技术，采用多级划分法，对土地利用类型进行归纳、分类。

（2）实用性原则，分类体系力求通俗易用、层次简明，易于判别，便于掌握和应用。

（3）开放性原则，分类体系应具有开放性、兼容性，既要满足一定时期国家宏观管理及社会经济发展的需要，也要有一定的弹性空间。

（4）继承性原则，借鉴和吸取国内外土地利用分类经验，继承应用效果好的分类。

1. 分类标准

根据适用范围的不同，我国的土地分类有土地利用现状分类、土地用途规划分类和城市用地分类三种，具体如表3.1所示。

表3.1 我国现行分类标准

分类标准	发布年份	发布部门	适用范围
《土地利用现状分类》（GB/T 21010—2017）	2017	国家质量监督检验检疫总局、国家标准化管理委员会	适用于土地调查、规划、审批、供应、整治、执法、评价、统计、登记及信息化管理等工作
《城市用地分类与规划建设用地标准》（GB 50137—2011）	2010	住房和城乡建设部、国家质量监督检验检疫总局	适用于城乡规划
《国土空间调查、规划、用途管制用地用海分类指南》	2023	自然资源部	适用于国土调查、监测、统计、评价，国土空间规划、用途管制、耕地保护、生态修复，土地审批、供应、整治、督察、执法、登记及信息化管理等工作

我国土地利用现状分类经历了多次变化，至今原国土资源部已主持编制了7次土地利用分类标准。1984年，国务院部署开展了第一次全国土地调查。为了规范调查成果，全国农业区划委员会组织8个部委（农牧渔业部、国家计划委员会、林业部、城乡建设环境保护部、国家统计局、水利电力部、国家测绘局和国家海洋局）共同制定了《土地利用现状调

查技术规程》，制定了土地利用现状分类标准，将土地分为耕地、园地、林地、牧草地、居民点及工矿用地、交通用地、水域和未利用土地8个一级类和46个二级类。1989年9月，为了满足城镇地籍调查的要求，国家土地管理局发布了《城镇地籍调查规程》，制定了城镇土地分类标准。上述两套分类标准，城乡各成体系，基本满足了当时土地管理以及社会经济发展的需要，并沿用到2001年底。

为了满足土地用途管制的需要，科学实施全国土地和城乡地政统一管理，扩大调查成果的应用，2001年，国土资源部制定了《全国土地分类（试行）》。为了使分类标准更具操作性，针对全国城镇与村庄地籍调查尚未全面完成的现实情况，2002年，国土资源部在此基础上又制定了《全国土地分类（过渡期间适用）》的过渡分类标准。随着市场经济的发展和土地使用制度的改革，尤其是土地有偿使用以及第三产业用地的发展，原有城市土地分类不能满足经济社会发展的需要，2007年，我国编制了《土地利用现状分类》（GB/T 21010—2007），采用一级、二级两个层次的分类体系，将土地分为12个一级类、57个二级类。其中一级类包括：耕地、园地、林地、草地、商服用地、工矿仓储用地、住宅用地、公共管理与公共服务用地、特殊用地、交通运输用地、水域及水利设施用地、其他土地，并依此开展了第二次全国土地调查。2008年，国家为了更好地进行宏观管理和科学决策，又颁布了《全国土地利用总体规划纲要（2006—2020年）》。

2017年11月1日，由国土资源部组织修订的国家标准《土地利用现状分类》（GB/T 21010—2017），经国家质量监督检验检疫总局、国家标准化管理委员会批准发布并实施。新版标准秉持满足生态用地保护需求、明确新兴产业用地类型、兼顾监管部门管理需求的思路，完善了地类含义，细化了二级类划分，调整了地类名称，增加了湿地归类，将土地利用类型分为耕地、园地、林地、草地、商服用地、工矿仓储用地、住宅用地、公共管理与公共服务用地、特殊用地、交通运输用地、水域及水利设施用地、其他用地等12个一级类、72个二级类，并在第三次全国土地调查中全面应用。

土地用途规划分类的提出源于对未来土地用途的规划，最早于1998年修订的《土地管理法》第四条提出："国家编制土地利用总体规划，规定土地用途，将土地分为农用地、建设用地和未利用地"，其中，农用地指直接用于农业生产的土地，包括耕地、林地、草地、农田水利用地和养殖水面等；建设用地则指建造建筑物、构建物的土地，包括城乡住宅和公共设施用地、工矿用地、交通水利设施用地、旅游用地、军事设施用地等；而未利用地指农用地和建设用地以外的土地。原国土资源部制定了市、县、乡三级土地利用总体规划编制规程——《市（地）级土地利用总体规划编制规程》(TD/T 1023—2010)、《县级土地利用总体规划编制规程》（TD/T 1024—2010）、《乡（镇）土地利用总体规划编制规程》（TD/T 1025—2010)，三版编制规程中对土地利用规划用途分类进行了详细的说明，将土地划分为3个一级类、10个二级类、25个三级类。

在上述两种分类的基础上，土地利用规划在空间分区的基础上根据规划目标与任务在土地利用现状的基础上进行规划分类，其预测性决定了其分类标准更加宏观。目前各部门在编制规划图时更多使用土地利用现状与规划两个分类，如广东省湛江市遂溪县的土地利用规划图（图3.1），为了更清楚地展示现状分类与规划分类的差异，将现状分类置于底层，规划分类置于其上。从规划图中也可看出两者的类别因目的不同详细程度也不同，土地利用现状分类较为详细，土地利用规划分类就相对综合概括。

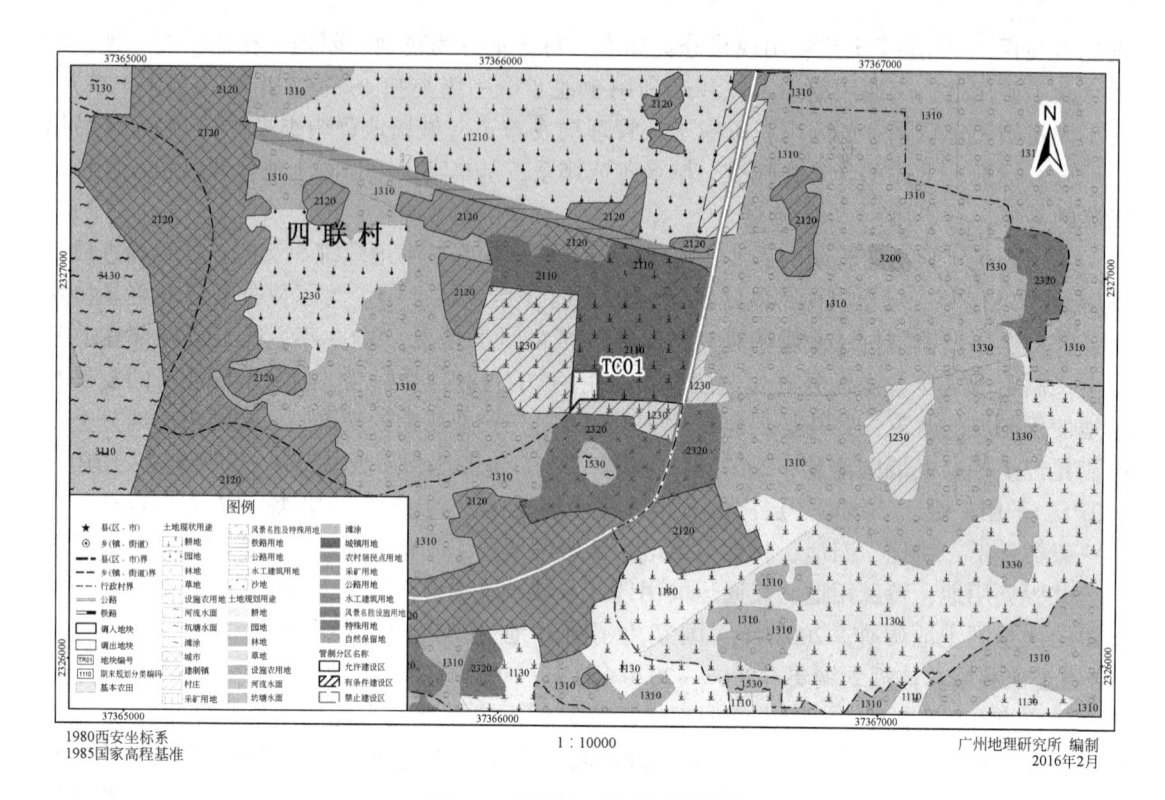

图 3.1　遂溪县土地利用规划图

城乡用地分类是由我国住房和城乡建设部颁布，共颁布过 2 套城市用地分类体系。1990 年 7 月建设部发布《城市用地分类与规划建设用地标准》（GBJ 137—90）（简称"90 国标"），1991 年 3 月 1 日开始施行，是我国第一部有关城市用地分类的国家标准。2008 年《城乡规划法》实施后，城乡规划范围进一步扩大，使得原先基于计划经济体制建立的"90 国标"逐渐显示出其不适性。为更好地指导城市规划编制工作，我国住房和城乡建设部于 2010 年 12 月 24 日颁布新版《城市用地分类与规划建设用地标准》（GB 50137—2011）（简称"新国标"）。

2. 分类衔接

在探索"多规合一"的过程中，做好城市（乡）规划与土地利用规划的衔接是关键。土地利用总体规划和城市（乡）总体规划的编制一直以来分属于国土规划和城市（乡）规划两个不同的部门，由各部门分别划定各地类界线或者空间范围（图 3.2）。土地规划使用的分类标准为《市（地）级土地利用总体规划编制规程》（TD/T 1023—2010）、《县级土地利用总体规划编制规程》（TD/T 1024—2010）、《乡（镇）土地利用总体规划编制规程》（TD/T 1025—2010），城乡规划使用的分类标准为《城市用地分类与规划建设用地标准》（GB 50137—2011）。城乡用地分类在修订时重点考虑了与《土地利用现状分类》（GB/T 21010—2017）的衔接，而土地利用规划分类也是在《土地利用现状分类》（GB/T 21010—2017）的基础上演变而来，两者在地类的定义与划分上存在较多相似之处，大多数地类均能建立对应关系。由于分类标准和适用范围的区别，两个地类标准在分类体系和表现形式上存在一定差异（表 3.2）。

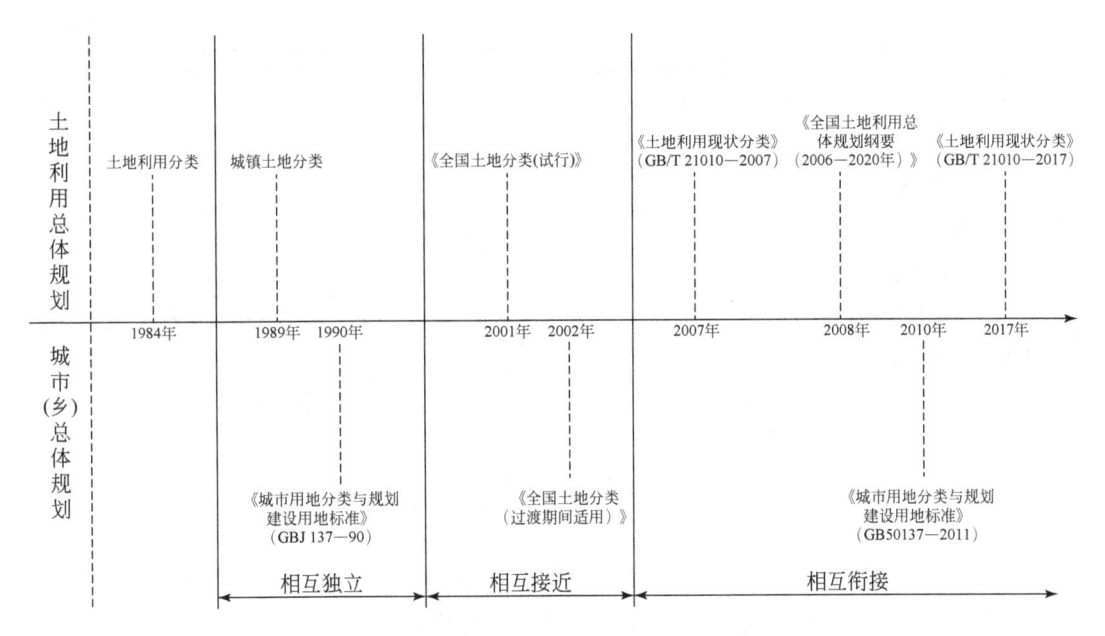

图 3.2 两规演化过程

表 3.2 《城市用地分类与规划建设用地标准》(GB 50137—2011)与《土地利用现状分类》(GB/T 21010—2017)比较

比较内容	《城市用地分类与规划建设用地标准》(GB 50137—2011)	《土地利用现状分类》(GB/T 21010—2017)
分类体系	三级分类体系	二级分类体系
	用英文字母和阿拉伯数字表示 大类用大写英文字母，中类和小类用大写英文字母和阿拉伯数字	用两位阿拉伯数字表示 从左到右一级为第一位数字，二级为第二位数字
	大类划分为： 建设用地分为城乡居民点建设用地、区域交通设施用地、区域公用设施用地、特殊用地、采矿用地 5 中类 非建设用地分为水域、农林用地、其他非建设用地 3 中类	一级层次划分为： 农用地分为耕地、园地、林地、牧草地、其他农用地 5 中类 建设用地分为城乡建设用地、交通水利用地、其他建设用地 3 中类 其他土地分为水域、自然保留地 2 中类
城乡建设用地	依据《城乡规划法》将城乡居民点建设用地分为城市、镇、乡、村建设用地和独立建设用地	按照土地规划的相关控制要求，将城乡建设用地细分为城市用地、建制镇用地、农村居民点用地、采矿用地和其他独立建设用地
	两者无法完全对应，城乡建设用地的内涵比城乡居民点建设用地大	

续表

比较内容	《城市用地分类与规划建设用地标准》（GB 50137—2011）	《土地利用现状分类》（GB/T 21010—2017）
区域交通设施用地	铁路用地 公路用地	交通水利用地
	港口用地	港口码头用地
	机场用地	民用机场用地
	土地利用规划分类中的水库水面和水工建筑用地在城市用地分类中属于区域公用设施用地	
特殊用地	二级类用地	一级类用地
水域	非建设用地下面的二级类用地，分为自然水域、水库、坑塘沟渠 3 小类	其他土地下面的二级类用地，分为河流水面、湖泊水面、滩涂 3 小类
	土地利用规划分类中的水域范围比城市用地分类的范围小	

对比两个分类可见从分类体系至分类名称，两个分类的主要差异在于用地的统计范围不同和部分用地的归类不一致，例如，《城市用地分类与规划建设用地标准》中，城镇建设用地指城镇规划区范围内扣除村镇的建设用地，而《土地利用现状分类》中城镇建设用地指行政辖区内的空间上连片的国有建设用地，更强调土地的权属性质。两个分类标准不一，据其开展的全国土地调查结果也就很难成为城市总体规划的依据，在根源上影响了多规的融合。

3.1.3 城市土地利用

城市土地是城市区域内的陆地、水面以及它们上下一定空间所构成的自然综合体，具有自然属性、经济属性、法律属性。自然属性上，城市土地作为自然产物，具有位置固定性、面积有限性和质量差异性等特征；经济属性上，城市土地作为可以投资交易的商品对象，具有区位效益性、交易低效性和边际效益递减性等特征；法律属性上，城市土地作为社会制度与观念的实体反映，城市土地及其地面附着物在所有、利用与分配等问题上具有明晰的法律规定。城市的发展繁荣与城市土地利用密切相关，而有限的城市土地只能承载一定容量的城市经济活动，故城市土地承载力是城市土地利用的基础，是衡量城市发展潜力的重要指标。

1. 城市土地承载力

1）城市土地承载力的内涵

城市土地承载力是土地承载力体系中的一个重要组成部分，是在一定空间范围内，一定时期的社会、经济、生态环境水平下，城市土地资源所能承载的各种人类活动的规模和强度的阈值，其研究的重点在于住宅用地、工商业用地、道路用地和生态环境用地等城市土地利用类型的承载力。住宅用地承载力主要分析居住用地与居住环境之间的协调关系，如美国马里兰州对城市住宅用地进行的分析，在保护农田、公园、开放用地、湿地等之后，根据各地块的大小和住宅密度（如建筑层数、楼栋间距等）的要求确定开发强度；工商业用地承载力主要分析产业产值、就业机会及城市服务的能力；道路用地承载力主要研究交通设施的容量，如道路面积、路网结构；生态环境用地承载力主要研究城市开敞空间的环境容量，如绿地面积、水域分布。

2) 城市土地承载力系统

城市土地承载力系统由城市土地支撑力子系统和城市土地受压力子系统构成，两个子系统之间、支撑力子系统内部水平之间、受压力子系统内部强度之间存在着相互影响、相互制约的关系。城市土地支撑力子系统包括城市土地资源支撑力水平、城市土地环境支撑力水平、城市土地财政支撑力水平以及城市土地科技文化支撑力水平；城市土地受压力子系统包括城市土地人口施压强度、城市土地资源利用强度、城市土地环境污染强度、城市土地经济施压强度、城市土地社会施压强度以及城市土地交通施压强度。对城市土地承载力系统协调发展程度的测度，能够反映城市土地系统有序均衡发展的程度，有利于挖掘出城市土地潜在的综合承载力，提高城市土地承载力水平，保障城市土地合理集约节约利用及健康持续发展。

3) 城市土地承载力评价

为了实现城市的可持续发展，需要结合城市土地资源的实际情况和城市发展目标来构建城市土地承载力的评价指标体系。以深圳市为例，可应用层次分析法从人口、经济、社会、生态环境四个方面来评价城市土地综合承载力（李蕾等，2012）。

(1) 人口承载力方面。深圳作为改革开放的先锋城市，粮食保证不是该城市的主要功能。因此，虽然人均耕地指标是大多数土地承载力研究的核心指标之一，但在深圳市城市土地承载力研究中则不做考虑，选取人口密度、人均建设用地面积、人均居住用地面积、人均工业用地面积四项作为衡量深圳市人口承载力的指标更符合深圳市土地资源对经济社会发展约束的特点。

(2) 经济承载力方面。针对深圳市工业用地粗放利用的现状、深圳市大力发展第三产业的要求与深圳作为国家重要综合交通枢纽和边境口岸的职能定位，选取人均GDP、单位工业用地增加值、第三产业增加值占GDP的比重与客运货运总量这四项经济指标。

(3) 社会承载力方面。选择人均公共服务设施用地面积（包括文化、教育、医疗、体育和社会福利设施用地）、地均就业人口、万人拥有医疗床位和九年义务教育学位供给量这四项指标。

(4) 生态环境承载力方面。选择人均公园绿地面积、万元GDP耗水量、单位GDP能耗水平、生活污水处理率及垃圾无害化处理率五项指标。采用层次分析法和德尔菲法来确定指标权重，得到准则层和指标层的单排序权重以及指标的总排序权重，并将评价指标分为发展型、限制型和适度型三大类。发展型指标是指属性值与承载力呈正相关的指标，如人均GDP；限制型指标是指属性值与承载力呈负相关的指标，如万元GDP耗水量；适度型指标是指属性值越靠近或落在某个区间越好的指标（表3.3）。

2. 城市土地集约利用

1) 土地集约利用概念

土地集约利用指在一定的区域内进行适当的土地投入，保证土地产出的经济效益、社会效益和生态效益相互协调统一，同时兼顾发展目标和长远利益的土地利用方式，其主要内容如下。

(1) 充分挖潜农村土地，通过建立农业生态示范园区，引导农民改变传统农业经营模式，加大农村土地开发整理力度，提高农村土地利用率。

表 3.3 深圳市土地承载力评价指标体系

目标层 A	准则层 B	层次单排序权重	指标层 C	层次单排序权重	指标总排序权重	性质
城市土地承载力	人口承载力	0.3017	人口密度	0.1738	0.0524	发展型
			人均建设用地面积	0.3710	0.1119	限制型
			人均居住用地面积	0.2298	0.0693	适度型
			人均工业用地面积	0.2254	0.068	适度型
	经济承载力	0.2186	人均 GDP	0.3064	0.0670	发展型
			单位工业用地增加值	0.2576	0.0563	发展型
			第三产业增加值占 GDP 的比重	0.2149	0.0470	发展型
			客运货运总量	0.2211	0.0484	发展型
	社会承载力	0.193	人均公共服务设施用地面积	0.2850	0.055	适度型
			地均就业人口	0.2348	0.0453	发展型
			万人拥有医疗床位	0.2401	0.0463	发展型
			九年义务教育学位供给量	0.2401	0.0463	发展型
	生态环境承载力	0.2867	人均公园绿地面积	0.2302	0.066	发展型
			万元 GDP 耗水量	0.2302	0.066	限制型
			单位 GDP 能耗水平	0.2302	0.066	限制型
			生活污水处理率	0.1547	0.0444	发展型
			垃圾无害化处理率	0.1547	0.0444	发展型

（2）合理配置城镇建设用地，注重城镇内部挖掘，严格规划控制新增建设用地指标。

（3）科学规划工业用地的规模和布局，促进工业用地的集约化利用，建立大型工业园区，形成规模效益和集聚效应。

（4）大力推进土地复垦，立足于提高农业综合生产能力，促进耕地数量、质量和生态的协调统一，通过土地整理复垦置换新增建设用地指标，为经济建设发展提供空间保障。

（5）深度开发耕地资源，从保护耕地面积向保护并提高耕地生产能力转变，从注重耕地的利用现状向注重耕地的适宜性、质量和产出效益转变。

2）土地集约利用理论

（1）土地报酬递减理论。

1768 年，法国重农学派代表人物杜尔哥（Turgot）在其所撰写的《对于佩瑞韦先生关于间接税的评论》中正式提出了土地报酬递减理论。土地报酬递减是指在技术和其他要素不变的条件下，对相同单位面积上的土地连续追加投入某种要素，所带来的报酬的增量迟早会下降。通过土地报酬递减规律，可以确定土地利用的最佳集约度和最佳规模，土地利用集约程度越高，土地的价值越能得到体现（马壮昌，1995）。根据土地报酬递减规律理论，在城市土地集约利用时，应着重加强对土地的科技投入，从而提高土地报酬由递增到递减的临界限值（朱岚巍等，2004）。

（2）土地区位理论。

土地区位理论又称为地理区位论，杜能（Thun）在 1826 年发表的《孤立国》中提出了农业区位论，其中著名的"杜能圈"揭示了因土地距离市场远近不同而引起农业分带的分布现象和一般规律，认为城市周围的土地利用呈现以城市为中心，由内向外依次是自由式农业、林业、轮作式农业、谷草式农业、三圃式农业和畜牧业的圈层结构，阐述了市场距离对城市郊区农业用地集约利用的影响。德国科学家韦伯（Weber）在 1909 年提出的"韦伯最优区位"理论认为工业的地区分布应该遵循节约费用最大、生产费用最小的基本原则，揭示原料、燃料费用、劳动成本、运费以及集聚等因素对工业用地集约利用的影响。克里斯塔勒于 1933 年在《德国南部的中心地》中发展了杜能和韦伯区位理论的基本特点，提出了中心地理论（又称城市区位论），揭示了城市中心居民点发展的区域及其城市空间体系的布局结构，以市场原则、交通原则、行政原则建立三个理论模型，探究城市最优的土地集约利用模型。德国学者勒施于 1940 年论证并发展了中心地理论，将微观经济学的研究路径引入城市体系研究之中，打破了从单个企业利益的角度来寻求最佳区位的限制，从总体均衡的角度来揭示整个城市系统的商业用地集约配置问题。

(3) 级差地租理论。

级差地租是指租佃较好土地的农业资本家向土地所有者缴纳的部分超额利润，由于其最早出现在资本主义世界，也称为资本主义级差地租。它是由优等地和中等地农产品的生产价格低于劣等地农产品的生产价格而产生的社会生产价格差额所决定的。级差地租分为级差地租 I 与级差地租 II，级差地租 I 指同时投放在不同土地上的资本由于土地肥沃程度和地理位置差异造成的生产率差异而形成的超额利润，级差地租 II 是指连续在同一块土地上追加投资所产生的超额利润。级差地租的存在需要有三个条件，一是由自然条件和投资的不同而产生生产率的差别；二是土地经营权的垄断；三是以土地所有权与经营权分离为前提的经营权的垄断，并且这三个条件缺一不可（马壮昌，1995）。级差地租 II 是集约化经营的结果，故土地集约利用很重要的一点是发挥土地的级差地租，提高对土地的投入程度，提高土地的利用效益（朱岚巍等，2004）。

3) 城市土地集约利用规律

城市土地集约利用是在合理的城市布局和用地结构的前提下，通过对城市土地的资本技术和劳动力投入，提高城市土地使用效率和利用效益，使城市土地的经济、社会和环境效益协调统一。其利用规律也具时空特征。在时间分布规律上，城市不同区域土地集约利用随着城市化进程发生变化。前工业化时期，城市化尚未萌发，主城区与边缘区均为粗放型的土地利用方式；当城市化进程进入集聚城市化阶段，主城区土地利用高度集约，而边缘区仍为粗放型的土地利用，城市表现出摊大饼式的规模扩展；当城市化进程迈入郊区化阶段后，主城区土地集约利用开始转变为结构性集约，以"旧城改造"与"新城开发"为主要形式，城市边缘区土地集约利用程度也得到提高。发达国家的城市化进程已步入逆城市化阶段与再城市化阶段，主城区与边缘区的土地集约利用已开始呈现生态集约的趋势。

在空间分布规律上，城市土地集约利用强度存在着区域差异，在单中心的城市，由于城市空间密度受到交通便利性程度、收入消费水平等因素的约束，存在中心城区到边缘区的土地集约度逐渐下降的规律。而在多中心的城市中，城市土地集约利用程度则按"市中心—次级中心—区级中心——般商业中心"的等级序列呈上下起伏规律。

4) 我国城市土地集约利用问题

在我国城市化加速进程中，城市发展在空间上主要呈外延扩展，占用了大量的耕地，人地矛盾日益尖锐，产生了诸多城市土地集约利用问题，主要表现在以下四个方面。

(1) 城市土地利用结构重生产、轻生活。

各项建设用地的比例和空间布局关系着土地总效益能否达到最优。许多城市重视生产创造的效益，忽略居民生活的幸福追求，导致城市用地结构中生产用地比例过大。国外发达城市工业用地占城市用地的比重一般在5%~10%，在一些非工业城市所占比重则更低，而我国许多城市的工业用地占城市用地的比重达到20%以上。城市用地结构的不合理，还突出反映在居住用地中普通商品房、经济适用房、廉租房和其他保障性住房用地比例偏小，中高档商品房和别墅等用地比例偏大的失衡状态。

(2) 城市开发区建设重开发、轻建设。

开发区建设兴起于1992年，在当时资金、技术资源十分短缺的情况下，少量的国家级经济技术开发区聚集了大量的资金和技术，创造了超过2%的经济总量。随着开发区建设数量一直呈上升趋势，部分开发区存在"开而不发""先圈地，后立项"等土地闲置现象。过多设立各种类型的开发区，一方面造成大量土地闲置、荒废，另一方面导致政府手中存量土地缺乏，减弱了政府运用土地供求杠杆调控经济发展的能力。

(3) 城市边界规模扩张重外延、轻内涵。

许多城市过度追求城市面积的扩大和城市人口的增加，忽视了城市化过程中的经济、社会和环境功能的完善。根据现行法律法规，征收农用地的成本要比征收集体建设用地的成本低，政府在征收土地时往往选择直接征收农用地，在郊区进行建设，出现许多卫星城镇，导致外延式占用土地成为城市扩张的主要形式。由于开发中心城区受到较多规划限制且旧城改造的成本居高不下，房地产开发商为了降低开发成本，往往避免在中心城区投资建设，造成中心城区发展缓慢，出现城市空置化现象。

(4) 城市土地利用规划重编制、轻实施。

城市土地利用规划的制定往往不能与城市土地开发利用的状况相适应，主要存在两方面的矛盾。一是规划体制固定性与市场经济多变性的矛盾，市场是瞬息万变的，任何一个经济要素的变化，都可能改变不同类型、不同区位的土地利用价值，而规划是面向中长期的土地开发利用问题，往往不能根据市场变化及时作出调整。二是规划编制主体独立性与土地利用综合性的矛盾，城市规划、城市建设和国土资源等部门根据各自的职责制定相关的城市土地利用规划，确定不同的土地利用规范，在实施过程中难以综合统一城市用地类型，导致土地利用结构不合理，集约化程度不高。

5) 我国城市土地集约利用对策

根据我国城市土地集约利用存在的问题和原因，结合国内外土地集约利用的经验，我国城市需因地制宜地采取下列一系列措施，以提高土地的集约利用水平。

(1) 转变经济发展方式，提高城市化发展质量。

伴随着工业化和城镇化发展，我国城市土地集约利用正处于转向节约型集约利用方式的加速期。在促进产业结构创新升级的同时，通过合理布局新兴产业、先进制造业和基础产业用地，提高城市工业用地的效率。2012年，我国提出走新型城镇化道路，提倡结束"高投入、高污染"的粗放道路，发展工业经济的同时不以消耗土地资源为代价，杜绝土地闲置、严禁土地利用效益差的开发项目。中心城市的发展模式需从外延式发展转变为内涵式发展，通过健全城镇化建设用地标准，壮大城市综合实力，发挥城市的聚集经济效应，提高城市土地集约利用程度。

（2）完善城市土地集约利用政策制度，实施差别化区域土地集约。

在城乡规划和土地利用规划上，城市建设通过在土地利用总体规划上管控、在建设用地空间上管制，尽量避免占用优质耕地资源；在城乡土地利用结构上，通过确保耕地保有量、基本农田保护面积，实现耕地占补平衡；在开发布局上，明确城镇开发边界，控制城镇用地规模；在用地考核、巡查与奖惩制度上，构建一套综合且完备的评价指标体系和考核制度，规范城市土地的集约利用方式，建成一批示范市、模范镇；在土地供应政策上，在确保满足国家的重要发展方向的基础上，一方面保障典型性区域发展用地，如城市承接产业转移示范区，另一方面重点保证项目用地，如政府计划用地、民生工程、合作项目等用地，提高各城市区域内土地供应率、实际利用率。此外，还需实施差别化区域土地集约利用，将发展现状良好且具有提升潜力的城市作为土地集约利用提升区，安排重点开发项目，达到土地投入要素最优配置；将具有自身产业特色的城市定为土地集约利用优化区，逐步提高土地使用标准，合理安排土地利用结构；将集约利用综合水平、利用效率欠佳的城市，归为土地集约利用挖潜区，结合土地整治政策，推进低效地再利用。

（3）注重城市和谐发展，建设美好宜居环境。

依据环境、土地资源的承载量及空间分布状况，合理配置城市土地资源的规模、结构与布局，从而对城市土地生态经济系统的资源输入量和污染物输出量进行调整、控制，把城市土地生产活动对自然资源的需求和对生态环境的影响降到最低，实现在增加社会产出的同时减少对资源环境的压力，从根本上解决城市经济发展与土地资源的矛盾，促进城市的和谐发展。同时，在保护城市绿地、维护城市基础设施的基础上，合理开发利用城市土地，促使城市经济系统与社会系统和谐地融入城市自然生态系统中，建设美好宜居的城市生活环境。

3.2 城市扩展与精明增长

3.2.1 城市扩展

1. 城市扩展空间

1）城乡空间划分

城乡空间包括城市、乡村以及城乡相互作用形成的城乡过渡地域。

城市与乡村是人类聚落体系中的两种类型，两者在产业构成、人口规模、用地类别、基础设施、职能类型等方面具有本质的差别。乡村一般聚居较少的人口，建筑密度较低，经济活动以农业活动为主，职能较为单一，缺少配套的公共服务设施；而城市聚居较多的人口，建筑密度较高，以非农业活动为主，具备较为完善的给排水、输配电、交通运输、影剧院、博物馆等市政、文化、娱乐基础设施，一般是一定区域的政治、经济、文化中心。

城市扩展是城乡空间范围变化的最主要动力，作为城市扩展空间的城乡过渡地域是城市建成区与外围广大农业用地渐变融合的空间，有着城市与乡村双向作用力下相互衔接、相互渗透形成的城乡过渡景观，反映城市和乡村的双重特征，并具有自身的特殊性，主要表现在其空间范围的模糊性、用地结构的动态性、土地特征向量的渐变性以及经济、社会、人口等属性的复杂性，有着独特的地理、自然与社会意义。国外学者从 20 世纪 30 年代就开始对这一地域进行研究，德国学者路易斯（Louis）在研究柏林城市地域结构时，将被城市建成区侵吞的城市边界地区称为城市边缘带，这是最早涉及城乡过渡地域的概念（Lesage and Charles，2008）。20世纪80年代末，在我国经济社会转型过程中，特大城市发展迅猛，空间不断向外扩展，逐渐瓦解了传统的城乡二元结构，在城市和乡村之间形成了明显的城乡过渡地域，我国学界也开始对城乡过渡地域展开研究。

2）城乡过渡地域

与城乡过渡地域相关的概念还有城市边缘带、城乡结合部、城市郊区等。

城市边缘带主要指城市建成区的外围地带，在城市功能离心扩散作用上突出城市对乡村的影响与侵入，主要关注形成城乡过渡景观的城市主动力。

城乡结合部是20世纪80年代中期由国土规划部门提出的便于管理和规划的概念。2002年，《关于贯彻落实〈国务院关于加强城乡规划监督管理的通知〉的通知》中提出："城乡结合部是指规划确定为建设用地，国有土地和集体所有用地混杂地区；以及规划确定为农业用地，在国有建设用地包含之中的地区"，明确了城乡结合部具有土地监督管理和城乡治理背景的特征。

城市郊区原意是指城市外围地区，既是一个地理上的概念，又是一个相对城区的概念。在我国计划体制时期，城市郊区常指城市市区以外、市界以内具有田园景观并为城区服务的农副业经济区；在我国城市规划上，城市郊区用地指位于城市规划区的外围，在政治、经济、文化上与城区有紧密联系，需要管控的地区；在我国行政区划上，城市郊区则是一个具有明确行政界线的地域（图3.3），故城市郊区常具有功能、管理、行政等多方面的意义，能较好地对应各类行政统计数据的口径。在地级市以上的城市实行"市辖县（区）"体制后，许多大城市的郊区面积过大而不能准确反映其社会、经济特征以及与市区的地域关系。随着市场经济发展，郊区为城市提供农副产品的功能逐渐下降，加之城市扩展空间覆盖郊区，2000年以后，郊区作为行政地域的概念退出了我国建制体系。

图3.3　无锡市1979年、1984年、1991年郊区范围

3）城乡过渡地域的范围

城乡过渡地域是城市扩展最明显、最迅速的地域，是城乡各种矛盾的集中地。由于该地域结构复杂、动态变化大，对它的范围难以界定，很难为管理部门提供清晰的范围。因此，科学合理地界定城乡过渡地域范围，对了解城市扩展的过程与机制、深化城市地理学理论、科学指导城乡规划均具有重要意义。

(1) 界定方法。

国外学者尝试通过量化的指标来界定城乡过渡地域的范围，如用城乡边缘带内非农业人口与农业人口之比给城乡过渡地域划界、采用居住价格变化确定城乡过渡地域边界，或是将城市核心建成区以外一定距离的环城地带作为城乡过渡地域的范围等。国内有的学者以城市建成区基本行政区单位为城乡过渡地域内边界，以城市物质要素扩散范围为外边界，也有的应用交通可通达性、城市外环路、"断裂点"分析法、DTM信噪度分析法、遥感技术与信息熵原理等来划分城乡过渡地域范围。对城乡过渡地域范围不同的界定方法基于不同的专业背景和研究内容，但在实际操作中，由于我国统计口径的不连续性、行政区划的不稳定性以及城市发展的复杂性，各种量化指标在界定特定城乡过渡地域的内外边界方面有其特殊性，在数据获取方面也难以复制应用到其他地区。而通过GIS、RS技术分析目标城市的遥感影像可以获取历年城乡用地结构，实时反映城市扩展特征，适用于不同城市，易于分析比较，已广泛应用在现阶段的地理科学和城乡规划研究中（王静等，2004）。

(2) 界定原则。

城乡过渡地域范围界定基本遵循三个原则：①差异性原则。能够综合反映城乡过渡地域内部的基本特征，同时也能够表现城市、乡村与城乡过渡地域之间的差异。②可操作性原则。指标易于获取，实证研究可行，资料收集便利，城乡过渡地域范围与行政管辖范围尽可能一致。③同步性原则。随着城市规模不断扩大，城乡过渡地域内外边界处于动态变化之中，但应基本保持与建成区扩大比例一致。

(3) 内外边界。

城乡过渡地域的范围界定过程就是城乡空间区分的过程，城乡过渡地域与城市空间的界线为其内边界，与乡村间的界线为其外边界。在确定其内边界时，可以根据差异性原则选取城市空间与城乡过渡地域的主要区别因素进行划分，如以建筑密度的差异作为主要区别因素，则可将城市连续建成区的边缘线作为城乡过渡地域的内边界。在确定其外边界时，由于城市向乡村逐步扩展过程中在景观上不存在一个明显、连续、确定的外边界，故常以城市功能辐射影响范围来考虑城乡过渡地域外边界的划定。城市功能辐射通常不会跨越地域，多是从城市建成区向周边乡镇由近及远依次展开，根据可操作性原则，可将城市建成区范围信息与对应年份的行政区划图叠加，以与建成区紧密相连的第一层乡镇行政界线作为城乡过渡地域的外边界。据此标准，城乡过渡地域的内外边界线均可以通过处理遥感影像获得，如2008年无锡市城乡过渡地域内外边界的划定（杨山和陈升，2009）（图3.4）。

(4) 范围修正。

由于城市生长并非均匀向外扩展，在某个时期城市沿着主导方向（如沿交通轴线）扩展迅速，若以上述方法确定城乡过渡地域的外边界，在城市扩展主导方向上城乡过渡地域的范围可能偏小。因此，根据城乡过渡地域范围界定的同步性原则，城乡过渡地域外边界在主导方向上要进行修正。以无锡市为例，以建成区的几何中心为原点将无锡市划分为8个象限，计算8个象限内城乡过渡地域的平均面积，并作为阈值D。如果同一时期城市扩展主导方向的象限内城乡过渡地域范围小于D，并且该方向上的小城镇已与城市建成区连成一体，其城乡过渡地域范围将自动向外扩展一个乡镇。修正后的城乡过渡地域范围如图3.5所示，技术流程如图3.6所示。

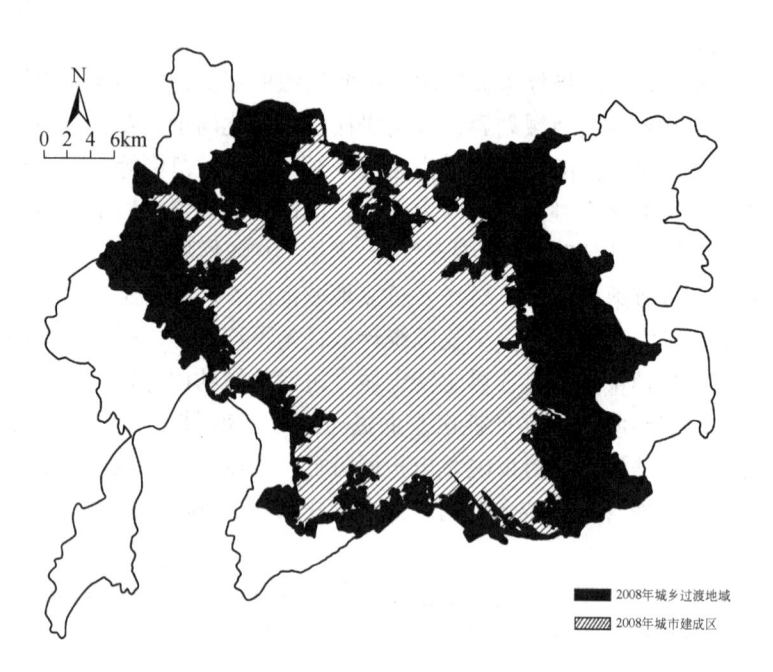

图 3.4 2008 年无锡市城乡过渡地域内外边界划定图

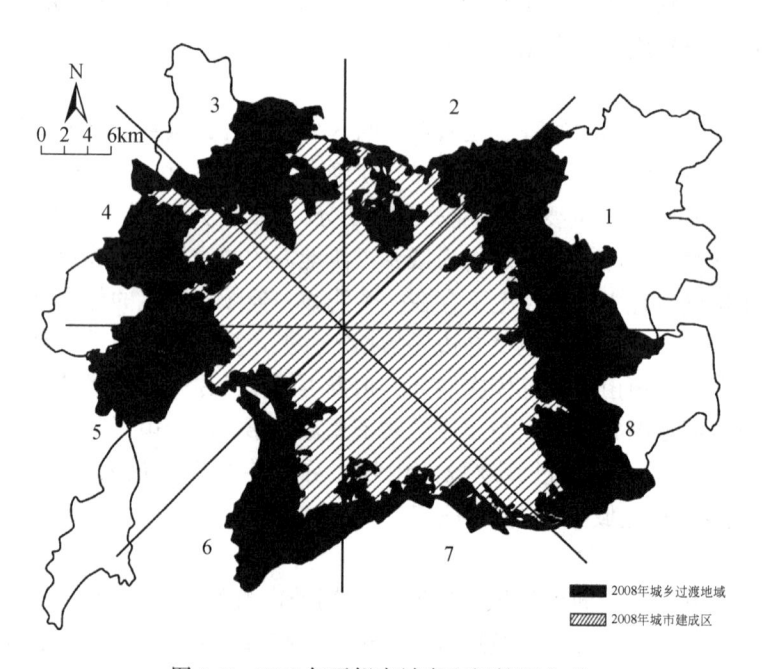

图 3.5 2008 年无锡市城市空间扩展方式

2. 城市扩展方式

城市扩展是指城市中心的经济、社会、政治和文化等因素向外扩散，空间上表现为土地利用形式由城市非建设用地向建设用地转化。城市扩展有圈层式扩展、轴向带状扩展、跳跃式组团扩展三种方式，在同一时期，城市扩展往往表现出一种方式主导，多种方式并存的

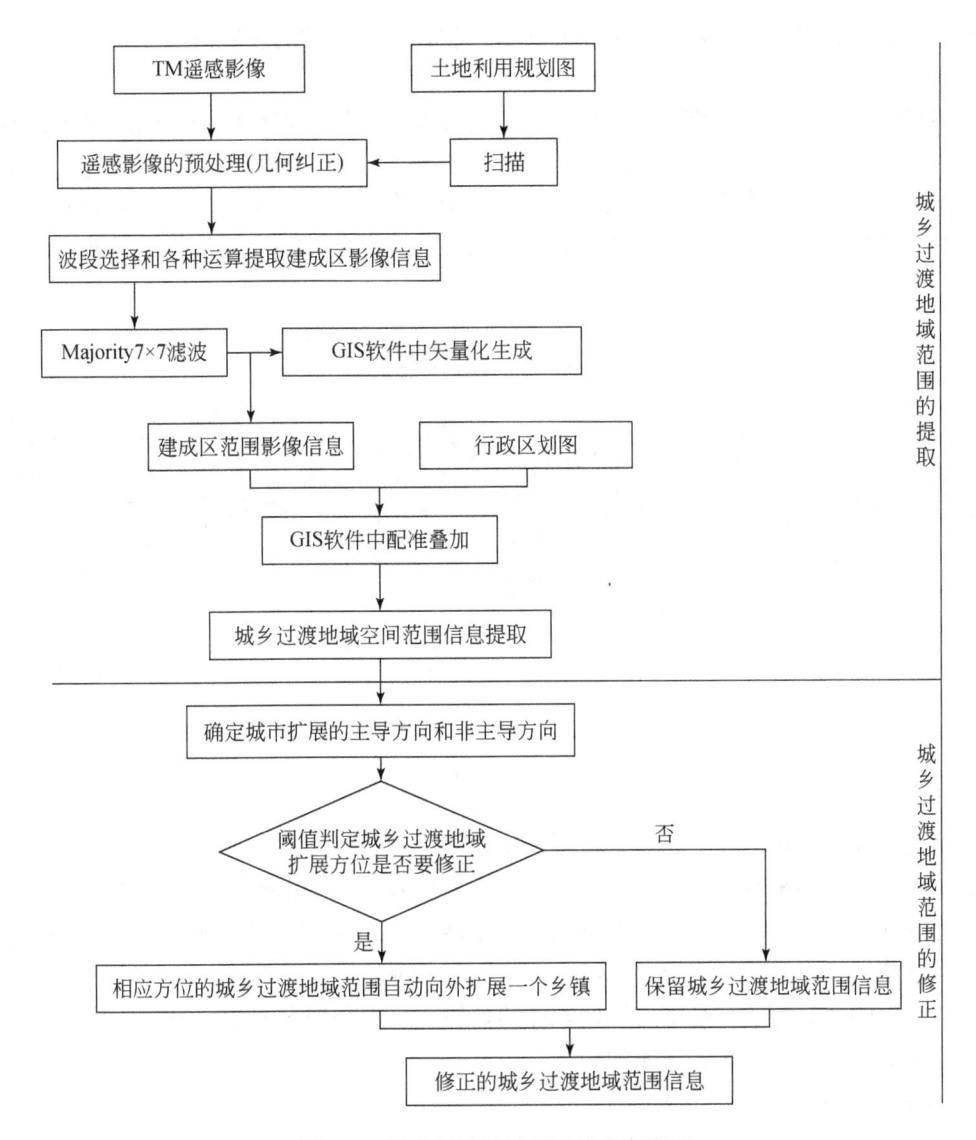

图 3.6 城乡过渡地域范围的界定流程

特征。

1) 圈层式扩展

城市圈层式扩展是在城市中心张力和城市外围吸引力共同作用下，城市社会经济景观由核心向边缘呈现向心型层次分化的城市扩展类型，是城市扩展加速、稳定、停滞、复苏……循环变化状态在空间上的映射，具有周期波动性［图 3.7（a）］。在城市经济高速增长期，城市建设投资增加，城市边缘土地被征用为工业、住宅、商业、基础设施等建设用地，城市建成区规模迅速扩大，城市圈层处于加速扩展状态；在城市经济平稳发展期，随着城市建设的投资收益趋于饱和，城市经济发展放缓，不再大兴土木，城市圈层处于稳定扩展状态；在城市经济萎缩期，基础建设项目大量削减，大型建设项目缓建或停建，投资减少，就业率降低，城市人口规模增长趋缓甚至减少，城市圈层处于停滞扩展状态；在城市经济复苏期，城市经济逐渐恢复活力，城市建设开始进行结构性调整，主要在原有城区进行建设，直到城市经济再次进入高速增长期，城市扩展将再次进入快速向外延伸的新阶段。

2）轴向带状扩展

城市轴向带状扩展是城市建设用地沿主要对外交通轴线呈带状延伸的城市扩展类型，具有明显的方向性，在城市对外交通干线方向上引力最大，张力最强［图3.7（b）］。城市对外交通干线是联系城市和广大腹地的通道，是人流、车流、货物流、信息流的集中地，具有潜在的高经济性，对工业、商业、住宅建设吸引力较大，促使城市沿对外交通轴线方向带状扩展。

(a)圈层式扩展　(b)轴向带状扩展　(c)跳跃式组团扩展

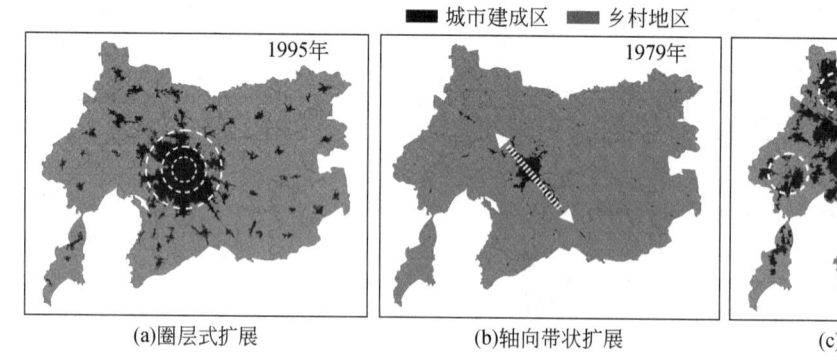

图3.7　城市扩展的主导类型

3）跳跃式组团扩展

城市跳跃式组团扩展是中心城区连续扩展达到一定程度后的一种不连续的城市扩展类型［图3.7（c）］。当城市规模不断壮大，由于地理环境限制或城市扩展导致的交通拥堵、环境质量下降等问题出现，城市建设用地倾向在离主城区一定距离的某个地点跳跃式组团扩展，以克服地理环境的阻碍或是疏散中心城区功能，形成卫星城、新城等。这些新的城市组团可分担中心城区的部分功能，是中心城区职能的延伸，与中心城区密切相关，又具有相对独立性，往往起到限制大城市恶性膨胀的作用。

3. 城市扩展机制

1）城市扩展的政治经济学解释

20世纪70年代，在一些西方国家中出现了一个以马克思主义政治经济学作为分析城市问题的学派，其代表人物有英国的哈维（Harvey）、美国的卡斯特（Castells）等。他们的观点形成的新马克思主义学派在当前地理学界有着巨大的影响，其中，哈维提出的资本"三次循环"理论也被运用在对城市扩展的解释中。

英国学者哈维认为，资本家在生产中取得超过社会平均利润的超额利润，即相对剩余价值，可以通过生产过程中的组织劳动分工协作和更新固定资本来实现（Harvey，1987）。资本的第一次循环是指资本在生产领域（如制造业）的流动，一部分资本用来满足资产阶级消费需要，另一部分资本则以工资形式保证劳动者的再生产，然而，资产阶级追求超额利润的动机导致资本的过度积累，表现在商品的过度生产、利润率下降和剩余资本等方面，这些问题刺激了资本转向第二次循环和第三次循环。资本的第二次循环包括固定资本投资和消费资金两方面，固定资本投资一部分包含在生产过程中，另一部分起着为生产服务的作用，称为生产性建成环境（厂房、铁路、港口等）；同样，消费资金一部分包含在消费过程中，另一部分起着为消费服务的作用，称为消费性建成环境（住宅、居住区道路等）。生产性建成环境和消费性建成环境共同构筑城市建成环境，通过城市建设环境中资本的积累与循环，促进资本的持续循环，加速城市扩展进程。同样，当城市建设环境中的资本出现过度积累时，资本的第二次循环将停止，过剩的资本将流向以科学技术研究及教育卫生福利等社会公共事业为主要内容的资本第三次循环（图3.8）。

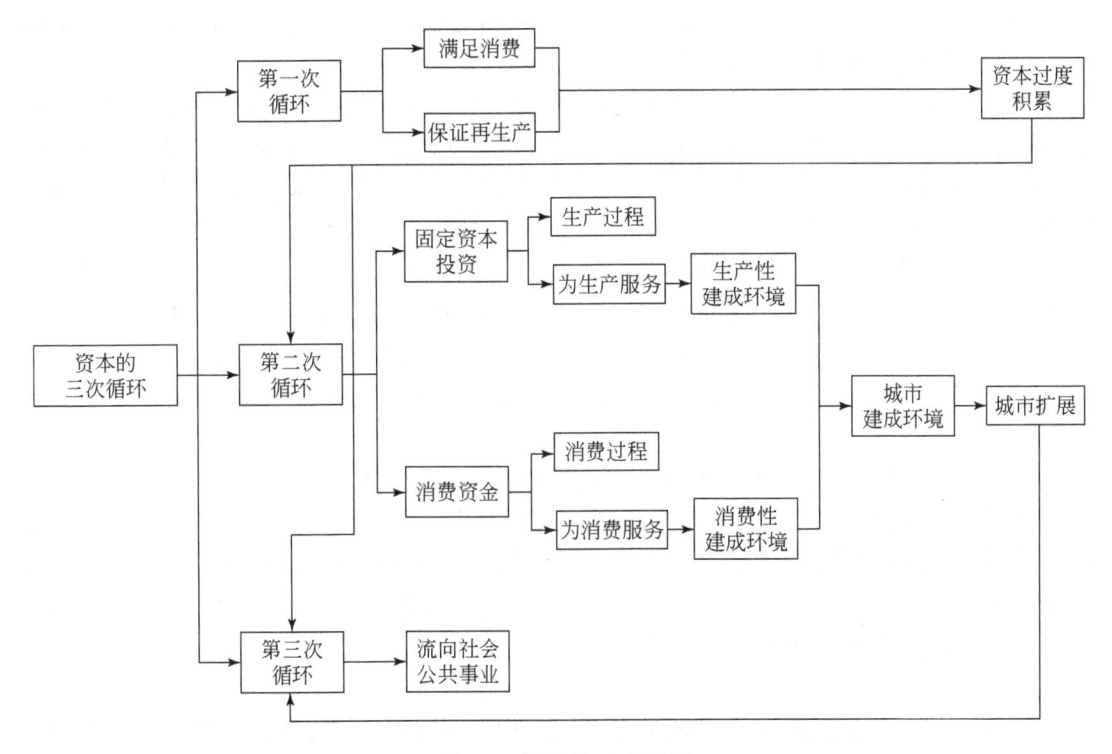

图 3.8 资本的三次循环

德国学者克莱因科特（Kleinekort）也认为，20世纪30年代美国的经济危机（即消费不足的问题）被城市扩展缓解，这是资本从第一次循环转向第二次循环影响城市扩展的案例。美国通过联邦住宅管理局的住房贷款补助和快速公路建设等政府干预措施，促进了城市的近域推进，从而加强了在独家住宅和各种耐用消费品（如洗衣机、冰箱、汽车等）方面进行投资的可能性。哈维认为，美国联邦政府1972年削减了60亿美元的住房贷款利息税收和房地产税收，促使地方政府和个人加强投资活动，形成城市基础结构建设及家庭设备投资等在内的强大乘数效应，使住房建设经历了战后繁荣期，促进了低密度的城市蔓延扩展。三次资本循环分析框架从时间角度解释了资本流动与城市扩展之间的联系。

2）美国城市扩展的机制

发达国家城市扩展往往伴随着郊区化展开，尤以美国最为典型，其中城市郊区成为城市扩展最为激烈的区域，此区域城市性要素与乡村性要素交互作用，自然景观与人文景观相互镶嵌，景观生态格局始终处在快速变动之中。美国学者奥沙利文（O'Sullivan）从制造业、人口、零售业、办公区四个方面阐述了城市扩展的成因，他认为郊区化使城市从单核心向多核心演变，在城市郊区形成了许多次级就业、购物中心，促进城市扩展（奥沙利文，2003）。

（1）制造业的郊迁，促进城市工业用地扩展。制造业是美国最早出现郊区化的部门，交通运输的发展直接促使制造业郊区化。汽车的普及极大地改善了货物运输与工人通勤的条件，这使工厂布局在城市郊区比在城市中心成本更低；航空运输的发展也使单位附加值高的产品向位于城市郊区的机场集聚；福特制生产的流水线作业法使厂房从传统的多层车间向单层车间转化，增加了工厂占地面积，工厂出于节约用地成本的考虑纷纷向地价相对低廉的城市郊区迁移，促进工业用地的近域扩展。

（2）人口的郊迁，促进城市住宅用地扩展。20世纪20年代汽车的普及为人们追求美好居住环境的愿望提供了客观条件，制造业企业的郊迁拉动了人口的郊区化。30年代美国联邦政府为缓解经济危机积极建设高速公路，提供优惠的住房贷款补贴以鼓励住房建设、刺激居民购房，这一系列措施进一步加速了人口的郊迁，推动住宅用地的近域扩展。

（3）零售业的郊迁，促进城市商业用地扩展。零售业是为消费者服务的行业，当人口向城市郊区迁移，势必带动相关的零售业向郊区迁移。由于城市郊区相对于市区，人口密度低，地价低廉，且消费者多自驾购物，美国郊区的零售业放弃采用传统的商业街布局，而是以占地面积大、带有大型停车场的购物中心（shopping mall）的形态出现，促进商业用地的近域扩展。

（4）办公区的郊迁，促进城市办公用地扩展。传统上，城市CBD是办公区的集中地，但在美国郊区化的影响下，从20世纪70年代起，办公区就开始在城市郊区兴起，到20世纪末，诸如洛杉矶、亚特兰大城市郊区办公区的规模已超过城市CBD。美国把这些位于城市郊区的办公区称为"边缘城市"（endless city），它的出现使一些传统的单中心大都市向多中心大都市转化，促进办公用地的近域扩展。

3）中国城市扩展的机制

近年来，我国学者逐渐关注经济区位、体制改革、社会分异以及城市空间的集聚扩散等因素对城市扩展及其趋势的影响。综合国内外学者的研究成果以及我国经济社会转型期的基本国情可以看出我国城市扩展的主要动力来源于以下三个方面。

（1）经济快速发展推进城市扩展。城市土地为城市提供了一切社会经济活动的物质基础，是一个综合性的经济问题。改革开放后中国迎来了经济上的腾飞，年均经济增长速度达9.5%以上[①]，加之转型期的中国经济结构以劳动密集型和土地密集型经济活动为主要组成部分，中国经济的快速发展加剧了城市经济对土地的需求，全国城市建成区面积从1981年的7438km^{2}扩展到2023年的62038km^2，增长了约7.3倍，推动城市的进一步扩展。

（2）快速城市化加剧城市扩展。城市土地是城市居民生活、工作和学习的基本场所，提供了城市居民一切生产与生活的物质源泉。1990年以后是中国城市化快速发展时期，到2011年底中国城市化率超过了50%，城镇人口比1990年增加1倍多，年均增长6%。快速城市化作用下大量的人口涌入城市，城市人口的增加必然表现为城市居民对住房、交通和公共设施用地等方面需求的加强，城市用地急剧扩展，城市空间迅速增长（周春山，2007）。

---

① 资料来源：国家统计局，《波澜壮阔四十载 民族复兴展新篇——改革开放40年经济社会发展成就系列报告之一》。

（3）政策因素引导城市扩展。改革开放后，中国的经济改革以放权为主要特征，使得地方政府获得越来越多的发展自主权。20世纪90年代税制改革和土地批租制度的实施使得城市土地级差地租得以体现，地方政府利用土地批租制度在中心城区实施"退二进三"的产业政策，推动经济密集、决策集中、信息灵敏的第三产业在市场机制下向中心城区集聚，让占地面积大、高污染的工业企业向地价相对低廉、用地空间广阔的城乡过渡地域扩散，以优化城市的土地利用结构。1998年，国家取消福利分房政策，推进住房商品化，地方政府也积极推动中心城区危旧房改造与城市交通基础设施建设，从而促进工业和住房的城市近域推进，吸引了城区人口与外来劳工的郊迁，加速城市扩展。

4. 中国城市扩展特征

适度的城市扩展是推动城市保持集约高效的生产空间、宜居适度的生活空间和山清水秀的生态空间的重要保障，也是城市永葆成长活力、旺盛发展动力、激发发展潜力、实现可持续发展的必由之路。中国是全球城市扩展总量最大、变化最剧烈的国家之一，分析改革开放以来中国城市化过程中城市扩展的动态变化特征，能够有效地采取综合手段调控城市扩展总量与速度、优化城市土地结构，提高城市土地集约利用效率。改革开放后，中国城市扩展体现出四个主要特征（中国城市发展报告编委会，2016）。

1）城市扩展中建设用地增量显著

改革开放以来，在快速城市化的过程中我国城市空间不断扩展，城市建设用地在数量、人均面积和用地扩张弹性系数上经历了巨大变化。1981~2013年，中国城市建设用地面积从 $6720km^2$ 增至 $47855.3km^2$，增加了6.12倍，年均净增 $1285km^2$，年均增长率达6.33%，呈显著的指数增长和快速扩展的趋势（图3.9）。2013~2020年，中国城市建设用地面积从 $47855.3km^2$ 增至 $58355.3km^2$，增加了22%，年均净增 $1500km^2$，年均增长率为2.87%。尽管增速有所放缓，但用地扩展趋势仍在持续。

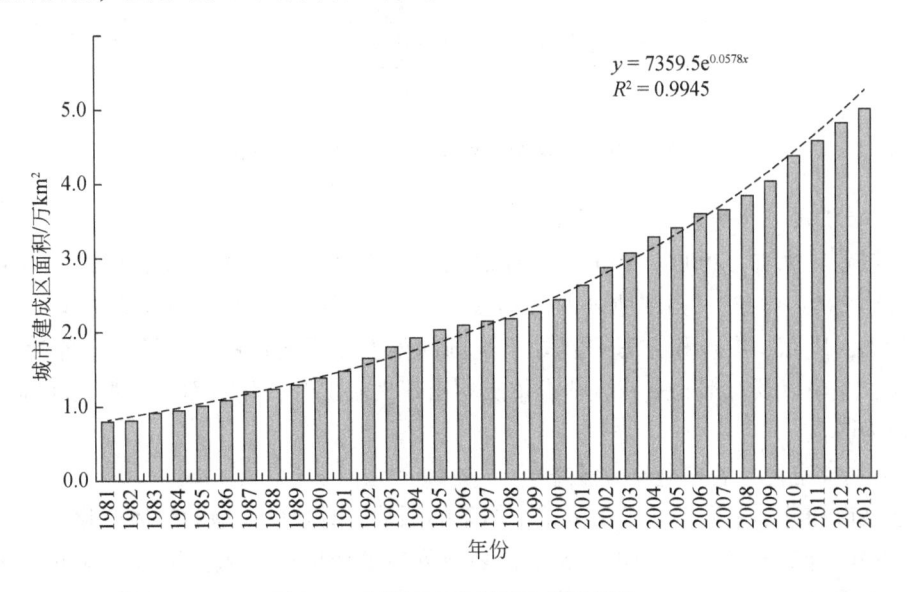

图3.9 中国城市建设用地增长趋势

2）城市扩展速度呈现起伏变化态势

中国城市扩展速度呈现波状变化趋势，整体与经济发展的阶段性和城市用地政策以及耕地保护变化相对应。根据城市扩展增速的形态变化特征可将其划分为 6 个显著的变化阶段。以 1998 年东南亚金融危机为界，可划分为前后两大时间段：1981～1998 年增速波动更为频繁且振幅较大，1998～2013 年增速波动变小且增速振幅缩小。而 1981～1998 年又可细分为 2 个子阶段：其中，1981～1992 年，我国处于耕地保护制度和房地产制度改革的探索期，其间的年际波动最大，为频繁波动的阶段；1992～1998 年，由于 1992 年《国务院办公厅关于严禁开发区和城镇建设占用耕地撂荒的通知》公布，耕地保护力度加大，城市扩展增速逐年降低，为增速减缓阶段。1998～2013 年也可细分为 4 个子阶段：1998～2002 年为快速扩展阶段（房地产开发热开始兴起潮）；2002～2007 年为增速减缓阶段（耕地保护政策初步建立）；2007～2010 年为增速复苏式升高阶段（中央政府实施"大规模投资"计划以刺激经济）；2010～2013 年为增速调整减缓阶段（图 3.10）。

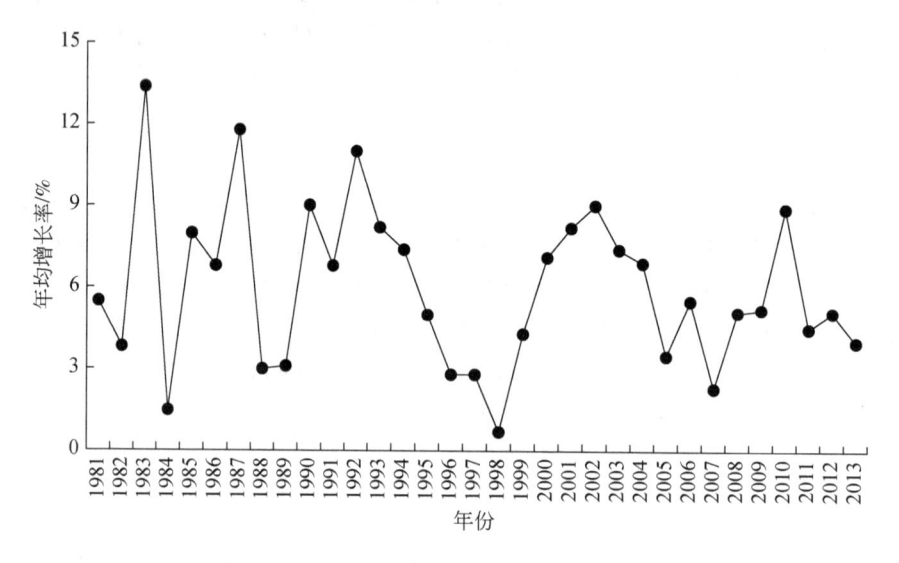

图 3.10　中国城市建设用地年均增长率变化

3）城市扩展变化的区域差异显著

从区域差异来看，2000～2011 年东部地区城市建设用地占全国总量的 50%～56%，中部地区占比 29%～34%，西部地区占比 15%～17%，区域差异性显著（表 3.4）。城市建设用地总量上，广东、山东和上海一直处于全国前列。在全国排序上，近年来东南沿海的江苏、浙江、福建以及首都北京和直辖市重庆均出现大幅提升，相对而言，黑龙江和山西的排序降低最为明显。

4）大城市空间扩展增速最为显著

省会城市和计划单列市处于中国城市体系的顶端，对建设用地的整体变化具有极为重要的影响。2014 年，31 个省会城市和 5 个计划单列市的建成区面积分别占全国城市建成区总面积的 34% 和 34.1%，总体占比高并呈增长的趋势。从建成区面积的平均增速看，2000～2006 年是高速增长期，年均增长高达 10.15%；2006～2011 年增速有所下滑，年均增速降至 5.69%；但 2011～2014 年又提高到 6.27%。上述增速均明显高于同期的全国平均水平。

不论从总量还是增速来看，省会城市和计划单列市的城市扩展相比其他城市都更为剧烈（方创琳等，2017）。

表 3.4　2000~2011 年中国城市建设用地的区域差异

城市建设用地	2000 年			2006 年			2011 年		
	东部	中部	西部	东部	中部	西部	东部	中部	西部
总面积/km²	11143.6	7524.5	3445.6	19131.4	9891.3	5144	21909.4	13066.2	6829.6
占比/%	50.4	34	15.6	56	29	15	52.4	31.3	16.3

中国城市的快速扩展体现了中国经济高速发展、居民生活水平快速提高的需求。在今后的城市扩展中，应追求从"量"的扩展转变为"质"的增长，更多地关注社会、经济和生态的协同发展，城市土地的高效利用以及开发区合理建设等。

5. 城市扩展案例分析

无锡市地处长江三角洲核心，东南距上海 128km，西北距南京 183km，南濒太湖，与浙江交界。地形以平原为主，南部散布着低山、残丘，水源充足。市区总面积 1643.9km²，不包含太湖水面的面积为 1294.6km²，下辖梁溪、锡山、惠山、滨湖和新吴 5 个区，以及江阴、宜兴 2 个县级市。从图 3.11 中可以看出 1979~2015 年无锡城市建设用地面积在逐年增加，结合遥感数据解译成果和土地利用变化数据，回顾无锡城市空间发展的历史，发现无锡城市空间变化有着明显的四个发展阶段（图 3.11）。

1）1979~1990 年为城市缓慢扩展阶段

改革开放对无锡市城市发展有较大的推动作用，但只有少量的公路和水路作为人口、物资流动的通道。无锡城市空间沿着仅有的交通要道向东南方向生长，鉴于西南方向是以太湖流域为中心的生态环境保护区和风景区，无锡城市空间在西南方向上的发展受到一定限制，形成了星楔状的空间扩展形态。

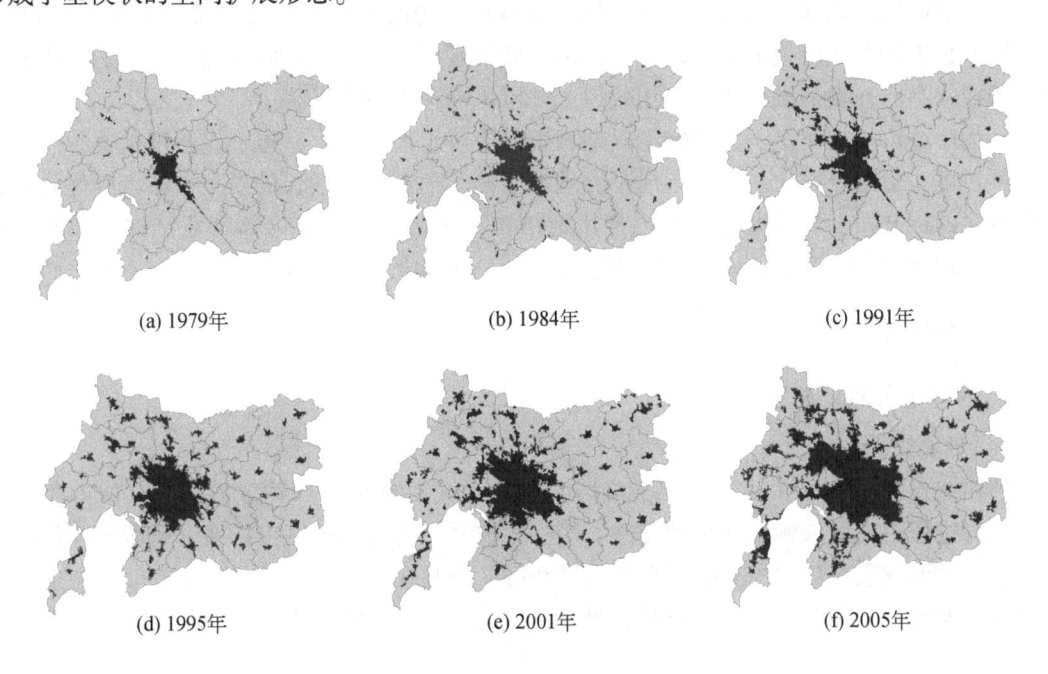

(a) 1979年　　(b) 1984年　　(c) 1991年

(d) 1995年　　(e) 2001年　　(f) 2005年

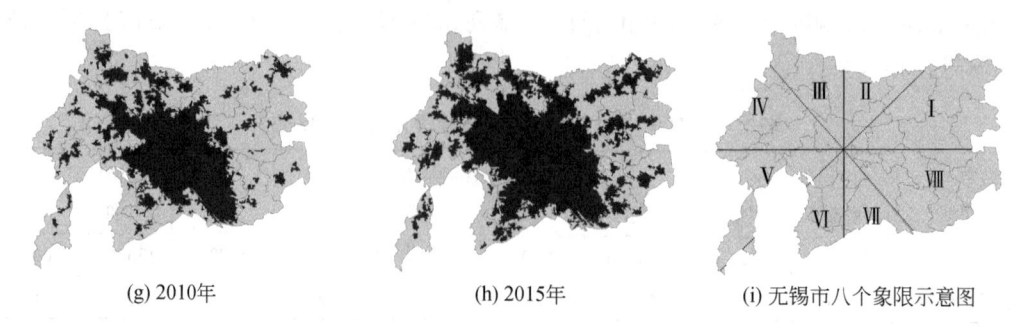

(g) 2010年　　　　　　　(h) 2015年　　　　　(i) 无锡市八个象限示意图

图 3.11　无锡市建设用地分布及象限分区（1979~2015 年）

2）1991~2000 年为城市快速扩展阶段

无锡城市用地形态呈现团块状，但扩展方向依然沿着交通干线向东南延伸。20 世纪 90 年代无锡市进行了行政区划调整，将原隶属于无锡市东南方的旺庄乡、硕放镇、新安镇等 19 个行政村划分给了无锡市区，1992 年设立高新技术产业开发区，促进了无锡市区进一步扩展。这一时期的城市扩展，不断影响着城乡过渡地域空间范围，城乡过渡地域内的城乡住宅区交错分布，各类基础设施、文教区、商业网点布局散乱。

3）2001~2010 年为无锡城市高速扩展阶段

这一时期无锡市行政区划经历了大调整，迎来了城市建设新高潮。2002 年，无锡市由原来的崇安、无锡新区、南长、北塘等 4 个行政区，调整为北塘、崇安、南长、锡山、滨湖、惠山、无锡新区等 7 个行政区。同时，城市规划引导着无锡城市扩展的大方向，2002 年无锡市新一轮的城市总规中提出，无锡市按照"南拓北展、东整西优"的空间格局发展，无锡城市用地改变单核式的发展模式，发展的重点由老城区向城市的东南方向转移，并确立了无锡城市未来发展的主要方向为太湖新城。

4）2011~2015 年为城市中速扩展阶段

这一阶段城市用地增长速度放缓，但仍保持较高的增长水平。针对城市扩展过快问题，响应国家合理控制城市规模的要求，无锡市将城市发展重点放在对既有城区土地的二次开发上，积极提高已开发的城市用地利用效率，城市扩展速度有所下降。

无锡市城市扩展满足了经济转型时期城市发展对土地的需求，但一定程度上也导致了城市扩展过度、形态分散化、结构布局不合理等问题。随着精明增长的提出，城市应优先考虑既有城区的再开发，积极调整城市内部用地结构，优化升级城市内部产业结构，采取 TOD 模式的土地开发利用方式，以求城市用地在"质"方面的内涵式扩展。

3.2.2　精明增长

1. 精明增长的发展历史

1）历史背景

精明增长（smart growth）起源于美国，是针对城市蔓延的一种政策响应。城市蔓延指城市开发过程中高度依赖机动车和交通干线，无控制、无规划的城市扩展，是城市增长的一种形态。美国城市蔓延的主要原因在于市场经济、公共政策、社会文化三个方面。在市场经济方面，消费者大多愿意迁往环境好、房价低的远郊，导致城市蔓延；在公共政策方面，政府对高速公路的投资建设客观上鼓励了远郊的开发,间接促进了城市蔓延;在社会文化方面,人们均追求远离城市喧嚣、居住在带有独立庭院的住宅,促使了人们的郊迁行为(唐相龙,2009)。城市蔓延最终体现为人们对生活环境的更高追求,但同时它也产生了以下负面影响。

(1) 交通拥堵、环境恶化。现代主义城市空间观念指导下制定的土地功能区划法(zoning law)使得土地利用功能趋向单一,将家庭、办公地、消费地远远分开,人们不得不长距离驾驶车辆去工作、购物或娱乐,过量的私人汽车出行加重了交通拥挤和空气污染。

(2) 居住隔离、社会极化。为了维护理想的居住环境,郊区社区要求新建住房必须达到一定的高标准,中高收入人群在其经济可负担范围内实现他们郊区独栋别墅的追求,多数贫困家庭则聚居在环境恶劣的城市街区,这种住房上的隔离无形中在不同社会阶层间设置了一道屏障,加剧社会两极分化。

(3) 土地利用粗放,增加财政负担。城市无限制蔓延,占用大量农业用地,侵入环境敏感地区,又迫使基础设施向外蔓延,加大政府的财政负担。

2) 发展过程

美国城市无序蔓延的种种弊端促使人们对城市发展方式进行反思,而欧洲的"紧凑发展"令许多历史城镇保持了紧凑而高密度的形态,被普遍认为是居住和工作的理想环境。这让人们开始不再把土地看作一种资本和商品,而是一种稀缺资源,增长管理运动由此而生。许多地方、区域和州政府纷纷制定实施了增长管理政策,联邦政府也采取了相应的措施予以支持,增长管理运动发展至20世纪90年代后期,演变为精明增长运动,为了实现精明增长运动的发展目标,美国采取了一系列有力措施。1997年,马里兰州通过了美国第一个精明增长法规《精明增长与邻里保护法案》,并迅速成为各州制定精明增长法规的范本。同年,美国规划协会发布了《精明增长立法指南——应对形势变化的规划与管理的立法范本》,该文件为精明增长法规的制定提供了立法样本。同年,美国自然资源保护委员会与地面交通策略研究项目组发表《精明增长方法》,旨在促进城市集约增长、土地混合利用及以大容量公交系统为导向的城市开发模式。2002年1月,国际城市管理协会、美国环保署和精明增长网站公布了《转向精明增长第二卷——新增实施策略100条》,介绍了实施精明增长的100条政策措施和技术手段,包括正式的立法和行政措施,以及非正式的方法、规划和计划等,引起了极大的反响。2006年,美国已经有近20个州制定和实施了精明增长政策(王丹和王士君,2007)。

狭义上的精明增长是指1997年美国马里兰州州长格伦迪宁(Glendening)首次提出精明增长概念后一系列精明增长的理论政策,广义上则是将增长管理与狭义的精明增长统称为精明增长。

美国学者德格罗夫(Degrove)将精明增长的演变过程分为三个阶段:第一阶段为20世纪70年代,7个州制定了增长管理法规,以全州范围或特定区域内的土地开发管制为基础,要求州、区域和地方政府采取行动,避免无序开发造成的负面影响。环境和生活质量是这一阶段关注的核心问题。第二阶段为80~90年代初,制定和实施增长管理政策的州迅速增加,出现了"增长管理热","增长管理"一词正式地出现在一些州的相关立法中。这一阶段的特点是由强调对增长进行控制转变为对增长进行规划,由关注环境和生活质量问题转变为关注几乎所有的经济、环境和社会问题,更加注重经济发展和环境保护之间的平衡。第三阶段始于 90 年代中后期，即"转向精明增长"时期，完成了从控制增长到顺应增长和综合治理的转变。全州范围的政策除了土地利用管制、设立城市增长边界和要求地方政府制定综合规划等方面外，还特别强调紧凑发展与振兴中心城区、鼓励修改功能区划制、统筹协调州各部门改善资本投资，促进可持续发展（曹伟等，2012）。

3）基本理念

作为应对城市蔓延的城市发展策略，精明增长还未形成一致的定义。全美郡县协会认为精明增长是"一种服务于城市、郊区和农村的增长方式，在保护环境和提高居民的生活质量的前提下鼓励地方经济增长"。环境保护者认为精明增长是"一种服务于经济、社区和环境的发展模式，注重平衡发展和保护的关系"。农田保护者认为精明增长是"通过对既有城区的再开发以保护城市边缘带的农田"。综上所述，可以认为精明增长是一种在提高土地利用效率的基础上合理控制城市扩展、保护生态环境、服务经济发展、促进城乡协调、提高人们生活质量的城市发展模式。城市增长的"精明"则主要体现于两个方面：一是增长效益，城市用地的增长应该带来经济效益、生态效益和生活效益，即城市扩展的目的不仅是繁荣经济，还包括保护环境和提高人们的生活质量。二是城市增长方式，城市增长方式应该是高效且环境友好的，即城市扩展的顺序应从现有城区的再利用到基础设施的完善，从生态环境许可的区域内熟地开发到生态环境许可的其他区域内生地开发，从而将郊区农田的发展压力转移到城市或基础设施完善的近郊区域，以此抑制城市空间蔓延。因此，精明增长是一种高效、集约、紧凑的城市发展模式。

2000 年，美国规划协会（American Planning Association）联合 60 家公共团体组成了美国精明增长联盟（Smart Growth America），明确提出精明增长的核心内容：充分利用城市存量空间，减少城市盲目扩张；加强对现有社区的重建，重新开发工业废弃用地，节约基础设施和公共服务成本；混合用地功能，紧凑城市空间，鼓励步行和公共交通工具出行；保护开放空间，创造舒适环境，通过鼓励、限制和保护措施实现经济、环境和社会的协调发展。精明增长的直接目的是控制城市蔓延，具体目标包括保护农用地、保护城市环境、促进城市经济发展和提高城乡居民的生活质量。

2. 精明增长的实践原则

精明增长是服务于经济、社会和环境的一种城市发展模式，体现了可持续发展的思想，关于精明增长的原则，最广为接受的是 1996 年美国规划协会提出的十大原则（Downs and Costa，2005）。

1）采取混合土地利用模式

商业、住宅、办公、娱乐、教育等类型土地的混合使用有利于提高出行效率，以促进邻里友好、推动商业往来、激发地区活力；有利于改善人居环境，以吸引外来人口迁居，提供更多税收，提高城市经济效益。

2）应用紧凑式建筑设计

对既有城区的再开发，通过适当增加住宅的层数减少住宅占地面积，为公共设施预留更多的空间，有利于城市开敞空间的建设。另外，紧凑式建筑设计缩短人们的出行距离，减少人们对私人汽车的依赖，改善城市交通与空气质量。而且，与分散的社区相比，紧凑社区对供水、污水处理、电话等公共服务线路的需求较集中，可以减少资源消耗。

3）提供多样的住房选择

提供多样的住房选择，可以满足不同阶层居民多样化的住房需求，提高社区的基础设施与资源的利用率，不同类型的住房还能在同一社区包容不同收入水平的人，消除居住分异，抚平社会极化。

4）创造便于步行的社区

步行是一种方便、健康的出行方式，通过混合土地利用和紧凑式的建筑设计，人们可以既安全又方便地享受步行的乐趣。创造便于步行的社区包括三方面的需求：一是将学校、商店、交通站点等服务设施建设在步行可及的范围内，满足居民的日常生活和出行需要。二是采用相应的建筑和街道设计标准，保证步行和非机动车的安全性和流动性。三是做好对人行道的维护和美化工作。

5）建设鲜明地方感的社区

融合了自然特征、历史建筑、公共艺术的社区有其自身独特的地方感，也反映了当地居民的价值观、文化和传统，容易吸引新的居民和游客，为社区带来更多活力。在社区规划中，可以根据地方特色，对街道、建筑物和公共场所的设计工作进行指导，保留地方特色建筑与自然景观，创建富有魅力、安全的开敞空间，创造更具地方特色的城市社区，提高社区吸引力。

6）保护重要环境地区

重要环境区域包括草原、湿地、公园、农场等，既是为人们提供游憩、接触自然的场所，也是为其他生物创造生存机会的地方。保护重要的环境区域有经济与环境双重效益，既可以提高城市生活质量，增加城市吸引力，带动旅游休闲产业的发展，繁荣城市经济，又可以维护城市环境，促进人与自然的和谐发展。

7）开发既有城区

对城市郊区的开发虽然成本投入较少，却易造成生态环境破坏，因此将新的开发需求导向既有城区十分重要，既有利于控制城市无序蔓延，又能提高基础设施的使用和投资效率；既为地方政府带来税收，又保护开放空间，促进城市健康发展。

8）提供多种选择的交通方式

多样化的交通出行方式包括高质量的公共交通运输系统、安全便捷的自行车与步行基础设施、维护良好的道路桥梁。提供多样化的交通出行方式有利于改善居民的日常生活条件、吸引高质量的人才。地方政府和交通运输机构在不同地方、区域和全国范围尺度内衡量、选择、投资、建设适宜的交通项目。

9）作出可预测、公平和高效的城市发展决策

地方政府为创新发展、行人导向、土地混合利用等项目建设创造有利的环境，对于能够促进城市精明增长的私营企业应给予政策支持，简化投资项目的审批程序，以保证项目收益，让发展决策更精明。

10）公众参与

每个社区都有不同的矛盾，解决这些矛盾需要不同的方法，衰败社区可能需要集中精力发展经济，经济繁荣的社区则需要专注于解决公平问题。但共同的思路都应来源于当地的社区居民，鼓励居住在同一社区不同阶层的人共同参与社区发展决策，以平等均衡地考虑各个利益主体的诉求，维护每一个居民的既得利益。精明增长的根本目的就是建设一个有着包容

性与公平性、人人参与的城市社区。

3. 精明增长的相关理论

精明增长的相关理论包括城市增长理论、可持续发展、景观生态理论和城市管治理论等方面。

1）城市增长理论

（1）城市增长集聚与扩散理论。

集聚与扩散这一对方向相反、交织作用的作用力，被看作推动城市不断发展最基本的动力学解释。城市作为人口、产业及各种资源集中的场所，不断地吸引周边的人才、资金、技术等资源向其集聚，并随之成为文化及先进思想和事物的集中地。这种空间的规模效应和集聚效应，成为城市不断生发和成长的原动力。几乎同时，产生于城市的技术、管理方式、生活方式等又自发地向周边扩散，从而带动周边区域的发展（王宏伟等，2003）。

美国城市地理学家科尔比（Colby）在1933年提出了关于城市增长的向心力与离心力学说。科尔比认为向心力和离心力是同时存在、作用于同一城市活动方向相反的作用力。向心力是集聚力，是使城市活动向市中心或其他特殊区位集中的力量，主要指对厂商、家庭产生的集聚力量。造成向心力的原因包括节约交易费用、规模经济与垄断竞争和制度变迁等。离心力则是使城市活动远离市中心趋于分散的作用力，它主要指对厂商、家庭向外扩散的力量。造成离心力的主要原因有两种，即来自中心地区的排斥力和来自外围地区的吸引力，排斥力包括地价高昂、交通拥挤、环境恶化等，吸引力包括地价低廉、交通通畅、土地开阔等。向心力与离心力的力量对比及变化制约着城市地域的发展，这对矛盾成为城市地域形态演化中的主要矛盾。

除此之外，该理论的代表人物黑格斯坦德（Hagerstand）和布朗（Brown）认为，城市内部的创新是这一扩散过程的基础和动力，创新的扩散导致城市功能区的空间替代及城市地域的演化，最终导致城市化在时空两个维度不断深化和拓展。

（2）门槛理论。

"门槛"理论是有关城市空间增长阻力因素比较成熟的研究，它认为城市增长到一定程度，会遇到一些阻碍城市规模增长的限制因素，如地理环境、工厂技术水平，甚至城市原有空间结构的自身限制等，成为城市规模增长的阶段性极限，构成城市增长的门槛。克服这些门槛需要跳跃性地突增而非渐进增长，城市不同发展阶段会遇到各种新门槛，城市增长本身就是一个不断跨越各种门槛的过程。城市跨越的门槛越多，克服下一门槛所需费用越高。

制约城市增长的各种门槛因素的重要性因时因地而异，即视社会科技发展水平和各城市自身条件而不同。科技进步使自然要素型门槛的制约程度日趋降低，更多受制于资金、技术等经济因素。伴随城市增长中人为干预程度的加深，制度门槛受到广泛关注，而对城市可持续发展的思考，使研究者开始意识到城市增长的生态门槛（王宏伟等，2003）。

（3）城市增长阶段理论。

城镇的发展有两种动力机制，一种是向心集聚的力量，另一种是离心扩散的力量。一般说来城市发展的向心过程和离心过程贯穿城市发展全过程。但是城市发展的初中期以向心集聚的力量为主，中后期以离心扩散的力量为主。郊区城镇化和逆城镇化就是城市离心发展过程中的两种不同类型和不同阶段。

西方的城市实体地域可以分成中心市（central city）（相当于我国的城区）和城市外缘

(urban fringe)(相当于我国的近郊区)。以人口为例城市发展要经历以下几个阶段：①城区人口增加，郊区人口减少，郊区人口向城区集聚；②郊区人口有增长，但城区人口的增长率超过郊区；③城区人口有增长，但增长率低于郊区；④城区人口负增长，郊区人口仍在增长，人口从城区向郊区迁移明显；⑤城区人口继续负增长，人口除迁到近郊区外，甚至迁到都市区以外或其他小都市区，导致都市区人口的负增长（周一星，1995）。其中前两个阶段是向心集聚阶段，第三个阶段是离心扩散的初始阶段，第四个阶段是典型的郊区城镇化阶段，第五个阶段是逆城市化阶段。

2）可持续发展

可持续发展（sustainable development）一词最早见诸于1962年美国海洋生物学家卡森（Carson）的著作《寂静的春天》。1972年6月，联合国人类环境会议在瑞典首都斯德哥尔摩举行，此次会议通过了《联合国人类环境会议宣言》，唤起了各国政府关注环境问题尤其是环境污染问题的意识，引出了人类对环境与发展问题的全方位关注，具有里程碑意义。1987年，世界环境与发展委员会在《我们共同的未来》报告中提出"可持续发展"的概念，其核心内容就是"既要满足当代人的需要，又不对后代人满足其需要的能力构成危害的发展"。在1992年联合国环境与发展大会通过的《21世纪议程》中，可持续发展成为世界共同追求的发展战略目标。具体来说，可持续发展就是谋求经济、社会与自然环境的协调发展，维持新的平衡，制衡出现的环境恶化和环境污染，控制重大自然灾害的发生。对于城市空间的精明扩展而言，其可持续发展思想是在满足当今城市发展要求的同时不能占用或危害后代人满足其需要的扩展环境，即城市可持续发展可以存在城市空间扩展，但需要根据社会进步与经济发展的趋势，发挥城市的集聚、规模、紧凑等多方面正向效应，通过社会经济手段，满足人类不断增长的物质文化需求，提高生活质量，促进城市空间的可持续发展。

3）景观生态理论

景观生态学（landscape ecology）研究起源于20世纪50~60年代的欧洲（德国、荷兰、捷克斯洛伐克等），80年代在全世界范围内得到迅速发展。景观生态学是研究区域内不同生态系统的景观结构、相互作用、协调功能及动态变化的一门生态学新分支。最典型的是福曼（Forman）提出的景观模式原理与景观多样性、异质性原理（邬建国，2000）。

景观模式原理认为，斑块（patch）是景观结构中的最小单元，具有内部均质性，与周围环境性质外貌不同，有不同的尺度。表现出不同的原理：一是斑块尺度原理。大型斑块可以比小型斑块承载更多的物种，特别是一些特有物种只有可能在大型斑块的核心区存在。二是斑块数目原理。减少自然斑块，会减少景观和物种的多样性及某一物种的种群数量。三是斑块形状原理。一个能满足多种生态功能需要的斑块的理想形状应该包含一个较大的核心区和一些有导流作用及能与外界发生相互作用的边缘触须和触角。

景观生态学原理对城市的空间扩展提出了基于多样性、异质性的生态要求。从区域层面看，城市空间是自然环境基质的一种斑块，城市空间扩展必然对自然要素斑块产生冲击，如对农田、草地等的占用，对河流生态廊道或生物迁徙廊道等的侵占或截阻，破坏了区域自然环境间的物质流、能量流、信息流和价值流的过程，导致区域景观多样性、异质性与稳定性降低。从城市层面看，城市空间结构的实质是城市内不同类型的建设用地斑块构成的功能组合与空间组织，城市空间扩展过程必须按照社会经济活动的要求进行不同建设用地斑块空间组织，以及具有廊道作用的不同等级的道路规划设计，特别应保护城市空间内的自然斑块与自然廊道，不仅要让其成为市民亲近自然的绿廊、生态廊，而且应成为生物栖息与迁徙的通道。

4）城市管治理论

管治（govenance）一词最早出现在政治学中。由于学科背景、社会文化、政治制度、经济运行模式和个人价值观的差异，迄今对"管治"的理解仍然众说纷纭。目前来说全球管治委员会对管治的界定最具代表性和权威性：管治是各种公共或私人机构管理其共同事务的总和，它是使相互冲突的或不同的利益主体得以调和并且采取联合行动的持续过程，它既包括要求人们服从的正式制度和规则，也包括各种非正式制度安排。简单地说，与传统的以控制和命令手段为主、由政府分配资源的垂直管理方式不同，管治是指通过多种集团的对话、协调、合作以达到最大程度动员资源的统治方式，以补充市场交换和政府自上而下调控之不足，最终达到"双赢"甚至"多赢"的综合管理方式。城市的精明增长与城市管治有着密切的联系，城市管治是政府与市民社会、公共部门与私营机构的互动过程，地方政府是城市管治的主角之一，其组织能力影响着城市管制的效果，同时也会受到来自私人组织和公众的双重压力。

4. 精明增长的策略措施

1）城市增长管理

增长管理（growth management）是借鉴了企业管理中的一个概念，最早用于社区发展管理是在20世纪60年代后期，强调对增长的控制，以保护环境资源；70年代中期的一些机构和刊物开始有关的探讨，为增长管理的深入研究和推广奠定了基础；80年代中期，"增长管理"一词正式、明确地出现在一些州的相关立法中，如佛罗里达州于1985年、佛蒙特州于1988年及华盛顿州于1990年分别制定了各自的增长管理法。

在美国城市土地协会（Urban Land Institute，ULI）1975年出版的具有里程碑意义的系列刊物《对增长的管理与控制》中，增长管理的定义是："政府运用各种传统与演进的技术、工具、计划及活动，对地方的土地使用模式，包括发展的方式、区位、速度和性质等进行有目的的引导"。城市增长管理是指由地方政府根据需要采取的用于控制城市辖区的增长数量、速度、增长区间、增长类型、模式和质量的战略。

2）增长管理工具

无论是在地方、区域还是更高的层面上，增长管理的目标都是通过一系列的法律与政策措施来实现的，这些措施被称作增长管理的"工具"或"技术"。传统的综合规划、分区条例、土地分割管制和基础设施改造计划是增长管理工具的四块基石，但各地都结合自身的情况普遍进行增长管理的创新和实验，以至于新的管理工具层出不穷，经研究者总结定义的单项工具已达57项之多，包括各种特殊类型的管理法规、计划、税收政策、行政手段、审查程序等，不少专家分别从不同的角度对其进行了归类（张进，2002）。这些政策工具大致上可分为三类：控制类策略、引导类策略和配套类策略。

（1）控制类策略。

控制类策略一般为政府的刚性控制政策，指那些对开发的界线、总量或时间做出刚性规定的政策工具，包括城市增长边界、绿带、公共土地征用、暂停开发、建筑许可等（蒋芳等，2007）。其中，城市增长边界的划定在增长管理中占有重要地位。城市增长边界（urban growth boundary，UGB）一词最早出现于1976年，为美国塞勒姆市为解决与该市相邻的Polk

和 Marion 两县发展管理问题冲突时所提出，即"城市土地和农村土地之间的分界线"。美国新城市主义认为，作为区域规划工具之一，城市增长边界本身包含控制与引导两重含义，其构成也相应地包括乡村边界与城市边界。当时，西方国家尤其是美国，城市蔓延问题十分严重，为解决这一问题，美国在城市规划中开始应用城市边界的概念，此后，其他国家也纷纷效仿，采用城市增长边界来控制城市扩展中的城市蔓延问题。

尽管对城市增长边界存在不同的理解，但总体达成两方面的共识：一是城市增长边界是一种多目标的城市空间控制规划工具，以生态、经济与社会效益的综合最大化为目标，力图将城市开发向适宜的地区引导，规避风险地区，保护林地、水域、农田等生态敏感地区，同时结合精明增长理念提高基础设施和公共服务设施的使用效率。二是城市增长边界可以根据城市发展的需要划定永久的增长边界和动态的增长边界。

划定城市增长边界主要是为了限制城市规模，避免城市无序扩张，保护乡村与基本农田，保护城市外部开放空间，推行高密度、紧凑型的城市发展模式，从而实现社会经济的可持续发展。不同的城市边界划定方法在基础、思路、技术路线等方面存在差异，其共性的适用要求是具有详尽的现状及历史数据，以便精确预测。对于我国快速化城市进程来说，我国的城市规划多将 UGB 分为刚性、弹性两种类型，将城市增长边界分为针对城市非建设用地的生态安全底线的刚性边界和随城市增长随时进行调整的弹性边界，刚性边界强调约束作用，弹性边界强调引导作用。

（2）引导类策略。

引导类策略主要要求城市土地的利用开发与基础设施或公共设施等的建设保持同步进行，如足量公共设施要求、公共交通导向型发展等。

足量公共设施要求（adequate public facilities）是指新开发项目上马时，必须确保足够容量的道路、给水、排水和学校等设施到位，以此作为取得开工许可的条件。例如，华盛顿州要求地方政府在开发前，必须确定项目是否具备足够的公共配套设施。这些公共设施可由政府建设或由开发单位负责建设，但必须先行建设或在开发期间配套建设。

公交导向型开发（transit oriented development）是一种基于交通-土地利用相互关系的土地开发创新模式，强调整合公共交通与土地利用的关系，通过增加步行、自行车和公交等各种出行方式的换乘，以达到高效率的交通运行和集约化的土地利用。这一模式已经在国际上得到广泛应用（蒋芳等，2007）。

（3）配套类策略。

配套类策略一般是为了保证集约开发的水平，让现有居民和新增居民都拥有更高的生活质量，同时避免聚集的负效应，区划制里设有专门针对此方面的法规条例。具体实施工具有实施税收和税费、设置增长管制区等。

首先是实施税收和税费。地方政府收入一大部分来自于财产税征收，例如，新泽西州地方政府每年的运营收入的 75% 来自于财产税收，其他资金来源包括销售税、许可证收费、州政府和联邦政府拨款和开发收费。

然后是设立增长管制区，促进城市分区发展。在分区体制下，地方政府将土地分为居民用地、工业用地、商业用地和农田。分区规划制定每个分区土地的哪些用途是合法的、哪些需要经过批准。分区规划也对建筑物高度和密集度有所限制。在居民区，合法的密集度取决于每公顷的房屋总数；在工商业区，合法的密集度取决于楼层面积的比例，即总使用面积除以占地面积。当美国在 20 世纪初刚开始实行分区规划制度时,房产的价值和公共福利得到了保护。为了保护房产的价值,通常规定不允许在单幢房屋分散的居民区内建造公寓楼。这种管制无疑促进了城市化,而且由于大住宅、小住宅和公寓住宅区分开,不同收入层次的居民区也分散开来(丁翠翠,2014)。

5. 精明增长的政策实践

精明增长理念发源于美国,各地政府普遍结合城市自身情况进行了创新与实践,在策略措施层面上,主要可以分为政府集权型精明增长与政府激励型精明增长,其中以波特兰都市区和马里兰州的实践最为典型。

1)波特兰都市区的精明增长

在选择"精明增长"的美国各州中,俄勒冈州的波特兰都市区是广受推崇的精明增长典范。俄勒冈州管辖 36 个县,241 个市,其中,波特兰市和相邻 24 个城市形成了波特兰都市区,分别隶属于 3 个县。为了应对郊区化带来的众多城市病,解决跨行政边界的公共问题,1978 年波特兰都市区选民进行投票,1979 年 1 月选举成立都市理事会(Metropolitan Service District),1992 年选民投票通过一项地方自治条例(a Home-rule Charter,又称 Metro Charter),将都市理事会正式更名为 Metro,并规定 Metro 的两个主要职能,一是提出都市发展愿景,即在不牺牲人们生活质量的前提下顺应城市增长,保护自然区域,保障空气和水的质量,让都市区成为一个宜居地。二是制定科学的区域规划,处理好 UGB、交通运输、住房密度、城市设计、开敞空间、水供给之间的关系。根据 Metro Charter,Metro 具有区域司法管辖权,是都市区内各个地方政府专项职能的外包机构,可以独立制定涉及土地利用、住宅建设和交通设施配套等的各项政策,地方政府制定的地方规划需与 Metro 提出的都市区规划相统一。

1992~1994 年,Metro 通过随机调查、直邮营销、付费广告、焦点小组等公众参与方式,了解市民对波特兰都市区未来发展的期许。1995 年,Metro 联合非政府组织、企业家和规划师团队拟定了《波特兰都市区增长规划》,意在通过实践"精明增长"理念,制定功能性的基础规划,摆脱美国传统的城市发展模式。根据《波特兰都市区增长规划》,Metro 绘制了"波特兰都市区增长规划图",刻画了十一种主要的空间类型:中心城区、城镇中心、主要街区、区域中心、站点社区、邻里、廊道、工业区和货运站、公园和自然生态区、乡村储备地、周边城市,并突出展现了《波特兰都市区增长规划》中的四个重要内容:划定城市增长边界、创建与土地利用相协调的公共交通运输系统、促进多层次填充式的城市开发、保护自然空间。

在划定城市增长边界方面,波特兰都市区和美国其他城市一样面临新增用地压力,但区别于其他美国城市增长模式,Metro 提出必须强化 UGB 的控制作用。1992 年,Metro 建立 UGB 发展的原始情境(the base case)和模型 A(concept A)、模型 B(concept B)、模型 C(concept C)。原始情境是基于 1985~1990 年的都市蔓延情况,在无外力干预的情况下,对未来都市增长的模拟,模拟出 UGB 将高度扩张,2040 年 UGB 内建设用地面积将达到 354000 英亩(1 英亩≈4046.86m^2),增长面积将近原始面积的一半。模型 A 描述了主要以郊区住房为主的蔓延增长,预测都市面积将达到 284000 英亩。模型 B 描述了通过填充式开发 UGB 内的现有土地,将都市新的增长引向 UGB 内公交站点周围区域来容纳都市增长,从而严格控制 UGB 的扩展,将 UGB 内建设用地面积保持在 234000 英亩。模型 C 描述了一种温和的增长,这些增长主要集中在都市中心、走廊和周边城市,力图将 UGB 内建设用地面积控制在 257000 英亩。1992~1994 年,Metro 收集决策者、规划师、商界领袖和区域公民等多方意见,形成一个中和了三个模型最佳特性的混合增长模型,即通过发展公共交通、加强对 UGB 内土地的再开发,鼓励市中心、走廊、公交站点的城市增长,计划在未来 50 年内将 UGB 内建设用地面积控制在 248000~252000 英亩,该模式于 1995 年在 Metro 一致通过(黄慧明和 Sam,2007)。

在创建与土地利用相协调的公共交通运输系统方面,波特兰都市区改变以往将主要资金投入高速公路建设的做法,转而投入与土地利用相协调的公共交通运输系统,减少商业停车位数量,积极建设铁路、人行道和自行车道,致力于改善步行、自行车和公共交通设施条件,采取 TOD 模式的土地开发利用方式,发展交通站点周围社区,保证人流和物流的畅通。计划在未来 20 年内将增加机动车交通量的 2/3 交由公共交通运输系统承担,将公共交通运输系统作为与大规模高速公路建设相抗衡的工具,引导城市增长、复兴中心城区、缓解交通拥堵、改善空气质量、促进城市转型。

在促进多层次填充式开发方面,Metro 积极创建拥有更高密度的就业、住房、交通设施的多功能中心城区,在中心城区外围打造就业机会和便利基础设施簇拥的区域中心,通过大容量的公共交通和高速公路将两者相连,并积极开发位于交通廊道上的城镇中心的当地市场和就业机会,意在让 2/3 的工作岗位和 40% 的居住人口被安排在现有中心和公交站点周围,加强现有土地的再开发,不再轻易开辟新中心,让更多的交通出行"本地化",在中央节点、次级节点上均实现职住平衡。

在保护自然空间方面,"波特兰都市区增长规划图"中划定的"公园和自然生态区""乡村储备地"等将长期保持不开发状态,并对 137.6km^2 的绿化带投入专项基金进行保护。

2)马里兰州的精明增长

与美国其他地区一样,马里兰州的高速增长和大都市区(巴尔的摩和华盛顿)的低密度蔓延同样引发了一系列的经济、社会和生态问题。1970~1996 年,该州人口由 400 万增至 500 万,该州最大城市巴尔的摩郊区人口增加了 67%,华盛顿郊区人口增加了 72%。郊区的低密度蔓延导致通勤距离延长,1970~1990 年,马里兰州居民每年的行车里程从 1200 万英里增加到 2800 万英里,公路交通拥堵,尾气排放量增多,带来空气污染,巴尔的摩和华盛顿大都市区及其附近各县均被评为重污染区。郊区的低密度蔓延还吞噬了大量土地,仅 20 世纪 80 年代华盛顿大都市区就丧失了 85414hm^2 的林地、湿地、农田和荒地,旧城镇和近郊区则面临人口不断流失、基础设施发展滞后、社区衰败严重等问题(Rieniets,2009)。

针对都市中心发展滞后和大都市无序蔓延两大问题,不同于波特兰都市区自上而下的集权式精明增长模式,马里兰州采取了以激励机制为主的精明增长模式。1997 年,马里兰州通过了美国历史上第一个以"精明增长"命名的增长管理法规《精明增长和邻里保护决议》(简称《精明增长法案》),该法案的主要目标是通过制定激励政策,调动各方的积极性,保护自然资源,提高财政的使用效率,将财政资金集中于现存或拟建基础设施的地区,维护现有的社区和邻里,推动社会、经济、生态的可持续发展。该法案包括五项单独的法规,其中,《优先资助区法》和《乡村遗产法》是核心法规,《棕地再开发计划》、《创造就业税收抵免法》、《职住平衡计划》都是为了支持《优先资助区法》中的城市再开发计划而制定的。

《优先资助区法》规定优先资助区是指面向未来的重点增长区域，是最适合经济增长且最小蔓延影响的区域，包括157个建制市和大都市区外环公路以内地区、指定的企业集中区和复建社区、绿色生态区等。法规规定州政府每年至少投入16.2亿美元的资金到优先资助区内，其中包括11亿美元投入交通系统，4.11亿美元投入住宅和社区开发，5280万美元投入经济发展，5150万美元投入环境保护。根据《优先资助区法》，州政府无权阻止地方政府在非优先资助区的开发活动，州政府仅仅是不给予这些开发活动财政上的资助，开发商和地方政府需要自行解决基础设施建设问题。可见，该法的实质是利用州政府的基建投资对经济增长和开发活动的空间分布进行引导，以此限制大都市区的低密度无序蔓延。

《乡村遗产法》是与《优先资助区法》相配套的一项重要立法，《优先资助区法》是采取间接方法，通过限制城市蔓延来间接保护乡村的农田、林地、自然和文化资源，《乡村遗产法》则是采取直接行动，通过购买地役权和开发权，永久性地保护这些宝贵的资源。这是一个自下而上的保护计划，由地产主自愿地向地方政府或土地信托机构提出申请，出售土地的地役权和开发权，再由地方政府或土地信托机构向州政府申请保护资金。该法得到了国家环保署和相关农业组织的支持，由乡村遗产委员会负责执行，并与马里兰州其他土地保护计划（如农田保护计划、开放空间保护计划等）协调进行，目标是将该州20万英亩的自然土地永久性地保护起来。

《棕地再开发计划》是鼓励对内城地区的棕地进行清理和工商业再开发活动。根据美国环保署1997年的定义，棕地就是"被抛弃的、闲置的或低度利用的工业或商业场地，由于真实的或假想的环境污染而使其发展或再开发变得复杂化。"在20世纪后半叶，马里兰州的经济重心和工作机会经历了由城市到郊区的转移，许多工厂在搬迁后留下了大量工业遗址，这些工业遗址在不同程度上被工业废弃物所污染，成为废弃、闲置的棕地。《棕地再开发计划》通过给予工商企业税收优惠、提供基础设施建设等方式，吸引私人投资，引导工商企业购买棕地进行清理开发，从而间接创造就业、促进社区复兴、缓解城市蔓延。《创造就业税收抵免法》提供所得税贷款给那些在优先资助区创造至少25份工作机会或在优先资助区外创造至少60份工作机会的特定企业，这些特定企业为经济基础产业和高科技产业，如生物工程、计算机编程、数据处理、交通和通信等。该法鼓励企业在优先资助区内投资，有效利用现有基础设施，增加区内就业岗位。《职住平衡计划》规定如果就业人员在他们的就业地点附近，特别是在衰败社区购买住宅，州政府、地方政府和雇用者将分别给予这些就业人员购房补贴。这项法规促使人们自愿参与社区活动，对家庭、工作和邻里产生更大的满足感，降低迁移倾向，减少社会对抗行为，有良好的溢出效应。

除上述五项精明增长法规外，马里兰州还通过不断采取措施和完善立法的方法，维护精明增长政策的执行。1999年，马里兰州历史上第一次实现了保护的土地多于消费的土地。2000年，州议会制定了《预留地标准和混合利用开发法》和《全州建筑复兴法》，并在马里兰大学成立了"精明增长研究与教育国家中心"。2001年，马里兰州制订了《社区保护计划》，同年，还成立了隶属于州长办公室的马里兰州精明增长办公室，负责对全州各部门的精明增长活动进行评估等。这些法规与政策措施在战略上将发展引入既有城区，一定程度上阻止了城市蔓延，保护了关键农田和自然资源。

3.2.3 精明收缩

1. 城市收缩与精明收缩

1) 城市收缩的概念与内涵

城市收缩（urban shrinking）是一个全球性、多维度的现象，是当今国际城市研究的热点问题。20世纪50年代以来，全球范围内人口超过100万的450个城市和地区城市人口流失了十分之一左右（Oswalt et al., 2006）。1996～2001年，欧洲220个大城市和中等城市中约57%的城市出现不同程度的人口减少（Wiechmann and Bontje, 2015），2000年后，东欧四分之三的大城市人口数量均有不同程度的下降（Mykhnenko and Turok, 2008）。

第二次世界大战后，尤其是20世纪70年代以来，由于郊区化的发展以及新一轮国际劳动分工格局的形成，美国大部分工业城市流失了大量的产业和就业人口，城市经济逐渐衰退。尽管政府及社会高度关注城市衰退并推行了一系列城市复兴的举措，但是很多前工业中心城市仍难以逆转城市发展持续低迷的窘境。与此同时，尤其是中欧及东欧国家剧变后，整个欧洲也出现了大范围的人口缩减，经历了最为严重的经济衰退。民主德国的德勒斯登在两德统一后原先的计划经济受到重创，出现了长期的工业萎缩和就业减少，仅在80年代就减少了12%的人口，伴随着人口减少，随之而来的是大量的住宅和办公楼空置，城市服务设施供给过剩（Blanco et al., 2009）。1988年，德国学者Häußermann和Siebel提出收缩城市这一概念，用于描述因人口自然结构变化所带来的人口减少和经济衰退，更能从客观上描述那些处于竞争弱势地位的城市所面临的实际情况。

收缩城市（shrinking cities）的内涵随着时代的发展而不断变化，目前学界对于收缩城市的界定主要有两种视角（表3.5）。一种是从人口变化的视角来定义，其中包括人口总量的减少、人口结构的退化；另一种是从多维要素的视角来定义，强调城市收缩是一个多维作用的过程。

图罗克（Turok）和米克内恩科（Mykhnenko）认为，将人口作为描述城市发展轨迹的主要指标，不仅只是因为数据的可获取性以及与之前研究的连续性，更因为人口是反映城市发展变化最直观、最有效的指标，人口流失是人口收入水平降低、城市发展环境恶化、城市吸引力丧失等多种因素作用的综合体现。收缩城市项目（shrinking cities program, SCP）将收缩城市定义为"暂时或永久性失去大量居民的城市"，并且将流失人口占总人口至少10%或年均流失人口超过1%作为判断城市进入收缩阶段的两个重要标准（Oswalt et al., 2006）。

表3.5 收缩城市的概念

人口变化视角		多维要素视角	
Turok 和 Mykhnenko (2007)	收缩城市为人口变化率低于全国平均水平的地区	Bontje (2001); Pallagst (2006)	收缩城市是以全球化、结构化和多维现象为特征，并伴随着显著性的人口减少、经济衰退或国际地位下降的城市
Hoekveld 和 Needham (2013)	收缩城市是指人口流失超过5年的城市地区	Joseph 和 Logan (2008)	收缩城市是指经历持续的人口流失，即在40年间流失超过25%的人口，并伴随着建筑的空置和废弃产权的老工业城市

续表

	人口变化视角		多维要素视角
李郇等（2015）	收缩城市为一定时期（5年以上）人口年均增长率出现负值的城镇	Couch 和 Cocks（2011）；Kabisch（2015）	收缩城市为经历人口流失、高住房空置率、高失业率的城市

人口的变化并不能描绘城市发展的全貌，城市收缩的丰富性远远超过人口减少这一现象，一些收缩城市并没有表现出明显的人口变化。基于这一问题，伯克利大学收缩城市国际研究网络（Shrinking Cities International Research Network，SCIRN）在人口流失定义的基础上进一步丰富了收缩城市的内涵，增加了经济衰退等结构性危机的观察视角，将收缩城市定义为"拥有至少1万居民，在超过2年的时间内大部分地区经历人口流失，并且正在经历以某种结构性危机为特征的经济转型的人口密集的城市地区"。德国对城市收缩的研究内容也不仅限于人口数量与结构，还包括城市住房结构、城市基础设施、就业机会、社会环境质量、城市吸引力与活力等诸多方面。综上所述，城市收缩是以人口衰退为主要表征的多要素共同作用、多后果并存的城市低增长甚至是负增长过程，收缩城市的主要判断指标是城市人口总量减少，所伴随的产业经济衰退、住房空置等现象是其重要标志。

在中国改革开放40年来的高速发展过程中，形成了以经济指标增长为第一要务，以工业化大推进为增长引擎，以出口导向为经济增长主要方式，以城市土地快速扩展为表征的增长主义发展模式。近年来随着出口贸易骤降、工业低成本优势丧失、土地财政环境收缩、老龄化社会加速到来等国内外环境的剧烈变化，一些城市不可避免地出现了事实上的"收缩衰退"。在这样一个背景下，区域间、城市间及城市内部的增长开始出现分化，东北地区、中西部地区的一些城市经济衰退、人口外流持续发生，许多新城新区面临着发展动力不足、楼宇空置、城市功能缺失等问题，城市内的局部地区（如老旧城区、工业园区）也正经历着功能性、结构性的衰退，这些现象直接或间接地表明中国的一些城市已经出现了收缩或者局部收缩的现象。

2）精明收缩的概念与内涵

"精明收缩"源于东欧社会主义时期的德国为缓解日渐衰退的城市经济问题和物质环境问题提出的一种城市管理模式，后成为处于"后工业化"时期的欧美发达国家为解决城市转型而采用的一种发展方式。2002年，来自罗格斯大学的弗兰克·波珀教授及其夫人在美国首次将"精明收缩"定义为"更少的规划——更少的人、更少的建筑、更少的土地利用"。相对于20世纪90年代提出的广为人知的精明增长理论，目前来看精明收缩尚未形成一个完整的理论，它仍处于不断的发展和完善中。

俄亥俄州扬斯敦2010规划（Youngstown Citywide Plan 2010）将精明收缩作为一种真正意义上的城市规划策略并予以实施。到目前为止，扬斯敦2010规划是全美第一个明确提出收缩发展的。扬斯敦2010规划的主要出发点有：承认扬斯敦是个更小的城市；在新的地区经济中定义扬斯敦的角色；改善扬斯敦的环境，提高生活品质；号召公众响应。

以扬斯敦2010规划为代表，精明收缩的城市理论与实践开始受到越来越多的关注。尽管其理论和实践都尚待完善，但精明收缩已经具备如下的一些基本内涵。

（1）精明收缩的核心思想是在人口减少的情况下，在城市收缩发展的同时，关注城市持续的潜在发展动力，其做法是将可以增长的部分置于小的、集中的区域，保持该区域的良性运营；其收缩的策略是注重合理的城市规模，强调尺度合理的邻里及其空间肌理是城市潜在复兴的因素，提倡土地的集约使用。

（2）面对大量的荒弃土地和房屋，不同的城市采取不同的方式进行处理。目前采用绿色基础设施建设的途径是较为通行的办法。城市中心区被荒弃的土地往往被改造成为小型开放空间或者绿地公园，而城市边缘地区被荒弃了的土地则被改造成为农田、娱乐设施等。

（3）由于难以吸引私人投资，以土地银行为代表的政府机构的直接参与是当前精明收缩发展的基本保障。

（4）公众和邻里的积极参与是规划制定和实施的不可缺少的部分。

2. 精明增长与精明收缩

由于精明增长理论的广为人知，精明收缩城市规划策略的出现不可避免地让人们将两者放在一起进行比较。

精明增长是一种协调政府财政支出与城市治理效果的政策设计与规划手段，它主要针对城市蔓延或城市边界无序扩张导致了内城人口外迁和产业衰退等城市发展问题。精明增长以城市紧凑化可持续发展作为价值理念，来实现限制城市扩张边界、提高土地使用效率、提高城市生活质量与活力、保护生态环境等目标。精明增长的"精明"之处在于从各级政府、开发商、居民等不同利益主体角度，为城市无序蔓延的治理创造出一个既能满足开发利益，又能满足环保需求的多赢局面，可以有效地控制内城人口的持续外迁，平衡政府、市场、公众等参与主体的权利与利益，实现了"人口-土地-产业"的紧凑化可持续发展。

"精明收缩"是一种集约可持续的城市管理模式，它主要针对去工业化、郊区化等因素导致人口流失、土地与建筑闲置、产业衰退等城市发展难题。精明收缩以城市集约化可持续发展作为精明收缩的价值理念，来实现精简土地开发规模、集中人口和产业等城市要素、城市规模与人口的重新匹配等核心目标。精明收缩的"精明"之处在于能够理性看待城市人口收缩的事实，转变城市必须增长的发展理念，以精简土地开发规模为基础，重新制定人口、产业等发展规划，重视社会公平，鼓励公众参与，平衡政府、市场、公众等参与主体的权利与利益，实现"人口-土地-产业"的集约化重新布局。

可以说，精明增长与精明收缩是一个硬币的两面，是处理不同发展阶段城市问题的不同路径，它们的共同之处在于人们在关注城市经济、社会、环境的可持续发展时，都强调引导下的城市增长与收缩，而不是市场行为下自发的扩张与衰落；都强调土地的集约使用和紧凑发展；都强调绿色空间、开放空间对城市发展的重要作用。

对于中国城市而言，增长在一定程度上比收缩更贴近当前的发展状况。但是，在人口达到峰值之后一些城市的人口减少状况将不可避免，特别是一些中小城市，这些城市中的大多数在未来可能也会面临衰退和转型的问题。为避免届时因人口减少带来的一系列问题，我们现有的城市增长就应考虑到以更加"精明"的方式进行。党的十九大确立了以城市群为主体构建大中小城市和小城镇协调发展的发展格局，这也是新型城镇化未来发展的大方向。对于一些资源枯竭的城市来说，人口减少为产业布局调整、土地科学利用、资源格局保护等方面创造了新的发展机遇。无论是精明增长还是精明收缩，我们都应从服务城市群整体发展的角度思考，合理发展中小城市，从国家发展全局的高度来理性看待人口流入与人口流出现象，既不消极"顺其自然"，也不违背规律地遏制，从一个更全面、更客观的角度去思考和解决城市发展问题，从而促进我国城市群的更高质量发展。

3.3 国土空间规划

为了整合同一空间不同规划类型，国家积极建立国土空间规划体系并监督实施。长期以来，各级各类空间规划在支撑城镇化快速发展、促进国土空间合理利用和有效保护方面发挥了积极作用，但也存在规划类型过多、内容重叠冲突等问题，带来规划管控逻辑的模糊和效率的低下。针对"多规并行"的空间规划格局出现的矛盾冲突，中央提出了规划体制的改革措施。2014年，国家发展和改革委员会、国土资源部、环境保护部、住房和城乡建设部联合印发了《关于开展市县"多规合一"试点工作的通知》，确定了28个市县作为全国"多规合一"试点。主要包括自下而上的技术协调型探索和自上而下的体系改革型试点两种类型。2015年，归纳总结形成了三种改革模式：替代型、新增型和升级型。2018年，国家组建自然资源部，统一行使全民所有自然资源资产所有者职责，统一行使所有国土空间用途管制和生态保护修复职责，着力解决自然资源所有者不到位、空间规划重叠等问题。至此，主体功能区规划、土地利用规划、城乡规划等空间规划融合为统一的国土空间规划。

3.3.1 国土空间规划概念

1. 国土空间

国土空间是指国家主权与主权权利管辖下的地域空间，是国民生存的场所和环境，包括陆地、陆上水域、内水、领海、领空等。任何国家管辖的地域空间都是由土地、水、大气、生物、矿产等自然要素和人口、建筑物、工程设施、经济及文化基础等人为要素构成。从提供产品的类别来分，国土空间可分为城市空间、农业空间、生态空间和其他空间四类。

城市空间以提供工业品和服务产品为主体功能，包括城市建设空间和工矿建设空间。城市建设空间具有人口多、居住集中、开发强度较高、产业结构以工业和服务业为主的特点；工矿建设空间则是指独立于城镇建成区之外的独立工矿区。

农业空间包括农业生产空间和农村生活空间，以提供农产品为主体功能。农业生产空间主要是指耕地、园地和其他农用地；农村生活空间主要指农村居民点、农村公共设施和公共服务用地等。

生态空间是以提供生态产品和生态服务为主体功能的空间。生态空间可分为绿色生态空间和其他生态空间。绿色生态空间主要指天然草地、林地、水面、湿地、内海，还包括少量的人工建设空间，如人工林、水库等。其他生态空间主要指沙地、裸地、盐碱地等自然存在的自然空间。与农业空间相比，生态空间的人口较少，开发强度和经济规模都较小。

其他空间指存在于上述三类空间中的交通、能源、通信及水利等基础建设空间以及军事、宗教等特殊用地空间。

2. 国土空间规划

2015年，《生态文明体制改革总体方案》指出"空间规划是国家空间发展的指南、可持续发展的空间蓝图，是各类开发建设活动的基本依据。"空间规划就是对城镇、农业和生态布局进行统筹优化，对土地、水体、林木、矿产、能源、生物等空间资源进行合理安排，是对国土空间格局的综合优化。空间规划也是政府部门的一种公共政策，政府通过健全空间规划运行体系、行政体系以及法规体系等，实现简政放权、实施空间管控的目的。

国土空间规划具有四个基本特征。①整体性。整体性是国土空间规划的本体，也是其存在的价值与意义。国土空间规划需要对规划区域内所有空间进行整体协调发展与资源合理配置，实现建设要素综合布置和人居环境全面优化。②战略性。国土空间规划需要对未来发展进行谋划、预判和前瞻，因此，战略引领是内生要求。它需要准确把握未来的发展趋势、引导和促进空间朝有利的方向发展，能够缓解未来发展的不确定性，这也是规划的价值所在。③时空性。国土空间的属性决定了国土空间规划具有时空性，它要求国土空间规划要在具体的空间和时间内落实整体性谋划和建设布局。时空性具有三个重要的特点，分别是层级性、地域性和时间性。层次性是由空间的尺度性决定的。国土空间规划要根据不同尺度设置不同的层级，如设置国家级、省级、市级、县级国土空间规划等；地域性是指由于各地区的资源禀赋、经济发展状况、社会基础条件等不同，不同地区未来的发展方向、目标有所不同，相应的布局结构、土地利用、各种基础设施的建设也会不同，因而规划要根据各区域的特殊性，充分反映地区的空间特色，因地制宜、扬长避短；时间性具体指规划是一个动态的过程，所有规划都是在未来的时间序列上展开的，任何静态而非动态的规划思维，都违背空间规划的基本逻辑。④约束性。国土空间资源在数量、质量、类型、潜力等方面是有限的，另外还有位置固定性和稀缺性，所以，约束性会一直存在，而且其强度会不断加大。

3.3.2 国土空间规划类型与体系

1. 国土空间规划类型

国土空间规划是对一定区域国土空间开发保护在空间和时间上作出的安排，包括总体规划、专项规划和详细规划。

1）国土空间总体规划

国土空间总体规划是对国土空间结构和功能的整体性安排，具有战略性、整体性、约束性、引导性等基本特性，是其他各类空间性规划的上位规划，是国土空间进行各类开发建设活动、实施国土空间用途管制和制定其他规划的基本依据。区域发展规划、城乡总体规划、土地利用总体规划、主体功能区规划等各类涉及空间要素的其他总体规划都应纳入或整合到国土空间总体规划，实现"多规合一"。

2）国土空间专项规划

国土空间专项规划是在国土空间总体规划的框架控制下，针对国土空间的某一方面或某一个特定问题而制定的规划，如生态保育规划、交通港口规划、水利工程规划、国土整治规划、风景旅游规划等。专项规划必须符合总体规划的要求，与总体规划相衔接，同时又是总体规划在某一特定领域的细化，是对总体规划的某个重点领域所做的补充和深化，具有针对性、专一性和从属性。

3）国土空间详细规划

国土空间详细规划以总体规划或专项规划为依据，是对一定时期内局部地区具体地块用途、强度、空间环境和各项工程建设所做的实施性安排，是开展国土空间开发保护活动、实施国土空间用途管制、进行各项建设等的法定依据。详细规划具有微观性和地方性，范围一般比较小，直接服务于具体项目。

2. 国土空间规划体系

2013年11月召开的党的十八届三中全会审议通过了《中共中央关于全面深化改革若干重大问题的决定》，提出了"建立空间规划体系"之后，中央持续出台了一系列推动生态文明建设和体制改革的文件。2019年5月，《中共中央 国务院关于建立国土空间规划体系并监督实施的若干意见》发布，其中指出立足于国土空间治理体系建设，推动"五级三类"国土空间规划体系的构建。

国土空间规划体系是指不同类型、不同层次的空间规划按一定秩序和内部联系所组合构成的系统。国土空间规划体系的基本结构可以表述为"5+3"。

"5"是指在纵向结构上，按照"一级政府、一级事权、一级规划"的总原则，全国分为国家、省、市、县、乡五个层级。鉴于乡镇政府大多缺乏编制国土空间规划的能力，同时也考虑减少规划层级的需要，可以在县级国土空间规划的基础上，通过划分国土空间规划单元，将县级国土空间规划落实到规划单元和具体的地块。各级国土空间规划需要打破传统的"部门同构"，形成"上下一般粗"的格局，以及各级政府"事权共担"所造成的"千规一面"问题。上下级规划的基本关系是：下级国土空间规划应当依据上一级国土空间规划编制，不得违反上级规划的强制内容，例如，建设用地规模和用海总量不得超过上级国土空间规划确定的控制指标，耕地保有量和永久基本农田等不得低于上级国土空间规划确定的控制指标。

"3"是指规划的类型分为总体规划、专项规划和详细规划。总体规划对专项规划起约束引导作用，是详细规划的依据；各类专项规划要相互协同，并与详细规划做好衔接。

3.3.3 国土空间规划"双评价"

1. 内涵及作用

2012年11月，党的十八大将生态文明建设纳入"五位一体"总体布局。资源环境承载能力评价和国土空间开发适宜性评价（即"双评价"）作为推进生态文明建设的重要抓手，受到高度重视。自《中共中央 国务院关于建立国土空间规划体系并监督实施的若干意见》出台后，国土空间规划的编制审批、技术标准、实施监督和法规政策体系逐步建立健全，"双评价"成为国土空间规划的重要支撑。资源环境承载力评价和国土空间开发适宜性评价在不同方面为国土空间规划提供数据支持。"双评价"的技术规程、评价方法以及评价指标的选取经过了漫长的技术演变（图3.12）。2020年1月19日，自然资源部办公厅发布《资源环境承载能力和国土空间开发适宜性评价技术指南（试行）》，明确以生态优先、绿色发展为导向的高质量发展为方向和目标，可作为全国各个城市编制国土空间规划的一份技术指引。

"双评价"可以识别区域资源环境发展的突出问题，并与多部门、多方面利益统筹协调，因地制宜，多视角研究，最终指导国土空间规划格局的构建。另外，"双评价"对城市发展的优势资源也具有识别作用，可以识别各地区资源环境禀赋优势和发展潜力空间。"双评价"的结果对于国土空间格局优化、完善主体功能分区、三区三线划定具有支撑作用，能够引导高质量发展的空间规划策略，利于编制空间类专项规划。

资源环境承载能力指在一定社会、经济、环境等条件下，在一定的时间和空间内，区域

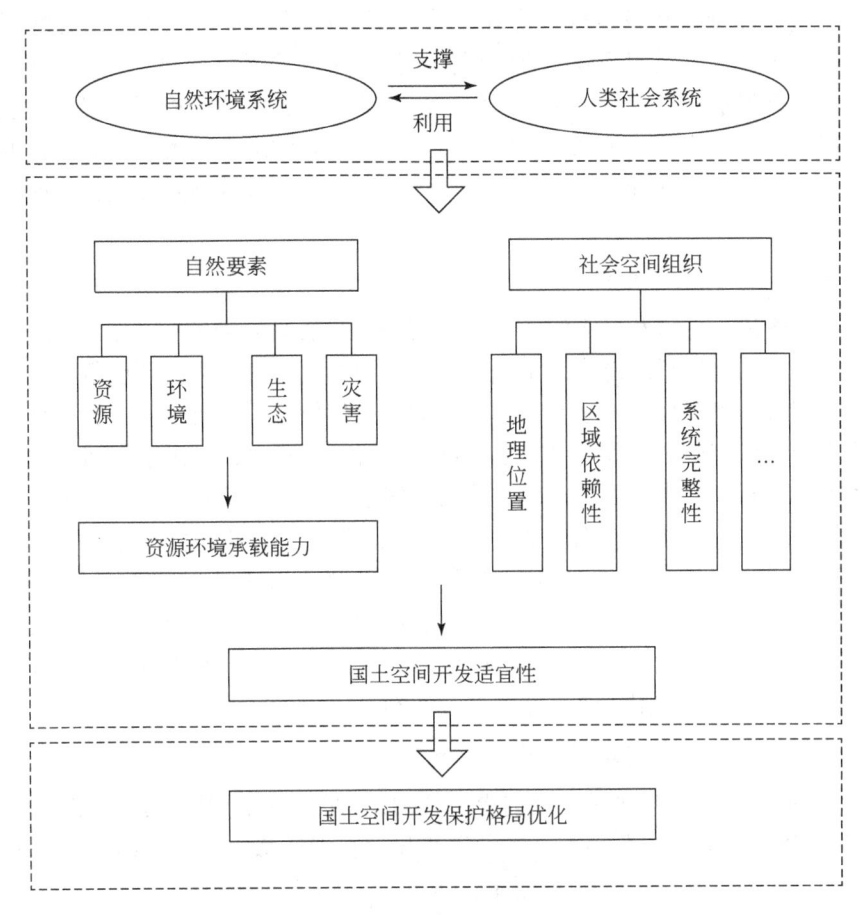

图 3.12 "双评价"的主要技术流程图

资源环境对自然环境和社会经济活动可持续发展的支持与保障能力（吴次芳等，2019），主要包括两个内涵：一是指该地区的自然资源能够支撑人类社会可持续发展的规模、限度及潜力；二是区域自然生态环境对人类社会发展产生的负外部性的容纳能力。资源环境承载能力评价指在特定目标、需求与条件下，采用定性与定量结合的方法，对区域资源环境的背景、现状、潜力和发展状况进行全方位评价，探索区域自然资源环境对社会发展的承受能力。在评价对象上，资源环境承载能力评价重点关注区域内资源禀赋、环境要素和人类社会活动这三大基本要素。在研究内容上，资源环境承载能力评价重点关注资源环境与人类经济社会活动的关系，考察资源环境要素能够支撑人类社会可持续发展的最大强度。在研究目的上，资源环境承载能力评价重在确定区域资源环境条件对人类社会活动发展的支撑强度，明确资源环境承载与人类开发强度之间的矛盾，推动国土空间开发，促进资源环境与人类社会活动的统筹协调发展。

国土空间开发适宜性指在区域生态系统健康发展的前提下，综合考虑区域资源环境和发展条件，特定国土空间进行城镇扩张、农业开发等人类活动的适宜程度，主要包括两大内涵：一是探究以土地为载体的多种空间开发适宜性，如城镇开发适宜性、农业开发适宜性、生态保护适宜性等；二是在空间视角下探索区域内国土开发方式、功能定位和结构组织。国土空间开发适宜性评价指在特定的资源环境背景下，对不同国土开发方式的适宜性进行评价。在研究对象上，国土空间开发适宜性评价关注的是政治视角下的土地及空间。在研究内容上，国土空间开发适宜性评价以土地适宜性思想为准则，综合分析区域资源环境和社会经济活动等状况，揭示国土空间下城市、农业、生态等开发的适宜程度。从研究目的上看，国土空间开发适宜性评价旨在确定一定国土空间内不同开发方式的适宜程度，从而引导区域的开发活动。

2. "双评价"内在逻辑关联

资源环境承载能力评价和国土空间开发适宜性评价在评价要素和内容上有一定的差异。在评价要素上，资源环境承载能力评价侧重于区域内本底的自然资源环境条件与状态，更注重区域内自然资源禀赋和环境要素对人类活动的约束作用；而国土空间开发适宜性评价则是在一定的约束前提和基础上，通过结合区域社会经济发展状况，对国土空间开发与保护等活动进行相关评价。在评价内容上，一般被认为，国土空间开发适宜性评价以资源环境承载能力评价为前提和基础，主要体现在两个方面：首先，资源环境承载能力较高的区域，国土空间开发适宜性的潜力也相对较高；其次，资源环境承载能力评价中识别的承载力短板要素，在国土空间开发适宜性评价中也会被视作强限制性因子，如某区域内水资源承载压力最为突出，不足以支撑社会经济活动持续发展，就应将区域内河、湖、水库等设置为城镇和农业等发展适宜性的强限制因子，限制该区域的开发活动。

3. "双评价"在国土空间规划中的地位和作用

"双评价"是国土空间规划编制的前提和基础，对国土空间规划起支撑作用。利用"双评价"，一是可以摸清区域资源环境要素本底和开发利用现状，识别制约区域发展的短板与问题。二是可以辅助"三区三线"的划定，有助于科学认知和系统把握全域空间布局和全要素禀赋。三是可以为生态文明建设提供良好的时空秩序支撑，能够科学确定国土空间开发保护的规模、结构、方式、布局和时序。

3.3.4 国土空间用途管制

1. 土地用途管制

1）国外土地用途管制

土地用途管制最早始于19世纪末的德国和美国。德国柏林市政府将城市划分为不同功能区，并限制妨碍各分区用途的其他使用，以解决工业化和城市发展所带来的一系列交通、卫生和治安问题等。1885年，美国加利福尼亚地方政府为了解决洗衣店污水问题，制定了区划条件，禁止在城市中心区开设洗衣店。1916年，第一个土地分区管制条例在美国纽约通过，并以治安权为依据，规范建筑物的密度、高度、容积率与空地面积等，规范土地作为住宅、工业、商业或其他目的的使用。

此后，土地用途管制作为管理土地的重要手段被大多数国家和地区所使用，有"土地使用分区管制"（美国、日本、加拿大等）、"建设开发许可制"（韩国、法国等）、"土地规划许可制"（英国）、"土地使用管制"（瑞典）等不同称谓。尽管表述不同，各国（地区）实施土地用途管制的目标是一致的，都是通过土地用途分区及其配套管制措施，引导土地的合理开发和利用，促进经济、社会和环境的协调持续发展。

2) 我国土地用途管制

1997 年 4 月 15 日，《中共中央 国务院关于进一步加强土地管理切实保护耕地的通知》提出"对农地和非农地实行严格的用途管制"。1998 年修订的《土地管理法》中首次明确规定"国家实行土地用途管制制度"，提出"国家编制土地利用总体规划，规定土地用途，将土地分为农用地、建设用地和未利用地。严格限制农用地转为建设用地，控制建设用地总量，对耕地实行特殊保护"，标志着中国土地用途管制制度的正式确立。

土地用途管制是指国家为保证土地资源的合理利用，以及经济、社会和环境的协调发展，通过编制土地利用总体规划，划定土地用途区，确定土地使用限制条件，土地所有者和使用者必须严格按照国家确定的土地用途利用土地的制度。它包括对土地按用途进行合理分类，通过土地利用总体规划划分土地利用区，确定各区土地使用的限制条件，明确土地使用权性质，对土地用途变更实行审批制，实行土地利用监督管理，建立违反土地用途管制处罚制度（曲福田，2002）。我国的土地用途管制，主要指农用地转为建设用地的管制。农用地是指直接用于农业生产的土地，包括耕地、林地、草地、农田水利用地、养殖水面等；建设用地是指建造建筑物、构筑物的土地，包括城乡住宅和公共设施用地、工矿用地、交通水利设施用地、旅游用地、军事设施用地等（吴次芳等，2019）。

3) 土地用途管制转向国土空间管制

2013 年，《中共中央关于全面深化改革若干重大问题的决定》明确指出要"完善自然资源监管体制，统一行使所有国土空间用途管制职责"。2015 年，《生态文明体制改革总体方案》要求："构建以空间规划为基础、以用途管制为主要手段的国土空间开发保护制度"。2017 年，党的十九大报告明确要求对全部国土空间实行用途管制，并提出设立国有自然资源资产管理和自然生态监管机构，统一行使所有国土空间用途管制和生态保护修复职责。2018 年，《深化党和国家机构改革方案》通过并组建自然资源部，承担"统一行使所有国土空间用途管制和生态保护修复职责"。2019 年发布《中共中央 国务院关于建立国土空间规划体系并监督实施的若干意见》再次强调：到 2025 年，形成以国土空间规划为基础，以统一用途管制为手段的国土空间开发保护制度。要以国土空间为依据，对所有国土空间分区分类实施用途管制。2019 年修正的《土地管理法》于 2020 年开始实施，其第十八条明确规定：国家建立国土空间规划体系。经依法批准的国土空间规划是各类开发、保护、建设活动的基本依据。

将土地用途管制制度转变为国土空间用途管制制度，标志着用途管制从二维平面的土地正式走向三维立体的空间，从割裂的单要素管制迈向"山水田林湖草生命共同体"的综合管制，从耕地和林地保护走向生态空间管制。通过推进所有国土空间全要素统一管控，强化山水林田湖草等各要素之间的内在联系，实现了系统化、整体化的思路，满足了生态文明制度体系统筹兼顾、整体把握的总体要求。

2. 国土空间用途管制

国土空间用途管制是政府为保证国土空间资源的合理利用和优化配置，促进经济、社会和生态环境的协调发展，编制空间规划，逐级规定各类农业生产空间、自然生态空间和城镇、村庄等的管制边界，直至具体土地、海域的国土空间用途和使用条件，作为各类自然资源开发和建设活动的行政许可、监督管理依据，要求并监督各类所有者、使用者严格按照空间规划所确定的用途和使用条件来利用国土空间的活动（林坚等，2018）。

国土空间用途管制源于土地用途管制，涉及规划、实施、监督三项核心职责。与土地用途管制制度相比，国土空间用途管制涉及的资源类型更多，不局限在以耕地保护为核心的农用地转用，而是要扩展到以生态保护红线划定为重点的河流、湖泊、地下水、湿地、森林、草原、滩涂、岸线、海洋、荒地、荒漠戈壁、冰川、高山冻原、无居民海岛等各类自然生态空间以及城乡建设区域，或者更直接地说，不仅要管制各类自然资源的空间载体，还要实现对各类开发建设活动的空间管制（吴次芳等，2019）。

3. 国土空间用途管制与"三区三线"

2016年，中共中央办公厅、国务院办公厅印发《省级空间规划试点方案》，提出空间规划需要划定"三区三线"，明确要求划定城镇、农业、生态空间以及生态保护红线、永久基本农田、城镇开发边界，注重开发强度管控和主要控制线落地，统筹各类空间性规划，编制统一的省级空间规划，为实现"多规合一"、建立健全国土空间开发保护制度积累经验、提供示范。

2019年5月，《中共中央 国务院关于建立国土空间规划体系并监督实施的若干意见》拉开了新时期的空间规划体系改革的序幕，要求将主体功能区规划、土地利用规划和城乡规划融合为统一的国土空间规划，在资源环境承载能力评价和国土空间开发适宜性评价（即"双评价"）的基础上，科学有序统筹布局生态、农业、城镇等功能空间，划定"三区三线"并健全国土空间用途管制制度，发挥国土空间规划的统领性作用和基础性作用。

2019年11月，中共中央办公厅、国务院办公厅发布《关于在国土空间规划中统筹划定落实三条控制线的指导意见》，进一步明确了生态保护红线、永久基本农田及城镇开发边界等"三线"划定的基本原则和具体要求，明确了"三区三线"在国土空间规划分区与用途管制中的核心地位。同时，"三区三线"也是国土空间用途管制在国家层面的宏观要求，在不同等级层次上需要进行详细分析与具体规划。国家明确三条控制线划定和管控原则及相关技术方法；省（自治区、直辖市）确定本行政区域内三条控制线总体格局和重点区域，提出下一级划定任务；市、县组织统一划定三条控制线和乡村建设等各类空间实体边界。跨区域划定冲突由上一级政府有关部门协调解决。

1）"三线"划定方法

"三线"是指生态保护红线、永久基本农田、城镇开发边界三条控制线（简称三条控制线）。

生态保护红线是指在生态空间范围内具有特殊重要生态功能、必须强制性严格保护的区域，是保障和维护国家生态安全的底线和生命线，通常包括具有重要水源涵养、生物多样性维护、水土保持、防风固沙、海岸生态稳定等功能的生态功能重要区域，以及水土流失、土地沙化、石漠化、盐渍化等生态环境敏感脆弱区域。

永久基本农田是为保障国家粮食安全和重要农产品供给，实施永久特殊保护的耕地。通常依据耕地现状分布，根据耕地质量、粮食作物种植情况、土壤污染状况，在严守耕地红线的基础上，按照一定比例，将达到质量要求的耕地依法划入。

城镇开发边界是在一定时期内因城镇发展需要，可以集中进行城镇开发建设、以城镇功能为主的区域边界，涉及城市、建制镇以及各类开发区等。城镇开发边界的划定以城镇开发建设现状为基础，综合考虑资源承载能力、人口分布、经济布局、城乡统筹、城镇发展阶段和发展潜力，框定总量，限定容量，防止城镇无序蔓延。

2)"三区"划定方法

"三区"指城镇空间、农业空间和生态空间。

城镇空间是以城镇居民生产生活为主体功能的国土空间，主要承担城镇建设和发展城镇经济等功能的地域，包括城镇建成区、城镇规划建设区以及初具规模的开发园区。

农业空间是指以农业生产和农村居民生活为主体功能，承担农产品生产和农村生活功能的国土空间，包括永久基本农田、一般农田等农业生产用地，以及村庄等农村生活用地。

生态空间是指具有自然属性、以提供生态产品或生态服务为主导功能的国土空间，涵盖需要保护和合理利用的森林、草原、湿地、河流、湖泊、滩涂、岸线、海洋、荒地、荒漠、戈壁、冰川、高山冻原、无居民海岛等。

3)"三线"与"三区"的逻辑关系

当三条控制线出现矛盾时，生态保护红线要保证生态功能的系统性和完整性，确保生态功能不降低、面积不减少、性质不改变；永久基本农田要保证适度合理的规模和稳定性，确保数量不减少、质量不降低；城镇开发边界要避让重要生态功能，不占或少占永久基本农田（图3.13）。

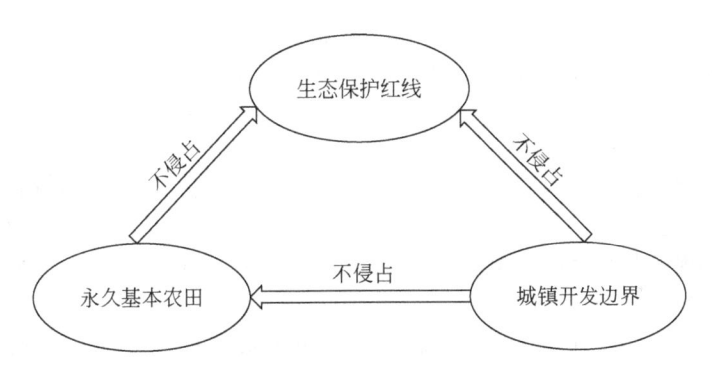

图3.13 "三区三线"关系图

"三线"的优先级应当是生态保护红线>永久基本农田>城镇开发边界。但考虑到划定"三线"根本上是为人服务的，当前人类社会活动的主要区域位于城镇开发边界内，划定永久基本农田本质上也是维系人类社会健康发展。同时，相比生态保护红线范围内的生态用地而言，耕地的开发整理成本和期限较低。占用耕地补偿制度和永久基本农田占用补划制度的顺利实施，也表明耕地和永久基本农田动态平衡是可行的。因此在确定生态保护红线后，永久基本农田和城镇开发边界的划定可以统筹考虑。

4)"三区三线"与"三生空间"

空间规划涉及的一个重要概念就是"三生空间"。"三生空间"的概念最早见于2012年中共十八大报告提出的"促进生产空间集约高效、生活空间宜居适度、生态空间山清水秀"，是"生产空间、生活空间和生态空间"的简称。

由于"三生空间"概念更加聚焦城乡空间内部的核心功能本身，且"三生空间"本身存在许多重叠部分，例如，在城镇地区，生活空间与生产空间往往交互重叠，生活空间与生产空间完全割裂的现象很难出现，因此"三生空间"在实施落地、上下级统筹实施等方面都存在一定操作难度。"三区三线"更加侧重基于主体功能的用途管制，更易于实施落地和统筹协调，已经成为省级空间规划试点和城市总体规划编制试点的核心要求，具有更加广泛的实践空间和经验借鉴意义（王颖等，2018）。因此，"三区三线"是在"三生空间"的基础上，对空间、主体功能区区划的更深一步优化，在实践方面更具优势。

参 考 文 献

安国辉．2008．土地利用规划．北京：科学出版社．

奥沙利文．2003．城市经济学．苏晓燕，等译．北京：中信出版社．

曹伟，周生路，吴绍华．2012．城市精明增长与土地利用研究进展．城市问题，32（12）：30-36．

陈百明，周小平．2015．土地资源学．北京：北京师范大学出版社．

陈斌，廖和平，王玲燕，等．2009．土地利用规划管理体制建设的城乡比较——以重庆市为例．华中农业大学学报（社会科学版），(6)：61-66．

陈若凝．2000．关于土地利用规划编制程序和方法的探讨．湖北省土地学会成立二十周年论文集：4．

陈哲．2017．城市增长视角下土地利用总体规划的效果评价——以南京市为例．现代经济信息，(10)：468-469，471．

邓红蒂，董祚继．2002．建立土地利用规划实施管理保障体系．中国土地科学，16（6）：4-10．

邓红蒂，李宏，王恒，等．2012．土地利用总体规划评估制度建设研究．中国土地科学，26（7）：4-9．

丁成日．2012．城市增长边界的理论模型．规划师，28（3）：5-11．

丁翠翠．2014．城市增长管理研究综述．科技管理研究，34（14）：198-204．

樊森．2020．国土空间规划研究．西安：陕西科学技术出版社．

方创琳，李广东，张蔷．2017．中国城市建设用地的动态变化态势与调控．自然资源学报，32（3）：363-376．

何冬华．2017．空间规划体系中的宏观治理与地方发展的对话——来自国家四部委"多规合一"试点的案例启示．规划师，33（2）：12-18．

洪武扬，刘永学，李满春，等．2013．土地利用总体规划实施评估方法研究．国土资源科技管理，30（5）：68-73．

黄鹤．2017．精明收缩：应对城市衰退的规划策略及其在美国的实践．城市与区域规划研究，4（3）：164-175．

黄慧明，Sam C F PP．2007．美国"精明增长"的策略、案例及在中国应用的思考．现代城市研究，22（5）：19-28．

黄征学，蒋仁开，吴九兴．2019．国土空间用途管制的演进历程、发展趋势与政策创新．中国土地科学，33（6）：1-9．

黄征学，祁帆．2018．从土地用途管制到空间用途管制：问题与对策．中国土地，(6)：22-24．

蒋芳，刘盛和，袁弘．2007．城市增长管理的政策工具及其效果评价．城市规划学刊，(1)：33-38．

李郇，杜志威，李先锋．2015．珠江三角洲城镇收缩的空间分布与机制．现代城市研究，(9)：36-43．

李婧怡，林坚，刘松雪，等．2015．2014年土地科学研究重点进展评述及2015年展望——土地利用与规划分报告．中国土地科学，29（3）：3-12．

李蕾，郭文华，张迪，等．2012．城市土地综合承载力评价——以深圳市为例．国土资源情报，(11)：34-38．

李晓初．2005．新形势土地利用规划编制程序和方法的探讨．今日国土，(Z3)：33-34．

林坚．2014．土地用途管制：从"二维"迈向"四维"——来自国际经验的启示．中国土地，(3)：22-24．

林坚，吴宇翔，吴佳雨，等．2018．论空间规划体系的构建——兼析空间规划、国土空间用途管制与自然资源监管的关系．城市规划，42（5）：9-17．

林坚，武婷，张叶笑，等．2019．统一国土空间用途管制制度的思考．自然资源学报，34（10）：2200-2208．

马克思．1972．资本论．北京：人民出版社．

马壮昌．1995．论城市级差地租．当代经济研究，(1)：18-20．

欧名豪．2003．土地利用规划体系研究．中国土地科学，17（5）：41-44．

曲福田．2002．土地行政管理学．北京：中国农业出版社．

邵晓梅，王静．2008．小城镇开发区土地集约利用评价研究——以浙江省慈溪市为例．中国土地科学，27（1）：75-81．

师武军．2005．关于中国土地利用规划体系建设的思考．中国土地科学，19（1）：3-9．

石诗源，张小林．2010．农村居民点用地集约利用评价研究——以江苏省为例．中国农学通报，26（9）：368-371．

唐相龙．2009．"精明增长"研究综述．城市问题，24（8）：98-102．

王丹，王士君．2007．美国"新城市主义"与"精明增长"发展观解读．国际城市规划，22（2）：61-66．

王宏伟，袁中金，侯爱敏．2003．城市增长理论述评与启示．国外城市规划，18（3）：36-39．

王静，杨山，何挺，等．2004．城乡结合部土地利用变化的信息提取技术与分析——以无锡市为例．地理科学进展，23（2）：1-9．

王万茂，董祚继，王群，等．2006．土地利用规划学．北京：科学出版社．

王万茂，严金明，王群，等．2008．土地利用规划学．7版．北京：中国大地出版社．

王向东，刘卫东．2011．土地利用规划：由概念和本质属性谈起．国土资源情报，(10)：54-60．

王颖，刘学良，魏旭红，等．2018．区域空间规划的方法和实践初探——从"三生空间"到"三区三线"．城市规划学刊，(4)：65-74．

王玉波，唐莹．2010．国外土地利用规划发展与借鉴．人文地理，25（3）：24-28．

邬建国．2000．景观生态学——格局、过程、尺度与等级．北京：高等教育出版社．

吴次芳，叶艳妹，吴宇哲，等．2019．国土空间规划．北京：地质出版社．

吴冬青，冯长春，党宁．2007．美国城市增长管理的方法与启示．城市问题，(5)：86-91．

吴康，龙瀛，杨宇．2015．京津冀与长江三角洲的局部收缩：格局、类型与影响因素识别．现代城市研究，(9)：26-35．

谢英挺，王伟．2015．从"多规合一"到空间规划体系重构．城市规划学刊，(3)：15-21．

徐博．2019．收缩城市与精明发展——收缩型中小城市政府治理与市场效率的内在逻辑匹配及改革创新空间．经济学家，(12)：34-45．

徐博，庞德良．2014．增长与衰退：国际城市收缩问题研究及对中国的启示．经济学家，(4)：5-13．

严金明．2008．土地规划立法的导向选择与法律框架构建．中国土地科学，22（11）：4-9．

杨山，陈升．2009．基于遥感分析的无锡市城乡过渡地域嬗变研究．地理学报，64（10）：1221-1230．

喻建华，徐晶．2012．土地利用规划编制体系问题探析——以武汉市为例．中国土地，(4)：43-45．

张进．2002．美国的城市增长管理．国际城市规划，(2)：37-40．

张京祥，冯灿芳，陈浩．2017．城市收缩的国际研究与中国本土化探索．国际城市规划，31（5）：121-127．

张晓玲，吕晓．2020．国土空间用途管制的改革逻辑及其规划响应路径．自然资源学报，35（6）：1261-1272．

赵广英，宋聚生．2020．"三区三线"划定中的规划逻辑思辨．城市发展研究，27（8）：13-19，58．

赵宁．2013．土地利用规划地方分权化法律制度探析．中南大学学报（社会科学版），(6)：97-102．

中国城市发展报告编委会．2016．中国城市发展报告（2015）．北京：中国城市出版社．

周春山．2007．城市空间结构与形态．北京：科学出版社．

周一星．1995．城镇郊区化和逆城镇化．城市，(4)：7-10．

朱岚巍，谭剑，马才学．2004．地租理论在建设用地管制中的影响．经济论坛，(21)：151-152．

Blanco H, Alberti M, Olshansky R, et al. 2009. Shaken, shrinking, hot, impoverished andinformal: Emerging research agendas in planning. Progress in Planning, 72 (4): 195-250.

Bontje M. 2001. Dealing with deconcentration: Population deconcentration and planning response in polynucleated urban regions in north-west Europe. Urban Study, 29: 769-778.

Couch C, Cocks M. 2013. Housing vacancy and the shrinking city: Trends and policies in the UK and the city of Liverpool. Housing Studies, 28 (3): 499-519.

Downs A, Costa F. 2005. Smart growth/comment: An ambitious movement and its prospects for success. Journal of the American Planning Association, 71 (4): 367-378.

Harvey D. 1987. The urbanization of capital: Studies in the history and theory of capitalisturbanization. Science and Society, 51 (1): 121-125.

Hoekveld G, Needham B. 2013. Planning practice between ethics and the power game: Making and applying an ethical code for planning agencies. International Journal of Urban and Regional Research, 37 (5): 1638-1653.

Joseph S, Logan J. 2008. Greening the rust belt: A green infrastructure model for right sizing America's shrinking cities. Journal of the American Planning Association, 74 (4): 451-466.

Kabisch N. 2015. Ecosystem service implementation and governance challenges in urban green space planning—The case of Berlin, Germany. Land Use Policy, 42: 557-567.

Lesage J P, Charles J S. 2008. Using home buyers' revealed preferences to define the urban-rural fringe. Journal of Geographical Systems, 10 (1): 1-21.

Martinezfernandez C, Wu C T, Schatz L K, et al. 2012. The shrinking mining city: Urban dynamics and contested territory. International Journal of Urban & Regional Research, 36 (2): 245-260.

Mykhnenko V, Turok I. 2008. East European cities—patterns of growth and decline, 1960 – 2005. International Planning Studies, 13 (4): 311-342.

Oswalt P, Rieniets T, Schirmel H, et al. 2006. Atlas of Shrinking Cities. Berlin: Hatje Cantz Publishers.

Pallagst K. 2006. European spatial planning reloaded: Considering EU enlargement in theory and practice. European Planning Studies, 14 (2): 253-272.

Pallagst K, Wiechmann T, Martinez-Fernandez C. 2011. Shrinkingcities: International Perspectives and Policy Implications. London: Routledge.

Rieniets T. 2009. Shrinking cities: Causes and effects of urban population losses in the twentieth century. Nature & Culture, 4 (3): 231-254.

Turok I, Mykhnenko V. 2007. The trajectories of European cities, 1960 – 2005. Cities, 24 (3): 165-182.

Wiechmann T, Bontje M. 2015. Responding to tough times: Policy and planning strategies in shrinking cities. Political Communication, 23 (1): 1-11.

第4章 总体规划与用地布局

4.1 城市总体规划概述

4.1.1 城市总体规划的定位与原则

1. 城市总体规划定位

城市是一个开放的复杂巨系统，它的发展是社会、经济、文化、科技等内在因素和外部条件综合的结果。城市总体规划是对一定时期内市域的空间发展蓝图和战略部署，是市域国土空间保护、开发、利用、修复和指导各类建设的全面安排、综合部署和行动纲领。城市总体规划要体现综合性、战略性、协调性、基础性和约束性，落实和深化上位规划要求，为编制下位总体规划、详细规划、专项规划和开展各类开发保护建设活动、实施国土空间用途管制提供基本依据。城市总体规划一般包括市域和中心城区两个层次。市域规划要统筹全域全要素规划管理，侧重国土空间开发保护的战略部署和总体格局。中心城区规划要细化土地使用和空间布局，侧重功能完善和结构优化。

2. 城市总体规划工作原则

1）贯彻时代要求

坚持以人民为中心的发展思想，从社会全面进步和人的全面发展出发，塑造高品质城乡人居环境，不断提升人民群众的获得感、幸福感、安全感；坚持底线思维，在习近平生态文明思想和总体国家安全观指导下编制规划，将城市作为有机生命体，探索内涵式、集约型、绿色化的高质量发展新路子，推动形成绿色发展方式和生活方式，增强城市韧性和可持续发展的竞争力；坚持陆海统筹、区域协同、城乡融合，落实区域协调发展、新型城镇化、乡村振兴、可持续发展和主体功能区等国家战略；坚持一切从实际出发，立足本地自然和人文禀赋以及发展特征，发挥比较优势，因地制宜开展规划编制工作，突出地域特点、文化特色、时代特征。

2）突出公共属性

坚持体现市级总规的公共政策属性，坚持问题导向、目标导向、结果导向相结合，坚持以战略为引领，按照"问题–目标–战略–布局–机制"的逻辑，针对性地制定规划方案和实施政策措施，确保规划能用、管用、好用，更好发挥规划在空间治理能力现代化中的作用。

3）创新工作方法

坚持开门编规划，践行群众路线，将共谋、共建、共享、共治贯穿规划工作全过程，广泛凝聚社会智慧；强化城市设计、大数据、人工智能等技术手段对规划方案的辅助支撑作用，提升规划编制和管理水平。

4.1.2 城市总体规划内容与成果

根据《城乡规划法》，总体规划包括城市总体规划和镇总体规划。城市总体规划包括市域城镇体系规划和中心城区规划。大、中城市可根据需要在总体规划的基础上组织编制分区规划。每个城市还应当在总体规划的基础上，单独编制近期建设规划。城市总体规划、镇总体规划的规划期限一般为二十年。城市总体规划还应当对城市更长远的发展作出预测性安排。

2006 年，建设部公布的《城市规划编制办法》将城市总体规划编制内容分为总体规划纲要、市域城镇体系规划、中心城区规划。在国土空间新背景下，2020 年，自然资源部颁布了《市级国土空间总体规划编制指南（试行）》，将城市国土空间总体规划编制内容分为基础工作和主要编制内容两部分。两份编制办法的具体内容如下。

1. 《城市规划编制办法》（2005）确立的城市总体规划编制主要内容

1）总体规划纲要主要内容

（1）市域城镇体系规划纲要，内容包括：提出市域城乡统筹发展战略；确定生态环境、土地和水资源、能源、自然和历史文化遗产保护等方面的综合目标和保护要求，提出空间管制原则；预测市域总人口及城镇化水平，确定各城镇人口规模、职能分工、空间布局方案和建设标准；原则确定市域交通发展策略。

（2）提出城市规划区范围。

（3）分析城市职能、提出城市性质和发展目标。

（4）提出禁建区、限建区、适建区范围。

（5）预测城市人口规模。

（6）研究中心城区空间增长边界，提出建设用地规模和建设用地范围。

（7）提出交通发展战略及主要对外交通设施布局原则。

（8）提出重大基础设施和公共服务设施的发展目标。

（9）提出建立综合防灾体系的原则和建设方针。

2）市域城镇体系主要内容

（1）提出市域城乡统筹的发展战略。其中位于人口、经济、建设高度聚集的城镇密集地区的中心城市，应当根据需要，提出与相邻行政区域在空间发展布局、重大基础设施和公共服务设施建设、生态环境保护、城乡统筹发展等方面进行协调的建议。

（2）确定生态环境、土地和水资源、能源、自然和历史文化遗产等方面的保护与利用的综合目标和要求，提出空间管制原则和措施。

（3）预测市域总人口及城镇化水平，确定各城镇人口规模、职能分工、空间布局和建设标准。

（4）提出重点城镇的发展定位、用地规模和建设用地控制范围。

（5）确定市域交通发展策略；原则确定市域交通、通信、能源、供水、排水、防洪、垃圾处理等重大基础设施，重要社会服务设施，危险品生产储存设施的布局。

（6）根据城市建设、发展和资源管理的需要划定城市规划区。城市规划区的范围应当位于城市的行政管辖范围内。

（7）提出实施规划的措施和有关建议。

3）中心城区规划主要内容

（1）分析确定城市性质、职能和发展目标。

（2）预测城市人口规模。

（3）划定禁建区、限建区、适建区和已建区，并制定空间管制措施。

（4）确定村镇发展与控制的原则和措施；确定需要发展、限制发展和不再保留的村庄，提出村镇建设控制标准。

（5）安排建设用地、农业用地、生态用地和其他用地。

（6）研究中心城区空间增长边界，确定建设用地规模，划定建设用地范围。

（7）确定建设用地的空间布局，提出土地使用强度管制区划和相应的控制指标（建筑密度、建筑高度、容积率、人口容量等）。

（8）确定市级和区级中心的位置和规模，提出主要的公共服务设施的布局。

（9）确定交通发展战略和城市公共交通的总体布局，落实公交优先政策，确定主要对外交通设施和主要道路交通设施布局。

（10）确定绿地系统的发展目标及总体布局，划定各种功能绿地的保护范围（绿线），划定河湖水面的保护范围（蓝线），确定岸线使用原则。

（11）确定历史文化保护及地方传统特色保护的内容和要求，划定历史文化街区、历史建筑保护范围（紫线），确定各级文物保护单位的范围；研究确定特色风貌保护重点区域及保护措施。

（12）研究住房需求，确定住房政策、建设标准和居住用地布局；重点确定经济适用房、普通商品住房等满足中低收入人群住房需求的居住用地布局及标准。

（13）确定电信、供水、排水、供电、燃气、供热、环卫发展目标及重大设施总体布局。

（14）确定生态环境保护与建设目标，提出污染控制与治理措施。

（15）确定综合防灾与公共安全保障体系，提出防洪、消防、人防、抗震、地质灾害防护等规划原则和建设方针。

（16）划定旧区范围，确定旧区有机更新的原则和方法，提出改善旧区生产、生活环境的标准和要求。

（17）提出地下空间开发利用的原则和建设方针。

（18）确定空间发展时序，提出规划实施步骤、措施和政策建议。

4）城市总体规划的强制性内容

（1）城市规划区范围。

（2）市域内应当控制开发的地域。包括：基本农田保护区，风景名胜区，湿地、水源保护区等生态敏感区，地下矿产资源分布地区。

（3）城市建设用地。包括：规划期限内城市建设用地的发展规模，土地使用强度管制区划和相应的控制指标（建设用地面积、容积率、人口容量等）；城市各类绿地的具体布局；城市地下空间开发布局。

（4）城市基础设施和公共服务设施。包括：城市干道系统网络、城市轨道交通网络、交通枢纽布局；城市水源地及其保护区范围和其他重大市政基础设施；文化、教育、卫生、体育等方面主要公共服务设施的布局。

(5) 城市历史文化遗产保护。包括：历史文化保护的具体控制指标和规定；历史文化街区、历史建筑、重要地下文物埋藏区的具体位置和界线。

(6) 生态环境保护与建设目标，污染控制与治理措施。

(7) 城市防灾工程。包括：城市防洪标准、防洪堤走向；城市抗震与消防疏散通道；城市人防设施布局；地质灾害防护规定。

2. 《市级国土空间总体规划编制指南（试行）》（2020）确立的城市总体规划编制主要内容

1) 基础工作

(1) 统一底图底数。各地应在第三次国土调查（简称"三调"）的基础上，按照国土空间用地用海分类、城区范围确定等部有关标准规范，形成符合规定的国土空间利用现状和工作底数。统一采用2000国家大地坐标系和1985国家高程基准作为空间定位基础，形成坐标一致、边界吻合、上下贯通的工作底图。沿海地区要增加所辖海域海岛底图底数。

(2) 分析自然地理格局。研究当地气候和地形地貌条件、水土等自然资源禀赋、生态环境容量等空间本底特征，分析自然地理格局、人口分布与区域经济布局的空间匹配关系，开展资源环境承载能力和国土空间开发适宜性评价（"双评价"），明确农业生产、城镇建设的最大合理规模和适宜空间，提出国土空间优化导向。

(3) 重视规划实施和灾害风险评估。开展现行城市总体规划、土地利用总体规划、市级海洋功能区划等空间类规划及相关政策实施的评估，评估自然生态和历史文化保护、基础设施和公共服务设施、节约集约用地等规划实施情况；结合自然地理本底特征和"双评价"结果，针对不确定性和不稳定性，分析区域发展和城镇化趋势、人口与社会需求变化、科技进步和产业发展、气候变化等因素，系统梳理国土空间开发保护中存在的问题，开展灾害和风险评估。

(4) 加强重大专题研究。可包括但不限于：研究人口规模、结构、分布以及人口流动等对空间供需的影响和对策；研究气候变化及水土资源、洪涝等自然灾害等因素对空间开发保护的影响和对策；研究重大区域战略、新型城镇化、乡村振兴、科技进步、产业发展等对区域空间发展的影响和对策；研究交通运输体系和信息技术对区域空间发展的影响和对策；研究公共服务、基础设施、公共安全、风险防控等支撑保障系统的问题和对策；研究建设用地节约集约利用和城市更新、土地整治、生态修复的空间策略；研究自然山水和人工环境的空间特色、历史文化保护传承等空间形态和品质改善的空间对策；研究资源枯竭、人口收缩城市振兴发展的空间策略；综合研究规划实施保障机制和相关政策措施。

(5) 开展总体城市设计研究。将城市设计贯穿规划全过程。基于人与自然和谐共生的原则，研究市域生产、生活、生态的总体功能关系，优化开发保护的约束性条件和管控边界，协调城镇乡村与山水林田湖草沙等自然环境的布局关系，塑造具有特色和比较优势的市域国土空间总体格局和空间形态。基于本地自然和人文禀赋，加强自然与历史文化遗产保护，研究城市开敞空间系统、重要廊道和节点、天际轮廓线等空间秩序控制引导方案，提高国土空间的舒适性、艺术性，提升国土空间品质和价值。

2) 主要编制内容

(1) 落实主体功能定位，明确空间发展目标战略。强化总体规划的战略引领和底线管控作用，促进国土空间发展更加绿色安全、健康宜居、开放协调、富有活力并各具特色。

(2) 优化空间总体格局，促进区域协调、城乡融合发展。具体包括完善区域协调格局、优先确定生态保护空间、保障农业发展空间、融合城乡发展空间、彰显地方特色空间、协同地上地下空间、统筹陆海空间和明确战略性的预留空间。

（3）强化资源环境底线约束，推进生态优先、绿色发展。基于资源环境承载能力和国土安全要求，明确重要资源利用上限，划定生态保护红线、永久基本农田、城镇开发边界等各类控制线，作为开发建设不可逾越的红线。

（4）优化空间结构，提升连通性，促进节约集约、高质量发展。依据国土空间开发保护总体格局，注重城乡融合、产城融合，优化城市功能布局和空间结构，改善空间连通性和可达性，促进形成高质量发展的新增长点。

（5）完善公共空间和公共服务功能，营造健康、舒适、便利的人居环境。结合不同尺度的城乡生活圈，优化居住和公共服务设施用地布局，完善开敞空间和慢行网络，提高人居环境品质。

（6）保护自然与历史文化，塑造具有地域特色的城乡风貌。加强自然和历史文化资源的保护，运用城市设计方法，优化空间形态，突显本地特色优势。

（7）完善基础设施体系，增强城市安全韧性。统筹存量和增量、地上和地下、传统和新型基础设施系统布局，构建集约高效、智能绿色、安全可靠的现代化基础设施体系，提高城市综合承载能力，建设韧性城市。

（8）推进国土整治修复与城市更新，提升空间综合价值。针对空间治理问题，分类开展整治、修复与更新，有序盘活存量，提高国土空间的品质和价值。

（9）建立规划实施保障机制，确保一张蓝图干到底。保障规划有效实施，提出对下位规划和专项规划的指引；衔接国民经济和社会发展五年规划，制定近期行动计划；提出规划实施保障措施和机制，以"一张图"为支撑完善规划全生命周期管理。

3）强制性内容

（1）约束性指标落实及分解情况，如生态保护红线面积、用水总量、永久基本农田保护面积等；

（2）生态屏障、生态廊道和生态系统保护格局，自然保护地体系；

（3）生态保护红线、永久基本农田和城镇开发边界三条控制线；

（4）涵盖各类历史文化遗存的历史文化保护体系，历史文化保护线及空间管控要求；

（5）中心城区范围内结构性绿地、水体等开敞空间的控制范围和均衡分布要求；

（6）城乡公共服务设施配置标准，城镇政策性住房和教育、卫生、养老、文化体育等城乡公共服务设施布局原则和标准；

（7）重大交通枢纽、重要线性工程网络、城市安全与综合防灾体系、地下空间、邻避设施等设施布局。

4.2 城市总体规划调查内容与方法

4.2.1 城市总体规划调查内容

城市是一个复杂的动态系统，时刻处于不断的变化中。只有通过科学、系统的现状调查和基础资料收集与分析，才能把握城市发展的实际，探求发展的客观规律，正确预测城市未来的发展。因此，调查研究是城市总体规划的必要前期工作，是对城市从感性认识上升到理性认识的必要过程，调查研究所获得的基础资料是城市规划定性、定量分析等的主要依据。

编制城市总体规划前需要对城市的区域、社会、经济、自然和历史环境展开全面和细致的调研，调研内容主要包括以下几项。

1）广域规划及上位规划调查

任何一个城市都不是孤立存在的，它是存在于区域之中的众多聚居点中的一个。因此，对城市的认识与把握不但要从城市自身进行，还应从更为广泛的区域角度看待。通常，城市总体规划的广域规划、上位规划有全国城镇体系规划、省域城镇体系规划、城市所在省的城乡总体规划、国民经济与社会发展规划、土地利用规划等，这些广域规划和上位规划是研究确定城市性质、规模、空间布局等要素的重要依据之一。

2）自然环境调查

自然环境是城市生存和发展的基础，不同的自然条件影响甚至决定了城市的功能组织、发展潜力、外部景观等。如南方城市与北方城市、平原城市与山地城市、沿海城市与内地城市之间的明显差别往往源于自然环境的差异。环境变化也会导致城市发展条件的变化，如自然资源的开采与枯竭会导致城市兴衰等。城市总体规划中的自然环境调查内容包括自然地理、自然气象和自然生态等。自然环境调查能够为编制城市用地分析图和风向玫瑰图等提供基础资料，为城市各项用地和基础设施的规划布局提供依据。

自然地理因素主要涉及地理位置、地理环境、工程地质、水文和水文地质等；自然气象因素主要涉及风向、气温、降水、太阳辐射（日照）等；自然生态因素主要涉及城市及周边地区的野生动、植物种类与分布，生物资源、自然植被、城市废弃物的处置与对生态环境的影响等。

3）历史环境调查

历史环境调查指的是通过对城市形成和发展过程进行调查，把握城市发展动力及城市形态的演变原因。城市社会、经济和政治状况的发展演变是影响城市发展最重要的因素。除少数完全新建的城市外，城市总体规划研究的大多是现有城市的延续与发展。了解城市本身的发展过程，掌握其中的规律，一方面可以更好地规划城市的未来，另一方面可以将城市发展的历史文脉有意识地延续下来，并发扬光大。

城市总体规划中历史调查的具体内容主要有：自然环境的特色，如地形、地貌、河道形态及与城市的关系；文物古迹的特色，如历史遗迹等；城市格局的特色；城市轮廓景观，主要建筑物和绿化空间的特色；建筑风格；其他物质和精神特色，如土产、特产、工艺美术、民俗、风情等；历次城市规划资料。

4）社会环境调查

人口调查是社会环境调查的主要内容，涉及人的自然变动、迁移变动和社会变动等。通过社会环境调查，可以为推算城市人口发展规模，明确公共建筑、道路等市政公用设施的建设标准和规模等提供依据。具体内容主要涉及城市人口历年变动情况、城市人口现状构成、流动人口调查三个方面。

城市人口历年变动情况主要涉及城市行政辖区内现状和历年来城市总人口数、市区人口数和人口出生、死亡及迁入、迁出等统计资料，以计算历年城市人口出生率、死亡率、自然增长率、机械增长率和总增长率等；城市人口现状构成包括性别、年龄、职业、劳动、文化、民族、宗教、国籍和语言等多方面，但城市规划一般侧重性别、年龄和劳动三个基本构成的调查；流动人口调查主要关注到该市办事、探亲访友、游览或途经作短暂停留的，以及从事短期、季节性工作的外地人口。

5) 经济环境调查

城市经济环境调查包括以下几个方面：一是城市整体的经济状况，如城市经济总量及其增长变化情况、城市产业结构、工农业总产值及各自的比重、当地资源状况、经济发展的优势和制约因素等；二是城市中各产业部门的状况，如工业、农业、商业、交通运输业、房地产业等；三是有关城市土地经济方面的内容，包括土地价格、土地供应潜力与供应方式、土地一级市场与二级市场及其运作的概况等；四是城市建设资金的筹措、安排与分配，其中涉及城市政府公共项目资金的运作，也涉及私人资本的运作，以及政府吸引国内外资金从事资金安排的程序与分布等。

6) 城市用地现状调查

城市用地现状调查是城市总体规划基础调查的重要内容。要对城市存量建设用地的数量和用地性质进行核查和分析，切实掌握土地使用的真实情况，分析人均用地水平、用地结构和区域建设用地分配等。只有全面、细致地掌握城市建设用地的现状特征，才能够提出合理、高效的土地使用策略。按照《国土空间调查、规划、用途管制用地用海分类指南（试行）》所确定的国土空间用地分类，对规划区范围的所有用地进行现场踏勘调查，对各类土地使用的范围、界限、用地性质等在地形图上进行标注，在详细规划阶段还应对地上、地下建（构）筑物等状况进行调查，完成土地使用的现状图和用地平衡表。

7) 城市物质要素调查

城市总体规划布局的中心问题，是城市各物质要素的发展和用地、设施布局的合理安排。在城市总体规划的调查研究阶段，应全面地摸清城市各物质要素的基本情况，为之后的规划布局打下基础。主要涉及城市的工业和仓储、道路和交通、居住和公服设施、绿化和环境、城市基础设施。

工业和仓储主要涉及城市工业现状、城市工业发展条件、上级政府对今后城市工业发展的计划和设想、库场现状和大宗储存物资的种类、类型、来路去向及运输方式等；道路和交通主要涉及对外交通运输设施和用地情况、客、货流基本情况、道路总长度、总面积、用地指标和道路面积率等；居住和公共服务设施主要涉及居住用地的环境、品质、面积等；公共服务设施的布点、配比、面积等；绿化和环境主要涉及全市绿地面积、城市绿化覆盖率、城市环境质量监测数据等；城市基础设施主要涉及城市供水、排水、供电、供热、通信、环卫等设施的建设、布点情况。

4.2.2 城市总体规划调查方法

1. 现状资料收集方法

1) 现场踏勘调查

现场踏勘是城市总体规划调查的最基本方式，便于了解城市中各类活动与状态的实际状况。对城市进行现场勘测，初步了解城市的概况，包括城市区位、地理特征、土地使用、城市结构、城市综合交通体系、大中基础设施现状及布局意向、城市重要工程等，以此为依据核算技术难度，估计总体规划的核心内容。按照不同尺度主要分为市域踏勘、中心城区踏勘和专项性踏勘。

2）抽样或问卷调查

问卷调查是要掌握一定范围内大众意愿时最常见的调查形式。通过问卷调查的形式可以大致掌握被调查群体的意愿、观点、喜好等，有助于将大众想法与规划结合起来，体现"以人为本"的规划思想，并有利于后期的规划实践与落地。

问卷调查的具体形式可以是多种多样的，例如，可以向调查对象发放问卷，事后通过邮寄、定点投放、委托居民组织等形式回收或者通过调查员实时询问、填写回收（街头、办公室访问等）；也可以通过电话电子邮件等形式进行调查。

调查对象可以是某个范围内的全体人员，如旧城改造地区中的全体居民，称为全员调查；也可以是部分人员，如城市总人口的1%，称为抽样调查。问卷调查中的问卷设计、样本数量确定、抽样方法选择等需要一定的专业知识和技巧。

3）部门访谈和座谈会调查

部门访谈和座谈会调查性质上与问卷调查类似，但访谈与座谈会强调的是调查者与被调查者的面对面交流。在规划中这类调查主要运用在以下几种状况：一是针对无文字记载也难有记载的民俗民风、历史文化等方面的对历史状况的调查；二是针对尚未文字化或对一些愿望与设想的调查，如对城市中各部门、城市政府的领导以及广大市民对未来发展的设想与愿望等；三是针对某些关于城市规划重要决策问题收集专业人士的意见。

4）文献资料搜集

文献资料搜集就是搜集各种文献资料、摘取有用信息、研究有关内容的方法。城市总体规划中涉及的文献主要包括：历年的城市统计年鉴、城市年鉴、各类普查资料（如人口普查、工业普查、房屋普查）、城市志或县志以及专项的志书（如城市规划志、城市建设志等等）、历次的城市总体规划或规划所涉及的上层次规划、政府的相关文件与报刊、书籍、互联网等媒体材料，已有的相关研究成果等。在获取相关文献、统计资料后，一般按照一定的分类对其进行挑选、汇总、整理和加工。例如，对于城市人口发展趋势，可以利用历年统计年鉴中的数据，编制人口发展趋势一览表以及相应的发展趋势图，从中发现某些规律性的趋势。

5）公众参与调查

公众参与是指公众通过参加社会公共活动的方式来表达观点，以此维护团体或者自身利益的诉求行动。它强调公众能够通过完善的公共平台参与到影响公共利益的决策中，促使社会更加公平公正与和谐美好。城市总体规划调查中的公众参与主要指前期的民意调查与公众咨询，如可以通过家庭学校联动调查、居委会和村委会市民调查、企业员工调查、户外公众咨询活动、登报民意征集、座谈会、专题研讨会、公众论坛等方式，开通传真、电子邮箱、信箱、网站、座谈等渠道，听取前期民众对城市性质与定位、产业经济发展、旅游发展、中心城区建设、综合交通、公共服务设施建设等的意见与看法。

6）遥感和大数据

遥感是指不直接接触被研究的目标而探测目标的特征信息（一般是电磁波的反射辐射或发射辐射）的过程。通过遥感获得的信息经过处理，人们从中可以提取研究所需的信息。利用航片解译来收集城市总体规划所需要的地理信息，是一种省时、省工的有效调查方法，具有现实性强、真实可靠、便于宏观分析等特点。

互联网的出现和大数据时代的到来给城市总体规划的编制带来了新的契机与调查方法。

可以使用互联网、社交媒体数据对城市的相关信息进行搜索和选取，建立信息动态更新与共享机制，有针对性地对所获大数据进行管理与分析，形成数据共享的服务环境，为城市规划工作提供数据信息支撑。

2. 规划研究分析方法

城市规划涉及的问题十分复杂和烦琐，必须运用科学和系统的方法，在众多的数据资料中提取、分析出具有价值的结论。城市总体规划常用的分析方法有定性分析、定量分析和空间模型分析。

1）定性分析

常用的定性分析方法有因果分析法和比较法。

(1) 因果分析法。

城市总体规划分析中涉及的因素繁多，为了全面考虑问题，提出解决问题的方法，往往先尽可能多地排列出相关因素，发现主要因素，找出因果关系，例如，分析城市交通问题发生的原因，应尽可能多地罗列相关因素，如对外交通、市内交通、交通设施布置、人口的市内流动等情况，找到主要的因果关系。

(2) 比较法。

城市总体规划中还经常碰到一些难以定量分析但又必须量化的问题，对于这类问题常常采用比较法。比较法又分为纵向比较法与横向比较法。纵向比较法具体操作为：比较多年主要社会、经济等指标，分析现状发展状况与发展趋势，可用于未来人口、经济规模的确定等；横向比较法指通过将规划的城市主要指标与所在省（自治区、直辖市）其他城市及区域平均水平相比较分析，以了解该城市在区域中的地位与未来在区域合作中应发挥的作用等。

2）定量分析

城市总体规划中常采用一些概率统计方法、运筹学模型、数学决策模型等数理工具进行定量化分析。其中，频数和频率分析、集中量数分析、离散程度分析有利于了解数据的描述性统计情况，对研究对象有一个直观、客观的认识。一元线性回归分析、多元回归分析、线性规划模型、层次分析法有利于了解不同变量之间的相互关系，便于在规划中有的放矢地进行规划要素的改善和提升。

(1) 频数和频率分析。

频数分布是指一组数据中取不同值的个案的次数分布情况，一般以频数分布表的形式表达。在规划调查中经常有调查的数据是连续分布的情况，如人均居住面积，因此一般按照一个区间来统计。频率分布是指一组数据中不同取值的频数相对于总数的比率分布情况，一般以百分比的形式表达。

(2) 集中量数分析。

集中量数分析指的是用一个典型的值来反映一组数据的一般水平，或者说反映这组数据向这个典型值集中的情况，常见的有平均数、众数。平均数是调查所得各数据之和除以调查数据的个数，众数是一组数据中出现次数最多的数值。

(3) 离散程度分析。

离散程度分析用来反映数据的离散程度，常见的有极差、标准差、离散系数。极差是一组数据中最大值与最小值之差；标准差是一组数据对其平均数的偏差平方的算术平均数的平方根；离散系数是一种相对地表示离散程度的统计量，是指标准差与平均数的比值，以百分比的形式表示。

（4）一元线性回归分析。

一元线性回归分析是利用两个要素之间存在比较密切的相关关系，通过试验或抽样调查进行统计分析，构造两个要素间的数学模型，以其中一个因素为控制变量，以另一个预测因素为因变量，从而进行试验和预测。例如，可以在城市人口发展规模和经济发展规模之间构造一元线性回归分析。

（5）多元回归分析。

多元回归分析是对多个要素之间构造数学模型。例如，可以在房屋价格、土地供给、建筑材料价格与市场需求之间构造多元回归分析模型。

（6）线性规划模型。

如果在规划问题的数学模型中，决策变量为可控的连续变量，目标函数和约束条件都是线性的，则这类模型称为线性规划模型。城市规划中很多问题都是为了解决一定资源条件下如何进行统筹安排，如何在消耗资源最少的情况下获得最大的效益，即达到系统最优目标的问题。这类问题可以利用线性规划模型求解。

（7）层次分析法。

层次分析法将复杂的问题分解成比原问题简单得多的若干层次系统，再进行分析、比较、量化、排序，然后逐级进行综合，可以灵活应用于各类复杂问题。

3）空间模型分析

城市规划各个物质要素在空间上占据一定的位置，形成错综复杂的相互关系。除了使用数学模型、文字说明来表达外，规划中还常用空间模型的方法来表达，主要有实体模型和概念模型两类。

（1）实体模型除了可以用实物表达外，也可以用图纸表达，例如，用投影法画的总平面图、剖面图、立面图，主要用于规划管理与实施；用透视法画的透视图、鸟瞰图，主要用于效果表达。

（2）概念模型一般用图纸表达，主要用于分析和比较。常用的方法有以下几种。

几何图形法：用不同色彩、形状或大小等的几何形强调空间要素的特点与联系，常用于功能结构分析、交通分析、环境绿化分析等。

等值线法：根据某要素空间连续变化的情况，按一定的值差，将同值的相邻点用线条联系起来。常用于单一因素的空间变化分析，如用于地形分析的等高线图、交通规划的可达性分析、环境评价的大气污染和噪声分析等。

方格网法：根据精度要求将研究区域划分为方格网，将每一方格网的被分析因素的值用规定的方法表示（如颜色、数字、线条等），常用于环境、人口的空间分布等分析。此方法可以多层叠加，常用于综合评价。

图表法：在地形图（地图）上相应的位置用玫瑰图、直方图、折线图、饼图等表示各要素的值，常用于区域经济、社会等多种因素的比较分析。

4.3 城市定位及其分析

城市定位作为城市规划的关键部分，是城市在自身自然资源、社会、经济、文化等发展水平以及其动态变化的基础上，确定的城市发展方向或目标的高度总结。城市定位通过分析城市的主要职能，揭示与其他城市的差异，突出本城市的特点。所以本节首先明确城市发展目标、城市职能、城市性质和城市规模等基本概念；其次提出城市化水平和城市人口的测度方法；然后，详细阐述城市地理区位、自然资源、环境和生态系统、城市社会、城市经济、城市文化等具体的分析内容，进而明确城市的综合发展水平和特点，为确定城市定位提供依据。

4.3.1 城市发展目标、城市职能、城市性质与城市规模

1. 相关概念

1) 城市发展目标

城市发展目标是指在城市发展战略和城市规划中所拟定的一定时期内城市经济、社会、环境的发展所应达到的目的和指标。其中，经济发展目标通常使用城市的国内生产总值即经济总量指标或人均国民收入等平均指标，或者是三次产业的结构比例来表示；使用人口总量、居民受教育程度、年龄结构、平均寿命等指标反映社会发展目标；使用基础设施配套水平、用地结构、建设用地规模等指标反映城市建设目标；环境保护目标则使用污染处理率、废水排放量等生态环境指标来表示。在城市规划中，城市发展目标往往依据规划期限分为近期目标、中期目标和远期目标。

2) 城市职能

城市职能，指某城市在国家或区域中所起的作用或所承担的分工。城市的政治、经济、文化等各个领域的活动是由基本、非基本两部分组成的。这两部分活动的发展常常互相交织在一起，但主动和主导的因素一般来说总是前者。城市职能概念的着眼点就是城市的基本活动部分，即为本城市以外的需要提供服务。城市职能是从整体上看一个城市的作用和特点，指的是城市与区域的关系，城市与城市的分工，属于城市体系的研究范畴。

3) 城市性质

城市性质是城市主要职能的概括，是城市在一定地区、国家以至更大范围内的政治、经济与社会发展中所处的地位和所担负的主要职能，是城市在国家或地区政治、经济、社会和文化生活中所处的地位、作用及其发展方向。城市性质由城市主要职能所决定。

例如，上海的城市性质：我国重要的经济中心和航运中心，国家历史文化名城，并将逐渐建成社会主义现代化国际大都市，国际经济、金融、贸易、航运中心之一（《上海市城市总体规划（2016—2040）》）。广州的城市性质：国家中心城市之一，国家历史文化名城，广东省省会，我国重要的国际商贸中心、对外交往中心和综合交通枢纽，南方国际航运中心（《广州市城市总体规划（2011—2020年）》）。武汉的城市性质：湖北省省会，国家历史文化名城，我国中部地区的中心城市，全国重要的工业基地、科教基地和综合交通枢纽（《武汉市城市总体规划（2010—2020年）》）。

4) 城市规模

城市规模是指以城市人口总量和城市用地总量所表示的城市的大小，包括人口规模和用地规模两个方面。城市性质影响了城市建设的发展方向和用地构成，而城市规模则决定城市的用地及布局形态。城市规模是科学编制城市规划的前提和基础，是市场经济条件下，合理配置资源、提供公共服务、协调各种利益关系、制定公共政策的重要依据。

根据 2014 年 10 月 29 日下发的《国务院关于调整城市规模划分标准的通知》，新的城市规模以城区常住人口为统计口径，将城市划分为Ⅰ型小城市、Ⅱ型小城市、中等城市、Ⅰ型大城市、Ⅱ型大城市、特大城市、超大城市五类七档（表 4.1）。

表 4.1　中国城市等级规模划分标准

城市等级		城区常住人口/万人
小城市	Ⅰ型小城市	20～50
	Ⅱ型小城市	<20
中等城市		50～100
大城市	Ⅰ型大城市	300～500
	Ⅱ型大城市	100～300
特大城市		500～1000
超大城市		>1000

2. 相互关系

1）城市发展目标和城市性质

城市发展目标和城市性质均表达了对城市未来发展愿景的期许，其中，城市发展目标的内容更加综合，城市性质则相对专业化，强调突出城市的主要职能；另外，城市发展目标主要从城市自身出发，是对城市现有发展水平综合评估后而建立起的城市未来发展方向；而城市性质主要是从区域或与周边城市的联系出发，更多强调的是城市基本活动的特点，考虑城市在区域或周边城市中所扮演的角色，其设定既要考虑自身发展条件，又必须考虑地区乃至更大范围内城市职能的差异；城市性质的设定要突出城市的特点和优势，而城市发展目标的设定主要考虑城市的综合发展，强调城市的健康和可持续性。

2）城市职能和城市性质

城市性质和城市职能是既有联系又有区别的概念，城市性质并不等同于城市职能。

城市职能分析一般利用城市的现状资料，得到的是现状职能，城市性质一般是表示城市规划期里希望达到的目标或方向；城市职能可能有好几个，职能强度和影响的范围各不相同，而城市性质关注的是最主要、最本质的职能；城市职能是客观存在的，可能合理，也可能不合理，而城市性质是在认识客观存在的前提下，揉进了人的主观意念，可能正确，也可能不正确。

3）城市职能和城市规模

城市职能决定了城市规模。城市职能主要依据城市的基本活动而定，如果基本活动比例远大于非基本活动，即基本活动与非基本活动比值较大时，城市规模会相对较小，城市职能相对多样，城市专业化程度越高；而当城市职能相对单一，即基本活动与非基本活动比值较小时，城市经济活动主要服务于城市内部的消费和需要，城市人口相对密集，即城市的规模相对较大。从某种程度上讲，城市职能越丰富，城市规模相对较小；城市职能越单一，城市经济活动主要为城市内部服务，城市规模越大。但这种关系并非绝对，如规模相似的 A 城和 B 城，A 城位于大城市附近，B 城则远离大城市，那么靠近大城市的 A 城可以享受大城市所提供的服务，非基本活动的比例较小，基本活动与非基本活动比值较大，但 A 城的城市职能并非一定多样；而远离大城市的 B 城，需要建立自己完整的服务体系，基本活动与非基本活动比值较小，但其城市职能也未必单一。所以，在判定城市职能与城市规模的关系时，需要依据城市的实际情况进行分析，不可一概而论。

4.3.2 城市化水平与城市人口规模预测

1. 城市化水平和预测

城市化是当今世界上重要的社会、经济现象之一，表现为农村人口向城市集中的过程。一个区域的城市化程度可以用城市化水平来度量，但由于城市化现象涉及范围较广，对城市化进行测度并非易事。综合各方面的研究成果，目前确定城市化指标及测度方法主要有两种，即主要指标法和复合指标法。

主要指标法，即选择对城市化表征意义最强的、又便于统计的个别指标，来描述城市化达到的水平。这种指标主要有两个：人口比例指标和土地利用指标。其中，人口比例指标是最常用的城市化测度指标。因为人口比例指标比土地利用指标在表达城市成长状况方面更典型深刻，更便于统计。土地利用指标是从土地性质和地域范围上来说明城市化水平的一个指标。测度方法主要是统计一定时间内非城市用地（如农田、草原、山地、森林、滩涂等）转变为城市用地（如工厂、商业、住宅、文教等）的比率。

随着城市化发展动力机制的变化，为了更准确地反映城市化的丰富内涵，复合指标法日益成为测算城市化水平更合适的方法。复合指标法，即选用多种指标对城市进行综合分析。如通过综合测算人口指标、经济指标、土地指标、社会指标、生态指标等各种反映城市现代化、可持续发展、城市竞争力、城市化质量等的综合得分，进而得出城市化水平的综合得分。具体操作是，将样本城市的多个指标分成目标层、二级指标、测度项，根据需要选取不同年份该城市相应指标的原始值，然后利用专家打分或层次分析法（analytic hierarchy process，AHP）赋予各指标权重，最后通过相应的数理统计分析方法求得城市化的总得分，进而明确城市的城市化水平发展过程。

城市化作为社会发展的必然趋势，其发展过程有着自身的规律，对城市的城市化发展动态规律性的把握、准确地预测未来的城市化水平，对于国家和城市制定发展战略具有重要意义。目前普遍使用的城市化预测模型主要包括线性回归模型、Logistic 模型、模糊时间序列模型、BP（back propagation）神经网络模型等多种方法。

2. 城市人口规模预测

1）概念

人口规模作为城市化水平的重要衡量指标，对其的预测主要是根据区域人口过去一定时期内（调查期）的变化情况，在现状人口构成和再生产水平的条件下，根据各种社会经济要素对人口发展趋势的影响，设定一定的假设条件，采用某些方法，推算未来一定时期（预测期）人口的发展趋势。

一个严谨的人口预测，建立在对过去一定时期基本数据收集和选取的基础上，即变量选取。变量选取应遵循三个基本原则：区域范围一致性、统计口径的可比性、数据本身的真实性。而且，必须对未来的社会经济状况做一般性假设。通常参照近期的社会经济发展，假设在预测期内区域社会经济将继续正常地、稳定地发展，不会因为发生引起社会骚动和经济倒退等重大意外事件（如战争、政治运动、严重自然灾害等）而导致区域人口非正常地大幅自然变动和迁移变动。在一般假设的前提下，还要具体假设人口自然增长和迁移变动的变化趋势。为了较全面地提供各种可能的发展趋势，通常采取不同方法，对未来的人口发展趋势做出多个预测方案，通过比较分析，形成综合预测方案，计算高、中、低三种不同水平的人口规模，构成目标年预测人口规模的弹性区间。

2）预测期和预测方法

（1）预测期的划分。

人口预测是在对人口未来发展的各种可能性做出一系列假设的前提下进行的估算。预测期越长，预测结果偏离实际发展状况的可能性越大。因此，预测期不宜设置过长，对人口预测来说，根据预测期的长短可分为短期、中期、长期。一般而言，10年以内为短期预测，10~20年为中期预测，20年以上为长期预测。

（2）预测方法。

人口预测方法种类多样，其中最常用的预测方法可被归纳为数学法、因素法和经济法等三大类。这些方法均具有趋势外推的基本特点，即分别根据过去一定时段人口总量或不同年龄段人口的变化特点，或人口总量变化率与经济总量变化率之间的关系，运用一定的数学模型，外推预测未来一定时期内人口总量或人口结构的变化。所有人口预测方法均需要与城市的环境容量相匹配，充分考虑城市环境的人口承载力。下面介绍几种常用的人口预测方法。

第一，弹性系数法。

人口增长与经济增长密切相关，一般说来，人口增长随着国民经济和技术水平的变化而变化。弹性系数法是分析密切相关的两个经济变量之间相互影响的一种方法。因此，可以采用弹性系数法进行人口增长与经济增长的关联分析。

人口经济弹性系数指一定时期内国内生产总值增长率与该时期人口增长率的比值，即

$$弹性系数（E）= 国内生产总值增长率/人口增长率$$

一般地，弹性系数 $E \leq 1$ 为社会经济发展的停滞级；$E \in (1,5)$ 为缓进级，在此范围内，人民生活水平将有所改善，但改善速度缓慢；$E \geq 5$ 为社会经济协调发展级。

在进行预测时，首先对现有的历史数据进行模拟，分析弹性系数 E 的变化规律。再根据历史发展的变化趋势外推，并根据对预测期影响人口增长与经济发展关系主要因素的分析，对外推的弹性系数值进行修正，求出预测期的 E 值。再根据对国内生产总值增长速度的预测，求出人口增长率。

弹性系数法的优点：计算方法简单。只考虑国内生产总值与人口数量的相互关系，其中国内生产总值的增长率扣除了通货膨胀的影响，对影响预测结果的其他因素较少考虑。弹性系数法的局限性：预测期的弹性系数和国内生产总值增长率的确定，均是根据可以掌握的历史数据，通过模拟外推初步确定。再根据区域经济技术发展的宏观背景和具体变化趋势以及其他一些相关因素，对初步确定的弹性系数和国内生产总值的增长率加以修正。修正幅度的确定直接影响人口预测结果可信度。因而，采用弹性系数法进行预测时，基本数据的选用至少要大于6年（从而可以形成几个时间段），数据越多，弹性系数外推结果的可信度就越高，可以尽量降低对其进行人为修正的程度，以利于提高人口预测结果的可信度。

第二，时间序列法。

时间序列法是对一个城市的历史人口数据的发展变化进行趋势分析，直接预测规划期城

市人口规模的方法。

它通过建立城市人口与年份之间的相关关系预测未来人口规模，这种相关关系一般包括线性和非线性，在城市规划人口预测时，多以年份作为时间单位，一般采用线性相关模型。公式为

$$P_t = a + b Y_t$$

式中，P_t 为预测目标年末城市人口规模；Y_t 为预测目标年份；a、b 为参数。

通过一组年份与城市人口的历史数据，拟合上述回归模型，如回归模型通过统计检验，则视为有效模型可以进行预测；否则，应视为不相关或相关不密切，不能使用此方法进行预测。时间序列法多适用于城市人口有比较齐全的历年的统计数据，且人口数据起伏不大、未来发展趋势不会有较大变化的城市。

第三，职工带眷系数法。

本方法是根据新增就业岗位数及带眷情况预测城市人口的方法。公式为

预测总人口数 = 带眷职工人数×(1+带眷系数)+单身职工人数

运用职工带眷系数法时，可参阅表 4.2（李德华，2001）。

表 4.2 职工带眷有关指标

类别	占职工总数比例	备注
1. 单身职工	40% ~ 60%	职工带眷比要根据具体情况而定。独立工业城镇采用上限；靠近旧城采用上限；迁厂采用上限；建设初期采用下限，建成后采用上限，单身职工比相应变化。带眷系数已考虑了双职工因素，双职工比例高的采用下限，比例低的采用上限
2. 带眷职工	40% ~ 60%	
3. 带眷系数	3 ~ 4, 1 ~ 3	
4. 非生产性职工	10% ~ 20%	

职工带眷比，指带有家属的职工数占职工总人数的比例。带眷系数，指每个带眷职工所带眷属的平均人数，这可以为估算新建工业企业、小城镇人口的发展规模以及确定住户形式提供依据。这两种比值随着工厂的规模、新旧等情况而不同。该预测方法对于新建的工矿城镇，根据建设的企业规模推算建成后的城镇人口是可行的，其他情况则难以应用。

第四，生产函数法。

根据新古典经济增长模型，在一定条件下，某一区域的经济增长必将带来就业的增长。区域经济增长支持生产规模的扩张，这不仅导致资本扩张，也导致就业需求的扩张。在本地劳动力无法满足就业需求扩张的条件下，短缺的劳动力就需要通过吸引迁移流动人口来弥补。在人口迁移集聚的热点地区，可运用此种方法预测规划期对劳动力总量和外来劳动力的需求量。过去这种方法主要是经济学界采用，规划界则于近几年开始采用。

运用生产函数法预测人口，大致可分为三个步骤：第一，根据柯布-道格拉斯生产函数，模拟计算劳动力的产出弹性。第二，根据城市生产函数和所预测的经济增长率，模拟计算城市经济增长所需的劳动力总量。第三，计算对外来劳动力的需求量，根据人口迁移流动理论，构建对外来劳动力的吸纳模式（外来劳动力需求量=新增就业需求量-劳动力自然增长量-现有剩余或失业劳动力）。

在预测期（t）内某一区域可吸纳的外来劳动力规模为

$$P_t = y_t \cdot \frac{L_{t-1}}{\beta} - P_{-15} - L_{u(t-1)}$$

式中，P_t 为预测期的外来人口总量；y_t 为预测期的经济增长率目标；L_{t-1} 为基期劳动力总量；β 为劳动力产出弹性；P_{-15} 为预测期内自然增长的劳动力人口；$L_{u(t-1)}$ 为基期剩余或失业劳动力总量。

需要注意的是，预测是利用从业人员与产出弹性的数据进行，因而，预测数据一般与统计的外来人口数据不能完全对接。而且，各年份的数据是根据过去一定时期的数据模拟，或根据某些假定条件确定的，而预测期内各年的经济增长率和失业率数据不会保持某一数值不变，从而导致预测数据通常存在一定程度的误差。

第五，综合增长率法。

综合增长率法是以预测基准年上溯多年的历史平均增长率为基础，预测规划目标年城市人口的方法。公式为

$$P_t = P_0(1+r)^n$$

式中，P_t 为预测目标年末人口规模；P_0 为预测基准年人口规模；r 为人口综合年均增长率；n 为预测年限（$t_n - t_0$）。

人口综合年均增长率 r 应根据多年城市人口规模数据确定，缺乏多年城市人口规模数据的城市可以将综合年均增长率分解成自然增长率和机械增长率，分别根据历史数据加以确定。综合年均增长率法预测城市人口应在上述工作的基础上，考虑城市经济发展的趋势、机遇和资源环境等方方面面的条件，确定多个综合年均增长率 r，形成多个人口预测方案。

综合增长率法主要适用于人口增长率相对稳定的城市，对于新建或发展受外部条件影响较大的城镇则不适用。

4.3.3 城市地理区位分析

1. 城市地理区位

城市地理区位主要包括城市的地理位置和与城市所在区域内其他自然、经济、政治等事物之间的联系。其中，地理位置包括绝对位置和相对位置。绝对位置，即城市的地理坐标，它决定了城市地理位置的独特性，一定程度上影响着城市职能和城市规模，如临近矿产的地区易形成矿业城市，而临近江河湖海的地方易形成港口城市；相对位置则指相对其他参照物该城市的位置。当然，城市的地理区位是动态变化的，如厦门从最初的小渔村，变成现在著名的旅游城市，城市人均 GDP 居福建省 9 市的首位，这主要得益于其政治地理位置的变化。

2. 城市地理区位分析内容

对某一城市地理区位的分析，主要是分析城市的绝对位置和相对位置。其中，绝对位置比较简单，但对城市的相对位置的分析则相对复杂。对相对位置的理解主要从以下两个视角展开。

一个是从不同空间尺度的视角，将城市的相对位置形象地称为"大、中、小"位置。其中，大位置指在较大范围内城市与其他事物的关系；小位置指城市与其所在地理位置及其附近事物的相对关系，而位于大、小之间的即为中位置。另一个是从城市与其腹地之间的相对关系视角分析城市的相对位置，存在中心位置、重心位置和邻接位置、门户位置两类四种说法。中心位置指区域的几何中心，重心位置是区域内人口或产业的优势区域。位于区域几何中心，与周边的距离都比较近，有利于彼此之间的劳动力、技术、资本等生产要素的流

动，所以这样的位置有利于城市的持续发展，如省会城市大多处于省份的地理中心位置，广州市处于广东省的中心、合肥市位于安徽省的中心等。重心位置即当区域中心位置资源、气候等条件都不太理想时，城市往往会优先选择在开发条件相对较好的位置选址，如浙江省的杭州市、江西省的南昌市等省会城市，均处于省份的重心位置。邻接位置是相对中心位置的存在，其含义是城市往往靠近支撑其产生和发展的腹地资源，例如，矿业城市临近矿区，如黑龙江省的鸡西市；渔港城市临近渔场，如广西壮族自治区的北海市等。而门户位置是一种特殊的邻接位置，指某一地理区域的对外联系完全集中在一个地方，如依托河口港发展起来的城市，而这一地方往往不在地理区的中心位置，如福建的省会福州。

对城市地理区位的分析为城市定位和城市发展目标的确定提供依据，是城市进行总体规划的基础。所以对城市地理区位的分析，除了分析基础的地理位置外，更重要的是分析其与外部之间的联系特征，即相对位置。下面以贺州市为例，对城市地理区位进行分析。

贺州市地处 23°39′N ~ 25°10′N，110°34′E ~ 112°03′E，位于广西壮族自治区东部，处于桂、粤、湘三省的接合部，距南宁市 530km，广州市 310km，长沙市 580km；北与湖南省永州市相连，东与广东省清远市、肇庆市接壤，西北与桂林市交界、西部和南部与梧州市毗邻，有广东的后花园之称。贺州市连接大西南和珠三角，是大西南东进粤港澳最便捷的通道之一，是接纳大陆沿海经济辐射与产业转移的前沿地带。

4.3.4 城市自然资源、环境与生态系统分析

1. 城市自然资源

1）城市自然资源内涵

自然界中并非所有的自然因素都可称为资源，如台风、洪水、沙尘暴等不利于人类生产生活的自然条件，只有那些可以被人们利用并能产生经济或社会价值的自然条件才可称为自然资源，如矿产资源、水资源、土壤资源、风力资源等。根据不同的划分标准自然资源可分为不同的类型，如按照是否可再生，将其分为可再生资源、可更新资源、不可再生资源；依据自然资源的国民经济用途，可将其分为农业资源、工业资源、旅游资源；直接生活资源和劳动资料资源，则是依据自然资源的利用方式对其进行的分类。

2）自然资源质量和分布的分析

自然资源种类的多寡、单一种类数量的多少和质量的优劣、资源的分布和组合，直接影响企业生产总量和产品质量好坏、投入/产出比率的高低和市场竞争地位的优劣，乃至产品国际竞争力和国际市场占有率的高低。

对城市自然资源质量的分析，主要是指对自然资源品质和储存量两方面的分析。其中自然资源的品质分析，即在现有技术水平条件下可以被利用的自然资源与生产部门的适应程度。如不同的自然资源由于构成成分不同，对其品质的分析往往采用不同的标准。如对铁矿石品质的分析使用"品位"，对于河流是流速、水质等。对城市自然资源分布和组合关系的分析可以对其开发的先后次序和城市产业结构产生影响。对自然资源分布的分析主要是分析其距离消费市场和地区经济中心的距离。自然资源的组合分析，主要是探究自然资源之间相互联系、相互制约的关系，进而明晰该资源组合特点对城市生产力发展的影响。

2. 城市环境

1）城市环境内涵

城市环境是指影响人类活动的各种自然的或人工的外部条件，主要由城市自然环境、城市人工环境、城市社会环境、城市经济环境和城市美学环境等组成。因此，为了保持健康的城市环境，需要对城市环境容量有清晰的认识，并对城市环境的质量进行准确的评价。

2）城市环境容量和质量分析

城市环境容量是环境对城市规模及人的活动提出的限度，即城市所在地域的环境，在一定的时间、空间范围内，在一定的经济水平和安全卫生条件下，在满足城市生产、生活等各种活动正常进行的前提下，通过城市的自然条件、经济条件、社会文化历史等的共同作用，对城市建设发展规模及人们在城市中各项活动状况提出的容许限度。对城市环境容量的分析，主要是分析影响和制约环境容量的因素，一般涉及城市自然条件、城市现状条件、经济技术条件和历史文化条件等。城市环境质量是指城市环境的总体或某些要素对人群的生存和繁衍以及社会经济发展的适宜程度。对其的分析主要包括对整体质量的分析和对各种环境要素的分析，如对大气质量、水环境质量、文化环境质量等，对城市环境质量的分析是制定污染政策、环境保护计划的重要依据。

3. 城市生态系统

1）城市生态系统内涵

城市作为人口集中、物质和能量高度密集的生态系统，是城市居民与周围生物和非生物相互作用而形成的具有一定功能的网络结构，是人类在改造和适应自然环境的基础上建立起来的，由自然系统、经济系统和社会系统复合而成的人工生态系统。因此对城市生态系统的分析不仅涉及自然系统、社会经济系统，自然系统与人文环境之间的协调关系同样是城市生态系统分析的重点。

2）城市生态系统的结构和功能分析

城市生态系统结构主要包括经济结构、社会结构、自然子系统结构、物质空间结构等。对城市生态系统结构的分析主要是对各子系统结构构成、结构关系、结构运行规律和特点的分析以及对各子系统之间的协调发展机制、互动关系的分析。城市生态系统作为人类起主导作用的生态系统，拥有生产功能以及能量流转、物质循环和信息传播的功能。它不同于自然生态系统，首先，其生产能力更加强大，除生产物质产品之外，还创造了音乐、艺术、信仰等无形的财富；其次，能量的流转和传输主要依靠人类制造的各种机械设备，而非单纯生物性的转化；再次，物质循环的要素更加丰富，人口、资本、信息、技术在各区域、部门之间的循环显得更有意义；最后，城市生态系统的传播速度更快、信息构成更复杂、频率更密集、方式更多样。基于此，对城市生态系统功能的分析，对于更好地发现城市运行的内部规律、制定科学的城市规划方案、建立健康的城市生态系统具有重要的参考意义。

4.3.5 城市社会要素分析

1）城市社会要素内涵

从城市规划的视角来看，城市社会是指以城市为主体的社会空间组织，城市社会要素包括城市中的各种社会问题、社会结构、社会区、城市生活方式、社会组织、社会心理、社会发展规律等，主要研究内容为：①城市社会空间分异；②城市社区的划分；③城市问题（如失业、住房紧张、环境恶化、种族歧视、阶级冲突、贫富不均、犯罪等）对策与规划；④城镇化等。

2）城市社会要素分析内容

(1) 人口分析。

城市人口的分析主要包括人口统计分析和人口结构分析。①人口统计分析，是依据统计局、公安局、计生办等国家现有人口统计机构，对户籍人口、流动人口、暂住人口、常住人口、非农业人口和农业人口等静态人口总量和分布的统计分析；同时，由于城市人口的不断增长变化，对城市人口自然变化和机械变化（即人口总量变化）的动态研究也是城市人口统计分析的重要工作。②人口结构分析，主要指对人口年龄结构、职业结构、家庭结构、空间分布结构等的分析。如对人口年龄结构的分析为产业布局和社会福利设施规划提供依据；对人口空间分布变化的分析可以对城市规划中住宅、交通、产业的用地布局、确定用地指标等提供依据。

(2) 城市社会的综合分析。

城市社会作为不易于定量测量的领域，通常采用指标法进行城市社会综合水平的分析。目前常用的社会指标主要包括社会组织系统、社会文化环境和主观评价等指标。社会组织系统的指标主要涉及基本人口特征、人口素质水平、社会结构、外来人口状况、社会公平、行政效率与城市政策、社会组织能力和公民意识；社会文化环境的指标包括社会投资水平、物质生活质量、精神文化生活、社会安全与治安控制、社会保障、社会整合、社区建设；城市环境评价、公共设施的公平和可达性评价、城市生活中的现状问题评价、公共事业的发展现状评价、政治和社会氛围评价、地方归属感等测度项属于主观评价指标的范畴。

4.3.6 城市经济要素分析

1）城市经济要素内涵

城市经济要素一般指企业、商业、劳动力、工资、土地以及由此产生的生产总值、销售额、财政收入、土地价格、房地产资源等基本物质构成，还包括把经济要素转化为市民和城市财富的经济运行体制、经济管理模式、财富分配模式等经济制度构成（如工厂企业、商业机关、金融机构、服务业等）。城市中经济要素的分布规律、运行体制和机制，决定了城市经济效率和发展水平。

2）城市经济要素分析内容

(1) 产业结构分析。

三大产业类型分析。三大产业类型分析主要是指对第一产业、第二产业、第三产业增长率、结构比例、布局的分析。产业结构的分析可以折射出城市各产业部门之间以及各产业部门内部的关系，明确城市未来产业发展重点。城市产业布局分析主要是分析城市三大产业在城市中的空间分布，并依据城市现有交通条件、技术条件、资源条件、区位条件，提出现状产业布局存在的问题和局限，进而形成更加科学合理的产业布局格局。

基础产业和非基础产业分析。在城市经济中，把城市里以对外服务为中心进行生产活动的输出产业称为基础产业。与此相对，把以城市内部市场为中心而进行生产的地方性产业称为非基础产业。由于城市发展主要依赖基础产业，所以对城市经济的分析主要针对基础产业展开。例如，可利用区位商分析城市的基础产业。

产业功能分析。根据经济活动在城市发展中所发挥的作用和经济活动彼此之间的联系，将城市产业分为主导产业、辅助产业、基础性产业三类。

主导产业指在区域经济增长中起组织和带动作用的产业，往往代表城市的根本优势，一方面，它在全国或更大的区域劳动分工中占重要地位，另一方面，它是城市经济发展的核心，决定了城市的产业结构，并能够通过与其他产业之间的较为广泛和密切的联系，影响和带动其他产业的发展，形成产业集群，进而产生对整体经济的带动作用。

辅助产业指直接与主导产业在产品的投入、产出、技术等方面有联系，为主导产业发展进行配套、服务的产业。按照与主导产业的联系方式，辅助产业可分成前向联系产业、后向联系产业和侧向联系产业。

基础性产业指为城市经济增长、社会发展、人民生活提供公共服务的产业，主要包括供水、供电、交通、商业、金融保险、科研设计、文化娱乐、卫生保健等部门。按其作用性质可进一步分成生产性基础产业、生活性基础产业、社会性基础产业。

(2) 城市发展水平分析。

城市发展水平分析，主要包括对国民总收入（GNI）、国内生产总值（GDP）等常用总量指标的分析，对霍夫曼系数、恩格尔系数等相对指标的分析，以及对人均国内生产总值（人均GDP）、人均用电量、人均财政支出等平均指标的分析。

单一指标。单一指标通常使用国民总收入、国内生产总值等反映经济总量的指标，衡量区域的发展水平。

相对指标。为了避免单一数据的绝对性，对城市发展水平还可使用相对指数，即使用两个有联系的指标进行对比，得到一个抽象的比值。如反映城市人口增长速度的人口自然增长率、反映产业结构方面的指标（如产业结构）等。另外，也有使用霍夫曼系数反映城市工业化程度、恩格尔系数反映消费状况、基尼系数反映城市收入分配程度等。

平均指标。单一指标和相对指标均是从总体反映一定时间内某个城市的总体发展水平和规模，但很难反映城市内单个个体对资源的享有情况；另外，又由于城市行政区面积的大小直接影响城市总体经济水平，如果仅就绝对总量来分析城市发展水平可能会存在区域不公平的现象。所以，对城市发展水平的评价还需要对城市内的平均指标进行分析，以反映城市内平均每个个体在城市总体发展中能够分配到或拥有、享用的份额。分析城市发展水平的平均指标主要包括人均GDP、人均用电量、人均绿地面积、人均消费余额、人均财政收入等。

(3) 城市发展阶段分析。

城市作为人类活动的集聚地，是随时间的发展不断变化、更新、转型和发展的，城市具有自己的生命周期和发展轨迹，因此对城市所处发展阶段进行分析，能够更好地发现城市发展趋势和规律，进而有利于科学制定城市发展方向、目标和任务。

目前普遍存在的对城市发展阶段的界定主要有以下三种方法。

依据人类社会发展阶段确定城市的发展阶段。目前主要的划分方法是根据核心产业的演替将人类社会的发展阶段进行划分，可概括为：农业社会-工业社会-后工业社会三个阶段。城市研究者基于此将城市发展阶段划分为农业社会阶段、工业社会阶段和后工业社会阶段。

利用区域经济发展阶段确定城市的发展阶段。该方法是目前普遍使用的划定城市发展阶段的方法。例如，钱纳里的经济发展阶段理论。经济学家钱纳里依据城市人均GDP总量和经济发展的关系，认为任何城市经济发展都会经历初级产品生产阶段、工业化阶段和发达经济阶段三个阶段六个时期；并指出，城市经济发展从一个阶段向另一个阶段迈进，主要依靠产业结构的转型升级。又如，罗斯托的经济成长阶段论。美国经济学家罗斯托依据科学技术和生产力的发展水平，将经济增长过程分为传统社会阶段、为起飞创造前提的阶段、起飞阶段、成熟阶段、高额消费阶段和追求生活质量阶段等六个阶段。同时，罗斯托明确指出在不同的发展阶段，城市的主导产业存在差异，也从侧面说明城市经济发展主要依托于产业结构的转型升级。

依据城市发展的关键驱动力所划分的发展阶段。该方法将城市发展阶段划分为三个阶段两个时期，即要素驱动阶段（第一阶段），基本条件要素涉及体制、基础设施、宏观经济、基础设施等；过渡时期（第一阶段向第二阶段过渡）；效率驱动阶段（第二阶段），效率提升的条件为科技进步、更有效的市场效率、相对完善的高等教育及培训；过渡时期（第二阶段向第三阶段过渡）；创新驱动阶段（第三阶段），城市发展进入了更高的阶段，此时城市发展主要依托各行业不断提高的创新能力来推动。

（4）城市竞争力分析。

城市竞争力的界定目前有较多的说法，经济合作组织认为城市竞争力就是吸引和维持影响生产要素的能力，如劳动力和资本等。城市通过提供最好的区位条件彼此相互竞争。企业、创新、投资等是影响城市竞争力的重要因素。此处认为城市竞争力包括城市最终的发展目标、提高或达到目标的途径以及城市现有的基础状况。对城市竞争力的分析存在多种模型，下面具体展示国内外比较著名的分析城市竞争力的几个模型。

国外分析城市竞争力的模型。

道格拉斯·韦伯斯特的城市竞争力模型。该模型主张对城市竞争力的分析主要是对城市四个方面的分析，即对经济结构、区域性禀赋、人力资源、制度环境的分析。

雷加·林纳马的城市竞争力模型。该模型把城市作为一个由多个因素组成的综合体，任何一个方面都不能决定城市发展的因素。认为一个城市的竞争力主要由基础设施、企业、人力资源、生活环境的质量、制度和政策网络、网络中的成员等六个要素组成。对城市竞争力的分析，也即对该六要素的分析。

国内对城市竞争力的分析模型大致可分为三类。

第一类侧重于从动态上反映城市竞争力的能力，如从城市的产业角度、城市的资源配置、城市的积聚与扩散、城市竞争过程的角度等分析城市的竞争力。

第二类认为城市竞争力是集经济、社会、科学、环境、设施、文化等方面的实力于一体的综合竞争力，即致力于构建多因素影响下的综合模型对城市竞争力进行分析，如综合竞争力模型、城市竞争力四层次研究模型等。

第三类是关注城市的专项竞争力，即重点分析城市某一方面的竞争力，如对城市的核心竞争力、国际性城市的竞争力、城市空间竞争力、新经济竞争力等的研究。

4.3.7 城市文化要素分析

1）城市文化的内涵

城市文化的内涵有广义和狭义之分。广义的城市文化，是指城市的主人在城市发展过程中所创造的物质财富和精神财富的总和。它包括城市的历史沿革、历史遗存、名人典故、山水风物、地方风俗传说甚至特色小吃等。狭义的城市文化是指城市主人在城市长期的发展中培育形成的独具特色的共同思想、价值观念、基本信念、城市精神、行为规范等精神财富的总和。通常所讲的城市文化，主要是指狭义的城市文化，它是与经济、政治并列的城市全部精神活动及其产物，它既包括世界观、人生观、价值观、发展观等具有意识形态性质的部分，也包括科技、教育、习俗、语言文字、生活方式等非意识形态的部分。城市文化在现代城市建设中发挥着重要的作用，它是形成城市个性的基本条件，是构建城市公共心理的基础，为城市的发展提供经济支撑。城市文化直接影响着城市的综合竞争力。同时，城市文化也起着保存城市记忆、明确城市定位、决定城市品质、展示城市风貌、塑造城市精神的作用。

2）城市文化对城市规划的影响分析

（1）传统文化对城市规划的影响。

中国传统文化在一定程度上影响着中国城市的空间形态，如中国古代城市受到儒家思想和礼制的影响，规划布局方案多以中轴线对称为主；受传统风水理论的影响，古代城市规划尤其注重"水"的布局，认为"水"是"财"的象征；受宗教信仰的影响，南北朝时期城市内兴建了大量寺庙；不同的城市文化也体现在城市性质上，反映在城市规划上则表现为城市形态与城市功能布局的差异，如宗教城市、政治城市、商业城市、自治城市等在城市形态上的区别。

（2）当代文化对城市规划的影响。

在当代城市规划实践中，城市文化通过影响城市规划决策个体（包括决策者、规划师及公众）的意识形态等方面影响城市规划方案编制，以及通过制约城市规划决策制度的法理基础，两方面共同作用最终确定城市规划方案，以不同强度直接干预城市总体格局、城市肌理、城市形象和建设效果等。由于城市文化通常依托某些具有强烈的可识别性的城市空间而存在，因此，当某个范围内的城市建设按照规划方案完成后，也就意味着原来的城市文化空间载体可识别性的变化，强化了的可识别性增强了原有空间的文化集聚效应。反之，弱化的可识别性将削弱原来空间的文化集聚效应。这种强弱变化从正反两方面改变了城市的地域特色，最后地域特色经过较长时间的洗礼、过渡，积淀成新的城市文化，从而又会对城市建设产生影响，引起新一轮循环。

4.4 城市用地分类及适宜性评价

本节对城市用地的分类、适宜性评价以及综合分析进行了概括说明。可持续发展、绿色与低碳日益成为现阶段社会发展重点关注的问题，要求城市规划师更加关注城市与环境的关系，保护自然生态。我们应当明确，城市的土地一直属于自然，而人类仅仅是进行短暂的使用，尊重和善用土地远远比改造土地更为重要。一个综合、有效、合适的城市用地评价与选择，应当建立在不断进步的理念、方法和技术之上。

4.4.1 城市用地分类与用地标准

城市用地指的是城市规划区范围内的陆地、水面及其上下一定空间所构成的自然综合体，城市用地被赋予了特定用途和功能，用于满足城市功能正常运转及后续发展。通常所说的城市用地，不仅包括已经建设利用的土地，同时也包括在城市规划区域范围内待开发建设的非建设用地，如农田、林地、山地、水体等。城市用地可以是高度人工化处理后的土地，也可以保持原有的自然状态。

1. 我国用地分类发展

第 3 章介绍了土规体系中的用地分类发展，这里补充说明城规体系中的用地分类发展。

1989 年，我国颁布的《城镇地籍调查技术规程》中制定了"城镇分类及其含义"。1990 年，建设部颁布《城市用地分类与规划建设用地标准》（GBJ 137—90），统一了城市用地分类的划分方法和名称；2010 年，住房和城乡建设部发布并于 2012 年 1 月 1 日起实施的《城市用地分类与规划建设用地标准》（GB 50137—2011），原《城市用地分类与规划建设用地标准》（GBJ 137—90）同时废止。新标准体现了统筹城乡发展，集约节约、科学合理利用土地资源的原则，分类强调与土地利用现状分类的衔接，以便进行规划前的基础用地调查时可以利用土地现状调查的资料，快速准确地统计和落实各地类的空间位置和数量，提高效率。2019 年，住房和城乡建设部批准《城市地下空间规划标准》（GB/T 51358—2019）为国家标准，并于同年 10 月 1 日起实施。该标准为城市规划加入地下空间用地分类，目的在于加强城市地上地下空间的统筹协调和综合利用。

在我国早期的规划体系中，城市规划与土地利用总体规划并存，分别由建设部门和国土部门管理。前者强调城镇发展，采用城市规划行业标准，后者强调农用地保护，采用土地利用规划标准。由于两类规划体系的强调重点及采用的行业标准不同，两者在城乡土地规划利用上会产生矛盾。

2020 年 11 月，自然资源部发布《国土空间调查、规划、用途管制用地用海分类指南（试行）》（自然资办发〔2020〕51 号）（简称《分类指南》）。《分类指南》在整合 2017 版《土地利用现状分类》、2011 版《城市用地分类与规划建设用地标准》、2019 版《城市地下空间规划标准》等分类的基础上，形成了全国统一的国土空间用地用海分类。《分类指南》为实施全国自然资源统一管理，科学划分国土空间用地用海类型、明确各类型含义，统一国土调查、统计和规划分类标准，合理利用和保护自然资源提供了依据。

2. 国土空间用地用海分类

2020 版《国土空间调查、规划、用途管制用地用海分类指南（试行）》将用地分类分为用地用海分类与地下空间用途分类。

1）用地用海分类

用地用海分类采用三级分类体系，共设置 24 种一级类、106 种二级类以及 39 种三级类。24 种一级类的代码、名称及含义如表 4.3 所示。

表 4.3　用地用海一级类代码、名称及含义

代码	名称	含义
01	耕地	指利用地表耕作层种植农作物为主，每年种植一季及以上（含以一年一季以上的耕种方式种植多年生作物）的土地，包括熟地，新开发、复垦、整理地，休闲地（含轮歇地、休耕地）；以及间有零星果树、桑树或其他树木的耕地；包括南方宽度<1.0 米，北方宽度<2.0 米固定的沟、渠、路和地坎（埂）；包括直接利用地表耕作层种植的温室、大棚、地膜等保温、保湿设施用地

续表

代码	名称	含义
02	园地	指种植以采集果、叶、根、茎、汁等为主的集约经营的多年生作物，覆盖度大于50%或每亩株数大于合理株数70%的土地，包括用于育苗的土地
03	林地	指生长乔木、竹类、灌木的土地。不包括生长林木的湿地，城镇、村庄范围内的绿化林木用地，铁路、公路征地范围内的林木，以及河流、沟渠的护堤林用地
04	草地	指生长草本植物为主的土地，包括乔木郁闭度<0.1的疏林草地、灌木覆盖度<40%的灌丛草地，不包括生长草本植物的湿地、盐碱地
05	湿地	指陆地和水域的交汇处，水位接近或处于地表面，或有浅层积水，且处于自然状态的土地
06	农业设施建设用地	指对地表耕作层造成破坏的，为农业生产、农村生活服务的乡村道路用地以及种植设施、畜禽养殖设施、水产养殖设施建设用地
07	居住用地	指城乡住宅用地及其居住生活配套的社区服务设施用地
08	公共管理与公共服务用地	指机关团体、科研、文化、教育、体育、卫生、社会福利等机构和设施的用地，不包括农村社区服务设施用地和城镇社区服务设施用地
09	商业服务业用地	指商业、商务金融以及娱乐康体等设施用地，不包括农村社区服务设施用地和城镇社区服务设施用地
10	工矿用地	指用于工矿业生产的土地
11	仓储用地	指物流仓储和战略性物资储备库用地
12	交通运输用地	指铁路、公路、机场、港口码头、管道运输、城市轨道交通、各种道路以及交通场站等交通运输设施及其附属设施用地，不包括其他用地内的附属道路、停车场等用地
13	公用设施用地	指用于城乡和区域基础设施的供水、排水、供电、供燃气、供热、通信、邮政、广播电视、环卫、消防、干渠、水工等设施用地
14	绿地与开敞空间用地	指城镇、村庄建设用地范围内的公园绿地、防护绿地、广场等公共开敞空间用地，不包括其他建设用地中的附属绿地
15	特殊用地	指军事、外事、宗教、安保、殡葬，以及文物古迹等具有特殊性质的用地
16	留白用地	指国土空间规划确定的城镇、村庄范围内暂未明确规划用途、规划期内不开发或特定条件下开发的用地
17	陆地水域	指陆域内的河流、湖泊、冰川及常年积雪等天然陆地水域，以及水库、坑塘水面、沟渠等人工陆地水域
18	渔业用海	指为开发利用渔业资源、开展海洋渔业生产所使用的海域及无居民海岛
19	工矿通信用海	指开展临海工业生产、海底电缆管道建设和矿产能源开发所使用的海域及无居民海岛
20	交通运输用海	指用于港口、航运、路桥等交通建设的海域及无居民海岛
21	游憩用海	指开发利用滨海和海上旅游资源，开展海上娱乐活动的海域及无居民海岛
22	特殊用海	指用于科研教学、军事及海岸防护工程、倾倒排污等用途的海域及无居民海岛
23	其他土地	指上述地类以外的其他类型的土地，包括盐碱地、沙地、裸土地、裸岩石砾地等植被稀少的陆域自然荒野等土地以及空闲地、田坎、田间道
24	其他海域	指需要限制开发，以及从长远发展角度应当予以保留的海域及无居民海岛

资料来源：《国土空间调查、规划、用途管制用地用海分类指南（试行）》。

2）地下空间用途分类

地下空间用途分类的表达方式，对照用地用海分类的用地类型并在其代码前增加"UG"

字样（同时删除"用地"字样），表达对应设施所属的用途；当地下空间用途出现用地用海分类中未列出的用途类型时，应符合表4.4地下空间用途补充分类及其代码、名称的规定。

表4.4 地下空间用途补充分类及其代码、名称和含义

代码	名称	含义
UG12	地下交通运输设施	指地下道路设施、地下轨道交通设施、地下公共人行通道、地下交通场站、地下停车设施等
UG1210	地下人行通道	指地下人行通道及其配套设施
UG13	地下公用设施	指利用地下空间实现城市给水、供电、供气、供热、通信、排水、环卫等市政公用功能的设施，包括地下市政场站、地下市政管线、地下市政管廊和其他地下市政公用设施
UG1314	地下市政管线	指地下电力管线、通信管线、燃气配气管线、再生水管线、给水配水管线、热力管线、燃气输气管线、给水输水管线、污水管线、雨水管线等
UG1315	地下市政管廊	指用于统筹设置地下市政管线的空间和廊道，包括电缆隧道等专业管沟、综合管廊和其他市政管沟
UG25	地下人民防空设施	指地下通信指挥工程、医疗救护工程、防空专业队工程、人员掩蔽工程等设施
UG26	其他地下设施	指除以上之外的地下设施

资料来源：《国土空间调查、规划、用途管制用地用海分类指南（试行）》。

3. 规划建设用地标准

2020版《国土空间调查、规划、用途管制用地用海分类指南（试行）》整合了不同分类标准中的用地分类，但并未对城市总体规划和土地利用总体规划两类规划体系中的建设用地规划标准作整合，本节主要以《城市用地分类与规划建设用地标准》（GB 50137—2011）为参考对建设用地规划标准进行阐述。

1）规划人均城市建设用地标准

规划人均城市建设用地指标应根据现状人均城市建设用地指标、城市所在的气候区以及规划人口规模，按表4.5的规定综合确定，并应同时符合表中允许采用的规划人均城市建设用地指标和允许调整幅度双因子的限制要求。新建城市的规划人均城市建设用地指标应在$85.1 \sim 105.0 m^2$/人内确定。首都的规划人均城市建设用地指标应在$105.1 \sim 115.0 m^2$/人内确定。边远地区、少数民族地区城市，以及部分山地城市、人口较少的工矿业城市、风景旅游城市等具有特殊情况的城市，应专门论证确定规划人均城市建设用地指标，且上限不得大于$150.0 m^2$/人。

2）规划人均单项城市建设用地标准

Ⅰ、Ⅱ、Ⅵ、Ⅶ气候区中，规划人均居住用地面积应在$28.0 \sim 38.0 m^2$/人内确定，Ⅲ、Ⅳ、Ⅴ气候区中，规划人均居住用地面积应在$23.0 \sim 36.0 m^2$/人内确定；规划人均公共管理与公共服务用地面积不应小于$5.5 m^2$/人；规划人均交通设施用地面积不应小于$12.0 m^2$/人；规划人均绿地面积不应小于$10.0 m^2$/人，其中人均公园绿地面积不应小于$8.0 m^2$/人。

3）规划城市建设用地结构

居住用地、公共管理与公共服务用地、工业用地、道路与交通设施用地和绿地与广场用地五大类主要用地规划占城市建设用地的比例应该符合表4.6的规定。工矿城市、风景旅游

城市以及其他具有特殊情况的城市，可根据实际情况具体确定。

表 4.5 规划人均城市建设用地指标　　　　　　　（单位：m²/人）

气候区	现状人均城市建设用地规模	规划人均城市建设用地规模取值区间	允许调整幅度 规划人口规模 ≤20.0 万人	允许调整幅度 规划人口规模 20.1 万~50.0 万人	允许调整幅度 规划人口规模 >50.0 万人
Ⅰ、Ⅱ、Ⅵ、Ⅶ	≤65.0	65.0~85.0	>0.0	>0.0	>0.0
	65.1~75.0	65.0~95.0	+0.1~+20.0	+0.1~+20.0	+0.1~+20.0
	75.1~85.0	75.0~105.0	+0.1~+20.0	+0.1~+20.0	+0.1~+15.0
	85.1~95.0	80.0~110.0	+0.1~+20.0	−5.0~+20.0	−5.0~+15.0
	95.1~105.0	90.0~110.0	−5.0~+15.0	−10.0~+15.0	−10.0~+10.0
	105.1~115.0	95.0~115.0	−10.0~−0.1	−15.0~−0.1	−20.0~−0.1
	>115.0	≤115.0	<0.0	<0.0	<0.0
Ⅲ、Ⅳ、Ⅴ	≤65.0	65.0~85.0	>0.0	>0.0	>0.0
	65.1~75.0	65.0~95.0	+0.1~+20.0	+0.1~20.0	+0.1~+20.0
	75.1~85.0	75.0~100.0	−5.0~+20.0	−5.0~+20.0	−5.0~+15.0
	85.1~95.0	80.0~105.0	−10.0~+15.0	−10.0~+15.0	−10.0~+10.0
	95.1~105.0	85.0~105.0	−15.0~+10.0	−15.0~+10.0	−15.0~+5.0
	105.1~115.0	90.0~110.0	−20.0~−0.1	−20.0~−0.1	−25.0~−5.0
	>115.0	≤110.0	<0.0	<0.0	<0.0

资料来源：《城市用地分类与规划建设用地标准》（GB 50137—2011）。

表 4.6 规划城市建设用地结构

类别名称	占城市建设用地的比例/%
居住用地	25.0~40.0
公共管理与公共服务设施用地	5.0~8.0
工业用地	15.0~30.0
道路与交通设施用地	10.0~30.0
绿地与广场用地	10.0~15.0

资料来源：《城市用地分类与规划建设用地标准》（GB 50137—2011）。

4.4.2 城市用地适宜性评价

2019年5月23日，国务院印发的《中共中央 国务院关于建立国土空间规划体系并监督实施的若干意见》中指出，"双评价"是国土空间规划编制的前提和基础。"双评价"包括资源环境承载力和国土空间开发适宜性的评价，前者指基于一定发展阶段、经济技术水平和生产生活方式，一定地域范围内资源环境要素能够支撑的农业生产、城镇建设等人类活动的最大规模，后者指在维系生态系统健康前提下，综合考虑资源环境要素和区位条件，特定国土空间进行农业生产、城镇建设等人类活动的适宜程度。现阶段的城市规划作为国土空间规划的一部分，"双评价"也是其中的重要部分。

在城市规划与建设中，自然环境的作用与影响需作为基础条件进行考虑。城市规划的一项基础性工作即是对城市自然条件的分析，包括基础资料的勘察、搜集和按规划的需要进行整理、分析和研究。将资源环境承载力和国土空间开发适宜性作为有机整体，主要围绕水资源、土地资源、气候、生态、环境、灾害等要素，针对生态保护、农业生产、城镇建设三大核心功能开展本底评价。

1. 自然资源环境要素

在城市自然环境条件的分析中应着重于主导要素，研究它的作用规律与影响程度。由于地域的差异，同样的自然要素对于不同城市的影响并不相同，有的城市受气候影响为主，也有的城市受地质条件影响较大；而且一项环境要素，往往对城市具有有利和不利的两方面影响。有些自然要素的影响，需超越所在的局部地域，着眼于区域的角度解释其成因与作用规律。如江河的极端水文事件，是受到整个流域的自然与人为的条件所影响。各种自然环境要素之间，也有着相互制约、抵消或相互配合的关系。如某地区土层若为膨胀土，但当地降水量少，土质对建筑地基的破坏作用得到了减轻。若某地区土层为砂质土，同时地下水水位较高，在地震时引起地面的砂土液化，则会加剧震害。

1）水文条件

江河湖泊等水体，不仅可作为城市水源，同时还在水运交通、改善气候、稀释污水、排除雨水以及美化环境等方面发挥作用。但洪水侵犯、降水的不均匀性、流速变化、水流对河冲刷以及河床泥沙的淤积等都会对城市带来不利影响。同时，城市建设也会对原有的水循环产生干扰，改变原有河道结构、河网形态，造成洪涝灾害、水质污染等问题。所以在进行城市规划时，需要对水体的流量、流速、水位等水文资料进行调查分析，总结规律，如污水排放口设置要使污水可以得到及时的稀释，避开洪水频率较高的地区进行建设，合理地布局防洪、防涝设施。

地下水作为城市水源，若盲目过量抽用，会造成地下水位下降，形成"漏斗"，引起地面下沉，严重的甚至会导致水资源枯竭。地面下沉将导致江水、海水倒灌，地面积水，建筑物地基受损等，对防汛、排水、通航等市政工程和建筑物寿命造成影响，尤其对于沿海城市，考虑到地球气候变暖而引起海平面上升的趋势，更要控制地面下沉，加强防汛、防洪和排涝等措施。

2）土地资源

不同的土地资源条件，对城市用地的规划布局、道路走向、城市的轮廓、形态、建筑的建设、组合布置等都有一定的影响。但是经过人为改造，自然地貌在一定程度上重塑，而呈现出新的地表形态。

(1) 地表物质。

城市中各项工程建设都需由地基来承载。由于地层的地质构造和土质的自然堆积情况存在差异，地表土层的组成物质也各不相同，加之受地下水的影响，地表物质的承载力的大小也就不一样，见表4.7。中华人民共和国住房和城乡建设部于2011年7月26日发布的《建筑地基基础设计规范》（GB 50007—2011）规定了建筑地基设计的标准。

表 4.7　地表组成物质的地质承载力　　　　　　　　　　　　（单位：t/m²）

地质类别	砂石	砾石	黏土	粗砂	中砂	细砂	大孔土	淤泥	泥炭
承载力	40~70	30~50	25~50	24~34	24~34	12~22	15~25	4~10	1~5

资料来源：于伯华.2003.济南市城市空间扩展分析与建设用地适宜性评价.济南：山东师范大学硕士学位论文.

　　全面了解城市规划区内建设用地的地基承载力，对城市建设用地选择及各类工程建设项目的安全性和工程建设的经济性都有十分重要的意义。不同类型的建筑物对地基承载力的要求具体见表 4.8。

表 4.8　建筑物对地基承载力的要求　　　　　　　　　　　　（单位：t/m²）

建筑物种类	工业建筑	民用建筑				道路广场
		一层	二层	三、四层	多层	
地基承载力	15~20	5~7	7~12	20~35	45	5

资料来源：温华特.2006.城市建设用地适宜性评价研究——以金华市区为例.杭州：浙江大学硕士学位论文.

　　有些地基土常在其他自然要素的影响下改变其物理性质，从而对地基的承载力带来影响。例如，失陷性黄土在受湿后会下陷，而膨胀土在受潮后会膨胀，失去收缩的性能，这些都可能导致建筑工程受到破坏。因此，在城市规划中应根据各种地基土的物理性质和各种建筑物、构筑物对地基的要求，采取相应的防湿或水土保持等措施。

　　（2）坡度坡向。

　　坡度对规划与建设有着多方面的影响，如平地也要求不小于 0.2% 的坡度，以方便地面排水、减少排水管道泵站的设置；但地面坡度较大则会出现水土流失等问题。坡度的大小对道路的选线、纵坡的确定及工程量的影响尤为显著。城市各项设施对用地的坡度都有所要求，住房和城乡建设部颁布了《城乡建设用地竖向规划规范》（CJJ 83—2016），自 2016 年 8 月 1 日起实施。其规定了城市主要建设用地的适宜坡度，见表 4.9。

表 4.9　城市主要建设用地适宜规划坡度表　　　　　　　　　　（单位：%）

用地名称	最小坡度	最大坡度
工业用地	0.2	10
仓储用地	0.2	10
铁路用地	0	2
港口用地	0.2	5
城镇道路用地	0.2	8
居住用地	0.2	25
公共设施用地	0.2	20

资料来源：《城乡建设用地竖向规划规范（CJJ 83—2016）》.

　　城市建设虽然对坡向没有具体的要求，但城市建设应尽量选择在水平坡或向阳的坡面，尤其是居住用地建筑，以获得良好的日照。

　　（3）地貌。

　　地貌为地表面高低起伏的状态。按其自然形态可分为高原、山地、丘陵、平原、盆地等。一方面，地貌影响城市的平面结构和空间布局，如河谷地带、低丘山地和水网地区等地区的城市往往展现不同的布局结构。同时，这些城市的建设也有着相应的特点，如水网地区河道纵横，桥梁工程就比较多。结合地貌的城市建设，可使城市形成独特的城市品位。另一方面，地貌对电磁波有一定的影响。如微波通信、电视广播、雷达设备等对地形都有一定的要求。

3）气候条件

城市的气候除了因为大气环流和海陆位置不同所形成的大气候外，在较小的范围内还存在地方气候与小气候。城市地区的大气下垫面与自然下垫面有异，导致城市与外围地区产生热力差异，促使城市地区某些气象要素产生变化，形成独特的"城市气候"的特征。与城市规划与建设关系密切的气候条件主要有太阳辐射、风向、气温、降水与湿度等几方面。

（1）太阳辐射。

太阳辐射强度与日照率，在不同地区存在着差别，分析研究城市地区的太阳运行规律和辐射强度，为建筑的日照标准、间距、朝向、遮阳设施以及各项工程的热工设计提供依据。其中建筑日照间距也将影响到建筑密度、用地指标与用地规模。此外，由于太阳辐射的强弱所造成的不同小气候形态，也会在一定程度上影响到城市建筑群体的布置。

（2）风向。

风对城市建设有着多方面的影响，如防风、通风、工程的抗风设计等，尤其是在环境保护方面。风是地面大气的水平移动，可以用风向和风速来描述，风向频率一般分8个或16个方位进行观测，为某一时间段内各个风向次数所占该时间段内不同风向的总次数的百分比。为了在规划布局中正确运用风向，应分析当地的盛行风向、最小风频、风向、静风频率以及盛行风的季节变化规律。工业区一般布局在居住区盛行风向的下风向，以减轻工业排放的有害气体对居住区的危害。为了有利于城市的自然通风，道路走向和绿地分布等方面也应考虑到城市盛行风向，留出楔形绿地、风道等开敞空间。

（3）气温。

由于地表是球面，所接受的太阳辐射强度不一，气温会出现差异。气温对城市规划与建设有多方面影响，若某城市的气温年较差较大，则会影响到施工的时间；在工厂选址时，需考虑当地的气温条件，在满足经济性的条件下选择合适的工业工艺；根据气温状况设置采暖设备。由于城市中建筑密集，绿地、水面偏少，城市生产与生活活动散发大量的热量，出现市区气温比郊外要高的现象，即"城市热岛效应"。尤其在夏天，热岛效应加剧了城市地区的高温酷热，导致心脑血管、呼吸道等疾病的发病率增高。在城市规划时应严格控制城市人口与建筑密度，重视绿地建设，布局水面等自然开敞空间以减弱城市热岛效应，改善城市微气候环境。

（4）降水与湿度。

我国大部分地区受季风影响，夏季多雨。城市的排水设施需符合降水量及降水强度。此外，山洪与洪水的威胁等也是城市用地布局时需要考虑的问题，同时也应配置相应的防治工程。城市因较多人工构筑物覆盖，相对湿度比郊区要低。相对湿度会影响工业工艺和居住的舒适度。

4）地质灾害

地质灾害主要有滑坡、崩塌、泥石流、地面塌陷冲沟、地震和地面沉降等，其中滑坡、崩塌、地面塌陷较为常见。

（1）滑坡与崩塌。

滑坡与崩塌现象常发生在丘陵或山区。坡度大于10°，小于45°，下陡中缓上陡、上部成环状地坡形容易产生滑坡；坡度大于45°的高陡边坡、孤立山嘴或凹形陡坡均容易发生崩塌。开挖坡脚、地下采空、水库蓄水、排水等改变坡体原始平衡状态的不合理的人类活动，都会诱发滑坡、崩塌。为避免滑坡所造成的危害，在规划时须对建设用地的地形特征、地质构造、水文、气候及土或岩体的物理力学性质进行综合分析与评定。在用地规划时，应避免不稳定的坡面，确定滑坡地带与稳定用地边界的距离。在不可回避选择滑坡可能用地时，应采取相应的工程措施，如进行水土保持、保护坡脚、做好排水防水工作。

（2）地面塌陷。

地面塌陷是指地表岩、土体在自然或人为因素作用下，向下陷落，并在地面形成塌陷坑（洞）的一种地质现象。地面塌陷可分为岩溶塌陷和非岩溶性塌陷。其中岩溶塌陷分布最广、数量最多、发生频率高、诱发因素最多，且具有较强的隐蔽性和突发性等特点。

我国岩溶塌陷分布广泛，除天津、上海、甘肃、宁夏以外均有发生，其中广西、湖南、贵州、湖北、江西、广东、云南、四川、河北、辽宁等省（自治区、直辖市）最为频繁，每年经济损失可达1.2亿元以上。非岩溶性塌陷主要是矿藏、地下水过度开掘和抽取形成的地下采空区而造成的。因此规划师需要了解地面沉陷的稳定性及该地区的地质条件，来确定建设用地的使用条件和相宜的建筑与设施的分布。

（3）冲沟。

冲沟是由间断流水在地表冲刷形成的沟槽。冲沟长度可达数千米或数十千米，深度可达数米或数十米，有时可达百米以上，在丘陵地区和山区很普遍。冲沟会切割用地，使之支离破碎，严重干扰了用地规划，而且道路的走向也会受到冲沟的限制，需要增加土石方工程或桥涵、排洪工程等。尤其在冲沟发育地带，水土流失更加严重，更给工程建设带来困难。所以在规划时，应分析冲沟的分布、坡度、活动与否，并且弄清冲沟的发育条件，采取相应的治理措施，如对地表水进行导流或实施绿化、修筑护坡工程等办法，或防止沟壁水土流失等。

（4）地震。

当前的科技水平尚无法预测地震的到来，而且在未来相当长的一段时间内，地震依然无法预测。对于地震，我们更应该做的是提前做好规划，选择适宜的用地、提高建筑抗震等级、做好防御，尽量减少其破坏程度。在城市规划中常见的防震措施有以下几方面：①确定规划区的地震烈度，以便对各项建设工程进行抗震设计。②避免在强震区建设城市。烈度9以上的地区不宜选作城市用地。③在城市规划时，应参照用地的设计烈度及地质、地形情况，布局合适的用地类型与城市设施。④应急避难场所的建设应该与城市建设同步，应急避难场所需纳入公共设施规划。

2. 生态保护重要性评价

从区域生态安全底线出发，在陆海全域评价水源涵养、水土保持、生物多样性维护、防风固沙、海岸防护等生态系统服务功能重要性，以及水土流失、石漠化、土地沙化、海岸侵蚀及沙源流失等生态脆弱性，综合形成生态保护极重要区和重要区。在此基础上，根据更高精度的数据和实地调查进行边界校核。从生态空间完整性、系统性、连通性出发，结合重要地下水补给、洪水调蓄、河湖岸防护、自然遗迹、自然景观等进行补充和修正。

生态保护重要性评价包括生态系统服务功能重要性和生态脆弱性评价。

1) 生态系统服务功能重要性

评价水源涵养、水土保持、生物多样性维护、防风固沙、海岸防护等生态系统服务功能重要性，取各项结果的最高等级作为生态系统服务功能重要性等级。

(1) 水源涵养功能重要性。

通过降水量减去蒸散发量和地表径流量得到水源涵养量，评价生态系统水源涵养功能的相对重要程度。降水量大于蒸散发量较多，且地表径流相对较小的区域，水源涵养功能重要性较高。森林、灌木、草地和湿地生态系统质量较高的区域，由于地表径流量小，水源涵养功能较高。一般地，将累计水源涵养量最高的前50%区域确定为水源涵养极重要区。在此基础上，结合大江大河源头区、饮用水水源地等边界进行适当修正。

(2) 水土保持功能重要性。

通过生态系统类型、植被覆盖度和地形特征的差异，评价生态系统水土保持功能的相对重要程度。一般地，森林、灌丛、草地生态系统保持功能相对较高，植被覆盖度越高、坡度越大的区域，土壤保持功能重要性越高。将坡度不小于25°（华北、东北地区可适当降低）且植被覆盖度不小于80%的森林、灌丛和草地确定为水土保持极重要区；在此范围外，将坡度不小于15°且植被覆盖度不小于60%的森林、灌丛和草地确定为水土保持重要区。不同地区可对分级标准进行适当调整，同时结合水土保持相关规划和专项成果，对结果进行适当修正。

(3) 生物多样性维护功能重要性。

生物多样性维护功能重要性在生态系统、物种和遗传资源三个层次进行评价。在生态系统层次，将原真性和完整性高，需优先保护的森林、灌丛、草地、内陆湿地、荒漠、海洋等生态系统评定为生物多样性维护极重要区；其他需保护的生态系统评定为生物多样性维护重要区。在物种层次，参考国家重点保护野生动植物名录、世界自然保护联盟濒危物种及中国生物多样性红色名录，确定具有重要保护价值的物种为保护目标。将极危、濒危物种的集中分布区域、极小种群野生动植物的主要分布区域确定为生物多样性维护极重要区；将省级重点保护物种等其他具有重要保护价值物种的集中分布区域确定为生物多样性维护重要区。在遗传资源层次，将重要野生的农作物、水产、畜牧等种质资源的主要天然分布区域确定为生物多样性维护极重要区。

(4) 防风固沙功能重要性。

通过干旱、半干旱地区生态系统类型、大风天数、植被覆盖度和土壤砂粒含量，评价生态系统防风固沙功能的相对重要程度。一般地，森林、灌丛、草地生态系统防风固沙功能相对较高，大风天数较多、植被覆盖度较高、土壤砂粒含量高的区域，防风固沙功能重要性较高。将土壤砂粒含量不小于85%、大风天数不小于30天、植被覆盖度不小于15%（青藏高原可调整为30%）的森林、灌丛、草地生态系统确定为防风固沙极其重要区；在此范围外，大风天数不小于20天、土壤砂粒含量不小于65%、植被覆盖度不小于10%（青藏高原可调整为20%）的森林、灌丛、草地生态系统确定为防风固沙重要区。不同区域可对判别因子及分级标准进行适当调整，同时可结合防风固沙治沙相关规划和专项成果，对结果进行适当修正。

（5）海岸防护功能重要性。

通过识别沿海防护林、红树林、盐沼生物防护区域以及基岩、砂质海岸等物理防护区域，评价海岸防护功能的相对重要程度。将原真性和完整性高、需优先保护的区域确定为海岸防护极重要区，区域范围自海岸线向陆缓冲一定距离，向海根据自然地理边界确定。

2）生态脆弱性评价

评价水土流失、石漠化、土地沙化、海岸侵蚀及沙源流失等生态脆弱性，取各项结果的最高等级作为生态脆弱性等级。

利用水土流失、石漠化、土地沙化专项调查监测的最新成果，按照以下规则确定不同的脆弱性区域：水力侵蚀强度为剧烈和极强烈的区域确定为水土流失极脆弱区，强烈和中度的区域确定为脆弱区；石漠化监测成果为重度及以上的区域确定为石漠化极脆弱区，中度的区域确定为脆弱区；风力侵蚀强度为剧烈和极强烈的区域确定为土地沙化极脆弱区，强烈和中度的区域确定为脆弱区。

海岸侵蚀及沙源流失脆弱性评价主要基于海岸底质类型、风暴潮增水、侵蚀速率等因素，识别极脆弱的原生及整治修复后具有自然形态的砂质、粉砂淤泥质海岸。区域范围自海岸线向陆缓冲一定距离，向海根据自然地理边界确定。砂质海岸外侧可补充划定沙源流失极脆弱区，区域范围自海岸线向陆缓冲一定距离，向海至波基面。

3）结果集成及校验

取生态系统服务功能重要性和生态脆弱性评价结果的较高等级，作为生态保护重要性等级的初判结果。生态系统服务功能极重要区和生态极脆弱区加总确定为生态保护极重要区，其余重要区和脆弱区加总确定为生态保护重要区。

将省级生态保护重要性等级初判结果与全国评价结果进行衔接，确保极重要区与全国生态安全格局总体一致。

对生态保护红线划定中按照模型法开展过评价的地区，可将初判结果与其进行校验。

根据野生动物活动监测结果和专家经验，对野生动物迁徙、洄游十分重要的生态廊道，将初判结果为重要等级的图斑调整为极重要。

依据地理环境、地貌特点和生态系统完整性确定的边界，如林线、雪线、岸线、分水岭、入海河流与海洋分界线，以及生态系统分布界线，对生态保护极重要区和重要区进行边界修正。

3. 农业生产适宜性评价

在生态保护极重要区以外的区域，开展种植业、畜牧业、渔业等农业生产适宜性评价，识别农业生产适宜区和不适宜区。根据农业生产相关功能的要求，可进一步细化评价单元，提高评价精度、补充评价内容。可结合特色村落布局、重大农业基础设施配套、重要经济作物分布、特色农产品种植等，进一步识别优势农业空间。

1）种植业生产适宜性

以水、土、光、热组合条件为基础，结合土壤环境质量、气象灾害等因素，评价种植业生产适宜程度。一般地，水资源丰度越高，地势越平坦，土壤肥力越好，光热越充足，土壤环境质量越好，气象灾害风险越低，盐渍化程度越低，且地块规模和连片程度越高，越适宜种植业生产。各地可根据当地条件确定种植业生产适宜区的具体判别标准。

原则上，将干旱（多年平均降水量低于200mm。云贵高原等蒸散发力较强的区域可根据干旱指数，西北等农业供水结构中过境水源占比较大的区域可根据用水总量控制指标确定干旱程度）、地形坡度大于25°（山区梯田可适当放宽），土壤肥力很差（粉砂含量高，或有机质少，或土壤厚度太薄难以耕种）、光热条件不能满足作物一年一熟需要（大于等于0℃积温小于1500℃）、土壤污染物含量大于风险管控值的区域确定为种植业生产不适宜区。

2）畜牧业生产适宜性

畜牧业分为放牧为主的牧区畜牧业和舍饲为主的农区畜牧业。年降水量400mm等值线或10℃以上积温3200℃等值线是牧区和农区的分界线。根据当地自然地理条件，确定其畜牧业类型并开展适宜性评价。

牧区畜牧业主要分布在干旱、半干旱地区，受自然条件约束大。一般地，草原饲草生产能力越高（优质草原），雪灾、风灾等气象灾害风险越低，地势越平坦和相对集中连片，越适宜牧区畜牧业生产。

农区畜牧业主要分布在湿润、半湿润地区，受自然条件约束相对较小，主要制约因素是饲料供给能力、环境容量等。一般地，可将农区内种植业生产适宜区全部确定为畜牧业适宜区。

3）渔业生产适宜性

按渔业捕捞、渔业养殖（含淡水和海水）两类评价渔业生产适宜性。

渔业捕捞适宜程度主要取决于可捕获渔业资源、鱼卵和幼稚鱼数量、天然饵料供给能力等因素。一般地，捕捞对象的资源量越丰富、鱼卵和幼稚鱼越多、天然饵料基础越好，渔业捕捞适宜程度越高。渔业资源再生产能力退化水域确定为渔业捕捞不适宜区。

渔业养殖适宜程度主要取决于水域环境、自然灾害等因素。一般地，水质优良、自然灾害风险低的水域确定为渔业养殖适宜区。水质不达标或环境污染严重的水域确定为渔业养殖不适宜区。

4）结果校验

对农业生产适宜性结果进行专家校验，综合判断评价结果的科学性与合理性。对明显不符合实际的，应开展必要的现场核查。

4. 城镇建设适宜性评价

在生态保护极重要区以外的区域，优先考虑环境安全、粮食安全和地质安全等底线要求，识别城镇建设不适宜区。沿海地区针对海洋开发利用活动展开评价。进一步提高评价精度，对城镇建设不适宜区范围进行校核。根据城镇化发展阶段特征，增加人口、经济、区位、基础设施等要素，识别城镇建设适宜区。结合海洋资源优势，识别海洋开发利用适宜区。结合各地实际情况，可针对矿产资源、历史文化和自然景观资源等，开展必要的补充评价。

1）城镇建设不适宜区

在生态保护极重要区以外的区域，开展城镇建设适宜性评价，着重识别不适宜城镇建设的区域。一般地，将水资源短缺，地形坡度大于25°，海拔过高，地质灾害、海洋灾害危险性极高的区域，确定为城镇建设不适宜区。各地可根据当地实际细化或补充城镇建设限制性因素确定具体判别标准。海洋开发利用主要考虑港口、矿产能源等功能，将海洋资源条件差、生态风险高的区域确定为海洋开发利用不适宜区。

2）城镇建设适宜区

在分析自然条件的基础上，结合工程技术条件，并适当考虑基础设施状况，将城市建设用地适宜性评价因子分成五大类，地形条件因子（坡度、坡向、沟谷密度）、地质条件因子（地表组成物质、地下水埋深）、资源保护因子（水资源保护、土地资源）、城市灾害（洪灾、地震）、社会经济条件（路网密度、农村居民点、距主城区距离），使用专家打分进行权重赋值，构造评价因素因子体系，对城市建设用地适宜性做出综合性评价，将城镇建设用地适宜区进一步细化等级。

3）结果校验

对城镇建设适宜性评价结果进行专家校验，综合判断评价结果的科学性与合理性。对明显不符合实际的，应开展必要的现场核查。

5. 承载规模评价

基于现有经济技术水平和生产生活方式，以水资源、空间约束等为主要约束，缺水地区重点考虑水平衡，分布评价各单元可承载农业生产、城镇建设的最大合理规模。各地可结合环境质量目标、污染物排放标准和总量控制等因素，评价环境容量对农业生产、城镇建设的约束要求。按照短板原理，取各约束条件下的最小值作为可承载的最大合理规模。

1）农业生产承载规模

（1）耕地承载规模。

从水资源的角度，可承载的耕地规模包括可承载的灌溉耕地面积和单纯以天然降水为水源的耕地面积（雨养耕地面积）。可承载的灌溉耕地面积等于一定条件下灌溉可用水量和农田综合灌溉定额的比值。灌溉可用水量要在区域用水总量控制指标的基础上，结合区域供用水结构、三产结构等确定。农田综合灌溉定额根据当地农业生产实际情况，以代表性作物（水稻、小麦、玉米等）灌溉定额为基础，根据不同种植结构、复种情况、灌溉方式（漫灌、管灌、滴灌、喷灌等）、农田灌溉水有效利用系数等确定。雨养耕地面积，根据作物生长期内降水量、降水过程与作物需水过程的一致性等确定。相关参数可采用联合国粮食及农业组织推荐值，并根据当地经验进行修正。

从空间约束的角度，将生态保护极重要区和种植业生产不适宜区以外区域的规模作为空间约束下耕地的最大承载规模。

按照短板原理，取上述约束条件下的最小值作为耕地承载的最大合理规模。

（2）牲畜承载规模。

针对牧区畜牧业，通过测算草地资源的可持续饲草生产能力，确定草原合理载畜量（以标准羊计）。

针对农区畜牧业，通过测算农区养殖粪肥养分需求量和供给量，确定农区合理载畜量（以猪当量计）。

（3）渔业承载规模。

针对渔业捕捞，以可供捕捞种群的数量或已开发程度为依据，以维护渔业资源的再生产能力和持续渔获量为目标，确定渔业捕捞的合理规模。

针对渔业养殖，以控制养殖尾水排放和水质污染为前提，以保证鱼、虾、贝、藻、参正常生长、繁殖和水产品质量为目标，确定渔业养殖的合理规模。

2）城镇建设承载规模

从水资源的角度，通过区域城镇可用水量除以城镇人均需水量，确定可承载的城镇人口规模，可承载的城镇人口规模乘以人均城镇建设用地面积，确定可承载的建设用地规模。城镇可用水量要在区域用水总量控制指标的基础上，结合区域供用水结构、三产结构等确定。城镇人均需水量需考虑不同发展阶段、经济技术水平和生产生活方式等因素，按照生活和工业用水量的合理占比综合确定。人均城镇建设用地面积，要基于现状和节约集约发展要求合理确定。

从空间约束的角度，将生态保护极重要区和城镇建设不适宜区以外区域的规模作为空间约束下城镇建设的最大规模。

按照短板原理，取上述约束条件下的最小值作为可承载的最大合理规模。

4.4.3 城市用地综合分析

1. 资源环境禀赋分析

分析水、土地、森林、草原、湿地、海洋、冰川、荒漠、能源矿产等自然资源的数量（总量和人均量）、质量、结构、分布等特征及变化趋势，结合气候、生态、环境、灾害等要素特点，对比国家、省域平均情况，对标国际和国内，总结城市规划发展中的资源环境禀赋优势和短板。

2. 现状问题和风险识别

将生态保护重要性、农业生产及城镇建设适宜性评价结果与用地用海现状进行对比，重点识别以下冲突（包括空间分布和规模）：生态保护极重要区中永久基本农田、园地、人工商品林、建设用地以及用海活动；种植业生产不适宜区中耕地、永久基本农田；城镇建设不适宜区中城镇用地；地质灾害高危险区内农村居民点。

对比现状耕地规模与耕地承载规模、现状城镇建设用地规模与城镇建设承载规模、牧区实际载畜量与牲畜承载规模、渔业实际捕捞和养殖规模与渔业承载规模等，判断区域资源环境承载状态。对资源环境超载的地区，找出主要原因，提出改善路径。

可根据相关评价因子，识别水平衡、水土保持、生物多样性、湿地保护、地面沉降、土壤污染等方面的问题，研判未来变化趋势和存在风险。

3. 城市用地潜力评估

根据农业生产适宜性评价结果，对种植业、畜牧业不适宜区以外的区域，根据土地利用现状和资源环境承载规模，分析可开发为耕地、牧草地的空间分布和规模。根据渔业生产适宜性评价结果，在渔业生产适宜区内，根据渔业养殖、捕捞现状和渔业承载规模，分析渔业养殖、捕捞的潜力空间和规模。

根据城镇建设适宜性评价结果，对城镇建设不适宜区以外的区域（市县层面可直接在城镇建设适宜区内），扣除集中连片耕地后，根据土地利用现状和城镇建设承载规模，分析可用于城镇建设的空间分布和规模。

4. 情景分析

针对气候变化、技术进步、重大基础设施建设、生产生活方式转变等不同情景，分析对水资源、土地资源、生态系统、自然灾害、陆海环境、能源资源、滨海城镇安全等的影响，给出相应的评价结果，提出适应和应对的措施建议，支撑国土空间规划多方案比选。

4.5 城市空间形态与结构

4.5.1 城市形态与城市布局的基本形态

1. 城市形态

1）城市形态内涵

"形态"一词来源于希腊语中的 morphe（形）和 loqos（逻辑），意指事物形式的构成逻辑（刘青昊，1995）。《辞海》对"形态"的解释为：形状和神态，也指事物在一定条件下的表现形式。

城市形态（urban morphology）有狭义和广义的概念。前者是指某段时间内，在自然地理环境、历史政治、经济社会、科技文化等因素的作用下，城市发展所构成的空间形态特征，是城市实体所表现出来的具体的空间物质形态（周春山，2007；郑莘和林琳，2002；杜春兰，1998）。后者不仅仅是指城市各组成部分有形的表现，也不只是指城市用地在空间上呈现的几何形状，而是一种复杂的经济、文化现象和社会过程，是在特定的地理环境和一定的社会经济发展阶段中，人类各种活动与自然因素相互作用的综合结果；是人们通过各种方式去认识、感知并反映城市整体的意象，由物质和非物质形态组成。具体来说，广义城市形态主要包括城市各有形要素的空间布置方式、城市社会精神面貌和城市文化特色、社会分层现象和社区地理分布特征以及居民对城市环境外界部分现实的个人心理反应和对城市的认知（武进，1990）。

由此可见，城市形态主要包括三种类型：城市布局形态、城市结构形态和城市肌理形态（王慧芳和周恺，2014），主要由道路网、街区、节点等物质要素及社会组织结构、居民生活方式和行为心理等非物质要素构成（武进，1990）。

2）城市形态影响因素

（1）历史发展：城市形态是不同历史阶段物质文明和精神文明积累作用的结果，并随城市的发展而演化（武进，1990）。若要认识某个城市形态的演化首先需了解其发展历史。以广州为例，广州拥有两千多年的历史文化，是南越国和南汉国都城的所在地。南越国都城"赵佗城"空间布局为西城东郭，显示了早期宗族礼制思想（图4.1）。南汉国都城"兴王府"建设坐北朝南，体现了皇权礼制思想。宋代，广州城三城并立，空间形态的典型特征是统一水巷街市。明清时期，受风水思想的影响，广州城市建设注重独特的山水自然环境，空间结构形态特征为"六脉皆通海，青山半入城"和"白云越秀翠城邑，三塔三关锁珠江"（周霞和刘管平，1999）。

（2）地理环境：包括地形、地貌、气候、水文等自然因素，以及区位、社会经济发展等人文要素。城市的形成和发展都与其所处的地理环境密切相关。以水域对城市空间形态演变的影响为例，跨水域城市形态主要可以分为中心外向型、协同发展型、独立组合型、跨域发展型和主从分异型（图4.2）。①中心外向型，城市发展起源于水域中心的岛屿上，然后以岛屿上的老城区为中心向四周放射发展，如巴黎和纽约。②协同发展型，从城市发展的早期城市功能就在水域两侧保持跨水域协同发展，如中国的隋唐洛阳城和威尼斯、柏林等。另一种协同发展型则是经过详细规划设计，从建设初期就跨越水域与两岸共同发展，如华盛顿

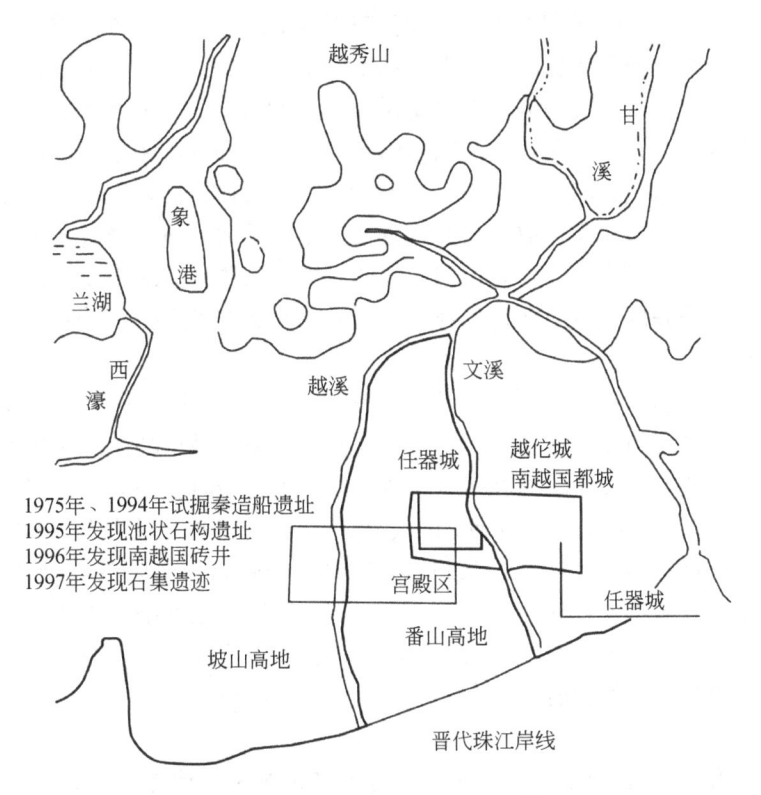

图 4.1　南越国都城城址示意图（王媛等，2002）

和堪培拉。③独立组合型，在水域两岸或多岸同时发展，各功能分区之间相对独立，缺乏密切联系，随着城市功能发展日益成熟，各分区独立发展成为的城市主体，如武汉、惠州。④跨越发展型，城市发展初期，各种建设集中在水域的某侧，而后因城市规模的扩张和用地紧张，城市建设跨水域至对岸。该种模式的显著特点就是两岸主体建造的时间不同，城市组织、肌理形态和城市规模也存在显著差异，如跨江发展的城市有广州、杭州和福州等，跨海发展的城市有厦门和汕头等（周春山和叶昌东，2013）。⑤主从分异型，也可以称为孤岛型，指城市发展以广大陆域为主，城市主体附近的岛屿发展依附于主城区，如香港。

中心外向型　　协同发展型　　独立组合型　　跨越发展型　　主从分异型

图 4.2　跨水域城市形态生成演进模式（李翔宁，1999）

（3）交通运输条件：从城市与区域的发展历程来看，区域发展由无序向网络化演变。通过更大区域范围内的相互协作配合，区域内城市或城市内部形成结构有序、层次分明、联系紧密的区域城市系统。这种集聚形态的城市系统形成与交通条件的改善密切关联。虽然交通不是产生社会经济联系的原生动力，但作为各种流的空间载体，在经历了现代交通工具的运用后，由不同等级的运输线和枢纽点合理分布形成的综合交通系统已成为经济发展的纽带和区域城镇形态高端化的重要保障。以东京都市圈为例，20世纪40年代后，虽然日本经济经历了飞速发展，但东京中心城区的交通基础设施建设滞后，居民日常出行拥堵日益明显。为了促进中心城区人口和产业向外围疏散，引导劳动密集和资源密集型产业及污染严重的工业向副中心城区或卫星城镇转移和扩散，1957年，日本首都建设委员会提出了2环8射的高速公路建设方案，交通运输业成为社会经济发展中的重要产业。经过几十年的交通设施建设，城市空间结构完全网络化，建立了网络化的区域结点体系、纵横交织的产业带，区域整体成为一个社会经济高度发达、与自然环境和谐发展的区域性城市（杨东援和韩皓，2001；张尚武，1995）。

（4）经济发展与技术进步：随着社会经济的发展和技术创新的增多，城市内部出现了新的功能，老城区原有的部分功能衰退，城市形态为了适应城市功能的演化不断地调整。特别是现代信息技术和高速交通的发展使城市居民的活动打破时空限制，促进了城市功能的扩散和集聚，城市空间布局结构总体呈现出扩散化趋势，部分城市化区域在空间上快速扩张，都市巨型化、连绵化也随之出现（王成新等，2004；杨荫凯和金凤君，1999）。此外，现代化信息网络在城市空间扩张中的作用日益突出，部分物质交通网络的主体地位日益衰落。在网络化的作用下，城市结构形态由圈层走向网络，各种城市功能单位的联系更加紧密。伴随着城市结构形态重构，多种功能新区也将产生，如兼具居住、商业、娱乐和运输等多种功能的社区。

（5）社会文化：社会文化活动是城市居民日常的主要活动之一，城市形态是地域文化的载体。以上海为例，自开埠以来，西方社会文化的引入强烈地冲击着上海城市形态。在西方复古主义和新艺术运动风格的影响下，部分建筑师将学院派的构图规则和个性化的修辞手法融为一体，并且兼收并蓄。1930年编制的"大上海都市计划"与1949年的"大上海都市计划"中还运用了西方新古典主义和现代城市规划理论折中混合的规划理念。可以说，上海建筑作品几乎囊括了西方复古主义时期和建筑运动初期各国的典型建筑风格。因此，上海素有"万国建筑博览会"之称，也有"西洋文明最精美的复本"之名。由此可知，自开埠至民国，上海城市形态由含有吴越文化的水乡都会转向一种多元的城市形态，充满矛盾的传统与现代，东方与西方并存。

（6）城市职能、城市规模及城市结构：城市职能是指城市在一定区域内政治、经济、文化中的地位和作用，直接影响城市规模和城市用地结构。不同职能、不同规模的城市形态一般有较大的差异。改革开放以来，中国大都市城市形态演变显现出由圈层式扩展向分散组团、轴间发展乃至最后形成的带形发展（顾朝林和陈振光，1994）；而小城镇则受中心城市的辐射以及接纳中心城市扩散出来的城市职能，城市用地形态扩展多沿交通干线向外延伸；不同的中等城市形态差异明显，其功能介于大城市和小城镇之间，故城市形态有别于大城市复杂、网络化的空间形态，又有别于一般小城镇的单一街道轴线空间形态（张鹏举，1999）。

（7）政策与规划控制：政策、法令以及城市规划都是城市健康发展的重要保障。这些措施对城市形态的演变具有不同程度上的促进或抑制作用。特别是作为干预城市建设的城市规划对城市空间形态的演化调控作用较为突出，能有效地调整和制止不合理的城市形态发展。例如，上海城市规划的主要目的之一就是培育一个"好的城市形态"，总体规划对城市形态进行结构性研究，以把握和引导城市形态发展；而分区规划、专项规划则强调贯彻总体规划所确定的城市形态构想，加强对历史街巷的保护和空间形态艺术的研究（李亚明，1999）。

2. 城市布局的基本形态

作为城市形态的一种，城市布局形态是指对城市各要素的空间形式进行安排，能体现城市物质空间布局及开发模式（Williams et al., 2000）。城市规划和城市地理学一直将确定一种合理的城市组织形式视为其核心问题。欧洲在较早时期就探索古希腊和罗马城镇的希波丹姆模式和营寨城的空间布局形态。在西方社会快速的工业化进程中，城市布局形态采取"集中"还是"分散"受到了长期争论。在工业化和城市化所引发的城乡巨变背景下，西方研究者试图探索一种理想城市空间组织模式，合理安排土地、建筑、交通、环境等空间要素间的关系，以缓解城市发展过程中日渐突出的出行、卫生、环境和社会问题。后工业化时期，受郊区化、信息化和私人汽车普及等诸多方面的影响，西方城市建成区向近郊和远郊无节制地扩张，内城社会经济衰退，居住和商业外迁，社会治安问题突出，城郊社区人群间的社会隔离日益明显。同时，远距离通勤引发了巨大的能源消耗和温室气体排放。这种过度分散的城市布局形态被大多数研究者和政府管理部门认为是不可持续的。

多数研究者寄希望于通过回归"紧凑城市形态"来实现城市经济、社会和环境的可持续发展，主张城市规划应充分考虑绿色出行方式、完善公共交通、提高资源使用效率、维护社会公平、增强社会设施服务水平和刺激地方经济发展，在规划实践上倡导了邻里导向发展、公交导向发展、生态城、可持续社区、精明增长、生活品质等诸多形态发展新理念。

具体从城市用地布局来看，城市布局基本形态主要有如下六种（肖健飞，1995）。

（1）块状布局形式。该模式便于市政设施集中布局，合理利用土地，易满足居民日常生产生活和游憩等需求。根据新城区与旧城区、居住区与就业区间的相对位置关系，块状布局又可分为同心圆式、对置式、错位式、哑铃式。如果旧城区周边有空间建设新城区，且四周均存在引导城市扩展的动力，随着城市用地规模的不断扩大，那么旧城区与新城区就会融合发展，形成同心圆式的团块状布局 [图4.3（a）]。如果因交通线路分割或地形限制，城

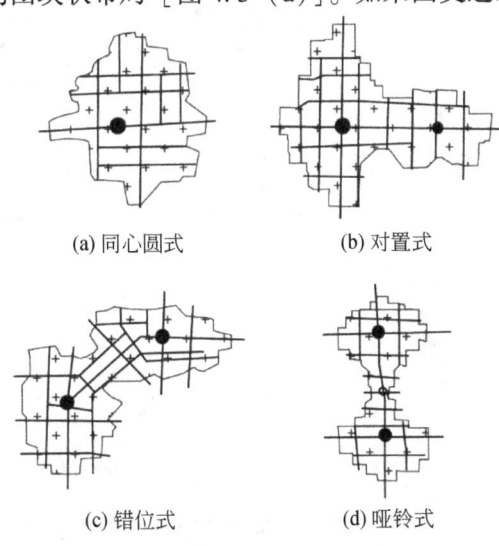

(a) 同心圆式　　　(b) 对置式

(c) 错位式　　　(d) 哑铃式

图4.3　块状布置形式（肖健飞，1995）

市工业和仓储业在一侧发展，商业和房地产业则在另一侧发展，或新城区在旧城区的一侧发展，整个城市空间形态逐渐地演变成对置式块状［图4.3（b）］。或由于城市发展用地扩张受到湖泊、山丘或大型工业基地等阻隔，各功能片区间只能呈错位搭角发展而形成错位布局［图4.3（c）］。或由于城市扩张前后受河流和山地等因素夹击作用，新城区只能向旧城区两侧发展，若新城区规模均较大，城市空间布局则表现为哑铃式［图4.3（d）］。

（2）环状布局形式。城市用地扩张围绕着湖泊、海湾或山地而呈环状［图4.4（a）］。与带状城市相比，环状城市内各功能区间的联系较为便捷，道路交通特征及发展对策类似于带状。该模式的中心部分为城市提供优美的景观和良好的生态环境，是建设山水城市值得借鉴的模式之一。

（3）星座状布局形式。是指某区域内的若干卫星城镇，围绕着某个中心城市呈星座分布［图4.4（b）］。该模式因受自然条件、资源情况、建设条件和城镇现状等因素的影响，区域内各城镇在生产、交通、运输等方面的发展上，既是一个整体，又有分工协作，有利于人口和生产力的均衡分布。区域内的中心城市一般是大城市或特大城市，道路交通联系主要发生在中心城市内部及中心城市与各卫星城镇之间。城市道路交通特征及其发展对策是块状和组团状两种类型的综合。

（4）组团状布局形式。受自然条件等因素的影响，城市空间被分隔成多个团块。城市规划应结合当地的自然条件，将功能和性质相近的部门分块集中布置，并配置相应规模的工作岗位和生活服务设施，以形成功能相对独立的综合性组团［图4.4（c）］。由于各组团内部生产、生活就地平衡，故其交通出行问题不突出，城市道路主要是加强组团间联结，每个组团对外联系道路通常不少于两条。

（5）串联状布局形式。是指区域内若干卫星城镇以某个中心城市为核心，沿交通或河岸线断续相隔地分布［图4.4（d）］。这种城市空间组织灵活性较大，拥有较好的生态环境；交通问题相对简单，城镇间间隔较大且与郊区社会经济联系密切，特别是中心城市与各卫星城镇联系更为密切，这就对其交通设施设计和建设有更高要求。

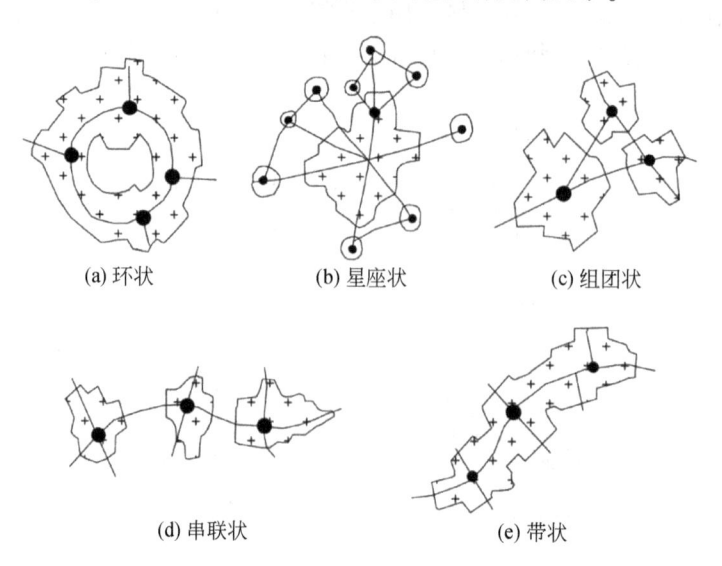

(a) 环状　　(b) 星座状　　(c) 组团状

(d) 串联状　　(e) 带状

图4.4　环状、星座状、组团状、串联状和带状布局形式（肖健飞，1995）

(6) 带状布局形式。是指城市空间形态演化强烈地受自然条件或交通轴线的影响，城市用地扩张主要沿各种轴线，如沿江河或海岸绵延、沿狭长的山谷、沿陆路交通干线 [图 4.4（e）]。这类城市的过境道路通常是主干路，且穿过主城区。因此，在城市规划过程中，应避免在过境道路附近设置吸引人流的商业服务设施，道路设计应平行或垂直城市发展主方向，且尽可能加大发展主方向的路网密度。当城市规模较大时，应在城市发展主方向上规划建设快速交通系统。

4.5.2 城市结构与城市空间结构

1. 城市结构

1）城市结构的内涵

结构是物质组合、排列的方式，是表征各种事物存在的一个基本事实。城市结构是指城市各组成要素相互关系、相互作用的形式和方式。这些要素主要包括类、量、形。类指的是城市构成要素的类别，如建筑（点）和道路（线）等；量是指类要素的规模差别；形则是描述要素间在二维空间或三维空间上的排列与组合形式（如道路与建筑的交替形式，建筑与建筑的排列方式等）；城市结构要素中的形，就是指城市形态（余颖和陈炜，2002）。在某种意义上，城市形态的变化是城市结构演变的重要方面之一。

城市结构主要包括显性结构和隐性结构。前者是指城市中可视可及的物质实体的综合反映，例如，建筑、道路桥梁以及它们围合的空间形体等。后者指社会、经济、文化等具有相对隐性的结构内容。城市显性实体结构往往是隐性结构的某种反映，同时，前者对后者也有能动作用。

2）城市结构与城市形态的关系

城市结构与城市形态间存在密切的关系，是伴随城市的生成、发展而展现的，是城市存在的基本形式。城市形态与城市结构互为表里。在城市发展演变的过程中，城市结构的转换都会使城市形态产生变化。但城市形态与城市结构的关系并不是因果关系，也就是说相同的城市结构可能表现出不同的城市形态，相同的城市形态也可能显现出不同的城市结构。如果说，城市结构表现为城市发展的内在的动力支撑要素，那么城市形态则表现为城市发展的外部显性的状态和形式。在城市内部，各种流依托城市结构在中心城区内部、中心城区和边缘区之间布局与互动。因此，城市结构主要由社会结构、功能结构、环境结构与空间结构构成，四种结构相互联系、相互渗透、相互作用，共同组合结成一个有机的城市结构整体（周玉波，2011）。

3）城市结构与城市功能的关系

城市功能是由城市各种结构性因素决定的城市机能或能力，是城市在一定区域范围内的政治、经济、文化、社会活动中所具有的能力和作用。在城市功能背后，城市结构起关键作用，城市结构与城市功能之间存在一种互动关系。城市功能与城市结构形成平衡机制，互为动力，也互为压力。当城市功能作用于城市结构的力量大于城市结构作用于城市功能的力量时，城市结构就会相应发生变迁，在新的位置上与功能形成平衡；反之，城市功能就会发生重大变化（余颖和陈炜，2002）。此外，城市结构的构成要素不同，城市功能也不会相同。如果城市构成要素相同，但结构关系发生了变化，城市功能也会发生变化。例如，中国宋代汴京城由于商品交易的飞速发展，里坊制被彻底打破，城市形态也发生了巨大的变化，呈现出生机勃勃的商业城市氛围，城市功能日渐丰富。

4）城市结构与城市景观的关系

城市景观是指通过感官所感知的城市物质形态和文化生活形态，由城市环境中的各种相互作用的视觉物体所构成。城市景观结构是指城市在其历史的演变过程中的一切物质形态及人如何组成城市整体景观的原则，以及城市景观各组成要素之间的相互关系和相互作用（钱晨佳和吴志城，2003）。从结构主义来看，城市景观不但是各种景观要素间的关系组合，而且这种关系是统一的、相互关联的、自稳自组的、动态发展的整体。由此可见，城市景观是城市结构中的类要素的相互作用所表现出的某种形式或在人类感知中所呈现出的印象。若从城市建设来看，城市景观结构主要包括有机型、几何型和复合型。有机型城市景观结构的形态特征是城市形态发展顺应自然地形地貌；而几何型城市景观结构表现出人类意志对城市结构演化的强烈控制；复合型城市景观结构兼具了两种以上的城市结构组合，是在城市发展过程中主导城市结构演化的力量多次突变的结果。在城市总体规划中，城市景观结构侧重基于生态景观学原理构建可持续发展的城市景观空间格局。

2. 城市空间结构

1）城市空间结构内涵

城市空间结构是由一系列组织规则将城市形态、行为和相互作用组合起来的一个整体，是城市中物质环境、功能活动和文化价值等组成要素之间关系的表现方式（周春山等，2016，2015；周春山和叶昌东，2013）。可以说，城市空间结构是主要从空间的角度来描述城市形态和城市相互作用网络在理性的组织原则下的表达方式，也就是在城市结构的基础上增加了空间维度（顾朝林，2000）。若将某城市的土地利用图视为某种城市形态，那么我们可以在该图上的不同位置添加物流、资金流和人流图，就体现了空间的相互作用；再加上一个总体的主导结构或组织原则（如城市土地利用的地租机制），就体现了某种城市空间结构。基于土地利用研究城市空间结构的经典理论有伯吉斯的同心环模式、霍伊特的扇形模式、哈里斯和厄尔曼的多中心模式（图4.5）。同心环模式最初是从人文生态学的视角解释城市空间结构，而后城市研究者赋予了该模式土地经济地租解释。扇形模式在保留同心环模式的经济地租机制基础上，考虑了放射状交通线路对城市空间结构的影响。多中心模式在以往城市空间结构理论模式的基础上充分考虑了重工业对城市内部空间结构的影响和郊区住宅区出现等。值得注意的是，城市空间结构具有空间和非空间属性，前者是城市文化价值、功能活动和物质环境三种要素的地理空间分布，后者指在空间中进行的各类文化、社会等活动和现象。

2）城市空间结构特点

（1）功能分化与分级结构。

为了解决快速工业化时期城市扩张过程中各类用地布局混乱的状况，1933年《雅典宪章》提出了城市空间规划需合理布局居住、工作、游憩和交通等四大基本功能。到了工业化后期，郊区化的兴起导致中心城区人口大量外迁，商业、工业和办公服务业等产业也随之外迁，中心城区外围地区出现了规模不等的新城，作为承担中心城区人口和产业转移的城市单元。随着现代城市交通技术和设施的日益完善，不同城市功能区之间的联系和流动更加密切。道路网络不仅是城市交通空间，更起着划分、隔离不同功能分区的作用。这些情况为中心城区用地结构调整提供了可能，加上新城本身的建设也是以功能分区为指导思想，从而促

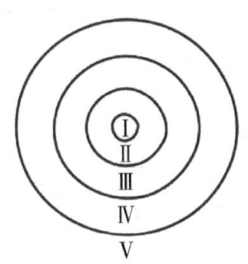

(a) 伯吉斯的同心环模式
Ⅰ—中心商业区；Ⅱ—过渡性地带；
Ⅲ—工人阶级住宅区；Ⅳ—中产阶级住宅区；
Ⅴ—高级或通勤人士住宅区

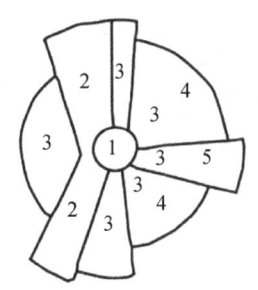

(b) 霍伊特的扇形模式
1—中心商业区；2—批发和轻工业带；
3—低收入住宅区；4—中收入住宅区；
5—高收入住宅区

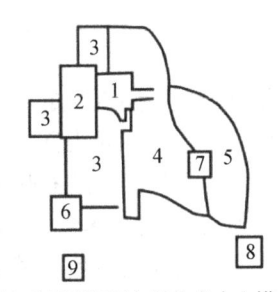

(c) 哈里斯和厄尔曼的多中心模式
1—中心商业区；2—批发和轻工业带；3—低收入住宅区；
4—中收入住宅区；5—高收入住宅区；6—重工业区；
7—卫星商业区；8—近郊住宅区；9—近郊工业区

图 4.5　经典城市空间结构模式（许学强等，2009）

进城市整体用地布局的合理化，有利于增强用地性质的均质性，改变了中心城区和新城之间的关系，使城市从单中心向多中心发展，形成等级有序的分级结构。事实上，城市空间结构的演化较为复杂，单中心结构也可演化为带状结构、放射状结构、主城+卫星城结构；带状结构可演化为单中心团块状结构、放射状结构；多中心组团状结构可演化为放射状结构；主城+卫星城结构可演化为单中心团块状结构、带状结构（表 4.10）。

表 4.10　1990~2008 年中国特大城市空间结构演变（周春山和叶昌东，2013）

类型	单中心团块状结构	带状结构	多中心组团状结构	放射状结构	主城+卫星城结构
单中心团块状结构	7 个（北京、西安、苏州、长春、沈阳、南宁、昆明）	7 个（青岛、海口、烟台、宁波、淮南、徐州、无锡）	6 个（大同、杭州、厦门、汕头、天津、东莞）	4 个（鞍山、合肥、郑州、哈尔滨）	3 个（成都、贵阳、佛山）
带状结构	1 个（洛阳）	4 个（乌鲁木齐、大连、抚顺、呼和浩特）	—	1 个（石家庄）	—

续表

类型	单中心团块状结构	带状结构	多中心组团状结构	放射状结构	主城+卫星城结构
多中心组团状结构	—	—	10个（武汉、广州、福州、南京、重庆、吉林、上海、长沙、南昌、唐山）	1个（淄博）	—
放射状结构	—	—	—	1个（西宁）	—
主城+卫星城结构	3个（太原、邯郸、齐齐哈尔）	4个（深圳、兰州、包头、济南）	—	—	—

分级结构的规划思想就是将城市划分为不同规模的城市单元，对这些城市单元进行分等分级，明确每个城市单元的主要功能，在城市单元内部也使用分级规划思想，使整个城市形成等级、规模不同的多中心结构体系。无论是集中式布局还是带型平面的城市都可采用该规划思想（图4.6）。与自由分散、没有明确功能分区的用地模式相比，分级结构用地模式能够使整个城市空间结构更加严谨。第二次世界大战后，城市分级结构规划成为西方各国城市规划和建设的普遍共识，尤其是在大规模的新城建设和新区开发中。

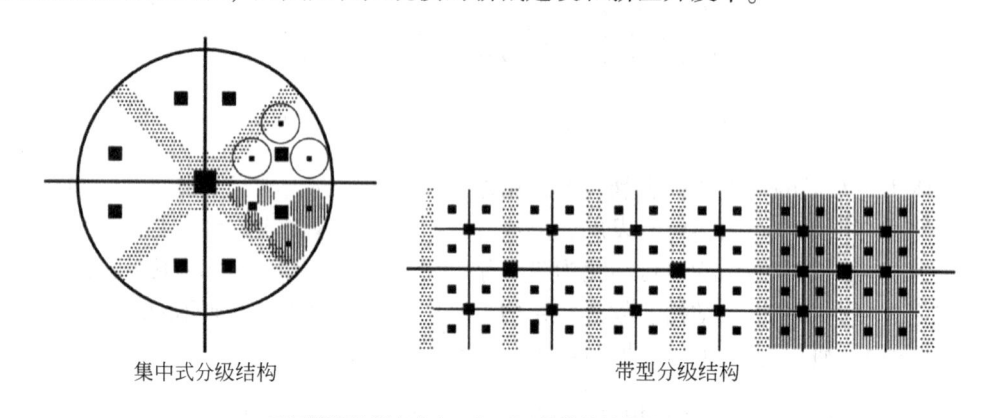

集中式分级结构　　　　　　带型分级结构

■ 不同等级的服务中心　　⦀ 不同规模的结构单元　　▒ 绿地

图4.6　分级规划结构（奥斯特洛夫斯基，1986）

（2）分区平衡与结构单元。

分区是每个区都包括相互联系的各项功能，它能使主导功能和辅助功能相结合，形成一定的功能结构。城市分区是一个内部功能相对平衡的结构单元。这是城市功能分区思想的延伸和纵深发展。

20世纪50年代以后，科学技术的快速发展使部分工业产生的污染程度迅速降低，高新技术产业的兴起和发展也缓解了环境污染问题。城市产业结构的重大变化使地区功能重叠和复合再次成为社会关注的话题。城市分区单元使传统的单中心城市在更大的地域范围内获得平衡，使分区内部因不同功能的组合而形成更合理的城市功能结构。

最常见的内部平衡结构单元是功能型混合新区。它们往往是以城市某个功能为主，适当地综合其他城市功能。例如，莫斯科市外围以工业为主的卫星城镇同时也提供居住和一定的服务设施，东京市郊的以教育科研为主的多摩新城也是居住新城，类似的还有伦敦巴比坎中心的文化居住综合区（图4.7）。另一种典型的内部平衡结构单元是大城市周边的副中心。副中心的主要作用是分化中心城区繁荣功能，具有与中心城区类似的功能，往往也是商业金融、行政办公、文化娱乐等各类服务业以及居住的集中区，综合程度比功能型的混合新区高，且离中心城区的距离较近，如东京的新宿和巴黎的拉德芳斯。

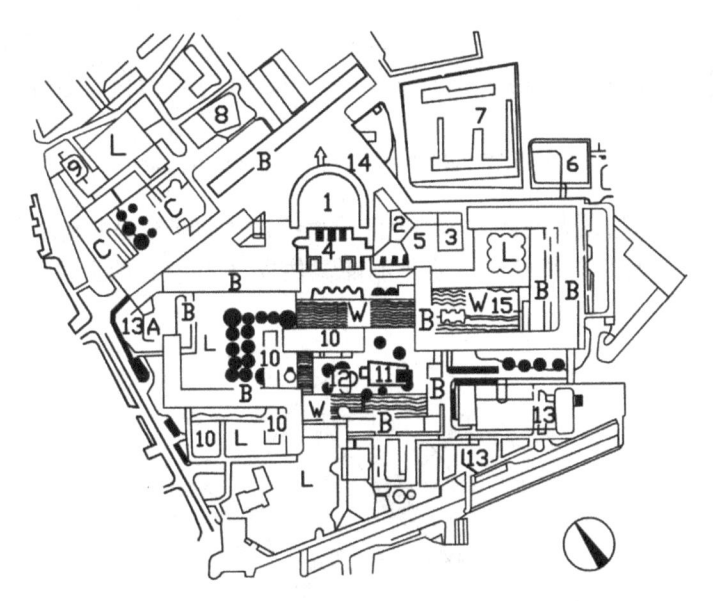

1—音乐厅；2—音乐、戏剧学院；3—剧院；4—图书馆和美术馆；
5—温室、花房；6—公共服务处；7—酿酒厂；8—残疾者学院；
9—学生宿舍；10—伦敦女子学校；11—教堂；12—广场；13—商场；
14—底层商店；15—水上运动场；W—水池；L—草坪；A—塔式住宅；
B—多层住宅；C—庭院式公寓

图4.7 伦敦巴比坎中心的文化居住综合区（沈玉麟，1989）

此外，随着郊区化的深入，在一些郊区化程度较高的地区出现了若干大型的购物超市、旅馆、文化娱乐设施、写字楼等，吸引周边居住的居民前来工作、购物、游玩，成为第三产业集中的郊区中心。这些郊区中心在郊区分布较散，彼此的连接和整体性较弱，被称为"城市村庄"。事实上，郊区中心一定程度上是城市内部功能结构平衡的结果。

（3）多中心结构。

20世纪60年代后，在城市分级结构和内部平衡结构单元思想的指导下，不少大城市根据实际情况开展了新的规划探索，多中心结构发展就是其中一项主要的规划实践。部分大城市中心城区周边地区建立了副中心片区中心和郊区中心等各种次中心，城市空间结构向多中心演化。多中心空间结构不仅是城市中心功能的分化，还是实现了城市空间的分化及城市交通流量的分化。

边缘式副中心：是指建在大城市中心区边缘，具有分化中心市区功能的新城。它具有市级规模的商业、办公等现代化服务设施，并与市中心有便捷的快速交通联系（图4.8）。一般适用于国土面积较小、空间发展受限的大城市，日本东京就是这种形式的典型代表。

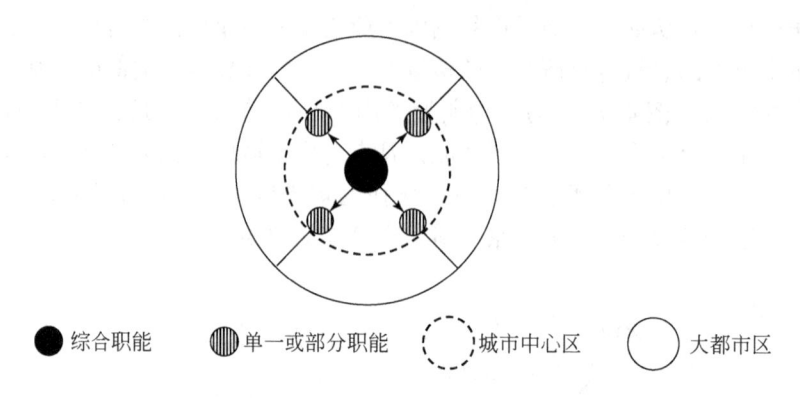

●综合职能　▥单一或部分职能　○城市中心区（虚线）　○大都市区

图 4.8　边缘式副中心结构模式（周春山，2007）

市郊型副中心：是指在大城市的郊外地区建立综合性功能较强的新城，布置市级规模的各类服务业设施和较大的交通枢纽，使其能够截住通往市中心的人流（图 4.9），如法国巴黎。

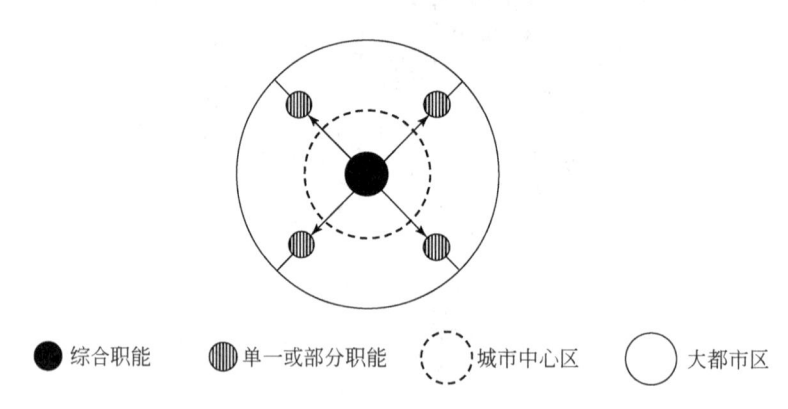

●综合职能　▥单一或部分职能　○城市中心区　○大都市区

图 4.9　市郊型副中心结构模式（周春山，2007）

片区综合中心：是在大城市中心区周围以片区形式来分散市中心区人口和功能的多中心布局模式，是 20 世纪 70 年代初莫斯科市首创的一种大城市中心区空间分化方式。片区都是大城市中心区不可分割的有机组成部分，但又具有一定的独立性，在其内部建立起具有自平衡功能的综合中心。这些片区综合中心起到了改善城市空间环境、分散城市人口及其活动等作用（图 4.10）。

城市外围新城：是指在城市外围地区选择合适的地点建立新城，通过构建与大城市中心区类似的功能结构体系，解决人口生活、就业、游憩、出行等方面的问题，形成吸引人口和产业集聚的新中心，从而起到与传统城市中心区抗衡的作用（图 4.11）。

"无主中心"的多中心：是由多个城市集聚而成的城市群或城镇集团。这类城市群大多由于自然地理条件，或者强烈的地方自治传统等原因，在城市群中有多个区域性的主中心，分别承担不同的功能，彼此又不能相互替代，也无主次之分，从而形成规模宏大、布局松散、多中心或者无主中心的复合型、网络式城市空间结构（图 4.12）。

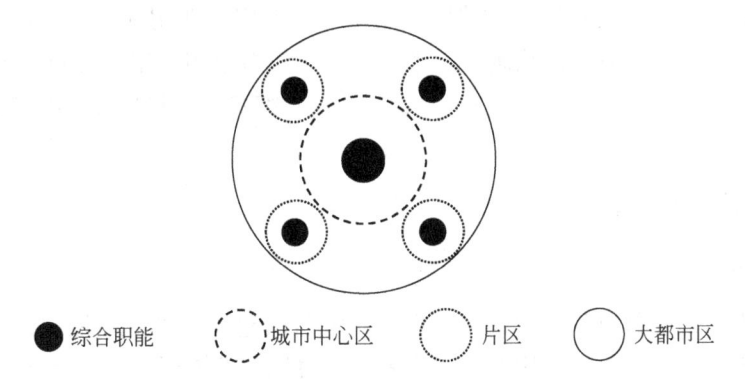

● 综合职能　　◯ 城市中心区　　◯ 片区　　◯ 大都市区

图 4.10　片区综合中心结构模式（周春山，2007）

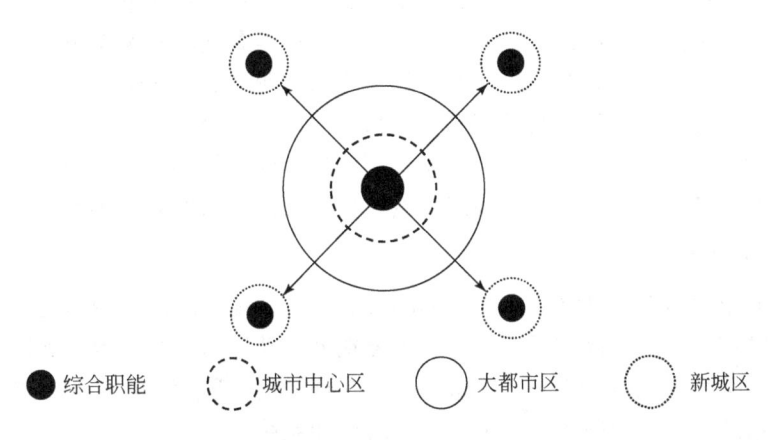

● 综合职能　　◯ 城市中心区　　◯ 大都市区　　◯ 新城区

图 4.11　城市外围新城结构模式（周春山，2007）

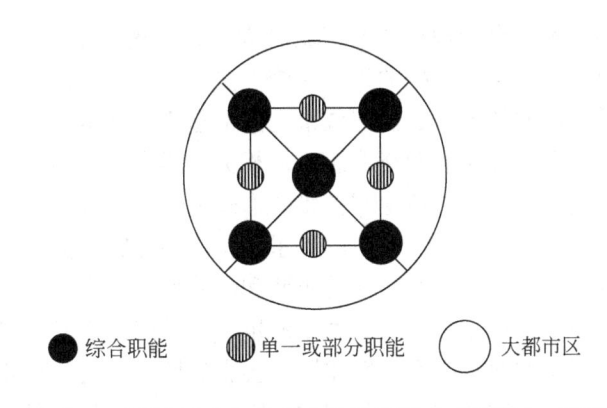

● 综合职能　　◗ 单一或部分职能　　◯ 大都市区

图 4.12　"无主中心"的多中心结构模式（周春山，2007）

4.6　城市用地布局

城市用地是城市规划区域范围内赋予一定用途与功能的土地的统称，包括城市各类建筑、各种设施所占用的一定数量的土地，这些土地的总量构成了城市用地的总规模。城市用地的范围一般是指城市的建成区面积，也包括已列入城市规划区域范围内的非建设用地。城市用地包括居住用地、公共管理与公共服务用地、商业服务业用地、工矿用地、仓储用地、交通运输用地、绿地与开敞空间用地。一般而言，影响城市用地布局的因素主要包括：各种用地所承载的功能对用地的要求、各种用地的经济承受能力、各种用地相互之间的关系、公共政策等。

4.6.1 城市用地组织的基本要求

1. 城市发展方向的确定

城市发展方向是指城市各项建设规模需求扩大所引起的城市空间地域扩展的主要方向。确定城市发展方向需要以用地适用性评价为基础，对城市发展用地做出合理选择。①选择有利的自然条件。尽量选择有利的自然条件是城市规划布局的基本要求。有利的自然条件一般是指地势较平坦，地基承载力良好，不受洪水威胁，不需花费很多的工程建设投资，并能保护城市生产生活安全。②尽量少占耕地农田。保护耕地是我国的基本国策，少占耕地农田是对城市用地布局的基本要求。③保护自然和历史资源。城市用地布局应避开历史文物古迹、水源地、生态敏感地区、风景区及已探明有开采价值的矿藏分布区。④满足重大建设项目的要求。对城市发展关系重大的建设项目，应优先满足其建设的要求。⑤为城市合理布局和长远发展创造良好的条件。充分尊重和利用自然条件为城市长远发展提供保障。

2. 城市主要功能要素布局

合理组织城市用地功能是城市总体布局的核心。各种功能的城市用地之间，有的相互联系、依赖，有的相互干扰、存在矛盾，这就需要在城市总体布局中按照各类用地的功能要求以及相互之间的关系加以合理组织。城市主要功能要素包括居住与生活系统、工业生产用地、公共设施系统、道路交通系统、绿地与开敞空间系统。

3. 城市整体结构的控制

在城市总体布局中，不仅要合理选择城市发展方向，处理好不同功能要素的分布关系，还应从整体的角度，研究城市整体结构的组织原则。

①土地利用与交通系统的整合。建立起城市空间形态与交通组织相匹配的关系是城市结构控制的首要原则。城市布局与交通网络形态密切相关，不同的交通策略会成为影响城市空间组织的重要因素，也会直接决定城市空间扩张的形式。②城市分区与组合关系。城市整体结构控制要处理好功能性分区与综合性分区的关系。功能性分区是保证整体结构清晰的重要因素，而综合性分区则有利于城市各种活动的协调和保持城市活力。③城市中心体系与城市形态的关系。促进核心功能聚合，是当前应关注的重点。城市中心或节点共同构成的中心体系在整合城市空间发展关系方面具有引领性作用，会影响城市空间的整体组织效率，因而在城市布局控制中促进城市中心体系的聚合是非常关键的内容。④各类保护地区与城市布局的关系。保护地区包括城市已有的一些独特的自然资源地区、历史保护地区，也是在城市布局中需要控制发展的地区。城市布局应当突出这些保护地区的作用，并有机地组织到新的城市结构中。⑤空间资源配置的时序关系。在城市连续扩展过程中，需要将城市局部视为完整的系统进行规划建设，在满足城市增长需求的同时，从时空视角保持城市功能系统的合理配置关系。

4.6.2 城市总体布局的原则

1. 城乡融合，区域整体发展

城市总体布局的综合性很强，要立足于城市全局，符合国家、区域和城市自身的根本利益和长远发展要求。城市与周围地区有密切的联系，总体布局时应作为一个整体，统筹安排，同时还应与区域的土地利用、交通网络、山水生态相互协调。区域协调必须把城市作为一个点，而其所在的地区或更大范围作为一个面，点面结合，分析研究城市在地区国民经济发展中的地位和作用。这样，城市与农村、工业与农业、市区与郊区才能统一考虑、全面安排。

2. 功能明确，用地结构清晰

城市是复杂的巨系统，各类物质要素及其功能既有相互联系、互补的一面，又有相互矛盾、排斥的一面。城市用地结构清晰是城市用地功能组织合理性的一个标志，它要求城市各主要用地功能明确，各类用地之间相互协调，同时有安全便捷的联系，保障城市功能的整体协调、安全和运转高效。要合理划分功能分区，使功能明确，面积恰当，既要避免将不同功能用地混在一起，造成相互干扰，也要避免划分得过于零散。旧区的各项功能往往混杂在一起，要根据实际情况，在符合消防、卫生条件的基础上设置混合区，不片面追求功能分区。

3. 立足长远，贯彻可持续发展

城市总体布局是城市发展与建设战略部署，必须有长远观点和科学预见性，力求科学合理、方向明确、留有余地。对于城市远期规划，要坚持从现实出发，对于城市近期建设规划，必须以城市远期规划为指导，重点安排好近期建设和发展用地，滚动发展，形成城市建设的良性循环。城市需要不断发展、改造、更新、完善和提高。研究城市用地功能组织，保证城市在开始阶段有一个良好开端，在建设发展各个阶段都能互相衔接、配合协调。特别要合理确定首期建设方案，加强预见性，在布局中留有余地，主要表现为：在定向、定性上具有可补充性，在定量上具有可伸缩性，在空间定位上具有可变移性。

4. 体现政策，满足高质量发展

城市总体布局应坚持以人民为中心的发展思想，从社会全面进步和人的全面发展出发，塑造高品质城乡人居环境，不断提升人民群众的获得感、幸福感、安全感；坚持底线思维，在习近平生态文明思想和总体国家安全观指导下进行布局，将城市作为有机生命体，探索内涵式、集约型、绿色化的高质量发展新路子，推动形成绿色发展方式和生活方式，增强城市韧性和可持续发展的竞争力；坚持陆海统筹、区域协同、城乡融合，落实区域协调发展、新型城镇化、乡村振兴、可持续发展和主体功能区等国家战略；坚持一切从实际出发，立足本地自然和人文禀赋以及发展特征，发挥比较优势，因地制宜开展规划编制工作，突出地域特点、文化特色、时代特征。

4.6.3 居住用地布局

城市居住用地是城市各类用地中比例最大的用地。居住用地中除建有房屋外，往往还设置与居民住宅相配套的商店、菜场、花园、幼儿园等文化、生活服务机构，以及与住宅连为一体的道路、场地等。为了保证居民的生活质量，居住用地一般都要求环境整洁、交通便利并远离污染源。

1. 居住用地的构成

居住用地中，除了直接建设各类住宅的用地外，还有为住宅服务的各类配套设施用地，如居住区内的道路，为社区服务的公园、幼儿园、中小学以及商业服务设施用地等。因此，城市总体规划中的居住用地是指包括这些为住宅服务的设施用地在内的总称。

2. 居住用地布局的基本原则

居住用地的选择关系到城市的功能布局、居民的生活质量与环境质量、建设经济与开发效益等多方面。一般应考虑以下几个方面。

（1）选择自然环境优良的地区，有着适于建筑的地形与工程地质条件，避免易受洪水、地质灾害等侵袭的地区。在丘陵地区，宜选择向阳、通风的坡面。条件允许的话，尽量接近水面和风景优美的环境。

（2）居住用地的选择应协调与城市就业区和商业中心等功能地域的相互关系，以减少居住-工作、居住-消费的出行距离和时间。

（3）居住用地选择要十分注重用地自身及周边的环境污染影响。在接近工业区时，要选择在常年主导风向的上风向，并预留必要的防护距离，保证卫生、安宁的居住生活环境。

（4）在城市外围选择居住用地，要考虑与现有城区的功能结构关系，利用旧城区的公共设施、就业设施，有利于密切新区与旧区的关系，节省居住区建设的初始投资。

（5）居住用地选择要留有余地。在居住用地与产业用地协同安排时，要考虑相互发展的趋势和需要。

3. 居住用地布局的基本形式

（1）集中布局。当城市规模不大，有足够的用地且在用地范围内无自然或人为障碍，而可以成片紧凑组织用地时，常采用该形式。用地的集中布局可节约城市市政建设投资，密切城市各部分在空间上的联系，在便利交通和减少能耗、时耗等方面可获得较好效果。但在城市居住用地过于大片密集布局，可能造成上下班出行距离增加、疏远居住与自然的联系、影响居住生态质量等问题。

（2）分散布局。当城市用地受到地形等自然条件限制，或受到城市的产业分布和道路交通设施的走向与网络的影响，居住用地可采取分散布局的形式。如在丘陵地区城市用地沿多条谷底展开；又如在矿区城市，居住用地与采矿点相伴而分散布局。

（3）轴向布局。当城市用地以中心城区为核心，沿着多条由中心向外围放射的交通干线发展时，居住用地依托交通干线，在适宜的出行距离范围内，赋予一定的组合形态，并逐步延展。如有的城市因轨道交通的建设，带动了沿线房地产业的发展，居住用地在沿线集结，呈轴线状发展态势。

4.6.4 公共管理与公共服务用地布局

城市公共管理与公共服务设施按使用性质可分为行政办公用地、文化设施用地、教育科研用地、体育用地、医疗卫生用地、社会福利设施用地，按服务范围可分为市级、居住区（街道）级、小区（社区）级。

（1）城市公共设施的种类繁多，它们的布局因各自的功能、性质、服务对象与范围的不同而各有其要求。公共设施的用地布局不是孤立的，它们与城市的其他功能地域有着配套的相宜关系，需要通过规划过程加以有机组织，形成功能合理、有序有效的布局。在城市总体规划阶段，在研究确定城市公共设施总量指标和分类分项指标的基础上，进行公共设施用地的总体布局，包括分类的系统分布、公共设施分级集聚和组织城市分级的公共中心。按照各项公共设施与城市其他用地的配置关系，使之各得其所。

（2）公共设施的布局要结合城市道路与交通规划。公共设施是人、车集散的地点，尤其是一些吸引大量人流、车流的大型公共设施。公共设施要按照它们的使用性质和对交通集散的要求，结合城市道路系统规划与交通组织一并安排。如一些商业设施可结合步行道路或自行车道、公交站点，形成以步行为主的商业街区。而对于大型体育场馆、会展中心等公共设施，由于对城市道路交通系统有较高的依存度，则应考虑与城市干道协同布局。

（3）根据公共设施本身的特点及其对环境的要求进行布置。公共设施本身既作为一个环境影响因素，同时其分布对周围环境也有所要求。例如，医院一般要求有一个清洁安静的环境；露天剧场或球场的布置既要考虑自身产生的噪声对周围的影响，也要防止外界噪声对表演和竞技的干扰；学校、图书馆等设施一般不宜与剧场、市场、游乐场等紧邻，以免相互干扰。

（4）公共设施的布局要充分利用城市原有基础。老城区公共设施的内容、规模与分布一般不能适应城市发展的需要，可结合城市的改建、扩建，通过留、并、拆、转、补等方式进行调整与充实。

4.6.5 商业服务业用地布局

按照商业经营性质的不同，商业服务业用地又可细分为零售商业用地、批发商业用地及配套服务用地几类。其中，零售商业用地是最重要的部分，它大多位于交通方便、行人流量较大的枢纽地带，如市中心、居民小区；对于批发商业，由于大量的库存需要较大面积的占地，业务对象主要是为数不多的零售商，为节约地租支付，也为有效利用城市土地，批发商业用地一般位于非市中心地带；至于其他从事服务业的第三产业部门，如金融机构、饭店等，由于供给和消费在时间、空间上的同一性要求，就需要尽量接近其客户。服务范围较广的通用服务用地要设在交通便利、顾客易达之地，而服务对象较窄的服务机构则不必接近闹市区，只要与其主要的目标客户群接近即可。

4.6.6 工矿用地布局

1. 工业发展与城市发展的关系

工业是现代城市发展的主要因素。大规模的工业建设带动原有城市的发展，使得许多传统城镇进入现代城市的行列，如上海的安亭镇，由于大众汽车厂的建设而成为全国著名的汽车城，浦东金桥镇随着出口加工区的开发建设成为知名的现代工业区。工业提供大量就业岗位，是吸引城市人口的主要部门。工业发展也带动了其他各项事业的发展，如市政公用设施、交通基础设施、配套服务等都获得相应的发展。因此，工业用地承载着城市的主要活动，构成了城市土地使用的重要组成部分。

2. 工矿用地的分类

工矿用地是城市最主要的生产性用地，包括工业用地、采矿用地及盐田，一般设有各类工矿机器服务性企业、非居住用构筑物以及与生产直接相连的厂内铁路支线、汽车道路、文化生活服务设施等。

按环境污染程度，可将工业分为隔离工业、严重干扰和污染工业、有一定干扰和污染的工业、一般工业等。隔离工业指放射性、剧毒性、有爆炸危险性的工业，这类工业污染极其严重，一般布置在远离城市的独立地段上。严重干扰和污染工业指化学工业、冶金工业等，这类工业的废水、废气或废渣污染严重，对居住和公共设施等有严重干扰，一般应与城市保持一定的距离，需设置较宽的绿化隔离带。有一定干扰和污染的工业指某些机械工业、纺织工业等，这类工业有废水、废气等污染，对居住和公共设施有一定干扰，可布局在城市边缘的独立用地上。一般工业指电子工业、缝纫厂、手工业等，这类工业对居住和公共设施基本无干扰，可分散布局在居住用地的独立地段上。

将易造成大气污染的工矿用地布置在下风向。根据城市主导风向，并在考虑风速、季节、地形、局部环流等因素的基础上，尽可能将大量排放废气的工矿用地安排在城市下风向且大气流动通畅的地带。排放大量废气的工业不宜集中布置，以利于废气的扩散，避免有害气体的相互作用。

将易造成水体污染的工矿用地布置在下游。为便于工业污水的集中处理，规划中可将大量排放污水的企业相对集中布置，便于联合无害化处理和回收利用。处理后的污水也应通过城市排水系统统一排放至城市下游。

在工矿用地周围设置绿化隔离带。事实证明，达到一定宽度的绿化隔离带不但可以降低工业废气对周围的影响，也可以起到阻隔噪声传播的作用。易燃易爆工业周围的绿化隔离带还是保障安全的必要措施。绿化隔离带占地规模较大，可结合河流、高压走廊设置，其中可建设少量供少数人使用的非经常性设施，如仓库、停车场等，但严禁建设各种临时或永久性生产、生活建筑。

3. 工矿用地的布局原则

（1）选择相对平坦的地段，满足地面自然坡度要求，地块不宜过小，用地基本上符合工矿业生产的特点和要求，减少开拓费用，能解决给排水问题。

（2）应靠近能源地、水电及其他相互协作能源供给地等，但要避开生态保护区、风景名胜区、历史文化保护区以及重要的军事、水利、交通设施。

（3）为防止污染，工矿用地应布置在城市下风向、城市水系下游，与城市其他生活用地之间应设立防护绿地，应避开城市中心区、居住区等，并预留绿化隔离带。

（4）应相对集中布局，与城市各部分互不干扰。不应过度分散、遍地开花、分割城市，或将城市包围，阻碍城市发展。

（5）要有方便的交通运输条件，应通过城市主次干道与铁路、高速公路、码头、机场等保持顺畅联系。有利于原料及产品的运输，同时应尽量减少工业运输交通对城市内部交通的影响。特别是集中的大片工业区对外交通联系要方便，避免距离过长、对城市其他用地干扰过大。

（6）沿江布局工业是常见的形式，但要注意岸线资源的合理使用，部分交通量不大或者是以公路运输为主的工业可布置在远离航道的地段，以免占用岸线。

布局模式见图4.13与图4.14。

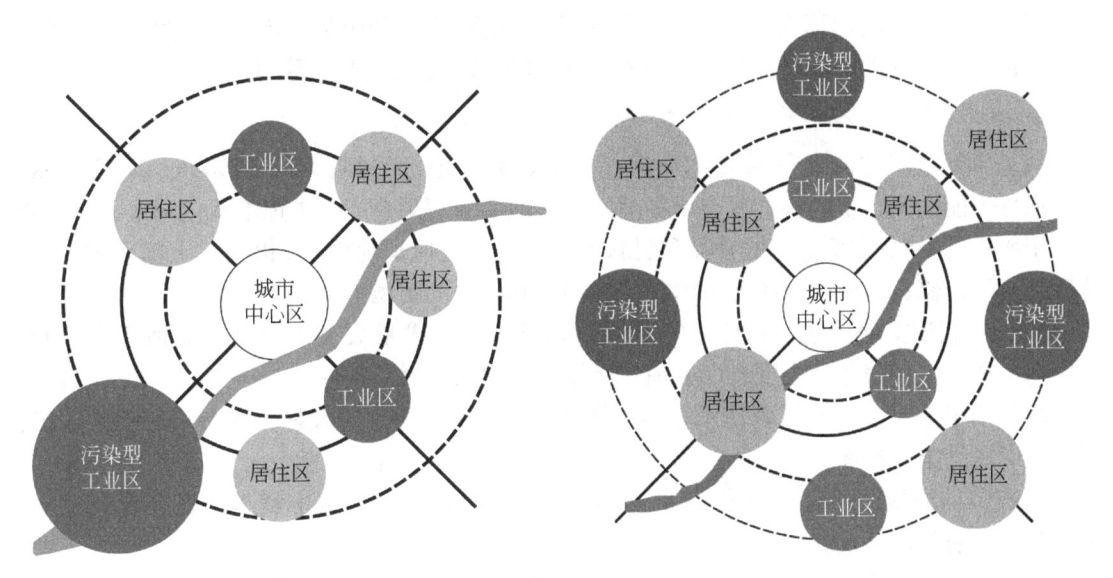

图 4.13　小城市工矿用地布局模式　　　　图 4.14　大中城市工矿用地布局模式

4. 工矿用地在城市中的布局

本着满足生产需要、考虑企业间协作、利于生产、便于生活、为自身发展留出余地、为城市发展减少障碍的原则，城市总体规划应从城市实际出发，按照恰当的规模，选择适宜的形式来进行工矿用地的布局。除与其他种类的城市用地交错布局形成的混合用途区域中的工业用地外，常见的相对集中的工矿用地布局形式有以下几种。

（1）工矿用地位于城市特定区域。通常无污染、运量小、劳动力密集、附加值高的工业趋于以较分散的形式布置在城市之中。工矿用地相对集中地位于城市的某一方位，形成工业区，或者分布于城市周边。通常中小城市的工矿用地多采用该形式。其特点是总体规模较小，与居住用地之间有较密切的联系，但容易造成污染，并且当城市进一步发展时，有可能形成工矿用地与居住用地相互制约的问题。

（2）位于城市边缘的工矿用地。对城市有一定污染和干扰，占地与运输量较大的工业更多地选择城市边远地区，形成相对集中的工矿区。这样一方面可以避免与其他种类的城市用地之间产生干扰；另一方面城市边缘区的地价更低、扩展空间更大。这种工矿区在城市中可能有一个，也可能有数个。

（3）相对独立的工矿用地。因资源分布、用地条件或政策条件的制约，一部分工矿用地需要与城市保持一定的距离，形成独立的工矿用地、工矿组团或工业区。例如，矿业城市中的各采矿组团、作为开发区的工业园区等。此外，生产易燃易爆、有毒产品的工业也应独立布置。

4.6.7　物流仓储用地布局

1. 物流仓储用地的概念

城市总体规划中所指的物流仓储用地并不包括企业内部用以储藏生产原料或产品的仓库以及对外交通设施中附设的物流仓储设施用地，仅限于城市中专门用来储存物资的用地。按照我国现行的城市用地标准，物流仓储用地指"物资储备、中转、配送、批发、交易等的用地，包括大型批发市场以及货运公司车队的站场（不包括加工）等用地"。

2. 物流仓储用地布局的一般原则

（1）满足仓储功能的一般技术要求。地势较高、地形平坦，有一定坡度，利于排水。地下水位不能太高，不应将仓库布局在潮湿的洼地上。蔬果仓库要求地下水位同地面的距离不小于2.5m；储藏在地下室的食品和材料库，地下水位应离地面4m以上。土壤承载力高，特别是当沿河修建仓库时，应考虑河岸的稳固性和土壤的耐压力。

（2）有利于交通运输。仓储用地必须以邻近货运需求量大或供应量大的地区为原则，方便为生产、生活服务。大型仓库必须考虑铁路运输以及水运条件。

（3）有利建设、有利经营使用。不同类型和不同性质的仓库最好分别布局在不同地段，同类仓库尽量集中布局。

（4）节约用地，但有一定发展余地。仓库的平面布置必须集中紧凑，提高建筑层数，采用竖向运输与储存设施。

（5）沿河布置仓库时，必须留出岸线，照顾城市居民生活、游憩的需要。与城市没有直接关系的储备、转运仓库应布置在城市生活区以外。

（6）注意城市环境保护，防止污染，保证城市安全，应满足有关卫生、安全方面的要求。

3. 不同类型物流仓储用地的布局要点

（1）储备仓库一般应布局在郊区、水陆交通条件方便的地区，有专用的独立地段。

（2）转运仓库应布置在城市边缘或郊区，并与铁路、港口等对外交通设施紧密结合。

（3）收购仓库（如农副产品和当地土产收购的仓库），应布置在货源来向的郊区入城干道路口或水运必经的入口。

（4）供应仓库或一般性综合仓库要求接近其供应地，可布局在使用仓库的区域内或附近，并且要求市内交通运输条件便利。

（5）特种仓库：①危险品仓库要布置在城市远郊的独立地段的专门用地上，同时应与使用单位所在位置方向一致，避免运输时穿越市区；②冷藏仓库设备多、容积大，运输量大，往往与屠宰场、加工厂、皮毛处理厂等结合布置；③蔬果仓库应布置于市区边缘通向市郊的干道入口处，不宜过分集中，以免运输线过长，损耗太大；④木材仓库、建筑材料仓库运输量大、用地大，常布局在城郊对外交通运输线或河流附近；⑤燃料及易燃材料仓库应满足防火要求，布置在郊区的独立地段。在干燥、风大的城市，还必须布置在大风季节城市的下风向或侧风向。特别是油库选址应远离居住区、变电站、重要交通枢纽、大型水利工程等重要设施，并最好在城市的低洼处，有一定的防护措施。

4. 物流仓储用地在城市中的布局

（1）小城市宜设置独立的区域来布局各种性质的仓库，特别是县城，由于是城乡物资交流集散地，需要各类仓库及堆场，而且一般储备量较大，占地也较大，因此宜集中布局在县城边缘，靠近铁路站场、公路或河流，便于城乡集散运输。

（2）大中城市仓储区的分布应采用集中与分散相结合的方式。可按照专业将仓库组织成各类仓储区，并配置相应的专用线、工程设施和公用设施，按它们各自的特点与要求，在城市中适当分散地布局。

（3）仓储区过分集中的布局，既不利于交通运输，也不利于战备，对工业区、居住区的布局也起制约作用。为本市服务的仓库应均匀分散布局在居住区边缘，并与商业区结合布局，在具体布局时应按仓库的类型考虑。

4.6.8　交通运输用地布局

1. 城市交通运输与城市发展的关系

城市的形成发展与城市交通的形成发展之间有着非常密切的关系，城市交通一直贯穿于城市的形成发展之中。城市交通与城市同步形成，一般先有过境交通，再沿交通线形成城市雏形。因此，城市对外交通是城市交通的最初形态。随着城市功能的完善和城市规模的扩大，城市内部交通也随之形成与发展。同时，城市由于城市对外交通系统与城市内部交通系统的发展与完善而进一步发展与完善。这就是城市交通与城市相辅相成、相互促进的发展过程。

（1）人的活动是城市交通的主要活动，也是城市交通的决定性因素。人的活动的需求、意愿和能力决定了人的出行目的、出行方式、出行距离和出行频率。人在城市用地中的分布和活动需求决定了城市交通的流动和分布。

（2）城市用地是城市交通的决定性因素。城市交通产生于用地布局，一定的用地布局形成一定的交通分布，一定的交通分布就要有一定的道路和交通系统相匹配。城市道路网的结构和形态取决于城市用地的布局结构和形态，应该与城市的用地布局形态相协调。

（3）要处理好城市用地布局与道路交通系统的合理关系，要有交通分流和功能分区的思想，按照用地产生的不同交通需求，合理布置不同类型的道路，在不同功能的道路旁布置不同性质的建设用地，形成道路交通系统与城市用地布局的合理关系。

2. 城市道路系统用地布局

（1）在合理的城市用地功能布局基础上，按照绿色交通优先的原则组织完整的道路系统。现代城市的道路必须满足安全、准时、便捷及城市环境品质提高的要求，在城市道路系统规划布局时，首先要考虑城市空间的联系和功能布局。切忌仅仅从点和线的联系来考虑道路的布局，某些城市过于强调控制城市主干道两侧的商业和公共设施的安排，使城市丧失活力，甚至使城市居民感到不安全。

（2）按交通性质区分不同功能的道路。为了明确道路的性质、区分不同的功能，道路系统也可以分为交通性道路和生活性道路两大类。交通性道路用来解决城市中各分区之间的交通联系以及与城市对外交通枢纽之间的联系，其特点是行车速度快、车辆多、行人少，如城市快速路。生活性道路主要解决城市各分区内部联系的需要，其特点是车速较低，以行人、自行车和短距离交通为主，车道宽度可稍窄一些，两旁可布置为生活服务的人流较多的公共建筑，要保证有比较宽敞的行人和自行车使用的空间。交叉口也是城市道路系统中的一环，交叉口的通行能力取决于交通方式的组织，在城市中心地区应尽量避免大型展宽交叉口，给行人穿越道路提供方便。

（3）充分利用地形，减少工程量。在确定道路走向和宽度时，尤其要注意节约用地和节省投资费用。因此，在道路布局时，要善于结合地形，尽量减少土方工程量，节约道路的基建费用,便于车辆行驶和地面水的排除。道路选线还要注意所经路段的工程地质条件,线路应选在土质稳定、地下水位较深的地段,尽量绕过水文地质不良地段。

(4) 要考虑城市环境的要求。道路走向应有利于城市通风,一般应平行于夏季主导风向。南方海滨、江滨的道路要临水敞开,并布置一定数量且垂直于岸线的道路。北方城市冬季严寒且多风沙、大雪,道路布置应与大风的主导风向呈直角或一定的偏斜角度,避免大风直接侵扰城市。山地城市道路走向要有利于山谷风通畅。

(5) 要满足铺设各种管线及与人防工程相结合的要求。城市中各种管线一般都沿着道路铺设,各种管线工程的用途不同,性能和要求也不一样。它们相互之间要求一定的水平距离,以便在施工养护时不致影响相邻管线的工作和安全。因此,规划道路时要考虑有足够的用地。道路规划也应和人防、防灾工程规划相结合,以利战备、防灾疏散。城市要有足够数量的对外交通出口,有一个完善的道路系统,以保证平时、战时、受灾时交通通畅无阻。

3. 停车场用地布局

停车场是城市道路交通不可分割的组成部分。随着城市交通量的日益增长,停车问题已经非常迫切。停车场的布局应根据不同类型车辆的要求分别考虑。城市外来机动车公共停车场,主要为过境和到城市来装运货物的机动车停车而设,由于这些车辆所装载的货物品种较杂,其中不乏有毒、有气味、易燃易爆、易污染的货物,为了城市安全防护和卫生环境的需要,这类车辆不宜入城。装完待发的货车也不宜在市区停放过夜,应停在城市外围靠近城市对外道路的出入口附近。

公共停车场要与公共建筑布局相结合,要与火车站、长途汽车站、港口码头、机场等城市对外交通设施接驳,与大量人流汇集的公共设施配合布局,从停车地点到目的地的步行距离要短,所以,公共停车场的服务半径不能过大。

对已形成的城市繁华地区,因空余场地较少,宜作分散性多点设置,也就是采用小型的路侧和路外停车场相结合的方式。对一般地区和城市边远地区,则在主要交通汇集处和城市外围地区易于换乘公共交通的地段设置路外专用停车场。

4. 城市对外交通设施用地布局

(1) 铁路。铁路是城市对外交通的重要工具,许多城市的生产、生活都需要铁路运输,但由于铁路运输技术设备深入城市,又给城市带来了干扰。如何使铁路既方便城市,又能够合理地布置铁路车站线路设备,充分发挥运输效能,与城市互不干扰,是城市规划中的一项复杂工作。

从与城市的关系来看,城市范围内的铁路建筑和技术设备基本上可归纳为两类。一类是直接与城市生产生活密切关联的客货运设备,如客运站、综合性货运站及货场等,应按照它们的性质分布在城市市区或接近城市中心,设在城市市区外围地区的客运站不便于人们的使用和发挥城市公共交通体系的集散作用,而为工业区和仓库区服务的工业站和地区站应设在该有关地区附近,一般在城市外围。另一类是与城市生产生活没有直接关系的技术设备,如编组站、客车整备场、迂回线等,在满足铁路技术要求以及配合铁路枢纽总体布局的前提下,应尽可能布局在离城市外围有相当距离的地方(图4.15)。

(2) 港口。港口是水陆联运的枢纽,也是水上运输的枢纽。港口的生产活动必须有港口城镇的相应设备、设施来保证,港口活动的特点要求港口与城市建设必须配套进行。

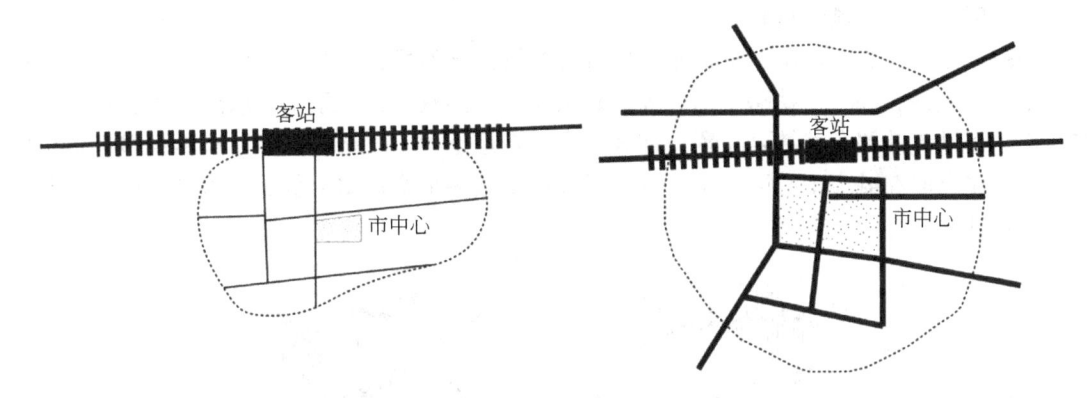

图 4.15 铁路客运站在城市中的位置（吴志强和李德华，2010）

　　港口分为水域和陆域两大部分。水域是供船舶航行、运转、停泊、水上装卸等作业活动用的，它要求有一定的水深和面积，并且风平浪静；陆域是供旅客上下、货物装卸、存放、转载等作业活动用的，它要求有一定的岸线长度、纵深和高程。港口后方集疏运是港口城市交通的重要组成部分。对城市而言，港口货物的吞吐反映在两个方面：以城市为中转点向腹地集散；以城市为始终点，由城市本身消耗与产生。前者主要是以中长距离运输为主的城市对外交通，后者则主要是以短途运输为主的城市内部交通。它们之间必然产生互为补充的衔接关系，从而构成完善的城市交通运输网，以综合解决港口后方的集疏运问题（图 4.16）。

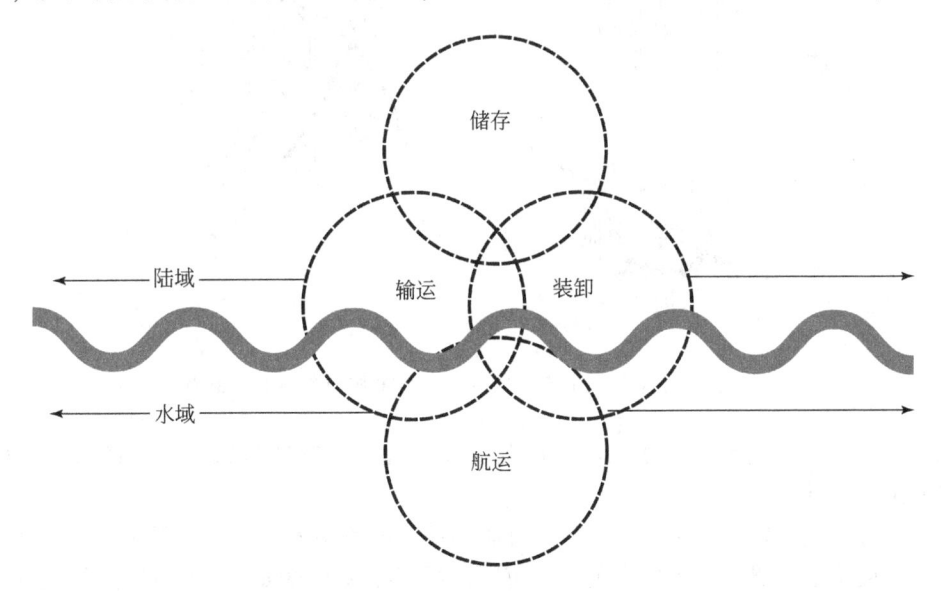

图 4.16　港口活动示意图（吴志强和李德华，2010）

　　（3）公路。在城市范围内的公路，有的是城市道路的组成部分，有的则为城市道路的延续，在进行城市规划时，应结合城市的总体布局合理选定公路线路的走向及其站场位置。城市规划中公路交通与城市的关系有以下三种情况：①以城市为目的地的到达交通，要求线路直通市区，并与城市干道衔接；②同城市关系不大的过境交通，通过城市但可不进入市区，客货作暂时停留（或过夜）的车辆，一般宜尽量由城市边缘通过；③联系市郊各区的交通，一般多采用绕城干道解决。

公路车场可分为客运站、货运站，应合理布置汽车站场，使其既方便使用，又不影响城市的生产和生活，并要与铁路车站、港口码头有较好的联系，便于组织联运。大城市中可以将长途汽车站与铁路车站结合布置。在大城市，客运量大、线路方向多、车辆也多，也可以采用分线路方向在城市中心区或中心区边缘设两个或多个客运站，货运站和技术站也可分开布局（图4.17）。

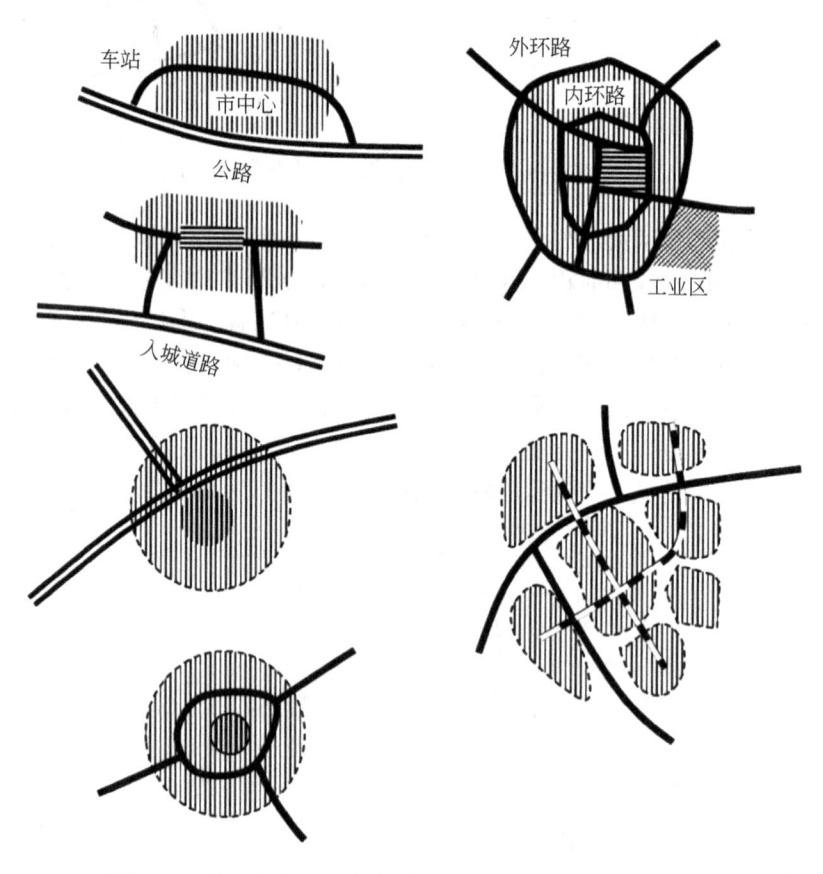

图4.17 公路与城市连接的关系（吴志强和李德华，2010）

（4）机场。正确选择机场在城市的位置以及合理解决机场与城市的交通联系是机场用地布局的主要任务。

机场位置的选择要考虑净空、噪声干扰和与城市的联系等。从净空限制的角度来看，机场的选址应使跑道轴线方向尽量避免穿越市区，最好在城市侧面相切的位置。为减少飞机噪声的影响，市区应尽量避免布置在机场跑道轴线方向。随着航空事业的发展，机场设置的数量会越来越多，在以一个城市为中心的周围地区常常会设置多座机场，邻近机场之间应保持一定的距离，避免空域交叉干扰，制约飞行活动。此外，对于一些航空交通量较小的城市，不足以单独设置机场时，可考虑与相邻城市共用一个机场。

由于机场对城市的噪声干扰越来越大，净空限制的要求越来越高，因此机场与城市的距离也越来越远，地面交通时间不断增加，这大大削弱了航空交通的优势。为使机场与市区的联系较便捷，机场不宜远离城市，应在满足合理选址的各项条件下，尽量靠近城市。

4.6.9 绿地与开敞空间用地布局

1. 城市绿地与开敞空间的功能及分类

城市绿地与开敞空间是指用以栽植树木花草和布置配套设施，基本上由绿色植物所覆盖，并赋予一定功能和用途的用地。城市绿地与开敞空间是构成城市自然环境的基本物质要素，也是反映城市生态质量和城市文明的重要标志，同时具有生态功能和社会经济功能。城市绿地与开敞空间作为自然界生物多样性的载体，使城市具有一定的自然属性，具有固化太阳能、保持水体、涵养水源、维护城市水循环、调节小气候、缓解温室效应等作用，在城市中承担重要的生态功能。同时，城市绿地与开敞空间对缓解城市环境污染和防灾减灾具有重要作用。城市中的各类绿地与开敞空间，大到郊野公园，小至街头绿地，都为市民提供了开展各类户外休闲和交往的场所，不但增进了人与自然的融合，还可以增进人与人之间的交往和理解，促进社会融合。同时，城市绿化还可以构成城市景观的自然部分，并以其丰富的形态和季节的变化不断地唤起人们对美好生活的追求，也成为紧张城市生活中人们的心理调节剂。城市绿地与开敞空间包括城市建设用地范围内的各种绿化用地和在城市规划区范围内的绿地。具体包括公园绿地、防护绿地、广场用地等。

2. 城市绿地与开敞空间布局的基本原则

因地制宜，结合河湖山川自然环境。绿地与开敞空间是改善城市环境、调节小气候和构成休憩游乐场所的重要空间，应均衡分布在城市各功能组成要素中，并尽可能与郊区大片绿地相连接，与江河湖海水系相联系，形成较为完整的城市绿地体系，构筑城乡一体的生态绿化环境，充分发挥绿地与开敞空间在总体布局中的功能作用。

均衡布局，有机构成城市绿地与开敞空间系统。绿地与开敞空间要适应不同人群的需要，布局要兼顾共享、均衡和就近分布的原则。居民的休息与游乐场所，包括各类公共绿地等，应合理分散组织在城市中，最大限度地方便居民使用。在城市总体布局中，既要考虑在市区内设置供居民休憩与游乐的场所，也要考虑在市郊独立地段建立营地或设施，以满足城市居民的短期休憩与娱乐活动。布置在市区内一般以综合性公园的形式，布置在市郊的则多为森林公园、风景名胜区和大型游乐场等。

3. 城市绿地与开敞空间布局的基本形式

（1）块状布局。集中成块布局，如不同规模的公园或块状绿地，或是绿地广场等。该布局形式可以做到均匀分布、接近居民，但对构成城市整体艺术面貌作用不大，对改善城市小气候的作用也不明显。

（2）带状布局。利用河湖水系、城市道路等，形成纵横向绿带、放射状绿带与环状绿带交织的绿地网，包括沿河绿地、沿街绿地等，也包括城市边缘或工业区周边的防护绿地。

（3）楔状布局。由郊区伸入市中心的由宽到窄的绿地，称为楔状绿地。以自然的绿色空间楔入城市，便于居民接近自然，同时有利于城市与自然环境的融合，提高生态质量。

（4）环状布局。在城市内部或城市外缘布置成环状绿带，用以连接沿线的公园等绿地，或是以宽阔的绿环限制城市向外进一步蔓延。

（5）混合布局。以上几种形式的综合运用，可做到点、线、面结合，形成较为完整的体系。可以使居住区获得最大的绿地接触面，方便居民游憩，有利于小气候的改善，也有利于城市环境卫生条件的改善（图4.18）。

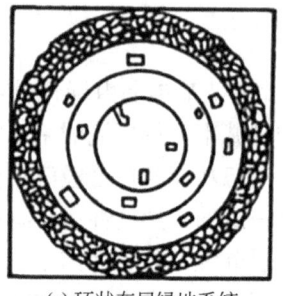

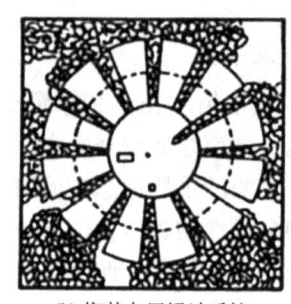

(a) 环状布局绿地系统　　(b) 楔状布局绿地系统　　(c) 块状布局绿地系统

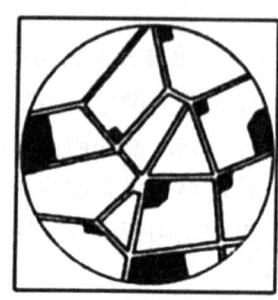

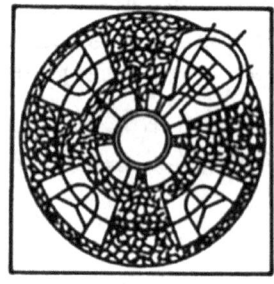

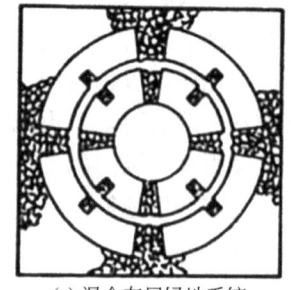

(d) 混合布局绿地系统　　(e) 混合布局绿地系统　　(f) 带状布局绿地系统

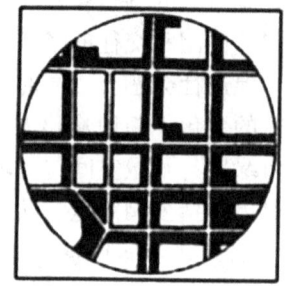

图4.18　城市绿地系统的类型

4.7　总体规划案例与评价

4.7.1　中心镇

1. 中心镇规划设计原则

1）宏观着眼，区域协调

加强"区域观念"，将中心镇规划放在城镇体系规划中通盘考虑，在超越镇域的区域范围进行资源配置、产业布局和重要基础设施的协调和规划。

2）要素集聚，集约发展

对有潜力的中心镇应使其向更高层次发展；对于欠发达地区，通过规划强化中心镇作为农村商品生产和交换中心的性质和功能，促进农村市场经济的发展。

3）节约用地，合理布局

中心镇的发展规模应当根据区位和资源条件、历史发展、现状环境规模容量等进行科学的分析论证，合理确定，确保城镇空间布局紧凑。

4）突出服务，完善功能

突出中心镇建设为经济发展服务的地位，逐步完善城市功能，加快中心镇基础设施、公共服务设施的建设，满足城镇居民及周边农村居民日益提高的物质和精神生活的需求，促进中心镇成为本地区的政治、经济、文化中心。

5）保护生态，改善环境

综合考虑城镇的环境布局，形成每一个中心镇的生态建设特色。

6）因地制宜，创造特色

根据中心镇的资源特点来确定中心镇的性质、格局和发展方向，避免中心镇个性的缺失。通过保护和发扬历史文化传统，最大限度发挥自然要素的优势，做到建筑和自然环境融为一体，以突出中心镇的建筑风格。

7）因势利导，分期建设

以"长远合理布局"为战略目标，因势利导，跨越发展门槛，兼顾各分期目标的现实推进和可持续发展。

2. 中心镇规划与建设实践——以坪石镇为例

2003年广东省政府下发《关于加快中心镇发展的意见》（粤府〔2003〕57号）提出在全省确定300个左右经济总量较大、基础设施较好、地理位置优越、带动作用明显的中心镇，在全省小城镇建设中发挥带头作用。广东省中心镇规划一般分为总体规划和建设规划两个阶段（图4.19）。总体规划阶段包括发展策略研究、总体规划、近期建设规划、建设用地分区图则。建设用地分区图则为新增的强制内容，必须与总体规划同时编制，旨在加强总体规划对详细规划的指导。建设规划阶段主要包括详细规划（控制性详细规划、修建性详细规划）、专项规划和城市设计等内容。城镇化水平较高的中心镇，应单独编制中心镇重点地区的控制性详细规划，以指导修建性详细规划的编制。

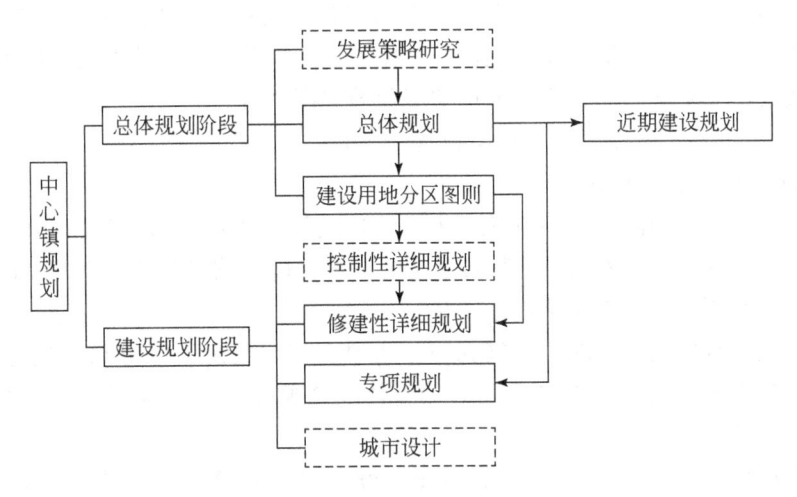

图 4.19 广东省中心镇规划体系
（实框为必备内容，虚框为可选内容）

1）综合分析现状特征，诊断主要问题

坪石镇位于岭南山脉的南麓、武江的上游、广东省北部，与湖南宜章县相邻，是一个旅游城镇，也是乐昌市北面地区的经济、文化、金融中心。

（1）优势条件明显。①地理位置优越：坪石镇是广东的北大门，粤北的重镇，有着发展内地与广东以及广东与内地贸易的良好前景。②交通条件良好：交通网络已成体系，京广铁路、京珠高速公路、107国道横穿镇域。③旅游资源丰富：坪石镇拥有金鸡岭、九泷十八滩漂流等知名景区。④经济基础较强：坪石镇许多经济指标在乐昌市名列前茅。⑤政策优势突出：用地指标、用地计划、用地规模以及融资等方面享受到一定的优惠条件。

(2) 劣势和不足。①地势高低不平，建设成本高：规划区范围内山地多平地少，使交通等基础设施的投资相应增大。②劳动力素质不高，外流现象严重：劳动力素质不高，有大量的劳动力外流。③城镇基础设施不足：对于给排水设施、镇区道路等各项非经营性基础设施建设的投入严重不足。

(3) 面临的机遇和挑战。①珠三角产业转移的机遇：坪石镇位于珠江三角洲的外缘，在接收珠江三角洲的产业转移中具有地理位置的优势。小城镇经济综合开发示范镇的确立的机遇：2004年坪石镇被确立为全国小城镇经济综合开发示范镇，坪石镇物流中心配套基础设施被确定为重点建设项目。②来自湖南宜章的挑战：坪石与湖南宜章相接，宜章交通、通信发达，对坪石镇的发展构成了很大的挑战。

2) 目标定位高远，战略契合中心镇地位

(1) 经济发展定位。

乐昌市的工业基地；省级物流集散地、旅游胜地；粤北经济大镇和经济强镇。

(2) 经济发展战略思路。①推进农业产业化，发展"三高"特色农业，走"科技兴农"的道路。②做好产业规划，推进产业集聚发展。引导企业集中在园区里发展，形成和扩大集聚效应。③发展支柱产业，带动相关产业的发展。加大力度优先扶持支柱产业的发展，鼓励和引导已投资生产的企业进一步增资扩产。④加大招商引资力度，进一步吸引投资。利用网络招商、广告招商、以商引商、组团招商、项目招商等多种途径进行招商引资。⑤提高规划建设标准，大力推进城镇化进程。按照适度超前和可持续发展的原则，合理确定坪石镇的性质及产业空间布局，推进人口和产业的规模集聚。

3) 人口预测着重机械增长，地域结构结合职能

(1) 人口与城镇化水平预测。

对户籍人口规模的预测：2010年人口预测规模包括以2004年为基数的预测以及迁移人口，随着社会经济的发展和人们文化教育水平的提高，以及政府对计划生育工作的管理，取2010~2020年人口增长率为3‰~5‰。

对外来暂住人口规模的预测：到2010年，暂住人口达到总人口的14%左右，到2020年暂住人口将达到总人口的34%左右。坪石镇暂住人口规模至2010年将达到1.9万~2.0万人，至2020年将达到7.5万~7.7万人。

综合以上对户籍人口和外来人口的预测，得出未来几年坪石镇人口规模的预测结果（表4.11）。

表4.11 坪石镇人口规模预测

年份	2004年	2010年	2020年
总人口/万人	11	14.1~14.3	22.1~22.6

预测坪石镇城镇化水平到2010年为75%，城镇人口为10.6万~10.7万人，到2020年坪石镇城镇化水平达到85%，城镇人口将达到18.8万~19.2万人。

(2) 空间结构布局。

总体规划布局结构为"一主两副两轴"（图4.20）。

一个主中心：坪石镇区。

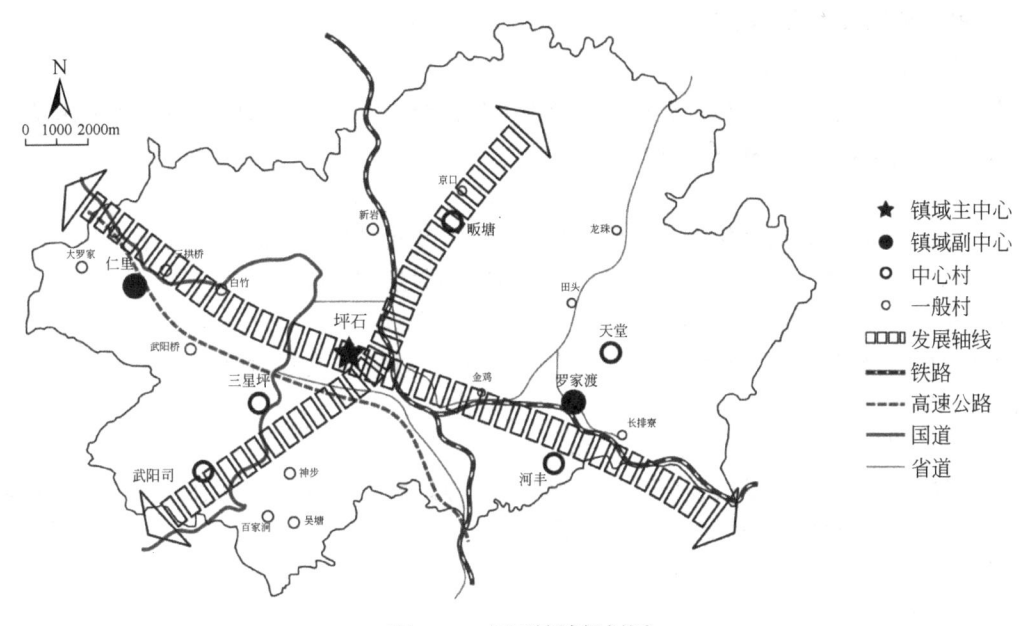

图 4.20　坪石镇域规划图

资料来源：《乐昌市坪石中心镇总体规划（2005—2020）》

两个副中心：仁里村和罗家渡。规划仁里村成为镇域西部地区的一个副中心，来带动镇域西部地区的发展。东部的罗家渡发展成为坪石镇东部地区的一个副中心，来带动镇域东部地区的发展。

两轴：一轴大约方向是东西走向。此轴西部为 107 国道，中间部分为坪乳公路的部分，东部为 248 省道沿线；另一条轴线约是东北–西南向，以规划的坪石大道沿线为主轴。

4）空间管制严控生态底线，遵循生态可持续发展原则

（1）非农建设区。

主要指坪石镇区及各行政村和自然村的非农建设用地。坚持提高建设用地的使用综合效率的原则，让工业集中进园区，住房集中，对旧区进行合理的改造，严格控制建设用地的规模。

（2）控制发展区。

主要指用于非农建设用地的预留发展用地，包括除去非农建设用地和不准建设区之外的土地。坚持可持续发展的原则，对控制发展区的土地利用进行严格的管制。

（3）不准建设区。

主要指用于生态或防护的林地、水库和用于旅游的地域或其他用途的特殊用地。对这类土地要明确责任人或责任单位，进行专门的保护，划定过渡区来保护不准建设区。

5）交通等基础设施规划适度超前，联动周边发展

结合规划区的性质、规模、用地布局和现状道路的走向，合理规划道路系统，打造分工明确、主次分明、联系紧密的道路系统，以适应坪石镇区的拓展和满足生产、生活的需求。城区主要道路网络结构为"两环"和"X"形主干道。其中，"两环"为环岛路组成的内环和 107 国道、248 省道以及坪乳公路组成的外环，"X"形主干道为坪石大道和坪乳公路。

3. 中心镇规划政策与建议

1) 维护规划的法律效力

经批准后的中心镇总体规划具有法律效力，任何单位和个人在镇区内进行各项建设活动都必须符合总体规划，服从规划管理。

2) 加强宣传和教育

加大对中心镇建设的宣传力度，使群众明白中心镇建设是融合商贸、医疗卫生、文化体育、学校等公益设施于中心镇，是实现社区化管理和服务的手段。

3) 建立相互配套的政策平台

改革户籍管理制度，引导农村人口向中心镇相对集中。深化投融资体制改革，广辟城镇建设投融资渠道。

4) 建立完整科学的规划体系

总体规划获市政府批准后，应及时组织编制重点地段控制性详细规划、修建性详细规划和专项规划，以便更好地指导城镇建设工作。

5) 建立高效有力的管理网络

抓好城市规划建设和土地开发利用管理的关系，利用土地价格的杠杆作用引导城市建设。

4.7.2 县城——北川新县城

1. 背景

2003年，北川作为全国唯一的羌族自治县获得国务院批复，北川县处于羌族文化核心区与汉文化的过渡地带，是整个羌族聚居区内受汉文化影响最深的地区。北川新县城作为"5·12"特大地震灾后唯一异地重建的县城，一方面，其鲜明的城镇近远期发展需求、特定的规划建设周期与城镇空间尺度以及浓郁的地域民族文化氛围，对城市总体规划与设计的实施创新提出了新要求；另一方面，如何能够从古时羌寨走向现代羌城，在兼顾现实需求与文化传承的基础上进行时代性的创新也是总体城市规划与设计工作的技术难点。

2. 新县城方案形成过程

工作组从地质条件、城市安全、灾害损毁与重建难度等角度考虑，北川县城不应原址重建。在对擂鼓、永安、安昌、桑枣四个备选方案综合评价后，确定将安昌作为推荐上报方案。2008年11月初，国务院正式同意北川新县城选址，2009年2月民政部正式批复了原安县永安、安昌两镇纳入北川县的行政区划调整方案。

安昌方案所在的安昌河河谷平坝地带，具有良好的地质条件和较高的安全性；选址地与中心城市和县域腹地均有较便捷的联系，安北公路改造工程将进一步提升绵阳中心城市、安县县城和北川县城三地的交通联系便捷程度；选址场地用地充裕，可满足县城未来发展需求；选址临近安昌镇，可以利用其现有市政基础设施和公共服务设施对新县城的建设形成强有力的支撑；选址涉及县域行政区划的调整区域为靠近北川和距离安县县城较远的有限区域，行政体制调整可行，操作难度低。

2009年4月，四川省人民政府批复了《北川羌族自治县新县城灾后重建总体规划方案》，其在明确平坝为主、丘陵为辅、河西近期、河东远景以及顺山顺水主导思路前提下，形成了"公园居中、半环围合、山水轴线、两岸四区"的规划初步方案,深入交通、景观、市政等专项规划,形成最终方案。

3. 新县城发展战略

1) 社会发展目标与战略

优先落实城乡受灾人口安置、促进农村劳动力实现城镇就业、保障县域社会公共服务的有效覆盖、建立针对灾后特殊需求的社会保障体系。

2) 经济发展目标与战略

分区制定产业政策,工业向以新县城为中心的山前河谷集中,山区原则上不再布置工业;促进农业产业化,促进山区特色经济作物、农产品深加工业发展;优先发展劳动密集型产业,重点发展以商贸、休闲度假、旅游为主的服务业。

3) 区域协调目标与战略

统筹县域发展,协调山区与平原、城镇与农村发展;融入绵阳中心城市,加强区域交通联系,新县城突出城镇特色功能,成为绵阳市面向川西山区的重要节点城市;密切与安县协作,吸纳安县部分人口,为安县提供社会公共服务,密切产业协作。

4. 新县城总体规划主要内容

1) 发展定位与目标

北川县域政治、经济、文化中心,全国唯一的羌族自治县县城,地区性的节点城市。

川西旅游服务基地和绵阳西部产业基地,川西北旅游接待和中转中心,绵西特色产业基地。

现代化的羌族文化城和生态园林城,充分体现羌风羌貌的现代化生态宜居城市。

2) 总体规划布局

(1) 空间结构分析。

以北川新县城为中心,结合安昌镇,构筑县域人口、产业发展的核心地区,促进对口支援产业园区的建设,加快北川发展模式的改变(图4.21)。

重点扶持综合条件较好的乡镇,提高城镇抗震防灾能力,增强社会公共服务提供能力,扩大公共服务覆盖面,满足区域内乡镇居民点的需求。

弱化城镇发展轴线的作用。突出绵茂公路、九环线的旅游和区域生命线通道功能。

一心:指北川新县城(包括安昌镇)是全县域的人口产业集聚区。

多点:调整后的山区乡镇。

多廊道:结合主要道路,布局产业与居民点、旅游区和农业产业区,强调对外交通的建设,为山区的生命线廊道提供高标准保障。

(2) 用地结构分析。

山东大道沿线布局企业办公和生产服务、行政办公、集中开敞绿地、文教等城市主要公共服务功能,形成半环形服务带。新川大道沿线为服务百姓日常生活的商业服务兼有旅游服务功能,形成另外一个半环形的商业服务带。两半环相扣形成城市核心区。

联系河西园包山、塔字山(案山)和河东云盘山(靠山)形成垂直于河道的城市轴线,轴线由羌族风貌商业街、中心公园和行政中心等实体功能构成,统领两岸用地空间。

城市中心公园作为集中的开敞绿地布置在安昌河东岸主要建设区域的核心,方便市民享

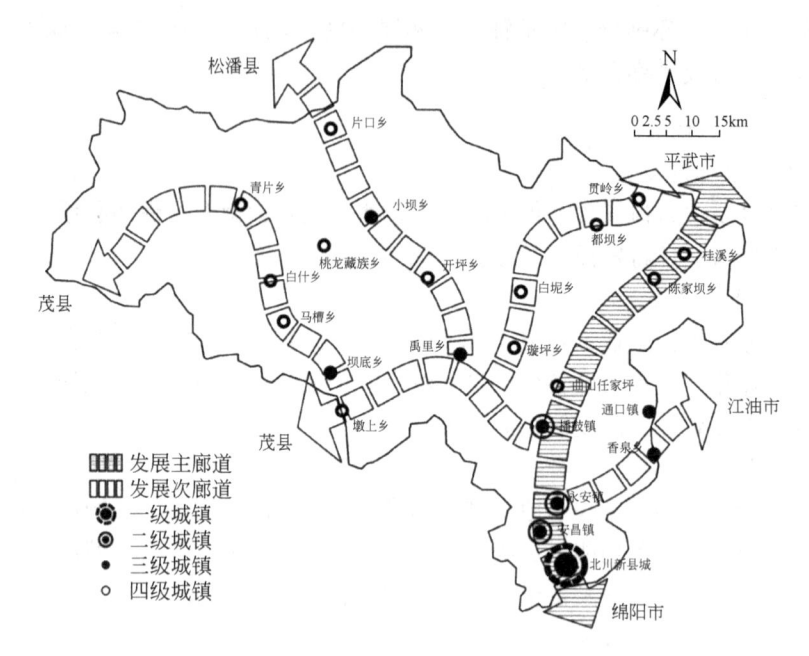

图 4.21 北川县域空间布局图
资料来源：《北川羌族自治县新县城灾后重建规划（2008—2020）》

用，提供了足够的避灾应急空间，也为行政中心提供了开阔的前景（图 4.22）。

（3）土地利用规划。

城市建设用地规模：9km²，总人口规模：8.5万人。

（4）居住用地规划。

用地规模 2.156km²，人均居住用地 25.4m²/人，分为开茂组团、温泉组团、顺义组团、红旗组团、红岩组团、白杨坪组团六个组团。住房类型分为商品住房和保障性住房。

（5）公共服务设施规划。

行政及事业单位用地主要分布在山东大道公建带的中央、城市景观主轴的东端、城市中心公园的东侧；文化娱乐设施用地主要分布在山东大道北侧及滨水地区；教育科研设施用地主要靠近山东大道；医疗卫生设施用地靠近生活性干路；社会福利设施用地布局于环境良好、交通方便，并靠近安昌的位置；商业服务设施结合 T 形居住用地布局，形成十字服务轴，企业办公用地沿山东大道和山东工业园区中轴布置，旅游休闲设施用地结合北部丘陵地区和安昌河滨水地区布置。

（6）绿地系统规划。

绿地系统布局结构为"一环四带六园多点"，由山体水系、沿路绿带和各级公园组成。

（7）工业与仓储物流用地规划。

产业选择应当符合当地资源条件、延续原有工业基础，融入绵阳工业体系；产业类型以农副产品加工、纺织服装、新型建材、旅游产品加工等劳动密集型产业为重点，部分引进与绵阳工业体系对接的机械、高新技术制造产业。

（8）道路交通规划。

分区限速理念：不同地区、不同道路设计速度不同，达到道路安全的总体目标。

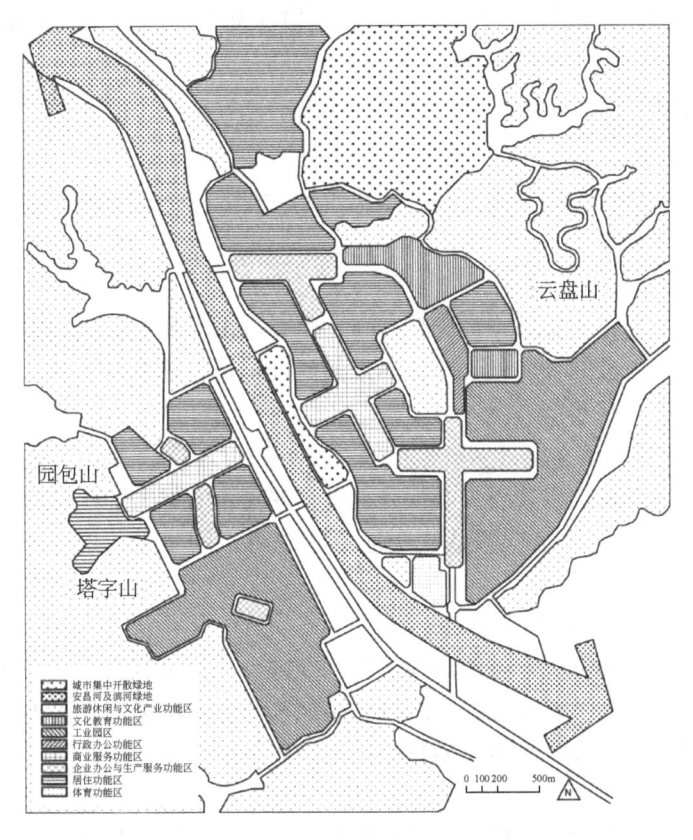

图 4.22　北川县用地结构规划图
资料来源：《北川羌族自治县新县城灾后重建规划（2008—2020）》

慢行优先理念：突出慢行交通系统的地位，保障慢行交通环境，凸显绿色交通、安全交通的总体目标。

高可达性理念：将可达性作为交通问题的核心来处理，全面落实县城交通便捷的总体目标。

空间协调理念：优化道路断面，统筹协调道路与周围建筑之间的关系，营造多样性的、开放的道路活动空间，体现集约、绿色交通的总体目标。

（9）总体城市设计。

山——山环丘融。城区建设用地主体位于群山环绕的河坝之上，北部浅丘地区城市建设用地与山体呈交错布局。

水——理水建筑。对外以安昌河为主脉打造连接新县城与安昌镇的城市滨水风光带，以景联城；对内在保持原有山体雨水排水水系畅通的基础上营水造景，提升城市生活的亲水性。

城镇平面形态强调适度紧凑，采取转向衔接的棋盘路网。城市地块划分也尽量规整，便于建筑设计与开发建设。形成纵横的开放空间廊道，促进城市内部空气流动与污染物的疏散，竖向形态上控制建筑高度，留足滨水空间，避免城市建设可能产生的景观破坏与视觉遮挡。新县城建筑整体以多层为主，结合局部小高层建筑物点缀，形成平缓舒展、富有韵律的城市轮廓线。微观尺度则强调以建筑手法形成屋顶轮廓的高低错落，丰富近人尺度的空间感受。

5. 新县城方案特点

1）紧凑功能布局，集约土地开发

采用紧凑的城市空间结构，人均用地指标严格按照国家标准控制。采用混合功能布局，方便城市居民的日常生活。

2）尊重自然环境的绿化系统

保留原有水系，建设贯穿城市的绿色廊道，将外围山体景色引入城市。强调山区等环境敏感度较高地区的低密度开发，切实降低环境的承载负荷。提升新县城城市生活亲水性，对外以景连城，对内引水造景。

3）落实安置政策，重点建设保障住房

近期优先进行保障性住房建设，确保受灾群众安置，安置房的建筑面积占整个新县城住房建筑面积的50%以上，社区建设认真听取群众意见，同步进行配套生活服务设施建设，构建和谐的社区氛围。

4）发展地方经济，开发旅游休闲产业

通过发展旅游业，建立职业技能培训机构，促进当地居民就业。发展地方特色经济，以农副产品加工、纺织服装、新型建材、旅游产品加工等劳动密集型产业为重点。重点发展旅游休闲产业，将新县城打造成旅游休闲目的地和游客集散中心。

5）传承地域文化风貌特点

建筑设计采用羌族传统建筑符号和装饰图案与现代建筑材料和施工技术的有机融合，结合乡土树种的栽植、民俗活动的展示、公共艺术的传承，以及羌族手工业的继承等塑造城市特色风貌。新县城的道路、住区名称尽量沿用老曲山镇路名及拆迁村落的原有名称，以流传地域的记忆。

6）强调绿色交通，减少机动车出行

构建以绿色交通系统为主导的交通网络，对于居住区内部的交通组织，利用路面铺装、街道设施和道路转角控制，有效降低居住区内部车速。在对道路广场进行规划控制时，强调小尺度和密路网的原则，降低道路红线宽度，提高道路网密度。

采用慢行交通一体化设计方法，将自行车与步行道设置在同一个平面上。在较大的交叉口设置中央行人过街安全岛，确保交叉口行人过街安全；在交叉口慢行交通通道端部设置阻车石，严格限制机动车进入慢行交通通道。在生活性慢行交通系统以外，北川规划建设了独立慢行交通系统。

4.7.3 城市——广州市

1. 背景

2018年10月，习近平总书记在视察广东时，要求广州努力实现老城市新活力，在综合城市功能、城市文化综合实力、现代服务业、现代化国际化营商环境方面出新出彩，为广州在新时代迈向高质量发展指明了方向。立足新时代，谋划新征程。《广州市国土空间总体规划（2018—2035年）》草案已编制完成，本次规划编制在《广州市城市总体规划（2017—

2035年)》的基础上,按照自然资源部关于开展国土空间规划先行先试的要求,坚持以习近平新时代中国特色社会主义思想为指导,深入学习贯彻习近平生态文明思想、习近平总书记对广东重要讲话和重要指示批示精神,贯彻落实"一带一路"倡议、粤港澳大湾区建设等国家战略,坚持新发展理念,落实高质量发展要求,率先建立国土空间规划体系,优化国土空间开发保护格局,为广州增强粤港澳大湾区区域发展核心引擎功能,推动实现老城市新活力、"四个出新出彩",着力建设国际大都市,焕发云山珠水吉祥花城的无穷魅力提供重要支撑,朝着建设美丽宜居花城、活力全球城市的目标奋进。

2. 主要内容

1) 谋战略,定目标——谋划广州长远发展战略

以建设"美丽宜居花城、活力全球城市"为目标愿景,确定广州的城市性质为广东省省会,国家历史文化名城,国家中心城市和综合性门户城市,粤港澳大湾区区域发展核心引擎,国际商贸中心、综合交通枢纽、科技教育文化中心,着力建设国际大都市;制定面向2025年、2035年、2050年的分阶段发展目标,并量化分解规划目标(表4.12);科学调控人口规模与用地规模,2035年常住人口规模在2000万人左右,同时按照2500万管理服务人口进行基础设施和公共服务设施配置。用地规模上,严控国土空间开发强度,促进节约集约用地。做到"严控总量、盘活存量、精准调控、提质增效"。

表4.12 分阶段目标

年份	目标
2025年	建成科技创新、先进制造、现代服务、文化交往强市,国际商贸中心、综合交通枢纽、科技教育文化中心功能进一步增强,粤港澳大湾区区域发展核心引擎作用进一步凸显
2035年	建成国际大都市,成为具有全球影响力的国际商贸中心、综合交通枢纽、科技教育文化中心,城市经济实力、科技实力、生态环境、文化交往达到国际一流城市水平
2050年	全面建成中国特色社会主义现代化国际大都市,成为彰显中国特色社会主义制度优越性、繁荣富裕、文明和谐、绿色低碳的美丽宜居花城、活力全球城市

2) 联区域,强极点——携手港澳共建国际一流湾区和世界级城市群

强化广州作为粤港澳大湾区区域发展核心引擎功能,推进区域城市交通设施互联互通、市政基础设施共建共享、生态环境共同维育、科技创新协同发展,建设广州南沙粤港澳全面合作示范区,引领带动全省"一核一带一区"协调发展,支持港澳融入国家发展大局。

3) 守底线,塑格局——构建美丽国土空间格局

(1) 统筹城镇、农业、生态空间,科学划定生态保护红线、永久基本农田和城镇开发边界三条控制线。

夯实底线,确定生态和农业空间不低于市域面积的2/3,明确极限,城镇空间不高于市域面积的1/3。科学划定生态保护红线、永久基本农田和城镇开发边界三条控制线。将"三区三线"作为调整经济结构、规划产业发展、推进城镇化不可逾越的红线。

(2) 统筹优化城乡布局,优化沿珠江水系的网络化城市发展结构。

以珠江为脉络,以生态廊道相隔离,以高速公路和快速轨道交通互联互通,以重大战略枢纽为支撑,形成"一脉三区、一核一极、多点支撑、网络布局"的空间发展结构(图

4.23），统筹空间资源和发展要素布局，促进城乡均衡发展。

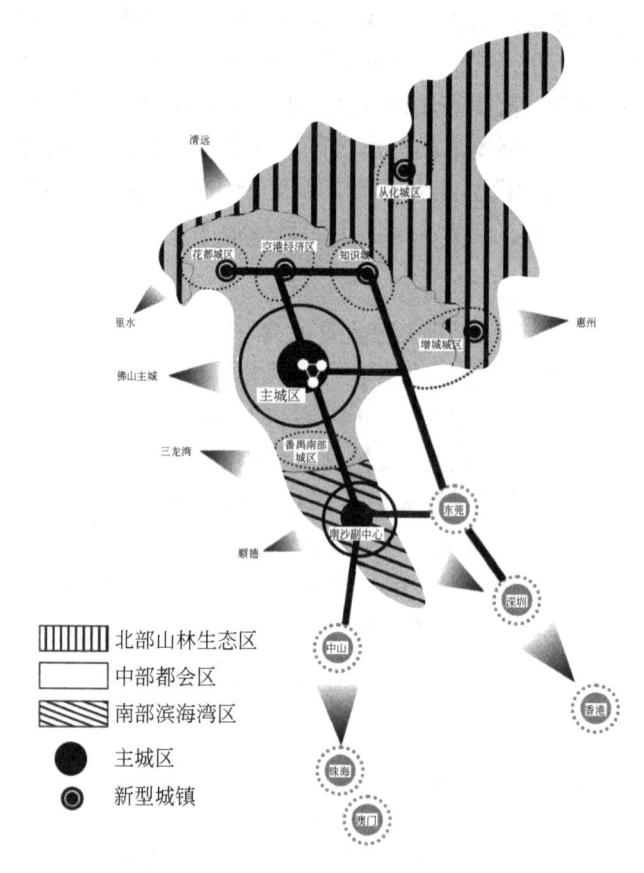

图 4.23　广州市空间结构图

资料来源：《广州市国土空间总体规划（2018—2035 年）》

（3）构建生态空间网络，开展生态修复。

结合珠江水系流域系统的自然资源禀赋特色，构建通山达海的生态空间网络，重点建设"三纵五横"的生态廊道体系。分类明确山、水、林、田、湖、海等重要自然资源的核心指标、用途管制要求。针对生态修复地区，系统制定了山体、水体、水土流失、林业生态、土壤修复、海洋生态等生态修复措施。

4）活存量，优结构——优化土地利用结构布局

（1）严格生态和农业用地保护。

加强农业和生态用地规模管护，有效保护林地资源，实施耕地全方位保护，加强水系和湿地保护建设，引导园地高效利用，强化农业和生态用地功能复合。

（2）精准调控建设用地。

保障区域交通枢纽用地供给，提升民生用地比例，增加绿地与广场用地供给，保障先进制造业、战略性新兴产业用地。

（3）加强地下空间综合开发利用。

确定地下空间开发利用规模，划定慎建区、限建区和适建区，细化竖向利用分层有序安排各类设施，划定地下空间重点开发区域，开展地下空间详细规划。

（4）建立土地主导用途分区引导。

在市域层面划分主导用途区，明确各类规划分区功能引导方向，强化主导用途分区引导，优化土地利用空间布局。

（5）存量用地改造。

以土地整备整合分散存量土地资源，综合采用全面改造和微改造等多种形式，力争到 2035 年累计推进存量用地改造面积 300km² 左右。

5）培动能，强强项——提升发展能级，壮大发展新优势

规划建设具有国际竞争力的创新型现代化产业体系，增强国际科技创新功能与网络，建设穗深港、穗珠澳科技创新走廊，重点打造"三城一区多节点"的创新空间格局（图4.24），促进先进制造业集聚集群发展。

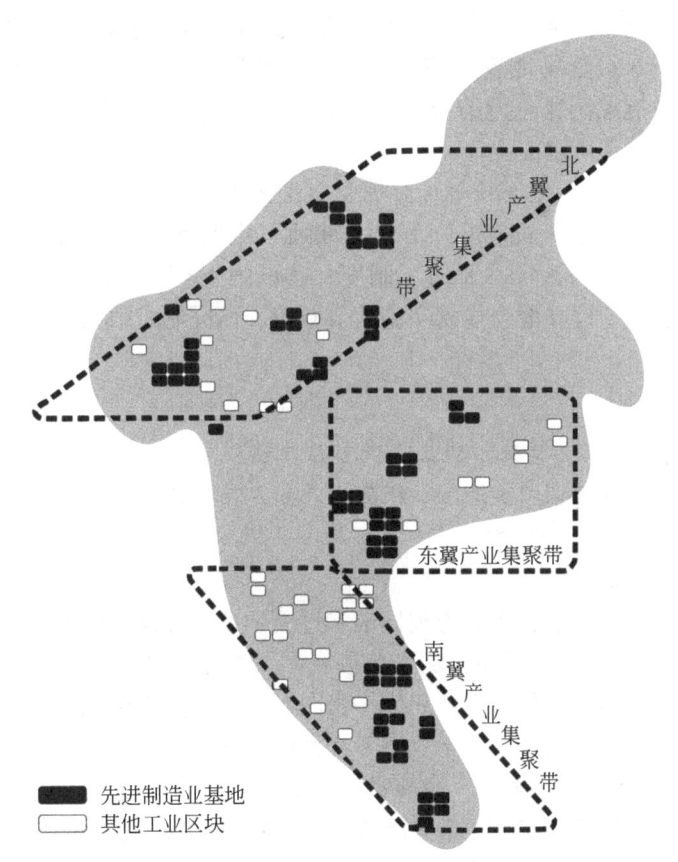

图 4.24 广州市先进制造业空间布局示意图
资料来源：《广州市国土空间总体规划（2018—2035 年）》

优化布局国际贸易会展，集聚发展金融与总部经济，提升国际综合交通枢纽的能级，建设国际航空、航运、铁路枢纽。增强路网结构，提升轨道交通服务水平。

6）显特色，有温度——凸显城市文化与风貌特色。

传承历史根脉，保护和活化历史文化名城，注重人居环境改善，提升城市特色与空间品质，打造"最广州"历史文化步径。城市文化综合实力出新出彩，提升文化国际影响力，打造社会主义文化强国的城市范例。

按照 15 分钟步行可达的空间范围、3 万~10 万人的服务人口规模打造社区生活圈，配置社区级公共服务设施。完善城乡公园体系，以口袋公园建设提升公园绿地服务半径覆盖率，构建由绿道、缓跑径、登山步道和南粤古驿道共同组成的城乡休闲游憩体系，打造宜居宜业宜游优质生活圈。

7）兴乡村，促融合——塑造美丽宜居、富有活力岭南新田园

统筹乡村生产、生活、生态空间布局，分类引导乡村差异化发展。加快现代农业产业体系建设，打造北部生态农业、中部都市田园农业、南部水乡特色农业三条产业融合发展带。精细利用农村土地资源，规范新建农房，加强乡村基础设施，提升公共服务设施均等化水平，建设美丽宜居岭南新田园。

8）增韧性，保安全——保障城市安全运行，建设韧性城市

安全韧性城市建设。加强城市安全与市政基础设施，强化地质成果支撑服务城乡建设，全面具备抵御不低于 6 级近场地震的综合能力，实施严格的水资源管理制度，优化能源结构，天然气消费量占能源消费总量的 20%，确保水域调蓄空间，提升备蓄缓冲，努力保护水生态、改善水环境、保障水安全。

9）落机制，强监督——健全规划传导机制，强化规划实施监督。

按照"谁组织编制、谁负责实施"和"谁审批、谁监管"的原则，对标北京等城市的做法，建立"一年一体检，五年一评估"制度。建设国土空间基础信息平台，运用新技术手段提高城市治理能力。建立健全规划实施配套政策，研究制定政策清单，强化规划公共政策属性。

3. 亮点与特色

1）建立"共编、共管、共治、共享"的工作组织

建立广州市国土空间规划组织架构，由领导小组、工作小组，工作小组办公室、办公室主任等组成。

2）建立规程和标准

建立编制办法、专项标准、实施管理标准和过渡期技术标准。

3）做好从"一规合一、三规合一到多规合一"的基础保障

统筹资源、建立机制、优化流程，完成一张图、一个信息平台和一套协调机制，促进项目落地，支撑审批改革，推进规划国土等业务全面深度的融合。

4）求真保真归真推进现状调查，做实做细规划底图底数

从工作组织、技术标准和工作内容三个方面加强衔接，适应精细化需求，实现现状调查。提高工作底图精度、提高分类细化程度和提高最小调查地块上图面积的标准"三提高"。统一技术标准，摸清全域资源真实家底，结合四标四实成果，摸清人–地–房–设施现状关系。

5）规划实施路径为以"四个出新出彩"引领高质量发展

即综合城市功能出新出彩，城市文化综合实力出新出彩，现代服务业出新出彩，现代化国际化营商环境出新出彩。

6）高水平治理保障规划有序实施

纵向传导机制由市域、片区和单元层层落实，横向制定专项规划清单，强化约束管控。建设国土空间基础信息平台，建立"一年一体检，五年一评估"的实施评估考核制度，加

快制定配套政策清单。

参 考 文 献

奥斯特洛夫斯基．1986．现代城市建设．冯文炯，陶吴馨，刘德明，等译．北京：中国建筑工业出版社．
柴明．2012．"两规"协调背景下的城乡用地分类与土地规划分类的对接研究．规划师，28（11）：96-100.
陈花婷．2014．城市化水平预测模型及应用——以甘肃省兰州市为例．兰州：西北民族大学硕士学位论文．
陈颖，陈硕．2015．大数据下的城市总体规划．中国科技信息，(13)：44-45.
陈振羽，魏维，朱子瑜，等．2011．可持续规划理念在北川新县城总体规划中的实践．城市规划，(35)：31-36.
程道平．2010．现代城市规划．北京：科学出版社．
崔功豪，魏清泉，刘科伟．2006．区域分析与区域规划．2版．北京：高等教育出版社．
崔慧芬．2008．中心镇规划建设实践中的问题与对策．山西建筑，34（21）：33-34.
崔胜辉，李方一，于裕贤，等．2010．城市化与可持续城市化的理论探讨．城市发展研究，17（3）：17-21.
代冠军．2013．城市总体规划中工业用地布局问题探讨．西安：西安建筑科技大学硕士学位论文．
戴菲，章俊华．2008．规划设计学中的调查方法——问卷调查法．2009．中国园林，(9)：82-87.
董光器．2014．城市总体规划．5版．南京：东南大学出版社．
杜春兰．1998．地区特色与城市形态研究．土木建筑与环境工程，20（3）：26-29.
范雯．2017．大数据时代下的城市规划浅谈．城市建设理论研究，(5)：79-80.
方舒．2016．鹰潭市中心城区土地利用规划与城市规划建设用地图斑差异性研究．南昌：江西农业大学硕士学位论文．
耿慧志．2015．城乡规划管理与法规．北京：中国建筑工业出版社．
顾朝林．2000．论城市管治研究．城市规划，(9)：7-10.
顾朝林，陈振光．1994．中国大都市空间增长形态．城市规划，18（6）：45-50.
郭玉坤．2007．珠三角中心镇规划建设的发展问题及对策．建材与装饰（中旬刊），(10)：93-95.
郭志仪，丁刚．2006．城市化水平预测方法研究——以BP神经网络模型的应用为例．人口与经济，(6)：3-8.
洪昌富，高均海，郝天文，等．2011．北川新县城"绿色市政"规划技术方法与实践．城市规划，(35)：71-75.
胡明星，王丽丽，虞刚．2015．南京主城区基层公共设施用地布局优化策略．规划师，(2)：90-95.
华南理工大学建筑学院城市规划系．2012．城乡规划导论．北京：中国建筑工业出版社．
惠劼．2014．全国注册城市规划师执业资格考试辅导教材．9版．北京：中国建筑工业出版社．
姜秀娟，赵淑玲．2009．论城市文化对城市规划的影响．河南城建学院学报，18（6）：31-33.
郤艳丽．2013．城市总体规划原理．北京：中国人民大学出版社．
李德华．2001．城市规划原理．3版．北京：中国建筑工业出版社．
李刚，高相铎．2014．大数据时代下的城市规划编制工作流程．规划师，(8)：19-24.
李京生．2000．日本的城市总体规划．国际城市规划，(4)：2-4.
李明，朱子瑜，王颖楠．2011．北川新县城总体城市设计与总体规划互动探讨．城市规划，(35)：37-42.
李翔宁．1999．跨水域城市空间形态初探．时代建筑，(3)：30-35.
李亚明．1999．上海城市形态持续发展的规划实施机制．城市发展研究，(3)：15-18.
林华桂．2008．中心镇规划和建设的实践与思考．广东科技，(14)：65-67.
刘贵利，詹雪红，严奉天．2005．中小城市总体规划解析．南京：东南大学出版社．
刘青昊．1995．城市形态的生态机制．城市规划，19（2）：20-22.
刘张欣．2017．非首都功能疏解下北京市居住用地布局研究．北京：首都经济贸易大学硕士学位论文．

卢柯，张逸．2011．严谨、复合、动态的控制引导模式——新加坡总体规划对我国控规的启示．城市规划，(6)：66-68.

钱晨佳，吴志城．2003．西宁市中心地区空间发展模式探讨．规划师，(1)：52-55.

全国城市规划执业制度管理委员会．2001．城市规划原理．北京：中国计划出版社．

深圳市规划国土发展研究中心．2019．城市地下空间规划标准（GB/T 51358—2019）．北京：中国计划出版社．

沈玉麟．1989．外国城市建设史．北京：中国建筑工业出版社．

四川省城乡规划设计研究院．2016．城乡建设用地竖向规划规范（CJJ 83—2016）．北京：中国建筑工业出版社．

孙浩，刘念．2015．合肥市工业用地空间集散与布局优化．规划师，(z1)：18-22.

孙彤，殷会良，朱子瑜．2009．北川新县城总体规划及设计理念．建设科技，(9)：26-30.

谭纵波．2016．城市规划（修订版）．北京：清华大学出版社．

同济大学城市规划教研室．1986．小城市总体规划．北京：中国建筑工业出版社．

王成新，梅青，姚士谋，等．2004．交通模式对城市空间形态影响的实证分析——以南京都市圈城市为例．地理与地理信息科学，20（3）：74-77.

王芳芳．2011．负荷预测模型的建立及基于回归分析法的负荷预测．中国高新技术企业，(12)：57-58.

王慧芳，周恺．2014．2003-2013年中国城市形态研究评述．地理科学进展，33（5）：689-701.

王克强，石忆邵，刘红梅，等．2015．城市规划原理．3版．上海：上海财经大学出版社．

王新军，穆荣，张忠生．2011．浅谈第二次全国土地调查土地利用分类．测绘与空间地理信息，34（4）：13-16.

王雨村，杨新海．2002．小城镇总体规划．南京：东南大学出版社．

王媛，王東罡，崔海鹰．2002．广州城市空间形态发展演变的历史特征．青岛理工大学学报，23（3）：32-37.

王岳，罗江帆．2013．总体规划修改的制度化探索——以重庆市城乡总体规划为例．上海城市规划，(3)：35-38.

王震，杨忠伟，张承．2014．一种协调开发区近远期产业布局的弹性控制方法——"灰色用地"规划方法．国际城市规划，(2)：105-110.

隗剑秋，李杰，胡开明，等．2011．城乡总体规划．北京：化学工业出版社．

温华特．2006．城市建设用地适宜性评价研究——以金华市区为例．杭州：浙江大学硕士学位论文．

吴志强，李德华．2010．城市规划原理．4版．北京：中国建筑工业出版社．

武进．1990．中国城市形态：结构、特征及其演变．南京：江苏科学技术出版社．

肖刚．2006．产业园区规划与自然及社会的和谐统一——谈广州科学城用地布局及道路规划．规划师，(1)：21-24.

肖健飞．1995．论城市布局形态．规划师，(4)：51-55.

谢守红．2004．大都市区的空间组织．北京：科学出版社．

熊鲁霞，骆棕．2000．上海市工业用地的效率与布局．城市规划汇刊，(2)：22-29.

许文炜．2010．柳州市居住用地布局的特征分析与优化研究．上海：上海交通大学硕士学位论文．

许学强，周一星，宁越敏．2009．城市地理学．北京：高等教育出版社．

杨保军，陈鹏．2012．制度情境下的总体规划演变．城市规划学刊，(1)：54-62.

杨东援，韩皓．2001．道路交通规划建设与城市形态演变关系分析——以东京道路为例．城市规划学刊，(4)：47-50.

杨荫凯，金凤君．1999．交通技术创新与城市空间形态的相应演变．地理学与国土研究，15（1）：44-48.

殷莹．2013．基于价值链分析的物流园区用地规模及布局研究．大连：大连交通大学硕士学位论文．

余颖, 陈炜. 2002. 时间仪式化与城市结构化. 规划师, (5): 68-71.
袁奇峰, 方正兴, 黄莉, 等. 2006. 中心镇规划: 从村镇到城市的路径设计——《广东省中心镇规划指引》编制的背景与创新. 城市规划, (7): 32-36.
曾育斌. 2007. 中心镇规划与建设发展战略的探讨与研究. 建材与装饰（中旬刊), (7): 11-12.
张昊哲, 宋彦, 陈燕萍, 等. 2010. 城市总体规划的内在有效性评估探讨——兼谈美国城市总体规划的成果表达. 规划师, 26 (6): 59-64.
张磊. 2005. 自然资源的价值分析. 中南民族大学学报（人文社会科学版), 25 (S2): 229-233.
张鹏举. 1999. 小城镇形态演变的规律及其控制. 内蒙古工业大学学报（自然科学版), (3): 229-233.
张尚武. 1995. 城镇密集地区城镇形态与综合交通. 城市规划学刊, (1): 35-37.
郑国. 2010. 城市发展阶段理论研究进展与展望. 城市发展研究, (17) 2: 83-87.
郑莘, 林琳. 2002. 1990 年以来国内城市形态研究述评. 城市规划, 26 (7): 59-64.
中国城市规划设计研究院. 2002. 城市规划资料集. 第二分册, 城镇体系规划与城市总体规划. 北京: 中国建筑工业出版社.
中国城市规划设计研究院. 2011. 城市规划与建设用地标准 (GB 50137—2011). 北京: 中国建筑工业出版社.
中华人民共和国建设部. 2006. 城市规划编制办法. 中华人民共和国国务院公报, 9 (3): 1-5.
中华人民共和国建设部. 2011. 建筑地基基础设计规范 (GB 50007—2011). 北京: 中国建筑工业出版社.
周春山. 2007. 城市空间结构与形态. 北京: 科学出版社.
周春山, 叶昌东. 2013. 中国特大城市空间增长特征及其原因分析. 地理学报, 68 (6): 728-738.
周春山, 罗仁泽, 代丹丹. 2015. 2000–2010 年广州市居住空间结构演变及机制分析. 地理研究, 34 (6): 1109-1124.
周春山, 胡锦灿, 童新梅, 等. 2016. 广州市社会空间结构演变跟踪研究. 地理学报, 71 (6): 1010-1024.
周春山, 颜秉秋, 刘艳艳, 等. 2008. 新经济下广州城市竞争力分析. 人文地理, 23 (2): 113-118.
周楠, 宋军. 2006. 青岛市工业用地布局影响因子分析. 规划师, (S2): 46-48.
周尚意, 孔翔, 朱竑. 2011. 文化地理学. 北京: 高等教育出版社.
周霞, 刘管平. 1999. 风水思想影响下的明清广州城市形态. 华中建筑, (4): 57-58.
周扬. 2013. 长春市汽车产业物流用地空间布局研究. 长春: 吉林建筑大学硕士学位论文.
周一星, 孟延春. 2000. 北京的郊区化及其对策. 北京: 科学出版社.
周玉波. 2011. 城市结构优化及其综合竞争力评价研究. 长沙: 湖南大学博士学位论文.
Hugill P. 1995. World Trade since 1431. Baltimore: The Johns Hopkins University Press.
Northam R M. 1975. Urban Geography, New York: John Wiley & Sons.
Parsons Brinckerhoff Quade and Douglas, Inc. 1996. TCRP Report 16: Transit and Urban Form. Washington, D. C.: Transportation Research Board, National Research Council.
Peter H. 2002. Urban and Regional Planning. 4th Ed. Landon: Routledge.
Williams K, Burton E, Jenks M. 2000. Achieving Sustainable Urban Form. London: E&FN Spon.

第5章 城市详细规划与城市开发

城市的建成环境是通过城市开发建设活动而形成的。城市开发建设活动由政府、民间、政府与民间合作主导的各项开发建设活动组成。它们的共同特征是以城市土地利用为核心，以城市建成环境为对象。不同的开发建设活动涉及的城市建成环境组成部分不同，为保证其在城市空间上和时间上的动态协调，有序开展城市物质环境建设，需要通过制定城市详细规划来指导和约束开发建设活动。在我国现行的五级三类国土空间规划体系中，控制性详细规划即为城镇开发边界内的详细规划，是实施城市空间用途管制、核发城镇建设项目许可、进行各项建设的法定依据。

5.1 城市详细规划概述

5.1.1 城市详细规划的主要任务与编制

1. 城市详细规划的主要任务

在我国城市规划编制体系中，城市详细规划由控制性详细规划（detailed regulatory planning）和修建性详细规划（detailed construction planning）两个层次组成。城市详细规划的主要任务为：以城市总体规划、分区规划以及近期建设为依据，详细规定具体地块的用地建设、各项控制指标与规划管理要求；对城市近期需要建设地区的土地使用、房屋建筑、市政工程、园林绿化、城市人防工程、公用事业设施，以及其他公共设施等进行具体的规划与设计。

2. 城市详细规划的编制

控制性详细规划根据城市总体规划深化和管理的需要，以控制建设用地性质、使用强度和空间环境为主要编制内容，并作为城市规划建设管理的依据。修建性详细规划是以控制性详细规划为依据，以指导各项工程设施、建筑设施设计以及施工规划设计为主要编制内容。

控制性详细规划与修建性详细规划在编制主体和审批上有以下几项要求。

（1）城市人民政府城乡规划主管部门根据城市总体规划的要求，组织编制城市的控制性详细规划，经本级人民政府批准后，报本级人民代表大会常务委员会和上一级人民政府备案。

（2）镇人民政府根据镇总体规划的要求，组织编制镇的控制性详细规划，报上一级人民政府审批。县人民政府所在地镇的控制性详细规划，由县人民政府城乡规划主管部门根据镇总体规划的要求组织编制，经县人民政府批准后，报本级人民代表大会常务委员会和上一级人民政府备案。

（3）城市、县人民政府城乡规划主管部门和镇人民政府可以组织编制重要地块的修建性详细规划，修建性详细规划应当符合控制性详细规划。

（4）一般地块的修建性详细规划由建设实施单位根据控制性详细规划和规划部门提供的规划条件委托有设计资质的设计单位组织编制。

5.1.2 控制性详细规划的内涵、作用与特征

1. 控制性详细规划的内涵

控制性详细规划是以城市总体规划、分区规划为依据，确定建设地区的土地性质和使用强度的控制指标、道路和工程管线控制性位置以及空间环境控制的规划要求。

控制性详细规划作为衔接城市总体规划、修建性详细规划的关键编制层次，它既能深化规划，又能对城市片区及地块建设提出指导修建性详细规划编制的准则；既提出了整体控制要求又提出了局部控制的要求。为适应我国城市快速发展的需要，控制性详细规划作为管理城市空间资源、土地资源和房地产开发市场的一种公共政策，可以简化规划管理程序，提高城市建设管理的效率。

2. 控制性详细规划的作用

《城乡规划法》中规定控制性详细规划是一项法定规划，其作用主要体现在以下几个方面。

1）承上启下的关键性编制层次

控制性详细规划向上衔接着总体规划和分区规划，向下衔接着修建性详细规划，是详细规划编制阶段的第一编制层次。从我国的城市规划编制体系来看，城市总体规划在城市发展建设中更多地起到宏观调控、综合协调和提供依据的作用。控制性详细规划以量化指标和控制要求将城市总体规划的宏观控制转化为对城市建设的微观控制，将总体规划的原则、意图、宏观的控制要求与控制指标进一步深化、细化、分解、落实，并转化为指导城市各地块修建性详细规划、具体设计、土地出让的具体设计条件和控制要求。它具有宏观与微观、整体与局部的双重性质，是宏观战略与微观实施的结合点（刘雷，2004）。因此，控制性详细规划是完善城市规划编制工作，使总体规划与修建性详细规划连为有机整体的、关键性的规划编制层次。

2）规划管理与土地开发的法定依据

在城市土地有偿使用和市场经济体制条件下，城市规划管理工作的关键是能否按城市总体规划的宏观意图，对城市每块土地的使用及城市总体环境景观的影响进行有效控制，并引导房地产的健康发展。控制性详细规划能将规划控制要点用简练、明确的方式表达出来，最大限度地实现规划的可操作性，并作为控制土地批租、出让的依据，通过对开发建设的控制，正确引导开发行为。它是城市规划管理的必要手段和主要依据。

3）城市政策的载体

控制性详细规划是我国城市规划体系中的法定规划层次之一。由于城市建设活动中涉及各方面的利益，控制性详细规划作为城市政策的载体，是公共利益、团体利益和个人利益协调平衡的平台，是实现城市政府的规划意图以及规划目标、促进城市资源有效配置与合理利用、保证公共利益、保护个体权利的重要手段。

4）城市设计控制与管理的重要手段

在我国城市规划体系中，城市设计不是城市规划的法定内容，而控制性详细规划可以将

宏观城市设计、中观城市设计到微观城市设计的内容，通过具体的设计要求、设计导则，以及设计标准与准则的方式体现在规划成果之中，借助其在地方法规和行政管理方面的权威地位，使得城市设计要求在建设中得以实现（周元，2009）。

3. 控制性详细规划的主要特征

控制性详细规划是我国从计划经济向市场经济转变的过程中，伴随着城市土地有偿使用制度的建立而逐步发展起来的。经历了探索期、法定化探索、面向管理的探索三个阶段（孙安军，2011）。经批准后的控制性详细规划具有法定效力。2010年12月1日颁布的《城市、镇控制性详细规划编制审批方法办法》就明确规定："控制性详细规划是城乡规划主管部门作出规划行政许可、实施规划管理的依据。国有土地使用权的划拨、出让应当符合控制性详细规划"。其主要特征如下。

1）具有法律效力

控制性详细规划作为法定规划，法律效力是其基本特征，控制性详细规划是城市总体规划法律效力的延伸和体现，是总体规划的宏观法律效力向微观法律效力的拓展，是修建性详细规划设计编制的依据，是城市规划管理、城市开发建设应遵循的依据，其内容是对城市建设活动具有约束力的规范性文件。

2）刚性规定和弹性引导相结合的操作方式

控制性详细规划通过技术指标体系，来控制和引导城市土地使用与项目的开发建设。主要包括城市建设项目的定性、定量、定位和定界，可分为刚性规定和弹性引导。刚性规定内容包括土地使用性质以及兼容范围、土地使用强度、主要公共设施与配套设施、道路以及内外交通、城市特色以及环境景观、工程管线等指标，常用"不许做""必须做""至少应该做"等用语体现，其目的是实行对土地开发的控制；弹性引导内容主要有人口容量、建筑形式、风貌景观等指标，常用"可以做""最好做""怎么做更好"等用语来体现，目的是引导城市建设，以便更好地适应城市发展变化要求。这种刚性规定和弹性引导相结合的操作方式有利于适应城市物质环境建设的状况以及有关条件的变化，便于控制性详细规划的调整和修正，以及刚性规定和弹性引导的规定内容之间的转换。

3）图则标定的表达方式

控制性详细规划的成果表达方式以图则标定为主（图5.1），是区别于其他规划编制成果的重要特征，是控制性详细规划法律效力的图解化表现。它采用一系列抽象的指标、图标、图则等表达方式将城市总体规划的策略性原则、结构性控制、宏观内容进行具体、细化分解成微观层面的具体控制内容，这些内容指导城市建设控制、设计控制、开发建设。控制性详细规划的文本和图则相互匹配、各自关联，共同制约着城市的开发建设工作。控制性详细规划编制的图则在经过法定审批程序后上升为具有法律效力的地方性法规，起到行政法规的作用。

5.1.3 修建性详细规划的内涵、任务与特点

1. 修建性详细规划的内涵

修建性详细规划是指以控制性详细规划为依据，对建设地段制定的用以指导各项建筑和工程设施的设计及施工的规划设计。因此修建性详细规划侧重于具体开发建设项目的安排和

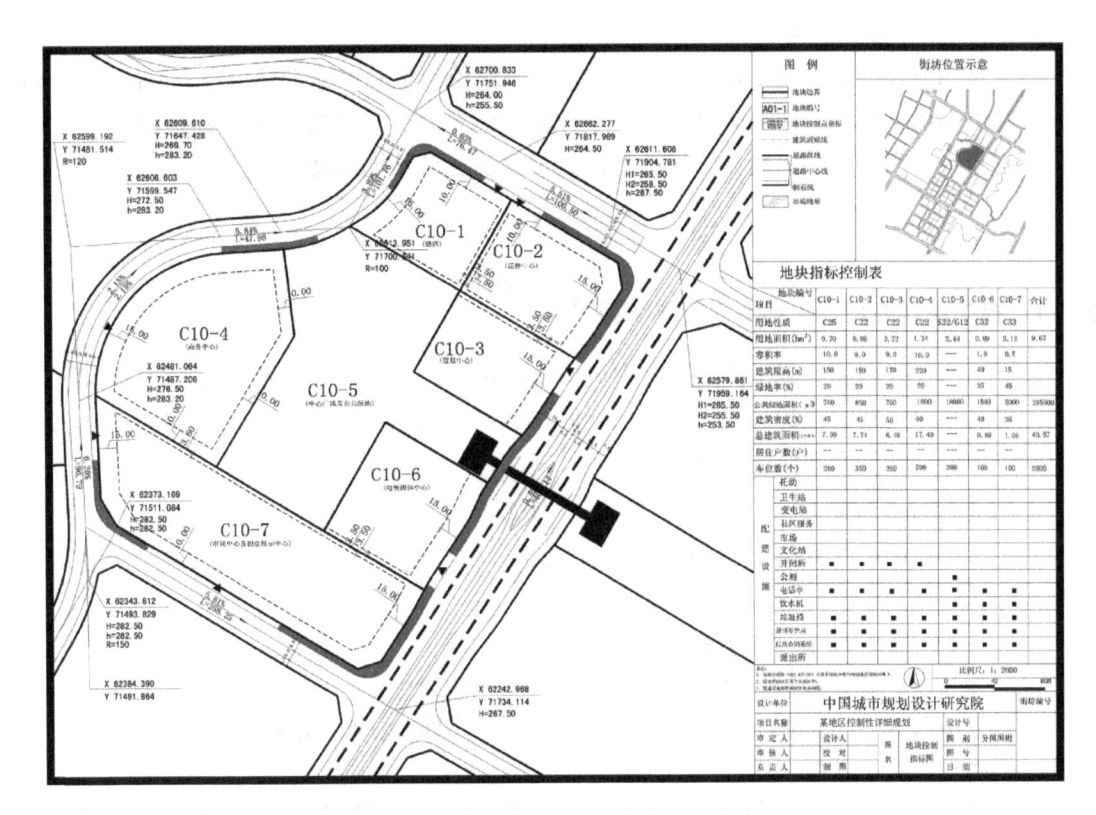

图 5.1　某地区控制性详细规划法定图则

直观的表达，同时也受到控制性详细规划的控制和指导，它是控制性详细规划的深化和具体化。编制修建性详细规划时应符合城市总体规划、控制性详细规划对所建地块的规划条件和控制指标要求，以及开发项目的自身要求，结合地块的自然环境因素、社会因素对城市局部空间进行规划设计，以达到提高环境质量、生活质量、形成良好城市景观的目的。

2. 修建性详细规划的任务

根据我国 2006 年 4 月 1 日起开始实施的《城市规划编制办法》要求，修建性详细规划的主要任务是依据已批准的控制性详细规划以及规划主管部门提出的规划条件，对所需建设地块上的各项物质要素进行统一的空间布局和设计。具体来讲就是对待建城市用地上的房屋建筑、市政工程、公用事业设施、园林绿地和其他公共设施做出具体安排和设计，并选定技术经济指标，确定各项建筑用地的控制点坐标和标高，提出建筑空间和艺术处理要求，为各项具体工程设计提供依据。

3. 修建性详细规划的特点

1）以具体建设项目为对象、实施性强

修建性详细规划通常以开发建设项目策划以及可行性研究为依据，按照拟定的各种建筑物的功能和面积要求，将其落实到具体的城市空间中。

2）通过形象的方式表达城市空间与环境

修建性详细规划一般采用透视图、模型、视频等形象的表达方式，综合表达规划范围内的道路、广场、绿地、建筑物小品等物质要素的空间构成，具有直观可视的形象展现特点。

3) 多元化的编制主体

修建性详细规划的编制主体不限于政府机构，可以根据开发建设项目投资主体的不同而不同。可以是房地产开发商或者是拥有土地使用权的业主，但是在编制修建性详细规划时，必须要受控于政府编制的控制性详细规划，或者由政府对其规划进行审批。

5.2 控制性详细规划

5.2.1 控制性详细规划的基本内容与编制程序

控制性详细规划的编制主体必须贯彻城市总体规划、分区规划中城市近、中期建设发展要求，以及城市规划管理的需要，制定控制性详细规划编制任务书，委托符合相应资质的规划设计咨询部门开展规划编制工作。

1. 控制性详细规划的基本内容

我国住房和城乡建设部 2010 年颁发的《城市、镇控制性详细规划编制审批方法》中提出控制性详细规划应包含的基本内容如下。

（1）土地使用性质及其兼容性等用地功能控制要求；

（2）容积率、建筑高度、建筑密度、绿地率等用地指标；

（3）基础设施、公共服务设施、公共安全设施的用地规模、范围及具体控制要求，地下管线控制要求；

（4）基础设施用地的控制界线（黄线）、各类绿地范围的控制线（绿线）、历史文化街区和历史建筑的保护范围界线（紫线）、地表水体保护和控制的地域界线（蓝线）等"四线"及控制要求。

（5）控制性详细规划确定的各地块的主要用途、建筑密度、建筑高度、容积率、绿地率、基础设施和公共服务设施配套规定应当作为强制性内容。

2. 控制性详细规划的编制程序

规划编制工作一般分为五个阶段：项目准备阶段、现场勘察与资料收集阶段、方案设计阶段、成果编制阶段和上报审批阶段。

1) 项目准备阶段

熟悉合同文本，了解项目委托的情况，明确合同双方各自的权利和义务；了解开展项目所具备的条件；编制项目工作计划和技术工作方案；安排项目所需要的专业技术人员；确定和委托方的协作关系。

2) 现场勘察与资料收集阶段

为了使控制性详细规划的编制能够落到实处，具有可操作性，控制性详细规划的编制首先必须对规划地区进行现场勘察，并对相关的基础资料进行全方面收集、整理和分析。控制性详细规划编制所需的基础资料通常包括以下几个方面。

（1）规划区的自然条件及土地利用现状。

规划区域的大比例尺地形图。一般使用比例尺为 1∶2000～1∶1000 的最新地形图。

土地利用现状资料包括用地性质、范围、用地平衡、规划"七线"（即城市道路规划的红线、公共绿地的绿线、河湖水面的蓝线、文物保护的紫线、高压线走廊的黑线、城市基础设施的黄线及微波通道的橙线）的位置、周边用地情况等。

地区的地质地貌、水文、气象等自然条件资料。地质地貌资料包括当地地震情况评估、冲沟、滑坡及崩塌情况评估、是否属于易造成地下空洞的喀斯特地貌等。水文资料包括河流水系分布、洪水水位、降水量、河流流量、地下水数据等。气象资料包括气温、日照情况、风玫瑰图等。

（2）规划区的基础设施及建筑现状。

建筑物现状包括房屋用途、建筑面积、层数、产权、布局、建筑质量、保留建筑价值等。公共设施资料范围应覆盖交通运输、给排水、供电、通信、防灾等方面，内容包括公共设施规模、分布、等级、用地范围等。工程设施及管网现状包括各类管线的位置走向、规格、年代、使用情况及旧损程度、市政站点的规模及用地范围等。

（3）规划区的人口经济分布现状。

人口分布现状包括人口构成、人口密度、人口分布及人口流动情况等。经济分布资料包括地价等级、土地有偿使用状况、土地级差效益、土地开发方式等。

（4）规划区的历史文化资料。

规划区的历史文化资料包括区域的历史发展变迁情况、历史文化遗产、民俗建筑特色等资料。

（5）各方对规划的诉求。

规划要求包括地方规划管理的法律法规、上位规划对本规划的规划要求、相关领导对规划的指导性意见、建设单位的意见要求、当地居民或单位的诉求、委托方的各类要求等。

3）方案设计阶段

控制性详细规划方案设计一般要经过构思、调整、修改、反馈等过程。在此阶段，应初步确定地块细化与规划控制指标。

（1）方案比较。

方案编制初期要有至少两个以上方案进行比较和技术经济论证。

（2）方案交流。

方案提出后要与委托方交流，向委托方汇报规划构思，听取有关专业技术人员、建设单位和规划管理部门的意见，并就一些规划原则问题做进一步的沟通协调；在此过程中同时应当采取公示、征询等方式，充分听取规划所涉及的单位、公众的意见（邓方荣，2014）。

（3）方案修改。

根据多方意见进行方案修改，必要时做补充调研。

（4）意见反馈。

修改后的方案提交委托方、公众代表等再次听取意见，对方案进行再调整再修改，直至各方达成共识，转入成果编制阶段。

4）成果编制阶段

控制性详细规划编制的成果，将作为城市规划主管部门管理制定地方的城市规划管理法规的基础，成果编制阶段需要听取规划管理部门的意见反复修改完成。

5）上报审批阶段

成果审查通过后，须将审查意见、公众意见以及处理结果（意见采纳情况、理由）报送相应审批机关（表5.1）。控制性详细规划获得批准的20日内，需要通过政府网站等相关媒体进行宣传，以便公众知晓。

表 5.1　控制性详细规划组织编制、审批及备案单位

规划类型	组织编制单位	审批单位	备案单位
城市控制性详细规划	城市人民政府城乡规划主管部门	本级人民政府	本级人民代表大会常务委员会、上一级人民政府
镇控制性详细规划	镇人民政府	上一级人民政府	—
	县人民政府城乡规划主管部门	县人民政府	本级人民代表大会常务委员会、上一级人民政府

资料来源：深圳市城市规划设计研究院．2015．城乡规划编制技术手册．北京：中国建筑工业出版社．

3．成果要求

1）成果内容

（1）规划文本。

总则：包括规划编制的目的、依据、原则、适用范围、主管部门及管理权限。

规划目标、功能定位、规划结构：落实功能定位，确定规划期内的人口控制规模和建设用地控制规模，提出规划发展目标，确定本规划区用地结构与功能布局，明确主要用地的分布、规模。

土地使用：明确各类用地的布局与规模，确定各地块的规划控制指标，对土地使用的规划要点进行说明，特别要对用地性质细分和土地使用兼容性控制的原则和措施加以说明。

道路交通：明确规划的道路及交通组织方式、路网密度、道路性质、断面形式的规定，红线宽度以及对交叉口形式、道路坡度限制、规划停车场、出入口、桥梁形式等及其他各类交通设施设置的控制规定。

绿化与水系：标明规划区绿地系统的布局结构、分类以及公共绿地的位置，确定各级绿地的范围、界线、规模和建设要求；标明规划区内河流水域的来源，河流水域的系统分布状况和用地比重，提出城市河道"蓝线"的控制原则和具体要求。

公共服务设施规划：明确各类配套公共服务设施的等级结构、用地规模与布局、服务半径，并对配套设施建设方式的规定进行说明。

"五线"规划：明确市政设施用地及点位控制线、绿化控制线、水域用地控制线、文物用地控制线、城市道路用地控制线等五线的控制原则和具体要求。

市政工具管线：给水规划、排水规划、电力规划、通信规划、燃气规划、供热规划。

环卫、环保、防灾等控制要求：环境卫生规划、防灾规划。

地下空间利用规划：确定地下空间的开发功能、开发强度、深度以及规定不宜开发区等，并对地下空间环境设计提出指导性要求。

城市设计引导：提出城市设计总体构思和整体结构框架，补充、完善和深化上一层次城市设计要求。

土地使用、建筑建造通则：一般包括土地使用规划、建筑建造规划、建筑容量规划等三方面控制内容。

其他包括公众参与意见采纳情况及理由、说明规划成果的组成、附图、附表与附录等。

(2) 规划图纸。

图纸包括规划用地位置图、规划用地现状图、土地使用规划图、"五线"规划图、道路交通及竖向规划图、公共服务设施规划图、环卫环保规划图、工程管线规划图、地下空间利用规划图、空间形态示意图、城市设计概念图、地块划分编号图、地块控制图则等。

(3) 规划说明书。

规划说明书是文本条款内容的技术支撑。主要包括现状分析、论证规划意图、解释文本条款等。规划说明书也为修建性详细规划编制，以及规划审批和实施提供政策上、技术上的依据。

2) 成果特点

条理化：可以直接用于规划管理的实施文件。

指标化：各项控制要求直接用定性、定量的控制指标体现。

图则化：控制指标与要求在控制性详细规划图纸上直接呈现。

5.2.2 控制性详细规划的控制体系与指标

1. 控制体系构成

控制性详细规划的关键内容是针对土地利用空间组织以及物质环境的营造进行定性、定量、定位和定界。因此建立定性、定量的指标体系是控制性详细规划的关键。城市开发建设活动涉及的土地使用、建筑建造、设施配套、行为活动、其他控制要求等六个方面构成了控制性详细规划控制体系的六个维度，各维度由具体的控制指标组成（表5.2）。每个规划地块由于受到多种因素的影响，可根据用地的具体情况选取全部或者部分指标进行控制。

控制体系中的指标可以分为规定性指标和指导性指标。规定性指标是必须严格执行的指标，不能更改；指导性指标是可以参考执行的指标，不具有强制力。其目标是贯彻发展规划和开发控制的意图，将控制要素具体化，为修建性详细规划和建筑设计提供依据，引导城市的建设有序开展。

规定性指标包括：用地性质、用地面积、建筑密度、建筑限高（上限）、建筑后退红线、容积率（单一或区间）、绿地率（下限）、交通出入口方位（机动车、人流、禁止开口路段）、停车泊位及配套设施（中小学、幼托、环卫、电力、电信、燃气设施等）等。

指导性指标包括：居住密度（人口容量）、历史地区保护、建筑形式、风格、体量、色彩要求、其他环境要求（关于环境保护、污染控制、景观要求等）等，可根据现状条件、规划要求、各地情况因地制宜设置。

2. 主要控制指标

1) 土地使用控制

(1) 用地面积。

用地面积即建设用地面积，是城市规划行政主管部门确定的建设用地界线所围合的用地水平投影面积。用地面积是确定容积率、建筑密度、绿化率所依据的面积。用地面积通常与用地边界的四至范围有关，由道路、河流、行政边界、各种规划控制线围合而成的地块大小决定。

表 5.2　控制性详细规划控制指标体系

维度	要素	指标	维度	要素	指标
土地使用	土地使用控制	用地面积	设施配套	公共设施配套	教育设施
		用地边界			医疗卫生设施
		用地性质			商业服务设施
		土地使用兼容性			行政管理设施
	环境容量控制	容积率			文娱体育设施
		建筑密度			附属设施
		居住密度	行为活动	交通活动控制	车行交通组织
		绿地率			步行交通组织
建筑建造	建筑建造控制	建筑限高			公共交通组织
		建筑后退			配建停车位
		建筑间距			其他交通设施
	城市设计引导	建筑体量		环境保护规定	噪声振动等允许标准值
		建筑形式和色彩			水污染允许排放量
		建筑沿街界面			水污染允许排放浓度
		建筑空间组合			废气污染允许排放量
		环境设施与建筑小品			固体废弃物控制
设施配套	市政设施配套	给水设施	其他控制		历史保护
		排水设施			"五线"控制
		供电设施			竖向设计
		燃气设施			地下空间
		供热设施			综合防灾
		其他设施			奖励与补偿

（2）用地边界。

用地边界是规划用地与道路或其他规划用地之间的分界线，用来划分用地范围的边界，一般用红线表示。用地边界是具有界定土地使用权属的法律界线，通过明确用地边界的地块，是用地控制、规划管理的基本单元，是土地买卖、批租、开发的基本单元。

用地边界划分原则如下。

➤严格根据总体规划和其他专业规划，根据用地部门、单位划分地块。

➤尽量保持单一性质划定地块，即一个地块只有一种使用性质；建议每一地块至少有一边和城市道路相邻。

➤结合自然边界、行政界线划分地块。

➤考虑地价的区位级差。

➤地块大小应与土地开发的性质规模相协调，以利于统一开发；有利于文物古迹和历史街区的保护。

➤地块划分满足"专业规划线"的要求（表 5.3 和图 5.2），专业规划线用于城市基础设施的控制要求，特别是蓝线、绿线、紫线、黄线四线的控制是规定性指标。

➢规划地块划分应尊重地块现有的土地使用权和产权边界，以及满足标准厂房、仓库、综合市场等特殊功能要求。

➢根据开发模式和管理要求在规划实施中进一步重组。

➢地块划分规模可按新区和旧城改建区两类区别对待，新区可以划得大一些，面积控制在 0.5~3hm^2，旧城改建区地块可在 0.05~1hm^2，旧城改建应综合考虑合并同性质、同类型建筑的可能性，兼顾街道和消防通道等要求。

表 5.3 规划控制线一览表（夏南凯和田宝江，2005）

线形名称	线形作用
红线	道路用地和地块用地边界线
绿线	生态、环境保护区域边界线
蓝线	河流、水域用地边界线
紫线	历史保护区域边界线
黄线	城市基础设施用地边界线
禁止机动车开口线	保证城市主要道路上的交通安全和通畅
机动车出入口方位线	建议地块出入口方位，利于疏导交通
建筑基底线	控制建筑体量、街景、立面
裙房控制线	控制裙房体量、用地环境、沿街面长度、街道公共空间
主体建筑控制线	延续景观道路界面、控制建筑体量、空间环境、沿街面长度、街道公共空间
建筑架空控制线	控制沿街界面连续性
广场控制线	控制各种类型广场的用地范围，完善城市空间体系
公共空间控制线	控制公共空间用地范围

（3）用地性质。

用地性质是城市规划区内的各类用地所规定的使用用途。包含两方面含义：一是土地的实际使用用途，如绿地、广场等；二是附属于土地上的建筑物的使用用途，如商业用地、居住用地等。大部分的用地性质需要通过土地上的附属建筑物的用途来体现。

用地性质确定原则如下。

➢根据总体规划、分区规划等上位规划的用地功能定位确定土地的使用性质。

➢当上位规划确定的地块较大，需要进一步细分用地性质时，应当首先根据主要用地性质，合理配置和调整局部地块的用地性质。

➢为消除用地的外部不经济性，提高土地的经济效益，相邻地块的用地性质不能发生冲突。

用地性质关系到城市的功能布局形态，按照 2012 年施行的《城市用地分类与规划建设用地标准》，城市建设用地共分为 8 大类、35 中类、44 小类，控制性详细规划中地块的用地性质可以根据不同的要求分别采用大、中、小分类标准进行，而地块是控制性详细规划实施具体控制的基本单位。

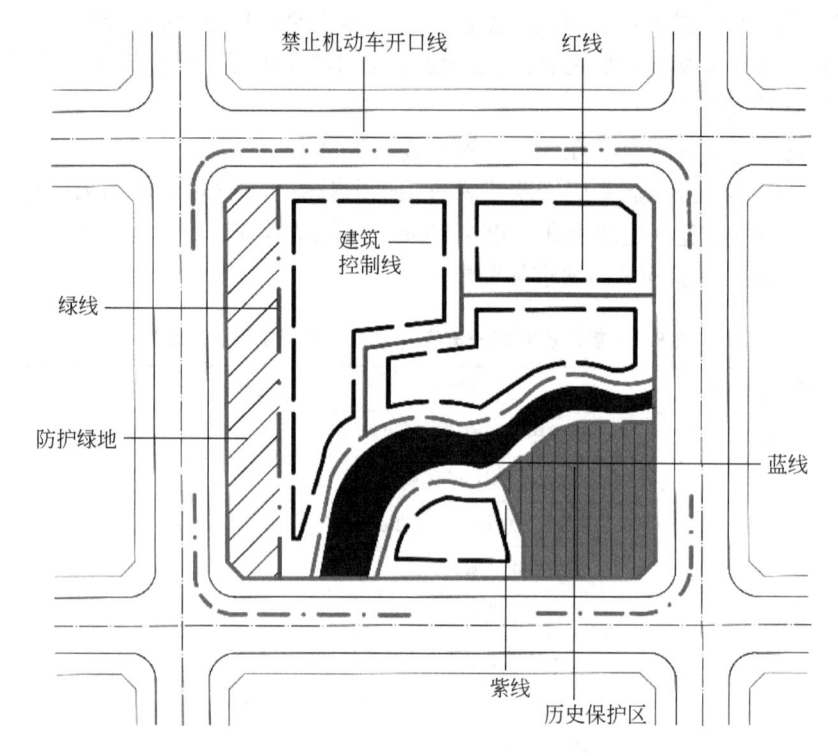

图5.2 用地边界"专业规划线"图示（夏南凯和田宝江，2005）

（4）土地使用兼容。

土地使用兼容控制是指不同土地使用性质在同一地块中共处的可能性，或者是指同一土地使用性质的多种选择与置换的可能性，表现为土地使用性质的弹性、灵活性与适建性。土地使用兼容主要由用地性质和用地上建筑物的适建表来反映（表5.4和表5.5），给规划管理提供一定程度的灵活性。

适建范围规定表我国目前暂无统一格式，可根据各地具体情况制定。但是，土地使用兼容不是无区别的兼容，应当分清用地的主体性质和附属性质，不能过度强调兼容而忽视了土地本身已经确定的使用性质。

2）环境容量控制

a. 容积率

容积率是指建筑物地面以上各层建筑面积的总和与用地面积的比值，又称楼板面积率或建筑面积密度，是衡量地块开发强度最基本的指标。容积率具有上限和下限。下限是为了保证开发商的利益；上限是为了防止土地过度开发。

容积率确定方法：容积率（floor area ratio）是地块内所有建筑物的总建筑面积之和与地块用地面积的比值（图5.3）。

容积率作为城市土地开发强度控制的核心指标，会受到多方面因素的影响，其主要影响因素如下。

（1）地块的使用性质：不同性质的用地有不同的使用要求和特点，其开发的强度也会不同。如商业、办公楼用地的容积率一般高于住宅和工业用地的容积率。

表 5.4　规划土地使用性质兼容性一览表

用地类型		二类居住用地 R2	三类居住用地 R3	行政办公用地 A1	文化设施用地 A2	教育科研用地 A3	体育用地 A4	医疗卫生用地 A5	社会福利用地 A6	商业用地 B1	商务用地 B2	一类工业用地 M1	二类工业用地 M2	物流仓储用地 W	城市道路用地 S1	轨道交通用地 S2	交通场站用地 S4	公用设施用地 U	公园绿地 G1	防护绿地 G2	广场用地 G3
二类居住用地	R2	●	△	×	△	△	△	△	△	△	△	×	×	×	×	△	△	△	△	△	×
三类居住用地	R3	△	●	△	△	△	△	△	△	△	△	△	△	×	×	△	△	△	△	△	△
行政办公用地	A1	×	×	●	△	×	×	×	×	△	△	×	×	×	×	△	△	×	△	×	△
文化设施用地	A2	△	△	△	●	△	△	△	△	△	△	×	×	×	×	△	△	×	△	×	△
教育科研用地	A3	△	△	△	△	●	×	△	×	×	×	×	×	×	×	△	△	×	△	×	×
体育用地	A4	△	△	×	△	×	●	×	△	△	△	×	×	×	×	△	△	×	△	△	△
医疗卫生用地	A5	△	△	△	△	△	×	●	△	×	×	×	×	×	×	△	△	×	△	×	×
社会福利用地	A6	△	△	△	△	△	△	△	●	×	×	×	×	×	×	△	△	△	△	×	△
商业用地	B1	△	△	△	△	△	△	×	×	●	●	×	×	×	×	△	△	△	△	×	△
商务用地	B2	△	△	△	△	△	△	×	×	●	●	×	×	×	×	△	△	△	△	△	△
一类工业用地	M1	×	△	×	×	△	×	×	×	×	×	●	△	△	×	△	△	△	×	△	×
二类工业用地	M2	×	△	×	×	×	×	×	×	×	×	△	●	△	×	△	△	△	×	△	×
物流仓储用地	W	×	×	×	×	×	×	×	×	×	×	×	△	●	×	△	△	△	△	△	×

第 5 章　城市详细规划与城市开发

续表

用地类型		二类居住用地 R2	三类居住用地 R3	行政办公用地 A1	文化设施用地 A2	教育科研用地 A3	体育用地 A4	医疗卫生用地 A5	社会福利用地 A6	商业用地 B1	商务用地 B2	一类工业用地 M1	二类工业用地 M2	物流仓储用地 W	城市道路用地 S1	轨道交通用地 S2	交通场站用地 S4	公用设施用地 U	公园绿地 G1	防护绿地 G2	广场用地 G3
城市道路用地	S1	×	×	×	×	×	×	×	×	×	×	×	×	×	●	×	×	×	△	×	△
轨道交通用地	S2	△	×	×	×	×	×	×	×	△	△	×	×	×	×	●	●	△	△	×	△
交通场站用地	S4	△	×	×	×	×	×	×	×	△	△	×	×	×	×	●	●	△	△	×	△
公用设施用地	U	×	×	×	×	×	×	×	×	×	×	×	×	×	×	△	×	●	△	×	△
公园绿地	G1	×	×	×	△	×	△	×	×	△	△	×	×	×	×	△	△	△	●	△	△
防护绿地	G2	×	×	×	×	×	△	×	×	×	×	×	×	×	△	△	△	×	×	●	×
广场用地	G3	×	×	×	×	×	×	×	×	×	×	×	×	×	△	×	×	×	△	×	●

资料来源：《佛山市城市规划管理技术规定》。

注：①●可相容　△由城市规划管理部门根据具体条件和规划要求确定　×不相容。
②此表只适用于规划条件出具前，规划条件出具后的用地功能调整按相关规定执行。
③所有兼容的建筑物的用地面积不得超过总用地面积的30%，计容建筑面积不能超过总计容建筑面积的40%（独立占地的两个指标要同时满足，非独立占地的按计容建筑面积控制）。
④非独立占地的按计容建筑面积控制；独立占地的两个指标要同时满足，如涉及商业兼容居住的还应单独核准。

表 5.5 建设用地适建一览表

建设项目		居住用地	公共设施用地							工业仓储用地		绿地	
		R2	A1	B	A3	A4	A5	A6	A9	M	W	G1	G2
1	住宅（商品房）	√	×	×	×	×	×	×	×	×	×	×	×
2	保障性住宅	√	○	○	○	×	×	×	×	×	×	×	×
3	中小学、托幼（国办）	√	×	×	×	×	○	×	×	×	×	×	×
4	社区商业（居住配套）	√	×	○	×	×	×	×	×	×	×	×	×
5	独立商业设施	○	×	√	○	×	×	×	×	×	×	×	×
6	商务办公建筑	○	√	○	○	○	×	○	×	×	×	×	×
7	专业批发市场	×	×	√	×	×	×	×	×	×	○	×	×
8	旅馆	○	×	√	○	×	×	○	×	×	×	×	×
9	经营性文化娱乐设施	○	×	√	○	×	×	○	×	×	×	×	×
10	行政办公建筑	○	√	○	○	×	×	○	×	×	×	×	×
11	公益性文化设施	○	○	○	√	○	×	×	×	×	×	○	×
12	社区体育设施	○	×	×	×	√	×	○	×	×	×	○	×
13	医疗卫生设施	○	×	○	×	×	√	○	×	×	×	×	×
14	高等教育设施	×	×	○	○	×	×	○	×	×	×	×	×
15	工业厂房	×	×	×	×	×	×	×	×	√	○	×	×
16	普通仓库	×	×	×	×	×	×	×	×	○	√	×	×

资料来源：《乌海市乌达城区控制性详细规划》。

注：√适建　×不适建　○由城市管理部门根据具体条件和规划要求确定；表中未列出的建设项目，应由城市规划行政主管部门根据对周围环境的影响和基础设施的条件具体核定。

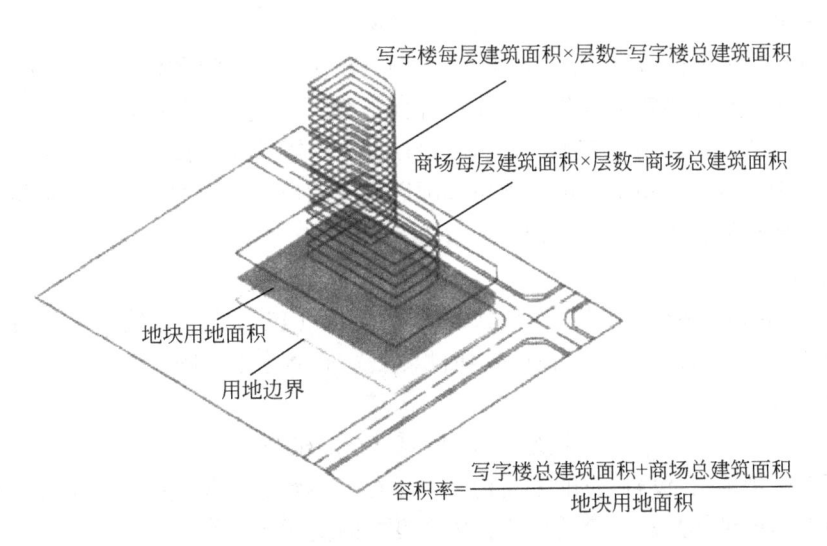

图 5.3 容积率概念示意图（夏南凯和田宝江，2005）

（2）地块的区位：土地级差地租理论很大程度上支配着城市各项功能用地的空间安排、土地利用效率和强度。不同区位的地块具有的交通、基础设施、环境等条件不同，由此而产生的土地级决定了地块可开发的强度。因此对地块的使用性质、地块划分的大小、容积率的高低有着直接的影响。例如，一般中心商务区的容积率就比中心外围商务区的容积率要高。

（3）地块的基础设施条件：具备优良基础设施条件的地块才能支撑起高的容积率。

（4）人口的容量：较高的容积率可以容纳较多的人口，但过多的人口也会引起地块上交通堵塞、环境拥挤，因此需要以城市交通和基础设施容量指标控制地块的开发强度，当人口多时，则需要有较好的基础设施和便利快捷的交通条件，如上海陆家嘴地区、北京的朝阳CBD地区，东京的丸之内地区等。

（5）地块周边的空间环境特征：地块周边的空间环境特征对地块的开发强度存在着制约作用。地块周边的用地性质、空间形态、未来的规划设想等对地块的开发强度都产生影响。例如，地块周边为重要的历史文化街区，地块的开发强度要受到一定制约。而面临河流、绿地等良好环境条件时，就可以提高容积率，提高土地使用效率。

（6）地块的土地出让价格条件：一般情况下，容积率与出让价格成正比。但合理的容积率的确定需要考虑多种相关因素，不能单纯地从出让金出发，还需考虑社会效益、环境效益、经济效益的协调统一。

b. 建筑密度

建筑密度（building density）是指规划地块内各类建筑物基地面积占该用地面积的比例，它反映了一定用地范围内的空地率和建筑密度程度。建筑密度指标意义在于反映该地区绿地、室外活动空间的多少、建筑日照间距多少、采光通风等卫生条件以及消防条件的优劣和居住环境质量的高低，同时也会影响建设成本和经济效益。它与容积率的不同在于，它注重的是建筑基底面积，也就是说它表示的是地块除建筑以外的用地所占的比例多少。规划控制采用上限指标，目的是能够保证一定的绿地率和空地率。

建筑密度确定的方法为

$$建筑密度 = (规划地块内各类建筑基地面积之和 \div 用地面积) \times 100\%$$

c. 居住密度

居住密度（residential density）是指单位建设用地上容纳的居住人口总量（人/公顷），是表示不同地块人口密集程度的指标，是引导性指标。从环境控制的角度来看表示在用地环境和设施承载力范围内，所能容纳的最大人口规模，对居住用地而言，人口密度可分为人口毛密度和人口净密度，人口毛密度是指每公顷居住区用地上容纳的规划人口数量，人口净密度是指每公顷住宅用地上容纳的规划人口数量。

d. 绿地率

绿地率（greening rate）是指规划地块内绿地面积（包括公共绿地，不包括住宅用地的绿化用地和树冠所覆盖的面积）占总用地面积（S）的百分比（图5.4）。

其计算公式为

$$绿地率 = (A_1 + A_3)/S \times 100\%$$

绿地率是衡量地块环境质量的重要指标（下限）。控制绿地率能够保证城市的绿化和开放空间，为人们提供休憩和交流的场所，创造良好的生活与工作环境。

绿化覆盖率为所有绿化植物覆盖的正投影面积（包括公共绿地、住宅用地的绿化用地和树冠所覆盖的面积）占总用地面积（S）的百分比（图5.4）。

$$绿化覆盖率=(A_1+A_2+A_3)/S\times 100\%$$

绿地率和绿化覆盖率都是表征地块环境质量的指标，两者计算上有所差别。

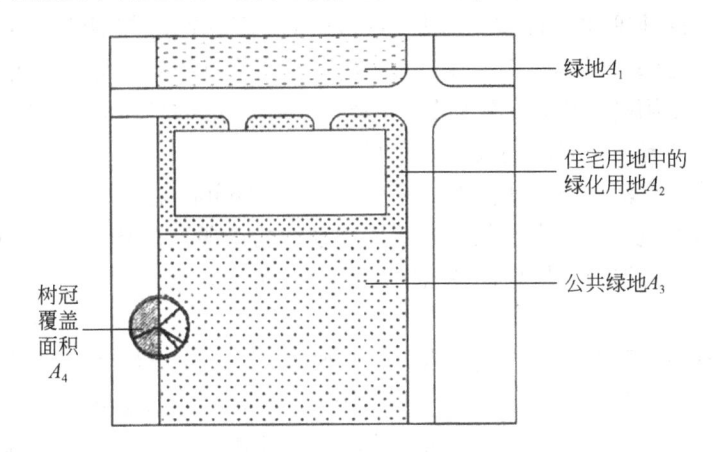

图 5.4　绿地率概念示意图

3）建筑建造控制

a. 建筑高度

建筑高度一般是指建筑室外地面到檐口（平顶屋）或者坡屋顶的高度。它是城市设计空间构图、建筑形态的主要因素之一，同时也是影响地块开发强度的主要因素之一。因此在控制性详细规划的控制体系中，建筑高度控制（上限）是规定性指标。设定建筑高度指标应考虑以下几点。

（1）符合建筑日照、通风卫生、消防和抗震抗灾的要求。

（2）符合用地的使用性质和建筑物的用途要求。

（3）考虑用地的地质基础条件、当地的建筑技术水平和经济实力。

（4）符合城市整体景观和街道景观要求。

（5）符合文物保护、建筑文物保护单位和历史文化保护区周围建筑高度的控制要求。

（6）符合机场净空、高压线以及无线电通信通道等建筑高度的控制要求。

（7）考虑在坡度较大的地区不同坡向对建筑高度的影响。

b. 建筑后退

建筑后退主要是指建筑与周边环境以及设施之间必要的控制距离。主要包括退线距离和退界距离两种：退线距离是指建筑物后退各种规划控制线（包括规划道路、绿化隔离带、河湖隔离带、铁路隔离带、高压线走廊等）的距离；退界距离是指建筑物后退相邻单位建设用地边界的距离。

在用地规划范围内建筑后退控制的意义在于：一方面，城市道路、公路、河道、铁路、轨道交通两侧及电力保护区范围内的建筑物必须退让一定距离以满足消防、环保、防汛和交通安全的要求；另一方面，城市公共绿地、公共水面等景观价值较高的地区要求建筑物后退一定距离以满足城市景观的开敞、城市公共活动空间的需要。

c. 建筑间距

建筑间距是指两栋建筑物或者构筑物之间的最小水平距离。建筑间距控制的意义在于满足防火、防震、视线干扰、防噪、日照、通风、采光、绿化、卫生、环保、工程管线和建筑布局形式以及节约用地等方面的需求。其中最常用的是日照间距与消防间距。

日照间距是指为保证后排建筑在规定时日内获得所需日照量而与前排建筑保持的一定距离。由于不同地区太阳高度角和日照质量的差异，不同地区的日照间距不同，一般要求在冬至日中午前后至少要有2小时的连续日照时间。

消防间距是指满足消防通道所需要的宽度距离，消防间距通常用来控制建筑物的侧面间距。根据我国现行建筑设计防火规范，多层民用建筑之间距离应该不少于6m，高层民用建筑之间不少于13m，多层与高层民用建筑之间应该不少于9m。

4）城市设计引导

城市设计引导应依照美学和空间艺术处理的原则，从建筑单体和建筑群体环境两个层面对建筑设计、建筑建造提出指导性和综合性设计要求与建议。主要引导指标有建筑体量、建筑色彩、建筑形式、建筑沿街界面、建筑空间组合、环境设施和小品设计以及其他环境要求等。

（1）建筑体量。

建筑体量是指建筑物在空间上的体积，包括建筑的横向尺度、纵向尺度和建筑形体控制等方面，一般对建筑面宽平面和立面对角线尺寸、建筑体型比例提出相应的控制要求和控制指标。建筑体量控制的目的主要是保护城市的重要景观、重要视廊、城市天际线以及城市的肌理不受建筑开发的破坏。

（2）建筑形式和色彩。

建筑形式和色彩是体现城市地方特色和建筑文化的重要元素，对于提高城市空间品质具有重要的意义。建筑形式和色彩与建筑密度、建筑限高等规定性指标相比控制力度相对较小，但仍是控制体系中十分重要的组成部分。建筑形式的控制指标包括建筑风格、建筑屋顶形式、建筑立面形式、建筑材料的选择；建筑色彩控制通常是对建筑主色调的控制。

（3）建筑沿街界面。

建筑沿街界面控制的目的是在保障街道空间自然采光和通风的基础上，通过对建筑沿街高度、沿街连续墙面宽度、街道节点空间等要素的限定，强化街道空间的围合感，塑造连续的街道空间界面和宜人的城市外部空间。

（4）建筑空间组合。

建筑空间组合属于建筑群体空间环境控制，它强调建筑之间的空间组合关系。即对建筑实体所围合的空间环境以及周边其他环境提出的控制引导原则。不同的建筑空间组合给人不同的空间感受。可根据不同的情况和要求，采取不同的建筑空间组合形式，形成公共的或者私密的空间形态。

（5）环境设施与建筑小品。

环境设施和建筑小品主要是指城市外部空间为人们提供休息交往、标识等的设施，具有美化空间环境提供信息的功能。主要包括休息设施、便利设施、绿化配置、雕塑小品、广告等类型，主要对布置的内容、位置、形式和净空限界进行引导控制。

5）公共设施配套

公共设施配套是指城市中各类公共服务设施的配建要求，主要包括医疗卫生、商业服务、行政办公、文娱与体育的配套要求，属于强制性指标，应按照国家和地方相关的法规和标准做出规定。

公共设施多属于公益性，在实际建设中由于经济利益的驱动往往被忽视，控制性详细规划出于对公共利益的保障，就需要明确公共设施的配套要求，包括大中型公共设施的布局、小型公共设施的布点、公共设施建设规模、附加建设条件以及服务半径等控制要求。

6）市政设施配套

市政设施是城市生产、生活等社会经济活动的基础保证。市政设施配套控制具有保障和维护公共利益的意义。市政设施配套要求属于强制性指标，其包括给水、污水、雨水、电信、电力、供热、燃气、环保、环卫等多项市政工程设施。配套控制标准应符合国家和地方相关的法规和标准。

7）交通活动控制

交通活动控制从外部环境要求出发，针对地块内的生产、生活活动行为，从交通活动控制和环境保护两个方面提出控制指标。其中交通出入口方位、停车泊位是规定性指标。

控制性详细规划中的交通活动控制指标，包括交通需求分析、车行交通组织、公共交通组织、步行交通组织、停车场以及停车泊位配置要求。

交通需求分析：交通需求分析是交通活动控制的基础资料，与地块开发容量、人口容量等指标密切相关，其目标是预测规划地块产生的交通流量和分布特征，为地块道路交通规划提供依据。

车行交通组织：车行交通组织一般包括路网结构深化和出入口控制两方面。根据区位条件、城市道路系统、街坊或地块的建筑容量与人口容量提出控制与组织要求，制定交通方式与出入口设置的规定。主要包括交通出入口位置和数量、禁止机动车出入口地段、交通运行组织规定、地块内允许通过的车辆类型。具体参照《民用建筑设计统一标准》（GB 50352—2019）中有关交通控制的规定。

公共交通组织：公共交通组织主要包括公共汽（电）车站场以及用地范围的控制、轨道交通站点设置及布局。公共交通组织要求应满足公交专项规划的要求，符合国家和地方的相关规范与标准。

步行交通组织：步行交通组织要求符合国家、地方相关规范与标准。根据地块内步行人流的流量与流向，合理布局地块内步行道路网，确定道路红线宽度、步行设施位置、步行出入口位置和数量等内容。

配建停车位：配建停车位是针对规划地块内规定的停车位数量的控制，是规定性指标，包括机动车车位数和非机动车车位数。根据地块的性质、建筑容量确定配建停车位，一般采用下限控制方式。针对特殊地段可采用上下限同时控制的方式，必要的情况下还可以提出建设公共停车位的奖励措施，如地处繁华商业娱乐地区。

8）环境保护规定

环境保护控制主要是限定污染物的排放标准，目的是防止生产建设以及其他活动中产生对环境造成污染与危害的废气废水、废渣粉尘、有毒有害气体、放射性物质、噪声、振动、电磁波等。环境保护规定应该依据当地城市总体规划、环境保护规划以及相关专项规划，结合地方环保部门的具体要求来制定控制标准。

9) 其他控制

(1) 根据历史保护规划、风景名胜区规划落实的相关规划控制要求。

(2) 根据国家与地方的相关规范与标准落实"五线"控制（表5.3）。

(3) 竖向设计应该包括道路竖向和场地竖向两部分内容，道路竖向应明确道路控制点坐标标高以及道路交叉设施的空间关系。场地竖向应提出建议性的地块基本标高和平均标高。对地形复杂地区可采用建议等高线的形式提出竖向要求。

(4) 根据综合防灾、城市安全、地下空间综合利用规划提出地下空间开发建设建议和开发控制要求。

(5) 相关奖励与补偿的引导性控制要求。根据实际规划管理和控制需要，对老城区、附加控制引导条件的城市地段，为保障对公共资源的有效利用可采用的引导性指标。

5.2.3 控制性详细规划的实施与管理

控制性详细规划的实施与管理是城市规划管理工作重要的组成部分和关键环节，是具有很强的政策性和综合性的依法行政工作。政府在实施和管理上具有主要地位。

1. 控制性详细规划的实施

1) 政府

(1) 直接行为。一方面，城市政府根据国民经济社会发展计划和总体规划、分区规划，组织编制城市控制性详细规划，使城市总体规划进一步深化、具体化，以便实施操作。另一方面，政府通过财政拨款及信贷等筹资手段，直接投资于某些城市总体规划所确定的建设项目。同时，政府可以根据城市规划的目标制定有关政策来引导城市的发展。

(2) 控制、引导行为。政府负有管理城市各项建设活动的责任。对于非政府直接安排的建设投资项目，政府规划主管部门的工作主要是对建设项目的申请实施控制和引导，如建设项目选址管理、建设用地规划管理、建设工程规划管理；针对建设活动、土地和房屋的使用方式进行监督和检查。

2) 公民、企事业单位和社会团体

公民、企事业单位和社会团体根据城市规划的目标，可以主动参与，如对控制性详细规划中确定的公益性和公共性项目进行投资，关心并监督控制性详细规划的实施等。

公民、企事业单位和社会团体即便是完全出于自身利益的投资和置业等活动，只要遵守控制性详细规划的规定和服从城市规划的管理，客观上也有助于控制性详细规划目标的实现。实际上，城市建设过程中，商业投资的建设活动更多，因此控制性详细规划的实施离不开非公共部门的参与和支持。

2. 控制性详细规划的管理

1) 建设项目审批管理

控制性详细规划是土地出让的前提，只有编制了控制性详细规划，土地管理部门才能发放土地使用许可证。

开发商通过招拍挂等形式获取土地使用许可证后可向规划管理部门申请用地规划许可证，并提交开发地块的规划图纸，规划管理部门的工作人员对提交的规划图纸进行审查，检查其内容与国土空间总体规划、控制性详细规划所规定的土地开发强度及建筑（退线）情况、土地使用性质等规定是否符合，如规划图纸内容和规定相符，则项目审批通过，交由其他部门（如市政、基建、防灾等）审批，全部通过后方可颁发建设用地规划许可证。

获得建设用地规划许可证后，开发商还需要向规划管理部门申请工程规划许可证。规划管理部门以控制性详细规划为依据，对建设项目的工程图纸内容进行对照审批，审批通过后发放建筑工程规划许可证。

由于建设活动具有一定的不可预见性，各开发用地的条件也千差万别，土地性质、开发强度的变更也不可避免。因此用地控制规划的控制内容和管理机制上也需要保持一定的弹性。

2）控制性详细规划管理的监督与公众参与

目前我国的城镇开发建设项目由相关层级的自然资源部门负责编制、审批、实施与监督运行。随着市场经济的发展，越来越多的非正式机构参与到控制性详细规划的编制和实施管理中来，充分发挥其监督作用，建立起包括政府、行政管理部门、规划委员会等正式组织机构和各类非正式组织机构的明确责、权、利关系的协调分工治理机制。

控制性详细规划所涉及的内容与多方的利益都有着密切的联系，但是如果没有广大的城市利益相关者积极参与，城市管理的成本会加大，管理效率也会降低。因此需要通过新闻媒体等多种形式做好控制性详细规划的宣传工作，吸引全社会力量的关心，以及公民的参与和监督，以保证控制性详细规划的实施和管理顺利进行。

5.2.4 规划案例——重庆市江津区东部新城控制性详细规划[①]

1. 规划范围

规划区范围位于江津区几江城区东南，北至南郊路，南达化肥厂，西以艾坪山高程为290m 的控制绿线为界，东临长江。主要涉及区域有琅山片区、滨江东段以及艾坪山部分区域，规划区总用地面积为 602.82hm²。

2. 规划区功能与规模

规划区功能：以市级行政办公、商贸、居住为主的城市综合新区，富有特色且充满活力的山水园林城区。

规划区范围：规划区总用地面积 602.82hm²，其中城市建设用地面积 592.10hm²，规划人口规模控制为 15.0 万人。

规划期限：2008~2020 年。

3. 土地使用控制

1）用地布局

规划区突出"一心、两轴、三片"的布局结构。一心：指行政办公中心，位于中央景观步道与南干道接合处，市级行政办公集中地。两轴：指江州景观大道和中央景观步道。主要承担商务功能，大力发展以高端服务业为主的第三产业等金融商贸设施和一系列大

[①] 资料来源：《重庆市江津区东部新城控制性详细规划整合说明书》。

型公益文化设施，兼商业、服务业、居住等多种功能。三片：指中部公共商业服务片区，集行政办公、商务、商业用地，兼服务业、居住等多种功能；东部居住新区，主要为高档居住和服务业功能；西部协调片区，是城市的旧城改造片区，主要为商业、服务业、居住等功能。

2）功能分区

规划区分为七大特色功能区：城市之核、新城枢纽、运动社区、滨水住区、山水住区、伴山城居、协调片区。

4. 公共服务设施规划控制

教育设施：规划中学1所，小学4所，托幼19所。

医疗设施：规划医院3处，其中保留现状疾控中心，配套10处社区保健站。

文化设施：规划9处文化活动站。

5. "四线"规划（强制性）

蓝线：将规划区内现状2条冲沟按50年一遇198.31m的高程水位控制。

绿线：主要指滨江绿化控制线、艾坪山高程为290m的绿化控制线以及河流两侧不小于20m的绿化控制线。

紫线：规划区无紫线控制。

黄线：变电站两侧保护距离不小于20m；高压线两侧保护距离不小于15m；污水处理厂两侧保护距离不小于50m；储配气站两侧保护距离不小于20m；加油站两侧保护距离不小于10m；消防站两侧保护距离不小于10m；轨道线两侧保护距离不小于36m。

6. 道路交通规划控制

规划区道路主要采用"方格+自由式"的布局，形成"三横七纵"路网结构。规划区规划道路分三个等级：城市主干路，红线宽44m；城市次干路，红线宽26m、24m、22m；城市支路，红线宽18m、16m、12m、10m。

7. 工程管线规划控制

给水工程规划：由鲤鱼石水厂供水，规划10万 m^3/d。

排水工程规划：规划区内采用雨污分流制系统，污水经污水干管收集后排入几江污水处理厂集中处理，根据江津城市总体规划，几江污水处理厂应按8万 m^3/d 规模考虑。规划区内雨水按就近、分散、重力流直接排入受纳水体。

电力工程规划：规划区电源主要由110kV平桥变电站及琅山变电站提供。规划7座10kV开闭所，10kV开闭所均采用无人值班式，每座开闭所所馈电负荷不超过1.5万kVA，供电半径不宜大于1km，占地面积300m^2/座，优先采用附设式。

电信工程规划：本规划区内保留现状电信局及邮政局所。电信管道沿规划道路人行道下敷设。规划电信管道预留2～3根子管，用于敷设CATV电缆和其他消防弱电专用管孔。规划管孔数除电信公用网外，还应适当考虑电信专用网、有线电视和智能化小区管理系统等。电信管道通常采用10～30孔管块。

燃气工程规划：规划区内天然气气源取自现状位于规划区内的平桥储配站，该配气站需根据本规划区的用气规模进行相应扩容。保留规划区内现状两根分别为6MPa及4MPa长输燃气高压管，管径为DN720和DN710，保证离建筑物外墙、离路缘石的水平距离为10.5 m

的控制范围。

管网综合规划：道路的东侧或北侧布置雨水管（渠）、给水管和电缆沟（电力杆），道路的西侧或南侧布置电信管、天然气管和污水管，路灯杆布置在机非分隔带上或人行道两侧。各管线在竖向布置中的相对位置自上而下一般为电力电缆沟、电讯管、天然气管、给水管、雨水管、污水管。

8. 绿地系统规划

以建设森林城市为目标，将对本规划区山体自然绿化进行保护控制，结合规划区自然环境特征，以公园绿地、防护绿地、附属绿地为骨架，创建有城市特色的点、线、面相结合的绿化体系。

规划区内绿地系统由公园绿地和防护绿地构成，总用地面积126.14hm^2，占建设用地面积的21.3%，人均绿地面积8.4m^2/人。其中，公园绿地方面，规划区共有27处公园绿地，面积为105.18hm^2，占建设用地面积的17.7%，人均用地面积7.0m^2。片区中心公园3处，主要指滨江公园、艾坪山森林公园以及石凉偏生态公园。防护绿地方面，主要包括市政设施绿化隔离带、河道绿化隔离带、道路绿化隔离带，面积为21.06hm^2，占建设用地面积的3.6%。

9. 生态环境影响及保护规划控制

水环境质量保护控制：水环境质量指标按国家Ⅱ类质量标准控制，严格实行雨污分流制排水系统。规划区内生活污水统一进入污水处理厂处理达标后排放。

大气环境质量控制：大气环境质量指标按国家二级或好于二级质量标准控制。主要措施是依靠节能和改善能源结构，提高气化率，控制油烟排放量，提高二氧化硫的去除量，汽车尾气治理达标排放。

环境噪声治理：噪声环境质量指标按国家三类标准控制。

5.3 修建性详细规划

修建性详细规划是以城市中准备实施开发建设的地区为对象，如商业区、居住区、娱乐休闲区、交通站点地区、产业园、历史保护街区等，对其中的建筑物、构筑物、各级道路广场、绿化以及市政设施进行统一的空间规划设计，以指导建设活动中的建筑和工程设施的施工。

《城乡规划法》规定，是否编制修建性详细规划属规划主管部门的自由裁量权范围。但同时提出，在城市的重要地块，需要进行修建性详细规划的编制，如城市交通枢纽、历史文化保护区等。随着控制性详细规划成为有效引导开发行为的手段，修建性详细规划正在逐步淡出规划的法规体系。

5.3.1 修建性详细规划的主要内容

根据2006年4月1日起施行的《城市规划编制办法》要求，修建性详细规划应该包括7个方面的内容。

1）建设条件分析及综合技术经济论证

根据项目实施地区的功能性质，进行实地调查，并收集有关人口、土地利用、建筑、市政工程现状及建设项目、开发条件等资料，开展综合分析和技术经济论证，确定规划原则及指导思想，选定用地定额指标。

2）建筑、道路和绿地等的空间布局和景观规划设计，布置总平面图

确定规划区内部的布局结构和道路系统，对建筑、道路、绿地等做出功能布局和环境规划设计，确定工厂、住宅、公共设施、交通、园林绿化及市政工程、消防、环卫等设施的建筑空间具体布局及用地界线，布置总平面图。确定规划区内园林绿地分类、分级及其位置、范围、布置城市景观的控制区和控制点等。

3）对住宅、医院、学校和托幼等建筑进行日照分析

主要包括：对场地内的住宅、医院、学校和幼托等建筑进行日照分析，满足国家标准和地方标准要求；对周边地块中受规划建筑日照影响的住宅、医院、学校和幼托等建筑进行日照分析，满足国家和地方标准。

4）根据交通影响分析，提出交通组织方案和设计

确定规划区内道路走向、红线宽度、横断面形式、控制点的坐标及标高。

5）市政工程管线规划设计和管线综合

确定规划区内给水、排水、电力、通信及煤气等工程管线及构筑物位置、用地、容量和走向。

6）竖向规划设计

进行竖向规划设计，确定用地内的竖向标高，坡度，主要建筑物、构筑物标高。

7）估算工程量、拆迁量和总造价，分析投资效益

主要包括：土地成本估算、工程成本估算、相关税费估算、总造价估算，分析投资效益，提出有关实施措施的建议。

5.3.2 修建性详细规划的编制程序

编制修建性详细规划原则上应以近期建设为重点，以实施总体规划意图为目的，以控制性详细规划为依据，以综合规划设计城市空间为手段；编制工作要在具有完备的基础资料的条件下进行，开展充分的调查研究，保护文物古迹、风景名胜、传统街区和优秀的历史文化遗产等以及民族特色和地方风貌，创造舒适、宜人的城市空间环境，满足防洪、防火、抗震、治安、交通管理等城市建设方面的要求，满足进行建筑初步设计和施工图设计的要求。

编制程序主要分以下几个阶段。

1. 基础资料收集阶段

主要收集的资料如下。

（1）已批准的城市总体规划、分区规划及控制性详细规划的规划技术文件。

（2）准确反映近期现状的地形图（比例尺1∶2000~1∶500）。

（3）现状人口详细资料，比如居住区规划应包括人口密度、人口分布、人口构成、平均每户人数等，其他内容的规划可增加相关的人口资料。

（4）土地现状利用资料，规划管理部门有关规划范围用地的拨地红线图以及周围用地情况（比例尺1∶2000~1∶500）。

（5）建筑现状资料：包括各类建筑面积、建筑质量、层数、用途等。该规划范围或地段内地上、地下的重要建筑物和构筑物的平立面图以及周围的现状重要建筑物或构筑物的情

况（1：1000～1：500）。

（6）工程设施及管线现状资料。

（7）有关气象、水文、地质和地震的资料，城市历史资料，城市环境资料等可参考城市总体规划、分区规划和控制性详细规划，也可根据该规划范围的特点择其重点来搜集研究。

（8）各类建筑工程造价等资料。

规划人员应针对规划项目的内容和特点，调查、分析、研究该规划项目所在城市或地区的历史文脉、地方风貌、风土人情、建筑形式和空间环境的特点，制定可行性研究大纲，确定空间环境的质量规划目标。

2. 地段规划结构、布局设计构思阶段

通过现状及区位分析，规划编制单位按设计任务书的要求，对地段的用地功能布局、空间环境、路网结构、绿化景观、公建布置、基础设施安排等提出初步规划设计方案。一般在方案编制的初期阶段多采用多方案比较的方式，探讨不同的可能性，还可以采用招标、竞赛的形式，邀请多家设计单位或者设计者进行方案的设计，取长补短进行规划设计方案的优化。

3. 规划设计方案编制阶段

根据选定的规划设计初步方案，按《城市规划编制办法》及《城市规划编制办法实施细则》的要求进行规划设计编制。主要包括规划总平面布局（包括市政设施布局）；道路交通规划；场地的竖向规划；居住、文教、卫生、托幼建筑的日照分析做出具有代表性的公建、住宅的建筑单体造型；居住建筑提出推荐户型；反映规划设计意图的鸟瞰图或模型等。这些成果需要先报送规划相关部门进行研究论证。

4. 规划设计成果制作阶段

报送的方案在得到规划相关部门同意后，规划编制单位按《城市规划编制办法》及《城市规划编制办法实施细则》的要求制作规划设计成果。

5.3.3 修建性详细规划的成果

修建性详细规划成果一般由说明书与基本图纸组成。

1. 详细规划说明书

说明书内容主要包括：现状条件分析，如规划背景、区位条件、现状用地、道路、景观特征、地方文化等分析；确定规划的基本原则以及总体构思；用地布局；道路和绿地系统规划；各项专业工程规划及管网综合；空间组织和景观特色要求；竖向规划，包括竖向设计的基本原则和主要特点；主要技术经济指标、总用地面积、总建筑面积、住宅建筑总面积、平均层数、住宅建筑容积率、建筑密度、绿地率、容积率等；工程量及投资估算。

2. 基本图纸要求

（1）规划地段位置图。标明规划地段在城市的位置以及与周围地区的关系。

（2）规划地段现状图。标明自然地形地貌、道路、绿化、工程管线及各类用地和建筑的范围、性质、层数、质量等，图纸比例尺为1：2000～1：500。

（3）规划总平面图。图上应标明规划建筑、绿地、道路、广场、停车场、河湖水面的位置和范围，图纸比例尺为1：2000～1：500。

（4）道路交通规划图。图上应标明道路的红线位置、横断面，道路交叉点坐标、标高、停车场用地界线，图纸比例尺为1：2000～1：500。

（5）竖向规划图。图上标明道路交叉点、变坡点控制高程，室外地坪规划标高，图纸比例尺为1：2000～1：500。

（6）单项或综合工程管网规划图。图上应标明各类市政公用设施管线的平面位置、管径、主要控制点标高，以及有关设施和构筑物位置，图纸比例尺为1：2000～1：500。

5.4 城市设计

5.4.1 城市设计的概述

城市设计有着悠久的历史，起源于建筑设计，以美学原则为基础，以物质空间为对象。一般来说，城市设计被认为是建筑学、城市规划与景观建筑之间的交叉科学，而且正在逐步与城市经济学、城市社会学、人文地理学、环境心理学、人类学、市政工程、公共管理等相关学科产生密切的联系。

城市设计是指对城市中的物质要素进行设计，对各个物质要素在三维空间上的组合进行合理的设计。在组合要素时，既要考虑各要素的功能，还要考虑美学原则。

城市设计的目标随着时代的发展也在变化，现代城市设计目标：首先通过物质环境的设计创造出能够体现社会公平的场所；其次需要为市民和游客提供活动和审美的机会；第三需要保障在这个场所里活动的人们感到舒适和安全（如微气候的调节、场所的安全）。

评价城市设计的指标体系也涵盖了人、社会、文化、环境等方面的内容。通过各种政策、标准和设计审查来管理较大地区范围的环境特色和空间质量的做法，已成为城市设计的重要内容。

美国著名学者凯文·林奇在《一种好的城市形态理论》中指出："城市设计的关键在于，从空间上对城市中的各种活动进行安排，保证城市各种活动的交织……真正的城市设计是不会在一块白地上开始的，也不能预见要完成的作品。"

5.4.2 城市设计与城市规划

城市设计是贯穿于城市规划的各阶段及各层次。城市设计是以人为中心的从总体环境出发的规划设计工作。但城市设计与城市总体规划在关注点、思考方式方面（表5.6），与详细规划在评价标准、关注重点、规划设计内容、工作深度方面还是有所差别（表5.7）。

表5.6 城市设计与城市总体规划的比较（丁旭和魏薇，2010）

序号	城市总体规划	城市设计
1	多从理性出发，从城市物质环境规划的角度出发	多从感性出发，以城市中的人为主题，依据人类的心理学进行城市设计
2	强调对城市效率、土地均衡方面的满足	强调对城市生活，人的生理、心理与行为的满足
3	追求便利性和富有功能的空间	追求舒适性和富有人情味的空间

续表

序号	城市总体规划	城市设计
4	注重社会、经济和环境的综合平衡	注重社会效益与环境效益
5	着重二维平面布置单功能空间	注重三维的多功能空间

表 5.7 城市设计与详细规划的比较（王建国，2009；丁旭和魏薇，2010）

比较内容	详细规划	城市设计
评价标准	以经济技术指标为主	偏重人对城市生活环境体验的评价，如艺术性、可识别性、舒适性等感性因子
重点	偏重用地性质、建筑道路等两边的平面安排	侧重建筑群体的空间格局、开放空间和环境的设计、建筑小品的空间布置和设计等
内容	偏重工程技术与管理	关注空间物质环境
工作深度	以表现二维内容为主，成果偏重法则和二维平面图	注重三维，图文并茂，采用导则的形式

5.4.3 城市设计与城市地理学

城市地理学是研究城市（镇）的形成、发展、空间结构和分布规律的学科。它从综合性、差异性、空间性去研究城市以及区域中的城市。主要涉及要素结构、功能结构、层次结构和地域结构，同时也探究城市中人类活动与物质构成环境的相互关系。

城市设计是场所创造的艺术，它要解决的是城市公共空间的设计与管理的问题，具有公共政策的性质，它关注城市的规划布局设计、城市面貌、形态；关注公共空间的品质、功能的研究。

城市地理学与城市设计都以城市为研究对象，城市设计注重城市物质空间设计和实践，城市地理学关注城市中的人在这样的城市空间中的行为以及社会经济现象，并试图去揭示其本质，探究其规律，预测其趋势。城市地理学可以为城市设计提供理论支撑，应用于城市设计的实践并检验，同时城市设计为城市地理学提供研究素材和理论验证场所。

5.4.4 城市设计的原则与方法

为达到现代城市设计的目标，就需要遵循创造人性化的场所，丰富现有的建成环境，建立连接的路径，结合基地已有的自然景观、人工景观开展设计，建立混合的功能和形态，进行合理的投资管理，创作适应性强的设计等原则。这些原则是城市设计项目思考的出发点。

城市设计方法大体上可以分为社会调研方法和分析方法两个方面。社会调研方法侧重于搜集城市设计的相关资料，主要包括前期准备和现场踏勘两方面，具体方法为文献阅读法、观察法、访谈法和问卷调查法、定性和定量分析法。城市设计的分析方法侧重于在对现有资料进行整合和梳理的基础之上，对地块进行设计方案的分析。城市设计主要分析方法有以下几种（卢济威和于奕，2009）。

(1) 设计目标策划法。

一个城市设计要寻求的特色环境目标，往往通过目标策划来实现。设计者通过对基地各种环境资源的分析，运用逻辑分析和创造思维，寻求与城市总体发展方向一致的目标。

(2) 城市空间组织法。

城市设计的成功与否与城市空间形态有着直观的因果关系。空间分析是空间组织的基础，在城市设计实践中已被大量运用。例如，从美学出发，在建筑师中流行的视觉秩序（visual order）分析、图底（figure and ground）分析适用于传统街区的改造，由于这些街区的建筑高度相对均匀，可以把三维空间简化为二维图形来研究空间的开放性。此外，还有关联耦合、视廊组织等空间组织法。

(3) 城市要素整合法。

明确城市设计要素，即明确城市规划师们是对"什么"进行设计。不同尺度上的要素整合，是城市设计的基本方法。城市要素包括建筑、市政工程物（如桥梁、道路、天桥、堤坝和风井等）、城市雕塑、绿化林木、自然山体等实体要素，也包括街道、广场、绿地、水域等空间要素，这些都是城市设计中被整合的内容。城市要素整合还包括地下与地上空间、自然与人工空间、历史与新建环境、建筑与公共空间，以及区域与区域之间等的整合。相对于城市规划，城市设计的要素整合更重视三维形态的整合，整合过程强调要素的开放、渗透与结合方式。

(4) 城市基面组织法。

当面临立体步行系统、地下空间发展区域、城市综合体或山地城市时，这些地区在不同标高集聚各种城市要素的公共活动面，称为城市基面。随着城市立体化发展的趋势，城市立体多基面的现象会不断出现，这些多基面的组织方法便成为城市设计的方法之一。多基面组织涉及城市立体化的动力基础、高度的设定、城市要素组合的内容，以及地形塑造的特征等方面。

(5) 行为环境互动法。

环境资源分析是对地块环境自下而上的研究，行为环境互动则是对使用这个地块的人的行为进行自下而上的研究。雅各布斯认为，城市最基本的特征是人的活动。目前我国城市设计最大的问题就是只追求视觉美学，而不研究城市活动行为。人的行为方式受到环境的制约，同时，环境也会受到人们行为的影响。所以，研究场所内人的行为模式对于环境的需要，能帮助设计者创造宜人的环境，从而达成良性循环，增加综合效益。

5.4.5 城市公共空间

在城市设计针对的空间范畴中，相当部分的学者都是将其设计的对象界定在城市的公共空间，且更注重提高公共空间的场所感，而场所是由个人或群体与空间的相互关系产生的，其中物质环境、人的行为和场所意义组成了场所特性的三个基本要素。

1. 城市公共空间的概念与特性

城市公共空间狭义的概念是指供城市居民日常生活和社会生活公共使用的室外空间。它包括街道、广场、居住区户外场地、公园、体育场地等。佐金（Zukin）认为"公共空间是城市活动的容器"。城市公共空间的广义概念可以扩大到公共设施用地的空间，例如，城市中心区、商业区、城市绿地等。

公共空间具有"物质"和"社会"的双重属性。公共空间的物质性，强调的是公共空间"质的成分"，更注重公共空间"开放性"的外在形式和物质性功能，是对城市的体型环境特征的展示。然而，我们对城市与生活的认知、体验，往往不只是物质形式，而是种种文化与社会意识的总和，公共空间在当今社会也越来越多地被有着多重意义的、互相交织的社会空间所架构，表现出明显的社会属性，并反映着城市的性质、传统文化、经济特点等。

公共空间的社会内涵主要包含以下三个方面。

公共性：强调公共空间所具有的"共享"属性，最大限度地发挥公共空间的公共性，有利于提升空间的价值。

生产性：空间不仅是被生产出来的结果，而且也是再生产者，这就涉及利益分配问题，而保障的必须是公共利益。

公平与公正：公共空间既被市民享用，也应当由市民来管理，且管理过程是民主的、平等的。

公共空间具有开放性、可达性、大众性、功能性多项特质。公共空间承载的多层面内容使其成为城市建成环境的重要载体。公共空间不仅是城市中的活动场所，而且具有传承文脉、创造并提升城市价值的作用。

2. 城市公共空间的构成要素与规划设计

城市公共空间由建筑物、道路、广场、绿地与地面环境设施等要素构成。城市公共空间有各种使用功能的要求，并且其数量与城市的性质、人口规模有紧密关系。城市人口越多，城市公共空间的需求量也越大，功能也越复杂。城市人口规模大，也有条件设置内容更丰富公共空间。

城市公共空间规划设计的内容很多，包括总体布局和具体设计。它与城市规划编制的各阶段有着密切的关系，在城市总体规划、详细规划和修建设计阶段都有相应的规划研究。城市公共空间的规划设计在本质上属于城市设计范畴，其目的是创造功能良好、富有特色的城市空间环境。城市中主要的公共空间有城市中心、广场、街道、公共绿地、滨水区等。这里主要介绍三种公共空间建设。

3. 城市中心

城市中心是城市居民社会生活集中的地方。因为城市居民社会生活多方面的需要和城市的多种功能，所以有各种类型和不同规模、等级的城市中心。从功能来分，有行政、经济、生活及文化的中心；按照城市规模分，小城镇一般有一个城镇级别中心即能满足各方面的要求；大、中城市需要多中心才能满足要求，根据服务的半径，除市级中心之外，还有分区中心、居住区中心等，由此形成不同功能、等级的城市中心体系。

城市中心的建筑群以及由建筑群为主体形成的空间环境，除了满足市场活动功能上的要求外，还要能满足精神和心理上的需要。城市中心往往也是该城市的标志性地区。

城市中心的布局包括各级中心的分布、性质、内容、规模、用地组织与布置。各级中心的分布、性质和规模的确定须依据城市总体规划的用地布局，考虑城市发展的现状、自然条件、交通以及市民不同层次与使用频率的要求。

在选择中心位置时，主要考虑以下几点。

一是利用原有基础。老城区有着历史上形成的中心地段，有的是商业、服务业及文化娱乐设施集中的大街，有的是交通集散的枢纽点，如车站、码头。例如，北京市天安门广场、东西长安街东单到西单一带，是在历史条件下改建成的市中心地区，它能够满足人们的政治、经济、文化娱乐、瞻仰游览等活动的要求。

二是从交通需求考虑。各级中心既要有良好的交通条件，又要避免交通拥挤、人车互相干扰。为了符合行车安全和交通通畅的要求，必须组织好市及区中心的人、车（包含客运、货运交通）。中心区位置选择应该是在被服务的居民能便捷到达的地段。

三是适应可持续发展的需求。城市各级中心的位置应与城市用地发展相适应，远近结合。市中心的位置既要在近期比较适中，又要在远期趋向于合理，在布局上保持一定的灵活性。各级中心各组成部分的修建时间往往有先后，应注意中心在不同时期都能有比较完整的面貌。

四是考虑城市设计的要求。城市中心地点的选择不仅要根据城市设计原则考虑城市空间景观构成，还要分布合理并形成城市的中心系统。

4. 城市广场

广场是因城市功能的需求而设置的，是供人们活动的空间。城市广场通常是城市居民社会生活的中心，广场上可进行集会、游览休憩、交通集散、商业服务及文化宣传等。广场周边一般都布置着城市中的重要建筑物。广场上布置设施和绿地，能集中地表现城市空间环境面貌。如北京市天安门广场，既有政治和历史的意义，又有丰富的艺术面貌，是全国人民向往的地方。上海市人民广场是市民生活节日集会和游览观光的地方。

根据大致的使用性质，广场可分为市民广场、建筑广场和纪念广场、生活广场、交通广场、商业广场及市场广场等。城市广场其周围常常分布着行政、文化、娱乐、商业及其他公共建筑。在城市中心广场可以举行节日的群众集会庆祝活动。在城市总体规划阶段确定，广场应与城市干道和街道相连接。城市广场通常是汽车、自行车与步行交通集中地，应该根据各种交通性质、交通量加以组织，避免过境车流穿越广场。广场四周的建筑高度、体量应与广场尺度相协调。广场上的建筑物、喷水、雕塑、照明设施、花坛、座椅及植物等各种要素的组合，可以丰富广场空间，提高艺术性，形成地标性地区。

5. 城市街道

街道和道路是最基本的城市线性开放空间。它既承担了交通运输的任务，同时又为城市居民提供了公共活动的场所。相比较而言，道路多以交通功能为主，而街道则更多地与市民日常生活以及步行活动方式相关，实际上也综合了道路的功能。

街道是我们生活环境中很重要的组成部分，街道设计和街景设计从来就是城市设计关注的基本客体对象。然而，街道往往由于其交通功能而被忽视了其成为场所的功能。亚历山大认为"街道应该是提供停留的地方，不该只用于通行"。实际上，除了是城市的自然构成要素之外，街道还是一种社会要素。可以从多种角度对街道进行分析，例如，谁拥有、谁使用、谁掌控；建造它的目的以及它的社会和经济功能的转变。一方面，街道作为两栋建筑物的联系纽带，方便了步行者的运动，也方便了进货及一些特殊使用。另一方面，街道也可以作为一个相互交流的场所，包括娱乐、对话、表演和举行典礼仪式等。按功能划分街道的类型，包括交通的街道、商业型街道、社会交往的街道以及兼容的街道。

街道的空间设计主要考虑以下几个方面。

一是应满足交通和可达性方面的需求。无论是街道还是道路，首先是作为一地至另一地的联系的通道或土地分隔利用而出现的，因此保证人和车辆安全、舒适的通行就很重要。通过对街道上的人流、车流、疏密程度以及功能进行研究，来决定街道横断面各部分所需要的宽度。

二是应考虑步行优先的原则。在城市中的许多地段，尤其是中心区和商业区、游览观光的重要地段，要充分发挥土地的综合利用价值。创造和培育人们交流的场所，就必须鼓励步行方式，并在城市设计中贯彻步行优先的原则，建立一个具有吸引力的步道连接系统。这也是西方发达国家在城市中心区复兴和旧城改造中取得成功的重要经验之一。

三是考虑物质环境的舒适。最出色的街道是舒适的，至少在设施方面做到尽可能舒适，不能避开或忽视自然环境，我们不可能指望阿拉斯加的城市在冬季也很温暖，但可以让它尽量暖和些，而不是更冷。好的城市街道能够避风，与气候相关的舒适度特征是可以合理量化的，它们完全有理由成为出色街道的组成部分。

四是注意空间范围的界定。出色的街道有空间范围的界定。它们有边界，通常是这样或那样的墙体明确标识出街道的边缘，使街道脱颖而出，把人们的目光吸引到街道上来，从而使它成为一个场所（图5.5）。

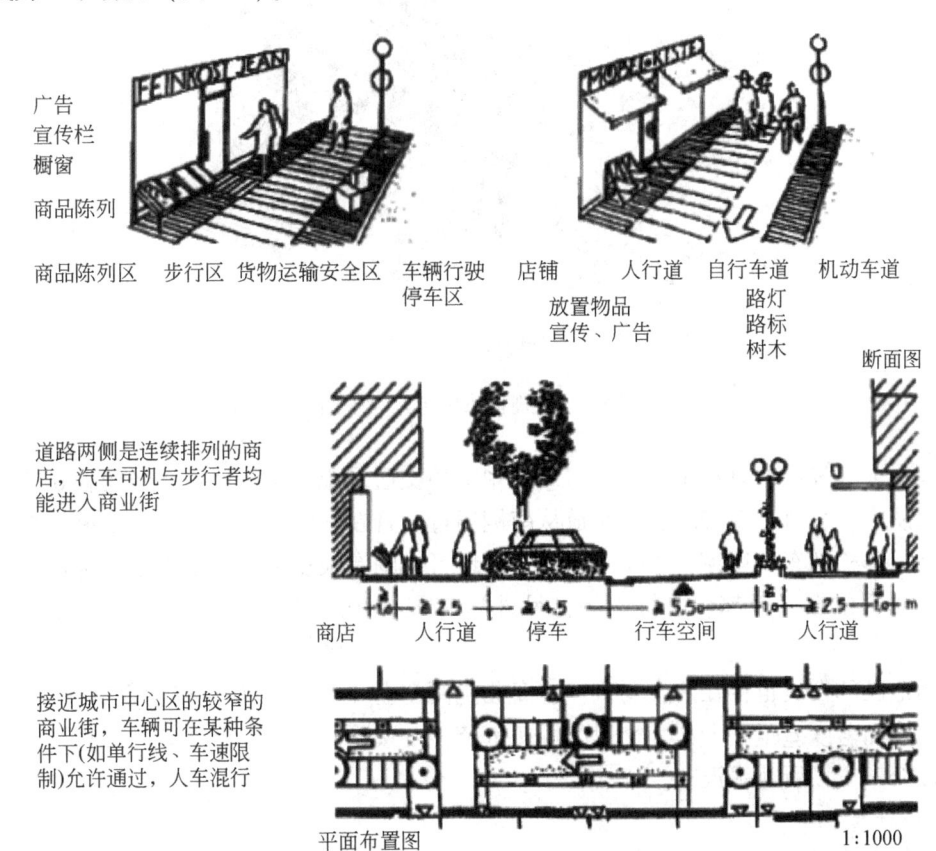

图5.5 普林茨对街道空间的分析（普林茨，1989）

6. 详细规划层面的城市设计案例

以上海静安寺地区城市设计（卢济威等，1996）为例。该项目系同济大学卢济威先生于20世纪90年代末主持设计的。

静安寺地区位于上海中心城西侧（图5.6），研究范围南起延安西路，北至北京西路，东起常德路东侧，西至乌鲁木齐路，规划设计面积约36hm^2。静安寺地区以有1700年历史的静安寺而闻名，地区内有中国福利会少年宫（原加道理爵士住宅）、红都影剧场（原百乐门舞厅）等近代建筑，以及有成行参天悬铃古木的静安公园，还有作为中华第一街的南京路。

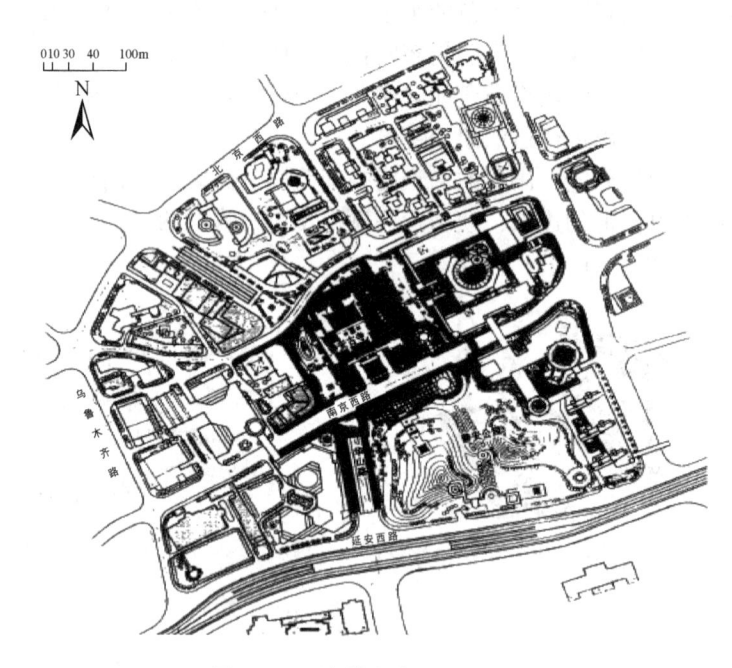

图5.6 上海静安寺地区总平面

静安寺地区发展的有利条件包括：①规划中的交通设施，包括地铁2号线和6号线由东西和南北从中心穿过，延安路高架车道从南侧通过，且在华北路口设有上下坡道，南京路北侧还有城市非机动车专用道从愚园路通过。②地区周围有很多商业服务设施，包括大量的星级宾馆，如希尔顿、贵都、波特曼等，另外还有展览中心等都能对商业中心给予有力的支持。

然而地区的发展也存在两个弱点：①商业空间严重不足，1990年以前仅有5万m^2，与地区的商业知名度差距太大；②交通严重超负荷，南京路、华山路等交叉口阻塞严重，人车混杂，社会停车场所几乎没有。

1）设计目标

通过城市更新，建立现代化的跨世纪的综合发展文化、旅游的商业中心。其环境必须确保空间形态有特色、生态环境和谐、运动系统有序，而且能持续发展。

2）空间形态结构设计

以包含古寺的地形起伏的绿地为中心，周围布置高层建筑，形成高层较大圈，基本保留原有道路网，形成静安寺地区的框架。这样的形态结构可以使地区的独特性、生态性、运动性和持续性达到结合。

3）设计构思的几个方面

以文化、旅游为特色形成综合型的商业中心。充分利用和发扬静安寺地区寺庙与公园的条件，发展宗教文化和园林绿地，支持和促进旅游与商业的繁荣，也适应人们现代购物心理的特点。具体做法是：将寺庙第一层以筑台形式抬高，作为商业空间，在二层平台上重建静安寺，地下层建宗教文化博物馆、招待所及商业餐饮设施。将静安公园作为开放型的城市绿地予以打造。寺、园作为整体，除采用园包寺手法外，在园寺之间建立轴线，通过下沉空间，穿过南京路连成一体，山林起伏自然形成视觉上的联系，而且满足了步行活动的实际需要。此外，静安寺地区作为商业中心，必须要有足够的商业空间。一方面，将静安寺的东侧街坊全部置换为商业空间，另一方面，在地下，结合地铁站、地下停车库、地下商业街等设施设置，使南京路的商业空间不间断。

以立体化手段组织有序的交通网络。更新改造前，南京路与华山路交叉口的交通压力十分明显。为此探索了交叉口的立交方式，采用华山路下行的设计方案，并充分考虑地区支路体系、步行系统的构建以及停车场的布置。

以地铁站为契机，建立交通换乘体系。静安寺地区换乘体系的关键是地铁站与公共汽车站、社会汽车库、社会自行车库的衔接，后三者之间也有换乘问题。据此制定交通换乘路线的组织原则：①控制换乘距离在400m之内；②换乘路线采用地面、地下步行相结合，不穿越车行道；③换乘路线力求与商业购物空间相结合。

延续历史文脉，强化南京路的起止空间环境。南京路以外滩和静安寺互为起止点。据此，规划在核心部位的寺庙及其轴线范围采用中国传统形式，南京路两侧核心周围，特别是主要对景部位采用以西洋古典主义建筑为基础的南京路建筑文脉，静安寺地区的其他部位可以不受限制。

方案设计最初阶段可以采集多方案进行比较（图5.7）。总体鸟瞰图可以很好地展示各设计要素之间的空间关系（图5.8）。

(a)方案1　　(b)方案2　　(c)方案3

图5.7　地形结构方案比较

通过项目的实施，优化了该地区的交通组织，完善了地区商业空间，延续了历史文脉，使其成为具有多功能综合的上海特色地区，成为上海市市民以及游客们必去的场所。建成后的效果如图5.9所示。

图 5.8　总体鸟瞰图

(a)下沉式广场与周边环境　　　　　　　(b)静安寺与地铁站

图 5.9　静安寺广场实景（王建国，2001）

5.5　城市开发与规划控制

5.5.1　城市开发概述

1. 城市开发的内涵

城市开发（urban development）是以城市土地利用为核心的一种经济性活动，主要以城市物业（土地和房屋）、城市基础设施（市政公用设施与公共建筑设施）为对象，通过资金和劳动力的投入，形成与城市功能相适应的物质空间环境，并通过直接提供服务或交换、分配、消费等环节，实现一定的经济效益、社会效益或环境效益的目标（吴志强和李德华，2010）。

城市开发作为城市自我生长、自我完善的重要动力机制，伴随于城市的发展之中。城市开发是通过具体的物业与设施来实现的。

城市开发的意义在于城市结构和城市功能的互动调节作用，当城市开发的实现与城市的结构和功能相适应的时候，城市的经济和社会处于发展之中；当城市功能不断创新或生成，城市的结构需要调整适应时，可以通过城市的局部地区开发达到与新的功能相适应（谢世雄，2010）。纵观国内外许多特大城市，随着产业结构的转型、现代服务业的兴起，它们都通过城市开发以适应城市功能强化，如上海浦东新区的开发建设。

2. 城市开发的类型

1）新开发与再开发

城市开发分为新开发与再开发。城市新开发是将土地从其他用途（如农业用途）转化为城市用途的开发过程；城市再开发通常伴随功能变更的过程，如单一功能变为综合功能，是现有城市建设用地上的物质性置换过程，如居住功能变更为商业功能等，往往以高密度发展代替低密度发展。

新开发和再开发的时空分布与城市发展的阶段有关。在城市快速发展时期时，人口迅速增长，产业急剧扩大，新开发是满足城市空间需要的主要方式，城市空间变化以外向型扩展为特征；当城市进入成熟期后，尽管新开发仍有发生，但城市空间的功能失调和物质老化问题日益突出，为了使土地价值得到充分的体现，再开发成为满足空间需求的主要方式，城市空间变化以内向型重组为特征。

因此新开发和再开发的时空分布规律是：从城市的生长期到成熟期，新开发活动递减，再开发活动递增；从城市的中心区到边缘区，新开发活动递增，而再开发活动递减（王士川，2002）。

2）公共性开发与商业性开发

城市空间可以分为两类：公共空间和非公共空间。公共空间包括公共绿地、道路和其他公共设施的用地，通常是公共的开发领域；而各类产业活动和居住活动的用地则一般是非公共空间的开发范畴。

公共性开发在城市开发中起着主导作用。公共空间构成了城市空间的发展框架，公共性开发是由政府主导的，为各种非公共性开发内容既提供了可能性也规定了约束性。非公共性开发主要是房地产开发公司主导，此外，银行和其他金融资本的运作机构、建造商、投资者和业主本身都可能参与开发。

公共性开发和非公共性开发在决策的出发点和依据上有着根本的差别。公共性开发的决策以公共利益为取向，把经济和社会发展的整体和长远目标作为决策依据，因此政府除了提供基础设施和公共设施以外，还会参与关系到社会整体利益、长远利益的项目中来，如安居工程、城市更新、工业园区、经济开发区、新区等；非公共性开发的决策以自身的利益为目标，项目效益的高低和风险的大小是决策的依据。

商业性开发和非商业性开发取决于开发活动的目的。公共性开发一般是非商业性开发。在非公共性开发中，如果开发者是业主本身，以使用为主要目的，也属于非商业性开发。商业性开发的目的是出售或者出租不动产而获得利润。

3）功能区的分类型开发

按照开发区的主要功能类型进行划分，可以分为城市生活区开发、城市产业区开发、城市中心区开发、城市边缘区开发等。

4）其他开发类型

从城市开发过程看，可以将开发分为土地开发和建筑物业开发两种类型。土地开发是建筑物业开发的先决条件。土地开发包括道路和市政基础设施、场地平整和清理，通常称为"七通一平"或基地开发，其目的是将"生地"转变为"熟地"。建筑物业开发主要是指在土地开发的基础上进行各类房屋、构筑物，以及相关设施的开发建设，如商品住宅开发、商业中心开发等。

5.5.2 城市土地开发

1. 城市土地开发的内涵

为适应城市在发展过程中经济结构、社会结构、空间结构的变化，各种功能用地必须要进行调整，以满足城市经济社会发展、人们生活环境改善的需要。因此城市用地的扩张和建成区的更新改造是一种必然趋势。城市土地开发是城市建设的前期工程，城市的各项建设事业在此基础上才能顺利地发展，因此城市要发展，土地开发必须先行。

城市土地开发是指为适应城市经济、社会、文化发展的需要，对土地进行投资、建设和改造，提高土地质量和价值的过程（冯艳，2007）。

城市土地开发的对象是具有一定开发潜力和开发价值的土地，主要包括土地的后备资源和已经开发的低效利用的土地。

城市土地开发的结果是使得城市建成区面积增加、建成区功能提高，以及基础设施和生活环境改善。

2. 城市土地的开发模式

城市土地开发的目的是提高城市土地利用率和增加土地的使用功能。从城市土地的利用对城市空间发展的形成以及土地开发的效益来看，城市土地开发可分为综合开发、成片区域开发和项目梯度开发三类开发方式。

1）城市土地的综合开发

城市土地的综合开发，也称为房地产综合开发，包括土地开发、基础设施开发和房屋开发三个部分。这种开发方式是根据城市总体规划和社会经济发展计划的要求，选择一定区域内的用地，按照规划要求的土地使用性质，实行"统一规划、统一征地、统一设计、统一施工、统一配套、统一管理"的原则，有计划、有步骤地进行开发建设。

2）城市土地的成片区域开发

城市土地成片区域开发，是指在依法取得国有土地使用权后，依照规划对土地进行综合性的开发建设后，进行房地产的经营活动。这里所指的开发建设分为两个层次：首先是要进行基础设施的建设，通过"七通一平"形成各类建设用地所必备的基本条件；其次是在建设公用设施的基础上，还必须建设与生产及各种经营活动和生活相配套的各类服务设施，改善投资环境，为投资者使用土地创造条件。而经营活动是指在开发建设以后，转让土地使用权，出售或出租地上建筑物和经营公用事业，如有偿供电、供水、供气等。一般来说城市土地的成片开发以政府行为为主，具有相当大的用地规模。

3) 城市土地的项目梯度开发

城市土地的项目梯度开发是指依据原有城市功能，适应用地结构的重新组合，利用土地级差地租来改变土地低效益利用的一种开发活动。

从土地开发布局和调整土地使用功能的角度，项目梯度开发方式主要有：以点连成片，相对集中开发改造方式，典型案例如上海的田子坊；以点带面，滚动梯度型开发改造方式，典型案例如上海新天地；以项目为契机，分片开发改造方式，典型案例如北京通州新城。

3. 城市土地的再开发

随着西方发达国家进入后工业时代，由于经济结构的调整、社会环境的变迁、城市人口的流动，城市建成区内出现衰退地区。为了更新城市功能、重振城市活力，促进基础设施的高效利用，提出了"城市再开发"的策略，并特别强调城市空间持续再生（sustainable urban regeneration）。

这里"城市再开发"的含义不仅仅是对现状或过去的保存或恢复，它强调的是在正确把握城市未来变化的基础上，更新城市的功能，改善居住环境，恢复或维持城市那些失去或正要失去的体现和带动城市活力的功能地区。目前主要在城市中心区、城市的老旧工业区、仓库码头区等地区开展。

1) 城市中心区

20世纪60~70年代，欧美、日本等发达国家或地区出现城市中心部地区衰退的现象，为此其投入大量资金将建设的重点转移到内城的建设中，并采取了一系列再开发的方法和措施，提出复兴城市中心区的目标。例如，日本福冈的中心区改造项目挽回了福冈市中心区的衰退，重新凝聚了人气。

我国20世纪90年代后期，在一些经济发达城市也进行了有计划的城市中心再开发活动，主要从以下几个方面开展：对人的活动空间的重视，恢复城市中心区的一个重要措施就是积极地营造以人为中心的环境和空间，通过建设人性化的街道景观来增加公共空间的魅力，如开展设置步行街、开发绿色开放空间；进行商业与旅游的开发，强化商业和服务业功能，提高城市活力；通过促进城市中心区的社区改善来增加居民的归属感；积极开展对历史建筑的保护与对城市文化、历史文化的保护，我国大部分城市中心都存在着具有吸引力的优秀古建筑以及近代建筑，对这些建筑的改造利用，既保护了城市的传统文化，又使城市焕发了新的活力，如上海的石库门地区。

2) 城市工业区以及仓库码头区

随着城市社会经济技术的发展和产业的转型升级，城市出现了破旧、废弃的规模较大的工业用地、仓库码头区（棕地）。为使这类地区焕发活力，满足城市新的功能发展的需要，就需要进行土地的再开发。

这类土地再开发常用的模式有：工业区、仓库码头区转换为知识创新区，转化为现代服务业，如伦敦的金丝雀码头；将工业区改造为居住区，这是一种最常见的开发模式，主要是随着城市的扩大，原有工业用地的区位升级，土地的级差效应提升，一部分工业基地改造成为新型的居住区；此外普通工业区升级为都市工业区，实现工业区内涵的转变。

5.5.3 城市开发的调控

1. 城市开发的公共干预

1) 市场机制的缺陷

城市开发在市场经济体制下,存在着以下五方面的缺陷。

第一,市场经济体制无法解决外部效应导致的利益矛盾。由于城市是一个空间聚集体,外部效应现象在城市开发中具有普遍性,有积极的也有消极的,而这些利益得失关系市场机制无法规范。这既使得城市开发违背了公共经济学的公平准则,又使土地资源无法得到经济有效的配置。

第二,市场机制无法促使公共设施的开发。城市的公共设施涉及社会的整体利益和长远利益,但往往没有直接的经济效益,显然与追求最大利润的市场原则相违背。

第三,外部效应难以用市场的价值准则来衡量。如具有历史价值的建筑物和地区、自然景观等一旦被破坏,其社会代价是无法用经济价值来衡量的。

第四,由于市场信息系统的不完善,社会个体的开发决策往往建立在相对局限的基础上,地块的最佳配置却不一定会带来整体的最优效果。

第五,土地资源的总量有限,加之其不可移动,会产生地区性的土地市场垄断,进而影响经济和社会正常发展,导致财富分配悬殊、社会不公平等现象。

2) 公共干预的方式

为避免市场机制所带来的缺陷,在城市建成环境的形成过程中,政府作为城市空间开发调控的主体,需要对城市建成环境进行公共干预。政府公共干预方式主要体现在金融政策、物质建设和规划调控三个方面(李德华,2001)。

政府的金融政策又分为财政和税收两种手段。对于需要促进开发的特定城市地域和特定物业部类(如廉租房),政府可以采取财政补贴和税收优惠的手段加以引导;同样,政府也可以采取财政和税收的手段来遏制开发。我国的城市政府还通过对土地供应控制来调控城市开发的力度。

物质建设的公共干预就是政府对于城市建成环境的公共领域直接进行开发,为非公共领域的开发既提供了可能性,也规定了约束性。

尽管公共领域在城市建成环境中起着主导作用,形成了城市空间发展的框架,但就城市建成环境的投资构成和用地构成而言,非公共领域占了绝大部分,因此,政府的一个重要职能就是对城市建成环境的非公共领域的开发进行规划调控。例如,日本针对东京都中心区居住功能下降的问题,提出恢复中心区居住功能的想法,为此制定了有关房地产开发的奖励政策,促进了东京都区部的大规模棕地开发。

2. 城市土地开发的规划控制

1) 开发控制的运作方式

各国的政治、经济、社会和文化背景不同,开发控制的方式也有所不同,但可以分为通则式和判例式两种基本类型。

通则式开发控制具有确定性和客观性上的优点,但在灵活性和适应性方面较为欠缺。其主要特点是开发控制规划的各项规定比较具体,如美国的区划制度(zoning),规划人员在审理个案时，以开发控制规划为唯一的依据，几乎没有自由裁量权，各项规定都已事先明确。我国的控制性详细规划类似于美国的区划制度。

判例式开发控制具有灵活性和针对性，但在确定性和客观性方面有所欠缺。其主要特征是开发控制规划的各项规定比较原则、规划人员在审理个案时，享有较大的自由裁量权。以英国为例，作为法定规划的地区规划只是开发控制的一个主要依据，规划部门有权在审理开发申请个案时附加特定的规划条件，甚至在必要情况下修改法定规划的某些规定。

2）城市开发控制的新趋势

随着社会经济技术的发展、城市土地规划建设管理的需要，以及多年的规划控制制度的实践，各国根据各自城市发展的情况，有针对性地对原有的开发控制制度进行改进和补充，以适应新形势下的需要。基本思路是增加规划控制制度的灵活性，允许政府、土地所有者和使用者进行谈判和讨价还价，以谋求一定程度上的共赢。主要有以下几种方式。

(1) 区划奖励。

区划奖励是政府运用规划权来引导开发者提供公共设施的手段。1961年纽约市区划另一个显著的变化在于整体的管控方向由"禁止性"消极控制转向"鼓励性"积极引导，与之相匹配的是增加了较多弹性控制的手段（薄力之，2017）（图5.10）。运用规划权来谋求公共利益必须是理性的，要综合权衡开发者提供公共设施能带来的"社会收益"和提高开发强度作为区划奖励可能造成的"社会成本"之间的得失关系。同时以提高开发强度作为区划奖励措施必然是有限的和适度的，不然区划的合理性就会招来质疑。我国上海市在2003年也开始尝试实施在特定地区的开发奖励制度。《上海市城市规划管理技术规定》规定，中心城内的建筑基地为社会公众提供开放空间的，在符合消防、卫生、交通等有关规定和本章有关规定的前提下，可按规定增加建筑面积。因增加社区公益性设施、公共停车泊位、建筑底层公共空间或将建筑内部空间向公众开放而增加建筑面积，增加幅度不超过15%。此外，根据2016年发布的《上海市城市更新规划土地实施细则（试行）》，各城市更新单元在建设方案可行的前提下可适度增加商业商办建筑面积，增加的商业商办建筑面积按所提供各类公共要素面积的规定倍数计算。能同时提供公共开放空间和公共设施的可叠加建筑面积奖励（唐凌超，2017）。

(2) 规划单元开发。

常规的区划往往将发展用地分为较小的方格地块，适应单一用途的开发活力，但不可避免地产生单调刻板的城市景观。而规划单元开发是针对成片开发方式，在符合总体开发强度和用途构成的情况下，可以将几个基地合成一个单元进行开发，如果方案得到批准，那么就可以取代原有的区划，作为约束开发的法定条件。单元开发可以使得道路格局、开发空间、建筑群之间形成有机的整体（图5.11）。

(3) 特别区划。

由于常规的区划是通则式的，往往不适用于城市中有特殊意义的地区（如历史保护区、文化区等）。因此，设定了特别管制地区，根据地区的特征，实施比常规区划更有针对性的开发控制规定，包括鼓励本地区已经形成的特定用途，或特定形态（视廊、檐口高度、连续商业街面），强化地区的历史文脉。

(4) 开发权转让。

为保全历史建筑、农地、自然环境所在的地块，允许业主将不能开发的容积率转让规划

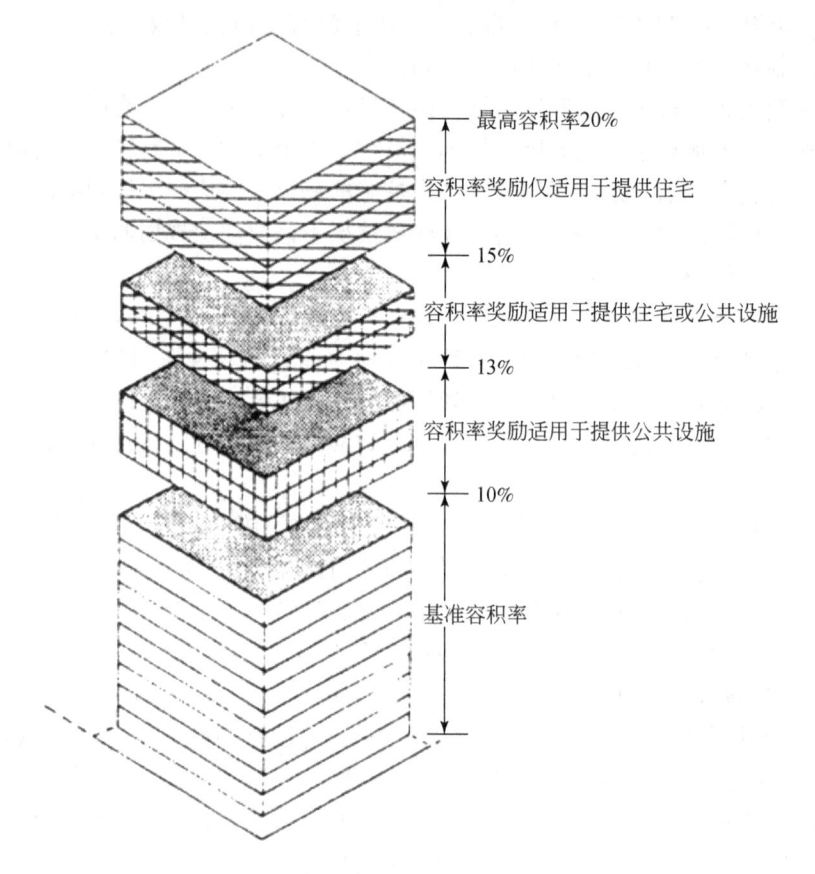

图 5.10　容积率奖励制度示意图（李德华，2001）

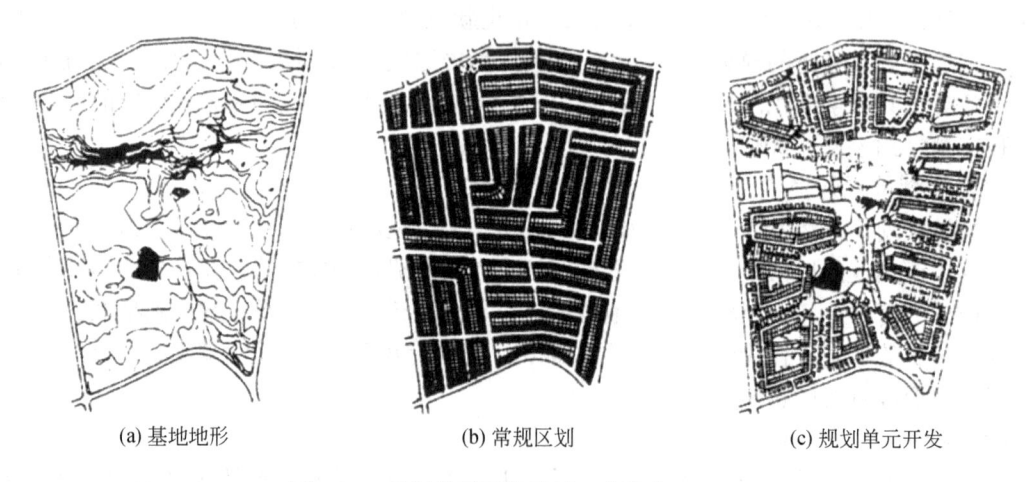

(a) 基地地形　　　(b) 常规区划　　　(c) 规划单元开发

图 5.11　规划单元开发示例（李德华，2001）

管理部门允许的其他地块（图 5.12），从而保护历史建筑、农地、自然环境，也使得因此受损的业主在其他地方得到经济补偿，从而使得保护历史建筑和街区的开发控制在经济上可行。

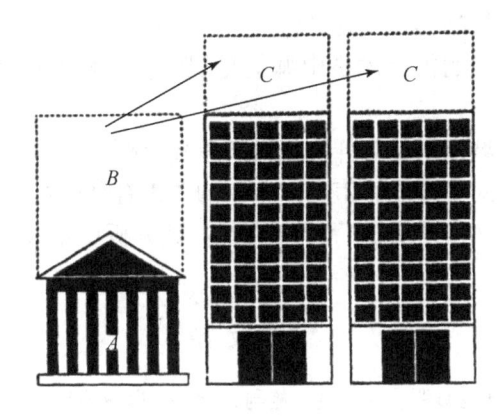

图 5.12　开发权转让示例（李德华，2001）

（5）复合用途开发。

20 世纪 70 年代美国定义的开发概念：互相补充三种以上的功能用途，对规模和密度等进行规定，谋求土地的高度利用。

（6）协议型开发制度。

由于各国政府财政的紧缺，针对内城的衰退和大量工业用地的荒废、铁路站场废弃，这些地区的再开发需要借助民间的力量，因而各国又制订了协议型开发规制（表 5.8）。

表 5.8　世界主要国家的协议型开发规制

国家	名称
英国	规划协定（planning agreement）
美国	共同开发（joint public/private development 或 codevelopment）
法国	协议整备区域（concerted development zone，ZAP）
德国	城市规划约定（public/private partnership，PPP）
日本	再开发地区规划

3）我国城市开发规划控制制度

从 20 世纪 80 年代后期以来，控制性详细规划逐渐进入到我国城市规划编制体系之中，最早从 1998 年深圳开始确立其法律地位，2008 年 1 月 1 日起实施的《中华人民共和国城乡规划法》中，赋予了控制性详细规划在城市开发、土地出让等方面的法律地位，使其成为我国城市开发管控体系中的核心和主要管理工具。

我国的城市开发实施是通过"一书两证"制度进行的，即建设项目选址意见书、建设用地规划许可证和建设工程规划许可证。乡村规划的运作实施规划许可证制度，开发控制程序和要求也有所不同。

我国城乡规划行政主管部门实施城乡规划运作控制的依据主要有法律规范依据、城乡规划依据、技术规范依据和政策依据。

思 考 题

1. 什么是城市详细规划？其主要任务是什么？

2. 简述控制性详细规划的作用与特征。

3. 控制性详细规划的控制指标体系中哪些是规定性指标？哪些是指导性指标？这些指标的意义是什么？

4. 什么是城市设计？城市设计与详细规划的差异有哪些？

5. 什么是城市公共空间？构成城市公共空间的要素有哪些？

6. 城市的建设过程中为何需要进行开发控制？试分析城市社会经济发展对开发控制制度制定的影响。

参 考 文 献

薄力之．2017．美国区划法对于建设强度管控的措施与经验——以纽约为例．北京城市建，(3)：34-43．
北京市规划委员会．2012．北京地区建设工程规划设计通则．北京市规划委员会．
曹型荣．2009．城市规划实用指南．北京：机械工业出版社．
陈志诚，曹荣林，朱兴平．2003．国外城市规划公众参与及借鉴．城市问题，(5)：72-75．
崔金涛．2016．论控规与城市抗震防灾规划的关系．建筑工程技术与设计，(7)：2011．
戴慎志．2011．城市规划与管理．北京：中国建筑工业出版社．
邓方荣．2014．历史城镇控制性详细规划研究．成都：西南交通大学硕士学位论文．
丁旭，魏薇．2010．城市设计理论与方法 上．杭州：浙江大学出版社．
段汉明．2006．城市设计概论．北京：科学出版社．
段汉明，朴浩，赵志愿．2016．城市详细规划设计．北京：科学出版社．
冯艳．2007．1999年代以来武汉城市土地开发及空间发展规律研究．武汉：华中科技大学硕士学位论文．
洪亮平．2002．城市设计历程．北京：中国建筑工业出版社．
黄亚平．2002．城市空间理论与空间分析．南京：东南大学出版社．
黄耀志，陆志刚，肖凤．2009．小城镇详细规划设计．北京：中国建筑工业出版社．
姜椿芳．1985．简明不列颠百科全书．北京：中国大百科全书出版社．
李德华．2001．城市规划原理．3版．北京：中国建筑工业出版社．
李鸿飞．2011．小城镇规划与设计．北京：北京师范大学出版社．
刘雷．2004．控制与引导——控制性详细规划层面的城市设计研究．西安：西安建筑科技大学硕士学位论文．
卢济威，于奕．2009．现代城市设计方法概论．城市规划，(2)：66-71．
卢济威，林缨，张力．1996．生态·文化·商业——上海静安寺地区城市设计．建筑学报，(10)：20-25．
卢济威，顾如珍，孙光临，等．2000．城市中心的生态、高效、立体公共空间——上海静安寺广场．时代建筑，(3)：58-61．
卢新海，张军．2006．现代城市规划与管理．上海：复旦大学出版社．
马文军，王磊．2010．城市规划实施保障体系研究．规划师，26(6)：65-68．
普林茨．1989．城市景观设计方法．李维荣，译．天津：天津大学出版社．
深圳市城市规划设计研究院．2015．城乡规划编制技术手册．北京：中国建筑工业出版社．
盛莉．2013．控制性详细规划在城市规划管理中的问题与对策．城市建设理论研究（电子版），(34)：1-6．
孙安军．2011．解读《城市、镇控制性详细规划编制审批办法》．小城镇建设，(2)：6．
谭纵波．2005．城市规划．北京：清华大学出版社．
唐凌超．2017．轨道交通枢纽周边地区容积率奖励政策研究——以东京云雀丘地区为例．中国城市规划学会、东莞市人民政府．持续发展 理性规划——2017中国城市规划年会论文集（14 规划实施与管理）．中国城市规划学会，11．
同济大学，天津大学，重庆大学，等．2011．控制性详细规划．北京：中国建筑工业出版社．

王建国. 2009. 城市设计. 北京：中国建筑工业出版社.
王建国. 2001. 现代城市设计理论和方法. 南京：东南大学出版社.
王克强, 马祖琦, 石忆邵. 2008. 城市规划原理. 上海：上海财经大学出版社.
王莉莉. 2017. 存量规划背景下容积率奖励及转移机制设计研究——以上海为例. 上海国土资源, 38（1）：
　　33-37.
王世川. 2002. 城市土地开发的规划控制研究. 天津：天津大学硕士学位论文.
吴志强, 李德华. 2010. 城市规划原理. 4版. 北京：中国建筑工业出版社.
夏南凯, 田宝江. 2005. 控制性详细规划. 上海：同济大学出版社.
夏南凯, 王耀武, 等. 2003. 城市开发导论. 上海：同济大学出版社.
谢世雄. 2010. 旧城更新过程的控规容量指标研究. 长沙：中南大学硕士学位论文.
熊国平. 2002. 我国控制性详细规划的立法研究. 城市规划, 26（3）：27-31.
亚历山大, 奈斯, 安尼诺, 等. 2002. 城市设计新理论. 陈治业, 童丽萍, 译. 北京：知识产权出版社.
严俨. 2007. 对城市控制性详细规划技术研究的探索——以成都市控制性详细规划更新为例. 规划师, 23
　　（3）：38-40.
张剑涛. 2005. 简析当代西方城市设计理论. 城市规划学刊, (2)：6-12.
张磊, 王心邑. 2013. 公众参与对控规调整影响的实证分析——以北京中心城区为例. 青岛：2013中国城市
　　规划年会.
周元. 2009. 公共政策视角下的控制性详细规划研究. 广州：中山大学硕士学位论文.
朱自煊. 1990. 中外城市设计理论与实践. 国外城市规划, (3)：2-7.
庄宇. 2004. 城市设计的运作. 上海：同济大学出版社.
《建筑园林城市规划》编委会. 1998. 中国大百科全书 建筑 园林 城市规划. 北京：中国大百科全书出版社.
日笠端, 日端康雄. 1993. 都市计画. 3版. 东京：共立出版株式会社.
Barnett J. 1974. Urban Design as Public Policy. New York：Architectural Record Book.
Carmona M, 等. 2005. 城市设计的维度. 冯江, 等译. 南京：江苏科学技术出版社.
Cullen G. 1961. Townscape. New York：Reinhold Publishing Corporation.
Gibberd F. 1983. 市镇设计. 程里尧, 译. 北京：中国建筑工业出版社.
Lynch K. 2001a. 城市形态. 林庆怡, 陈朝晖, 邓华, 译. 北京：华夏出版社.
Lynch K. 2001b. 城市意象. 方益萍, 何晓军, 译. 北京：华夏出版社.
Lynch K. 1981. A Theory of Good City Form. Cambridge：MIT Press.
Shirvani H. 1985. The Urban Design Process. New York：Van Nostrand Reinhold Co.
Sitte C. 1993. 城市建设艺术. 仲德尼, 译. 台北：台北斯坦出版有限公司.

第 6 章 道路交通规划与管理政策

6.1 城市交通系统

6.1.1 交通运输系统

交通运输指的是人、货物和信息等要素，通过某种交通方式实现其空间位置的移动。交通运输的主要目的是克服一系列自然的或人为形成的空间约束。空间约束的致因包括距离、时间、地形、行政区划等，由于这些因素给空间的位移造成了阻碍，通常也称为空间摩擦。空间摩擦增添了人类生产生活的成本，这些成本因距离、运输方式和基础设施的承载能力以及运输主体自身特性的不同而有差异。通过交通运输，旅客、货物及信息等从起始地被运送至目的地，并在这个过程中产生附加价值。

交通运输系统是交通运输全过程中，与人、货物的运载输送相关的若干个实体要素所组成的一种集合体。构成交通运输系统的要素主要包括交通线网、场站（运输节点）、载运工具、运输对象、运输管理系统（图6.1）。交通线网指的是交通运输线路构成的网络，包括道路、铁路、水路等。场站是交通运输的节点，包括汽车站、火车站、港口等，它们在运输网络中起到了集散和中转的作用。载运工具指的是运送旅客和货物的载体，包括车辆、铁路列车、船舶等。运输对象指的是被运输的人、货物、信息等要素。运输管理系统指的是为了支撑交通运输系统正常运转而进行控制管理的系统。

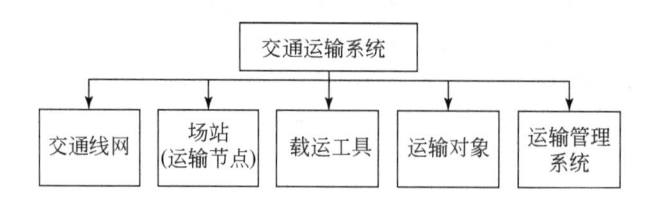

图 6.1 交通运输系统的构成

根据交通运输范围的尺度，可以将交通运输系统的类型分为城市交通运输系统、区域交通运输系统、全国交通运输系统。根据采用的交通运输方式和驱动力，可以分为铁路运输系统、公路运输系统、水路运输系统、航空运输系统、管道运输系统、索道运输、人力交通、畜力交通。综合交通体系是对所有交通运输方式的统称。

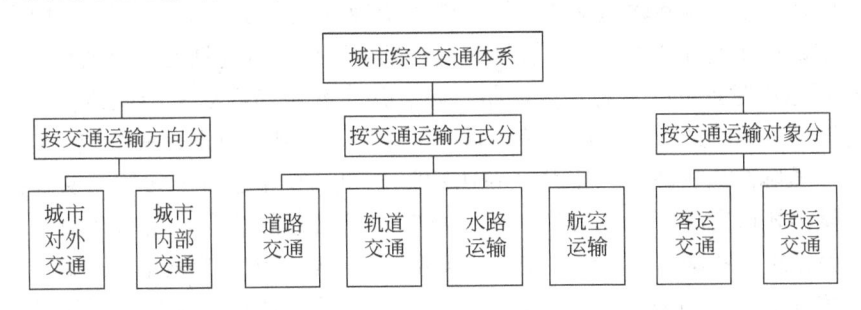

6.1.2 城市综合交通体系

1. 城市综合交通体系的构成

城市综合交通体系涵盖了城市中及与城市有关的各个交通子系统。城市综合交通体系的构成，可以按照交通运输的方向、交通运输的方式、交通运输的对象进行分类（图6.2）。

图 6.2 综合交通体系的构成

从交通运输的方向来看，城市综合交通体系由城市对外交通和城市内部交通构成。城市对外交通包括城市与其他城市之间，及城市地域范围内中心城区与周边乡镇、农村地区的交通。其交通方式有航空、铁路、公路、水运等。每一种方式有相应的基础设施，如机场、铁路线路及站场、长途汽车站、港口码头及其引入城市的道路。城市对外交通是城市对外的窗口与通道，是与其他地域相联系的必要系统。

城市内部交通是狭义的城市交通，指的是城市市区范围内人或物的流动。这些流动往往以一定的城市用地为起点，以另一城市用地为终点。城市内部交通的主体是城市道路交通，此外部分城市还拥有城市轨道交通、城市水运交通等。城市内部交通通常被简称为城市交通，是城市内部各组成部分进行联系的载体，支撑了城市的正常运转。城市对外交通和城市内部交通彼此相互联系、相互影响。

从交通运输的方式来看，城市综合交通体系由陆路运输、水路运输和航空运输组成。其中，陆路运输又可以分为道路交通、轨道交通（铁路）。有时，管道运输也被纳入陆路运输的组成部分。

道路交通是城市综合交通体系中最重要的构成部分，是一种主要供各类无轨车辆行驶的运输方式或交通运输系统，广义上的道路包括了公路、城市道路、乡村道路、厂矿道路等。其中，公路可以根据使用性质分为国家干线公路（国道）、省级干线公路（省道）、县级干线公路（县道）、乡级公路（乡道），根据行驶等级又可分为高速公路、一级公路、二级公路等；城市道路一般可以分为快速路、主干路、次干路和支路。道路交通运输具有机动灵活、迅速方便的优势，是当今最为主要的交通运输方式。

道路交通设施是道路交通的组成部分，通常包括停车场、加油/加气/充电站、交通管理设施、道路照明设施、立交桥、收费站等。停车场根据车辆类型可以分为机动车停车场和自行车停车场，根据设置地点可以分为路内停车场和路外停车场，根据服务对象可以分为专用停车场和公用停车场；加油站是为车辆补充燃料的场所，根据车辆使用燃料的不同，分为加油站、加气站、充电站，一些加油站可以同时提供多种类型的燃料；交通管理设施包括交通标志、交通标线、交通信号灯、交通监控系统等，主要是为了对道路上的车辆运行秩序进行管理；道路照明设施是为了保障车辆在夜间及其他可视条件不良的情况下安全行驶的设施；立交桥是在两条以上的交叉道路交会处建立的上下分层、多方向互不相扰的现代化桥梁，用于使各方向的车辆不受路口上的交通信号灯管制而快速通过；收费站是对通行车辆收取通行费用的设施，包括传统式收费站和电子收费系统（electronic toll collection，ETC）。

轨道交通是指运营车辆需要在特定轨道上行驶的一类运输方式或交通运输系统。广义上的轨道交通包括铁路、城际轨道交通、城市轨道交通（表6.1）。其中，铁路根据运营主体可以分为国家铁路和地方铁路，根据设计时速标准可以分为普速铁路、快速铁路和高速铁路（高铁），根据运输对象可以分为货运铁路、客货共线铁路和客运专线铁路；城际轨道交通指以城际运输为主的轨道交通客运系统，目前并无明确的界定范围，一些城市群地区的高铁线路（如京津城际高速铁路、沪宁城际高速铁路）和一些邻近城市间的地铁线路（如广佛地铁、上海昆山轨道交通线）均有时被纳入城际轨道交通的范畴；城市轨道交通是城市内部的轨道交通系统，我国分为地铁系统、轻轨系统、单轨系统、有轨电车、磁浮系统、自动导向轨道系统（automated guideway transit，AGT）、市域（郊）快速轨道系统共7类。轨道交通的特点是运量大、速度快、运输成本低，但灵活性相对较差。需要注意的是，轨道交通建设的前期投资和维护成本巨大，建设前应当进行充分的研究论证，中小城市应避免盲目跟风建设城市轨道交通系统。

表6.1 广义轨道交通的类型与典型案例

类型		典型案例
铁路	普速铁路	京九铁路、蒙华铁路
	快速铁路	渝利铁路、昌福铁路
	高速铁路	京沪高速铁路、京广高速铁路
城际轨道交通	城际高速铁路	京津城际高速铁路、沪宁城际高速铁路
	城际地铁	广佛地铁、上海昆山轨道交通线
城市轨道交通	地铁	北京地铁、深圳地铁等大部分线路
	轻轨	北京轨道交通13号线、L1（机场线）
	单轨	重庆轨道交通2号线、芜湖轨道交通1号线
	有轨电车	深圳龙华有轨电车线、上海松江有轨电车T1线
	磁浮	上海磁浮线、长沙磁浮快线
	自动导向轨道系统	广州旅客捷运系统（automated people mover，APM）线、上海浦江线
	市域（郊）轨道交通	北京市郊铁路S2线

除了轨道交通线路本身，站点及换乘枢纽也是轨道交通重要的构成部分。轨道交通换乘枢纽主要涵盖了轨道交通与地面公交换乘、多条轨道交通换乘、轨道交通与私人交通换乘。轨道交通与地面公交换乘时，要建立结构合理的公交换乘枢纽，设置清晰的换乘信息，使乘客流流向明确、通行畅通，并采用人行天桥和地下通道等形式使人流和车流分别在不同的层面上流动，互不干扰；轨道交通之间的换乘形式包括同台换乘、节点换乘（十字换乘、T字换乘、L字换乘）、通道换乘、混合换乘、站外换乘等，选择换乘方案时应综合考虑客流量

大小和旅客换乘便捷程度；轨道交通与私人交通换乘有 2 种方式，分别是存车换乘（park and ride，P+R）和开车接送（kiss and ride，K+R），P+R 模式一般出现在城郊的站点，需要在站点附近设置停车场，该模式可以有效减少机动车进入城市核心区，以减轻交通拥堵。

水路运输是以船舶为主要运输工具，以港口码头为运输节点、以水域为运输路线或运输活动范围的运输方式或交通运输系统。目前，水路运输在城市对外交通和城市内部交通的占比都呈下降趋势。城市对外的水路运输一般以货运为主，根据运输线路又可分为内河运输和海洋运输，其中海洋运输又可细分为沿海运输、近海运输和远洋运输，仅出现在沿海城市，通常承担的是国际货运。城市内部的水路运输具有悠久的历史，但如今城市内使用水路运输的城市极少，一般作为观光运输出现，如苏州、杭州、桂林的城市水上观光。水路运输的特点是运量极大、运输成本极低，但其灵活性很差，速度也普遍较慢。

航空运输是使用飞机、直升机等各类航空器进行的运输方式或交通运输系统。随着社会经济的发展，人们对出行速度的要求越来越高，航空运输在城市对外交通中逐渐占据了越来越重要的地位。根据航空运输的性质，可以分为国内航空运输和国际航空运输两大类；根据航空运输的对象，可以分为航空旅客运输、航空旅客行李运输和航空货物运输。航空运输仅出现在城市对外交通，不出现在城市内部交通。航空运输的显著特点是速度快，但运输成本高、运量较小，且容易受到特殊的自然因素（如恶劣天气）或人为因素（如特殊事件、战争）的干扰。城市在建设机场时，应合理安排好机场位置和城市位置之间的距离关系，并控制机场周边建筑物的高度。

从交通运输的对象来看，城市综合交通体系由客运交通和货运交通组成。其中，客运交通又可分为公共交通和个体交通。

城市公共交通是涵盖多个层次的综合系统，通常向城市居民收费并提供交通运输服务。城市公共交通可以细分为常规公共交通、快速公共交通和准公共交通三类。其中，常规公共交通通常包括公共汽车和无轨电车，还包括老式的有轨电车，其特点是运量适中、比较节能环保，但速度相对较慢，部分大城市的常规公共交通系统的平均旅速甚至在 10km/h 以下；快速公共交通通常指的是城市轨道交通，包括地铁、轻轨、单轨、有轨电车、磁浮等，此外还包括巴士快速公交（bus rapid transit，BRT）系统，快速公共交通的运量一般更大，更加节能环保，由于快速公共交通具备独立或部分独立路权，其行驶速度一般明显高于常规公共交通；准公共交通指的是为社会提供有偿交通运输服务的小汽车，包括传统出租车、网约车、共享汽车等，其运量较小、灵活性较高，在道路畅通时速度较快，较个体机动车出行更加节能环保，但环保性不如常规公共交通和快速公共交通。

城市个体交通是相对城市公共交通而言的，指的是居民个人的交通出行的总称。城市个体交通根据交通运输的方式，可以分为个体机动交通、自行车交通、步行交通。其中，个体机动交通指的是居民个人通过各类机动车出行，包括小汽车、摩托车、助力车等，这类方式具有方便、快捷的特点，但容易造成环境污染和交通拥堵；自行车交通一般具有独立的道路结构，自行车交通除了交通功能，还具备娱乐健身功能和城市景观功能，自行车交通是一种节能环保的交通方式，但速度较慢且一般不适合长距离通勤，此外在机非混行的地区容易受到机动交通的侵害；步行交通指的是不借助交通工具出行的方式，一般仅适合短距离的出行，城市需要建立安全、宜人、连续的步行系统，步行系统包括城市中所有对公众开放的步行空间，包括居住区、商业区的各种步行子系统。自行车交通和步行交通统称为慢行交通。

与城市公共交通相比，城市个体交通没有定时、定向的限制，更加能实现城市中点对点的交通，更加灵活自由。

城市货运交通指的是以货物为运输对象的城市交通系统。城市货运交通是城市经济、社会活动赖以生存和发展的基本条件。货运交通的完成依托货运方式和货运线路的共同作用。根据运输范围，货运路线可以分为干线货运线路、支线货运线路。两者通过货物流通中心和节点建立密切联系，共同担负城市货物的输入、输出和城市内部流动。货运交通往往会产生噪声污染、粉尘污染，对城市居民造成不利影响，同时货运交通对道路条件具有较高的要求，因此需要合理规划好城市内部和城市过境的货运路线。

2. 城市综合交通体系的层次

城市综合交通体系根据地理位置、人口规模，可以分为三个层次：市际交通、市域交通和市内交通。

市际交通以城市作为交会点或终端，是城市与城市之间人、车、货的流动。不同等级的中心城市在其腹地内有不同的集散和过境客运交通网，对其周围的城市和乡镇起着承上启下的作用。在这个大的交通运输网络中，城市是综合运输网络的节点。各种交通运输方式的换乘换装、中转及其产品的集散都要在城市中实现。与市际交通相关的概念包括城市出入口交通和城市过境交通。城市出入口交通是城市边缘地区或城乡接合部地区产生的城市与外围其他地区之间的客货运交通。城市过境交通包括两种，一种是其他城市之间经由本城市的交通运输，另一种是大城市本身边缘地区之间的交通运输。城市过境交通可细分为市区外围过境交通和深入市区过境交通。城市群内部各城市之间的交通属于市际交通。

市域交通起到了承上启下的作用。中心城市是一个地区内的金融、政治、文化、科教中心，在一定范围的地域中具有集散能力，带动周边地区的发展。市域交通即地区内中心城市和周边郊区、乡镇、农村之间的交通体系。通过建设地区中心城市与周边地区的高等级公路和轨道交通，可以有效加强周边地区和中心城市的联系，促进地区经济的活跃。随着城市对周边地区辐射力的增强，城市的影响范围可能会超出其行政边界，出现都市圈现象。都市圈交通是城市同其行政范围之外邻近地区之间的客货移动，属于市域交通。都市圈交通按照出行目的可以分为通勤圈交通和生活圈交通。

市内交通承担了城市内部的客货运输和上下班交通。市内交通与城市的规模密切相关，规模越大的城市，居民出行的总距离和总需求越高，具有更高的客运周转量。市内交通具有很高的时效性，不同类型、不同职业的人群具有相应的出行时间和空间范围，在进行市内交通的规划时，应当掌握不同人群的出行规律、特性、流动方向和交通方式的选择。市内交通通常是城市综合交通体系的主体，是城市综合交通中需要解决的重要内容。

6.1.3 城市综合交通体系规划的目标与原则

1. 城市综合交通体系规划的目标和作用

城市综合交通体系规划旨在科学配置交通资源，发展绿色交通，合理安排城市交通各子系统关系，统筹城市内外、客货、近远期交通发展，形成支撑城市可持续发展的综合交通体系。从规划性质上讲，城市综合交通体系规划是城市总体规划的重要组成部分，是对城市综合交通发展的总体安排。

城市综合交通体系规划是城市交通各子系统规划的上位规划,城市交通子系统规划包括对外交通、道路、公共交通、步行与自行车交通、交通枢纽、停车、交通管理、交通信息化建设等规划。城市交通子系统规划及近期规划应符合城市综合交通体系规划。城市综合交通体系规划范围与规划期限应当与城市总体规划的规划范围和规划期限相一致,规划期限一般为20年。城市重大交通基础设施规划布局应考虑城市远景发展要求,规划期限可以为超过20年的远期规划。

2. 城市综合交通体系规划的编制原则

在编制城市综合交通体系规划时,应当遵循以下原则。

（1）应以建设集约化城市和节约型社会为目标,贯彻科学发展观和可持续发展理念,促进资源节约、环境友好、社会公平、城乡协调发展、保护自然与文化资源。

（2）促进土地利用-交通一体化发展,实现交通网络与城市形态、国土空间、城市结构和土地利用相互协调,鼓励紧凑开发、公交导向型开发、职住匹配和土地混合利用等。

（3）优先发展城市公共交通,大力促进自行车和步行等慢行交通,鼓励发展定制公交、网约车、汽车分时租赁、共享单车等新业态,建设"公交都市"。

（4）应统筹兼顾城市规模和发展阶段,结合主要交通问题和发展需求,处理好长远发展与近期建设的关系。

（5）同国民经济和社会发展规划、国土空间总体规划、城市总体规划等上位规划相一致,同产业发展规划、环境保护规划、减灾防灾规划等专项相协调。

城市综合交通体系的规划可以分为四个步骤,各步骤应当符合以下要求。

（1）现状调研阶段。认知城市自然环境和经济社会发展现状,了解城市发展历史和未来规划;识别城市交通主要问题的特征、形成机制及其影响后果;根据规划需要开展交通调查。

（2）专题研究阶段。在现状调研的基础上,识别城市交通发展的关键因素及其驱动机制,诊断重大问题,评估社会经济影响,撰写交通发展现状分析研究、城市交通发展战略研究、重大交通设施的选址与布局研究等专题报告。

（3）纲要成果阶段。研究城市交通发展趋势,预测城市交通客货需求,制定城市综合交通体系的布局原则,明确城市综合交通发展目标、体系构架和发展战略,编制交通资源配置方案,提出交通各子系统的发展目标和策略。

（4）规划成果阶段。确定城市综合交通体系方案、规划指标和规划内容,制定城市交通各子系统规划内容和指导性技术,提出近期规划方案,制定城市综合交通规划的实施政策与保障措施。

6.1.4 城市综合交通体系规划的内容

城市综合交通体系规划一般应当包括交通发展战略、综合交通体系组织、子系统规划、交通管理与交通信息化、近期规划、规划实施保障措施等内容,其中子系统规划包括对外交通系统、城市道路系统、公共交通系统、步行与自行车系统、客运枢纽、城市停车系统、货运系统等。

（1）交通发展战略。根据城市社会经济发展和城市发展目标,对城市未来交通做总体性与方针性安排,研究交通发展同社会经济、城镇体系和土地使用等的交互关系,进行交通需求分析与预测,评估交通网络承载力与供应可能性,判别交通发展趋势,诊断关键问题,确定综合交通体系的发展目标、主要通道和骨干网络，提出交通发展策略。

（2）综合交通体系组织。统筹安排城市交通体系的功能组织和方式结构，明确各种运输方式的分工协作与有机衔接，提出多式联运的组织、管理和协调措施。

（3）对外交通系统。从区域、国家或国际尺度，研究城市当前和未来的对外交通联系，布局区域性交通线网和枢纽等设施，安排城市群内部市际交通，谋划都市圈交通，促进区域交通设施和服务一体化发展。

（4）城市道路系统。合理规划道路功能、等级、规模与布局，平衡道路交通供需，协调道路与城市空间形态和土地使用，有效衔接公共交通和对外交通系统。

（5）公共交通系统。制定客运系统总体布局方案，明确城市公共交通系统的发展目标、需求规模、方式构成、服务模式，安排公共交通系统设施与服务线站，制定城市公交优化系统规划，合理布局公交走廊的城市开发与土地利用。

（6）步行与自行车系统。依据以人为本、因地制宜、畅通舒适、安全可达的原则，结合城市生活圈时空特征和都市圈功能布局，安排步行和自行车的交通网络、设施、通行空间、交通环境以及同其他交通方式的衔接等，统筹设计建筑前区、绿化空间、公共开敞空间等步行环境，系统化布局城市步道和自行车道。

（7）客运枢纽。确定城市枢纽总体布局，明确各类交通方式枢纽的系统构成、功能层次、规模测算，统筹各种交通方式的衔接，做好综合客运枢纽的站址选址和相关设施配置，统筹安排综合客运枢纽区域的城市开发、土地利用与城市公共服务设施。

（8）城市停车系统。合理预测城市停车需求规模与构成，制定城市停车设施的分区供应、分类供应、分时供应和分价供给策略，高效集约利用城市土地资源和地下空间，布局各类机动车停车场和配套设施，安排共享单车停车空间，制定静态交通管理策略。

（9）货运系统。研究区域和城市人口、产业和经济发展趋势，预测城市内部物流和区域过境物流规模，保障生产和生活物资的高效运输，明确货运交通组织方式和货运通道，合理安排不同交通方式的货运场站、货运停车场和配套设施，统筹布局物流园区和商贸配送服务。

（10）交通管理与交通信息化。统筹考虑土地利用规划、城市设计、交通服务价格与收费管理、行政性管控、信息引导等多个方面，合理制定交通需求管理策略。优化交通设施资源配置与服务能力，制定交通运行管理策略。确定交通信息化和智慧交通发展策略，布局互联网、物联网、云计算等新型智慧交通基础设施与技术平台。

（11）近期规划。遵循城市演变规律和城市发展阶段特征，依据城市近期发展目标和城市财政能力，制定近期交通发展策略，提出近期交通基础设施安排和实施措施。

（12）规划实施保障措施。制定城市综合交通体系规划的实施策略和措施。

6.2 道路交通基本理论知识

6.2.1 道路交通与城乡发展的关系

1. 道路交通与城乡经济和社会发展

道路交通与城乡经济社会发展是密切相连、相互影响、相互作用的，道路交通是城乡经济社会发展的关键基础性设施之一，是经济发展的重要先决条件，是社会发展的必要支撑；

反过来，城乡经济社会发展决定了道路交通的需求特征，是影响道路交通供需平衡和矛盾的关键，也是影响道路交通维护和进一步完善的重要因素。

道路交通是保障城乡生产活动顺利开展的基本前提条件之一。良好的道路交通系统将空间上相互分离的原材料地、生产地、存储地、消费地等环节联系起来，保障产品生产和消费等环节的正常运转，促进产品流动、商品交易、人员交流和信息共享，维持城乡生产活动的正常开展。

道路交通是提升居民生活质量、促进社会发展的重要支撑。城乡居民的工作通勤、上下学出行和购物娱乐、探亲访友、休闲旅游等出行是基本的生活活动内容，良好的道路交通对于满足城乡居民出行具有重要的意义。在我国城市中，道路交通（机动车交通）出行占了较高比例，例如在北京，汽车出行和路面公交出行占了全市居民出行的58.8%（北京交通发展研究院，2016）。而且，近年来，机动化在我国有快速增长的趋势，2010~2017年，全国机动车从2.07亿辆增加到3.10亿辆（图6.3），且每年新注册机动车数量持续增加。在大城市该现象尤为突出，例如，同期北京机动车增加了114万辆，上海增加了190万辆，在一些未有效采取机动车数量控制的城市增长更为明显，例如，同期成都的机动车增加甚至高达312万辆。国外的特大城市也普遍具有高水平的机动车保有量，例如纽约、东京、巴黎的机动车拥有率均在0.4辆/人以上。

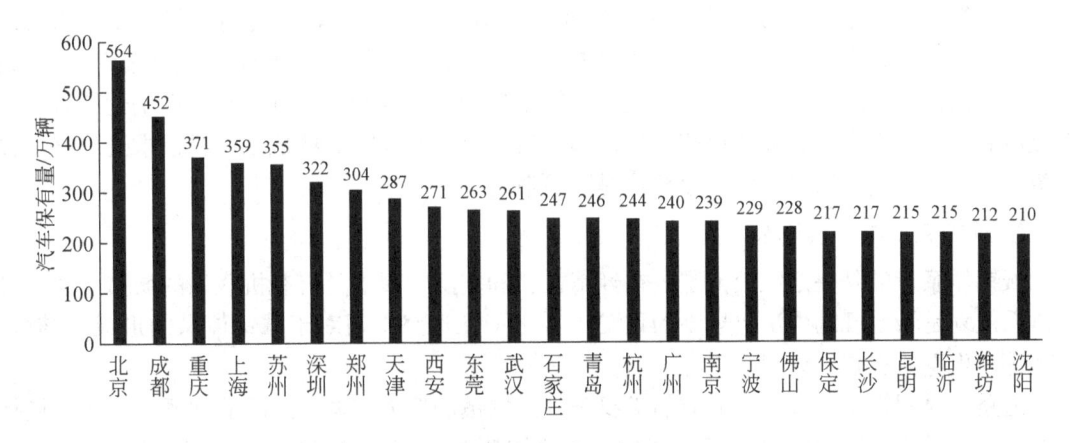

图6.3 全国多城市汽车保有量情况

资料来源：公安部交通管理局，2017年全国机动车和驾驶人统计分析

道路交通是城乡经济增长的重要因素之一。道路交通部门是国民经济的主要产业部门之一，涉及了第一产业、第二产业、第三产业等多个产业部门，具有较强的产业上下游带动能力。交通基础设施建设、交通运输管理、交通运输服务均能有效带动相关产业的发展，从而形成了涵盖采掘业、钢铁冶炼、设备制造、信息管理、物联网、物流运输等产业行业的产业生态链。道路交通是各级地方投资的重要部门，在我国道路投资占了全社会固定资产投资的5.5%（中华人民共和国国家统计局，2017）。道路交通部门还提供了大量就业机会，我国在道路交通相关产业部门就业的人数达到849.51万人（中华人民共和国国家统计局，2017）。

道路交通是区位形成和城市开发的必要条件。区位的差异不仅仅是由自然地理位置的差异决定的，道路交通条件也对区位产生极大的影响。良好的交通条件将大大改善城市与区域的可达性。通过道路交通的输送和吸引功能,可以有更好的条件将一定地域范围内的各种生产要素进行聚集。交通提供的便捷性还会使得沿线地区土地有增值倾向,带动土地开发和其他城市基础设施的建设。

道路交通网络对于改善城乡关系具有重要作用。道路交通基础设施可以将乡村地区和城镇有机连接起来,并改善乡村地区的基本出行条件,推动城乡要素交换和公共资源的进一步优化配置,从而实现以工促农、以城带乡发展。

道路交通的发展对生态环境会造成一定影响。道路交通占用土地,污染土壤,破坏自然景观。道路交通会产生诸多外部效应,包括交通拥挤、能源消耗、大气污染、噪声污染等。全球范围内,道路交通部门每年消耗能源高达到 27.03 亿 t 原油当量(International Energy Agency, 2017),排放 77.378 亿 t 二氧化碳(International Energy Agency, 2017)。在我国,道路交通已成为城市大气污染的主要来源。据报道,2014 年北京机动车排放有关的 $PM_{2.5}$ 占本地排放源的 31.1%。

城乡经济和社会发展对于道路交通具有反作用。社会经济活动在空间上的分布、分离及其相互作用是道路交通需求产生的前提,经济和社会活动的规模、结构、地域特征、时间变化等塑造了道路交通需求的基本时空特征;城乡社会文化和居民生活水平与方式对道路交通需求的变化起着关键作用,近年来,随着居民生活水平的提高,出行目的出现了多样化,传统的以通勤出行为主的出行结构正在发生变化,购物休闲娱乐等非通勤出行的比例增长较快,同时人均出行次数增加,这些对道路交通的供给和管理提出了新的要求;经济和社会发展水平的高低是制约道路交通投资建设和后期维护的关键因素,尤其是在落后偏远地区,地方经济和财政实力有限,导致道路交通设施发展不足,相反,有些地区盲目追求道路交通设施建设,过度超前,造成的资源浪费也是不可取的。

2. 道路交通与城镇体系

城镇体系指的是一定区域范围内在经济社会和空间发展上具有有机联系的城镇群体,城镇体系规划是城乡规划中法定规划的重要内容之一。道路交通对于城镇体系的形成、结构、演变等产生重要影响。

道路交通网络是城镇体系形成的必要条件。城镇的形成和城镇之间的联系是形成城镇体系的基础,道路交通网络对城镇的产生具有重要影响。道路的修筑大大拓展了可运输的范围,使城镇能够获得更大范围内的劳动力与资源,从而市场得以出现并有效运作。道路交通网络是城镇之间的重要联系方式,是维持城镇间居民交流、贸易往来、行政沟通等的生命线。道路交通网络的发达程度是影响城镇之间联系的强弱的关键,在城镇社会经济发展不变的情况下,城镇间道路交通的时间越短、货币成本越低,则城镇间相互作用越强。近年来,随着高速道路网络的发展,城镇之间的时间成本被大大减少,围绕城镇 1 小时范围内所能到达的区域更加广泛,这大大促进了城镇之间的经济和社会交流,有些地方出现了"双城"生活,即在一个城市居住,在另一个城市工作。

道路交通对城镇体系的空间结构、规模结构、功能结构等产生重要影响。道路交通对城镇体系的影响主要是通过构造空间组织形态实现的。空间组织主要依赖于两个特征,第一个特征与空间的差异有关,如位置、大小、密度等属性;第二个特征与空间的交互有关,即出发地、目的地和流动等属性。道路交通是界定空间结构构成的核心因素,道路通过自己的位置和关系来塑造城市的组织结构。区域道路交通网络的改变将使得一些地点的交通条件发生显著改变,在交通网络的节点处,由于交通优势显著,容易发展出现新的城镇。快速便捷的道路交通网络增加了城市之间的相互作用,缩短了城镇之间的时间距离,出现了半小时生活圈、1小时都市圈等新的地域空间形式。随着某一地域范围内城镇之间相互作用的加强,城市群这一更高级的城镇空间形式逐渐发展起来。

区域道路交通影响城镇的规模结构。道路交通条件的改善,将使得城市的市场区域或腹地大大扩张,而市场腹地的大小决定了城市所能吸引的劳动力规模和人口总规模。区域交通线网占优势地位的城镇相对于其他城镇将获得更快的人口增长。反之,交通条件不利的城镇,经济和人口发展反而会受到制约。克里斯塔勒的中心地理论对此有较好的解释。其假设中消费者都倾向于利用离自己最近的中心地,同时不同商品拥有不同的门槛人口,因而在均质的地理条件下将形成六边形的城镇等级结构。不同的原则下中心地等级比例 K 值不同。其中,从商品和服务供应范围最大的角度出发(市场原则),低级中心地位于三个高级中心地构成的三角形的重心;从交通效率最高出发(交通原则),低级中心地位于两个高级中心地的交通线的中点,高级中心地则位于交通线的交会点(图6.4)。

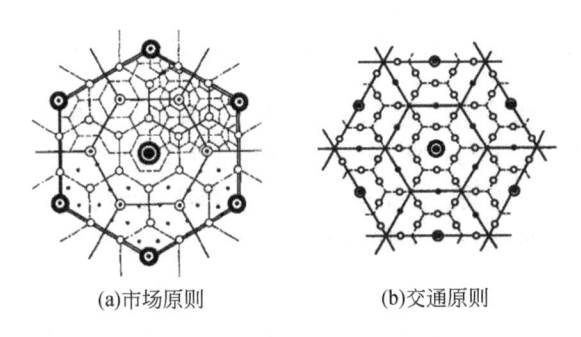

(a)市场原则　　　(b)交通原则

图 6.4　克里斯塔勒中心地理论的市场原则和交通原则示意图

区域道路交通将影响城镇的功能结构。发达的道路交通系统促进了区域经济要素的集聚和扩散,经济要素在不同城镇之间的产生、消亡、流动、组合决定了城镇的生产活动的规模和类型,以及生产部门的专业化水平,这些对于城镇功能具有决定性影响。

道路交通与城镇体系的空间关系在不同尺度上具有不同的地域组织形式(图6.5)。从全球城镇体系来看,世界级的中心城市往往在交通上具有较强的门户优势。门户是指为大量货物和乘客的流通系统提供可达性的地点,门户的优势往往来自良好的地理位置,如公路交会处、河流交汇点等,道路交通网络是形成门户的重要因素。在区域层面,城镇体系的重要节点则是以大城市为核心的大都市区。而在地方层面,就业和商业活动的凝聚,则是主要的构建元素。从当地的通勤到全球贸易流动范围,每一种尺度的地域组织特征都与道路交通网络密切相关。

3. 道路交通与城市空间结构

城市空间指的是城市各要素的物质载体,城市形态指的是对城市系统有影响的空间特征以及相应的基础设施,城市空间结构指由城市形态和城市中人口、货物、信息的相互作用所构成的一系列关系。道路交通与城市空间结构密切相关。

道路交通网络影响城市空间结构的集聚特征。城市的空间结构可以根据自身的中心化与集群化程度进行分类,中心化指的是整个城市区域内的居民活动趋向于集中于城市的中心区

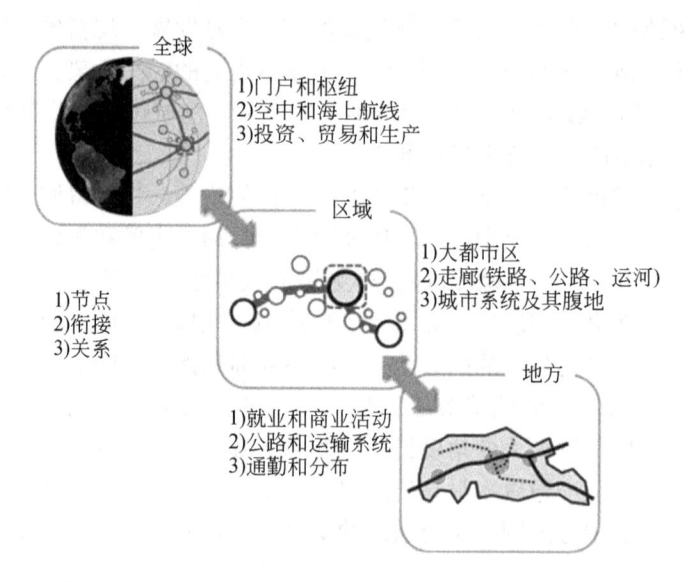

图 6.5　道路交通与城镇体系空间关系的地域组织形式（Rodrigue et al., 2014）

域，集群化指的是在某个或某些特定点的中心化，更加趋向于发生在公共交通设施的交会点，如公路交会点、公交枢纽或大城市周边的小城镇（图 6.6）。前者形成单中心空间结构，后者形成多中心空间结构。当前，在便捷道路交通网络的影响下，大多数城市朝着低中心化程度、高集群化程度的方向发展，即在分散化的同时，在小尺度上呈现高度的集聚，形成"大分散、小集聚"的空间结构。

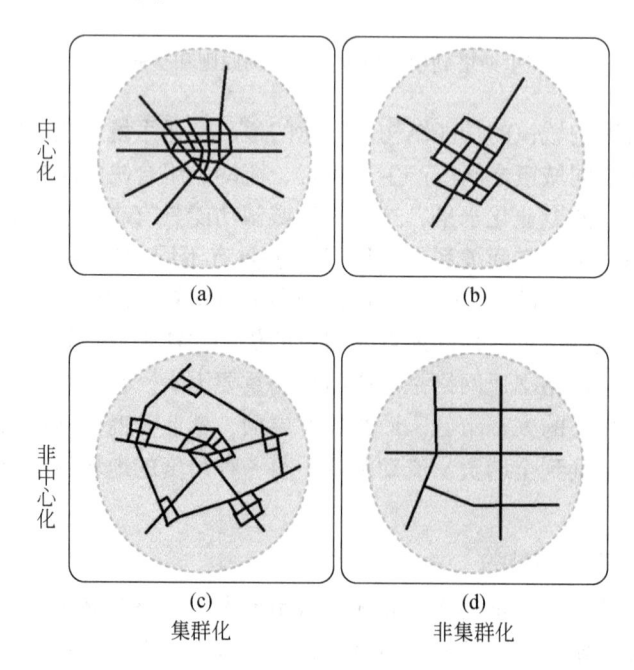

图 6.6　城市空间结构的中心化与集群化

道路交通的发展影响城市空间结构的发展规模。一般而言，单位时间内，随着交通方式的变化，人们出行的空间范围也随着变化。例如，在同样1小时交通时长的背景下，古代罗马以步行为主要交通方式时，其城市半径约为4km；19世纪伦敦以马车、有轨马车为主要交通方式时，其城市半径约为8km；20世纪以市郊铁路、地铁、公共汽车为主要交通方式时，一些大城市的城市半径达到了25km；到20世纪末，私人汽车成为常用的出行工具后，世界上一些大城市的城市半径达到50km。近年来在中国，随着高铁的发展，城市1小时半径可以达到200~300km。可见，随着交通工具的变革，人类的移动性增强，单位时间内的出行空间范围增大，生产和生活空间变得更大，城市的形态随之向外不断延伸扩张（图6.7）。

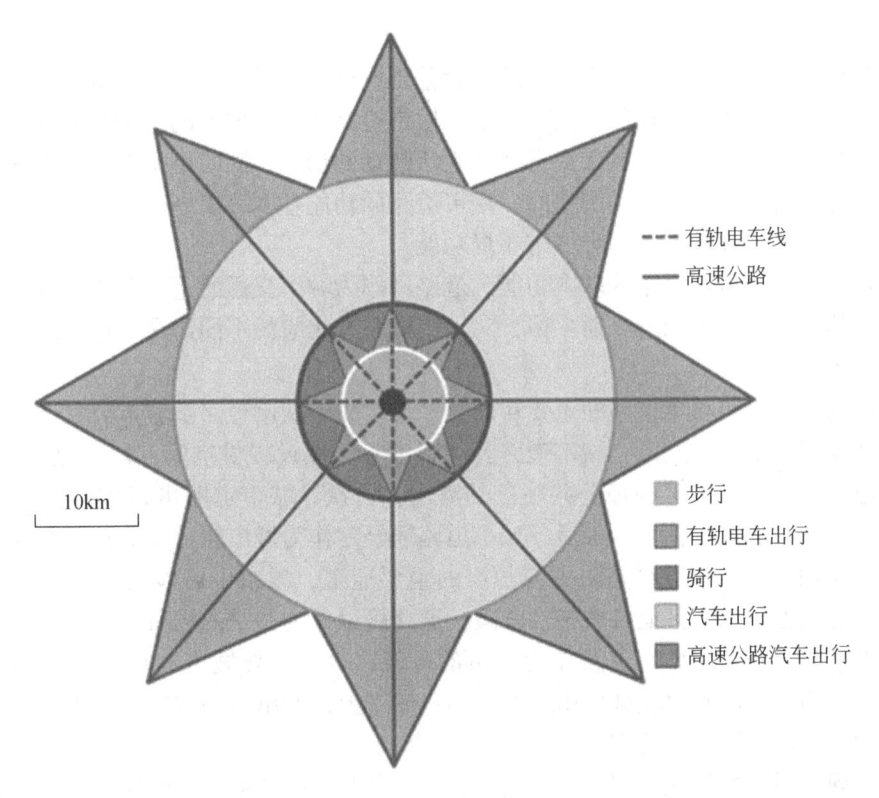

图 6.7 交通工具变革下城市形态的变化（Hugill, 1995）

道路交通的发展使城市形态趋于发生周期性的变化。城市的空间扩展在交通技术创新的背景下，往往呈现环状-星状-环状的增长。传统交通技术发展到极致时，由于城市的空间可达性随着距离市中心的远近而等值递减，城市空间往往呈现出同心环状。新技术发展起来后，城市建设了新的交通线路，牵引着人口、工业、商业沿着交通线朝更加远离城市中心的方向进行拓展，出现了发展轴式的极化，打破原有的环状城市形态，代之以星形或扇形的空间形态。随着城市外围地区的道路网不断完善，主要交通放射线之间的原有可达性较差的地区得到了可达性的提升，城市外围的地域活动又朝着均质的方向发展。表现在城市空间形态上，星形结构逐渐消失，一个更大的同心环结构开始形成。具体而言，城市交通方式的变化主要是步行—有轨交通—汽车，由此形成三个阶段的城市。步行城市的城市结构取决于步行距离，典型的城市空间特征是高密度，所有的城市活动密集成团，彼此接近，街道狭小，城市规模较小。铁路的发展打破了紧凑布局的格局，城市沿主要交通线的车站形成一个发展核。城市星状形态开始出现，并进一步强化为扇形模式及串珠状郊区走廊的居住地分布模式。铁路技术带来了一种线性体系及一种固定的放射形态。快速轨道交通成为积极影响大城市结构及功能布局的重要因素。汽车使得城市交通的使用者第一次能够自主决定出行频率、目的、方向等，带来了城市的蔓延。汽车对城市空间形态冲击最大、影响最深。随着郊区化的加速和高速公路与环形路的快速发展，城市形态呈现多核心发展态势。

6.2.2 道路概念、要素及其体系

1. 道路概念与类别体系

道路是供各种无轨车辆和行人通行的线状基础设施。在城市中，城市道路是负担城市交通的主要设施，是行人和车辆往来的专用地。城市道路连接了城市的各个组成部分，既是组织城市布局结构的骨架，又是城市进行生产生活活动的动脉，同时也是安排城市绿化、给排水及城市其他基础工程设施的主要空间。城市道路的功能基本可以划分为交通运输功能、公共空间功能、防灾救灾功能和引导城市布局功能。

交通运输功能是城市道路的基本功能。道路网作为城市交通的重要载体，容纳了城市中各类交通主体的活动。不同的交通主体，对城市道路有相应的不同需求，进行规划设计时应给予全面的考虑。

公共空间功能也是城市道路的重要功能之一。首先，城市道路是城市公共活动空间和城市景观的重要组成部分；其次，城市道路要为各类管线敷设提供空间，以满足城市对给水、排水、供电、通信、燃气等各种公共服务的需求；再次，城市道路可以作为空气流通的通道，起到促进城市通风的作用；最后，城市道路还经常作为城市轨道交通建设的空间。

防灾救灾功能。城市道路是防灾与救援的重要通道，城市中可能发生地震、洪水、火灾、风灾、瓦斯泄漏以及其他各类突发危险，道路可以作为避难的场所。

引导城市布局功能。城市道路作为城市的骨架，也是引导城市布局的重要手段。宏观上，城市主干路网可起到组织城市用地的作用；微观上，城市道路布局变化将导致交通条件改变，进而影响周边建设用地的利用。

为了实现交通效能的最大化和高质量的服务水平，不同的道路按要求赋予明确的使用功能和设计标准，即进行城市道路的分类分级。中国古代即产生了道路分级的思想，"井田制"中将道路分为路、道、涂、畛、径五个等级。现代通常可以将所有道路分为公路和城市道路。根据《城市道路工程设计规范》（CJJ 37—2012），城市道路分为快速路、主干路、次干路和支路四个等级。

快速路是城市道路中设有中央分隔带、具有双向四车道以上的规模、全部或部分采用立体交叉与控制出入、供车辆以较高速度行驶的道路。主干路是城市道路网的骨架，是连接城市各主要分区的交通干道。次干路又叫区干道，是联系主干路之间的辅助道路。支路为联系次干路或供区域内部使用的道路。

根据道路的使用性质，城市道路可以被划分为交通性道路和生活性道路。交通性道路是指承载城市各个区域之间联系及对外交通联系的城市道路，具有机动车数量多且车速快、货运车辆比例高、行人较少的特征。交通性道路要求车辆的通过性高、干扰少，应避免穿越人

流密集区。生活性道路指的是和人们日常生产生活相关性强的道路，具有车速较低、客运为主、行人和非机动车比例高的特征。生活性道路的到达性交通比例高，要求能便捷地进出两侧地块，因此两侧可以布置公共建筑、停车场等设施。此外，生活性道路的景观设计和环境设施配置应符合人们的使用和审美要求。

根据使用对象和交通特点，城市道路还可以被划分为快速道路系统、常速道路系统、自行车专用道系统和步行系统。快速道路系统指的是机动车专用道路，对应快速路；常速道路系统指的是机非混合道路，对应主干路、次干路和支路；自行车专用道系统是独立于城市道路的自行车专用道；步行系统是城市中与机动车分离或混行的步行空间网络。自行车专用道系统和步行系统合称慢行交通系统，也是在交通规划中需要予以考虑的重要部分。

2. 道路网构成与特征

城市中不同等级和类型的道路共同构成了城市的道路网。由于不同城市所处的自然地形、历史形态、城市规模等存在很大的区别，因而形成的道路网结构形式往往也存在很多不同。城市道路网结构指的是城市道路网的平面投影集合图形。一般而言，可以将城市道路网结构抽象概括为四种基本类型：方格网式、放射环式、自由式和混合式（图6.8）。

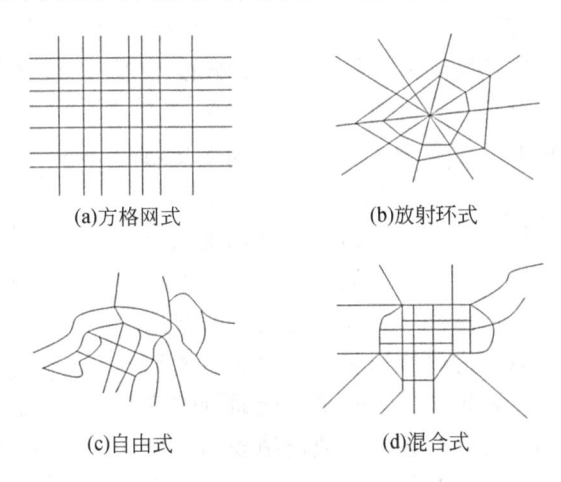

图6.8 不同道路网结构类型示意图

方格网式路网又称棋盘式路网，是一种历史悠久、应用广泛的道路网结构。我国古代的许多重要城市均采用了方格网式路网，此外，古印度的一些城市、古希腊的希波丹姆模式、古罗马的营寨城等也采用了类似于方格网式的结构。方格网式路网适用于地势平坦的平原地区，采用该种结构便于快速集中建设、便于城市向外扩张，使得交通路线的可选择性强，同时地块分割整齐，利于沿街建筑布置。方格网式路网的缺点主要在于对角线方向交通不便、道路功能不易于明确、道路交叉口数量较多、道路景观比较呆板等。

放射环式路网是一种由市中心引出若干放射状干道，并在各条放射状干道间连以若干条环形干道的道路网结构。这种道路网结构有利于增强城市中心和各个分区、郊区的交通联系，便于明确道路功能。其缺点主要在于交通过于集中于城市中心，增加市中心的交通压力，容易造成城市中心区的交通拥堵。同时环式路网在小尺度的范围中使用容易产生许多不规则地块，不利于建筑布置，也不利于交叉口的交通组织。

自由式路网的形成一般与城市所处的特殊地形条件相关，例如，丘陵地区和水网密集地区，形成了呈现不规则形状的道路网结构。自由式路网充分利用自然地形，一方面减少了道路建设的成本，造价降低且工程量减小；另一方面对环境和景观的破坏比较小，综合考虑用地布局、建筑布置、自然地形可以形成独具特色的城市景观。其缺点主要在于可能造成绕行距离增加，不规则地块增加。

现代城市的道路网结构往往不呈现单一的形态特征。混合式路网指的即是将上述几种结构进行组合形成的道路网结构，或分阶段发展建设形成内部不统一形态的结构。例如，美国的华盛顿采用了在方格网式路网的基础上添加对角线方向道路的道路网结构，我国的一些大城市则在原有方格网式路网的基础上在城市外部建设了放射环式的快速路系统。在实际的道路网规划中，应当根据城市发展的实际，因地制宜、扬长避短，充分结合几种道路网结构的优点，合理组织分配交通。

3. 交通流概念及其基本特征

交通流，指的即是某一时段内在道路上通行的车流和人流的总称。根据交通主体的不同，可以将交通流划分为车流、人流和混合交通流。根据交通流所输送的对象的不同，可以将交通流划分为客流和货流。根据交通设施对交通流的影响，可以将交通流划分为连续流和间断流。连续流指的是没有受到交通信号等交通外部引起交通流中断的影响的交通流，而间断流则是受到引起交通流周期性间断的固定因素影响的交通流。根据交通流的交会流向，可以将交通流划分为交叉、合流、分流和交织流。

用于描述交通流特征的通常有三大参数，分别是交通量（流量）、速度和密度（图6.9）。交通量（Q）是指单位时间内通过道路的某一地点或某一断面的车辆数量或行人数量，前者称为车流量，后者称为人流量。车流量根据交通类型可以分为机动车交通量和非机动车交通量。根据选定的时间段的尺度，可以分为日交通量、小时交通量和短时交通量。交通量是一个随机数，观察研究交通量的变化规律对于进行交通规划、交通管理、交通设施规划、设计方案比较和经济分析、交通控制与安全均具有重要的意义。速度（V）指的是车辆或行人在单位时间内行驶或通过的距离。密度（K）指的是在某一瞬时内单位道路面积上分布的车辆数或行人数。三个参数之间存在如下基本关系：

$$Q = K \cdot V$$

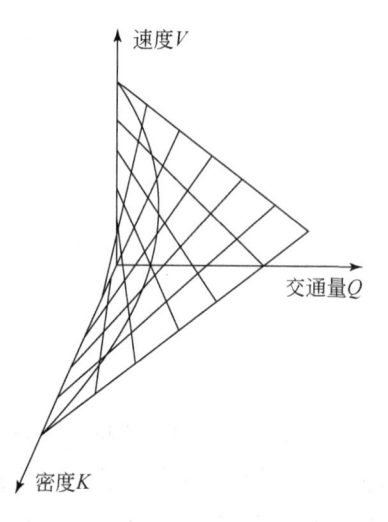

图6.9 交通量-速度-密度关系曲线图

式中，Q为平均交通量（pcu/h）；V为平均速度（km/h）；K为平均密度（pcu/km），pcu为标准车当量数。

4. 城市道路通行能力与服务水平

道路的通行能力和服务水平分别从不同角度反映了道路的性质和功能。通行能力反映的是道路服务数量的多少或能力的大小，服务水平反映的是道路服务质量或服务的满意程度，两者之间存在紧密的关联。

道路通行能力指的是道路上某一点、某一车道或某一断面处，单位时间内可能通过的最大交通实体（即车辆或行人）数，也称道路容量或交通容量。它反映的是道路疏通交通的最大能力和道路能承担车辆运行的极限值，单位一般为辆/小时（veh/h）。单位中的车辆通常指的是小汽车，如果有其他车辆混入时，则采用等效通行能力的标准车当量数（小汽车）为单位，以当量小汽车/小时（pcu/h）表示时，基本单位是当量小汽车/（小时·车道）[pcu/(h·ln)]。道路通行能力是指所分析的道路设施没有任何变化且假定其具有良好的气候条件和路面条件时的通过能力，条件发生任何变化都会引起通行能力的变化。

通行能力与交通量的单位相同，但两者之间存在本质区别。通行能力是根据道路本身的几何特征、设施水平、交通状况和规定运行特征所确定的最大流量，具有相对稳定性和规定性；而交通量是道路上实际运行的交通实体的观测值，具有动态性和随机性。一般情况下，道路的交通量均小于通行能力，当交通量远远小于通行能力时，车流为自由流状态，车速高且驾驶自由度大；随着交通量增加，车流运行状态将逐渐恶化，当交通量接近或达到通行能力时，车流为强制流状态，并出现交通拥堵现象。可见，通行能力反映了该道路的服务能力，交通量则反映了道路的交通需求，两者比值可用于表征道路的负荷程度，或称为利用率、饱和度。

根据通行能力的性质和使用要求，通行能力可以被划分为基本通行能力、可能通行能力和设计通行能力。基本通行能力也称理论通行能力，指的是在理想交通条件下，单位时间内能通过一条车道或道路上某点的最大小汽车数量。可能通行能力指的是在通常的交通条件下，单位时间内能通过一条车道或道路上某点的最大小汽车数量，可以根据实际道路交通条件对理想条件的修正系数求得。设计通行能力指的是在通常的交通条件下，行车密度大小不足以引起过度延误和阻碍驾驶的通行能力。根据道路的性质和使用要求，对可能通行能力做不同的折减，使得道路在不同使用要求下具有不同的通行能力，即实用通行能力。

道路服务水平指的是交通量中车辆运行和驾驶员与乘客所感受的质量度量，即某种交通条件下所提供运行服务的质量水平。服务交通量是在通常的道路、交通和管制条件下，在已知周期（通常为15分钟）内能保持规定的服务水平时，车辆能合理地期望通过一条道路的一点或均匀路段的最大小时流率。一般而言，道路的服务交通量与服务水平呈负相关。

在对道路的服务水平进行分级时，主要考虑以下指标：行车速度和运行时间；车辆行驶时的自由程度，即畅通性；交通受阻或受干扰的程度，以及行车延误和每公里停车次数；行车安全性，行车舒适性及乘客满意度；最大密度，即每车道每公里范围内的车辆最大密度；经济性指标，如行驶费用。

根据一定的指标，各个国家根据本国的道路交通实际情况对服务水平进行分级。在美国，道路服务水平被分为 A、B、C、D、E、F 六个等级，主要的依据为道路平均车速（表6.2）。需要注意的是：道路服务水平是针对不同等级路网（street class）的，同样是40英里/小时，对于Ⅱ级道路来说就是很好的 A 级水平，但是对于Ⅰ级道路来说就是 B 级水平。

在我国，道路服务水平分级的具体参数包括密度、平均速度、负荷度、最大服务交通量（表6.3）。根据道路服务水平分级结果，可以将交通流划分为自由流、稳定流、饱和流和强制流。

表 6.2 美国的道路服务水平分级

道路等级	I	II	III	IV
自由流范围/（英里/小时）	45~55	35~45	30~35	25~35
自由流典型值/（英里/小时）	50	40	35	30
服务水平分级	平均车速/（英里/小时）			
A	>42	>35	>30	>25
B	34~42	28~35	24~30	19~25
C	27~34	22~28	18~24	13~19
D	21~27	17~22	14~18	9~13
E	16~21	13~17	10~14	7~9
F	≤16	≤13	≤10	≤7

表 6.3 中国的道路服务水平分级

设计速度/(km/h)	服务水平等级	密度/[pcu/(km·ln)]	平均速度/(km/h)	负荷度 V/C	最大服务交通量/[pcu/(km·ln)]
100	一级（自由流）	≤10	≥88	0.40	880
	二级（稳定流上段）	≤20	≥76	0.69	1520
	三级（稳定流）	≤32	≥62	0.91	2000
	四级（饱和流）	≤42	≥53	≈1.00	2200
	四级（强制流）	>42	<53	>1.00	—
80	一级（自由流）	≤10	≥72	0.34	720
	二级（稳定流上段）	≤20	≥64	0.61	1280
	三级（稳定流）	≤32	≥55	0.83	1750
	四级（饱和流）	≤50	≥40	≈1.00	2100
	四级（强制流）	>50	<40	>1.00	—
60	一级（自由流）	≤10	≥55	0.30	590
	二级（稳定流上段）	≤20	≥50	0.55	990
	三级（稳定流）	≤32	≥44	0.77	1400
	四级（饱和流）	≤57	≥30	≈1.00	1800
	四级（强制流）	>57	<30	>1.00	—

资料来源：《城市道路工程设计规范》（CJJ 37—2012）。

6.3 道路交通规划内容与编制流程

6.3.1 道路交通规划目标、原则及依据

1. 道路交通规划目标与原则

城市道路交通规划是依据城市总体规划对城市道路交通的要求，在一定资金、技术和资

源的条件下，在安全、高效、舒适、节能的目标引导下，对道路交通系统的布局、建设、运营、管理的整体做出的合理安排。

城市道路交通规划遵循以下主要原则。

（1）以城市用地规划为基础，组织主次分明而完整的道路网系统，使得城市各要素间以城市道路为骨架，构成一个相互协调的有机体。

（2）体现以人为本，最大限度满足居民出行、职工通勤人流，并满足生产、生活服务的货运需求，确保城市道路的人流和货流的安全、便捷、畅通。

（3）充分考虑对道路沿线景观的保护，避开文物古迹和宗教建筑。充分利用旧城既有路网进行合理改造，使得新建区的道路网与旧城区道路有机衔接，并消除旧城区部分道路的瓶颈。

（4）为城市地上地下各类管线提供可容空间，保障市政基础设施建设的实施。

（5）充分考虑城市抗灾救灾的应急要求和城市日照通风的卫生需求。根据当地气象部门提供的风向资料，科学合理地确定城市主干道路的走向。

（6）按道路的性质功能以及交通量，进行科学合理的分级，并形成系统，发挥各级道路的效力，使得规划后的道路网结构完整、功能分明、畅行无阻。

（7）道路横断面宽度应当根据近、远交通量的科学预测加以确定，切忌盲目追求"宽、大、平、直"。

（8）树立城市与区域协调发展的理念，跳出就城市本身论城市的旧概念，应当建立起区域交通网络系统，将城市道路与乡村地区道路及城市对外交通统筹考虑，对城市的未来交通发展应有科学的定位。

2. 道路交通规划依据

道路交通规划的依据包括诸多内容，按照所需遵照的强弱程度，可以分为国家法规、政府规定、行业技术标准、上位规划等。其中，国家法规包括国家法律，如《城乡规划法》《土地管理法》《中华人民共和国道路交通安全法》《中华人民共和国公路法》《环境保护法》《中华人民共和国环境影响评价法》《中华人民共和国行政许可法》；政府规定，如《城市道路管理条例》《城市公共交通条例》《中华人民共和国道路运输条例》《道路货物运输及站场管理规定》；行业技术标准指的是在某个行业范围内统一的技术要求标准，与道路交通相关的行业技术标准包括《城市道路工程设计规范》《城市综合交通体系规划标准》等。

道路交通规划应该遵循上位规划并与上位规划保持一致。道路交通规划的上位规划包括：国家国民经济与社会发展规划、国家主体功能区规划、国家土地利用规划、国家交通运输业发展纲要以及其他国务院和国家部门颁布的有关指导性文件，如《国家新型城镇化规划》等；上一级人民政府所制定和颁布的区域规划、交通发展纲要、城市总体规划、城市综合交通规划等；本级人民政府制定和颁布的交通发展纲要、城市总体规划、城市综合交通规划等。

6.3.2 道路交通规划内容

城市道路交通规划范围和期限与城市总体规划的范围和期限相一致，期限一般是20年。具体期限可以根据所规划对象的建设目的、建设总规模、建设周期、交通影响和交通运输的重要性等进行合理安排。

城市道路交通规划包括城市道路交通发展战略规划和城市道路交通综合网络规划两个组成部分。其中，城市道路交通发展战略规划主要包括确定交通发展目标和水平，明确城市交通主导方式和交通结构，布局城市道路交通综合网络，安排城市对外交通和市内的客货运设施的选址和用地规模，提出实施城市道路交通规划过程中的重要技术经济对策、交通发展政策和交通需求管理政策等政策与保障措施。

城市道路交通发展战略规划首先要分析影响城市道路交通发展的外部环境和内部环境，统筹考虑自然环境、历史脉络、社会经济发展、人口增长、相关政策制定和执行等方面，确定城市交通发展目标。其次要采用调查数据、时空大数据等多源数据，应用定性分析、量化分析和模型模拟等方法，合理预测城市未来客货流量、流向。然后是明确城市对外交通和市内交通的各种交通网络的布局，及各种交通的用地规模和位置，并落实在规划图纸上。同时，还应提出保证交通规划实施的各项交通政策建议。

在旧城进行城市交通规划和制定交通政策时，为了使土地的开发强度、车辆数和交通量的增长与城市道路、停车设施等所提供的交通容量相适应，可以进行主要基于空间规划与设计的交通需求管理。通过总体规划，合理疏解人口和产业，提高旧城交通设施承载能力和服务水平，同时优化产业和居住等土地利用，促进职住平衡，减少长通勤，减缓交通拥堵。通过分区规划，优化公共服务设施布局，提高土地利用混合度，鼓励就地就近出行。通过城市详细规划，合理布局地块大小和街道密度，在中心旧城区实施"小街区密路网"格局，鼓励步行和自行车等绿色交通。

城市道路交通综合网络规划主要包括对现有网络做技术经济评估，安排运力资源分配，平衡各种交通方式的运输能力和运量，明确升级改造方案，确定各级城市道路布局及道路红线宽度、横断面形式、主要交叉口的形式和用地范围，明确广场、公共停车场、桥梁、渡口等交通设施的位置和用地范围，确定城市公共交通系统、各种交通的衔接方式、大型公共换乘枢纽及公共交通场站设施的分布和用地范围，提出分期建设与交通建设项目排序的建议。

6.3.3 道路交通规划编制流程

道路交通规划编制的一般程序可以划分为五个主要过程：工作准备阶段、交通调查与现状分析阶段、中间成果阶段、最终成果阶段、报批与后续服务阶段（图6.10）。

在工作准备阶段，形成规划编制工作的项目联合体，包括编制单位和专家组。项目联合体需要同委托方密切合作交流。在该阶段，应充分了解项目背景、意义和目标，收集该项目相关的上位规划资料。

在交通调查与现状分析阶段，明确规划范围和交通调查范围与对象，开展交通调查，并搜集相关资料。一般需要获取的资料包括城市地形图、区域地形图、城市经济发展资料、城市交通现状调查资料、市区道路现状资料等。对于地形复杂的地区，有必要进行实地踏勘。在交通调查的基础上，对目前存在的交通问题进行全面深入的分析。根据分析结果进一步修正调整本次规划的规划目标，并形成部分专题初稿。

在中间成果阶段，根据调查研究结果，预测交通需求的规模、空间分布和方式结构，提出道路交通网络整体布局方案，形成若干个道路交通网设施与管理备选方案，对备选方案进

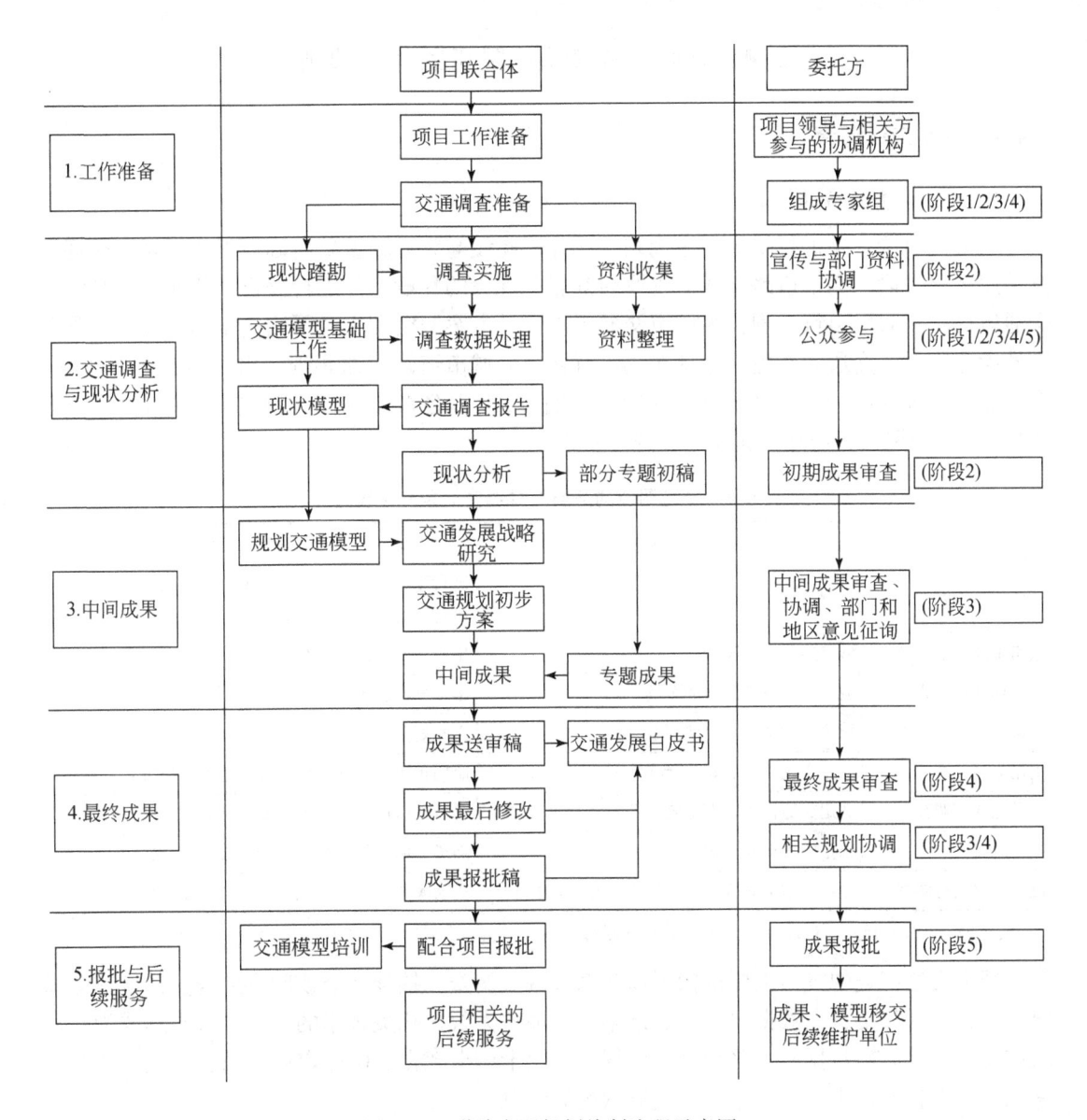

图 6.10　道路交通规划编制流程示意图

行全面综合的比较，包括应用交通模型进行情景模拟与预估，推选优选方案。

在最终成果阶段，形成最终的道路交通规划方案，并形成成果送审稿。经过最终成果审查和相关规划协调，形成成果报批稿和交通发展白皮书。

在报批与后续服务阶段，进行规划的审批与实施，需要注意的是，在全规划编制与审批过程中，均应当有公众参与。

6.4 道路交通调查、需求与分析预测

6.4.1 道路交通调查

1. 交通调查的方法与技术

城市交通调查是进行城市交通规划、设计、建设与管理的重要基础性工作。城市交通调查采用客观手段，测定道路交通流以及与其有关现象的片段，并进行分析，从而了解与掌握交通流规律和居民出行心理，为城市交通规划建设方案制定和交通预测模型标定提供定量与定性参考依据。交通调查主要包括居民出行调查、城市道路交通调查、出入境交通调查等8个类型（表6.4）。另外，每个类型的交通调查结果都会在交通需求预测模型中得到应用，6.4.3节会介绍交通需求预测模型，这里不再复述。

表6.4 交通调查的分类与其调查对象和模型应用

调查类型	调查对象	交通模型应用
居民出行调查	住户	出行生成、出行分布、方式划分、出行时段分布、出行行为
城市道路交通调查	城市路段上的车辆、人	出行分布、模型校验
出入境交通调查	城市出入境道路上的车辆、人	出行分布、模型校验
公交调查	城市公共交通系统使用者	方式划分
商用车辆调查	商用车辆（出租车、货车等）	商用车辆出行（生成、分布、时段分布）
交通生成源调查	选定交通枢纽、大型公建等的就业者、访客	出行吸引模型、停车费用
停车调查	选定停车场的车辆	停车费用（用于方式划分）、出行分布
流动人口出行调查	住在旅馆中的客人、其他流动人口集中地	流动人口模型（生成、分布、时段分布）

资料来源：《城市综合交通体系规划交通调查导则》。

城市交通调查的方法主要包括现场踏勘及观察调查、抽样调查或问卷调查、访谈或座谈会、文献资料收集、大数据方法等。近年来，随着大数据相关技术的发展，大数据成为获取城市交通状况的新数据源。移动信息数据、公交卡刷卡数据、GPS定位数据、视频监控数据等均可以反映城市中人流、车流的交通状况等信息。

城市交通调查中，主要内容之一是起讫点调查，又称OD调查。O指的是出发地（origin），D指的是目的地（destination）。OD调查主要包括居民出行OD调查、机动车出行OD调查、货流OD调查等。

出行指的是人、货、车完成某一目的从起点到讫点的全过程。出行作为交通行为的计量单位，一次出行必须具备三个条件，即完成一次有目的的活动、利用有路名的街道或公路、出行距离或时间达到一定标准。不同部门完成的交通调查对出行的定义往往不同，导致客流与车流出行特征调查数据缺乏可比性。一般情况下，建议出行距离或时间标准如下：步行单程时间在5分钟以上，或使用交通工具距离超过500m。

在调查准备及试点调查阶段，应当以城市交通调查范围为基础，把调查区域分成若干个交通区。每个交通区又可划分为若干个交通小区。交通小区划分是否适当将直接影响到交通调查、分析、预测的工作量与进度。由于我国城市发展速度很快，交通小区的划分必须考虑

远近结合。现状交通小区划分一般应在城市建成区范围内进行划分。对于远期，应在城市交通规划的范围内，以现有交通小区为基础，进一步增加交通小区。需要注意的是，近远期须采用统一的交通小区编码系统和小区划分，否则口径不统一将影响交通预测结果的可信度。

划分交通小区一般应当遵循以下原则：①同质性原则，交通小区内土地、经济、社会等特性应尽量一致，避免将同一用途分开；②应与行政划区相协调，尽量不打破行政区划分，以便充分利用现有统计口径的资料；③自然障碍物原则，尽量以铁路、河川等天然屏障作为分区界线；④考虑路网的构成，应便于把该区的交通分配到城市道路网、城市公交网、城市轨道网等网络上，交通小区重心可取为路网中的结点；⑤应充分考虑调查区域的大小和规划目的。一般来说，城市交通规划中交通小区划分较小，区域交通规划中交通小区划分较大；中心城区交通小区面积小，郊区交通小区面积大；交通矛盾突出的地方，交通小区划分应当适当小一些，反之可以划分大一些；⑥交通小区的数量要适当，一般情况下，中等城市50个以内，大城市100～150个，交通小区人口规模要适当，以1万～2万人为宜。

2. 居民出行调查

居民出行调查又称居民出行特征与出行意愿调查，目的是获得居民出行的时间、空间、方式、目的分布等特征数据，从而分析居民出行与年龄结构、职业结构、城市社会经济与土地利用发展的相互关系，掌握居民对现状城市交通状况的反映和交通需求发展态势，为城市交通政策和交通规划方案制定提供定量参考依据，为交通预测模型建立提供技术参数。

居民出行特征与出行意愿调查采用的方法主要有家庭访问法、电话询问法、明信片调查法、工作出行调查法、职工询问法、月票调查法等。居民出行特征与出行意愿调查的抽样率一般取城市现状人口总数的1%～5%，其中，100万人口以上城市最小抽样率不低于1%，50万～100万人口城市不低于2%，20万～50万人口城市不低于3%，20万人口以下城市不低于5%。如果该城市是第一次开展调查，应当采用较高的抽样率；如果有历史调查资料，抽样率可以适当降低。

3. 机动车与道路交通量调查

机动车出行特征调查的目的是掌握各类机动车的出行次数、出行时间、停车时间、出行目的、出行空间分布等出行特征，揭示机动车交通需求与土地利用、经济活动的规律。交通量调查资料在城市交通规划、设计、运营、管理和研究等方面有着广泛的用途，主要包括：评定已有道路使用情况，通过经济论证确定道路建设计划；为道路几何设计和设置交叉口信号灯等交通管理设施提供依据；计算不同道路上的车祸发生率，评价道路交通安全度；找出交通量增长规律，探求交通发展趋势，为城市交通规划和路网建设提供依据；掌握城市交通实态与变化规律，通过事前和事后的交通量调查评价交通管理措施和道路设施建设的效果；为制定城市交通政策法规与科学理论研究提供基础数据。

机动车出行特征调查的内容包括车辆的种类、起讫地点、行车时间、距离、载客载货情况等。调查的方法一般包括分发表格法、路边询问法、登记车辆牌照法、车辆年检法、明信片调查法等。由于车辆管理集中，可以由公安交警部门或公路管理部门对车辆进行大样本或全样本调查。

交通量调查应包括机动车、非机动车、行人等各类交通的流量、流向调查。一般选择调查范围内的道路网上的典型路段和交叉口同时进行观测。交通量调查的主要内容包括：道路路段机动车流量调查、道路路段非机动车流量调查、道路交叉口机动车流量调查、道路交叉口非机动车流量调查、行人流量调查等。

最常进行的是道路路段和交叉口的交通量调查。该调查需要分车型、分时段、分方向。一般依据交通量调查目的、道路网交通量实际情况和交通量调查实施方案来设计调查表格。考虑对实测数据的精度要求，一般选定 15 分钟为一个时段，即每小时测量 4 个时段。当有特殊需要时，可以缩短为 5 分钟。

4. 大数据与交通调查

传统的交通调查方法主要依靠人工观测和人工发放问卷，其耗费的人力物力比较大，受制于抽样样本，在准确性上也存在一定的局限性。近年来，大数据技术兴起并飞速发展。随着交通信息感知技术的不断发展，将交通大数据应用于交通调查及分析研究中已经逐步成为可能。我国的一些大城市非常重视大数据的研究分析与应用，逐步将交通大数据应用于交通规划中。

交通领域大数据既有大数据的一般特征，即数据量巨大、数据类型多样、数据流动快，也具有空间移动性、交通模式易变性、个人信息私密性等独特特征。根据交通大数据的来源，大致可以分为四种类型：一是基于出行者个体的数据，如手机信令数据、手机导航软件数据、共享单车数据等；二是基于车辆的数据，如出租汽车、公共汽车的 GPS 定位数据；三是基于道路监测的数据，如道路线圈、车牌识别数据、视频监控数据、门禁流量数据等；四是基于收费信息的数据，如公交卡刷卡数据、高速公路收费数据、航空及铁路购票信息数据等。

交通大数据具有样本全面、信息可靠等显著优点，在交通调查中有着广泛的应用前景。但也必须意识到大数据本身也存在局限性，需要根据实际情况采取合适的调查方法，不能完全忽视传统的调查方法，应当将定量手段和定性手段有机结合。

6.4.2 道路交通需求分析

1. 交通需求时空特征分析

交通需求的时空特征指的是交通需求在时间和空间上的数量、构成、分布和变化。交通需求的时间分析，可以根据时间段的长度，进行 8 小时、12 小时、24 小时的分析，其应与交通调查的时段相一致。

道路交通的需求可以分为个体交通需求和群体交通需求，个体交通的特征包括出行次数、目的、时长、距离等，个体交通需求的分析通常以个人为主体分析对象。群体交通需求包括交通 OD 分布、交通流、道路交通拥堵等。

常用的交通需求分析方法有定量分析、定性分析和空间模型分析三类。定量分析指的是将调查所得到的数据经过审核和汇总以后，进行一些必要的整理和统计分析，从中揭示出系统的某些规律，为规划方案的制定提供必要的和有针对性的信息。定量分析主要分析调查数据的统计特征和回归模型。调查数据的主要统计分析特征如下：平均值，包括居民日平均出行次数、居民平均出行时间等；众值，包括客流、车流高峰小时系数；数据分布特征，包括居民平均出行时间分布、车辆平均出行时间分布等；典型历史时段的数据年平均增长率特征，如人口、各类车辆的年平均增长率等。调查的回归模型主要针对人口、小汽车、自行车等随年份和经济指标等变化的指标。

定性分析在城市交通规划中主要有两种方法，分别是因果分析法和比较法，常用于交通调查中复杂问题的判断。某个交通特征或问题牵涉的因素较多时，为了全面考虑问题，提出解决问题的方法，往往先尽可能排列出相关因素，发现主要因素，找出因果关系。此外，常常碰到一些难以定量分析又有必要量化的问题，对此常用比较法。对于某个调查数据，不仅需要进行历史年份的纵向比较，掌握数据演变规律，而且还需要进行横向比较，掌握现状发展水平。在纵向比较过程中，应当注意调查的统计口径和调查范围大小；在横向比较过程中，应当注意不同城市社会经济背景的差异性。

空间模型分析包括实体模型分析和概念模型分析。实体模型一般用图纸表达，主要用于规划管理和实施，具体如绘制道路网图、道路平面或立交透视图、鸟瞰图等。概念模型主要用于分析和比较，常用的方法包括几何图形法、等值线法、方格网法、图表法。

2. 交通需求社会经济特征分析

进行交通需求分析时，除了针对交通本身的时空特征进行分析研究外，还有必要对与其相关的社会经济现状特征和演变规律进行分析，从而为现状问题的解决以及交通需求的预测提供启示。主要包括土地利用、人口发展和社会经济条件。

土地利用方面主要分析城市区位、面积、土地利用特征、用地布局结构、城市空间拓展、城市建设用地构成等特征。人口发展方面主要分析全市域（或县域）和市区的常住人口、暂住人口、非农人口的历史演变、空间分布和增长率特征。近年来，我国老龄化进程加剧，在人口发展交通需求分析中，要充分考虑到老年人口出行特征以及老龄化所带来的交通需求长期变化。另外，农民工市民化已成为新的城镇化社会现象，也需要给予关注。社会经济方面需要分析调查城市的资源禀赋、经济发展、产业结构、收入水平等，同时，也要关注生活方式变化所带来的新交通需求，如网上购物、共享交通、居家办公等。

6.4.3 道路交通需求预测

1. 交通需求预测模型与方法

交通需求预测是对未来一定时期内将发生的交通需求总量、流量流向、方式结构、时空分布等所做的预估。交通预测按照不同的标准可以有多种分类方法，如定性和定量、线性和非线性、动态和静态、集计和非集计等。交通预测模型整体上可以分为两大类，即基于出行（trip-based）的预测模型和基于活动（activity-based）的预测模型。

交通预测的一般程序如下。

(1) 确定所要研究的系统的预测年限，即明确预测指标适用的空间范围，预测的基年、近期、远期和典型代表年份。

(2) 明确交通预测的目的，确定被预测量。

(3) 通过调查、收集相关资料，筛选可能与被预测变量有关的解释变量。

(4) 确定预测变量和解释变量之间的内在关系和逻辑关系，选择与要求相适应的预测方法。

(5) 建立预测模型。要以较低的费用建立效益较高的模型，以达到较好地反映客观实际的目的。

（6）检验模型。评价和检验预测结果的精度、合理性和可信程度，通常用后验方法。

（7）假定因素和条件。通过模型对某些假设进行计算，检验模型对有关参数的敏感性，以确定因素对模型的影响程度。

基于活动的预测方法以个体为研究对象，是一种非集计方法（disaggregate method），着重分析人出行的原因和"活动-出行"模式。该方法于 20 世纪 70 年代在 Chapin（1971）、Hagerstrand（1970）、Cullen 和 Godson（1975）等诸多学者的努力下得到发展和完善。该方法探寻活动（activity）和出行（trip）之间因果关系。多代理人系统（multi-agent system，MAS）模型和多项 Logit 离散选择（multinomial logit，MNL）模型是目前常见的基于活动的交通需求预测方法，其原理与方法清晰直观，理论依据比较容易为人所接受。基于活动的预测方法也有局限性：该方法主要应用于交通方式划分方面，在交通生成与交通分布预测中应用很少；模型本身的数学推理也存在缺陷，如 MNL 模型，由于其假定效用随机项是独立分布的，在主次交通方式混杂的情况下，交通方式预测会产生偏差。

基于出行（trip-based）的预测方法通常以"集计"（交通小区）的方式划分交通预测的单元。基于出行的预测方法主要包括灰色系统理论（grey system theory，GST）法、卡尔曼滤波（Kalman filtering，KF）法、混沌理论（chaos theory，CT）法、人工神经网络（artificial neural network，ANN）法和支持向量机（support vector machine，SVM）方法等。基于出行（trip-based）的预测模型较为常用的是四阶段模型，该模型以 1962 年美国芝加哥市发表的《芝加哥地区交通规划研究》（Chicago Area Transportation Study，CATS）为标志，后来逐渐成为应用最为广泛的交通需求预测模型之一。

2. 四阶段法

四阶段法采用出行生成（trip generation）、出行分布（trip distribution）、出行方式划分（mode split）、交通分配（traffic assignment）等四个阶段对交通出行进行预测，也称四步骤法。

1）出行生成预测

出行生成预测是交通需求预测四阶段法的第一阶段，其目的是求出对象地区未来年各交通小区的出行发生量与出行吸引量。这里的出行指的是人或车辆从起点到终点的一次移动，必须具备三个基本属性：①每次出行有两个端点；②每次出行有一定的目的；③每次出行使用一种或多种交通方式。

出行生成预测分为出行发生地的出行发生（trip production）预测和出行目的地的出行吸引（trip attraction）预测两个部分。出行产生量是各类出行的全部起点数之和，或称出发量；出行吸引量是各类出行的全部讫点数之和，或称到达量。从出发地和目的地的类型来看，通常出行发生量是指由家出行的全部家庭端点数与其他类型出行的全部起点数之和；出行吸引量是由家出行的全部非家庭端点数与其他类型出行的全部讫点数之和。

出行生成预测的常用方法有原单位法、交叉分类法、回归分析法及增长系数法等。其中回归分析法是目前国内在交通规划工作中使用较多的一种方法。该方法中，通过建立交通小区居民出行发生量和出行吸引量与小区土地利用、社会经济特征等指标之间的定量关系，推算规划年各交通小区的居民出行的发生量、吸引量。

2）出行分布预测

出行分布预测是将各交通小区的出行发生量和出行吸引量转化为各交通小区之间的出行

交换量的过程，即将由出行生成模型预测的各出行端交通量转换成交通小区之间的出行分布量。出行分布量是指交通小区之间平均单位时间内的出行量，单位时间可以是一天、一周、一月等，也可以是专指高峰小时。在出行分布预测中，各交通小区形心之间形成一个交通量OD分布网络。出行分布预测方法主要有增长率法、重力模型法和概率模型法。

3) 出行方式划分预测

出行方式划分即指在进行了出行分布预测得到OD矩阵之后，把总的交通量分配给各种交通方式，确定不同交通方式在小区间OD量中所承担的比例。目前，城市居民采用的交通方式有步行、自行车、地面公交、出租车、摩托车、私家车及城市轨道交通等。目前常用的出行方式划分方法有转移曲线法、回归模型法和概率模型法等。

4) 交通分配预测

交通分配指的是将之前预测的各交通小区之间不同交通方式的交通量分配到具体的交通网上去。一般来说，出发地到目的地两点之间有很多条路径，因此需要将OD交通量合理地分配到各条路径上。交通分配方法一般可以分为平衡分配和非平衡分配两大类，并采用Wardrop提出的第一原理和第二原理作为划分依据。Wardrop第一原理认为，当网络上的每组OD的各条被利用的路径具有相等而且最小的费用时，网络达到平衡，此时所有使用者都不可能通过改变路径来减少费用。Wardrop第二原理认为，达到平衡状态时，在网络上所有车辆的总出行时间最少。此时，道路的使用者不能调整路径来降低系统总出行时间。如果交通分配模型符合Wardrop第一或第二原理，则该模型为平衡模型，否则为非平衡模型。满足第一原理的称为使用者优化平衡模型，满足第二原理的为系统优化平衡模型。交通分配常用的方法有全有全无分配法、容量限制分配法、多路径概率分配法，具体可以通过交通规划软件实现。

在传统四阶段交通需求模型的基础上，国内外的一些城市对其进行进一步的拓展延伸，交通需求预测的范围从城市内部拓展到城市内部交通、过境交通和对外交通的统筹，交通需求预测的对象从单一的客运拓展到客运和货运的统筹，从而逐步形成了更加全面的综合交通模型。采用四阶段方法进行城市交通预测，一般需要借助专用的交通规划软件，如EMME/2、TransCAD、Trips等。

3. 大数据与交通需求预测

近年来，大数据方法在交通需求预测中的应用逐渐增多。与传统数据分析方法相比，大数据分析具有以下特征：①数据源由采样数据扩展至全部数据；②由单一领域的数据扩展到跨领域数据；③大数据分析超越传统数据分析中因果关系的范式，更加注重数据之间相关关系的探寻。

大数据方法在交通需求预测中的应用主要有两类：一是因大数据方法的引入而产生的模型；二是现有基于出行和基于活动模型的改进和补充，达到适用性与预测能力提升的效果，以满足大数据时代海量数据分析处理的客观实际，以及人们对于交通需求预测精确性提升的社会需求。

大数据方法中交通数据由原来单一的结构化的静态数据集拓展至静态与动态数据相结合的多源、多态、多结构数据集。固定式交通信息采集方式是较为常见的交通数据采集技术手段，主要包括磁频检测系统、波频检测系统和视频检测系统三大类。以人为对象进行交通数据采集主要包括公交卡刷卡数据和手机GPS数据，可以得到公共交通OD信息、公交走廊流量和各个站点客流量等信息。

大数据视角下,交通领域的非结构化数据也值得关注。可以通过抓取网络点击流、文档、社交网络、物联网、电话呼叫日志、视频、照片、射频识别(radio frequency identification,RFID)数据等数据资料的有用信息,研究人的出行行为。尤其是社交网络,如微博、微信等平台,其有关出行的状态信息体现出良好的实时性和动态性,也突破了传统问卷式交通数据采集样本固定的局限。

大数据给交通需求预测方法带来全新的思维,也为城市交通规划提供了新的技术支撑。与此同时,大数据的发展也从数据收集、数据处理、数据分析和结果应用等方面对交通需求预测方法提出了新的挑战:①进一步加强数据开放工作,使得大数据真正发挥其价值;②整合数据资源,形成综合性的数据库,目前各个与交通相关的数据采集系统间并没有实现互相连通,多元数据整合利用率低;③提高数据收集的质量,进一步满足大数据方法对数据准确性的要求;④增强各种数据采集方法的兼容性,加强对非结构数据的处理能力;⑤构建适应大数据的要求的新模型和核心算法。

6.5 城市道路与设施规划设计

6.5.1 道路构成与设施设计

1. 道路设施构成与技术特征

城市道路有路线、路基、路面三个主要构成部分。城市的道路规划设计通常包括路线设计、交叉口设计、路面设计和道路附属设施设计四个组成部分。其中,路线设计不仅包括了道路的平面线形设计,也包括道路的断面线形设计。进行路线设计是为了确定各条道路的具体走向和建设规格,路线设计中的平面设计和断面设计是不可分割的,应当综合考虑、协调进行。

根据道路在城市道路系统中的交通作用和城市服务功能,城市道路可分为两类:交通性道路和生活性道路。根据道路在城市道路系统中的地位、作用、交通功能以及对沿线建筑物的服务功能,我国目前将城市道路分为四类:快速路、主干路、次干路及支路。不同类型的城市道路具有一定的技术特征和功能。从红线宽度控制来看,快速路不小于40m,主干道30~40m,次干道25~40m,支路12~25m。

此外,根据国家《城市规划定额指标暂行规定》的有关规定,道路还可划分为一级、二级、三级、四级四个等级(表6.5)。其主要划分依据是道路总宽,其他技术指标还包括设计速度、单向机动车道数、机动车道宽度、分隔带设置等。

表6.5 四等级道路的技术指标

项目级别	设计速度/(km/h)	单向机动车道数/条	机动车道宽度/m	道路总宽/m	分隔带设置
一级	60~100	≥4	3.5~3.75	40~70	必须设
二级	40~60	≥4	3.25~3.5	30~60	应设
三级	30~50	2~4	3.25~3.5	20~40	可设
四级	20~40	2	3.25~3.5	16~30	不设

各类型道路按照设计速度又可以进行进一步的细分。例如,快速路的设计速度分别为 100km/h、80km/h、60km/h,主干路的设计速度分别为 60km/h、50km/h、40km/h,次干路的设计速度分别为 50km/h、40km/h、30km/h,支路的设计速度分别为 40km/h、30km/h、20km/h。快速路和主干路通常还设有辅路,辅路的设计速度宜为主路的 40%~60%。在立体交叉范围内,主路设计速度应当与路段一致,匝道与集散车道设计速度宜为主路的 40%~70%。平面交叉口内,设计速度宜为路段的 50%~70%。

不同分级的道路一般具有不同的设计年限。道路交通量达到饱和状态的道路设计年限,快速路、主干路应为 20 年,次干路应为 15 年,支路宜为 10~15 年。不同路面结构的设计使用年限的标准也不同,对于沥青路面,快速路、主干路、次干路的设计年限为 15 年,支路为 10 年;对于水泥混凝土路面,快速路、主干路的设计年限为 30 年,次干路、支路为 20 年。

2. 城市道路平面和断面线形规划设计

道路线形指的是道路路幅中心线的立体形状。道路平面线形指的是道路中心线在平面上的投影形状(图 6.11)。由于在城市中可能存在山体、丘陵、河流,以及不可移动需要保留的建筑,同时城市中地质条件也各不相同,可能存在不宜建设的地段,因此,道路平面线形往往需要发生转折,由曲线和直线共同构成。

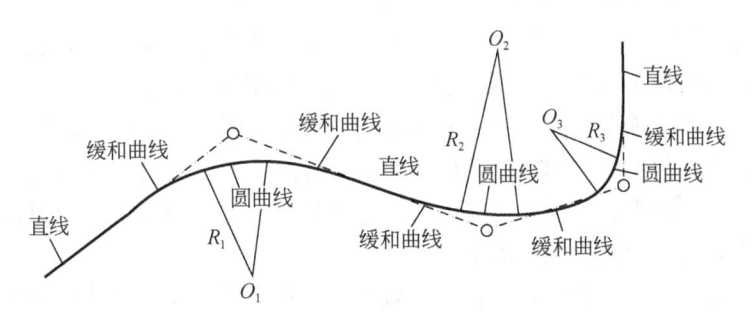

图 6.11 道路平面线形示意图

城市道路平面线形规划设计的主要任务是:根据道路网规划确定的道路走向和道路之间的方位关系,以道路中线为准,考虑地形、地物、城市建设用地的影响;根据行车技术要求确定道路用地范围内的平面线形,以及组成这些线形的直线、曲线和它们之间的衔接关系;对于小半径曲线,还应当考虑行车视距、路段的加宽和道路超高设置等要求。

城市道路断面规划包括纵断面规划和横断面规划。道路纵断面线形指的是道路中心线在垂直水平面方向上的投影,道路横断面指的是沿道路宽度方向垂直于道路中心线所作的竖向剖面(图 6.12)。道路纵断面反映的是道路竖向的走向、高程、纵坡大小,即道路的起伏状况。城市道路的纵断面设计是结合城市规划要求、地形、地质情况,以及路面排水、工程管线埋设等综合因素考虑,确定的一组由直线和曲线组成的线形设计。

道路纵断面设计的主要内容是确定道路连接有关竖向控制点或特征点的平顺起伏地形,具体包括确定沿线纵坡大小及坡段长度以及变坡点的位置,选定满足行车技术要求的竖曲线,计算各桩点的施工高度以及确定桥涵构筑物的标高等。道路纵断面设计要满足道路性质、等级、行车等技术要求,同时也要顾及当地气候、地形、水文、地质、排水等基础

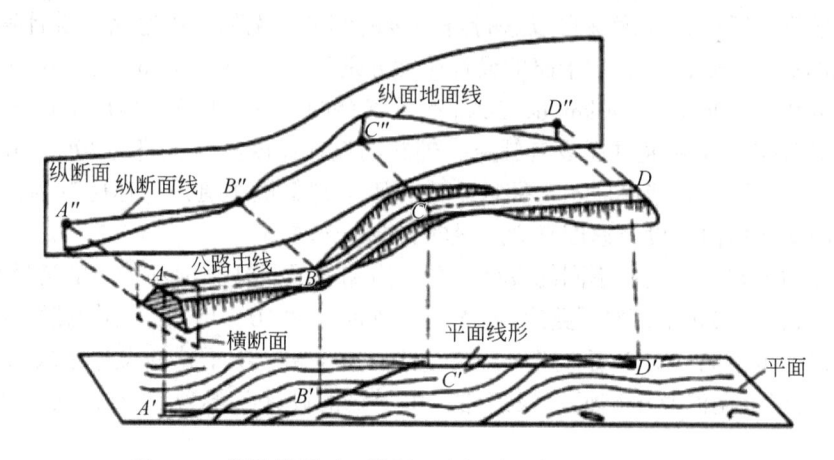

图 6.12 道路纵断面、横断面及与平面线形的关系示意图

条件。

3. 城市道路附属设施规划设计

城市道路的附属设施主要包括道路排水设施、道路照明设施和附属设施,其中,附属设施包括地下管线、停车设施、公交站点、加油加气站等。

在全球气候变化的背景下,极端天气和城市洪涝灾害趋于严峻,城市道路排水设计在城市交通规划中的角色越来越重要。城市道路排水设计应根据区域排水规划、道路设计和沿线地形环境条件综合考虑道路排水方式。道路排水方式包括管道形式(暗式)和边沟排水方式(明式)。在满足道路基本功能的前提下,应达到相关规划提出的低影响开发控制目标与指标要求。道路的地面水必须采取可靠的措施迅速排除。当道路的地下水可能对道路造成不良影响时,应采取适当的排除或阻隔措施。

雨水进水口通常有三种类型:平石式、侧石式、联合式。平石式排水流畅,但需要相应增加道路路面宽度;侧石式排水相对不畅,但对交通影响小,不需要增加路面宽度,适用于交通繁忙的街道;联合式排水量大,适用于较宽路面的道路排水,常用于多雨地区。检查井是设在主干管道的一种井状构筑物,它的功能是检查和疏浚管道,同时能使得管道改变方向、坡度、管径及高程等,起到管道连接件的作用,支管汇水入管道也是通过检查井实现的。道路雨水口的布置方式应遵循以下原则:确保有效收集雨水,雨水不应流入路口范围,不应横向流过车行道,不应由路面流入桥面或隧道。一般路段应按照适当间距设置雨水口,路面低洼点应设置雨水口,易积水地段的雨水口宜适当加大泄水能力。

道路照明既具有技术功能,同时也是城市风貌的重要构成。道路照明应采用安全可靠、技术先进、经济合理、节能环保、维修方便的设施。道路照明整体设计特征应符合街道性质,结合具体的街道形式,营造不同的照明效果,注重利用照明设施的设置形成街道视觉的景观。道路照明的主要形式是路灯,路灯可以分为柱杆式照明和悬臂式照明。柱杆式照明高度一般为 1~4m,多用于人行道;悬臂式照明高度一般为 4~12m,适宜安装高度在 7m 以上。道路照明布灯方式应该根据道路横断面形式、宽度、照明要求进行布置。曲线路段、交叉路口、铁路道口、广场、停车场、桥梁、坡道等特殊地点应该比平直路段连续照明的亮度高、眩光限制严、诱导性好。对于有特殊要求的机场、航道、铁路、天文台等附近区域,道路照明还应该满足相关专业的要求。

6.5.2 城市道路网交通规划

1. 城市道路网特征与技术指标

城市道路网特征包括网络运行状态特征（如满足客、货车流和人流的安全与畅通）、网络规模特征（如占地面积、数量等）、网络形态特征（如网格状、放射状等）和网络结构特征（如主干道密度等）。在规划、建设和管理中，采用不同类型的技术指标来测定这些网络特征。

根据《城市用地分类与规划建设用地标准》（GB 50137—2011），交通设施用地占城市建设用地面积的比例应为10%～30%。规划城市人口人均占有道路用地面积宜为7～15m^2。其中，道路用地面积宜为6.0～13.5m^2/人，广场面积宜为0.2～0.5m^2/人，公共停车场面积宜为0.8～1.0m^2/人。交叉口和广场面积指的是大型交叉口、环形交叉口、各种交通集散广场和游憩集会广场等的面积。公共停车场地面积是除了公共交通、出租汽车建筑配建停车场之外的向公众开放的停车场用地面积。

由于大城市的交通需求规模和时空强度要比中小城市高，为了适应大城市远期发展需要，其道路用地面积占比应适量增加，预留发展用地。在国土空间总体规划和城市总体规划中应该预留好线性交通设施用地。我国对于大、中城市，城市道路网的规划指标具有一定的技术规范要求（表6.6）。

表6.6 城市道路网的规划技术指标

项目	城市规模/万人		快速路	主干路	次干路	支路
机动车设计速度 /（km/h）	大城市	>200	80	60	40	30
		≤200	60～80	40～60	40	30
	中等城市		—	40	40	30
道路密度 /（km/km^2）	大城市	>200	0.4～0.5	0.8～1.2	1.2～1.4	3～4
		≤200	0.3～0.4	0.8～1.2	1.2～1.4	3～4
	中等城市		—	1.0～1.2	1.2～1.4	3～4
道路中机动车车道数量	大城市	>200	6～8	6～8	4～6	3～4
		≤200	4～6	4～6	4～6	2
	中等城市		—	4	2～4	2
道路宽度 /m	大城市	>200	40～45	45～55	40～50	15～30
		≤200	35～40	40～50	30～45	15～20
	中等城市		—	35～45	30～40	15～20

资料来源：《城市综合交通体系规划标准》（GB/T 51328—2018）。

2. 城市道路网规划布局

城市道路网的形式和布局应根据土地利用、客货交通源和集散点的分布、交通流量流向，并结合地形、地物、河流走向、铁路布局和原有道路系统，因地制宜地确定，使土地开发的容积率和交通网的运输能力及道路网的通行能力相协调。城市道路网的布局包括道路网的基本形式、道路密度、不同等级道路的分布、主要联系点的分布。对于城市道路网布局影响因素的分析，有利于发现不同要素影响下的道路网可能存在的问题，以及在该类要素影响下进行路网规划的相应方法。一般，影响城市道路网规划布局的因素有以下几个方面。

（1）自然条件。地形、河流、岸线、地质、矿藏是影响城市布局的重要因素。不同自然条件下形成了不同形态的城市，进而影响城市道路网格局。此外，河流、地形等自然条件也会直接影响道路的走向和建设标准、建设形式，进而影响城市道路网布局。

（2）城市规模。不同规模的城市对城市道路交通系统的需求不同，所表现出的道路网布局形式因而不同。首先，城市空间布局存在差异，平原地区的中小城市往往形成单一的城市中心，而大城市则适合多组团、多中心的布局，进而影响城市道路网布局；其次，城市规模越大，居民出行强度、货物运输强度也越大，运距越长，因而需要更高的道路用地比例，同时要求提供较多的高等级道路以满足最小出行时耗要求；此外，交通方式上，小城市个体交通比例相对较大，而大城市对公共交通的需求更大；对外交通联系上，大城市对外通道和枢纽数量更多，分布更广，并对城市道路的布局产生影响。因此，小城市不能盲目采用大城市的道路网布局方案。

（3）城市用地布局和形状。城市路网与用地布局的相互依托关系使城市布局与形状成为影响路网布局结构的关键要素。城市用地的形状是受自然条件和人工影响（如铁路、城墙、矿区）等制约而形成的。在确定城市发展方向时，往往优先选择平坦、地质条件好的用地，而这些用地也适合修建道路交通设施，从而城市用地开发与道路网的规划建设形成一种耦合。

（4）对外交通设施。城市发展和城市在区域一体化中的地位提升，离不开城市对外交通体系的支撑。城市的用地布局、空间拓展和道路系统也很大程度上依托港口、河道、公路、铁路、机场等大交通的格局。因此，在城市规划建设中，必须建立和加强城市与对外交通枢纽的道路交通联系，改善城市的区位条件。但从另一方面来看，对外交通可能造成城市发展的门槛。例如，铁路设施可能割裂城市内部道路交通的联系，一定程度上制约城市的发展。

（5）社会因素。道路网布局规划很大程度上也受到历史条件、思想观念、土地开发模式等社会因素的制约。通常，除了新建城市外，城市原有道路网对城市道路系统的规划和形成有很大的影响。原有道路网是新建道路的基础，在道路网规划中必须对城市交通现状和存在问题进行分析，考虑原有道路网的改造问题，防止简单地将旧城道路向外延伸。

在进行城市道路网规划时，应当遵循以下原则：综合考虑道路使用者的不同要求，协调城市道路的各项功能；充分加强道路网的整体系统性，促进道路的交通集散能力；适应城市用地布局的特点，合理引导城市的空间拓展；结合地形、地质等自然条件，减少灾害，节约用地；满足城市环境与景观的要求，改善城市环境质量；满足各种工程管线布置的要求。

我国城市目前处于高速发展期，许多城市仍然处于城市用地快速扩展的过程中。因此，解决城市交通问题需要长远的眼光。道路是城市发展的骨架，一旦形成要长期存在下去，在道路规划时尽可能不要为将来留下难题。为此，在道路网规划布局时，必须着重考虑以下几个方面的要求。

（1）道路网具有生长性。在城市道路网的规划布局中，首先应当考虑道路网能够继续生长，即干路具有向外延伸的条件。要尤其避免将主干路正对火车站或其他重要的纪念性建筑物和构筑物，导致城市扩展时道路难以延伸，形成错位带陡坡的丁字路口，成为日后造成严重交通拥堵的交通卡口。具体而言，道路网的生长性主要表现在拓展城市发展方向、实现路网对接、实现路网加密、强化城市发展轴线等方面的未来可能性。

（2）实现快慢交通分流，提高路网通达性。为了提高道路运行的安全和效率，要避免混合交通的出现。混合交通指的是车辆与行人或机动车与非机动车在同一车道上通行的交通状态，导致交通秩序混乱、车辆速度低、通行能力差、事故风险高，严重影响车辆和道路的功能作用。因此，道路网规划布局中必须着重考虑机非快慢分流的对策。一般而言，可以采用路段分流和路网分流。路段分流指的是通过三幅路或四幅路的形式，通过物理隔离分隔机动车与非机动车，这也是我国城市经常采用的分流方法。路网分流指的是将机动车和非机动车组织在不同的道路中，而不是同一条道路的不同断面上。

（3）防止干路网上出现集束交通的"蜂腰"。"蜂腰"指的是多条道路上的交通量向少数道路上汇聚的局部路网或节点区域，是路网在布局结构上的薄弱环节。这个薄弱环节决定了路网的承载能力。因此，消除路网上的"蜂腰"是解决城市交通问题的重点之一。引发"蜂腰"的常见原因包括：方格路网的老城向外发展将形成"蜂腰"，应当处理好跨越护城河道路上的桥梁和道路纵坡以及坡脚交叉口，或增加老城外的旁路使货运交通和过境交通分流出城以减少老城的穿城交通量；跨河发展的城市和水网城市易形成"蜂腰"，应通过集资建桥、建双层桥等方式提高"蜂腰"地区的道路通行能力和速度。

（4）交叉口通行能力与路段通行能力相匹配。如果交叉口通行能力与路段的通行能力相同或相近，就会因相交道路间交通流的相互等待或避让而使通行能力大打折扣，加上交叉口机非相互干扰，使得服务水平严重下降。因此，在道路网布局规划中，道路交叉口的通行能力应当与路段的通行能力相协调，为此可以采取的措施包括：平面交叉口的进出口应当设展宽段，并增加车道数量；城市中建造的道路交叉口尤其是立体交叉口，应当与相邻交叉口的通行能力和车速相协调；道路网节点上的相交道路的条数宜为 4 条，并最多不得超过 5 条，道路宜垂直相交，最小夹角不得小于 45°；避免设置错位的丁字路口，对于已有的错位丁字路口在规划时应当进行改造；城市高架路要重点处理好上下匝道和地面交叉口的关系，并考虑匝道布置是先上后下还是先下后上。

（5）重视对原有城市道路和公路的改造和协调。在处理城市道路与公路衔接时，要根据公路的交通性质和功能要求与城市道路系统进行合理的匹配和衔接，处理好城市道路与公路技术标准衔接问题，在路线线形、标高、断面形式、交叉口形式和车速设计等方面进行综合分析和合理规划。此外，道路网规划布局还要注重协调与原有道路网的关系，对原有城市路网的改造需要特别谨慎。

（6）土地开发强度与道路网容量相适应。我国许多城市的旧城区以狭窄的街道和小巷居多，但人流活动却十分频繁。在城市旧城改造中，土地开发强度显著提高，但对道路交通设施没有充分的考虑，道路用地预留不足，也缺乏公交站点、停车场的用地，容易造成交通问题。而且，一旦道路的通行能力被确定，就难以改造。因此，在道路网规划布局中，必须保证足够的道路面积率和路网密度，使得道路网容量能够与土地开发的要求相适应。

（7）客货运交通分流。城市客、货运交通之间存在较大的干扰和冲突，必须加以合理分流，以改善城市道路交通的环境质量和运行效率。城市货运道路是城市干路的重要组成部分，是城市货物运输的重要通道。它应当满足城市内大型工业设备、产品和救灾物资设备的运输要求,在道路标准、桥梁荷载等级、净空界限等方面予以特殊的考虑。在城市主要货流集散点之间规划货运道路,可以缩短货运距离,减少货运周转量,有利于提高运输效率,改善城市环境和房地产开发效益。

(8) 符合城市抗震救灾的要求。城市可能受到的灾害种类很多,包括地震、水灾、火灾、风灾、瓦斯泄漏等。城市道路在紧急时刻确保交通畅通,对抢险救灾和防止次生灾害蔓延起着极大的作用,在路网规划时必须重视和贯彻城市抗震救灾方面的要求。对于地震设防的城市,应保证震后城市道路和对外公路的交通畅通。城市主要出口每个方向应有不少于两条对外放射的道路,七度地震设防的城市每个方向应有不少于两条对外放射的道路。山区或湖区定期遭受洪水灾害的城市,应设置通向高地的防灾疏散道路,并适当增加疏散方向的道路网密度。

3. 城市道路网交通流组织

交通流组织指的是为提高道路交通运行效率和保证道路交通安全,根据国家相关法律法规、政策和标准规范,综合运用法规限制、行政管理以及局部工程改造等措施,疏导、指挥、控制、规范道路上运行的交通流等一系列工作的总和。城市道路网的交通流组织的目的是促进道路交通条件、交通运行方式与交通流特征及需求相适应,以保障设计范围内道路上行人与车辆有序、安全流动。交通流组织设计应根据城市道路条件,考虑社会效益、环境效益与经济效益的协调统一,遵循以下原则。

(1) 供需平衡原则:交通流的通行需求一般不超过道路能够提供的最大通行能力。

(2) 均衡分布原则:交通流在空间、时间上趋于均匀分布,避免过度集中。

(3) 交通分离原则:行人、非机动车、机动车交通流以及不同方向的交通流能够在空间和时间上分离,减少混行和互相干扰。

(4) 交通连续原则:路段上运行的车辆能够连续流动,减少停车次数和交通延误。

(5) 交通优先原则:优先保障行人、非机动车、公共交通车辆的通行权,在此基础上可以考虑给予某一种车辆或某一交通流向时间或空间上的优先。

交通流组织设计可以划分为路口交通流组织设计、路段交通流组织设计、区域交通流组织设计等。路口交通流组织设计的内容一般包括行人过街通行方式设计、非机动车路口通行方式设计、机动车导向车道及路口通行方式设计、限制性管理措施设计、交通管理设施设置设计、信号控制路口信号配时方案设计。路段交通流组织设计的内容一般包括出入口控制设计、行人过街交通设计、单向交通组织设计、公交专用车道和多乘员专用车道设计、潮汐车道及控制方案设计、限制性管理措施设计、交通管理设施设置设计、信号灯协调控制方案设计、路内停车泊位设置及管理设计。区域交通流组织设计的内容一般包括长途客货运等对外交通设计、区域禁止某种车型通行等限制性管理措施设计、重点片区交通流组织专项设计、占路施工作业区交通流组织专项设计、大型活动交通流组织专项设计。

6.6 道路交通管理政策

6.6.1 道路设施管理

1. 道路交通建设与投融资管理

道路交通是社会经济活动的纽带和动脉,对城市与区域经济发展以及人民生活水平提高有着极其重要的作用。随着我国国民经济的迅速发展和城市化进程的推进，全国许多大中城市均涌现出了各种交通问题，加剧了道路交通的紧张。为了解决这些交通问题，需要对道路交通进行管理。一般来说，解决道路交通问题可以从三个方面入手进行管理。

一是道路交通的建设管理。通过有效提高道路交通网络的交通容量，达到降低交通负荷的目的。投资建设新的道路交通设施是一个投入大、建设周期长的过程，需要对这一过程进行有效管理。

二是对交通系统进行维护管理。采用一系列的交通规则、交通设施来控制交通流，使得交通流在时间上、空间上尽可能分布趋于均匀，降低交通负荷，有效提高交通网络的运输效率。

三是交通需求管理。通过控制、限制、禁止某些交通出行方式来减少交通出行量，从而达到降低道路交通负荷的目的。

这三个手段前两者属于从道路交通的供给侧进行管理，而后者属于从道路交通的需求侧进行管理，其目的都是解决各类交通问题，提高交通效率。

资金问题是制约道路交通建设的重要因素。对于道路交通的规划建设，政府的投融资管理十分重要。道路交通建设能否满足交通需求，在一定程度上与政府多元化投融资手段的开发、引导和配置能力有重要的关系。

从资金来源看，城市道路交通建设的资金主要有两个部分：一是城市政府的财政性资金，主要包括本市的财政性资金和上级政府的补助性资金；二是以政府信用或建设项目本身融入的资金，主要包括政策性银行贷款、商业性银行贷款、发行债券、股票上市、股份出让等。

投资指的是投资主体为了获得预期收益，而将现有的一定收入转化为资本的活动。融资指的是投资主体为了一定的投资目的，如城市道路交通建设，除了投资主体提供的项目资金外，向其他投资者或金融机构、金融市场融入资金的活动。在城市道路交通建设等领域，逐渐从主要依靠政府投资转向以市场融资为主。主要的投融资模式包括建设-经营-转让（build-operate-transfer，BOT）模式、债券融资模式、资产支撑证券化（asset-backed securitization，ABS）模式、股票市场融资模式等。

（1）BOT模式。

BOT模式是一种典型的项目融资模式。项目融资指的是项目发起主体为了某一特定项目成立项目公司，并依赖项目本身，将项目产生的现金流量形式的收益用于偿还项目贷款，并以项目资产作为贷款抵押的融资方式。BOT模式的基本思路是：由项目所在城市经授权的机构为项目的建设和经营提供一种特许权协议，作为项目融资、建设、经营和承担风险的约定，并在协议规定的期限内经营项目以获取商业利润，最后在协议结束时将该项目转让或无偿移交给相应的政府机构。

（2）债券融资模式。

债券融资指的是为城市基础设施项目的开发建设，利用国际或国内债券市场，通过设定的债券品种融通资金的一种融资模式，它可以分为国内债券市场融资和国际债券市场融资两种模式。债券可以分为政府债券和企业债券。我国地方政府无法作为发行主体进行债券融资，每年政府债券的发行都由中央政府统一计划、发行和管理。我国的城市基础设施融资证券只能以企业债券的形式出现在市场上，大多数城市采取建立城市建设投资公司的形式来从事城市基础设施投融资和开发建设,其债券发行应当受到《中华人民共和国公司法》和《企业债券管理条例》的约束。

(3) ABS模式。

ABS模式指的是以目标项目所拥有的资产为基础,以该项目资产的未来收益作保证,通过在国际资本市场发行高档债券或在国内资本市场发行债券等金融产品来筹集资金的一种证券融资模式。ABS模式的主要目的是采用其特有的提高信用等级的方式,使得信用等级较低的项目可以进入高档证券市场,并利用该市场信用等级高、债券安全性和流动性高、债券利率低的特点,大幅降低发行债券和筹集资本的资金。

(4) 股票市场融资模式。

股票市场融资也是进行道路交通等城市基础设施建设的重要融资方式。相比其他模式,股票市场为企业筹资的能力是资本市场中最强大的。股票市场融资没有固定的利息负担,所融资金不必偿还,筹资风险小,也有利于提升企业信誉。企业通过股票市场融资必须要符合监管部门和市场所规定的严格条件,也需要保持公开披露信息,以便于得到各方的监督。

2. 道路交通设施维护管理

道路交通设施维护管理指的是通过一系列的交通规则或硬件管制来调整、均衡交通流时空分布,提高交通网络运输效率的管理模式,又称交通系统管理,主要由技术管理(如交通标志、道路标线、信号设备等)、行政管理(如对某些交通参与者的特殊照顾等)、法规管理(如交通法规条例的执行等)、交通安全教育与培训考核(如交警培训考核、驾驶员培训考核等)、交通监控(如交通信息采集、交通诱导系统等)五个部分构成。一般来说,根据管理的范围尺度可以将交通管理策略分为节点交通管理策略、干路交通管理策略、区域交通管理策略。

1) 节点交通管理

节点交通管理指的是以交通节点(往往是交叉口)为管理范围,通过一系列管理规则以及硬件设备控制来优化利用交通节点的时空资源,提高交通节点通过能力的交通管理措施。在我国城市道路网络中,常采用的交叉口控制方式有信号控制、无控制、环形交叉口、立体交叉口等形式。交叉口的管理方式主要有进口拓宽及增加车道数、进口渠化、信号配时优化等。在必要的情况下,在交通量较大的交叉口,还可以定时段或全天采用禁止左转的管理措施,以提高交叉口通行能力。

2) 干线交通管理

干线交通管理指的是以某条交通干线为管理范围而采取管理措施,来优化利用交通干线的时空资源、提高交通干线运行效率的交通管理方法。我国常用的交通干线管理方法包括单行线、公共交通专用线、货运禁止线、自行车专用线等。

3) 区域交通管理

区域交通管理指的是以全区域所有车辆的运输效率最大(总延误最小、停车次数最少、总体出行时间最短)为管理目标而进行的管理。区域交通管理是一种现代化交通管理模式,需要以城市交通信息系统作为基础,以通信技术、控制技术、计算机技术、GIS技术作为技术支撑。区域交通管理具体有两类形式:一是区域信号控制系统,有定时脱机式区域信号控制系统、相应式联机信号控制系统两种控制模式;二是智能化区域交通管理系统,是智能交通系统(intelligent traffic system,ITS)的主体部分,其目的是在大范围内全方位发挥作用,实现实时、准确、高效的综合运输管理。

6.6.2 交通需求管理政策

1. 交通需求管理目标与政策体系

交通需求管理（transportation demand management，TDM）指的是为了提升交通系统效率，并达到特定规划目标而实施的改变出行行为（如何出行、何时出行、何地出行）的一系列政策。这些政策包括城市规划、土地利用规划、交通收费、行政管制、行为教育等。交通需求管理通过不同的维度来影响居民交通出行和区域交通流。

实施交通需求管理极其必要。传统交通政策往往是"就交通论交通"，侧重交通设施建设和车辆管制。但是，交通是个复杂系统，交通需求的产生与分布受到诸多因素影响，除了交通设施之外，还包括自然环境、土地利用、经济水平、社会文化、个人喜好等，如果想"标本兼治"，则需要统筹考虑这些因素，通过多方面交通需求管理，引导交通可持续发展。整体来看，交通需求管理具有益处（表6.7）。

表6.7 交通需求管理的益处

益处	解释
拥堵缓解	有效缓解交通拥堵带来的延误和其他相关成本
道路资源	降低道路和停车设施的消耗
节约支出	通过降低居民购买和使用机动车的需求，来节约他们的支出
出行选择	增加居民的出行选择，尤其是对于非驾驶者
道路安全	降低交通事故的风险
环境保护	减少空气污染、噪声污染和水污染，避免伤害野生动物及造成其他环境破坏
高效土地	支撑战略性的土地利用规划目标，如缓解城市蔓延、实施城市更新、降低空间碎片化
居住条件	提升当地环境品质和社区凝聚力
经济发展	支撑经济发展目标，如提高生产力、就业、财富、税收
居民健康	通过增加每日步行和骑行，改善居民身体状况

同传统以设施建设为主的交通政策理念相比较，交通需求管理理念具有以下特色：统筹考虑成本-收益，在尽量节约道路建设投资的情况下，融合其他政策解决交通问题，降低外部成本，有益于城市经济发展；交通需求管理具有较高灵活性，为各类紧急的、临时的、可变的、不可预测的交通问题提供多方案灵活响应；交通需求管理有利于提高交通的社会公平性，精准定向解决交通问题，节约设施建设和社会投资。

交通需求管理的具体实施路径可以分为4类，分别为改善出行选择、财政激励措施、空间规划与土地利用管理、公共政策（表6.8）。

2. 道路收费与交通拥堵收费

道路收费（road pricing）是交通需求管理的重要手段之一，指的是向在特定道路或区域行驶的驾车者收取一定的费用。基于价值收费（value-based pricing）是一种市场手段，可以向使用者直接收费，增加交通资源使用成本，从而降低使用者所带来的交通社会外部性，进而达到缓解拥堵的目的。车道管理是对各种道路管理策略的总称，包括高容量车辆（high-occupancy vehicle，HOV）车道、多乘员暨收费（high-occupancy toll，HOT）车道、拥堵收费车道等。道路收费有不同的方式，每一种方式有不同的效果，如表6.9所示。

表6.8 交通需求管理政策的实施路径及其分类

类别	改善出行选择	财政激励措施	空间规划与土地利用管理	公共政策
具体实施路径	交通条件改进	道路收费	精明增长	TDM项目
	非机动化改进	基于里程收费	新城市主义	减少通勤
	共享单车	通勤财政激励	区位高效利用	校园交通管理
	弹性工作时间	停车收费	停车管理系统	货物运输管理
	共享汽车	基于里程保险	TOD	旅游交通管理
	远程办公	燃油税	无车计划	TDM市场手段
	出租车改进	非机动车奖励	交通稳静化	最小成本计划
	自行车换乘			市场改革
	骑行通勤保障			绩效评估
	公交优先保障			

表6.9 各类道路收费方式的效果对比

名称	解释	提高收入	缓解拥堵	缓解污染	提高安全性
道路通行费	对在特定道路上驾驶收取固定的费率	★★★	★★	★	★
交通拥堵费	对在拥堵情形下收取更高费用，促使一些机动车转移到其他路线和时间	★★	★★★	★★	★
区域通行费	对在特定区域内驾驶收取费用	★★	★★★	★	★
HOT车道	对车道中合乘车辆予以收费减免，乘员数越多，费率越低甚至免费	★	★★	★	
基于里程的收费	基于驾驶里程的长度来按比例收费	★★★	★★	★★	★★
基于里程的保险	基于驾驶里程收取保险费，使保险金额可变		★★	★★	★★★
道路空间分配	定量供应高峰期的道路通行能力		★★★	★	★

诸多研究发现道路收费具有显著社会效果。Ubbels和Verhoef（2006）研究发现，荷兰的道路收费使机动车出行减少了6%~15%。固定收费主要影响社会出行，将导致总出行减少并向非机动化出行转移。高峰期收费主要影响通勤出行，并导致出行时间和出行模式的变化。May和Milne（2000）使用城市交通模型比较了按区域收费、按距离收费、按时间收费和按拥堵收费的影响。他们发现，不同的收费方式在实现交通需求管理的目标方面存在显著差异。表6.10显示了将交通量减少10%所需的收费水平估计量。

表 6.10　各类道路收费方式达到相同效果所需的收费额度对比

收费类型	交通量减少10%所需的收费/便士（pence）
按区域收费（每次穿越）	45
按距离收费（每千米）	20
按时间收费（每分钟）	11
按拥堵收费（每分钟延迟）	200

交通拥堵收费是道路交通收费管理中的一种具体手段，指的是依据经济学中的价格杠杆作用，对使用特定道路或者在特定时段进入限制区域的车辆进行收费，以减少高峰时段和车辆密集地区的交通负荷，达到缓解交通拥堵的目的。拥堵收费从时间维度和空间维度上可以分为静态收费和动态收费两大类。静态收费依据边际成本定价，即在信息完全的情况下，征收一个等价于边际社会成本与边际个人成本差值的费用。动态收费，指的则是拥堵收费费率随着交通拥堵状况变化而变化的一种收费方式。

国际上诸多城市已实施了交通拥堵收费（表 6.11）。最早实行交通拥堵收费的是新加坡。1975 年 6 月，为了缓解城市核心区的交通压力，新加坡实行区域通行证系统，在划定的控制区域内对车辆进行收费。收费的费率根据区域的交通拥挤程度采取浮动制，车辆每通过电子收费站收费一次。该方案显著降低了新加坡高峰小时的交通量，平均车速和公交出行比例明显提高。英国伦敦于 2003 年 2 月开始在城市中心区实施道路拥堵收费，收费区域为中心城区约 22km^2 的范围。伦敦采用固定费率的收费方式，并鼓励通过预先建立账户的方式提前预付，当需要缴费的车辆进入拥堵收费区域，车辆牌照辨识系统会分辨出车辆的牌照号码，并与已付款车辆数据库进行比对，如果没有付款将发出缴纳罚款的通知。方案实施后，收费区域的交通拥堵也得到了有效缓解。

表 6.11　国际上交通拥堵收费的典型案例

项目	新加坡	奥斯陆	伦敦	斯德哥尔摩
目标	优化道路基础设施的利用	资助道路和公共基础设施建设	减少拥堵并为交通系统提供资金	减少拥堵、改善环境、增加投资
定价	0~15 欧元/次；周一至周五 7:30~19:00 浮动价格	约 10 欧元/次；全天固定价格	60~80 欧元/天；周一至周五 7:00~18:30 固定价格	8~15 欧元/进或出；周一至周五浮动价格
识别方法	98% DSRC	90% DSRC	100% ANPR	50% DSRC，50% ANPR
支付	自动从预付费账户中扣除	大部分通过自动驾驶电子支付系统付费	在午夜通过短信或网络	14 天内通过商店、银行或网络
年收入	4000 万欧元	1.5 亿欧元	1.22 亿欧元（网络）	8500 万欧元
未来	基于 GPS 系统、地域扩展	全自动支付、浮动价格机制	向西拓展、DSRC 试点工程	试点扩大、资金用于道路建设

注：DSRC（专用短程通信，dedicated short-range communication）；ANPR（自动车牌识别系统，automatic number plate recognition）。

有学者对交通拥堵收费的绩效进行了研究，研究发现交通拥堵收费可以有效减少城市高峰流量，降低交通拥堵所带来的延迟。例如，Harvey 和 Deakin（1997）对美国加利福尼亚州的四个主要城市地区交通拥堵影响进行模型分析，结果显示在洛杉矶地区，每英里 19 美分的收费能减少机动车出行总量的约 3.3%，但拥堵延迟则下降了 32%（表 6.12）。

表 6.12　美国加利福尼亚州 4 个主要城市地区实施交通拥堵收费的对比

地区	平均收费 /美分	交通量 减少/%	出行次数 减少/%	拥堵延迟 减少/%	燃料消耗 减少/%	空气污染 减少/%	年总收费 /美元
旧金山湾区	13	2.8	2.7	27.0	8.3	6.9	2274
萨克拉门托	8	1.5	1.4	16.5	4.8	3.9	443
圣迭戈地区	9	1.7	1.6	18.5	5.4	4.2	896
洛杉矶地区	19	3.3	3.1	32.0	9.6	8.1	7343

3. 机动车总量控制与管理

机动车总量控制也是交通需求管理的手段之一。由于交通拥堵收费政策在法律上实施起来比较困难，控制机动车总量成为被广泛应用于大城市抑制交通拥堵的手段。机动车总量控制的方法可以细分为经济手段和行政手段。经济手段指的是通过各种方法提高拥有机动车的成本，使得部分人放弃购买机动车，从而限制机动车总量的增长；行政手段指的是通过政府的行政规定来控制机动车的配额。

经济手段控制机动车总量的方法有车辆登记税、牌照费、牌照拍卖、车位费等。实行此类方法的具体案例如下。1990 年新加坡推出的车辆配额系统，即注册新车必须首先竞标拥车证，每月拍卖两次，每个拥车证对应一辆车，且有效期为 10 年。1974 年香港采取车辆首次登记税和牌照费的政策，按照不同的车型、购车成本实施不同的税率，牌照费按照不同的汽缸容量和燃料进行收取。1994 年上海开始实施车牌拍卖的制度，车牌拍卖价格取决于新购车者和投放车牌额度的关系。2014 年上海实施了新增机动车额度启用后 3 年不予过户的措施，抑制了新增机动车额度拍卖价格过快、过高上涨，遏制了二手车交易市场借私家车过户投机炒作的行为。

行政手段控制机动车总量的方法有车牌摇号等。车牌摇号指的是以摇号的方式无偿分配机动车的配置指标，限制每个时间段内车辆增加的数量，并控制车辆的类型比例。在我国，北京、杭州等城市均实行了车牌摇号，有效控制了机动车总量的增长。

在制定机动车总量控制时，应当根据本城市的实际情况，选择经济手段或行政手段或进行两者的有机结合，平衡好公平与效率之间的关系。

4. 路权使用管理

路权是使用各种公共道路交通资源的权利，具体是指在公共资源有限的前提下，为满足用路人合理的交通需求而由法律规定的，保障用路人生命和财产安全以及自由、平等使用公共道路交通资源的利益、权利或特权。对路权的管理也是交通需求管理的方法之一。路权使用管理的具体方案主要包括公共交通工具专用道、车牌号分段管理等。

公共交通工具专用道是一种有效保障公交车路权的手段。在主要公交路线通过的路段开辟一条公交专用道，确保公交车具有优先路权。此外，在道路交叉口，采用信号灯的特殊控制，使得公共交通车辆能够优先通过。对于抢占公交专用道的小汽车，可以采取适当的惩罚机制。

车牌号分段管理指的是，根据机动车的车牌号码控制机动车的使用，具体有两类管理方案，一是从空间上限制部分机动车进入城市的某一拥堵严重地区，二是从时间上限制部分机动车在某一交通高峰时段的出行。

目前，我国的许多大城市都设置了公共交通工具专用道，并实施了车牌号分段管理，有效控制了小汽车的交通出行需求。尽管路权使用管理是一种有效易行的手段，但是其具有很大的强制性，不可避免地会损害一部分城市居民的利益。因此，在实施这类措施时，一方面要做好充分的前期研究论证，另一方面应当做好相应的配套工作，进行适当的宣传教育，才能达到良好的实施效果，避免不必要的不良后果。

5. 土地利用规划与交通需求

城市土地利用与城市交通之间存在着循环反馈的关系（图6.13）。一方面，城市土地利用通过其规模、密度、设计、布局影响交通需求。不同的土地利用，决定了交通发生量和交通吸引量，决定了交通分布形态，在一定程度上决定了交通结构。另一方面，城市交通的发展会改变城市土地的区位和可达性，从而影响社会空间的选择，刺激新的土地开发需求。

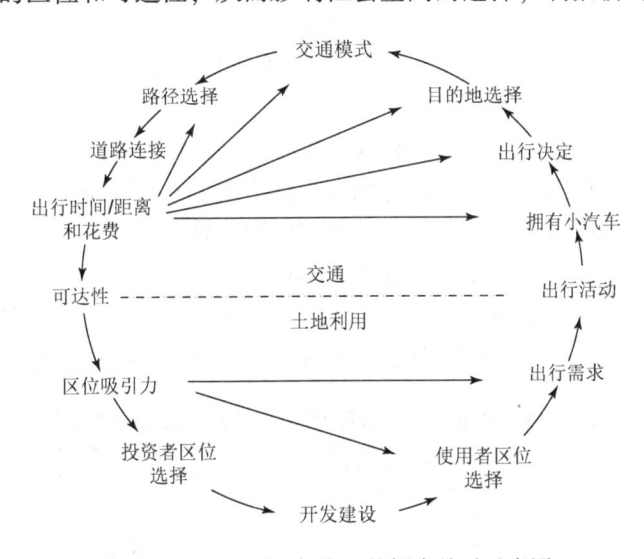

图6.13 土地利用与交通的耦合关系示意图

紧凑开发是一种城市土地利用的理念模式，与城市蔓延相反。紧凑城市开发具有8点特征，即高强度化土地开发；高程度的土地混合利用；就业与住房的多层面平衡；高密度；自足式独立开发；土地开发的连续性，包括临近性和连接性两个方面；节点区域的集中开发；公共交通的可达性。紧凑开发与交通需求的生成有着密切的联系。

多中心紧凑开发能够减少总的出行距离和时间。"区位相互调整理论"认为，住户趋向于通过不同方式来避免单中心城市拥堵所导致的出行时间增长，这些住户往往通过在郊区就业区选择新的居住地来减少出行时间，而一些公司也倾向于逃离高密度单中心形态所带来的负面影响，如交通拥堵、高房租和远离郊区劳动力等。这一过程的结果是，住户和公司在交通条件允许的情况下，相互调整区位，而在郊区次中心形成新的土地与交通关系。因而从整体来看，多中心城市土地利用下的出行时间和距离相对要比单中心城市少。但也有一些研究表明，在某些情形下，中心城市土地利用更能减少总的出行距离和时间。多中心的土地利用虽然减少了平均出行距离，但有可能增加私人小汽车出行的比例和出行时间总量。从多中心模式中的次中心形成过程来看，在新中心充分发育和真正的局地职住平衡之前，多中心模式将会增加而不是减少向心式交通，从而恶化交通拥堵。

填充式开发和控制城市增长边界是紧凑城市的重要政策工具。在既有建成区内的填充式开发，相对于建成区外的蔓延开发，能够提高居民的公交出行比例，更加有效利用现有公交系统，节约出行距离。控制城市增长边界对于减缓长距离交通通勤具有重要的意义，能够缓解城市的交通拥堵。

高密度的土地利用是紧凑城市的主要特征之一，高密度开发对于可持续交通具有积极的作用。相关研究表明，高密度开发可以有效降低私人小汽车通勤比例。高密度对于交通的积极作用具有一定的"门槛效应"，在人口密度门槛之下，提高密度将减少出行时间，反之则会增加出行时间。此外，在不同交通模式之间，密度对于出行时间的影响也是不一样的。高密度将增进公共交通服务的质量，从而对从私人小汽车出行向公共交通出行的转变起到积极的推动作用。不同类别的密度对于某一地区平衡出行时间的影响也是不一样的，居住人口密度和服务业就业密度与出行时间具有显著的相关关系，工业就业密度与平均出行时间之间的关系并不显著。但是，过高密度会增加出行距离和时间，在不控制私人小汽车数量的前提下，超高密度会导致道路交通拥堵。

在微观层面上，土地利用混合度将影响交通需求。高混合度的土地利用在缩短交通出行距离和出行时间上具有积极作用，混合度越高，则交通出行距离越短。当土地混合利用时，住房、就业和商店等城市服务具有较好的空间相近性，故而减少了长距离的出行需求。土地混合利用对于减少小汽车出行、促进绿色出行具有显著作用。

一些学者研究比较了土地利用混合度、密度、可达性等因素对交通需求的影响，研究发现密度的影响相对较小，土地利用混合度和区域就业可达性的影响相对更大（表6.13）。

表6.13 城市土地利用各因素对交通需求的影响对比

资料来源	土地利用因素	机动车出行总量	机动车出行里程/英里
Frank 和 Pivo（1994）	就业密度	-0.04	
	人口密度	-0.05	
	土地利用混合度	-0.12	
Sun 等（1998）	区域就业可达性	+0.13	-0.29
Kockelman（1997）	区域就业可达性	-0.036	-0.31
	土地利用混合度		-0.1
	人口密度	-0.013	
	就业密度	-0.002	
Schimek（1996）	人口密度	-0.09	-0.07
Quade 和 Douglas（1996）	人口密度		-0.09
	就业密度		-0.03

总之，土地利用与交通需求密切相关，在进行土地利用规划时，应当充分考虑可能产生

的交通需求规模与结构，强化土地节约集约利用，以系统的理论方法实现城市土地利用和交通系统的一体化规划。

思 考 题

1. 综合交通体系由哪些部分构成？
2. 编制城市综合交通体系规划应当遵循哪些原则？
3. 城市综合交通体系规划应当包括哪些内容？
4. 如何全面理解道路交通与城乡发展之间的关系？
5. 道路有哪些划分方式？
6. 城市道路网的常见结构有哪些？
7. 什么是城市道路的通行能力与服务水平？
8. 道路交通规划应当包括哪些内容？
9. 道路交通规划的依据有哪些？
10. 道路交通规划的编制一般有哪些步骤？
11. 什么是交通小区？
12. 什么是 OD 调查？
13. 城市交通调查的方法有哪些？
14. 居民出行调查的成果应当包括哪些部分？
15. 什么是四阶段交通需求预测法？
16. 如何全面看待大数据方法在交通规划中的应用？
17. 道路平面线形规划设计和断面线形规划设计分别应当遵循什么原则？
18. 城市道路网规划布局受到什么因素的影响？
19. 如何合理地进行城市道路网规划布局？
20. 交通流组织的原则有哪些？
21. 为什么要进行道路交通管理？
22. 交通需求管理有哪些基本方式？
23. 什么是路权？
24. 土地利用与交通需求之间的关系是怎样的？

参 考 文 献

北京交通发展研究院．2016. 2016 年北京交通发展年报．北京：北京交通发展研究院．
陈必壮，杨立峰，王忠强，等．2010. 中国城市群综合交通系统规划研究．城市交通，8（1）：6-13.
金凤君，王成金，李秀伟，等．2010. 中国区域交通优势度评价：网络密度、邻近性及可达性．地理学报（英文版），20（2）：295-309.
李开国．2013. 特大城市机动车增长与分布特征研究．交通与运输（学术版），（2）：1-4.
李元．2017. 基于多源大数据的居民出行调查校核体系研究．西安：长安大学．
陆建，王炜．2004. 城市道路网规划指标体系．交通运输工程学报，(4)：62-67.
米勒，迈耶，杨孝宽．2008. 城市交通规划．2 版．北京：中国建筑工业出版社．
秦萧，甄峰，熊丽芳，等．2013. 大数据时代城市时空行为研究方法．地理科学进展，32（9）：1352-1360.
全永燊，潘昭宇．2009. 建国 60 周年城市交通规划发展回顾与展望．城市交通，7（5）：1-7.

邵黎霞，滕旭秋，裴玉龙．2010．城市道路与交通．北京：科学出版社．

沈建武，吴瑞麟．2011．城市道路与交通．3版．武汉：武汉大学出版社．

石小法．2013．货运交通系统．上海：同济大学出版社．

苏跃江，周芦芦，孟娟．2015．国内外机动车增量控制方法的经验与启示．现代城市研究，(3)：16-22．

孙斌栋，涂婷，石巍，等．2013．特大城市多中心空间结构的交通绩效检验——上海案例研究．城市规划学刊，(2)：63-69．

王丰元，陈荫三，宋年秀．2002．交通需求管理及其在中国的应用．交通运输工程学报，2(2)：83-87．

王璞，黄智仁，龚航．2013．大数据时代的交通工程．电子科技大学学报，42(6)：806-816．

王庆海．2007．城市道路交通规划与管理．北京：中国建筑工业出版社．

文国玮．2001．城市交通与道路系统规划．北京：清华大学出版社．

徐循初．2007．城市道路与交通规划（下册）．北京：中国建筑工业出版社．

杨东援，韩皓．2001．道路交通规划建设与城市形态演变关系分析——以东京道路为例．城市规划汇刊，(4)：47-50，80．

杨涛．2004．我国城市道路网体系基本问题与若干建议．城市交通，2(3)：3-6．

杨吾扬，张国伍，王富年，等．1986．交通运输地理学．北京：商务印书馆．

张国华．2011．城市综合交通体系规划技术转型——产业·空间·交通三要素统筹协调．城市规划，35(11)：42-48．

张举兵．2006．城市道路交通规划．北京：化学工业出版社．

赵鹏军，李铠．2014．大数据方法对于缓解城市交通拥堵的作用的理论分析．现代城市研究，(10)：25-30．

赵鹏军，万海荣．2016．我国大城市交通拥堵特征与国际治理经验借鉴探讨．世界地理研究，25(5)：48-57．

赵鹏军，万婕．2020．城市交通与土地利用一体化模型的理论基础与发展趋势．地理科学，40(1)：12-21．

赵鹏军，吕迪，胡昊宇，等．2020．适应人口发展的现代化综合交通运输体系研究．地理学报，75(12)：2699-2715．

赵童，孔令斌．2001．关于目前我国城市交通规划的若干思考．城市规划汇刊，(3)：64-67，80．

中华人民共和国国家统计局．2017．中国统计年鉴2017版．北京：中国统计出版社．

周鹤龙，徐吉谦．2003．大城市交通需求管理研究．城市规划，27(1)：57-60．

周素红，闫小培．2005．广州城市空间结构与交通需求关系．地理学报，60(1)：131-142．

Cao X, Mokhtarian P L, Handy S L. 2009. Examining the impacts of residential self-selection on travel behavior: A focus on empirical findings. Transport Reviews, 29 (3): 359-395.

Chapin F S. 1971. Free time activities and quality of urban life. Journal of the American Institute of Planners, 37 (6): 411-417.

Coffin A W. 2007. From roadkill to road ecology: A review of the ecological effects of roads. Journal of Transport Geography, 15 (5): 396-406.

Cullen I, Godson V. 1975. Urban networks: The structure of activity patterns. Progress in Planning, 4 (1): 1-96.

Frank L D, Pivo G. 1994. Impacts of mixed use and density on utilization of three modes of travel: Single occupant vehicle, transit, and walking. Transportation Research Record, 1466: 44-52.

Graham D J, Glaister S. 2004. Road traffic demand elasticity estimates: A review. Transport Reviews, 24 (3): 261-274.

Hagerstrand T. 1970. What about people in regional science?. Papers of the Regional Science Association, 24 (1): 7-21.

Harvey G, Deakin E. 1997. The STEP Analysis Package: Description and ApplicationExamples. Appendix B, in Apogee Research, Guidance on the Use of Market Mechanisms to Reduce Transportation Emissions, USEPA.

Hugil P. 1995. World Trade Since 1431: Geography, Technology, and Capitalism. Baltimore: The Johns Hopkins University Press.

International Energy Agency. 2017. IEA Headline Global Energy Data (2017 edition). http://www.iea.org/statistics/onlinedataservice/.

Kockelman K M. 1997. Travel behavior as a function of accessibility, land use mixing, and land use balance: Evidence from the San Francisco Bay Area. Transportation Research Record Journal of the Transportation Research Board, 1607: 116-125.

Madlener R, Sunak Y. 2017. Impacts of urbanization on urban structures and energy demand: What can we learn for urban energy planning and urbanization management? . Sustainable Cities and Society, 1 (1): 45-53.

May A D, Milne D S. 2000. Effects of alternative road pricing systems on network performance. Transportation Research Part A: Policy and Practice, 34 (6): 407-436.

O'Mahony M, Geraghty D, Humphreys I. 2017. Distance and time based road pricing trial in Dublin. Transportation, 27 (3): 269-283.

Ottelin J, Heinonen J, Junnila S. 2014. Greenhouse gas emissions from flying can offset the gain from reduced driving in dense urban areas. Journal of Transport Geography, 41: 1-9.

Quade P B, Douglas INC. 1996. Transit, Urban Form, and the Built Environment: A Summary of Knowledge. Washington D. C. : National Academy Press.

Rodrigue J P, Comtois C, Slack B. 2014. 交通运输地理. 王建伟, 付鑫, 译. 北京: 人民交通出版社.

Schimek P. 1996. Household motor vehicle ownership and use: How much does residential density matter? . Transportation Research Record, 1552: 120-125.

Simini F, Gonzalez M C, Maritan A, et al. 2012. A universal model for mobility and migration patterns. Nature, (484): 96-100.

Sun X, Wilmot C G, Kasturi T. 1998. Household travel, household characteristics and land use: An empirical study from the 1994 portland activity-based travel survey. Transportation Research Record, 1617: 10-17.

Ubbels B, Verhoef E. 2006. Behavioral responses to road pricing: Empirical results from a survey amongdutch car owners. Transportation Research Record 1960, 31 (31): 159-166.

Woodcock J, Edwards P, Tonne C. 2009. Health and climate change 2 public health benefits of strategies to reduce greenhouse-gas emissions: Urban land transport. Lancet, 374 (9705): 1930-1943.

Zhao P J, Lu B, de Roo G. 2011. Impact of the jobs-housing balance on urban commuting in Beijing in the transformation era. Journal of Transport Geography, 19 (1): 59-69.

Zhao P J. 2011. Car use, commuting and urban form in a rapidly growing city: Evidence from Beijing. Transportation Planning and Technology, 34 (6): 509-527.

第7章 社会发展与社区规划

进入新世纪以来，我们正面临着各种社会问题与矛盾交织的复杂局面，社会分化、空间分异等各方面现实问题日益加剧。作为城市生活的基本单元，社区成为社会矛盾的主要集聚地。而解决这些问题的关键，仍然在于一个健康城市社会的建设与发展。社会发展与社区规划正是围绕这一核心命题，从社会公平与正义出发对未来发展所进行的一种引导与预设。社会发展规划作为国家经济和社会发展规划的重要组成部分，由国家发展和改革委员会组织编制，是各级各类规划的总遵循。很长一段时间内，我国政府发展计划中的社区规划主要由民政部门安排，城乡规划中对社区规划的实践一直是住区规划（赵蔚和赵民，2002）。进入新时代，社区规划在我国北京、上海、广州、武汉等城市蓬勃发展，它与原有住区规划在工作方式、内容、目标以及规划师角色等方面存在明显区别，在现行规划体系中尚缺乏合法的地位和相应的规范。本章主要围绕社会、社区、社会发展规划和社区规划等主题展开，理论结合实际，围绕部分典型案例，系统介绍了它们的历史、现实和未来发展趋势，明确了相关规划工作的基本原理和原则。

7.1 社会发展与社区规划概述

7.1.1 社会发展与社区规划的基本概念

1. 社会

从字义来看，"社"指的是土地之神，或祭祀之所；"会"即众人之聚合。在民间，为了便于祭祀社稷神，产生了以祭祀为中心的社会组织——社。在举行祭祀活动的时候，全社的人无论男女老幼，都会在祭坛旁的树下搭起棚屋，举行隆重而庄严的仪式。祭祀活动结束后，大家在一起畅饮欢歌。后来，这种集会的方式逐渐被称作"社会"。北宋理学家程颢、程颐的著作汇集《二程集》提出"乡民为社会"，意为众人会合、结为社团。

现代"社会"一词来源于日文著作对"society"的翻译，在洋务运动时期传入中国，通常是指具有共同利益、价值观和目标的人通过各种各样的社会关系结合起来的联盟，占据一定的空间，而形成社会最主要的社会关系包括家庭关系、共同文化以及传统习俗。狭义的社会也称为"社群"，可以单指人类群体活动和聚居的范围，如村、镇、城市、聚居点等；广义的社会则可以指一个国家、一个大范围地区或一个文化圈，如美国社会、东方社会、西方社会等。

2. 社会发展与社会结构

社会发展指构成社会的各种要素前进的、上升的变迁过程，包括纵向与横向两个方面：前者指社会由低级向高级的运动和发展过程；后者指在特定的社会发展阶段中一个社会各方面的整体运动和发展过程。这种变迁是一个积极且可控的过程。

社会结构是一个广泛应用但没有明确定义的术语。《辞海》对结构的定义是，"物质系统各组成要素之间的相互联系、相互作用的方式"。马克思主义社会学对社会结构有广义和狭义两种理解：前者指社会各个基本活动领域，包括政治领域、经济领域、文化领域和领域之间相互联系的一般状态，是对整体社会体系的基本特征和本质属性的静态概括。后者主要是指社会阶层结构。在此基础上，我们可以将社会结构初步定义为一个国家、部落、部族或地区占有一定资源、机会的社会成员的组成方式及其关系格局，包含群体数量结构、家庭结构、社会组织结构、城乡结构、区域结构、就业或分工结构、收入分配结构、消费结构、社会阶层结构等若干重要子结构，其中社会阶层结构是核心。社会结构是根据社会发展而自然形成或人为建立起来的，社会的发展会引起社会结构的解体与重构。

3. 社区

"社区"一词源于拉丁文，早先指在松散的社会群体中人们可能获得的亲密关系。1887年，德国社会学家滕尼斯（Tonnies）提出了 Gemeinshaft 概念，英文译作 community。20 世纪 30 年代，我国社会学家吴文藻、费孝通等引入社区概念，将 community 译为"社区"。滕尼斯（1999）认为社区是亲密的社会关系结构和一定地域的社会关系结构。美国社会学家 Hillery（1955）对比 94 个关于社区定义的表述，发现地域、共同的纽带以及社会交往三个方面是构成社区必不可少的共同要素。Minar 和 Greer（1969）认为可从三个视角看待社区：①从人与社会的关系角度看，社区是指"人们在一定位置上的互动和由这种互动产生的群体，是互动与处于一定位置的人们合法化的群体。这种群体和空间社区的力量能够联合和引导它的成员的行为，导致其内部的相互依赖，并且使人们与群体产生一致的情感"。②从文化角度看，"社区是指一个特定空间的团体中的人们，由重要的社会行动联结，产生了情感上的统一体"。③从空间角度看，社区是指人们居住的物质空间，空间对社区是十分重要的，因为任何社会体系都是具有一定空间结构的实体。人们之间发生的各种接触、情感和认同都定位于一定社区。

在我国的城市社区建设中，社区是指在街道行政区的基础上由政府主导建立、管理的一定街区地域，规模上以 2000 ~ 3000 户常住居民为划分标准。随着城市与社会需求的变化，社区这一概念所蕴含的地域含义逐渐被弱化，群体的含义越发凸显。我们可以从地理要素（区域）、经济要素（经济生活）、社会要素（社会交往）以及社会心理要素（共同纽带中的认同意识和相同价值观念）的结合来把握这一概念，即把社区视为生活在同一地理区域内、具有共同意识和共同利益的社会群体。

4. 社区规划

西方国家的"社区规划"是由"住区规划"转变而来的。关于社区规划定义的讨论，同时包括新社区设计和老社区再开发这两个方面（Chaskin, 1995；Keller, 1968；Rohe and Gates, 1985）。对建成社区的规划被称为社区发展（community development）规划，也可称作社区规划、社区设计；对新建社区的规划称为社区规划与设计。近百年来，从美国的邻里规划单元、城市更新计划、社区行动计划、社区经济发展、市政府支持的社区规划、规划单元发展、传统社区发展（traditional neighborhood development, TND）和公共交通导向型发展（TOD）（洛尔和张纯，2011），到英国的社区行动战略框架（刘玉亭等，2009），再到法国的可持续社区综合发展规划（杨辰，2013）。社区规划皆起源于化解社会发展中的各种矛盾和满足社会可持续发展对物质与精神层面的需求。近年来，北美洲、大洋洲等地国家的规划更多地呈现出地方社区层面协作式规划的特点，强调以社区自身完善为动力，地方政府、社会团体、公众共同参与促进生活品质提升的过程（Allmendinger，2002）。在澳大利亚新南威尔士州关于社会规划的相关规则和文件中，普遍使用"social/community plan"一词，其中"社区规划"（community plan）与"社会规划"（social plan）两个概念没有区别[①]。

在我国，社区规划并没有明确的定义。随着时代发展及需求变化，城乡规划领域的学者对社区规划的认识经历了从单一的物质空间环境的空间部署（赵蔚和赵民，2002），到社会经济维度的总体部署（杨贵庆，2013），进而向"空间生产-社会关系"的深层互动延伸（李郇等，2015）。中国出现真正意义上的社区规划是在2002年以后[②]。社区的功能发生了前所未有的变化，不同人群的社会特征及交往方式等特定需求赋予了住区社会空间属性及社会发展的诉求，规划工作者在解决物质性规划问题的同时开始关注社会领域的发展规划议题（赵民，2009）。根据刘君德（2002）对上海城市社区的研究，社区规划可分为政府和民政部门主导的社区发展规划、政府城市规划管理部门主导的社区总体规划两种，前者主要是解决社区的社会经济发展和文明建设以及体制、机制问题，后者则主要解决社区内各种基础设施、公共工程、绿化等的科学布局和形态建设问题。

7.1.2 社会发展与社区规划的目的与意义

增进民生福祉是发展的根本目的。党的二十大报告指出："我国社会主要矛盾已经转化为人民日益增长的美好生活需要和不平衡不充分的发展之间的矛盾"。当前我国社会存在的主要问题是改革的发展成果尚未惠及全体人民，甚至出现较为严重的两极分化现象，具体表现为贫富分化、社会隔离与分异、社会冲突等。面对人民对美好生活的向往，社会发展与社区规划的目的在于消除或降低分配不公平所带来的消极影响，并增进社会发展的积极影响，促进中国式现代化向公平正义的方向迈进。

1. 城镇化

亚里士多德说："人们来到城市是为了生活，人们居住在城市是为了生活得更好"。城镇化是人类文明进步和经济社会发展的大趋势，是落后的农业国向现代化转变的必由之路。改革开放40多年来，我国城镇化率快速提升，由1978年的17.92%上升到2020年的63.89%。城镇常住人口由1978年的1.72亿人增加到2020年的9.02亿人。城镇化发展虽然取得了巨大成绩，但长期依赖于"人口红利"和廉价土地驱动的城镇化模式，忽视了人的主体地位，积累了较多社会问题。

1）贫富分化

城市的快速发展和农村的停滞不前导致城乡差距变大，地区间发展不平衡，社会贫富悬

[①] 具体解释可参见其地方政府面向下属各议会的98/10号通告（Department of Local Government Circular to Councils）："在规则中，社会规划和社区规划概念可以互换，都指在地方层面关于社会或社区问题的协作式规划进程"。见 Department of Local Government Circular to Councils. Circular No. 98/10, 20/1/98。

[②] 在计划经济制度下的社区带有明显的单位属性，国家和政府的调控占有绝对的主导地位，市场与社会的力量几乎没有发挥作用；在计划经济向市场经济转轨的过渡时期，单位制度依然起着稳定的作用。因此，这两段时期的住区建设只能称为住区规划，而不是完整意义上的社区规划。

殊。2020年,中国城市居民人均收入是农村的2.56倍。上海作为中国居民人均可支配收入最高的省份,其城镇居民可支配收入是最低省份(黑龙江省)的2.46倍,农村居民人均可支配收入是最低省份(甘肃省)的3.38倍。2021年瑞士信贷银行《全球财富报告》显示,全球大多数国家的财富不平等在21世纪初有所下降,但我国的财富不平等在2000~2010年呈上升趋势,财富基尼系数长期处于高位,2020年我国财富排名前1%居民占有全国30.6%的财产。

2)流动人口"半城镇化"

城乡之间、区域之间的经济发展不平衡使得大量人口从农村向城市、中西部地区向东部沿海地区迁移,形成了独具中国特色的流动人口。这部分人在进入城市后,因为城乡二元户籍制度所塑造的城市与乡村、本地与外地的身份差别,无法享有城市或本地居民所有的权利、福利、服务和待遇。因此,流动人口虽然为城镇化发展做出了巨大贡献,但他们被排除在城镇化所带来的红利之外。

3)城市贫困

20世纪80~90年代,由于我国社会结构转型、经济体制转轨、经济和产业调整、国有企业改革等,下岗、失业人员构成的贫困群体日益壮大。其中,部分"双停"企业职工由于多年停发或减发工资,基本生活来源面临无法保障的危险,成为城市贫困阶层的主体。此外,农民工等的学历水平低、技术素养低、易面临淘汰,容易成为城市中的新贫困群体。

在当前我国劳动力成本逐步上升、城市发展空间紧约束的形势下,传统城镇化模式中以劳动力、土地要素为核心的比较优势下降,社会矛盾日益凸显。在此形势下,国家提出新型城镇化发展战略,要求着重解决好现有"三个1亿人"的问题,促进约1亿农业转移人口落户城镇,改造约1亿人居住的城镇棚户区和城中村,引导约1亿人在中西部地区就近城镇化。这一战略目标的实现,需要各级政府在社会发展规划层面做好顶层设计,并在社区层面予以落实,推进以人为本的城镇化。

2. 社会转型

社会转型是一个复杂的社会变迁过程。法国学者列斐伏尔(Lefebvre)认为人类历史将逐步经历政治城市-商业城市-工业城市-城市社会的转型,而这一历史进程将伴随着人类城市化水平由0到100%的转变。波兰尼(Polanyi)在其"大转型"理论中提出,一种新的"自发调节的市场"(self-regulated market)正在形成,这一"市场"在人类历史上第一次出现,它通过改变人类基本的生产与生活方式,深刻地影响了人类社会的进程。针对社会主义国家的市场转型,布洛维(Burawoy)在波兰尼观点的基础上提出了"第二次大转变",认为应更加重视工人阶级和底层民众的历史作用,社会转型要将目光移向承担主要改革成本的普通市民。

西方发达国家所经历的社会转型存在"转型过程滋生着动荡"(Huntington,1968)的共性:①整个社会骚动不安,不稳定的因素大大增加。②社会成员格外关注自身的经济利益,从而引发了一系列的利益矛盾和利益纷争。③社会犯罪率急剧上升,政府维护社会秩序的难度加大。④政治秩序混乱与政治衰败。

改革开放40多年来,中国在经济、政治和社会等方面的剧烈变迁从根本上改变了城市发展的动力基础、作用机制(Friedmann,2001)。改革开放过程中向地方政府的分权赋予了地方相对独立的利益，为地方政府发展经济提供了动力，也赋予了地方政府追寻经济利益的权限。由于缺少系统、完善的整体规制约束，各地方政府在经济发展方面显现出"企业化"倾向，即地方政府利用手中的权力，像企业一样进行逐利活动与竞争。在城市竞争方面，往往出现强烈的"地方保护主义"，以期在激烈的竞争中获利；在城市战略规划方面，往往热衷建设大规模的新城新区，以此向外界显示发展的雄心与信心。拥有行政资源、垄断性竞争资源且具有强烈趋利愿望的地方政府，往往与城市中诸多经济发展主体（如开发商、投资商）结合成复杂而有力的"城市增长机器"。同时，中国的公民社会与各种非政府组织远未发展到成熟阶段，对城市发展的影响相对较弱。

3. 社区发展与存量规划

随着市场的全球性扩张，生产关系的矛盾也越来越由生产空间（单位、厂房、公司）转向社会空间（社区、楼盘、街道）（Logan and Molotch，1987），也就是说，社会矛盾、冲突的爆发越来越体现在人们所聚居的社区。

西方国家的城市更新运动，基本上沿着推倒重建—邻里修复—经济复原与公私合伙制—多方伙伴关系的脉络发展，其指导思想也从单一、物质改造为主逐步转变为可持续的、多元主体参与的、更具人文关怀的城市更新。进入20世纪60年代，城市更新由早期的贫民窟清理和中心区改造转向对综合性规划的通盘考虑，就业、教育、社会公平等因素被纳入目标当中，同时大量公共项目的设立也促进了城市更新的开展，如美国的社区发展资金（community development block grant）计划等。70年代末以来，公共部门逐步退出城市更新，城市更新策略逐渐转向较小规模的社区改造，并由政府主导转为以公、私、社区三方伙伴关系为主要导向。城市更新逐步走向局部的、可持续的、强调社区参与的方向（李志刚和顾朝林，2011）。

在我国，随着社会经济转型，单位制度逐渐解体，原来由政府和企业承担的社会职能逐步向社区转移，但大规模快速城市化进程加剧了社区发展面临的挑战。一是城市内部不同区域之间的差距已经出现，最明显的就是城市社会空间分异问题，并表现出社区内同质化和社区间异质化加强的两个趋势；二是社会经济体制转型所导致的传统社区（如旧城区、单位社区）面临衰退、难以为继等问题，以及城乡二元结构所带来的城中村、城市边缘区等面临深度城市化等问题（李志刚等，2004）。

存量规划是中国城市化从第一阶段转向第二阶段的特定规划。改革开放以来，中国经济飞速增长，"中国奇迹"引来热烈讨论。由于多年的粗放扩张、追求数量，形成了以内生的资源禀赋为前提的"中国式城市社会空间"①，以廉价的土地和劳动力为最重要的比较优势，从而成功捕捉到日趋流动的世界资本。随着社会发展的转型，国家严控新增建设用地指标，要求提高土地利用效率，存量规划的重要性日益凸显，以解决社会和生态环境问题。

4. 社会治理

当公民居于主导地位的利益受到威胁或者遭受侵犯时，他们必然会采取一定的渠道和途

---

① 以空间特别是"领地化"（territoriality）的城市空间为载体（Hsing，2010）的"世界工厂"体制催生了"中国式城市社会空间"。

径表达自己的利益诉求（周晓丽和党秀云，2013）。20世纪80年代以来，伴随着西方国家日益严重的经济社会危机，特别是社会福利改革运动的兴起，"多元参与、合作共治"的理念逐渐形成并被广泛接受。当代西方国家政府所推行的社会治理是在市场驱动型社会管理模式下所采取的公共管理方式，是公众表达利益和参与社会管理的重要途径与方法。如加拿大的"公共服务2000"计划、英国的"下一步行动"计划、法国的公共服务改革等。

在我国，随着城镇化的推进，传统社会治理模式面临挑战。一方面，社会流动规模越发壮大，跨地区人口流动已经成为一种常态。大量的群体在城市驻留下来，并构建起各式各样的"新移民社区"①。另一方面，社会成员从单位人到社会人、社区人的大转变，使得国家在很大程度上失去了通过单位组织管理社会的基础，既要秩序，又要活力与效率的高要求给社会治理带来了很多新难题。在过去以经济发展与城镇化水平作为政府绩效考核主要内容的情况下，各级政府把主要精力放在履行经济管理职能以及相应的经济管理领域政策制定上，社会治理一直未得到充分重视，导致社会治理工作相对滞后，传统社会治理模式难以适应新变化。

"城市修补""填补城市设施欠账""增强社区居民参与能力、不断提升城乡社区治理水平""全面推进城镇老旧小区改造工作"等一系列方针的出台标志着我国城乡规划、建设与管理工作转向存量空间品质优化提升与社会治理转型。如何将基层社会治理能力的提升融入社区环境品质的改善之中，成为新的时代命题。

7.1.3 社会发展与社区规划的内涵

1. 规划体系概述

社会发展规划和社区规划是我国社会规划体系的重要组成部分。社会发展规划是各级政府从宏观（国家、省）、中观（市、区）层面以科技进步、社会发展、城乡建设的部分领域为对象所做的全面规划、部署和安排，是政府进行宏观调控的重要手段，也是国家履行社会职责的重要依据，现阶段通常体现在国民经济和社会发展五年规划中。社区规划是从微观（街道、社区、居住区、小区）层面制定社区发展的总目标及一定时期内社区服务、社区工作、社区组织、社区环境、社区文化和社区管理等方面的具体行动计划，是指导社区建设与长足发展的综合行动纲领，也是社会发展规划在基层行政组织的具体落实。因此，社会发展规划与社区规划是从不同层级上把控社会未来发展方向的规划，在社会管理体系中上下联系，在内容上一脉相承（图7.1）。

按照《国务院关于加强国民经济和社会发展规划编制工作的若干意见》，社会发展规划体系由三级、三类规划组成。按行政层级分为国家级规划、省（自治区、直辖市）级规划、市县级规划；按对象和功能类别分为总体规划、专项规划、区域规划（表7.1）。在实践中，市规划和市辖区、县规划通常分别编制，故整个规划体系大致包括12种发展规划。

---

① "新移民"指的是由农村迁居城市的移民群体。历史上，他们也曾被称为"盲流""流动人口""外来人口""暂住人口""农民工"等，似乎这一群体注定会是城市的"外来者"，并必将重新离开城市回到他们各自的家乡。不过，其中也有大量群体在城市驻留下来，成为城市移民群体的一员，并构建起各式各样的移民社区，我们将此类社区定义为"新移民社区"。

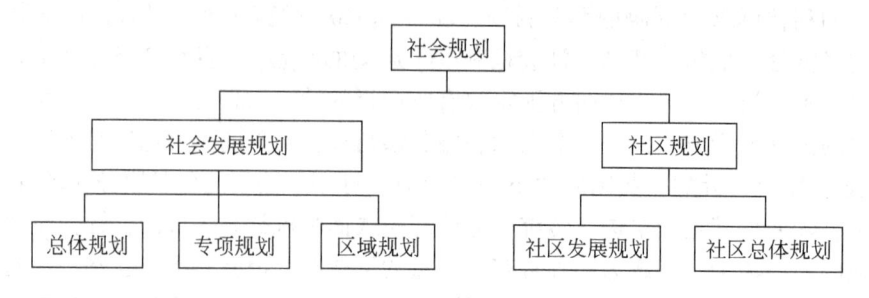

图 7.1　社会规划体系

表 7.1　我国社会发展规划"三级三类"体系案例

类别	国家层面	省（自治区、直辖市）层面	市县层面
总体规划	《中华人民共和国国民经济和社会发展第十四个五年规划和2035年远景目标纲要》中的社会发展规划	《湖北省国民经济和社会发展第十四个五年规划和二〇三五年远景目标纲要》中的社会发展规划	《武汉市国民经济和社会发展第十四个五年规划和2035年远景目标纲要》中的社会发展规划
专项规划	"十四五"国家社会发展科技创新规划	湖北省科技创新"十四五"规划	武汉市科技创新发展"十四五"规划
区域规划	促进中部地区崛起"十四五"规划	武陵山片区区域发展与扶贫攻坚规划	武汉东湖新技术开发区发展"十四五"规划

社区规划属于我国城乡规划中的非法定规划，其体系划分仍处于探索阶段。通过对广州、上海、厦门、武汉等地的社区规划的研究，不难发现，在微观层面（街道-居委会-邻里），社区规划按管理层级可分为街道级规划、社区级规划①、住区级规划；按规划制定主体和功能类别可分为社区发展规划、社区总体规划。2021年7月1日，自然资源部发布的《社区生活圈规划技术指南》正式实施，对我国社区规划编制具有重要的导向作用。作为国土空间规划领域首个获批发布的行业标准，《社区生活圈规划技术指南》将社区生活圈区划分为城镇社区生活圈和乡村社区生活圈两类。其中，城镇社区生活圈分为15分钟和5~10分钟两个层次，特别提出5~10分钟层次重点满足老人、儿童的基本服务需求；乡村社区生活圈明确提出了乡村地区生活要素配置要与周边的乡级镇组合起来，共同构建高品质乡村社区生活圈的思路。

2. 社会发展规划内涵

社会发展不等同于经济发展，片面追求经济发展速度，忽视非经济要素的发展规划并不能称为社会发展规划。回顾世界各国的社会发展规划，其理念可分为重视社会发展与强调社区发展两大类型。

---

① 此处的"社区"指政府以居委会管理边界所划定的居委社区，是政府行政体系中最基层的管理单元，如武汉市南湖街道华锦社区。

1）重视社会发展

这种理念始于20世纪50年代，盛行于70年代[1]。许多发展中国家经过单纯追求经济发展的实践后，逐渐意识到传统的西方式发展的弊病。70年代以来，世界各地广泛开展的"社会指标""生活质量"等运动，将反映非经济部门的社会发展水平的各种指标与纯粹的经济指标分列，并作为一定时期国家发展规划的独立目标。

2）强调社区发展

近年来，重视社会发展的规划实践都趋于强调社区在发展中的作用和社区本身发展的重要性，社区发展也由个别地区推进（如澳大利亚新南威尔士州的社会规划），逐渐演进为一种渐具世界性的潮流[2]。这一理念以社区为基础，将社区发展作为社会发展的具体目标和方法，依托和着眼于社区的发展来谋求社会发展。

我国的社会发展规划脱胎于社会发展计划，并于"十一五"时期正式调整为规划。新时期的社会发展规划仍以促进社会的全面健康发展为主，但也已渐露强调社区发展的苗头[3]。目前，我国的社会发展规划仍以构建社会主义和谐社会为总体目标，以发挥市场机制在资源配置中的决定性作用为原则，以社区发展为具体目标和手段，在强调社会发展的可持续性的同时，更加重视社会公平公正与社会包容性的问题研究。

3. 社区规划内涵

1963年，联合国正式提出："通过人民自己的努力与政府当局合作，以改善社区的经济、社会和文化环境，把社区纳入国家生活中，从而对推动国家进步做出贡献"，全球范围内的社区发展运动走向高潮。

在理念上，社区规划可分为温哥华模式和台湾模式两大典型流派。温哥华模式强调社区规划是一种规划的理念和方法，在理念上尊重和吸纳民间发展意愿，在方法上高度重视公众参与，同时可应用在任何类型、任何尺度的规划中。在我国台湾省，社区规划虽然也强调尊重基层意愿，关注公众参与，但实质上是一种以具有明确空间边界的社区为对象的物质型规划，目的是以社区物质环境的改善促进社区团结，推动社区可持续发展，并为此专门建立了社区规划师制度（钱征寒和牛慧恩，2007）。温哥华模式和台湾模式存在一定共性，即社区规划应当是联系自上而下发展要求（政府）和自下而上发展需求（市场、社会）的纽带，是政府有关部门与社会组织全面合作制定的成果。

我国的社区规划起步较晚，仍停留在以物质形态设计为主的阶段，缺乏对社会生活的关注，贯彻参与式规划理念方面不足。此外，社区规划的主动权仍牢牢把控在政府组织机构，无论是项目的发起、编制、实施还是管理等，社会力量的介入虽然存在，但仍有待加强。从我国现处的发展阶段来看，社区规划应以物质形态规划为载体，促进社区全方位的可持续发展，其规划对象需具有明确的空间边界。

---

[1] 1948年联合国成立之初即提出经济落后地区的经济发展必须与社会进步同步进行的方针，但其发展成为一场把绝大多数发展中国家和地区包括进来的世界性运动，则是20世纪70年代的事。

[2] 据统计，目前已有一百多个国家在执行全国性的社区发展计划，如美、英、法、德等国家，社区发展确有成为新的世界性运动之势。

[3] 国家从"十一五"时期开始制定社区服务体系专项规划并侧重城市社区，"十二五"时期则从城市社区拓展到城乡社区统筹发展，"十三五"时期则强调推进社区自治，"十四五"时期全面推进城镇老旧小区改造工作，要求将社区服务设施建设摆在城镇老旧小区改造的突出位置。

7.2 社会发展规划的编制

7.2.1 当代中国社会发展的阶段性特征

我国社会发展阶段可分为计划经济时期、从计划体制向市场体制转型的过渡时期以及市场经济不断完善时期。建国初期，我国自苏联引进高度集中的计划经济体制，国家在生产、资源分配以及产品消费各方面制定指令性计划，市场全面萎缩。改革开放以来，市场机制的引进使得计划经济体制逐渐解体，社会发展中的强制性和指令性逐渐消失，原有国家宏观调控和市场配置一起推动社会向前发展。

1. 计划经济时期

1953年，在计划经济思想影响下，我国制定了第一个"国民经济发展计划"，涵盖了方方面面的经济增长指标。在计划经济体制下，一切经济活动都纳入国家计划，"全部国家经济机构将变成一架大机器，变成几万万人遵照一个指令工作的大机器"。此时，中国城市居民把自己就业的社会组织或机构，包括工厂、商店、学校、医院、研究所、文化团体、党政机关等统称为"单位"（路风，1989）。它既是相对于政府的"社会"，也是各级政府的"下级"（Bian and Logan，1996）。单位制作为我国计划经济体制下实施的极富中国特色的社会制度，在相当长的时段内形塑了中国独特的社会结构和社会分配制度。

计划经济体制之下的中国社会是"大一统"的一元化社会结构。国家全面垄断社会资源，单位成为国家政治统治和资源分配的工具，影响个人社会地位的唯一因素即政治身份。"大权独揽，小权分散"，国家凭借对资源的垄断，依靠行政权力，借助单位组织，将大多数社会成员组织到具体的单位。国家按照具体的资源分配规则，将自己所掌握的社会资源分配至单位中，通过单位再分配至个人，这样就形成了"国家—单位—个人"单向的自上而下的控制结构和"个人—单位—国家"单向的自下而上的依赖结构（贾元丽，2011）。社会分层结构则以"社会身份指标"来区分社会地位，按照身份指标建立起来的是由严格的户籍制度、单位制度、干部工人区分的档案制度、干部级别制度等构成的身份制度（李强，1993）。

从社会空间结构来看，社会空间分异度整体较低，单位内部较为均衡。在当时，中国住房总体消费水平较低，社会空间分异程度较小；但一定程度的空间分异仍然存在，如各个单位拥有住房资源机会的不平等所导致的住房分异（Logan et al.，1999）。同样地，在单位内部，也存在均衡中的些许不平等。在单位大院内部，不同社会地位和经济能力的人群是混居的，单位公寓楼内既住着高级官员也住着普通员工。直到20世纪90年代末，主要由雇主（单位）和当地政府（市房管局）提供的中国城市住房，其分配都是基于一系列非经济因素，如按照职称、工龄、婚姻状况等论资排辈。

随着生产力的迅速发展和经济结构的转变，计划经济的历史作用逐渐减弱，在实践中也越来越不能适应社会主义生产力的发展要求，并开始在某些方面和环节阻碍生产力的进一步发展。这主要体现在两方面：一是国家对资源的过于垄断，导致市场资源得不到合理配置，影响了经济持续健康的发展；二是计划经济下的统一分配原则对于整齐划一的需求容易满足，却无法满足社会成员的多样性需求。

2. 转型过渡时期

改革开放，尤其是20世纪90年代以来，中国成为一个巨大的试验场，从中央集权配置资源和分配产品的计划经济型社会向市场配置资源或由市场整合经济的市场型社会转变，促进了单位制度的瓦解，以及一系列的政治体制变革。

身份制度逐渐衰落、经济分层取代政治分层，以及新社会阶层（主要指个体户和私营业主）的产生是改革开放以后中国社会结构的最主要变化。首先，自1977年我国恢复高考以来，人们通过后天努力获得的文凭、学历、技术证书等取代传统的先天身份指标，在社会地位的区分中起到越来越重要的作用。与此同时，户籍身份和"档案身份"逐渐被突破，农民跨地区务工、人才单位流动等现象增多，社会全面流动的态势已经形成。其次，在"允许一部分人先富"的"理论基调"的指导下，我国的经济成分逐渐多元化，个体、私营、外资、合资等经济成分的发展如雨后春笋；收入分配改革也使得人们的收入多样化，工资收入、股份、证券收入、房地产收入、单位外收入等花样繁多（李强，2008）。官定的工资级别在巨额的财产分层中显得越来越微不足道，政治分层体制受到巨大冲击。最后，改革开放鼓励私营经济的发展，个体劳动者和私营企业主阶层发展迅速，原来的以意识形态标准划分的"两阶级一阶层"（工人阶级、农民阶级和知识分子阶层）的社会结构急剧分化，并出现了自由职业者、企业家等若干"新阶层"，逐渐形成多元开放的社会结构。

转型带来的利益关系调整使得中国城市由传统的均质性的社会主义空间（吴缚龙，2006）转向城市社会结构的迅速分化。城市居民的经济结构由于国有企业平均分配的消失与多种经济体制的并存而产生分化；住房体制的改革使得单位制社区衰弱，市场调节下城市居住区开始出现分异。合法收入的差异加大与各种"灰色收入"的出现，使得居民的经济实力产生了巨大的落差。户籍管理制度的放宽与农村联产承包责任制的实施解放了长期被固定在土地上的农民，城市中蓬勃发展的制造业与服务业吸引大批农民工进入城市，也导致了大量非正规经济与非正规就业的出现以及马赛克般散落在城市中的"外来人口聚居区"的形成。

改革开放取得巨大成就的背后也积累了以下社会问题。

（1）社会贫富差距扩大。自1978~2015年，30多年的发展，中国的"最富1%"收入年均增长8.4%，"底层50%"收入年均增长5%，而美国的两组数据分别为3%、0；中国贫富差距由低于法国、美国发展至超过法国、接近美国（Piketty et al., 2019）。《中国统计年鉴2021》显示，2020年最高20%收入组的人均年收入是最低20%收入组的10倍之多。

（2）自然环境问题突出。"就像中国作为经济大国崛起的速度和规模在历史上无与伦比一样，中国污染问题也突破了既有的先例"。

（3）社会道德滑坡。在当今市场经济社会里，人们的思想观念呈现多元化趋势，社会道德建设如同物质上的贫富悬殊一样，形成观念上的"两极分化"：一方面是英雄人物辈出，道德模范不断涌现；另一方面是道德滑坡，如社会诚信、社会冷漠问题等。

3. 市场经济不断完善时期

进入21世纪后的中国，正经历着快速的社会经济转型，从"计划经济为主，市场调节为辅"，到"公有制基础上的有计划的商品经济"，再到"计划与市场内在统一的体制"，随着对市场经济的认识加深，社会主义市场经济体制逐步确立，改革也沿着市场取向一步步推进。2017年10月，党的十九大报告提出"使市场在资源配置中起决定性作用，更好发挥政府作用"，进一步宣示了坚持社会主义市场经济改革方向的决心和立场。

市场经济不断完善时期，我国社会结构未有大的变化。2018年，我国的中等收入群体比重仅为24.7%，同期英国、德国、法国等西欧国家的中等收入者比重在70%左右，美国的中等收入者比重虽然略低，为55.9%，但高收入者占比达30.5%[①]。中国的财富分配仍然处于不均状态的"金字塔"形，离工业化社会中期水平的社会阶层结构以及现代化国家应有的两头小中间大的"橄榄型"社会阶层结构还有较大距离。

从社会空间结构来看，在内部与外部、政府与市场力量的共同作用下，中国社会正在由过去高度统一和集中、社会连带性极强的社会，转变为带有更多局部性、碎片化特征的社会（孙立平，2004）。部分地区的率先发展与户籍制度松动共同造就了中国流动人口大潮以及新的社区形式：如被认为以握手楼、拥挤不堪、治安混乱、外来人口聚居为特征的深圳、广州的城中村，以及反映中国特有地缘关系网络的北京新疆村、浙江村等（项飚，2000）。除此之外，全球化也促成了大量的跨国移民，由此形成了族裔聚居区，如北京韩国人社区、广州非裔聚居区等。这些跨国移民带来的跨国社会空间（transnational social space）成为中国城市中异质性极强的一类，甚至成为一种标识，如媒体曾称广州为"第三世界的首都""巧克力城"。

近年来，中国经济发展增速放缓，开始步入新的运行轨道，各种矛盾和问题相互交织。关于住房、教育、医疗、养老等的民生问题日益突出，经济社会稳定的重要性日益凸显。

7.2.2 社会发展规划与城乡规划的关系

城市化是社会发展的必经之路，是历史发展的必然趋势。我国的空间规划体系存在着社会发展规划与城乡规划之间缺乏有效衔接的弊端。在同一个城市空间，往往多个政府部门都有规划引导和控制要求，但彼此之间缺乏协调甚至相互冲突，导致开发管理混乱和建设成本的增加。究其原因，主要是各规划之间在工作目标、空间范畴、技术标准、运行机制等方面存在交叉和矛盾。

1. 社会发展规划与城乡规划的联系

从规划体系结构来看，社会发展规划与城乡规划分别属于发展规划和国土空间规划两大系列，但又相互依赖（图7.2）。2008年起我国实施的《中华人民共和国城乡规划法》第五条明确提出："城市总体规划、镇总体规划以及乡规划和村庄规划的编制，应当依据国民经济和社会发展规划，并与土地利用总体规划相衔接"。2018年11月，中共中央 国务院印发的《关于统一规划体系更好发挥国家发展规划战略导向作用的意见》提出发展规划"居于规划体系最上位，是其他各级各类规划的总遵循"，同时发展规划也要"明确空间战略格局、空间结构优化方向以及重大生产力布局安排，为国家级空间规划留出接口"。那么，社会发展规划与城乡规划之间的相互联系如何？

[①] 数据来源：https://www.guancha.cn/lishi2/2021_04_30_589323.shtml。

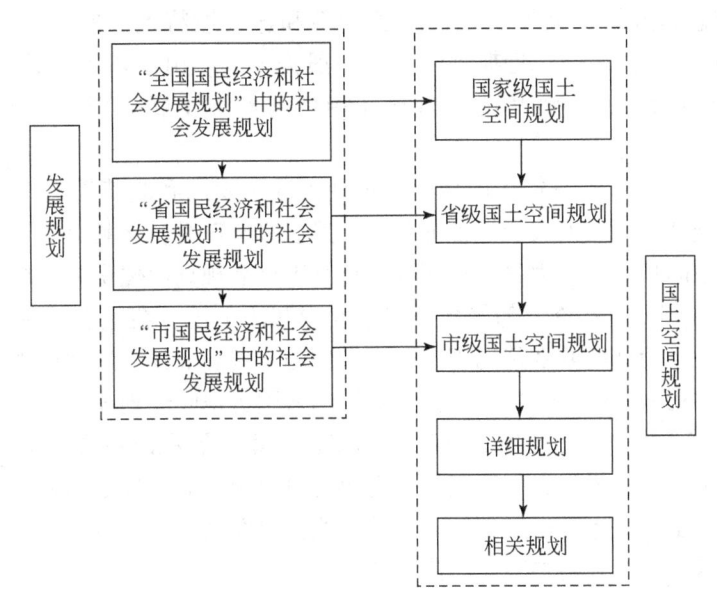

图 7.2　我国社会发展规划与国土空间规划体系结构

（1）二者互为依据。社会发展规划涉及社会发展的总体目标，属于国家对社会发展的顶层设计，是城乡规划的重要依据之一。城乡规划依据社会发展规划合理确定城乡发展的规模、速度和内容等。城乡规划同时也是社会发展的年度计划及中期计划的依据，是社会发展规划顺利完成的重要方面与途径。各级政府需根据城乡规划对发展规划的落实情况编制年度政府工作报告，并确定下一年的政府工作计划。两者关系密切，在生产力布局、人口等发展计划上尤其如此。

（2）二者均具有较强的综合性。社会发展规划内容广泛，包括人口、就业、住房、社会福利、环境保护等，属于综合性规划。城市总体规划是对一定时期内的综合规划，包括城市性质、发展目标、发展规模、土地利用、空间布局以及各项建设等，属于综合性空间规划。

2. 社会发展规划与城乡规划的区别

在我国现行的管理体制下，社会发展规划和城乡规划的分割在规划的具体内容、规划年限、规划编制实施主体、编制程序等多个方面都有所体现。

（1）规划内容各有侧重。社会发展规划的主导内容是确定近远期社会发展的总体目标，明确需要重点建设的项目列表，规定项目一经确定，严禁更改。其他规划均要以发展规划为准，不需要另行界定。因此，发展规划侧重对社会发展的引导，重点放在区域及城市发展的方略和全局部署上，相当于行政职能体系中的"决策"角色。城乡规划发挥宏观战略分析的优势，领衔制定城市发展战略，具体确定城市空间结构、城市建设用地内部各项用地比例和空间布局，具体解决"放什么"的用地布局问题。因此，城乡规划侧重对城乡建设的安排，是对社会中长期发展规划在空间上的落实，相当于行政职能体系中的"执行"角色。

（2）规划年限不一致。社会发展规划着眼于五年发展目标，并提出未来10年的远景发展目标。城市总体规划根据城市发展的长期性和连续性特点，期限一般超过了社会发展规划，为20年或者更长远，近期规划期限一般为5年。由于城市总体规划的年限超过了社会发展规划的期限，导致其规划目标和指标与社会发展规划之间缺乏衔接基础和依据。

（3）编制和实施主体不一致。社会发展规划由国家发展和改革委员会与地方各级发展和改革委员会制定并经同级人大会议批准执行。发展和改革委员会具有综合协调社会经济发展的职能，但其空间规划技术力量相对薄弱。传统上城乡规划由住房和城乡建设部主管，实行分级审批。2018年，自然资源部整合了国家发展和改革委员会组织编制主体功能区规划职责、住房和城乡建设部的城乡规划管理职责和原国土资源部的土地利用规划职责三大规划职责，城乡规划中的城镇体系规划、总体规划被纳入国土空间规划体系。

（4）编制程序不一致。社会发展规划的编制由国家发展和改革委员会向地方各级发展和改革委员会自上而下逐步开展，在其系统内部是协调统一的，规划体系较为完善。城市总体规划在县域层面由城镇体系规划进行一定的协调，但在全国、区域、省一级层面未形成完整的体系，导致各城市的规划之间缺乏协调统一。

7.2.3 社会发展规划的内容

1. 具体内容

社会发展规划的主要内容是通过基础规划和安全规划建立起多层次、多样化的服务体系和机制，全面推进社会和谐发展。其具体内容可以概括为人口服务与管理、公共服务与社会管理、社会事业、文化事业、社会公平正义等五大方面。

具体而言，人口服务与管理包括对地区未来人口的预测、规划调控、布局引导以及结构优化等。公共服务与社会管理主要包括就业（包括就业岗位、就业培训、就业服务等）、社会保障（包括医疗保险、社会救助、养老体系、保障性住房、特殊群体关爱等）、社区建设（包括社区管理、社区服务等）。社会事业主要涉及教育（包括学前教育、义务教育、普通高中、职业教育、继续教育、国际教育等）、医疗卫生（包括公共卫生、医疗保障、医疗服务体系等）、公共安全（包括综合治理、社会治安、消防安全、应急管理等）。文化事业主要包括文化建设、群众体育、旅游发展、工业科技、商务会展等。社会公平正义包括基层自治组织建设、民主法治建设、精神文明建设等。

2. 规划指标

社会发展规划的各项指标不是彼此孤立的，而是相互联系的。根据规划指标在规划中的作用，可分为目标性、核算性、调控性三类。其中，社会发展规划主要涉及目标性以及调控性规划指标体系。

（1）目标性规划指标体系。目标性规划指标是以科学预测为基础，体现政府宏观调控的计划指标。主要包括反映宏观经济发展总量目标的综合指标、反映结构协调发展的结构指标、反映社会发展规划目标的评级指标以及反映社会环境和社会保障发展规划目标的度量指标四大类。

（2）调控性规划指标体系。国家发展规划是国家进行宏观管理的行动方案，各级政府应当运用一切可以运用的手段和工具促进规划目标的实现。反映国家可以运用的手段和工具的指标构成调控性规划指标体系，其中最重要的是国家公共资金与资源的动员运用指标。

根据不同时期社会的不同发展需求，社会发展规划的具体指标存在一定的差异性。按照全面建设社会主义现代化国家的战略安排，"十四五"时期的社会发展指标主要包括以下七项。按照这些指标落实的刚性程度强弱，又可分为约束性和预期性两类（表7.2）。

表7.2 "十四五"时期的社会发展指标

指标名称	属性
城乡人均居民可支配收入增长	预期性
城镇调查失业率	预期性
劳动年龄人口平均受教育年限	约束性
每千人口拥有执业（助理）医师数	预期性
基本养老保险参保率	预期性
每千人口拥有3岁以下婴幼儿托位数	预期性
人均预期寿命	预期性

7.2.4 我国社会发展规划的实践：以武汉市为例

1. 武汉市社会发展第十四个五年规划纲要

社会发展规划作为国民经济和社会发展规划的重要组成部分，其规划编制流程与后者一致，按照申请—受理编制—审查—决定—发布（组织实施）推进（图7.3）。

武汉市"十四五"社会发展规划指标主要体现在民生福祉，共七个具体指标（表7.3）。

表7.3 武汉市"十四五"社会发展规划主要指标

序号	指标名称	单位	2020年	2025年	年均增速	属性
1	城乡居民人均可支配收入增长	%	—	—	与经济增长基本同步	预期性
2	城镇调查失业率	%	—	—	<6	预期性
3	劳动年龄人口平均受教育年限	年	12	12.5	—	约束性
4	每千人口拥有执业（助理）医师数	人	3.89	4.74	—	预期性
5	基本养老保险参保率	%	99.4	>99.4	—	预期性
6	每千人口拥有3岁以下婴幼儿托位数	个	0.32	3	—	预期性
7	人均预期寿命	岁	80.4	82.4	—	预期性

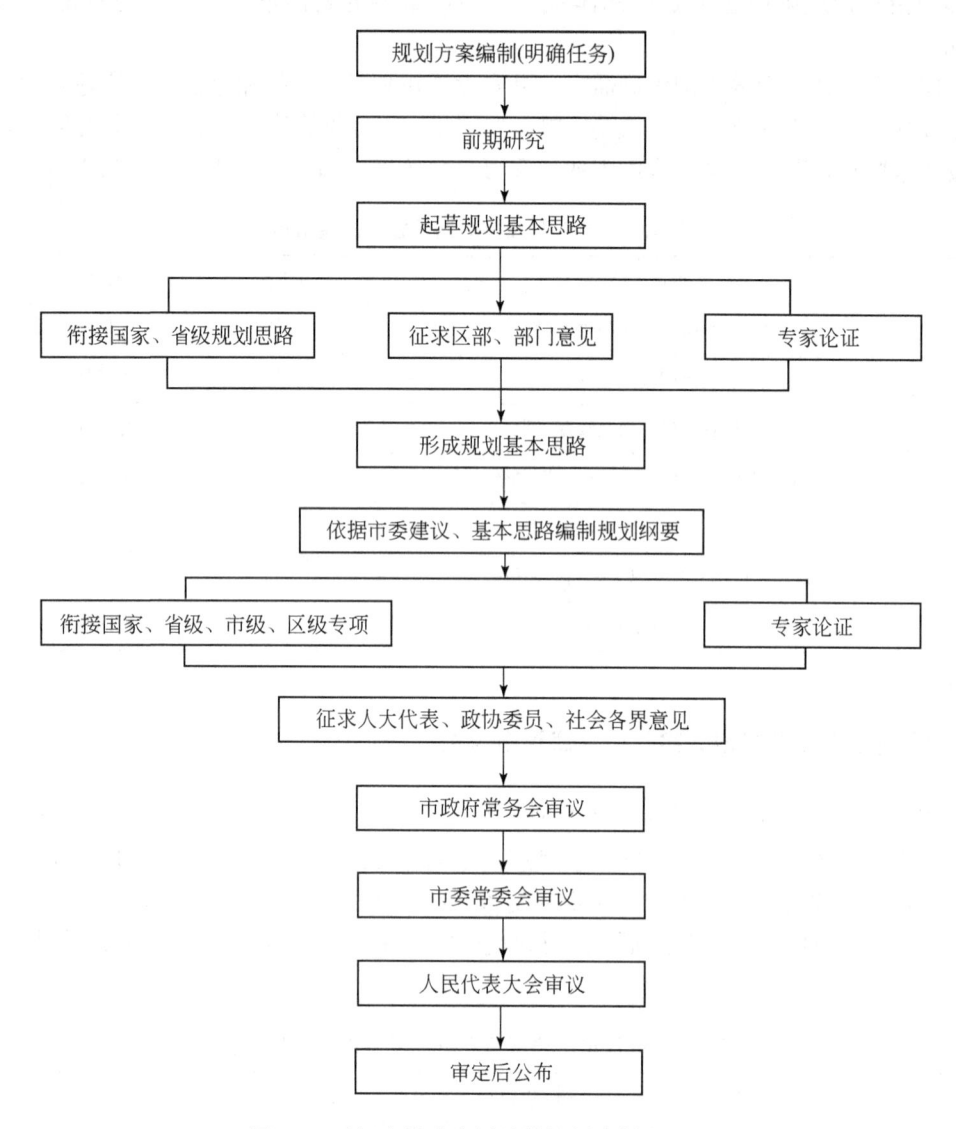

```
                ┌─────────────────────────┐
                │   规划方案编制(明确任务)  │
                └─────────────┬───────────┘
                              ↓
                ┌─────────────────────────┐
                │        前期研究          │
                └─────────────┬───────────┘
                              ↓
                ┌─────────────────────────┐
                │     起草规划基本思路      │
                └─────────────┬───────────┘
    ┌─────────────────┬───────┴────────┬─────────────────┐
    ↓                 ↓                                  ↓
┌──────────┐  ┌──────────────┐                   ┌──────────┐
│衔接国家、 │  │征求区部、    │                   │专家论证  │
│省级规划思路│  │部门意见     │                   │          │
└──────────┘  └──────────────┘                   └──────────┘
                              ↓
                ┌─────────────────────────┐
                │     形成规划基本思路      │
                └─────────────┬───────────┘
                              ↓
                ┌─────────────────────────────────┐
                │依据市委建议、基本思路编制规划纲要 │
                └─────────────┬───────────────────┘
                              ↓
    ┌─────────────────────────┴──────────────┐
    ↓                                        ↓
┌──────────────────────┐               ┌──────────┐
│衔接国家、省级、市级、 │               │专家论证   │
│区级专项              │               │          │
└──────────────────────┘               └──────────┘
                              ↓
                ┌─────────────────────────────────┐
                │征求人大代表、政协委员、社会各界意见│
                └─────────────┬───────────────────┘
                              ↓
                ┌─────────────────────────┐
                │      市政府常务会审议     │
                └─────────────┬───────────┘
                              ↓
                ┌─────────────────────────┐
                │      市委常委会审议       │
                └─────────────┬───────────┘
                              ↓
                ┌─────────────────────────┐
                │      人民代表大会审议     │
                └─────────────┬───────────┘
                              ↓
                ┌─────────────────────────┐
                │        审定后公布         │
                └─────────────────────────┘
```

图 7.3　武汉市社会发展总体规划编制流程图

2. 武汉市社会发展"十四五"专项规划

根据《武汉市国民经济和社会发展第十四个五年规划和 2035 年远景目标纲要》《市"十四五"发展规划编制工作领导小组办公室关于进一步做好市级"十四五"专项规划区域规划编制工作的通知》等文件要求，武汉市政府以社会发展特定领域、特定区域为对象，组织编制教育事业发展、民政事业发展、医疗保障等多个方面的市级专项规划，其编制流程大致如图 7.4 所示。

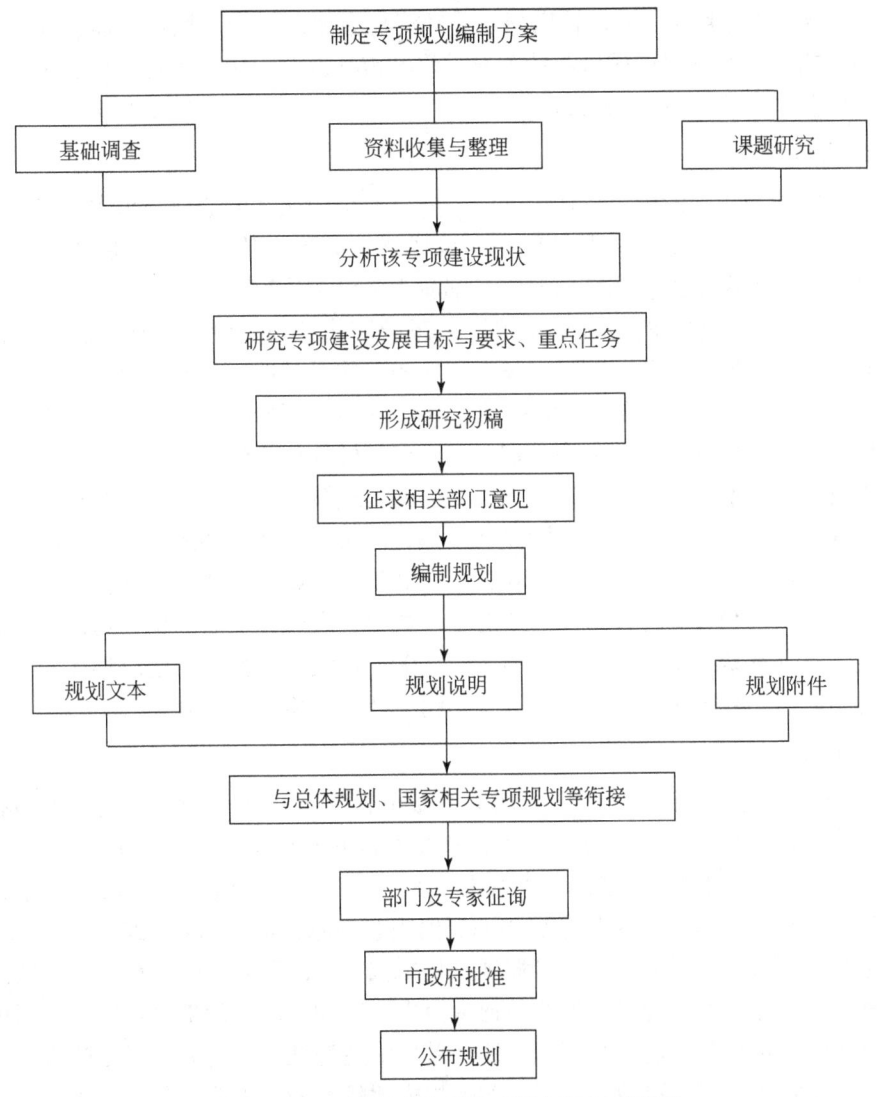

```
           ┌─────────────────────┐
           │  制定专项规划编制方案  │
           └─────────────────────┘
    ┌──────────┐  ┌──────────────┐  ┌──────────┐
    │ 基础调查  │  │ 资料收集与整理 │  │ 课题研究  │
    └──────────┘  └──────────────┘  └──────────┘

           ┌─────────────────────┐
           │   分析该专项建设现状   │
           └─────────────────────┘
           ┌─────────────────────────┐
           │研究专项建设发展目标与要求、重点任务│
           └─────────────────────────┘
           ┌─────────────────────┐
           │     形成研究初稿      │
           └─────────────────────┘
           ┌─────────────────────┐
           │    征求相关部门意见    │
           └─────────────────────┘
           ┌─────────────────────┐
           │       编制规划       │
           └─────────────────────┘
    ┌──────────┐  ┌──────────┐  ┌──────────┐
    │  规划文本 │  │  规划说明 │  │  规划附件 │
    └──────────┘  └──────────┘  └──────────┘

      ┌───────────────────────────────┐
      │ 与总体规划、国家相关专项规划等衔接 │
      └───────────────────────────────┘
           ┌─────────────────────┐
           │     部门及专家征询    │
           └─────────────────────┘
           ┌─────────────────────┐
           │      市政府批准      │
           └─────────────────────┘
           ┌─────────────────────┐
           │       公布规划       │
           └─────────────────────┘
```

图 7.4　武汉市社会发展专项规划编制流程图

7.3　社区规划的编制

20世纪中叶以来，单纯的"经济发展观"逐渐被各国所摒弃，代之以追求"社会的全面进步"，许多国家和政府纷纷制定"社区发展计划"。由此，社区发展日渐受到广泛的关注，社区规划也应运而生，被用来应对城市、区域、国家甚至是世界范围所面临的社会问题。

7.3.1　社区类型与发展阶段特征

目前学术界尚缺乏针对社区概念的标准分类，但大家普遍认同地域、共同联系和社会互动是形成社区的三个基本因素。从地域性着手，社区可分为农村社区、城镇社区、郊区社区、城市社区等类型；从社会性着手，可以区分出熟人社区、陌生人社区乃至"脱域的共同体"① 等类型。考虑到我国城市社区建设受经济社会体制转变、城市发展、人口流动等多方面因素的影响,我们根据形成机制的差异,将城市社区分为传统街坊社区、单位社区、商品房社区三大基本类型(Wu,2022)。

1. 传统街坊社区

传统街坊社区是我国的传统居住模式,主要以城市旧城区的老街坊为主。其主要形成于新中国成立以前,社区建筑形式和社区空间构成比较有地方传统特色,层数一般不超过三层,如武汉里分、上海里弄、北京四合院等都属于传统街坊社区。

目前,我国所保存下来的传统街坊社区多源于宋代的街坊制。街坊,意为同街巷的邻居。国人自古择邻而居,验证了邻里和睦、邻里相帮的重要性。由此引申出中国古代城市管理中的一种模式,即街坊制。依据同济大学周俭(1999)的定义,街坊也称街巷,是由城市道路或居住区道路划分、用地大小不定、无固定规模的住宅建设地块。

传统街坊社区基本沿用了计划体制下居委会的管理模式,内部社会结构较为紧密,居民之间形成了复杂的社会纽带,邻里人际互动较强。街坊式住宅内部围合性好,利于院落的形成;同时,将一定的居住生活空间对外开放,有助于融入城市生活的元素,形成充满活力的城市生活特征。院落和布满各种店铺的街道是多数中国人公共生活的核心场地,人们茶余饭后谈天说地,不分贫富,交往熟识,互相照应。多数传统街坊社区的建成年代较早,普遍存在市政配套不完善、社区服务设施不健全等问题,社区环境亟待提升。

2. 单位社区

1949 年新中国成立之后,城市性质从消费城市转为工业城市,土地被收为国有,城市的一切开发建设都被视作政府行为。而计划经济体制下的住房分配制度则通过"单位"这个空间-社会综合体展现出来。当然,也有人认为,"单位"看似是"进口"过来,其实与中国传统的"四合院"样式以及儒家思想的家国观念一脉相承(Bray,2005)。

工作区与生活区连为一体的职住平衡现象是单位社区的重要社会特征。单位社区是计划经济时期国家管理城市的一种基本形式,通常由生产区和生活区两部分组成。根据单位与社区关系的紧密程度可划分为混合附属型社区和单一附属型社区。前者主要由政府统一规划建设,通过住房指标下达到各单位。后者一般是规模比较大的企事业单位为解决职工住房建设的附属于单位的社区(舒晓虎,2017)。

居住地分化现象不明显,居住区质量和密度相对均衡。由于之前各单位的土地以行政划拨的方式无偿使用,故市场经济的级差地租理论、货币筛选和隔离体制无法起到作用。1993 年对上海、天津两地职工实际居住状况的调查反映了全民所有制单位、中央直属单位、地方上行政级别较高的单位会拥有较多较好的住房资源,导致单位之间职工整体居住状况的差别(Bray,2005)。

在社区管理方式上,单位社区接受双重领导,一方面是街道办事处,另一方面是单位组织,以单位组织为主(李国庆,2007)。单位社区提供诸如理发店、食堂、公共浴室,甚至水、电、取暖供应等公共服务设施,然后通过院墙将居住区圈成一个个单位大院,形成一个小型社会。单位的院墙不仅标识了"单位人"的地域认同,也消解了城市内部因收入差距而导致的空间阶级分化现象,只存在着因社会分工不同的等级居住差异(柴彦威等,

---

① 人们的社会关系网络超出地域的限制形成"脱域的共同体"。

2007)。单位成为人们的地位象征。单位人之间交流机会多,而与其他单位几乎处于相互隔绝的状态。同一单位的职员彼此的认同感很强,维护单位声誉的意识也很强。

3. 商品房社区

改革开放后,城市性质从单一的工业城市转为多功能、综合型大城市,单位制度不断弱化,城市社会中新的结构性要素的产生与发展引发了社会结构的变化。市场经济体制引入带来的"政企分开""政社分开",促使城市基层管理体制由"单位制"向"社区制"转变,市场成为形塑城市居住空间格局的重要力量,直接参与城市旧区的改造、新区的扩建。

在1978~1998年住房市场化初期,城市居住空间仍是以单位社区为单元。大量的商品房社区多建于20世纪90年代以后,是以房地产公司为开发主体投资兴建的。根据建设标准和单位面积售价高低可分为高收入商品房社区和中低收入商品房社区。

随着商品房的出现,居民住房与单位的空间合一也就此解体,职住分离成为新的城市常态。不同职业的收入水平差距拉大,居民购买力参差不齐,最终通过住宅市场形成社会群体的重新分化与重组。1998年,中央下令停止公房供应,各单位通过兴建私房和出售公房将住房私有化。已经住在公房里的家庭被鼓励以补贴价买下他们所使用的公房,或者以市场价去购买商品房。2000年,超过70%的城市家庭成为业主,而在20世纪80年代业主比例还不足20%。城市从相对均质型的"簇状"单位大院向异质型的以社区为单元的新居住空间转变(李志刚和吴缚龙,2006)。迁居流动和逐渐成熟的住房市场促进了不同阶层之间的居住隔离(即阶层隔离),不断进行着的空间筛选形成了不同类型的邻里,它们既包括"残余化"的单位大院、外来人口聚居区、普通商品房,也有经济适用房、豪华公寓和别墅。

在社区管理方式上,商品房社区或是居委会管理方式,或是业主委员会管理方式,部分社区两者兼而有之。在高收入商品房社区中,业主委员会的主导作用越来越突出。在低收入商品房社区,有些是"三不管"(居委会、业主委员会、物业)社区,社区管理的漏洞和矛盾比较多(王颖,2002)。商品房社区一般设施齐全,配套完善。但与单位社区相比,部分公共服务设施已经向外转移至城市层面,邻里交往也明显减弱。

7.3.2 社区规划的目的与过程

1. 社区规划的目的

目前,国际上没有通行的社区规划定义与标准,不同国家社区规划所应对的问题在一定程度上也带有本国特色,导致社区规划的目的也有所差异。例如,美国社区规划的目的是要帮助邻里建立小城镇式的亲密的邻里关系,并由此创造更健康的个体以及更健康的社会(Ahlbrandt and Cunningham,1979;Warren,1978)。英国社区规划的目的则是在总体上实现地区的可持续发展(DETR,2000),包括:①促进社区参与,以确保居民和社区确实参与到与自身相关的公共服务决策当中。②发扬合作精神,各部门和组织协同工作,努力提供更好的公共服务(Scotland,2006)。

长期以来,在我国快速城镇化背景下,不论是以物质空间规划为核心的居住区规划,还是早期聚焦物质和社会经济空间的社区规划,都倾向于将空间的美化与优化作为社区规划的根本目标。这种重"标"而忽略"本"的规划目标设定带来的是终极蓝图式的"精英式规划":规划方案源于政府、规划师或市场精英的主观意志,倾向于蓝图的设定,也倾向于单纯经济利益导向的空间设计。社区发展中的两个主要问题也因此逐渐显现：①"精英式规划"引导的居住空间供给忽略了自下而上的诉求，社会阶层在空间上分化与隔离。经济利益导向的空间设计忽略了人作为社会产物对交往的需求。如此，传统的"熟人社会"转为"生人社会"，社区成员间社会关系疏离，社区归属感与凝聚力弱化。居住空间对社会关系的孕育作用不强。②社区社会关系的疏远，使居住空间也可能在短期内迅速衰退，使原本可以优化利用的空间闲置。大量起初定位高端的居住小区随后经历公共环境的迅速退化，大量以美化和营销为目的设计的景观水体成为安全隐患，闲置用地与停车空间不足等问题并存。而政府自上而下大量供给的设施"有供给无使用、有建设无维护"。

宜居、韧性、幸福的社区是社区发展的最终目标，实现这一目标应该坚持社区成员这一主体地位，培育社区成员内生动力来"共同缔造"，在追求美好空间环境的同时，优化社会关系。具体包括两方面：①重"标"，修复或提升社区公共空间环境的品质。区别于"精英式规划"，社区规划应强调过程性规划，调动社区成员在规划编制与实施过程中的全程参与，将集体行动贯穿于规划的始终，以制定出符合绝大部分成员共同意志的方案、实施计划和管理制度。②重"本"，增进成员互信、倡导集体行动、培育群体自治能力。回归人的社会属性，在物质空间规划设计的各个环节，有意识地增进成员间的互信、互惠和互助意识，增强集体意识及共同解决规划建设事务的能力。因此，社区规划的目的可概括为：加强人与人的连接，增进社会关系，培育社区公共环境品质持续提升的内生性动力。

2. 社区规划的过程

社区规划区别于传统"精英式规划"的最大不同之处，在于对规划过程中公众参与的强调。因此，社区规划的过程也就是公众参与的过程。综合我国广州、厦门、武汉等多地的社区规划实践经验，其规划过程大致可以分为搭建工作坊、现状调研、联合设计、制度建设四个阶段（图7.5）。

搭建工作坊 → 现状调研 → 联合设计 → 制度建设 → 实施管理

图7.5 社区规划的过程

（1）搭建工作坊，启动项目。①区级规划编制组织单位召集街道办、居委会和规划团队进行初步磋商，围绕社区规划的目的、理念、思路和工作计划形成统一认识，明确由居委会协同规划团队开展工作，由街道办统筹、协调。②由居委会召集街道办、住区组织的负责人员及住区代表性成员，由规划团队集中宣讲开展社区规划的相关事宜，结合案例作初步培训。③初步搭建由上述人员构成的"规划工作坊"，落实场地和工作计划。④以住区为单元，借助微信群、社区网站和住区代表等多渠道，广泛宣传社区规划的工作计划等事宜，并到住区调动居民开展"发现社区"与"发现社区规划师"[①]等主题活动，落实参与规划的

[①] 下到住区，在业主委员会的协助下，进一步落实参与本规划的居民代表（即社区规划师），将社区规划师分组，围绕"发现社区"开展集体活动，如规划团队引导其填写社区发展SWOT表格等。

社区成员代表,敲定工作坊成员①。

(2) 开展住区"现状调研"系列活动,就住区现状、问题和改造意向达成共识。①规划团队在住区代表的带领下开展现场踏勘,与住区居民代表开展集中座谈,与居民进行一对一访谈,并按至少每栋两户、每户一人的方式抽样发放调查问卷。这些都以主题活动的形式开展,鼓励尽可能多的成员参与,共同摸清社区发展的症结、痛点和难点。②规划团队进行现状分析,绘制图纸,制作PPT,向工作坊成员汇报,调动成员广泛探讨。经过多轮往复的汇报、研讨,工作坊成员就住区发展现状、改造提升中的痛点和难点,采取行动的空间节点及改造意向等形成统一认识。③规划团队将空间节点转换为项目包,为联合设计做准备。

(3) 改造项目包的"联合设计"系列活动,达成规划方案共识。①以住区为单位,将工作坊成员分组,每组5~6人,成立设计组。规划团队针对每个项目包,与设计组开展多种形式的联合设计。②每轮方案完成后,通过汇报与集中讨论,综合各方案优点,多轮联合设计后形成方案、草案1~2个。③由规划团队进行方案深化和完善,形成最终方案。④向社区居民进行广泛宣传,结合现场公示和网络等方式,发动居民对项目包进行投票,最终遴选出居民认同程度高的项目包②。此外,与居委会、街道办进行沟通,在考虑符合街道和居委会整体工作计划的基础上,敲定可实施的项目包。

(4) 制定规划实施计划,建设可持续发展的制度保障。按施工图要求对敲定的可实施项目包进行方案的深化设计,编制项目预算。与街道进行沟通,综合考虑项目资金投入、住区改善需求和产生带动效应等方面后,敲定项目的年度实施计划。为保障项目按方案实施,规划团队与工作坊成员参与工程施工的监理,以确保"共建"。此外,规划团队需就建立项目实施后的维护制度继续开展工作坊活动,力求在制度层面达成共识,将制度嵌入到社区治理的体系之中,推动"共管"。例如,规划团队可以通过"社区规划师"制度将参与到工作坊的社区居民聘请为"社区规划师",发放证书,形成推动社区持续建设的力量③。

7.3.3 社区规划的内容

社区规划实质上是一种社会规划,在原则上应包括物质环境、人文环境、经济要素等方面,是经济、生态、社会三者的统一(图7.6)。需要注意的是,社区规划虽然包括物质形态规划,如绿地、交通、公共空间等,但这只能看作是规划的重要物质基础;更重要的是针对社区定义中所蕴含的社会属性开展工作,着眼于微观的社会效益。社区规划不局限于眼前社区矛盾和社区冲突的解决,更加关注问题背后深层次的公平正义的价值和秩序的建立,从物质和精神层面满足社区可持续发展的客观需求。

图7.6 社区规划的主要内容

1. 社区物质环境

社区物质环境主要指景观、绿化、道路交通、公共空间、基础设施等"硬件"环境。通过社区规划所带来的物质环境

---

① 成员资格是开放的,随活动进展不断补充或退出。
② 90%以上居民认同的项目包。
③ 持续性主要体现在项目实施中的监理工作,以及项目实施后的设施维护制度建立。

改善，可以主动地针对人们的社会行为产生一定的影响，引导各种积极的社会交往。如雅各布斯（Jacobs）的"街道眼"概念，主张保持小尺度的街区和街道上的各种小店铺，用以增加街道生活中人们相互见面的机会，从而增强街道的安全感，形成居民愿意行走的路线。

社区规划的物质形态规划一般包括景观绿化、道路交通、公共空间、服务设施四大方面，其中服务设施主要是指社区商业、环卫设施、路灯等社区层面能够解决的设施配套。主要解决社区中停车难、绿地变菜地、公共设施不适用、公共空间被挤占等常见问题。值得注意的是，电、水等管网设施往往是老旧社区居民最关注、最急需解决的问题。

2. 社区人文环境

社区人文环境是指影响社区发展和居民心理的政治、文化、情感等诸多无形要素。社区规划中人文环境的塑造是以物质环境的规划为基础，二者相互依存。社区规划对人文环境的塑造主要包括修复社会关系、培育社区归属感、培养社区自治能力等内容，其核心在修复社会关系。

（1）修复社会关系。社会关系是人与社区之间、人与人之间的情感依附，地方认同感产生的核心就是营造一种邻里关系（Relph，1976）。以社区为纽带凝聚邻里意识，重构社区的社会关系，本质上就是在推动社会资本的建设。社会资本是指社会组织的一些特性，如社会网络、共同信念、互相信任，它们能为相互的利益而促进协调和合作（Putnam，1993）。政府可以通过社区规划积极培育社会资本，对修复社区关系起到正面影响。

（2）培育社区归属感。当代中国城市正处于从"单位社区"到"多元社区"、从"熟人社会"到"陌生人世界"的社会转型当中，以商品房为代表的封闭社区的兴起摧毁了原有的邻里与社会关系，并造成单调、乏味、缺乏生机的城市面貌。借助社区规划主题活动的良好作用，可以促进社区居民之间的面对面交流，从而有助于社区感和地方感的形成，重现"大院情结"，这也有助于降低社区内的社会冲突和矛盾。

（3）培养社区自治能力。社区自治是社区居民直接管理社会基层公共事务的一种民主形式，是"法治"和"德治"相结合的典范。社区规划师来自社区本身，是最了解社区发展动态的群体之一，而且具有较强的归属感和责任心。通过全过程参与社区工作坊活动，由专业规划团队对其进行培训，社区规划师能够掌握一定的专业技能，将成为社区建设的一支精干队伍，是实现社区自治的核心力量。

3. 社区经济要素

社区经济是指社区范围内所有经济活动的总和，是社会经济的重要组成部分。但在国内，由于单位制度的普遍性及其思想的根深蒂固，因此在现实中，这些由不同的系统部门所建立起来的"单位（经济）"是游离于社区的（孙施文和邓永成，2001）。社区经济主要是承担"政府不该直接操作，企业又因利润低而不愿做，而人们又确实十分需要的那部分功能"。

就目前而言，社区规划可以控制的经济要素包括以下两大部分。

（1）由街道办事处以及居委会所创设的经济实体及其经济活动。由于我国的社区规划一般由政府出面启动项目，街道办事处或居委会全面统筹规划工作，因此，这部分经济要素是最容易入手、也最愿意配合规划进行调整的。

（2）由社区规划所带来的新经济要素。很多社区活动的开展也会受到经济条件的制约，为盘活社区组织、充分发挥社区居民的主观能动性，社区规划也应考虑社区内各组织（包括业主委员会、物业、各类文娱组织等）的经济状况，培育社区组织的经济基础。例如，规划通过增加停车位数量可以为社区创收，但增加的这部分收入属于谁、"蛋糕"应该如何切分是社区规划需要考虑的问题。

7.3.4 社区规划的手段与尺度

1. 社区规划的手段

《马丘比丘宪章》主张将公众参与纳入城市规划、建筑设计等领域中，指出"城市规划必须建立在各专业设计人员、城市居民以及公众和政治领导人之间的系统不断协作与相互配合的基础上"。公众参与使规划的理念从注重未来的终极状态转变为对实施过程的重视，推动了自下而上、多元协商的规划转型，规划主体从专家意志或权势者意志的表达转变为居民需求和切身利益的反映。

阿林斯基认为，"要使居民对规划的回应行动获得成功，最好的方法就是在规划过程中融入居民自身的努力"（Alinsky, 1971）。公众参与能综合反映各方的需求和想法，使持有不同意见的利益群体公开有效地对话，开展合作。同时，公众的积极参与和对自身利益的争取能充分发挥社区每个成员的主动性和能动性，必然会推动社区更好地发展，改善社区环境，提高生活质量。然而，"参与"在我国以往的（社区）规划实践中并不理想：一方面，编制组织部门或规划人员对"参与"的必要性缺乏理论认知，规划成果多是咨询性的，现实参与多为形式上的成果公示；另一方面，社会公众参与意愿较低。因此，社区规划在理念和实践中都应强调规划编制各个环节中共识的达成，每个过程应该是群体参与式互动的结果，表现为社区居民自下而上地诉求表达、政府部门（市、区、街道和居委会）自上而下地引导、规划团体通过专业服务协调利益各方，引导观点分歧的群体开展有效对话，凝聚规划共识。

以规划为平台促进多方参与，以参与增进社会关系促共识。"参与"规划需要平台、理由和引导，做好"参与"需要规划编制人员做好三个方面的工作：①搭好"平台"。从场地、人员构成和活动组织机制（活动计划、发起、组织与宣传等）等方面建立利益各方参与规划编制的长久平台，如成立"工作坊"。②办好"活动"。立足社区发展的切实需求，拟定规划编制中各阶段的工作内容（如现场调研、方案编制和制度设计等），形成居民关注的焦点事件，以焦点事件的解决为主题举办活动，激励多方参与。③做好"协调"。规划专业人员要充当活动"发起人"或"主持人"，凭借过硬的规划设计专业知识，引导参与人进行理性、开放、有建设性的提议、讨论和协商，在协商型对话中寻求问题解决方案，形成阶段性的共识，最后凝聚成参与人自发的集体行动，自觉参与规划编制、监督规划实施、拟定后续维护制度。因此，社区规划表面上是在修补空间环境，实际上是在修复社会关系，重建社会资本。

2. 社区规划的尺度

社区作为研究的具体空间范畴，众多学者对社区的尺度进行了界定。例如，佩里提出了邻里单元（neighborhood unit）的概念，并在《纽约大都市区规划》中详细阐述了这个概念。他提出，一个由城市主干道划分出的面积为160英亩的邻里单元包含了与路网相接的零售店、办公区、公园以及各种供市民使用的场所，而这里面的人口也满足修建一个可步行到达的小学。在我国仍存在对"社区"的空间范围是行政居委会还是自然居住单元的争论。杨贵庆（2006）援引民政部 2000 年对城市社区范围的定义，认为社区是经过社区体制改革后的居民委员会辖区（2000～3000 户常住居民）；童明等（2005）则认为，住区作为自然居住单元，应逐渐替代街道-居委会的行政体系成为社区规划的空间范围。

社区规划应以紧凑社会单元为规划尺度。在公共政策领域，目标、权力、信任、成员结构和领导力之间的相互作用是集体行动（协同行为）能否产生的主要原因（Huxham，2003）。从集体行动的逻辑看，社区规划的单元应当具有较好的互惠、互信基础，其规模不宜过大，应是综合社区成员数量、文化情感、公共产品共享等多方因素，能开展互惠协作的紧凑社会单元（Ostrom et al., 1994）。

7.3.5 国内外社区规划的实践

1. 基于"地方性"的社区规划

海厄姆费勒斯（Higham Ferrers）是位于英格兰北安普敦郡东部内妮谷的一个集镇，它与南部的鲁斯敦构成一个简单的城镇体系。小镇具有上千年的历史，但近些年的社区建设未能考虑并尊重城市已有的特性，导致城市个性符号被稀释和破坏、地方性逐渐丧失。Higham Ferrers 的镇评议会作为社区规划的推动方，意识到营造城镇风情、保护地方独特性对保证当地持续繁荣、持续吸引力的重要性，希望通过社区"地方性"计划确保新开发区的品质设计及小镇现存"地方性"的延续，引导当地居民积极参与 Higham Ferrers 的未来发展规划。

为了确保城镇建设能够体现城镇独特个性，镇评议会决定通过开展地方性评估来准确把握城镇地方性，制定反映地方特色的设计原则。通常，地方性评估工作是由规划部门或私人顾问等专业人士承担，但这些专业人士对规划对象的地方性知识储备普遍不足，开展评估工作所需要的基础资料需由熟知本地情况的社区提供。因此，与规划专业人士相比，当地社区才是开展地方性评估的最佳人选。对此，Higham Ferrers 的镇评议会成立了专门的社区规划指导小组承担该项工作。为解决指导小组成员规划与设计经验不足的问题，该指导小组引进了由英格兰规划援助小组经营的工作坊。这个工作坊旨在帮助指导小组成员了解什么是"地方性"，以及如何通过个性符号评估、记录地方性，并进行交流。

工作坊的具体内容包括：①演示——通过图像辅助讨论多样性的元素，这些元素组成特定的地方性符号，如建筑、开放空间、路线、自然特性等；②圆桌讨论——将规划区域识别为 Nordens Conservation Area、Walnut Tree Farm、The Royals、Westingham、The Burys 5 个"个性片区"，并绘制在图上；③实践——走访其中一个被识别出来的个性片区，讨论并记录其关键性特征，这部分特征将形成社区的"片区个性"。在实践环节，指导小组成员寻访每个能识别出个性符号的片区，利用备案的方式记录并归档不同地方关键的元素和特性，而这部分记录的内容正好体现了小镇的"地方性"。这些特色元素包括：布局、地形、空间、马路及街道、绿色及自然要素、地标性建筑、建筑及细节、街景功能、土地使用类型等。指导小组通过文本、照片，以及当地历史出版物、登记造册的建筑信息、镇评议会工作文件等着手展开正式的地方性评估。

地方性评估内容大致由三部分组成：①介绍，包括评估内容（理解并记录下表现城镇地方性的独特符号)、评估途径(识别与个性相关的领域、利用评估表格进行现场识别、拍照、历史研究等);②城镇的历史沿革,包括历史地图和照片的研究背景、史籍资料等相关概述;③个性片区地图,包括个性片区的放大图、基本情况(包括片区范围、性质、登记造册建筑等)、个性总结(利用收集的信息形成片区地方性的概述、利用照片描述城镇的关键特性)以及影响城镇发展的积极要素、特殊要素、负面和无关要素。

除撰写地方性评估文件外,指导小组还通过照片画廊的形式展示当地公共建筑和风景的共同特征(如烟囱、装饰砖砌、窗户类型、街道、家具、栅栏、篱笆、石基石、门楣、行道树、栏杆、人行道等)以及当地居民对 Higham Ferrers "地方性"的认知。这些图像的选取获得了工作坊大部分成员的赞同,代表了他们对建筑及个性符号的特别喜好。

最后,这项社区地方性评估工作的成果被用于指导制定 Higham Ferrers 的设计原则,涉及建筑高度、布局、材料、边界处理、公共空间、树木、自然要素、重要的视角、地标等诸多方面。新的设计原则不仅迎合了 Higham Ferrers 的发展需求,而且体现了 Higham Ferrers 的地方文化特色。

2. 武汉南湖街道社区规划

南湖街道①是武汉市首批社区规划试点,其大部分小区建于 20 世纪 90 年代中期,有安居房小区、高档花园小区,还有经济适用房与商品房混合的小区。2017 年,规划团队选择了归属 3 个社区居委会管辖的 7 个不同档次、不同人口规模、不同现状品质的住区,开展了为期近 8 个月的社区规划工作(表7.4)。基本规划思路是围绕规划活动构建政府工作人员、社区组织人员、住区成员与规划团队成员等多元主体互动的平台,以公共空间环境问题的解决为导向,以空间规划和设计为抓手,以共同协定的制度促行动。

表7.4 各规划单元基本情况

规划单元	人数	建成年份	小区档次	现状品质	类型
华锦花园	12429	1999~2004	两期经济适用房,两期中高档商品住区,一栋保障房	经济适用房区逐渐老化,商品住区相对较好	优化提升型
宝安花园	3050	1998	高档花园住区	现状品质相对较好	锦上添花型
祥和苑	2331	1997	中高档普通住区	环境在退化中	优化提升型
温馨苑	908	1996	职工住区	环境亟待改善	雪中送炭型
宁静苑	3213	1996	南湖首个安居房	环境亟待改善	雪中送炭型
康乐苑	1935	1997	中高档花园住区	相对较好	锦上添花型
松涛苑	7329	1998	中高档混合住区	相对较好	锦上添花型

规划紧紧围绕住区发展的"公共领域",包括景观环境、道路交通和广场等公共空间、公共服务设施,以及社区文化与社会治理等方面②,按 5 个阶段依次推进(图 7.7)。

---

① 位于武昌火车站的西南面,下辖 7 个居委会,占地 2.36km²。
② 由于南湖街道为纯居住型社区,经济要素并未纳入规划范围。

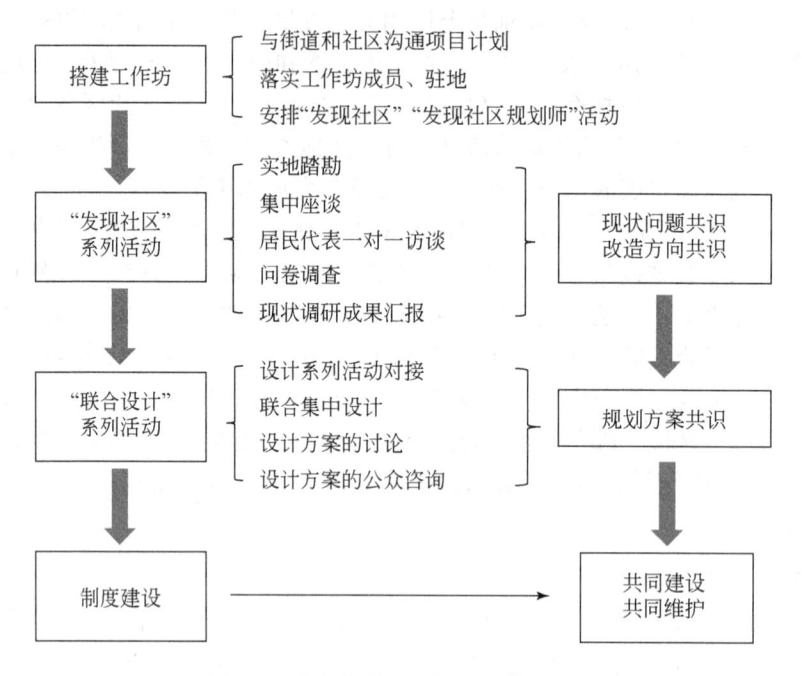

图 7.7　南湖街道社区规划工作流程图

（1）介绍项目背景和工作计划，搭建工作坊，启动项目，落实"发现社区""发现社区规划师"活动的推进计划。搭建由街道办事处、社区居委会、小区业委会、物业、社区居民代表、专业规划团队等人员共同构成的工作坊。由社区居委会和小区业委会通过线上、线下的方式宣传，招募社区居民代表。"社区规划师"的选择上，优先考虑"发现社区"活动的参与者，同时由业委会推荐新成员。社区规划师的遴选原则是覆盖小区每个区块、兼顾不同年龄层次，同时需具备公益心、理性，以及一定的规划设计背景，热心社区发展。最后共寻找到 87 名社区规划师。

（2）开展"发现社区"系列活动，就小区现状、问题和改造意向达成群体共识。首先，由居委会、业委会和居民代表带领专业规划团队对小区进行多轮实地踏勘，规划人员在图纸上进行标注、定位，并进行拍照。然后围绕小区发展的历史、优缺点、痛难点、改造方向等方面，由专业规划团队与居民代表进行一对一的深度访谈，并按每栋楼随机抽取两户家庭发放调查问卷。最后由专业规划团队人员将实地踏勘、一对一访谈、问卷调查的结果进行整理和分析，采用 PPT 的形式向工作坊成员进行汇报，寻求多方主体对小区发展存在的现状问题和改造意向的共识。

（3）与社区规划师开展"联合设计"系列活动，使规划方案兼具群众基础和专业性。基于"发现社区"活动的成果，规划团队将获得工作坊成员普遍认可的改造项目制定成项目包，并拟定规划设计任务书（包括改造对象、空间范围、现状问题、改造意向等），与社区规划师开展联合集中设计。经过多轮反复讨论规划方案，初步设计定稿。规划团队深化规划设计方案，并通过照片、图纸等制作规划展板在小区公共空间进行线下方案展示与路演，规划团队和社区规划师就规划方案设计向社区居民答疑，社区居民对方案进行现场投票。

（4）规划团队和社区居委会、南湖街道办、武昌区自然资源和规划局、武昌区建设委员会等社区规划的投资方进行协商,综合考虑居民投票结果、资金投入量、改造周期等,拟定社区规划项目包的改造时序,制定有助于规划实施和后续维护的制度,如资金分摊、政策保障等。

(5)建立正式的"社区规划师"制度,力促规划实施中的共建、共管。由南湖街道办对社区规划师授予聘书,鼓励社区规划师继续承担规划实施中的项目监理师。搭建社区规划师与政府部门的沟通平台,鼓励社区规划师为社区发展建言献策,推动社区内部的自管自建。

总体而言,南湖街道社区规划以"美好环境与幸福生活共同缔造"为理念,通过参与式规划方式获得了兼具群众基础和专业性的规划方案,并培育了以社区规划师为代表的社区可持续发展的内生力量。针对7个小区,规划团队共开展了50场规划参与活动、17次实地踏勘、196人的一对一访谈、回收507份有效调查问卷、发掘和培养了87名社区规划师、开展了31场"联合设计"活动以及25天的线上、线下方案公众咨询。

7.4 我国社会发展与社区规划的未来方向

7.4.1 社会发展与社区发展趋势

"发展是人类社会永恒的主题",发展的最终目的在于为人创设良好的条件,过上有意义的幸福生活。我们需要思考的是,什么是幸福的生活?我们又应当如何生活?对这些问题的回答正是我们预判未来发展趋势的出发点。

1. 社会发展趋势:建设城市和谐社会

2001年诺贝尔经济学奖获得者、美国经济学家斯蒂格利茨(Stiglitse)曾经指出:中国的城市化和以美国为首的新技术革命是影响新世纪人类进程的两大关键性因素。中国市场经济的发展伴随城市的崛起而发展壮大,"大国崛起"实际是"城市崛起"。中国改革开放的成功、中国经济的崛起,实际是围绕"实用主义",追求国家富强与人民美好幸福生活的必然结果,是通过建立新的以城市为核心的累积体制而带来的财富增长。

美国社会学家罗根(Logan)和规划理论家费恩斯坦(Fainstein)指出,无论从现代化理论、世界体系理论、发展型国家理论还是社会主义转型理论等各个方面看,中国都具有自身的诸多特点(Feng et al., 2008)。首先,就现代化理论而言,西方经验表明,城市化作为工业化的自然结果而存在(其反例则是大多数"第三世界"国家的"过度城市化"问题),而中国则是国家人口和移民控制政策的结果,而并非源自自然的人口转变。其次,就世界体系理论而言,由于新殖民主义及其"核心-边缘"结果的存在,全球化联系越多,则发展中国家的经济与城市发展越受阻碍。但是,中国的当代发展则表明,一个强有力的中央政府可以成功突破"外生的"诸多限制,从而使得中国的经济发展大大强于以"弱国家"为特征的其他发展中国家。最后,就发展型国家理论而言,东亚"新兴工业化国家"(newly industrialized country,NIC)如日本、韩国等的崛起依赖于强大的国家经济干预,特别是出口导向型的工业发展,而中国的特殊之处在于其稳定而有力的港台投资,即一个全球化范围的华人经贸体系的存在。

中国发展的核心动力归根结底来自"国家导向"的发展体制。它使得行政指令的执行与管控模式能够成型,使得"国家力"(power of state)的执行有力有效,更使得市场经济下的"分权型"、"属地化"竞争激励能够顺利展开，使得全社会的财富积累成为可能，城市得以发展。

从传统到现代乃至后现代，西方花了数百年，而中国仅用了近40年的时间，其中所蕴含的社会压力与剧烈变动，直接转化为普遍存在的"社会断裂"与"社会焦虑"。当代社会则处于由工业城市向城市社会转型的关键时期。这一特定历史时期体现为突出的社会分化、空间分异与碎化问题，各类社会群体无不通过空间这一载体表达和实现自己的利益诉求，而解决这些问题的关键，仍然在于一个健康城市社会的建设与发展。而这一进程的实现，首先在于以一个强大有力的国家为基础，在于中国已经建立和巩固的"举国体制"。

2. 社区发展趋势：建设幸福社区

当代中国的城市转型发端于市场化改革与对外开放，多样复杂的新社会空间类型正不断出现，尤以各类"新社会空间"（新城市贫困空间、新富空间、新移民空间、"国际化"空间、"城中村"等）的出现为核心特征，表现为一种特别的"中国式社会空间"，它兼具多元、异质、高密度、弹性变化以及某种程度的过渡性。作为结果，更为分化和多元的城市社会空间结构正在产生，严重的住房分异格局已经形成，而日益分化的各类型社会群体正逐步在主动与被动选择之下被纳入各类型社区之中，"选择一个住房就是选择一种生活方式"。

美国学者马库斯（Marcuse）指出，在全球化影响下，城市正出现三种类型的新城市空间：堡垒型（citadel）、属地型（enclave）和隔陀型（ghetto），分别对应于富人或中上层阶级自我保护的社会空间（如北美的门禁社区）、社会中层自愿选择聚居的社区（如文化认同上的同性恋社区）和社会底层被动隔离的社区（如南非种族隔离时期的黑人社区）（Marcuse，1997）。而中国目前的社会空间转型，更多地体现为基于认同的选择而带来的社会空间"再边界化"，其中尤以商品房小区、楼盘的兴起以及城中村的产生为主。

社区作为中国城市社会空间结构转型与重构的直接作用对象，是社会矛盾集聚的空间。同时，发生在社区层面的空间感知比发生在城市尺度的更容易吸引居民关注，对居民的影响更大。社区作为居民感受空间感知的尺度，是国家路线方针政策落实的"最后一公里"。因此，国家推动城市问题与矛盾的化解需要在社区层面发力，建设幸福社区是建设中国式现代化国家的基础性工程。

7.4.2 我国社会发展与社区规划的趋势

1. 过程性规划与公众参与

随着改革开放以来我国社会经济结构的演变、行政体制和公共管理模式的变化以及民主化进程的推进，规划编制开始从政府内部走向公开。无论是社会发展规划还是社区规划都强调公众参与，但参与的角色与程度有所不同。

首先，启动规划的形式是政府主导，公众仍然处于被动参与的地位。在微观（社区规划）层面，政府主导必然带来政府出资，导致社区居民"看价谈需求"，在一定程度上不能反映社区发展的真实诉求。政府出资建设的模式不能充分调动社会资本参与社区建设，长此以往，过重的财政负担将成为阻碍社区发展的重要因素。其次，什么是有效的公众参与值得深思。公众参与应当是有效的参与，如果公众参与不具有有效性，而只是流于形式，那么公众参与制度也就失去了存在的必要性。具体而言，我国规划中的公众参与有效性较低的原因主要包括公众参与的主体范围较窄、公众参与的渠道不畅、公众参与的时机滞后、公众参与的权利保障机制匮乏等。以公众咨询为例，虽然各地在规划发布前基本都会进行公众咨询，但公众参与的有效性非常低，公众参与基本起不到应该起的作用。在当前的公众咨询中，听取公众意见基本上是走过场，其主要作用是信息披露。真正的公众咨询，应该是一个证明和反驳的过程，体现不同利益主体之间的抗辩。抗辩的主体可能是规划主管部门、城市居民和开发商之间的任何两方。

社会发展规划可按照规划编制程序和方法的规范要求，在规划编制过程中，重点从四个环节扩大社会公众的参与：一是在前期研究阶段，就规划所涉及的重大问题邀请研究机构和专家进行前期论证，参与主体不仅有政府职能部门与研究机构，还包括知名高校、知名专家、权威机构等。二是通过新媒体宣传、举办竞赛等多种形式邀请广大人民群众为规划编制献计献策。三是严格实施专家论证制度。四是在编制过程中听取人大代表、政协委员的意见，并进行公众咨询或社会公示，疏通信息反馈渠道，正视市民意见。社区规划则强调从规划项目立项到方案编制、实施、后续维护与管理都需要公众参与的身影，规划以居民所关心的焦点事件为活动，以活动为平台促进参与。

2. 规划内容与规划编制的协调统一

我国政府编制的规划是多类型和多层次的。既有不同领域的专项规划，也有不同层级政府编制的规划。不同规划之间存在上下左右相互协调的客观要求。一方面，城乡规划、土地利用规划的编制并不总是遵循社会发展规划，规划"打架"问题时有存在。随着自然资源部的组建以及国土空间规划体系的建立，城乡规划和土地利用规划等空间规划将融合为统一的国土空间规划；而中央印发的《关于统一规划体系更好发挥国家发展规划战略导向作用的意见》提出发展规划要"明确空间战略格局、空间结构优化方向以及重大生产力布局安排，为国家级空间规划留出接口"。因此，三类规划之间的相互协调是未来发展的重点任务。在基层，尤其是在一个较小的空间范围内，同时编制三类规划，不仅没有必要，而且容易导致规划资源的浪费，导致规划之间的不一致或相互矛盾。另一方面，社区规划没有被纳入现在的法定规划体系。在法定的规划中，有不同层次的空间规划和商业规划，最小尺度的空间规划是居住区规划。但居住区规划是服务、物质等要素的空间布局，和基于社会公平与正义考虑的社区规划不完全吻合。体制的缺失导致社区规划从规划体系、编制程序到编制内容等方方面面都没有统一的标准。

加强各级各类规划之间的相互衔接与协调，形成规划合力而不是造成规划之间的矛盾与误导，都需要与其他相关规划进行反复的衔接。在规划编制的前期工作阶段，必须在充分研究的基础上，就规划编制的必要性、衔接单位等进行充分考虑。在规划编制过程中，严格按照程序送各部门审批。

社会发展规划虽然居于规划体系的最上位，是其他各级各类规划的总遵循，但在编制过程中要提升与国土空间规划的协同性，由两大主管部门联合组织攻关，共同拟定空间战略格局、空间结构优化方向、重大生产力布局等关键领域。此外，下级政府规划要服从上级政府规划；相邻地区间规划衔接不能达成一致意见的，可由上级政府进行协调。

3. 规划实施评估

对规划效果实施评估，一方面可以为规划的修正提供重要研究基础，规划编制部门或上级审批部门可以根据评估结果，对是否修正规划做出决策；另一方面，评估结果对下一轮规划编制具有重要的参考意义。目前，我国的规划评估制度仍存在以下两个主要问题。

（1）成果内容要求与验收标准难以确定。目前，我国社会发展规划和社区规划的内容和成果都没有统一的标准，因此工作量和成果质量难以衡量。例如，社区规划表面上是规划设计方案，其实过程中的社区活动才是更大的工作量，这部分就难以考核。因此，如何以工作量来衡量规划成果质量，需要有更加详细具体的方案。

（2）规划评估指标不明确。通过什么指标来反映规划实施绩效是进行规划实施评估需要认真对待的问题。从内容来看，社会发展规划有些领域已经有了具体指标，但有些领域只提出了定性要求，并没有明确的规划指标。而社区规划的实施评估更是难以监测，尤其是涉及社会关系、归属感等人文环境评价的。

总之，针对规划成果的监督实施与评估仍处于探索阶段，例如，规划团队工作量的衡量、规划成效的好坏等都有待进一步探索。

思 考 题

1. 试比较国家"十二五""十三五"以及"十四五"规划，分析总结我国社会发展转型的方向和主要内容。
2. 试比较各级国民经济和社会发展规划中的社会发展规划在内容与深度上的不同。
3. 除了本章介绍的以外，你认为国民经济和社会发展规划中的社会发展指标还应该增加哪些？
4. 我国社区规划面临的主要挑战是什么？结合你所了解的社区状况，思考社区规划编制的程序与方法。
5. 如何理解城市社会？你认为应该从哪些方面推进城市社会建设？

参 考 文 献

柴彦威，陈零极，张纯. 2007. 单位制度变迁：透视中国城市转型的重要视角. 世界地理研究，16（4）：60-69.

贾元丽. 2011. 计划经济时代："单位制"形塑社会特征的研究. 重庆科技学院学报（社会科学版），（18）：55-56.

李国庆. 2007. 社区类型与邻里关系特质——以北京为例. 江苏行政学院学报，（2）：59-65.

李郇，黄耀福，刘敏. 2015. 新社区规划：美好环境共同缔造. 小城镇建设，（4）：18-21.

李强. 2008. 改革开放30年来中国社会分层结构的变迁. 北京社会科学，（5）：47-60.

李强. 1993. 当代中国社会分层与流动. 北京：中国经济出版社.

李志刚，顾朝林. 2011. 中国城市社会空间结构转型. 南京：东南大学出版社.

李志刚，吴缚龙. 2006. 转型期上海社会空间分异研究. 地理学报，61（2）：199-211.

李志刚，吴缚龙，卢汉龙. 2004. 当代我国大都市的社会空间分异——对上海三个社区的实证研究. 城市规划，28（6）：60-67.

刘君德. 2002. 上海城市社区的发展与规划研究. 城市规划，26（3）：39-43.

刘玉亭，何深静，魏立华. 2009. 英国的社区规划及其对中国的启示. 规划师，25（3）：85-89.

路风. 1989. 单位：一种特殊的社会组织形式. 中国社会科学，（1）：71-88.

洛尔，张纯. 2011. 从地方到全球：美国社区规划100年. 国际城市规划，26（2）：85-98，115.

钱征寒，牛慧恩．2007．社区规划——理论、实践及其在我国的推广建议．城市规划学刊，（4）：74-78．
舒晓虎．2017．地域、关系、结构：我国城市社区类型动态演化及其趋势．求实，（6）：41-53．
孙立平．2004．转型与断裂——改革以来中国社会结构的变迁．北京：清华大学出版社．
孙施文，邓永成．2001．开展具有中国特色的社区规划——以上海市为例．城市规划汇刊，（6）：16-18, 51．
滕尼斯．1999．共同体与社会：纯粹社会学的基本概念．林荣远，译．北京：商务印书馆．
童明，戴晓辉，李晴，等．2005．社区的空间结构与职能组织——以上海市江宁路街道社区规划为例．城市规划学刊，（4）：60-66．
王颖．2002．上海城市社区实证研究——社区类型、区位结构及变化趋势．城市规划汇刊，（6）：33-40, 79．
吴缚龙．2006．中国的城市化与"新"城市主义．城市规划，30（8）：19-23．
项飙．2000．跨越边界的社区：北京"浙江村"的生活史．北京：三联书店．
杨辰．2013．法国社区规划的历时性解读——国家权力与地方民主建构的视角．规划师，29（9）：26-30．
杨贵庆．2013．社会管理创新视角下的特大城市社区规划．规划师，29（3）：11-17．
杨贵庆．2006．社区人口合理规模的理论假说．城市规划，（12）：49-56．
赵民．2009．简论"社区"与社区规划．时代建筑，（2）：6-9．
赵蔚，赵民．2002．从居住区规划到社区规划．城市规划汇刊，（6）：68-71, 80．
周俭．1999．城市住宅区规划原理．上海：同济大学出版社．
周晓丽，党秀云．2013．西方国家的社会治理：机制、理念及其启示．南京社会科学，（10）：75-81．
Ahlbrandt R, Cunningham J. 1979. A New Public Policy for Neighborhood Preservation. New York: Praeger.
Alinsky S. 1971. Rules for Radicals. New York: A Vintage Book.
Allmendinger P. 2002. Towards a post-positivist typology of planning theory. Planning Theory, (1): 77-99.
Bian Y, Logan J. 1996. Market transition and the persistence of power: The changing stratification system in urban China. American Sociological Review, 61 (5): 739-758.
Bray D. 2005. Social space and governance in urban: The danwei system from origins to reform. Stanford: Stanford University Press.
Chaskin R. 1995. Defining neighborhood: History, theory and practice. Chicago: The Chapin Hall Center for Children at the University of Chicago.
DETR. 2000. Preparing community strategies: Government guidance to local authorities. London: DETR.
Feng J, Zhou Y, Wu F. 2008. New trends of suburbanization in Beijing since 1990: From government-led to market-oriented. Regional Studies, 42 (1): 83-99.
Friedmann J. 2001. World cities revisited: A comment. Urban Studies, 38 (13): 2535-2536.
Hillery G. 1955. Definitions of community: Areas of agreement. Rural Sociology, 20 (2): 111-122.
Hsing Y. 2010. The Great Urban Transformation: Politics of Land and Property in China. Oxford: Oxford University Press.
Huntington S. 1968. Political Order in Changing Societies. New Haven: Yale University Press.
Huxham C. 2003. Theorizing collaborative practice. Public Management Review, 5 (3): 401-422.
Keller S. 1968. The Urban Neighborhood: A Sociological Perspective. New York: Random House.
Logan J, Bian Y, Bian F. 1999. Housing inequality in urban China in the 1990s. International Journal of Urban and Regional Research, 23 (1): 7-25.
Logan J, Molotch H. 1987. Urban Fortunes: The Political Economy of Place. Berkeley: University of California Press.
Marcuse P. 1997. The enclave, the citadel, and the ghetto: What has changed in the post-Fordist U. S. city. Urban

Affairs Review, 33 (2): 228-264.

Minar D, Greer S. 1969. The Concept of Community: Readings with Interpretations. Chicago: Aldine Publishing Co.

Ostrom E, Gardner R, Walker J. 1994. Rules, Games, and Common-Pool Resources. Ann Arbor: University of Michigan Press.

Piketty T, Yang L, Zucman G. 2019. Capital accumulation, private property, and rising inequality in China, 1978-2015. American Economic Review, 109 (7): 2469-2496.

Putnam R. 1993. The prosperous community: Social capital and public life. American Prospect, 13: 35-42.

Relph E. 1976. Place and Placelessness. London: Pion.

Rohe W, Gates L. 1985. Planning with Neighborhoods. Chapel Hill: University of North Carolina Press.

Scotland A. 2006. Community Planning: An Initial Review. Edinburgh: Audit Scotland.

Warren R. 1978. The Community in America. Chicago: Rand McNally.

Wu F. 2022. Creating Chinese Urbanism: Urban Revolution and Governance Changes. London: OCL Press.

第8章 生态环境保护与能源利用规划

8.1 城市生态环境问题与规划发展趋势

8.1.1 城市化带来的生态环境问题

城市化在土地、人口和空间高度聚集过程中，一方面不断提高社会生产力和经济效益，推动经济、文化和社会的不断发展；另一方面带来一系列的城市生态与环境问题。城市生态环境问题的具体表现有：城市水资源短缺与水质污染事件、大气污染在人口集聚区域仍有加剧、酸雨面积进一步扩大、城市河流断流影响水网格局的平衡、耕地水土流失严重等方面，这些已成为城市发展过程中不得不关注的问题。城市生态环境问题无论以何种形式出现，对人类社会有多大的影响，其实质都是人与自然间生态系统关系的失调，主要包含以下几个方面。

1. 生态过程失调

城市生态系统是人工生态系统，人是核心和决定因素。城市生态系统对外部资源有极大的依赖性。其城市生态系统资源利用率较低，大量的物质能源常以废物形式输出，造成严重的环境污染。同时创造的一些人工化合物，也加重了环境污染。同时，城市生态系统自我调节和自我维持能力很薄弱。当它受到外界干扰时，不具备自然生态系统的自我调节和自我维持能力，其生态平衡只有通过人们的正确参与才能维持。城市系统低的资源利用率和不合理的资源开发，导致过多的物质和能量释放，自然生态系统得不到足够的补偿、缓冲和生态恢复，从而形成严重的环境和生态问题。

2. 生态结构失衡

城市系统是一个通过各种复杂的社会网、经济网和自然网相互交织而成的时、空、序的复合系统。各种组分关系的不均衡组合，如不合理的产业结构、产业布局、资源配置、土地利用格局，不协调的城乡关系、供需关系、经济建设与环境保护的相互关系、基础设施与社会发展的相互关系、父母一代的物质需求与下一代人的物质需求的相互关系等，造成了系统结构的失衡。

3. 生态功能低效

城市传统的决策管理只注重社会生产和生活功能，而忽略了能源、环境、自然及人的供给、接纳、缓冲及调控功能。城市生态系统是生产、生活和生态协调的多功能系统。协调的生态功能包括可持续的资源供给能力、环境容纳能力、自然缓冲能力、经济协调能力和社会自组织能力。它有赖于政府的宏观调控行为、企业的协同共生行为及城镇居民的监督自理行为，其中任何一方面的削弱都会导致城市生态系统功能紊乱。

城市的扩张、工业的增长已给城市生态系统带来许多压力，甚至是威胁。城市生态环境问题要以可持续发展理论指导城市生态的研究。人类社会发展的实践证明，走可持续发展道路，是解决城市发展与环境保护的最佳选择。

8.1.2 我国城市生态环境保护的紧迫性

2015年12月20~21日，中央城市工作会议在北京举行。会议指出，城市工作是一个系统工程。做好城市工作，要顺应城市工作新形势、改革发展新要求、人民群众新期待，坚持以人民为中心的发展思想，坚持人民城市为人民。这是我们做好城市工作的出发点和落脚点。同时，要坚持集约发展，框定总量、限定容量、盘活存量、做优增量、提高质量，立足国情，尊重自然、顺应自然、保护自然，改善城市生态环境，在统筹上下功夫，在重点上求突破，着力提高城市发展持续性、宜居性。这次的中央城市工作会议，在两个方面突显资源环境与生态保护工作成为我国城市今后建设的重中之重。

在适应资源环境承载力发展方面，提出要尊重城市发展规律。城市发展是一个自然历史过程，有其自身规律。城市和经济发展两者相辅相成、相互促进。城市发展是农村人口向城市集聚、农业用地按相应规模转化为城市建设用地的过程，人口和用地要匹配，城市规模要同资源环境承载能力相适应。必须认识、尊重、顺应城市发展规律，端正城市发展指导思想，切实做好城市工作。

在统筹生产、生活、生态三大布局方面，提出城市发展要把握好生产空间、生活空间、生态空间的内在联系，实现生产空间集约高效、生活空间宜居适度、生态空间山清水秀。城市工作要把创造优良人居环境作为中心目标，努力把城市建设成为人与人、人与自然和谐共处的美丽家园。要增强城市内部布局的合理性，提升城市的通透性和微循环能力。要深化城镇住房制度改革，继续完善住房保障体系，加快城镇棚户区和城乡危房改造，加快老旧小区改造。要强化尊重自然、传承历史、绿色低碳等理念，将环境容量和城市综合承载能力作为确定城市定位和规模的基本依据。城市建设要以自然为美，把好山好水好风光融入城市。要大力开展生态修复，让城市再现绿水青山。要控制城市开发强度，划定水体保护线、绿地系统线、基础设施建设控制线、历史文化保护线、永久基本农田和生态保护红线，防止"摊大饼"式扩张，推动形成绿色低碳的生产生活方式和城市建设运营模式。要坚持集约发展，树立"精明增长""紧凑城市"理念，科学划定城市开发边界，推动城市发展由外延扩张式向内涵提升式转变。城市交通、能源、供排水、供热、污水、垃圾处理等基础设施，要按照绿色循环低碳的理念进行规划建设。

这次会议从根本上提出城市生态转型发展的重要性，需要高度重视城市生态环境的保护和工作任务。

8.1.3 城市生态空间规划的发展趋势

1. 区域与城市生态空间规划的多层面复合性

目前对城市生态规划研究的内容还存在较大差异，亟待建立系统、完善和规范的规划内容体系。结合我国城市规划现有法定规划类型，城市生态规划应根据区域规划、城市总体规划、详细规划构建不同层次的规划内容体系。总体而言，城市生态规划的内容应从社会、经济和自然等多方面进行分析，规划范围应从与城市生态系统相关的区域甚至生态足迹发生的区域开展相关生态规划的研究和分析，从社会经济措施、城市空间布局和生态建设工程等方面综合统筹，构建不同层次城市生态规划内容框架。从区域规划层次看，区域生态资源的保护、生态景观的构建、基础设施的统筹、各项政策措施的统一协调等应是研究的重点。从总体规划层面看，引导城市定位与城市发展方向、促进城市合理布局是城市生态规划的重要内容，主要包括城市生态承载力分析、生态功能分区、生态安全保障、生态建设目标等。从详细规划层面看，规划进一步加强实现目标的细化、具体化，提高规划可操作性，从而加强尺度转换和区域差异等分析思想的融入，揭示城市群—大都市—城市—社区等多级尺度下的生态空间保护与利用格局及其规律，探索生态空间保护与利用的理想模式。从规划的要求看，更强调规划的整合性。整合，既包括内容的整合，如生态规划结合本区域长远规划和城市发展规划，也包括生态规划方法与景观规划、地学、系统科学、经济学、环境学、城市与区域规划等相关科学或学科的理论和方法走向新的融合。

2. 基于城市生态系统服务的功能复合性

生态系统服务的概念是随着生态系统结构、功能及其生态过程深入研究而逐渐提出并不断发展的。联合国环境规划署完成了千年生态系统评估（2001~2005年）报告，以及生态系统和生物多样性经济学（2007~2010年）报告。2012年，UNEP在韩国釜山通过并发起了生物多样性和生态系统服务政府间科学政策平台。生态系统的生物多样性保护成为生态系统的评估、示范、政策应用的重要内容。千年生态系统评估（2001~2005年）报告的分类框架目前仍然被国内外众多学者广泛支持和发展，它将生态系统服务功能分为供给服务、调节服务、支持服务和文化服务4大类，并进一步细分为食物生产、原料生产、水资源供给、气体调节、气候调节、净化环境、水文调节、土壤保持、维持养分循环、生物多样性和美学景观等11种服务功能。生态系统的功能更为复合多元化。生态系统不仅为各类生物提供繁衍生息地，更重要的是为生物进化及生物多样性的产生、形成提供了必要条件。同时，生态系统通过各生物群落共同创造了适宜于生物生存的环境。生态保护空间是生物多样性保护的主战场，《市级国土空间总体规划编制指南》中明确要求：生态保护空间要维护生态安全和生物多样性。未来研究应积极探索生态空间的生态质量和服务质量的治理制度、治理结构和优化路径，城市生态空间一方面需要融合水文-土壤-气候-生物多维度构成要素的协同作用，最大限度发挥城市生态空间生态系统服务功能。另一方面，城市生态空间作为社会-生态系统之间的交互作用系统，还必须加强对生态空间公众行动者感知和使用行为的调查与研究，为生态空间治理和景观设计实践提供信息支撑，提升居民在生态空间的活动与游憩服务方面的满意度。

3. 关注人本主义和公平性

城市公共生态空间的提供与治理，事关社会正义、公众健康、休闲、生物多样性和城市气候变化。国外研究重视居民社会生活空间、社会活动与生态空间的交互作用研究，体现了人地关系地域系统的基本思想。保障城市生态空间的供给数量、质量与结构的公平性，增进全体居民的社会福祉，平衡经济增长、生态环境问题与社会公平是当前中国城市可持续发展的迫切需求。未来生态空间格局研究应围绕居民福祉研究社会生活空间-生态空间的耦合格局与调控机制，推动公平理念指引下的生态空间格局优化研究。另外，中国当前生态空间规划研究的实践案例与理论总结偏重生态空间布局的形态，较少考虑其公平性。未来研究应注重公平的生态空间规划模式的理论提炼和规律总结，为城市规划提供指导。

4. 规划的内容走向更多元的要素理性分析

城市生态规划逐步从定性描述向定量分析发展，规划内容的准确性和科学性得到显著提高。以地理信息系统（GIS）、遥感技术（RS）和全球导航卫星系统（GNSS）为主的3S技术的迅猛发展给传统的生态规划方法注入了新的活力，它使得生态系统以数字的形式表达出来，为生态规划的信息获取、数据分析、方案制定和沟通提供了多种便捷，使得规划者可以更加高效准确地了解生态与环境变化。结合3S技术的生态环境模拟预测与评价技术正逐步成为研究的热点，这一技术的成熟运用将进一步提高城市生态规划的科学性与可实施性。城市生态规划中的生态技术目前主要可分为生态环境分析评价技术与生态建设规划技术，其中生态环境分析评价技术包括生态敏感性评价、环境容量分析、生态足迹分析、生态环境承载力评价、生态安全风险评估、建设用地生态适宜性分析、景观分析、空间可达性分析等，通过这些技术能够有效地掌握地区生态环境的现状特性与主要问题，为生态规划决策提供有力支撑。

5. 规划理论研究向生态城市规划实践的演进

生态城市建设成为政府关注的重点之一，据不完全统计，全国提出建设生态城市或花园城市、园林城市、森林城市、山水城市、循环经济城市等生态型城市的已有150余座，这些城市都从环境保护、人居体系等角度对生态城市的内涵进行了发掘。虽然这些城市各有不同的出发点，但至少表明社会各阶层认识到了生态环境问题的严重性与改善人居环境的迫切性。这一时期城市生态规划的研究重点向技术、方法的深入以及生态建设实践的方向发展，城市空间结构研究也开始表现出多元化、生态化特点，生态发展理念在全世界范围内得到重视与推广。中国也正是在这个时期开始引入生态规划理念，逐步加强城市生态规划的研究与实践。在城市生态规划与建设实践方面，系统探索了生态规划关键技术与方法，从实践中推动了城市生态规划理论水平的提升。

8.2 城市生态环境规划基本理论与分析方法

8.2.1 可持续发展理论与评估框架

据世界银行《1984年世界发展报告》，公元1年世界人口约为3亿人，经过了约1500年世界人口才增加一倍，即6亿人。到公元1800年世界人口达到10亿人，几乎经历了300年，世界人口才增加不到一倍。20世纪初，世界人口不到20亿人，然而到了20世纪末世界人口猛增3倍，达到60亿人。联合国人口基金会把1999年6月12日定为"世界60亿人口日"。人们越来越强烈地感受到人口、资源、环境的压力。在1972年6月5日，联合国在瑞典首都斯德哥尔摩召开了第一次人类环境会议，提出了足以震撼人们心灵的危机感和行为导向的口号——"只有一个地球"，引起了全人类对环境与发展问题的全方位关注；1983年世界环境与发展委员会成立，并于1987年向联合国提出了题为《我们共同的未来》的报告，首次提出了可持续发展的概念——既满足当代人的需要，又不损害后代人满足他们需要的能力的发展。同时建议联合国召开大会共同探讨这一关系全人类环境和发展的问题；1992年6月3日联合国在巴西里约热内卢召开了环境与发展会议，183个国家和地区代表出席，其中有 102 位国家元首和政府首脑到会（又称地球问题首脑会议），通过了《里约环境与发展宣言》和《21 世纪议程》，将可持续发展由理论和概念推向行动；1994 年 6 月，我国国务院发表了《中国 21 世纪议程——中国 21 世纪人口、环境与发展白皮书》，并于 1993 年在中国共产党的十四届五中全会和 1996 年在第八届全国人民代表大会第四次会议上庄重地将可持续发展战略纳入《中华人民共和国国民经济和社会发展"九五"计划和 2010 年远景目标纲要》；在具有里程碑意义的地球问题首脑会议召开 20 年后的 2012 年，世界各国领导人再次聚集在里约热内卢：①达成新的可持续发展政治承诺；②对现有的承诺评估动态情况和实施方面的差距；③应对新的挑战。此次的联合国可持续发展大会（"里约+20"），集中讨论了两个主题：①绿色经济在可持续发展和消除贫困方面的作用；②可持续发展的体制框架。

可持续性概念的本源是在自然环境层面的概念，即强调生态的可持续性。但生物中最重要的是人，生存环境首先应是人的生存环境，而人的生存环境不仅要求自然生态环境，还需要人文生态环境（"文态"环境），如果离开了人的主体谈论生态环境就失去了最主要的意义，这就是以人为本的思想。因此可持续发展的概念被扩展到经济、社会、政治、文化等领域。

（1）经济的可持续发展。

主要是要改变以往经济发展的观念、生产模式和消费模式，强调清洁生产、节约能源、利用绿色能源和可再生能源，提倡崇俭消费、健康消费、合理制定消费标准。借助科学技术进步的力量，确保经济发展始终处于生态环境可承受的范围之内，达到经济、环境效益的统一。

（2）社会的可持续发展。

主要是要改善贫困状态，提供医疗、教育和就业的机会，控制人口的增长，提高人和社会的整体素质，否则就难以保证可持续发展。

（3）政治的可持续发展。

涉及政治的体制，如公平、公正、公众参与和决策的透明度，形成一套有利于保护生态、保护环境的体制。

（4）文化的可持续发展。

涉及人的道德观、宗教观、价值观，吸收各民族、各种文化的精髓。人文的环境资源也是不可再生的重要资源，必须得到保护和持续发展。

各国学者纷纷从不同角度构建可持续发展理论的框架，其中与城市规划和生态学理论结合比较紧密且具代表性的主要有萨得勒的系统透视理论和加拿大国际开发署（Canadian International Development Agency，CIDA）的可持续发展框架。

萨得勒在强调环境、经济和社会因子结合的基础上，提出可持续发展宏观政策决策系统和微观项目评估系统概念框架（图 8.1）。其中宏观政策决策系统主要包括环境（自然保护、资源容量的维持）、经济（实物的生产和服务以及国内生产总值）和社会（利益分配、生活质量）等内容；微观项目评估系统主要包括环境容量、经济效益、社会公平等内容。

加拿大国际开发署为可持续发展框架建立了五大支柱，包括环境可持续性、经济可持续性、政治可持续性、社会可持续性和文化可持续性。各个支柱的主要内容见表 8.1。

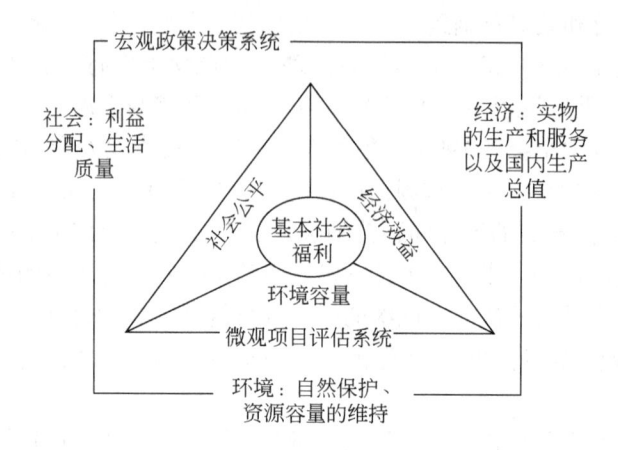

图 8.1　萨得勒的可持续发展宏观政策决策系统和微观项目评估系统概念框架

表 8.1　加拿大国际开发署的可持续发展框架支柱示意表

序号	支柱	内容
（1）	环境可持续性	生态系统完整性
		生物多样性
		人口
（2）	经济可持续性	特别经济政策
		有效资源利用
		更公平地获得资源
		低收入群体日益增长的生产能力
（3）	政治可持续性	人权
		民主发展
		良好的管制
（4）	社会可持续性	有所改善的收入分配
		妇女平等
		基本健康和教育投资
		公众利益的参与
（5）	文化可持续性	对文化因子的敏感性
		有助于发展的价值观再认识

8.2.2　城市生态系统承载力理论与分析方法

1. 基本理论

城市生态系统承载力包括两层基本含义：第一层含义是指城市生态系统的自我维持与自我调节能力、资源与环境子系统的供容能力，为城市生态承载力的支持部分；第二层含义是指城市生态系统内社会经济子系统的发展能力，为城市生态承载力的压力部分。生态系统的自我维持与自我调节能力是指生态系统的弹性大小，资源与环境子系统的供容能力则分别指资源和环境的承载能力大小；而社会经济子系统的发展能力指生态系统可维持的社会经济规模和具有一定生活水平的人口数量。

生态承载力强调的是系统的承载功能，而突出的是对人类活动的承载能力，其内容应包括资源子系统、环境子系统和社会子系统，生态系统的承载力要素应包含资源要素、环境要素及社会要素。所以，某一区域的生态承载力概念，是某一时期某一地域某一特定的生态系统，在确保资源的合理开发利用和生态环境良性循环发展的条件下，可持续承载人口数量、经济强度及社会总量的能力。

针对城市所具有的明显自然、社会、经济复合生态系统特征，在城市生态系统承载力研究中应强调社会经济系统能力的贡献。目前对可持续发展战略的研究重点多转向能力建设或生态建设，我们需要结合城市发展阶段理论对城市生态系统承载力理论进行发展，并全面地研究不同发展阶段城市生态系统承载力的大小与特点，为城市生态建设的必要性、建设强度与投资力度等提供理论依据，从而使其理论与方法更具有普遍性、系统性和可操作性。

2. 城市容量分析方法

城市生态环境容量是城市环境对人类活动的最大承载能力，容量的大小直接影响着城市生态安全和可持续发展。按城市生态系统承载力的表征方式将其评价方法归为三种主要类型，即人口承载力、生态足迹和相对承载力。

1) 人口承载力

承载力的概念最初来源于生态学中的种群承载力，其特定含义是指在一定环境条件下某种生物个体可存活的最大数量，是一种阈值的概念。随着人类社会的发展，承载力的概念被引入城市生态系统中，因此以城市在一定条件下所能容纳的人口最大数量表征城市生态系统承载力，即人口承载力成为一种主要的城市生态系统承载力评价方法。至今，仍有不少学者用人口承载力表征城市生态系统承载力。

人口承载力又可称为人口容量。国际人口生态学会给人口容量所下的定义是：世界对于人类的容纳量是指不损害生物圈或不耗尽可更新资源的条件下，各种资源在长期稳定的基础上所能供养的人口数量。这种定义主要把资源作为人口容量的决定因素。联合国教科文组织（UNESCO）定义人口容量为：一个国家或地区在可预见的时期内，利用本地能源及其他自然资源和智力技术等条件，在保证符合其社会文化准则的物质生活水平条件下，该国家或地区所能够持续供养的人口数量。此计量方法考虑人口、资源和发展之间相互关系并使其结合为一个有机整体。朱宝树在其主编的《人口生态学》一书中认为：所谓一个地区在一定时期内的环境人口容量，就是指该地区的资源环境条件在能够充分合理利用和保持生态平衡的情况下，所能持续供养的相应于一定生活水平的最高人口数。还有些学者认为人口容量一般理解为在一定的生态环境下或一定地区的资源所能养活的最大人口数。在理想或最优的目标下的最适宜人口是适度人口数，有学者将适度人口数定义为：在一定资源承载力和舒适度目标下的人口容量，并建立了 R-S 双向寻优模型，定量描述承载力与舒适度水平双向优化的程度。总体来讲，国内外对人口承载力的研究，常采用单因子分析法、多目标决策分析法、土地资源分析法、系统动力学方法和非线性规划方法等，也有些学者运用可能–满意度法。

人口承载力是以城市在一定条件下能够承载的人口数量来标度的，它的表征直观、明了、易于理解。然而，生产力的发展对人口承载力有决定性作用，在生产力发展过程中人类社会的活动强度与速率对城市生态系统产生的破坏或影响对人口承载力也至关重要，单纯以人口数量难以表现出城市生态系统的这种特点。

2）生态足迹

与人口承载力相比，生态足迹方法考虑到了人类生活方式对城市生态系统的影响。该方法将人类活动所需占用的资源环境用统一的生态生产性土地面积表征，即用生态足迹评价城市生态系统承载力，以判断在现有的技术水平下，是否超过了生态系统的承载力。

加拿大生态经济学家 William Rees 在 1992 年首先提出"生态足迹"概念，从具体的生物物理角度研究自然资本消耗的空间测度问题。该理论从一个全新的角度来考虑人类及其发展与生态环境的关系，其定义为：任何已知人口（某个人、某城市或某国家）的生态足迹是生产这些人口所消费的所有资源和吸纳这些人口所产生的所有废弃物所需要的生态生产总面积（包括陆地和水域），其中生态生产也称生物生产，是指生态系统中的生物从外界环境中吸收物质和能量转化为新的物质和能量，从而实现物质和能量的积累。

从生态足迹的概念来看，其计算基于以下两个简单事实：①人类可以确定自身消费的绝大多数资源及其产生的大部分废物；②能够将这些资源和废物转换成为相应的生态生产面积（biologically productive area）。根据生产力大小的差异，地球表面的生态生产性土地可分为六大类：化石能源用地、草地、林地、建设用地、农用地、水域。在生态足迹计算中，各种资源和能源被折算为这六大类基本生态生产性土地。生态足迹的计算步骤如下。

（1）计算各类消费所使用的土地面积 S_i。

$$S_i = \frac{C_i}{Y_i} = \frac{P_i + I_i - E_i}{Y_i} (i = 1, 2, \cdots, n)$$

式中，i 为消费项目；C_i 为第 i 项消费总量；Y_i 为第 i 项消费的土地生产力；P_i 为第 i 项消费的当地生产量；I_i 为第 i 项消费的进口量；E_i 为第 i 项消费的出口量。

（2）折算为生态足迹 EF。

$$EF = \sum_{j=1}^{6} \frac{S_j \times f_j}{P}$$

式中，j 为生态生产性土地类型（共 6 类）；S_j 为依据 S_i 分类统计获得的第 j 种类型生态生产性土地的面积；f_j 为第 j 类土地的等量因子；P 为人口。

（3）生态足迹供给 EC。

$$EC = \sum_{j=1}^{6} \frac{a_j \times r_j}{P}$$

式中，a_j 为第 j 类土地的生态生产性面积；r_j 为第 j 类土地的产出因子；P 为人口。

城市的生态足迹如果超过了城市所能提供的生态承载力，就出现生态赤字；如果小于城市的生态承载力，则表现为生态盈余。城市的生态赤字或生态盈余，反映了该区域人口对自然资源的利用状况和计算时刻该区域的可持续性。

生态足迹法为可持续发展提供了一种基于土地面积的量化指标。其在城市生态分析中也有明显缺陷：一是生态足迹评价结果还不能作为判断城市生态环境发展方向的依据；二是生态足迹评价法没有把空间结构考虑到评价体系中，不能准确地评价城市发展所消费的生态资源对城市生态质量、城市生态安全、城市生态效率的影响。

3）相对承载力

人口承载力与生态足迹方法主要用于对某一时期的城市生态系统状态进行评价，无法体现城市生态系统承载力的动态特征。事实上，科技进步，生活水平提高，人们生活方式进步，城市与外界的物流、能流、信息流交换等都是随时间变化的，因此，城市生态系统承载力本身始终处于不断的调整与动态变化中。在城市不同的发展阶段，城市生态系统承载力存在着相对的理论阈值，该阈值在一定程度上取决于生态压力的强度与速率。相对承载力是将城市生态系统承载力评价结果无量纲化的一种评价方法，在计算过程中考虑了城市生态系统中社会、经济及环境之间的复杂关系，并考虑城市生态系统的动态性。相对承载力的计算是以包含研究区的更大区域作为参照区，计算出研究区相对于参照区的相对承载能力强度数值。到目前为止，将城市生态系统承载力无量纲化的方法主要包括层次分析法、综合指数法、可持续发展度等方法。这些方法并非与人口承载力和生态足迹方法完全割裂，而是对二者的传承与延续。

8.2.3 生态位理论与城市生态位分析方法

1. 基本理论

生态位理论是生态学最重要的理论之一。1910 年美国学者约翰逊（Johnson）最早使用了生态位一词，指出同一地区的不同物种可以占据环境中的不同生态位。最早定义生态位概念的是美国生态学家格林内尔（Grinnell），他将其定义为"恰好被一个种或一个亚种占据的最后分布单位"，也称为空间生态位。不同的生物物种在生态系统中占据不同的地位，由于环境的影响，它们的生态位也会出现重叠、分离和移动等现象。生态位理论的基本思想有两点：第一，生态位理论研究生物种群在生态系统中的空间位置、功能和作用；第二，生态位理论反映了生态系统的客观存在，它是生态系统结构中的一种秩序和安排。生态位理论在竞争机制、生态元（包括人类）对环境的适应性、生态系统的演化、多样性和稳定性、人类生态、城市生态等方面研究中具有重要的指导意义。因而，近年来，随着生态位概念的不断拓展，目前生态位理论已经被推广应用于资源划分、土地评价、城市生态学、人类生态学等领域。

城市如同自然生态系统一样，存在着形成、发展、兴衰、演替的过程，是一个复合生态系统。把城市的形成与发展比拟为生物的成长，对解释城市个体的发育来说是恰当的。城市如同一切生物体一样，都有一个形成、发展、衰落的生命运动过程，城市也应像生物体单元一样具有一定的生态位。与其他生命体一样，城市生存受到环境因素的制约，只能在一定的生态位生存和发展。城市生态位既反映城市在特定时期、特定环境中的生存位置，也反映城市在该环境中的自然资源、社会资源、经济资源等城市生态因子所形成的梯度上的位置，还反映城市在生存空间中的物质、资金、人力、技术和信息流动过程中扮演的角色。

城市生态位是一个城市在时间和空间上的特定位置及其与环境之间的功能关系。城市生态位具有多维性的特征，主要包括两个方面：一是城市有机体和所处环境条件之间的关系；二是区域系统中的城市之间的关系。因此，城市生态位的内涵至少包括三个层面：自然环境生态位、经济生产生态位、社会生活生态位。如果把区域系统中的城市看成一种广义的城市与环境因子之间的关系，可以给城市生态位一个广义的定义，即城市生态位是指一个城市对资源的利用和对环境适应性的总和。城市生态位是多维因子和条件的系统集合，这些因子和条件统称为生态因子，生态因子的维度和结构不同，形成了不同的"城市生态位"，它们共同成为城市生态位的不同属性。

2. 生态位适宜性分析方法

城市现实资源也构成对应的资源空间，称为现实资源生态位，简称现实生态位。现实生态位与需求生态位的匹配关系反映了现实资源条件对某种发展方式的适宜性程度，其度量采用多维资源生态位适宜度指数来估计。当生态位适宜度指数为 1 时，表示城市现实资源条件完全满足所选择的发展方式要求。当生态位适宜度指数为 0 时，则表示现实资源条件完全不满足所选择的发展方式要求。当一种资源的现实条件在数量或质量上不足、接近可利用限度时，即其生态位适宜度指数为 0，则整个生态位适宜度指数为 0。参考欧阳志云等（1996）的研究，多维资源生态位适宜度指数可用下列模型估计：

$$X_j = \left(\prod_{j=1}^{n} X_{ij}\right)^{1/n}$$

式中，X_j 为 j 发展方式的生态位适宜度指数；X_{ij} 为 i 资源对 j 发展方式的生态位适宜度指数。对于 X_{ij} 的测定，分以下 3 种情形。

（1）对 j 发展方式，i 资源必须满足其最低要求，而且越丰富越好。此时有

$$X_{ij} = \begin{cases} 0 & \text{当 } S_i < D_{i\,min}; \\ S_i \cdot R_i / D_{i\,opt} & \text{当 } D_{i\,min} < S_i < D_{i\,opt}; \\ R_i & \text{当 } S_i > D_{i\,opt}。 \end{cases}$$

（2）对 j 发展方式，i 资源必须在一个区间范围内，既不能低于一定值，也不能高于某个值，资源供给过少及过多均将成为限制因素。此时有

$$X_i = \begin{cases} 0 & \text{当 } S_i \leq D_{i\,min} \text{ 与 } S_i \geq D_{i\,max}; \\ \dfrac{S_i - D_{i\,min}}{D_{i\,opt} - D_{i\,min}} \cdot R_i & \text{当 } D_{i\,min} < S_i \leq D_{i\,opt}; \\ \dfrac{D_{i\,max} - S_i}{D_{i\,max} - D_{i\,opt}} \cdot R_i & \text{当 } D_{i\,opt} < S_i < D_{i\,max}。 \end{cases}$$

（3）对 j 发展方式，i 资源现状值越低越好。此时有

$$X_{ij} = \begin{cases} 1 & \text{当 } S_i < D_{i\,min}; \\ \left(1 - \dfrac{S_i - D_{i\,max}}{D_{i\,min} - D_{i\,max}}\right) \cdot R_i & \text{当 } D_{i\,min} \leq S_i \leq D_{i\,max}; \\ 0 & \text{当 } S_i > D_{i\,max}。 \end{cases}$$

式中，X_{ij} 意义同前；S_i 为 i 资源现实情况的测度；R_i 为 i 资源的风险性测定，常用保证率来测度；D_i 为 j 发展方式对 i 资源的要求测度；$D_{i\,min}$ 为对 i 资源要求的下限；$D_{i\,max}$ 为对 i 资源要求的上限；$D_{i\,opt}$ 为 i 资源的理想要求值。

多维资源生态位适宜度指数大小反映了城市资源条件对发展需求的适宜程度，因此，我们可以根据其大小初步确定城市的经济发展方式。从另一个角度看，上述利用生态位适宜度指数寻找城市经济最适宜发展方式的过程，实际上就是扬长避短、充分利用地区资源的过程。这是生态位理论目前用得最为广泛也是最为成功的一个方面。

8.2.4 景观安全格局理论与分析方法

1. 基本理论

麦克哈格的千层饼范式在《设计结合自然》出版之后就一直受到挑战和置疑。这些争论主要集中在三个方面：①理念上的唯环境论规划，除了认识自然就是适应自然，规划师的主观能动性几乎是看不到的；②方法上的唯技术论；③生态科学局限于生态垂直过程，缺乏水平过程，即景观单元之间缺乏生态交流的关注。为了强调水平生态过程和景观格局之间的关系，现代景观规划理论采用景观生态学的基质-斑块-廊道模式来分析和改变景观。

景观生态学（landscape ecology）是研究景观单元的类型组成空间配置以及生态学过程相互作用的综合性学科。景观单元的类型组成空间配置和生态学过程与尺度之间的相互作用是其研究的核心。景观生态学包含一系列关于景观结构与功能关系的一般性原理。景观生态学中的景观概念，是指出现在微观到宏观不同尺度上，具有异质性的空间单元。构成景观的结构单元有三种：斑块（patch）、廊道（corridor）、基质（matrix）。斑块泛指与周围环境在外貌或性质上不同并具有一定内部均质性的空间单元；廊道是指景观中与相邻两边环境不同的线性或带状结构；基质是指景观中分布最广、连续性最大的背景结构。基质-斑块-廊道是景观生态学用来解释景观结构的基本模式，普遍适用于各类景观。这一模式为比较和判别景观结构、分析结构与功能的关系和改变景观提供了一种简明可操作的语言。

景观生态学关于景观结构与功能关系的一般性原理包括：①关于斑块的原理，即关于斑块尺度、斑块数目的原理，或斑块形状和关于斑块位置与景观生态过程的关系原理；②关于廊道的原理，即关于廊道的连续性、廊道的数目、廊道构成、廊道宽度与景观过程的关系原理；③关于基质的原理，即关于景观的异质性、质地的粗细与景观阻力和生态过程的关系原理；④景观生态规划总体格局原理，包括不可替代格局、"集聚间有离析"的最优景观格局等。

在景观生态规划中，这些基本原理体现在对景观元素空间属性及由景观元素所构成的空间格局的设计上，关注景观安全格局的构建。主要方法是考察景观结构的异质性，舍弃以视觉观赏为主导的设计路线，以增加城市景观的生态交流和融合功能为目标，疏通景观廊道，增强斑块的节点功能，建立充分的斑块区和廊道系统，使城市景观结构趋于合理。"集聚间有离析"是一种优化景观格局，即将土地分类集聚，在建设地区内保留小的自然斑块，同时在主要的自然边界地带分布一些人类活动的"飞地"，为城市居民提供游憩度假的机会（Forman，1995）。这些生态度量对景观生态规划及管理和决策具有很好的发展前景。

生态安全格局（ecological security pattern）是针对区域生态环境问题，在干扰排除的基础上，能够保护和恢复生物多样性、维持生态系统结构和过程的完整性、实现对区域生态环境问题有效控制和持续改善的区域性空间格局。它的提出是对景观安全格局研究的发展，适应了生物保护和生态恢复研究的发展需求。安全格局（Yu，1995）侧重于景观结构与功能关系的机制研究，其特点在于规划设计一些关键性的点、线、局部（面）或其他空间组合，恢复一个景观中某种潜在的空间格局，这种格局对维护和控制某种生态过程有着关键性的作用。

2. 安全格局构建方法

城市生态安全格局规划，一方面要冲破城市规划学科的界限，寻求生态学尤其是景观生态学的理论支持,从系统的高度来发现问题和解决问题。另一方面,城市生态安全格局规划应积极借鉴相关规划设计方法及其经验和教训,如景观生态规划的步骤和方法;预案(scenarios)研究的方法、生态系统管理的概念和方法。构建生态安全格局的方法步骤如下。

1) 最小累积阻力模型

累积阻力是指事物从"源"出发,或从"源"外进入源时,经过具有不同阻力的景观所消耗的费用或者克服阻力所做的功。最小累积阻力模型用来描述详细的地理信息和测算个体之间的连接度。其思路源于地理理论,在土地规划和物种保护中得到广泛关注。累积阻力模型可以反映可达性、可穿越性等。可达性是指从空间中任意一点到"源"的相对难易程度。最小累积阻力模型公式如下:

$$MCR = f_{\min} \sum_{j=n}^{i=m} (D_{ij} \times R_i)$$

式中,MCR 为最小累积阻力值,即生态源地到区域某点的最小累积阻力;$f_{\min}$ 为最小累积阻力与生态过程的正相关函数;D_{ij} 为从生态源地 j 到某景观单元 i 的空间距离;R_i 为区域某景观单元 i 对运动过程的阻力系数。

2) "源"的界定

"源"是指事物或事件向外扩散的基础和出发点,是指一个过程的源头,是能促进生态过程发展的景观类型。对于整体性生物多样性保护来说,"源"能为目标物种提供栖息环境、满足种群生存的基本条件,以及有利于物种向外扩散的资源斑块,可以称为"源"景观,也可以认为是研究区内生物多样性相对最丰富的地区。对于研究区整体景观类型来说,它是受人类干扰较少或不受干扰的较大成片自然景观斑块,可以是自然保护区、森林公园、风景区等。生态"源"主要根据研究区内的生态特征来确定。

3) 景观要素阻力层的确定

景观中影响和决定生态阻力面的因素较多,主要因素有土地利用类型、植被覆盖度等。林地和耕地生态系统可为物种迁徙提供场所,城市建成区和交通线路则难以成为物种迁徙的廊道。植被覆盖度越高、植被质量越好的区域越适宜物种的迁徙。根据这些原则,可选取研究区土地利用现状、植被覆盖度指数(fractional vegetation cover,FVC)这两个因子来建立区域生态阻力面。其中植被覆盖度数据利用二分法求得。区域生态阻力面的具体计算步骤如下:①依据不同地物覆盖对物种迁徙的作用,将土地利用现状赋值得到景观类型因子,其中建设用地和水体赋高值,耕地、草地和林地则依次赋低值。②利用植被覆盖度数据,根据覆盖度越大,越利于物种迁徙,其阻抗值越小的原则,得到 FVC 因子。③将得到的两个因子数据重采样到 30m 空间分辨率之后进行栅格求和,然后将求和结果归一化,得到最终的物种迁移阻抗表面。

4) 生态缓冲区分析

林地斑块的缓冲区是指生态源地周边适宜于物种迁徙与扩散的相对低阻力区域。阻力面的建立和计算主要通过 GIS 的空间分析来实现。使用 ArcGIS 的费用距离(cost distance)子模块,利用已界定的生态"源"(只考虑林地)计算综合最小费用(累积)阻力面。参考生态敏感评价中与林地斑块的距离,结合直方图判读,建立不同等级的缓冲区。水体斑块两岸要为洪水宣泄提供空间;离水体越近,开发建设活动对其影响越大。基于上述认识,为了保护水体斑块,对水体斑块分别建立了 0~100m、100~200m、200~500m 的缓冲区。

5) 生态廊道提取

利用已经提取的生态"源"中的林地，借助 ArcGIS 的 MeanCenter 分析模块（计算平均中心），确定生态林地的平均中心位置。根据构建的阻力面，利用 ArcGIS 的 Spatial Analyst 中的 Shortest Path 工具构建连接多个"源"的低阻力通道。生成的最小费用距离反映了两个斑块间最高连接度线路，但这众多的连接之间存在较大冗余。为减少重复，将所有生成的路径转为矢量线文件后进行融合，利用拓扑工具去除重合的部分。

6) 生态节点识别

生态节点的识别在 ArcGIS 中实现，首先利用已有的累积耗费用距离表明，将累积耗费用栅格数据看作数字高程数据，借助水文分析工具中的"填洼""流向""流量"等一系列水文分析步骤来提取阻力面分水岭特征线作为生态分界。在此基础上，通过空间叠加分析将生态分界线与最小成本路径交叉点、生态廊道拓扑连接点以及实际景观组分过渡带进行空间关联，结合研究区景观组分实际分布状况，最终得到生态节点的空间位置分布。

7) 生态网络构建

根据区域地理环境状况和污染或破坏现状，结合生态源地–生态廊道–生态节点的综合评估，形成生态保护空间网络，建立完善自然保护地、生态防护屏障、城郊风景区、自然保护地、生态公园、湿地公园及必要的生态廊道等，保障生态网络的整体性和连通性，构建规划区域生态系统多样性。

生态系统多样性现状主要调查规划区域内的生态系统种类、数量、面积与分布，考虑其天然性、稀有性、特有性、潜在价值等，包括：调查生态系统的变化过程、大尺度景观变化、生境破坏及其他干扰影响；典型物种种群抵抗人类干扰而发生的变化趋势；区域性关键物种灭绝可能导致的区域生态的变化；森林覆盖与土地利用方式变化对生物多样性产生的影响等。生态系统多样性以及系统内部物种多样性的保护与国土空间规划密切相关，需要在空间规划中研究落实。从生物多样性保护的视角，在构建"生境—廊道—踏脚石"生物多样性保护网络的基础上，优化国土空间格局与布局。

8.2.5 弹性城市理论与分析方法

1. 基本理论

弹性一词来源于物理学，指物体受外力作用发生形态变化，当外力撤销后能恢复原来大小和形状的性质。后被推广至诸多研究领域：经济学中，弹性成为计量一个变量对另一个变量变化敏感度的数值；心理学中，弹性指一个人抵御不利处境或从中恢复的心理或行为能力；生态学中，弹性用于描述一个系统遭受意外干扰并经历变化后依旧基本保持其原有功能、结构及反馈的能力；材料力学中，弹性指抵抗物质和结构的疲劳，没有过度变形的能力。虽然定义各不相同，但其内涵基本一致，即指事物易于抵抗变化的特性，是事物面对变化保持长久生命力的核心能力。

对于城市空间来说，弹性是一个重要的概念。城市是"社会–空间"辩证统一体（socio-spatial dialectic），即城市是物质空间与社会经济发展两者间相互影响、共同作用的结果，物质空间与社会经济发展的良性互动可以推进城市的综合发展，反之则起到阻碍作用。市场经济背景下，一切社会经济活动都处于持续运动的状态，其受到市场影响，会进行不断地调整与改变，城市也由此呈现出了复合、复杂、瞬息万变的发展特征；而与社会经济发展相比，城市空间的发展变化则缓慢得多。因此，在时间维度上，若要将具有较长生命周期的城市空间与瞬息万变的社会经济发展环境相匹配，增强两者之间的互动，减少"磨损"，创造具有弹性的城市空间就显得非常重要。简单地说，弹性城市空间就是易于抵抗外在社会经济环境变化的城市空间，其有可能是具有"以不变应万变"特征的物质空间，也有可能是面对变化能够迅速调整的城市空间环境。对于正在经历快速城市化进程的我国城市来说，弹性城市空间可以高效支撑社会经济发展，减少物质空间损耗，因此对我国的城市规划建设活动尤为重要。

对弹性规划来说有一个较为广泛的定义：为提升城市规划与城市空间应对不确定社会经济发展变化的能力所采取的规划技术手段。弹性规划就是以实现最大化的经济、社会和生态效益为基础原则，并在此基础上，有效地追求社会福利和行政目标的和谐统一，为人类打造一个可持续发展的居住环境。同时在一定的规划技术下提供多个备选方案，制定有保障的动态实施政策。弹性规划的本质就是使城市规划具有未来导向性和社会公共性的特征。弹性规划通过多维度的规划协调，实现多重目标；通过动态分解土地指标，均衡功能的利益；通过功能尺度的分层实施，完善规划丰富的模式；通过平衡人与自然的关系，实现可持续发展的战略目标。其特征具体表现在规划时效、规划结构和规划布局上的弹性体现。

2. 规划的弹性设置分析方法

弹性规划需要通过科学的研究、分析和预测体系构建，在保障城市发展用地需求的前提下，实现多重目标的动态平衡。城市规划和土地利用规划的核心问题在于土地资源的合理配置与统筹管理，其核心任务是根据区域发展特征、用地需求差异和资源承载能力，通过多目标优化模型寻求土地空间的最优利用方案。在规划实践中，弹性规划通过科学预测使城市系统具备应对未来不确定性的缓冲能力，既能保证土地资源的高效利用，又能为城市可持续发展预留适应性空间。规划的弹性设置分析方法具体说明如下（图8.2）。

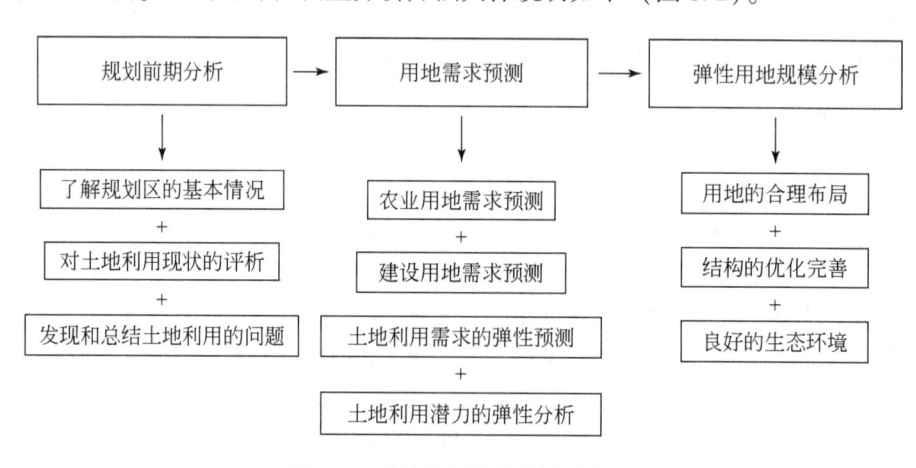

图 8.2　弹性规划路径分析示意图

1）规划前期分析

规划前期分析是指要对规划区域的情况进行分析研究，对土地利用现状及时做出评析，对土地利用中存在的问题进行总结，为问题的解决和决策提供依据、打下基础。

规划区的基本情况涵盖的范围较广，包括规划区所包含的行政区划分，还有自然条件、经济条件、生态条件、居住条件，以及社会人文条件等。其中，自然条件指的是规划区域的地貌特征、地势走向特点和海拔等地貌要素，水文水资源要素，气候要素，土壤的类型、厚度、有机质含量等土壤要素，森林、草原等的天然植被和后期人工植被等要素。经济条件主要从当地经济发展战略计划以及经济的发展水平、经营管理水平等方面进行分析。生态条件包括了一切自然中的可持续因素，如草原退化现象、水土流失、污染情况等。

对于土地利用现状的前期评析包含的内容主要有：不同功能类型的土地的使用规模；主要用地类别的开发利用程序；不同类型的土地利用所产生的各方面效益（包括经济效益、社会效益和生态效益等）。

分析土地利用的关键是通过分析寻求土地利用过程中存在的一些问题，这也是此项工作的目的和核心内容。例如，在前期的分析中找出区域内土地分配产生的问题，对区域内的土地利用方面、耕地的现状及质量方面进行全面了解，对土地、水源方面的污染情况要实时查看，找出污染源头，还有就是在分析中涉及土地资源的浪费等一系列问题。通过以上的分析，对规划区域内的土地利用和污染等问题，要制定有效的应对策略和解决方法，用于后期的弹性规划中。

2）用地需求预测

用地需求预测是编制城市规划、协调土地供需的重要依据。在城市弹性规划中研究土地利用的弹性，主要是为了对土地利用需求进行预测，对土地利用潜力进行分析。从另一个角度来看，土地利用潜力的分析目的是预测未来土地利用的供给量，土地利用需求的预测则是在分析未来土地利用的需求量。由此可以看到，只有合理把握土地利用的供需平衡问题，才能更好地做好城市建设的弹性规划问题。只有土地利用弹性规划合理后才能制定出城市规划的战略目标。

城市用地的需求是多种因素共同作用的结果。其中包括了城市的自然地理环境条件，社会的政治、经济、科技发展背景，城市人口结构、人口增长率及国家政策、人类活动等方面。城市不断地发展，社会经济不断地进步，建设用地的需求量也随之不断增加。按照用地类型的不同，建设用地需求预测划分为交通用地、水利设施用地、居民点工矿用地等进行具体预测。农业用地需求预测一般要根据社会经济发展状况、农业经济发展状况等因素来进一步确定。其内容主要包括了农地、耕地、草地、渔地、牧地和园地等。

在城市化发展过程中，土地需求量与分配比例受规划建设用地扩张需求的直接影响。在城市绿色基础设施的弹性规划中，本着优化产业结构和生产格局的思想，提高土地集约利用水平，加强对基本农田和耕地的保护，从而提高产品的产出值，最大限度地满足社会发展的需求，满足城市化进程中土地资源与居民适应性的内在联系。

3）弹性用地规模分析

弹性用地规模分析是为达到用地布局结构的完善和理想化需求，寻求最优集约度和最强利用度，使土地的环境效益和经济效益得到双赢的提升。其中，合理布局土地利用功能，结构比例科学完善，配合规范成熟的经营管理程序，达到土地利用的最大程度。以持续地对土地进行投入，对土地结构进行优化配置以及改善土地管理制度和手段来挖掘土地利用的最大潜能，并使其得到发挥，从而提高弹性用地的效益。

在城市弹性规划发展的问题实施中，弹性用地规模分析要结合实际情况，根据规划区域的用地需求来划定弹性用地的区域。当规划的用地得不到满足的时候，需要将其他的土地类型缩减纳入供不应求的土地类型中作为补充,优化满足各类土地的实际需求。通过合理控制城市扩展的范围划定弹性用地的扩展边界,并在不同类型规划用地的区域内实施相应的管制措施和管理办法。以长远的利益标准来预测弹性用地的规模,优先满足合理的城市化扩展需要。

8.3 城市生态安全格局与生态空间规划

8.3.1 城市生态安全格局的概念与研究动态

生态安全是维护某一尺度下的生态环境不受威胁,并为整个生态经济系统的安全和持续发展提供生态保障的状态。它包含两个层面的含义:一是生态系统自身的安全;二是生态系统对于人类社会系统的服务功能,即作为社会支持系统能够满足人类发展的需要。生态系统的服务职能涉及人类社会的许多方面,如经济安全、农业安全等。当这种服务职能指向城市时,即产生城市生态安全概念。城市是"自然-人工"复合生态系统,城市生态安全强调生态系统对城市生存、发展的保障职能。

城市生态安全是指在快速城市化的过程中,城市生态系统及其组分能够维持自身的结构和功能,支持城市持续发展的需要,并避免非期望生态事件发生的状态。城市生态安全格局强调城市生态安全的空间存在形式,其规划途径:以城市生态系统的空间结构为研究对象,通过空间格局的优化,建立健康的系统空间格局,保护城市生态系统的生态过程及其服务功能,并满足城市发展的需要。

国际上,早在19世纪末,奥姆斯特德、霍华德等人就从改善城市人居环境的角度出发,提出了"公园系统"和"花园城市"等理论并开展了相关实践,对后世的城市规划和生态规划产生了深远影响。20世纪50年代,在西方逐渐兴起的以绿道(green way)运动为代表的生态网络构建逐渐成为自然资源保护的新热点。20世纪80年代诞生的生态基础设施(ecological infrastructure)和绿色基础设施(green infrastructure, GI)概念,将重要生态资源作为国土生命支持系统的关键性格局进行规划和建设,被认为是实现精明保护的重要途径。目前区域和城市尺度的绿色基础设施规划研究已在美国马里兰州、芝加哥、明尼苏达州、波特兰等地区展开。基于生态保护视角,可以狭义地认为城镇开发边界和生态保护红线是生态安全格局的线状边界,同时城镇开发边界、绿色基础设施和生态网络的概念、设计与实施也丰富了生态安全格局的理论和实践内涵。

20世纪80年代以来蓬勃发展的景观生态学为生态安全格局提供了新的理论基础和方法,包括"最优景观格局"、"景观安全格局"(landscape security pattern)和"生态安全格局"(ecological security pattern)等。由我国学者提出的"景观安全格局"和"生态安全格局"理论已在不同尺度、不同区域的关键生态地段的辨识和生态安全格局的构建中得到广泛应用。此外,由于生态安全格局研究所具有的综合性和复杂性,包括预景、干扰分析、GAP分析在内的多种分析方法也被应用到研究中。基于生态适宜性和垂直生态过程进行的生态敏感性和生态系统服务的重要性分析,是关键生态地段辨识的常用方法,目前较为成熟和系统,已被国内学者所广泛采用。

近年来,城市生态安全(urban ecological security, UES)、安全城市规划和弹性基础设施(secure urbanism and resilient infrastructure, SURI)等理念也引起了国际学者的关注,有

学者提出将关键的基础设施建设融入生态安全研究中来，优先保护对于人类社会发展和生态维持具有关键意义的城市区域。也有学者将生态安全格局的构建方法应用在城市增长边界和生态红线划定中，如周锐等（2015）以4种单一生态过程的生态安全格局为城镇增长的阻力因子划定城市增长边界，是对综合生态安全格局构建方法在城市增长边界中的直接应用。生态安全格局研究的尺度和范围较广。研究区域早期集中在自然保护区和风景名胜区，近年来针对生态脆弱地区、经济快速发展地区以及重大工程的生态安全格局的研究逐渐增多。其中快速城市化地区的生态安全格局构建已成为生态、地理、城市规划等学科共同关注的热点。不同学者对东营、威海、菏泽、台州、兰州、沈阳等城市生态安全格局的构建及其对于城市扩张的响应等进行了探讨，为规划生态型城市提供指导依据。

8.3.2 城市生态安全格局规划的原则与方法

1. 城市生态安全格局规划的原则

城市生态安全格局规划是在社会经济发展的过程中，以调控城市空间增长的生态干扰和优化生态格局为技术途径，以建构城市生态安全体系的空间格局为目标，整合城市社会和生态的格局、过程的空间规划。因此通过对景观生态原则的增补来确定城市生态安全格局规划的原则。

1) 针对性原则

针对具体的由人为干扰所引发的生态问题，以优化生态格局和调控干扰为目标进行规划设计。

2) 自然性原则

以保护、恢复、优化自然生态结构和功能为优先目标进行规划设计。

3) 主动性原则

主动控制有害的人类干扰、实施有益的促进措施，加速生态系统恢复的规划设计。

4) 综合性原则

综合考虑生态、经济、社会文化的多样性对生态安全格局的影响，进行综合性的规划设计。

5) 适应性原则

适应社会经济发展需求，结合科学理论与技术方法的发展，规划具有适应性的、动态的城市生态安全格局。

2. 城市生态安全格局规划的方法

城市生态安全格局规划是目标规划与问题规划的结合，其本质是通过空间途径实现城市生态格局的优化，并对城市空间增长进行生态干扰的控制和引导。因此，具体规划方法主要包括基于格局优化的规划和基于干扰分析的规划，并可运用预案研究实现目标规划与问题规划的有机结合。

1) 目标规划——基于格局优化的规划方法

基于格局优化的规划方法是以城市生态用地的分类研究为基础，注重探明城市生态系统中的重要生态过程及其空间存在形式，实施格局保护和优化。具体方法如下。

（1）背景分析。

将建设用地作为城市生态系统中的活跃斑块,分析历史时期自然和人为扰动的特点,以及城市斑块增长与生态格局的关系。

(2) 关键地段识别。

在城市"社会—生态"过程及问题的分析评价基础上,识别具有关键生态作用和社会价值的生态用地(如具有较高物种多样性的生境类型、生态网络中的关键节点和裂点、对人为干扰敏感而对景观稳定性影响较大的单元,以及对历史文化保护具有重要价值的地段、对城市风貌景观具有重要影响的地段等),探明城市生态格局中保证系统健康和服务功能的具有重要意义的生态用地及其格局。

(3) 风险评估。

研究城市增长趋势和增量规模,将城市用地增量需求的阶段性供给与布局落实在用地格局的空间配置上,对现实的城市生态状况进行评估和预测,为城市生态安全格局规划提出具体目标。

(4) 总体布局。

采取集中与分散相结合的原则,保护和建设大型的环境资源型生态用地(作为物种生存和水源涵养所必需的自然栖息环境)、一定数量的小型生态斑块和廊道(用以保护水系和物种流动)。这种格局在城市生态功能上具有不可替代性,是城市生态安全格局的基础格局。

(5) 生态属性规划。

依据现状用地利用的特点和问题,结合城市空间增长的动态属性,进一步明确生态优化和社会发展的关系,调整、优化现有生态用地格局,确定城市生态系统及其组分的发展格局和功能。

(6) 空间属性规划。

将上述的生态和社会需求落实到规划设计的方案中,即通过生态用地的格局配置,用空间规划的手段对用地斑块的属性和技术指标(如生态用地的大小、形态、边缘的宽度、长度、复杂度等)、开发建设时序、保护或改造措施进行明确的规定。

2) 问题规划——基于干扰分析的规划方法

干扰一般指显著改变系统自然格局的事件,它导致生态资源与空间格局的改变和重组。通过城市空间增长对生态系统干扰的分析,将为排除与生态环境问题相应的人为干扰,或通过有益的人为干扰优化生态格局与过程提供支持。通常的城市规划方法往往忽视对空间增长的生态干扰分析,如仅仅由高程分析推导出的用地布局,导致建设用地对沟谷、岸线空间的"填充",不仅割断了山体与水系的空间联系,而且也完全割断了山体与水系的生态过程(如水文过程)。基于干扰分析的城市生态安全格局规划方法是问题导向型的规划方法,针对不同功能的城市生态用地,从空间干扰的发生和影响特征出发,提出相应的控制对策。城市空间增长对生态环境构成的干扰可分为:①改变过程的干扰;②直接影响保护目标的干扰;③间接影响的干扰;④产生环境压力的干扰等。干扰分析的规划方法将干扰的引导或排除作为城市生态安全规划的线索,通过自然干扰和适度人为干扰来保持城市生态系统异质性,通过生态用地的格局配置来阻挡不利干扰,引入积极干扰,进而实现城市生态安全。

基于干扰分析的规划方法通过对人为干扰的分析,识别城市生态系统所受干扰的种类、过程、结果,继而可以作为城市生态系统空间管理的支持。对城市生态安全格局的干扰分析主要包括：建设用地增长过程中关键生态系统的完整性和稳定性、生态系统健康与服务功能的可持续性、主要生态过程的连续性等。这与干扰分析的类型划分和层次划分都是可以对应的。

3）预案研究

预案研究是目前广泛应用于区域发展规划、景观生态规划等领域的一种不确定性规划方法，主要是对未来各种可能性进行探索并寻求实现途径。其目的不是回答"将会发生什么"，而是考虑"如果这样，将会怎样"。在面临具有复杂性和不确定性的问题时，预案研究既能拓展思考范围，又能收敛以抓住问题的关键，从而使不确定性逐渐明晰化。预案研究可归纳出一些不可能发生和不能发生的情况，从而为城市空间增长建立一个空间限制的框架，在这些限制范围内城市用地增长需求能够得到最大限度的实现。

城市生态安全格局规划的预案研究方法主要是通过"由下到上"（Bottom-up）及"由上到下"（Top-down）两种思路的对接来完成。Bottom-up方法基于生态干扰分析，研究城市增长的空间需求及城市生态系统本身的限制因素，以明确城市用地增长的各种生态限制因素及可供选择的范围。Top-down方法基于生态格局优化，着眼于控制城市生态系统的空间结构及其变化的驱动力与过程。因此可用于把握和限定城市空间增长预案的方向性及可能性。预案研究的Top-down和Bottom-up方式正好对应目标导向规划和问题导向规划，将两种规划途径结合，适应于城市生态安全格局研究针对性、系统性和主动性强的特点。

8.3.3 城市生态网络格局规划

自20世纪80年代以来，源于生物保护领域的生态网络（ecological network）概念和理念在欧洲及北美洲一些开放空间规划中得到认可。由此出现了一系列类似概念，如生态基础设施、野生生物廊道、生态廊道、生境网络及框架景观、生态结构等。这体现了经过生态学理论对土地利用规划及政策的深入影响，也表明了人们对栖息地及广泛的自然系统破碎化现实的直接反应，是对"一个引人注目的问题的显而易见的解决方案"。

网络本指在形式或概念上类似网状结构的某类事物或系统，尤指相互交叉或连接的线路或通道构成的体系，或相互连接的复杂群体或系统，进而扩展为具有相似兴趣和利益的群体等。网络作为认识系统结构的一种方式，有助于认识系统的整体性和复杂性特征。生态网络可定义为由自然保护区及其之间的连接线所组成的系统，这些连接系统将破碎的自然系统连贯起来；相对于非连接状态下的生态系统来说，生态网络能够支持更加多样的生物。生态网络由核心区域（core area）、缓冲带（buffer zones）和生态廊道（ecological corridors）组成。生态网络的目的是：作为网络，维持生物和景观的多样性，同时有利于政府部门开展自然生态系统的保护工作。

生态网络提供了一种新的景观生态学视角。以前，景观生态学的概念只涉及网络的单一要素，如斑块、节点、缓冲地带、廊道以及连接系统；或是涉及网络的动态过程，如运动、流动、迁徙、扩散、破碎化和连接度。而生态网络研究的是整个框架，单一要素以动态的方式相互影响，结合在一起就形成了以保护生物和景观多样性为主导的生态网络的思想，同时也促进了土地利用方式的可持续发展。规划是生态网络建设目标得以实现的关键。

生态网络通常有两类实现途径：①推导法，强调自下而上，多为生态学家、生物保护学家等使用，需考虑特定物种的生境需求和廊道、斑块尺寸及整个自然区域的生态价值等，由此推导出生态网络并通过知识积累形成理论体系,但难度在于不可能知道一定景观中所有物种的生境需求,所以必须填补其假设与实际监测之间的差距,在研究中加入相关知识以做出合理推断;②归纳法,强调自上而下,更强调基于明确的需要来设计一个总体框架,然后从相关学科中寻找具体方法来满足这种需求,但也需要填补上述差距,多为规划师、政治家及其他政策制定和实施人士使用。实际应用中多为两种方法的结合。

8.3.4 案例分析

哈尔滨中心城区生态安全格局的构建,是基于景观生态学"斑块-廊道-基质"理论,科学识别研究区生态源、生态廊道、生态节点和生态基质特征,采用定性和定量分析相结合,构建满足近期与远期景观生态规划和生态建设要求的景观生态格局的典型案例。

哈尔滨地处黑龙江中南部、松花江两岸,是中国省辖市中陆地管辖面积最大的城市。哈尔滨中心城区总面积4187km^2,研究区范围确定为道里区、南岗区、香坊区、平房区、松北区的行政辖区以及道外区的阿什河以西区域和呼兰区的呼兰河以南区域,总面积1694km^2。对哈尔滨市现状的生态景观初步进行分析,基于基质-廊道-斑块的景观生态格局理论,确立生态源、生态廊道与生态节点及其之间的连接度,基本上确定了哈尔滨市中心城区生态网络空间现状格局(图8.3)。

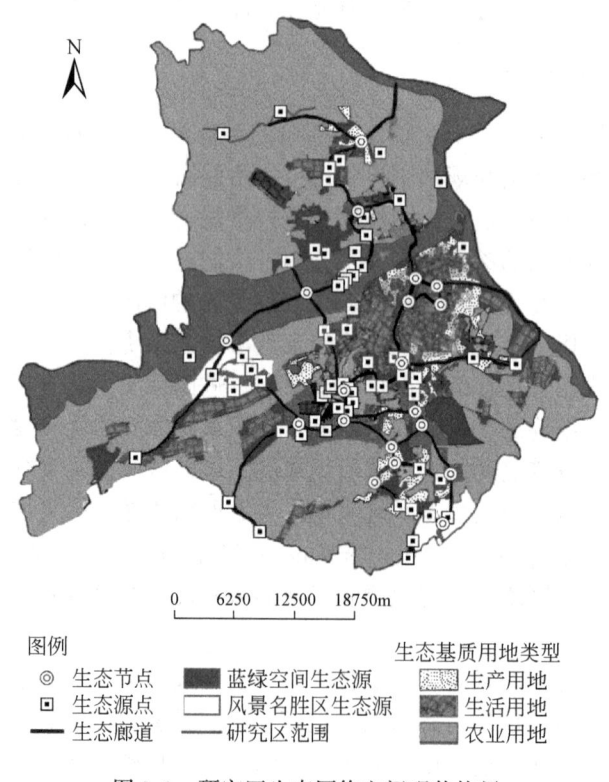

图8.3 研究区生态网络空间现状格局

1. 研究区生态网络空间现状与景观格局评价分析

对哈尔滨中心城区的景观格局评价,选取生态源地形状指数、生态源(或节点)度数和生态廊道综合指数以及生态基质用地空间变化情况进行分析评价。

生态源地形状指数是生态源地周长与面积之比。该指数主要反映现状生态源地对城市景观中物质扩散、能量流动和物质转移等生态过程的影响。该指数越大，形状越复杂，与外界联系越密切，生态源地内部生境越稳定。形状指数较大的生态源地主要集中在研究区内部，外围生态源地形状指数偏小，形状指数偏小的生态源地数量大于形状指数较大的生态源地数量。对于形状指数较小的生态源，为提高其与外界连接度，应加强生态源之间生态廊道的建立以弥补其不足。

生态源（或节点）度数用来度量每个生态节点或生态源所具有的连接线数量，即与之相连接的生态廊道的数量。节点度数越大，表示该生态节点或生态源对外连接程度越高，在景观生态空间结构中往往成为重要的战略点或生态源。生态源中部分林地生态源与绿草地生态源度数较大，说明被生态廊道穿过数量较多，风景名胜区生态源度数相对偏小，被生态廊道穿过条数较少；整体来看，各类生态源中均存在没有生态廊道连接的现象，研究区周边生态源度数普遍偏小，原因在于研究区周边生态源地数量较少，与之相联系的生态廊道数量也相对较小。应加强生态节点的建设，完善生态节点间生态廊道的连接，提高对外连接度。

生态廊道综合指数是指 γ 指数、β 指数与 α 指数之和，各指数的计算方法与含义如表 8.2 所示，主要揭示生态景观空间结构中生态节点或生态源与生态廊道连接线数量的关系，反映生态结构的复杂程度与生态效能，数值越大，生态廊道的连接性越好。研究区生态空间结构中北部与西南部生态廊道连接度较弱，东部生态廊道连接度处于中等水平，中部个别生态廊道连接度较好。

表 8.2　γ、β、α 指数的计算方法与指数含义

指数类型	计算方法	指数含义
γ 指数	$\gamma = L/3(V-2)$	城市生态景观空间结构中生态廊道数量与该结构中最大可能的生态廊道数量之比
β 指数	$\beta = 2L/V$	度量一个生态源或生态节点与其他生态源或生态节点联系难易程度的指标
α 指数	$\alpha = L_n/(2V-5)$	生态景观空间结构中环通路的量度，又称环度，是连接结构中现有生态源和生态节点的环路存在的程度

注：L 为网络中生态廊道数量；V 为网络中生态源与生态节点总数；L_n 为实际环线数。

生态基质是各类景观中面积最大、连接性最好的景观要素类型。分析采用了转出用地类型空间分布情况和发生转入用地类型空间分布情况，进而分析生态基质用地空间变化情况。

2. 研究区生态网络空间优化方法

城市景观生态网络空间优化目标是优化景观组分，调整生态源地、生态廊道、生态节点的数量以及其他各类景观基质的数量和空间分布格局，使城市内部各组分之间达到和谐稳定，提高或改善城市生态系统完整性、恢复力和稳定性，实现区域可持续发展。

1) 生态源优化方法

研究区生态源斑块依据源斑块面积大小划分为大型和小型两类。大型的生态源斑块如研究区内面积在 0.1km² 以上的水域、风景名胜区、林地和城市绿地等作为城市的"绿肺"，主要包括松花江、呼兰河、阿什河、太阳岛风景名胜区、植物园等，不仅具有多种生态功能，而且增加城市景观特色风貌。其他小型的绿色斑块如研究区内面积在 0.1km² 以下的水域、

林地和城市绿地等,则可以作为物种迁移和再定居的"踏脚石",改善城市景观的视觉效果,提高城市景观的异质性。从维持生态景观结构连接度角度出发,适当地提高小型斑块的面积,使之与外界斑块形成结构上的联系,分别做300m、600m、900m 3种距离不等的缓冲区。尽管在中心城区内部设置缓冲区实际操作比较困难,但是可以在城市规划中确定严格的生态控制指标,提高缓冲区的生态功能。

2) 生态廊道优化方法

根据城市建设用地内部不同用地类型对生态环境产生的价值程度对其赋予不同生态功能值,同时根据其用地性质改变难易程度、机会成本和经济效益高低程度赋予不同生态用地修复选址因子值,综合评价多种因子影响下景观生态廊道形成的代价表面,运用地理信息分析的最小耗费用距离模型进行生态廊道功能连接度优化。综合考虑生态廊道代价表面反映的廊道构建难易程度,确定200m范围的廊道缓冲区,以减轻交通要道以及其他建设用地对生态廊道的冲击;同时,还能弥补大型生态源地和小型生态源地斑块之间的连接程度。

3) 生态节点优化方法

对于生态节点空缺区域,需要通过生态建设来弥补生态节点点位,根据生态节点空缺程度,即优化的紧迫性,划定近期生态节点优化区域、中期生态节点优化区域与远期生态节点优化区域。

4) 生态基质优化方法

基于城市景观生态变化空间格局,预测未来城市生态用地及生态基质中其他各类用地变化情况,根据其发展趋势划定生态用地预留区,为生态源地未来发展预留一定数量的土地,在生态用地预留区内应合理利用、规划土地,为未来生态源地的扩张做准备。

对生态源-生态廊道-生态节点-生态基质空间格局进行优化,优化结果如下:①优化后的生态源地在东西方向与南北方向大体形成集中连片之势,大型生态源地间彼此连接程度较高,为弥补少量小型生态源地距离原因造成的连接度较低问题,在生态源斑块周围设置600m生态缓冲区,或生态预留区。②研究区大型生态源之间,以及大型生态源与小型生态源之间构成大型生态廊道,是研究区内的主要生态廊道网络;研究区小型生态源之间构成小型生态廊道,是研究区内的次要生态廊道网络,同时,根据研究区生态廊道优化代价表面,为生态廊道设置200m缓冲区。③识别出研究区60%的区域为生态节点盲区,主要集中在研究区周边及研究区中心处,应加强生态节点盲区的生态建设。④新增加的大部分生态用地均由其周边的农业用地基质转入,主要集中分布在水域生态源地周边,还有部分分布在绿地生态源地和风景区生态源地周边,其余少量新增加的生态用地零星分布在林地生态源地周边。

8.4　城市水系统弹性与相关城市规划

8.4.1　水生态系统规划的弹性相关概述

1. 相关概念及内涵

国际上同水弹性城市类似的概念还有水敏感性城市设计(water sensitive urban design,WSUD)、低影响开发(low impact development,LID)、最佳管理实践(best management practices,BMPs)、可持续城市排水系统(sustainable urban drainage system,SUDS)以及在我国大力推行的"海绵城市"等。

城市水弹性以弹性理论为基础，指城市水系统能够准备、响应特定的外部扰动，不受影响或者能够从中恢复，并将其对公共安全健康和经济的影响降至最低的能力（Wilbanks and Sathaye, 2007）。城市水弹性这个定义明确了三个方面内容：弹性的主体、弹性的对象、弹性的内涵。弹性的主体是城市水系统，包括供水管网、排水管网、城市结构、街区选址、布局肌理等城市人工水系统，以及河流、湿地、绿地等城市自然水系统。弹性的对象是城市需要解决的各种水问题，包括水量（干旱或洪涝）、水质（污染）以及水生态（环境破坏）三个方面。弹性的内涵指当城市面临上述水问题时所具有的三种能力：避免问题发生的能力，问题发生后的恢复能力，系统的自组织、学习和适应的能力。

1）美国最佳管理实践（BMPs）和低影响开发（LID）

美国于20世纪70年代提出最佳管理实践（BMPs）。初期提出BMPs的目的是利用雨水湿地、雨水塘、渗透池等末端措施，发挥径流污染控制作用。发展至今，BMPs的目标拓展到多个方面和层次，包括洪涝与峰流量的控制、水量控制、具体污染物控制准则、地下水补充与水体保护标准、自然生态环境保护和可持续发展战略等。BMPs主要通过末端设施（雨水塘、渗透池等）进行雨水调控，存在占地面积大、维护成本高等缺陷。1990年，美国马里兰州乔治王子县发展了一类基于微观尺度源头控制的雨洪管理理念，即低影响开发（LID）（USEPA, 2000）。LID理念的核心是通过源头调控的小型、分散的近自然设计策略与技术措施的应用，模拟场地开发前的自然水文状态，最大程度降低土地开发对自然水文条件的影响，其基本原理如图8.4所示。技术层面，LID主要技术措施包括湿地花园、滞留草沟、下凹式绿地、绿色屋顶、可渗透性路面、树池、蓄水池、雨水塘、干井等，通过各种类型技术设施应用完成对地表径流的收集、滞纳、净化、储存等过程。

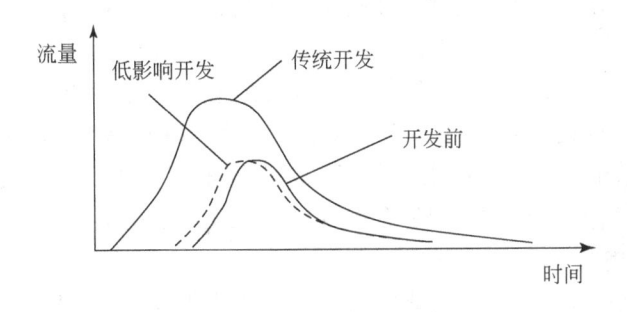

图8.4 低影响开发原理（仇保兴，2015）

2）英国可持续城市排水系统（SUDS）

英国为应对传统工程性排水体制引发的洪涝多发、污染严重以及环境破坏等问题，将长期的社会和环境因素考虑到排水体制及系统建设中，在BMPs的基础上发展建立起本国的雨洪管理体系（CIRIA, 2000; Malmqvist, 2006）。SUDS摒弃传统以"排放"为核心的排水系统，综合考虑地表径流水质与水量、城市污水与再生水、社区活力与发展需求、野生生物提供栖息地、景观潜力和生态价值等因素，从维持良性水循环的高度对城市的排水系统进行可持续设计与优化，建立可持续排水系统。

SUDS是由径流和污染物的管理与预防措施、源头控制、场地控制、区域控制四个等级组成的管理体系（图8.5），首先是利用家庭、社区管理，预防径流的产生和污染物的排放；其次通过场地设计对径流和污染物进行源头控制；最后在下游场地和区域，对不同源头、不同场地的径流统一处理，如使用湿地和滞留塘等末端处理设施，其中预防措施、源头控制两级处于最高等级，SUDS 强调从径流产生到最终排放的整个链带上对径流的分级削减、控制，而不是通过管理链的全部阶段来处置所有的径流（Wilson et al., 2004；车伍等，2009）。

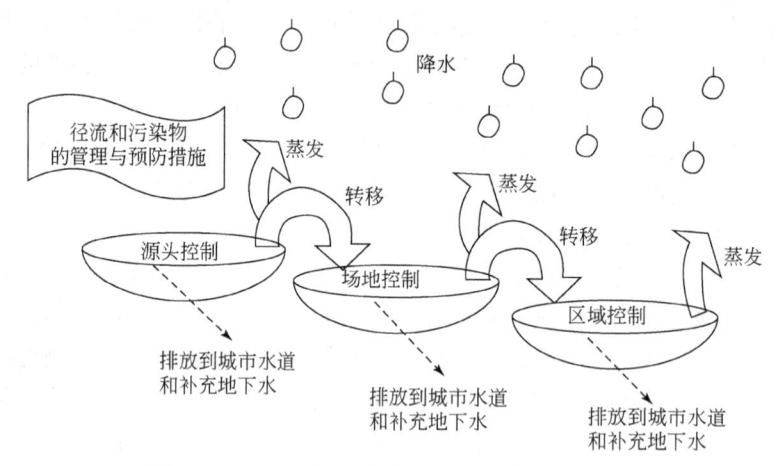

图 8.5　SUDS 雨水径流管理链（车伍等，2009）

3）澳大利亚水敏感性城市设计（WSUD）

为实现对水质、干旱、洪涝等问题的综合管理，澳大利亚水敏感性城市设计（WSUD）将流域管理、雨水收集、污水处理、再生水、供水等环节进行整合，关注整体城市水循环系统。WSUD 强调通过整体的城市规划和设计来减少自然水循环的损害，保障城市水生态系统健康，可分为两个层次，一类是宏观尺度基于最佳规划管理（best planning practices，BPPs）理念，在城市总体规划、街道空间布局实施雨水管理，具体包括：明确水敏感性保护区域，结合地区蓄洪、排水、排出点等可持续雨洪系统安排用地功能，构建公共开敞空间，保护现状植被、自然水系，同时考虑城市景观、游憩、环境保护。另一类中小尺度采用 BMPs、LID、SUDS 等技术措施和体系，如雨水花园、滞洪湿地等，达到雨水收集利用、污水处理和再回收利用、兼顾生态环境和景观的多重效益（Wong，2002）。

4）日本雨洪管理体系

受地理条件特殊性及土地利用变化影响，日本是洪涝灾害的高发国家，因此非常重视城市内涝与洪水灾害的控制，从城市空间尺度应对策略到城市微观雨洪管理技术设施应用，形成了较为完善的雨洪管理体系。宏观层面从水源涵养保护区、自然河道修复、城市蓄水空间三个层次构建城市空间应对策略，对水源涵养保护区内的土地使用进行严格限制，屏弃传统硬化工程措施，开始采用自然生态设施，或与防洪工程相融合的半自然型设施，恢复和保护河流的生态调蓄功能，同时利用地下和地上空间，形成用于临时储存、滞留洪水的空间系统，依据功能的不同，分为蓄水空间、滞洪空间和低洼地等类型。微观层面改变传统的硬质堤防设计手法，放缓滨岸坡度，提高河流景观构筑物的亲水性，努力营造生态景观良好的滨水空间，同时利用雨洪管理技术设施进行场地径流处理。

5）城市水系统弹性

弹性作为学术名词，最早由生态学家 Holling 于 1973 年提出，指一个系统吸收克服干扰，保持其自身功能和结构稳定的能力。弹性城市是指城市系统能够吸收干扰，在被改变和重组之后仍能保持自身特征，同时从干扰中总结学习和提升自身。对比传统城市在面对自然灾害等外界干扰时呈现无法应对风险的脆弱性，弹性城市在灾害防御、气候变化适应和风险管理方面更具综合性和前瞻性。

城市水系统弹性还可以从 3 个层面来理解：①生态弹性，包括土地利用、水系格局等；②工程弹性，包括防灾减灾工程设施，如排涝站、市政管网等；③社会弹性，包括灾害预警、疏散机制、政府救助、灾后恢复等。

6) 海绵城市

2012 年，"海绵城市"一词在"2012 低碳城市与区域发展科技论坛"中被首次提出。2014 年国家正式印发《海绵城市建设技术指南——低影响开发雨水系统构建（试行）》（以下简称《指南》）。《指南》中明确指出：①海绵和水有关，有水时吸进去，用水时挤出来，指的是良好的水生态环境；②与低影响开发意思相近；③海绵城市是指城市能够像海绵一样，在适应环境变化和应对自然灾害等方面具有良好的"弹性"，下雨时吸水、蓄水、渗水、净水，需要时将蓄存的水"释放"并加以利用。海绵城市的建设途径主要有以下几方面：一是对城市原有生态系统的保护。最大限度地保护原有的河流、湖泊、湿地、坑塘、沟渠等水生态敏感区，留有足够涵养水源，应对较大强度降雨的林地、草地、湖泊、湿地，维持城市开发前的自然水文特征，这是海绵城市建设的基本要求。二是生态恢复和修复。对传统粗放式城市建设模式下已经受到破坏的水体和其他自然环境，运用生态的手段进行恢复和修复，并维持一定比例的生态空间。三是低影响开发。按照对城市生态环境影响最低的开发建设理念，合理控制开发强度，在城市中保留足够的生态用地，控制城市不透水面积比例，最大限度地减少对城市原有水生态环境的破坏，同时，根据需求适当开挖河湖沟渠，增加水域面积，促进雨水的积存、渗透和净化。

2. 相关研究动态

现行规划体系中与城市雨洪问题直接相关的规划面对日益突出的内涝灾害表现出了明显的局限性，需要一个更具体、更明确的综合性城市水系统弹性规划专项规划来对其进行完善和补充，以满足整体水环境与现代城市和谐发展的需求。北京、珠海、宁波等许多城市的试点建设项目已经开展了海绵城市专项规划，对规划编制问题进行了具体探讨。另外，基于海绵城市的专题研究来指导城市现行的排水防涝、水系、绿地及道路交通等专项规划。其中结合城市绿地系统来构建海绵体系的思路备受关注。

研究方法上，主要体现为以下两方面：一是基于水文实测数据的统计分析和计量分析方法。国内外都有大量学者利用该类方法分析城市土地利用/覆被变化对径流量、最大洪峰及径流历时等水文指标的影响情况。二是基于地理信息系统（GIS）的空间分析和水文模拟方法。利用 GIS 空间分析实现对城市用地的图形数据校正、空间查询等，并通过 GIS 与多种水文模型的耦合来模拟不同降雨情境下的雨洪灾害情景，推求各个情景下可能的淹没水深、淹没范围以及淹没历时。利用水文模型模拟的方法便于分析降雨作用于城市下垫面，能够实现雨洪风险的时空动态表现，国内外学者都对此方法进行了大量的研究工作。国外许多学者已经在进一步探索水文模拟的校准和验证方法。

由于城市水系统弹性专项规划的研究涉及学科范围跨度很大，对各专业间的需求、各部门间的统筹协调等方面要求很高，目前实施的成效并不十分明显。未来必须继续探讨该专项规划的定位问题，需要着重协调与已有的排水、防洪、道路、绿地、水系等专项规划的关系,避免重复过去各行其道、相互独立、分别编制的问题。加强对城市雨洪灾害发生、发展时空过程进行分析的研究方法探索,尤其要应对如何提高 GIS 空间分析法、统计分析法以及水文模型模拟法等方法的分析精度,对减少研究过程中的不确定性进行深入研究,以期最终能形成一个较完善的城市水弹性系统规划方法体系。

8.4.2 城市水系统规划原则与方法

1. 规划原则

1) 生态优先、安全为重

生态优先是城市水系统弹性建设当中最为重要的基本原则。城市建设要时刻以当地的生态问题作为重点考虑的对象,需以安全为重,提供水资源的安全保障,要在构建海绵体系的基础上加强对城市基础设施的保护。

2) 因地制宜

各地应根据本地自然地理条件、水文地质特点、水资源禀赋状况、降雨规律、水环境保护与内涝防治要求等,合理确定低影响开发控制目标与指标,科学规划布局和选用下沉式绿地、植草沟、雨水湿地、透水铺装、多功能调蓄等低影响开发设施及其组合系统。

3) 统筹协作发展

地方政府应结合城市总体规划和建设,在各类规划设计环节严格落实各层级相关规划中确定的低影响开发控制目标、指标和技术要求,统筹部署,协调发展。

2. 规划方法

城市水系统是一个复杂的系统,其弹性建设应从城市规划的源头着手,将海绵城市理念融入城市各层级规划中,涉及规划、园林、水利、市政、道路等多部门、多专业之间的相互协调运作。海绵城市理念下的新型城市规划方法对设计人员的要求已远远超过了传统城市规划专业,主要体现在它需要多规合一,即强调不同专业和部门的协调运作;海绵城市规划关注的是城市与生态环境,尤其是与水的关系,这就需要打破城市规划、园林、道路、市政等专业的被动配合与有限交互局面,解决不同专业技术协调性的困顿。

在总体规划层面,首先做好在规划前期对各种相关资料的收集整理分析,结合现状调研,开展对城市各要素的专题研究。例如,对城市水环境、生态保护、产业发展等的专题研究;对区域生态环境、经济社会发展等的专题研究;对生态城市、智慧城市等的专题研究。在开展专题研究的基础上对城市水资源承载力进行评估,依据自然现状条件,确定城市的发展目标和方向,明确城市在区域发展中的主要职能和性质,确定城市规划范围等。依据对城市的定位,确定城市低影响开发设施原则、策略和要求,明确城市雨水总体控制目标等。通过城市道路、绿地、水系、竖向等相关专项规划的协调,落实海绵城市建设要求,划定城市蓝线、绿线,确定海绵城市建设区域,指导低影响开发设施的空间布局、控制目标的制定等。确定城市用地布局和规划结构等,以水系或绿道为构架组织城市的空间结构和功能分区,明确城市的用地性质和重大设施的布局,同时对海绵城市的规划管控、建设时序等做出要求。城市总体规划层面还应统筹流域综合开发和治理,处理好城市小排水系统和河流大排水系统、城市点源污染和流域面源污染的关系,确保城市水安全,从根本上解决城市上下游洪涝、污染问题。尊重自然规律,修复城市原有湿地、河流、绿地等生态系统,渗、滞、蓄、排结合，进而实现城市的生态排水。

在控制性详细规划层面，应根据地块的地质地貌、用地性质、竖向条件及给排水管网等划分汇水分区。通过对地块的开发强度评估，确定地块低影响开发策略、原则等，优化用地布局，细分用地性质，为地块配置市政、公共设施等。然后以汇水分区为单元确定地块的雨水控制目标和具体指标，确定地块的单位面积控制容积率、下沉式绿地率等。根据雨水控制要求确定地块的建设控制指标，如地块的容积率、绿地率、建筑密度以及低影响开发设施的规模和总体布局。最终提出地块的城市设计引导，对地块内的建筑体量、建筑围合空间及其附属硬化面积等做出相关规定。

在修建性详细规划层面，需系统开展场地本底分析。通过对场地的土壤渗透性测试、地形高程解析、水系连通度评估及建成环境诊断，结合水文模型模拟场地开发前后的地表径流量与汇流路径变化特征。确定场地低影响开发设施的规模和空间布局等，并合理利用场地内的坑塘水系，根据场地现状选择合适的低影响开发设施组合。应综合分析场地低影响开发设施的可行性、经济性等。对于开发强度高的城市中心区，应改变过去以相对单一的工程技术手段被动地响应城市中心区严重的水环境问题的思路，并依据城市中心区开发强度，评估地块建设活动对周围城市用地所产生的交通、给排水、市政等的影响，实现城市地块的开发建设和交通管制、雨水控制目标的有机结合。当地面条件不足时，可考虑建立大型的地下调蓄设施，或者利用邻近地块的低影响开发设施消纳多余的城市雨水。在远离市中心、开发强度相对较小的地区，可在划定各级城市规划用地时，考虑在道路、绿地等城市用地中为低影响开发设施留出足够的用地。

8.4.3 城市水生态系统保护与海绵城市规划

1. 水生态系统保护与海绵城市水系空间格局规划

城市化影响城市原有的水环境、水安全以及经济的发展。城市化进程的加快和人类活动的影响，改变了区域的生态系统。永久性的建筑、公路和水利设施等城市开发建设彻底改变原有的自然景观和水系循环。城市中不透水铺装和建筑比例急剧增大，城市发展增大了地表径流系数，阻碍了雨水的渗透能力，削弱或切断了地下水源的补给，同时也增加了城市排水管网的压力和低洼地区防洪排涝的压力。美国国家环境保护局（USEPA）在阐述城市化对城市水文环境的影响时，将"地表径流量比例"作为重要的指标之一（表8.3）。区域的水系承载着城市的生存与发展，水系能改善生态环境，促进城市产业的发展，但超过一定承载力的时候，区域的水资源就会反过来阻碍城市的发展。因而，良性的区域城市发展需要首先保证合理的城市水系空间格局。

表 8.3 城市化对城市水文环境影响 （单位:%）

下垫面类型	蒸发比例	地表径流量比例	浅层入渗量比例	深层入渗量比例
自然地表结构	40	10	25	25
不透水下垫面 10%~20%	38	20	21	21
不透水下垫面 35%~50%	38	30	20	15
不透水下垫面 75%~100%	30	55	10	5

城市水生态系统是城市生态系统的一部分，是城市中的人类活动与自然水生态过程共同作用下的产物。城市水系统由社会循环系统与自然循环系统构成。社会循环系统由城市的水源、供水、用水和排水等四大要素组成，自然循环系统则由降雨、径流、渗透、蒸发等过程构成，涉及河流、地下水、湿地、河口及入海口等地区。越来越多的研究表明，保证这两个系统之间的相互联系是实现健全的水循环体系的必要条件。因此，在城市化进程中，保证水系统的完整性是构建生态安全格局的重要原则。

1）构建方法

传统涉水规划中给水、污水、雨水、防洪工程、景观与湿地等专业规划分别进行，缺乏系统的协调和指导，致使社会水循环系统与自然水循环系统的联系中断，无法保证水生态系统的安全。为保障生态格局的安全，必须对城市水系统各项要素进行统筹安排，使城市用水、排水、防洪排涝和区域水资源综合利用相协调，将河流、湿地等生境的完整性与城市景观和开敞空间统筹考虑，实现高质量、高保证率的供水和高质量的水生态环境，实现人与自然的和谐相处。城市生态水系与城市滨水绿地系统相结合，共同承担防洪排涝、水体净化、休闲游憩、改善城市环境和提高生物多样性等功能。因此构建合理的城市水系空间格局必须与低影响开发技术结合起来，处理好水系与城市绿地的关系、水系与环境质量的保护、水系与安全格局的建构以及水系网络的连通与衔接。水系空间格局的构建在海绵城市建设中起到关键作用。

良好的城市水系空间格局既要有完善的网络连通性，保证能量的输入输出并完成交换；也需要水质的健康性，保证水质交换过程中不产生恶性循环。城市水系空间格局规划构建路径如下所述。

a. 水系网络的连通和衔接

尽可能实现城市中各主要水体间的相互连通，以形成一个联系紧密的水系网络，增强水系生态系统整体的稳定性。

b. 对于北方地表水体较少的城市，要尽可能提高水网密度

（1）增挖新的河道。

新的河道的选线要满足城市建设用地和生态功能的要求，同时要有足够的水量保证。增挖的河道从其他河流和水渠引水的问题关系到各河流的维护和流量控制，所以必须慎重研究。

（2）恢复城市历史上原有的河道。

很多城市在发展建设过程中，往往会把一些小的溪流填埋或覆盖在地下作为城市排水管道，地上便可作为城市建设用地。这些历史上自然形成的河道作为区域水系网络的组成部分，应予以恢复。在改造恢复过程中，需要与城市给排水管道网相互协调。另外，还有一些老城区，很多河道已被用作城市居民建筑用地，改造难度很大，可以结合旧城改造，逐步恢复原有河流。

（3）增强水系自然生态服务功能。

对于水系形态较为单一的城市，尽可能在某些河段丰富水系形态，扩大汇水面，营造一些形态多变的面状水体，如湖泊、池沼、湿地等，从而丰富城市整体水系形态，增强水系的生态功能和整体的景观价值。同时，大面积的面状水体可以起到蓄洪作用，减轻现有河渠的防洪压力，从而提升城市水系整体防洪能力。

c. 水系生态系统的构建

以水系构建生态基础设施、形成安全生态的城市水系脉络。水系统是生态基础设施的重要组成部分，具有以下特征：水绿相依，绿中有水，水边有绿，形成生态系统良性循环。由河道水系网络构成城市基本的生态框架。①在连续和完整的区域水系网络中，建立防洪蓄涝分工的多层次的水系；②建立多个等级的放射状联系通道，保持合理的城区水网密度，增加城市河网的蓄调能力，建立在水系基础上的绿色网络。

2) 举例：广东东莞黄沙河流域海绵城市水系空间规划

以东莞黄沙河流域为例，针对城区雨洪利用、雨污治理和内涝防治，对其流域内城市发展进行了海绵城市设计，构建"生态沟渠—雨水滞留设施（雨水湿地、湖泊）—河流—水库"的区域水系格局（图8.6）。

由于东莞的高密度和高强度的传统城市开发，黄沙河流域现状水面面积率减少到6.3%，绿地率减少到11%，地表硬化率增加到44%。雨水由于无法及时就地下渗，低洼城区形成洪涝压力。随着黄沙河流域城市化的不断扩大，洪涝灾害越来越严重，尤其东莞近几十年来洪涝灾害频发，经济损失惨重。"分散粗放式"的土地开发模式、密集的城市建设，增大了下垫面的径流系数，是城市内涝的根源。

海绵城市水系空间建构采用透水铺装、下沉式绿地、调蓄塘和雨水花园等设施，通过生态沟渠相互连通，丰富蓝网水系。另外，增加绿地面积，增加调蓄内涝的水体体积，将50%的降雨就地蓄滞和下渗，可解决洪涝问题，恢复生态系统的自然净化功能。地表径流流入海绵城市蓄滞水体（雨水花园、植草沟、雨水湿地和净化湿地等），部分下渗补充地下水；通过生态沟渠进入滞留塘（湖）或河流支流，最后汇入黄沙河。东莞海绵城市水系规划增加了8.1km² 的水面面积，将水面面积率提高到12%，内涝雨量削减50%。改造后的流域最大程度提高了雨水的蓄滞比例，减轻了流域低洼地带的城市洪涝压力。

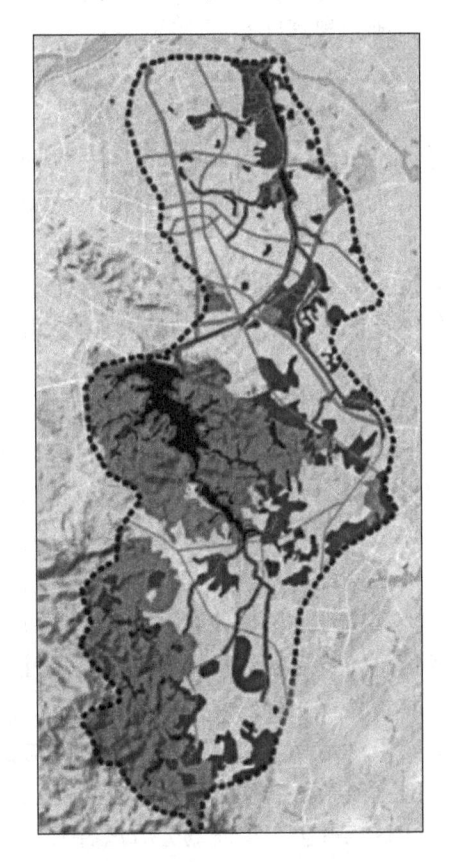

图 8.6 广东东莞黄沙河流域海绵城市水系空间规划示意图

海绵城市水系建设既能将雨洪资源转化为水资源对地表和地下水进行补给，提高了东莞的水资源总量，缓解了生活和生产用水压力，又能增加水景观，提供更多亲水区域，提升周边的土地价值；同时，也提供了更多的动植物栖息地，丰富了生物多样性，真正意义上实现区域的良性水循环，实现区域城市水系空间格局价值的最大化。

2. 基于低影响开发的绿地系统规划

1) 构建方法

传统绿地规划方法的步骤包括：资料调研和规划区现状分析；规划目标和指标体系的确

定；城市绿地总体结构布局确定；城市各类绿地布局规划；城市绿化树种规划；避灾绿地、古树名木保护等专项规划。基于 LID 理念的绿地规划的核心是将雨水管理思想融入绿地规划中，将 LID 理念和技术贯穿整个规划方法步骤中，所以规划中每一步都要围绕雨水管理展开，从前期资料收集就着重对规划区开发前的水文状况、土地利用情况等进行调研，到后面具体绿地系统布局时也要首先考虑各种布局对规划区内雨水径流量和雨水水质的影响，并将径流控制目标和雨水水质净化目标作为绿地面积确定和绿地系统布局的约束条件。规划中主要用到的分析方法如下。

（1）小型生态单元的划分。

确定规划区小型生态单元，以具体指导单元内部的规划发展。生态单元的划分有三种方法。

第一种是以地形为主要特征，通过流域汇水区分析，由分水线将规划区分为若干个生态单元，每个生态单元根据各自的自然条件和开发建设目标，确定其自身的雨水管理目标和主要雨水利用方式，使每个生态单元都能因地制宜，也使整个规划区内的雨水利用更加合理、简便。这种方法的优点是每个生态单元都属于同一汇水区，水文特征单一且明显，便于雨水管理；缺点是可能会造成一个生态单元中含有山、林、田等多种生态要素，或一个单元要承担不同的服务功能，造成规划目标和指标体系分解时的不便。

第二种是以生态要素为主要特征划分生态单元，如湖泊生态单元、森林生态单元、城市生态单元等，这种划分方法的优点是可以根据不同生态类型的特征，有针对性地确定单元规划目的和指标，在指标分解的过程中可以将有特定对象的指标从单元规划中去除，并增加针对性指标，如在湖泊生态单元就不再需要"道路广场中透水地面面积比例""生态停车场推广率"等指标，可以将指标分解得更加细致、可行。此方法的缺点是可能会造成一个单元内的水文条件过于复杂，无法统一规定雨水管理设施的设计和建设标准。

第三种是根据各区域的社会服务功能划分生态单元，如城市生态、生态保护区、生态服务区等，将规划的指标体系根据属性不同分解到各个单元，如在城市生态单元中，绿地率和森林覆盖率就可以取小值或不做要求，而在生态保护区，这些指标的指标值就要制定得偏高，以满足其生态功能的需要。此方法的缺点是可能造成单个生态单元的生态要素多样、水文过程复杂，增加了雨水管理设施设计和绿地系统布局时需要考虑的控制条件。

这三种生态单元划分方法各有优缺点，在具体使用上，要根据规划区的具体情况，选取特征明显的划分依据进行生态单元的划分，也可将三种方法的划分依据因素综合考虑，选择最优方案对规划区进行生态单元划分。

（2）综合径流系数分析。

规划区综合径流系数的分析一般采用市政工程设计时的加权平均法计算即可，计算公式为

$$\varphi_c = \frac{\sum_{i=1}^{R} F_i \varphi_{ci}}{\sum_{i=1}^{R} F_i}$$

式中，F_i 为每一种下垫面的面积，$i=1, 2, \cdots, n$；φ_{ci} 为每一种下垫面对应的径流系数，$i=1, 2, \cdots, n$。

在具体分析计算时，使用 LID 技术措施后的绿地和路面的径流系数会有所改变，与原工程经验值不同，改变后的径流系数要根据 LID 技术设计使用的情况具体赋值。如增加地势变化绿地的径流系数就小于普通绿地，渗透路面的径流系数也随铺装种类的不同而不同。在具体计算时，这些径流系数的数值根据相关规范、产品技术样本或参考相关文献得到。

（3）基于 LID 的绿地系统规划评价。

将规划区划分的若干个生态单元规划方案进行汇总整合，就形成规划区初步绿地系统布局方案。规划过程中遵循大面积成片绿地和小型斑块、狭长廊道之间的协调互补，利用绿地斑块、廊道的分割性减小硬质下垫面的连续性，便于在源头就地进行雨水管理，充分体现低影响开发的规划思想。规划区整体绿地系统布局和土地利用类型确定后，可用区域规划径流系数进行反算，根据计算数据和规划目标的比较结果，确定最终需要进行低影响开发技术优化的绿地类型、面积和地点，并初步选择适合使用的低影响开发技术。

基于低影响开发的绿地系统规划评价目前基本包含 7 项考量指标，见表 8.4。在方案确定后，也可以从建设成本、管理成本和难度、生态保护效果、景观效果、雨水利用效果等方面对方案和 LID 技术进行综合规划实施评价。根据该分析评价结果，可以对初步方案（或多种方案）进行优化比选，对初选的各种 LID 技术进行取舍，根据规划区的实际情况确定最具有可行性的规划方案，并进行细化。规划区绿地系统布局确定后，就是根据不同类型、不同地区绿地的实际情况，细化各项 LID 技术的设计建设方法，实现 LID 技术的落地，得到规划区整体或部分示范区域的绿地建设具体实施方案。

表 8.4　基于 LID 理念的绿地系统规划指标体系

类型	序号	指标项	指标目标
径流控制	1	雨水径流削减量	削减 5 年一遇、24 小时设计降雨体积的 50%
	2	雨水径流水质净化目标	截留处理平均年降雨量 90% 的雨水径流
	3	雨水综合利用率/%	40
绿地建设	4	道路广场透水面积的比例/%	50
	5	生态停车场比例/%	60
	6	绿色建筑标准比例/%	80
	7	"5 分钟公园圈"的居住区数量占规划区总数比例/%	95

注："5 分钟公园圈"具体指居民步行 500m（5 分钟）可达范围内有 5000m^2 绿地的居住社区公园分布类型。

2）举例：成都天府新区低影响开发绿地系统规划

成都天府新区生态环境与绿地系统规划，规划区面积为 1294km^2。根据生态适宜性分析和生态敏感性分析得到各种类型土地的分布，通过区域水系统规划的安全格局研究和绿地基本格局及斑块系统构建，规划区基本形成了多层次、多功能的绿地网络体系。基于低影响开发的绿地系统规划和水系格局规划如图 8.7 所示。

（1）总体区域水系规划。

在区域水系规划中，LID 理念始终贯穿其中，规划通过水系布局的调整，且有一系列源头控制机制和设计技术的规划，将规划区内水系连通为有机整体，不但可以在雨季最大限度容纳城市外排的雨水，而且可以在平时通过不同水体间的水量交换，保证景观水水质，净化

(a) 绿地系统规划

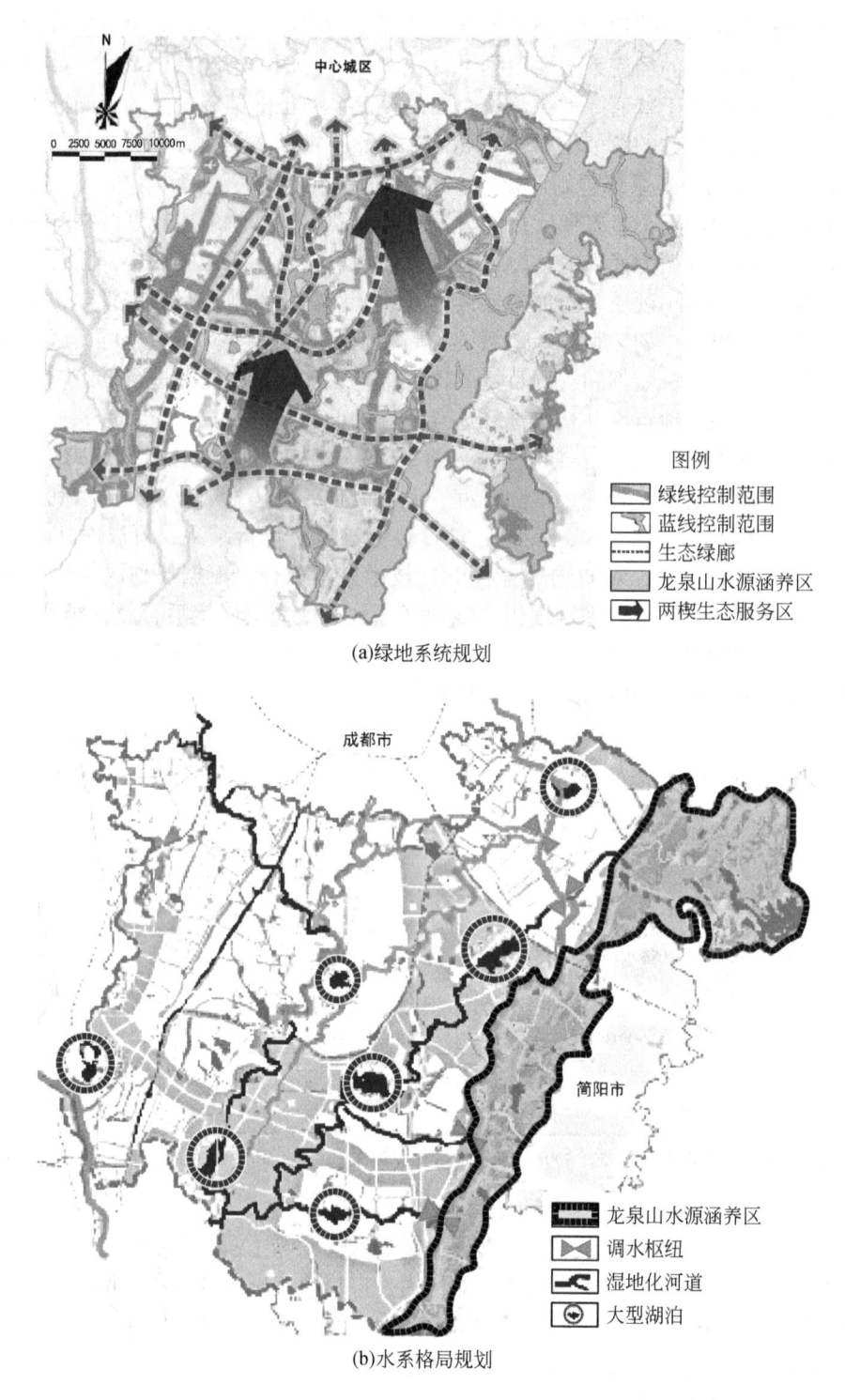

(b) 水系格局规划

图 8.7 成都天府新区基于低影响开发的绿地系统规划和水系格局规划示意图

雨水水质。根据地域水文特征和雨洪相关影响因素分析，四川省内适宜的水域面积率为 3%~5%。由于规划区内有部分山地、丘陵地貌，且降水量较少，总体来说处于省内低径流水平，故在本次规划中确定规划区内水域面积率为3%，即规划水域面积需达38.8km²。规划区内水系呈现"四河、一网、八湖"的总体格局。区内规划的水域面积共38.8km²，其中现状河道面积5.48km²，现状湖泊面积10.75km²，新建湖泊面积为22.57km²。规划新增调蓄水面面积大于根据雨水调蓄能力分析计算得到的22.55km²的结果，能够改善该区域水体调洪滞洪的需求。规划有两个主要补水来源：汛期雨水及污水回用。规划区内雨水利用率为40%，污水回用率取30%；其他需补充水量可通过进一步提高雨水利用率或污水再生率解决，也可尽快启动"引大济岷"工程，以补充天府新区湖泊用水。

(2) 示范区雨洪调蓄利用与设施规划。

规划选择在其中的创新研发产业功能区内建设兴隆湖，并划定兴隆湖周边21.7km²区域的兴隆单元为生态示范区。该区域具有山、水、田、林、文化景观等多种生态要素，规划将基于LID理念的雨洪控制技术与设施应用其中，形成非常良好的城市景观效果（图8.8）。

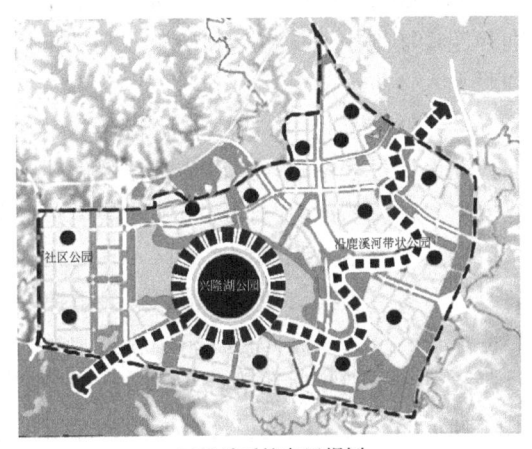

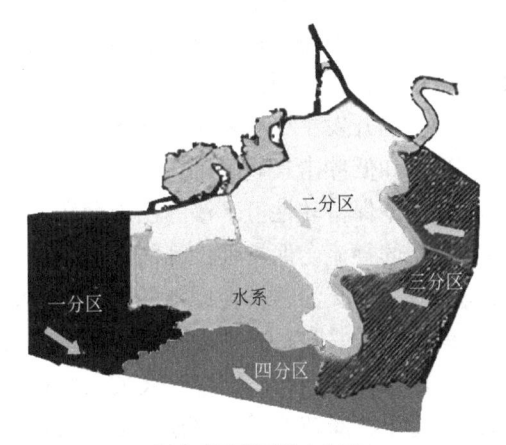

(a)绿地系统布局规划　　(b)生态示范区排水分区

图8.8　成都天府新区规划示范区基于低影响开发的绿地系统布局规划和生态示范区排水分区示意图

示范区现状用地以水域和农林用地为主，城乡建设用地较少，仅占总用地的13.2%，其中大部分为农村建设用地。农林用地占比79.1%，水域占比7.7%。根据改造前期土地利用情况，可以计算得出其综合径流系数为0.24。规划开发之后，建设用地比重大幅提升，占比78.75%，造成规划后的土地利用综合径流系数提升到0.71。根据建设海绵城区和海绵基础设施的需求，应减少该区域雨水径流流量。规划主要通过减小综合径流系数和增加雨水调蓄储存设施两种方法实现。减小区域综合径流系数，主要是减小硬化地面面积，可以通过增加绿地面积和改不透水地面为透水地面两种方法实现。规划拟通过对区域内商用建筑实行屋顶绿化，将区内绿地率提高5%。对于将普通硬化路面改为透水路面，主要通过改变运动场地、停车场、绿道和社区内的人行步道来实现；增加雨水调蓄储存设施主要通过人工湖、雨水池/桶和软基础雨水箱的增加，以及低势绿地的部分雨水贮存功能改善绿地系统的雨洪调蓄能力。该规划在原有规划公共绿地的洼地建两个小型人工湖泊，分别位于5hm²中央大型水体兴隆湖东南和西南方向，缓冲兴隆湖排洪压力。规划依据地形特征划分为四个分区排水，在每一分区规划一块大型低势绿地，用于调蓄区域雨水，并鼓励将小区公共绿地建为低势绿地。规划低势绿地建设总面积为25hm²。规划将20%面积的低势绿地与地下雨水池或软基础雨水箱合建，水池/箱的平均有效水深为1.5m，雨水池/箱共可贮存7.5万 m^3 雨水。

经过以上一系列LID技术措施的应用，生态示范区的综合径流系数有一定的下降，调整后示范区综合径流系数为0.56，五年一遇24小时降雨的径流削减量和雨水综合利用率也达到规划目标。

3. 低影响开发与绿色雨水基础设施规划

1）构建技术方法

LID通过采用一定的技术措施保证场地开发后的水文功能保持开发前的状态。这些功能包括地下水补给、渗透、控制径流频率和体积流量。如今LID的概念已经扩展，包括对场地的规划和设计方面的考虑，以及对废水管理的思考。美国住房和城市发展部发展政策研究室对其的定义为：低影响开发是综合土地规划、设计实践以及工程技术的土地开发方法，同时节约和保护自然资源系统，减少基础设施成本。LID的目标是保持开放的空间和土地干扰的最小化、保护敏感的自然特征和自然过程、识别和连接场地中的绿色基础设施、利用自然特征进行设计、预防雨洪发生以及在源头分散管理雨水六个方面。

低影响开发主要有六种类型技术措施：分别是保护性设计、渗透、径流储存、生物滞留、过滤和低冲击景观。①保护性设计：在城市开发设计过程中减少道路或广场的硬化铺装面积，尽量保持软性可下渗的土地面积，从而减少雨水径流的产生，同时也能收集周边硬化路面产生的径流。保护性设计的根本目的在于保护自然中的水系和森林生态区不被城市建设影响和破坏。②渗透：在城市的各种市政设施中通过下渗、收集，减少径流以达到解决暴雨径流的目的，并且补充地下水系，维持城市中的水系平衡。③径流储存：采用收集雨水的方式解决暴雨径流问题，同时收集的雨水还可以回灌城市的景观绿地和景观水体，达到调蓄的作用。④生物滞留：径流储存无法解决在暴雨来临时全部的径流问题，还需要生物滞留设施增加径流的流经长度，从而达到减缓径流速度，延迟径流峰值等效果，实现减少径流危害的目的。⑤过滤：通过不同的介质来达到不同程度净化雨水的目的，从而减少污染。介质的种类丰富，如土工布、沸石、粉煤灰、微孔材料、砂石等，可以在径流过程中过滤掉块状污染物。⑥低冲击景观：植物有在径流过程中过滤和吸收雨水的作用，选用适合的乡土植物可以有效地减少径流对土地带来的破坏，并净化污染物，同时形成良好的观赏效果。

这些生态基础设施是城市雨洪管理系统的重要组成部分，被称为绿色雨水基础设施（green stormwater infrastructure，GSI）概念，指代那些应用于城市雨洪管理领域的生态基础设施。从某种程度上说，GSI是低影响开发LID理念在城市雨洪管理领域中的主要实现途径，其空间布局以及适用的尺度规模主要以不同汇水单位类型（源头类、路径类、末端类）及其滞留水量情况为依据来设置。按汇水单位的三种类型适用的技术功能分类，绿色雨水基础设施也可分为以下三种类别（表8.5）。

表8.5 多层次绿色雨水基础设施应用途径（戴菲等，2016）

GSI类别	GSI名称	技术特性	适用汇水单位类型	应用尺度
雨水促渗截留	透水铺装	扩大铺装的衔接缝隙或加设透水材料进行铺装	源头类	市政道路广场/公共设施区

续表

GSI 类别	GSI 名称	技术特性	适用汇水单位类型	应用尺度
雨水促渗截留	冠层截留	植物对雨水截流，吸收蒸腾	源头类、路径类	市政道路广场/绿地/公共设施区
	下凹式绿地	适当改变地势，增加雨水与地面的接触面积，促进雨水入渗	源头类、路径类	绿地/水体
雨水调蓄净化	生态沟	采用生物滞留技术，从上至下依次铺设植被、种植土、过滤层、渗排水管及砂砾，以此净化道路上的地表径流，如"植草沟""植被过滤带"	路径类	市政道路广场/公共设施区
	雨水花园	与生态沟特性较为相似，具有良好的景观效果，常设置在庭院或休闲绿地中	路径类	场地/绿地/屋面
	多功能调蓄池	暴雨期间以雨水暂存净化目的为主，旱期可作为人群的活动场地	路径类、末端类	场地/绿地/公共设施区
	生态化驳岸	采用生态化驳岸处理形式，起到净化水质、营造景观等作用	路径类	水体
	大型水体/湿地	主要依靠自然生态系统下植物及微生物对雨水的自净功能	路径类、末端类	水体
综合功能类	绿色屋顶	通过屋顶的植被绿化对雨水进行储存、收集、净化利用及排放	源头类、路径类	屋面
	绿色街道	结合生态沟、下凹式绿地及透水铺装技术途径，将道路上的地表径流进行净化处理	源头类、路径类	市政道路
	绿色停车场	与绿色街道处理手法基本一致，过滤地表径流，达到保护地下水的目的	源头类、路径类	市政道路广场

将基于低影响开发的绿色雨水基础设施融入城市绿地、水系、建筑及道路交通等的规划设计中，并使之形成各种生态基础设施的整合系统，是雨洪管理的重要手段和措施。绿地系统的各类绿地在城市中组成重要的"海绵体"，也是构建低影响开发雨水系统的重要场地。其调蓄功能较其他用地要高，并且可担负周边建设用地海绵城市建设的荷载要求。城市绿地及广场的自身径流雨水可通过透水铺装、生物滞留设施和植草沟等小型及分散式的低影响开发设施进行雨水消纳，城市湿地公园和有景观水体的城市绿地及广场中，建立雨水湿地和湿塘等集中调蓄设施。在海绵城市总体规划的指导下，做好低影响开发设施（城市绿地、水系、建筑及道路等生态基础设施）的类型与规模设计及空间布局，使城市绿地、花园、道路、房屋及广场等都能成为消纳雨水的绿色设施。并且，结合城市景观及城市排水防涝系统进行规划设计，在削减城市径流和净化雨水水质的同时形成良好的生态基础设施景观效果，实现海绵城市建设"修复水生态、涵养水资源、改善水环境、提高水安全及复兴水文化"的多重目标。

2) 丹麦哥本哈根的城市雨洪管理规划

丹麦哥本哈根的城市雨洪管理规划是应用海绵城市理念进行设计的经典案例。通过对各种雨洪管理街道和中心雨水滞留区域的设计，达到整个城市对雨水的控制与利用效果。

哥本哈根在历史上出现过多起暴雨淹没城市的洪涝灾害事件，因此城市规划考虑雨洪管理是为大雨而设计，可以处理100年重现期的暴雨控制，城市的主要街道和绿地区域可以接收10cm的最大雨水高度，并且利用街道和场地设计解决城市30%~40%的排水管网处理的径流量。利用水利模型对城市的水文情况进行分析，计算出城市的雨水量在暴雨时达到150万 m³，对整个城市的场地进行分析，确定了地势高和地势低的区域，在管理时就能将雨水控制在地势高的地区，而在地势低的地区就设计灵活的排水系统解决雨水滞留的问题。同时最重要的是对雨水进行就地解决，因此提出了暴雨街道、滞留街道、绿色街道以及中心滞留区这四个主要的雨水控制区域。

哥本哈根的城市雨洪管理规划利用对城市绿地类型的点线面的分类方法，将城市的雨水处理区域分为点、线、面三种结构（图8.9），利用面型绿地［图中灰色面域（无圆圈）］收集雨水，再利用线型绿地（暴雨街道、滞留街道以及绿色街道）（图中箭头线部分）传输雨水进入点型绿地（中央滞留区），以及图中的带圆圈的灰色区域，三种类型的相互配合形成城市的雨水综合管理规划。同时制定的暴雨管理规划也是充分利用现有的场地，如公园、广场等，结合雨水处理景观将这些空间变得更加多功能和适宜使用。

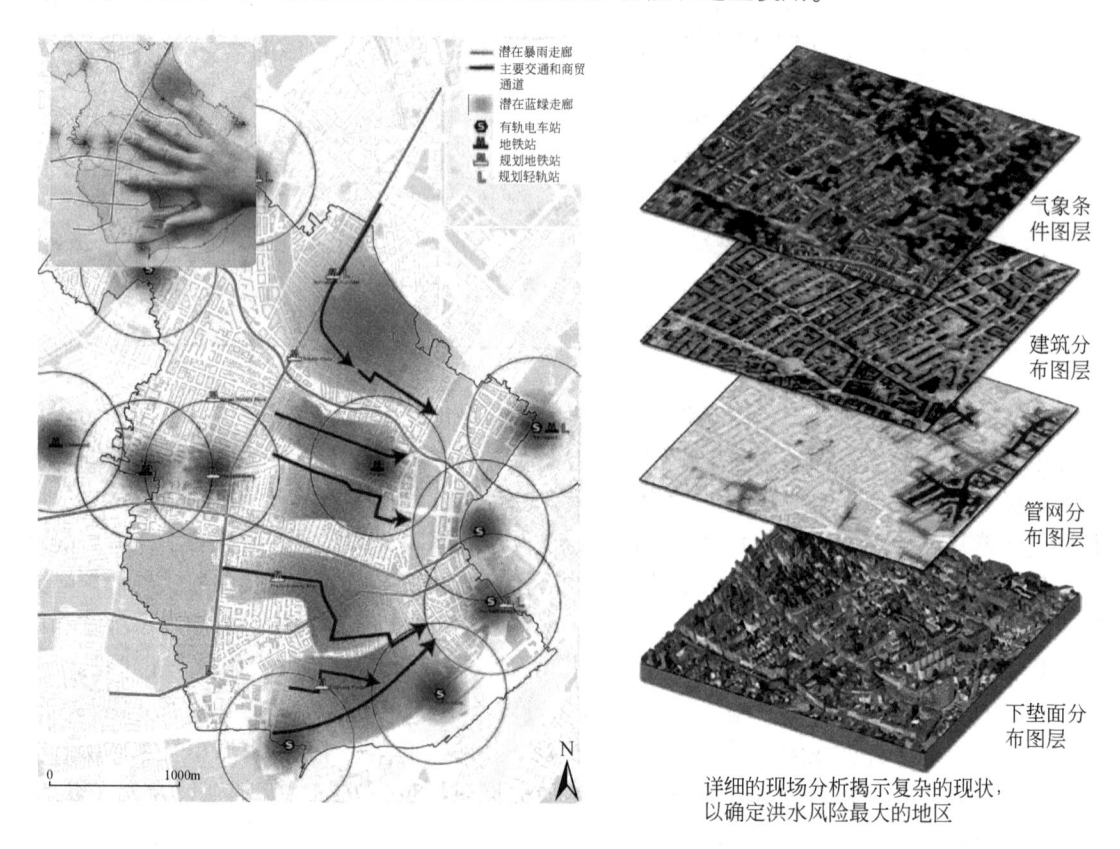

图8.9　哥本哈根城市雨洪管理规划概念图

(1) 暴雨街道。

暴雨街道是一个将道路的中央分车带设计成稍微低于街道的雨水管理街道设计，通过这种设计将不透水道路上的雨水径流汇集入中央的下凹空间中，通过这个空间进行雨水的收集和下渗，这样就能在降雨量较小的时候在源头解决雨水径流问题，消减径流量，同时降低径流流速，还能补充地下水，涵养水源。这样的景观空间也能为居民在平日提供良好的活动空间。

(2) 滞留街道。

滞留街道主要是城市的主要交通干道，因此在设计雨水处理设施时要考虑即使是在暴雨时，也要保证车辆在街道的通行安全。以人行道旁的生态沟渠和雨水花园为主要的雨水收集设施，同时仍对街道的车行道坡度进行设计，保证降雨时雨水径流会顺着街道流向地势较低的雨水花园和路边的排水管口。在大暴雨发生时雨水会填满雨水花园和生态沟渠，同时还会有一部分溢出在道路上，但仍能通过地形的精确计算和设计保证一部分街道的车行安全和行人的通行安全。

(3) 绿色街道。

绿色街道主要是城市中社区之间的通行街道，车辆和行人的通行量并不是很大，在设计时需要考虑景观的可淹性，因此可以将停车空间设计成绿色停车场，也能大量运用透水铺装，同时配合路旁的雨水花园设计可以在无雨时营造丰富的景观空间，而在降雨时大量收集雨水，即使在暴雨时也可以通过街道淹没的方式保证周边建筑和行人的安全。

(4) 中央滞留区。

中央滞留区是应用城市中的典型绿地，利用它们储存雨水的功能解决暴雨的去处问题。中央滞留区可以结合天然水体通过其周边绿地综合规划，形成一个雨水花园对暴雨进行管理，同时还可以发挥其市民休闲活动场所的功能。中央滞留区还是一个雨洪淹没区，在暴雨时可以完全淹没，可以处理城市大量的雨水径流，缓解城市的暴雨积水问题。中央滞留区的另一种类型就是人工设计的雨水收集池，其利用人工设计的微下沉广场对雨水进行收集，通过低势收集池解决建筑和周边道路汇集的雨水径流，保障人行和建筑安全，同时这些地区以透水铺装为主，结合雨水花园综合收集雨水。

哥本哈根的城市雨洪管理规划是全面应用海绵城市理念下的城市水系统规划，在保留城市排水管网设施不更改的基础上，应用计算机技术模拟雨水径流的流量和洪泛区位置，确定城区内的重点区域，对其雨洪管理进行规划分区：在重点积水区域设计中央滞留带来保证城区的洪涝安全；对于城市中重要且众多的道路绿地，应用新的"V"字形绿地，也就是下凹绿地来接收暴雨时的道路径流，消减城市中的道路地表径流，保障行车安全。而这个暴雨规划还有一个特点就是将雨洪管理与市民休闲生活相结合，把生态雨水基础设施与市民的活动场地和设施相结合，将生态雨水基础设施多功能化，增加了城市雨洪管理的趣味和参与性。

8.5 低碳发展与气候弹性城市规划

8.5.1 低碳发展与气候弹性城市研究动态

低碳的概念产生与世界各国应对全球性气候变化的认识和采取行动紧密相关，二氧化碳浓度升高将带来气候的变化，已被确认为不争的事实。低碳的发展理念最早起源于英国。

2003 年 2 月 24 日，英国颁布了《能源白皮书》（我们能源的未来——创建低碳经济），成为实际上最早提出"低碳经济"（low-carbon economy，LCE）国家。在全球气候变化与能源危机的背景下，城市规划开始逐步转移自身工作的中心，重点研究如何抑制全球气候变暖，改善城市能源利用结构以应对廉价能源短缺的危机。2006 年英国政府委托尼古拉斯·斯特恩完成《从经济学角度看气候变化》，指出气候变化是不争的事实，如果人类按照目前的模式发展下去，到 21 世纪末，全球温度可能会升高 2~3℃。这将导致全球经济下挫 5%~10% 的 GDP 比重，而贫穷国家则会超过 10%。如果要避免气候变化产生过大的损失，需要立即采取措施，以保证在 2050 年前大气的 CO_2 浓度控制在 450~550ppm[①] 的水平上，实现这一目标的减排成本大约仅占 GDP 的 1%。为了实现这一目标，全世界需要将所有的碳排放量在现在的水平上减少 50%。这就为低碳发展提出了新的要求。英国 2007 年发表《应对气候变化的规划政策》，力求将应对气候变化有关的措施落实到土地利用规划上；同年，英国政府又发表《规划应对气候变化的咨询分析报告》；2008 年进一步发表《应对气候变化的规划政策影响评估报告》。英国在低碳发展与气候弹性发展框架体系以及与城乡规划的融合探讨方面具有国际代表性的前沿地位。2008 年，美国规划协会发表了《规划与气候变化的政策指引》（policy guide on planning and climate change），内容包括：制定气候变化规划、创建可持续发展的绿色社区、优化土地利用模式、保护自然资产和绿色基础设施、优化交通系统、促进可再生能源的开发利用、开展规划教育和公众培训等。

碳中和城市建设方面已经有了一些国际优秀经验。英国伦敦市在 2002 年就开发建设了贝丁顿零碳社区，其碳足迹比普通街区少了三分之二，而英国政府也承诺在 2016 年英国所有的新规划项目都要满足碳中和的目标。英国的每一个地区政府都要制定出一套碳中和策略来展示他们将如何降低碳排放。在此方面更加突出的还有瑞典的马尔默市。在可再生能源方面，美国能源部曾宣布到 2030 年全美国 20% 的用电量将源于风能发电。而德国的弗赖堡市也在很多建筑上安装了太阳能电池板并在部分地区推行了"energy-plus 计划"，旨在使每栋绿色建筑产生的能源不仅满足自身使用，还能产出多余的能源供其他建筑使用。

为了城市更好应对气候变化与能源危机，弹性城市建设应运而生。弹性城市是一个理想的城市发展模型。弹性城市是通过引入低碳理念，优化能源利用结构与空间结构，以此降低对于低价石油能源的依赖以及降低城市发展对环境的破坏，促进低碳交通发展，提倡绿色出行，引导城市产业转型，提高城市应对危机的能力，致力于建设可持续发展的城市。美国和英国结合城市的发展建设过程，应对碳排放和气候弹性发展，制定了气候弹性城市行动计划。纽约作为一个沿海城市，面临严重的风暴和海平面上升带来的风险。纽约市于 2013 年 6 月提出"建立更强大的弹性城市——纽约"（New York City: a stronger, more resilient New York），包括 250 多个初步行动，目的是保护城市的海岸线、建筑和生命线，加强交通系统、电力电信、医疗系统等基础设施系统，以应对未来的气候风险。2011 年 10 月，伦敦提出"管理气候风险和提高弹性"（Managing climate risks and increasing resilience），分析了伦敦未来气候变化的趋势，并对洪水、干旱、高温等极端气候事件提出应对措施。伦敦还开展了一场"城市绿化"运动，来提高绿色空间的质量、数量、功能和连通性，将绿色基础设施作

---

① ppm 为干空气中每百万（10^6）个气体分子所含的该种气体分子数。

为城市灰色基础设施的有益补充。从生态低碳的气候弹性发展来说，其中最主要的是利用绿色基础设施来提供生态系统服务，提高城市应对气候变化的弹性能力。针对暴雨所引起的内涝灾害，可以通过生态基础设施辅助形成可持续的城市排水系统。为了实现低碳城市和社区发展，规划已经在不同的尺度上关注低碳发展和气候弹性城市的研究。

8.5.2 低碳空间规划原则与构建方法

1. 低碳空间规划原则

1) 高密度开发

密度是确定低碳出行导向城市形态的重要因素，它指人口或建筑面积与用地面积的比例，是反映土地用地强度的核心指标。高密度的紧凑发展是引导低碳出行的重要策略，特别是对于支持公共交通的发展至关重要。

2) 土地混合利用

土地混合利用在低碳出行导向城市形态发展中起到非常重要的作用。混合利用或多样混合指允许相互兼容的功能就近布局在一起，如居住、就业、购物、娱乐、交通等日常活动功能的临近布局。

3) 高可达性

可达性指人们出行的便捷性和人们出行选择的多样性，它是决定出行方式的重要因素。城市道路具有高可达性，将引导平均出行距离的降低；高可达性与较短的出行距离、出行目的多样化、高步行率具有明显相关性。

4) 良好的低碳出行环境

良好的低碳出行环境是引导低碳出行的重要影响要素。转变以小汽车出行为主导的规划思路，以慢行与公交出行为导向构建可达、安全与舒适的出行空间环境。出行空间环境可分为动线道路空间环境与出行节点空间环境。低碳出行模式下，动线道路空间指慢行交通导向的有吸引力的街道；出行节点空间指轨道站点地区与城市公共空间的整合。

5) 完善的低碳交通设施

完善与提升低碳交通设施质量，加强如步行、自行车、公共交通等替代性出行方式的吸引力，鼓励人们采用低碳方式出行。以慢行优先为原则，重点处理机动车与慢行交通的重点冲突区域，如道路交叉口、过街设施等。从整体低碳出行网络层面对各类出行方式进行有效整合，注重有关交通设施与空间的衔接，实现交通出行方式之间的方便换乘。

2. 低碳空间规划构建方法

1) 在区域与城市层面，构建低碳城市空间发展模式

在宏观尺度的层面，城市密度与土地混合利用是对出行行为最有影响力的空间特征因素。较高的城市密度与土地利用的混合有助于减少私人小汽车的使用，降低交通能耗。

高密度土地开发是一个最重要的低碳空间规划因素。当人口或开发密度增加时，私人机动车出行量会随之降低。同样地，公交使用率也随着密度增加而增加。地区开发密度的设定基准值，应该确保能够支撑公共交通的运营；围绕轨道（公交）站点进行整体高密度土地开发，以站点为中心形成高密度集约发展地区。站点地区密度按梯度分布的原则，将最集中的出行量分布在站点周边，靠近站点的地区人口密度较大、容积率较高；以减少出行距离与

需求为目标的土地混合利用开发是构建低碳空间规划的重要途径。通过居住、就业和购物等重要日常活动空间在地块内或相邻的街区内混合布局，进而缩短不同活动地点之间的空间距离。以站点地区为中心的土地混合利用增进空间低碳发展。高密度的站点地区同时也是布局着多种功能的混合街区。站点周边的复合发展即在站点周边步行距离范围之内，混合多种兼容性城市功能，为城市生活提供了多样的选择，同时增添了街区的活力，进而提高了公共交通的吸引力，减少了总体出行量的产生。同时，在站点步行影响范围内布局多种功能的用地与建筑形成混合街区，有利于步行出行率的提高。通过这些模式的合理规划布局，从而实现低碳的排放。

2）在邻里街区层面，结合低碳出行规划街区形态

（1）规划高度连通的道路网格局和以绿色出行为导向的邻里街道空间。

合理规划的高度连通的街道网络将有利于减少主要街道（干道与主要支路）上的交通流量与交通拥堵，进而通过提供可替代的出行线路选择来提高邻里街区的宜居性。提高邻里社区的街道连通度或道路交叉口的数量，自行车和步行交通也会随之得到提升，规划合理、连通度高的支路路网会使得公共交通系统运行更为高效。规划引导低碳出行的街区形态，需要对各种出行方式进行统一考虑。步行、自行车和公共交通等低碳出行方式应协调整合，成为街区内部更舒适与便利的交通方式。通过创造具有吸引力的、适宜的、安全的、有趣的出行街道空间去实现各种出行方式之间的适度平衡，并提供尽可能多的步行、自行车和公共交通等低碳出行方式与线路，形成引导低碳出行的高可达性街道空间。

（2）体现低碳发展的街区密度和功能多样化空间组合因素。

街区的高密度、公交设施的可达性和功能多样化有助于降低机动出行量。低碳街区规划需要通过慢行交通导向创造有吸引力的街道。通过简洁的步行路径保持步行线路的联系性，多层次立体开发步行空间增大步行容量，步行空间与街道两侧功能性结合强调其社会生活性，以及结构清晰的、连续性好的自行车道路网络的构建，形成具有高度通达性的慢行交通系统，并合理设计道路断面。通过轨道交通与城市空间之间的整合发展，构建功能多样化的公共空间环境。一方面轨道交通的发展促进公共空间的发展，另一方面公共空间的集聚人流为轨道交通的运营提供客源保障，从而形成功能多元的城市空间整合形式和低碳环境设计。

3）形成低碳的城市空间适应性形态协作格局

适应低碳出行的空间形态要素主要包括密度、土地混合利用、可达性、低碳出行环境质量、低碳交通设施等五方面（表8.6）。结合地域和场地空间特征，这些低碳出行的空间形态在区域与城市不同空间层面协同作用，合理布局，形成适应性形态协作格局，是低碳空间规划模式最为重要的发展路径和方法。

表8.6 适应低碳出行的空间形态要素一览表

要素	含义	特征表现
密度	单位面积的人口或建筑面积比例	高密度支持公共交通的发展，有助于降低个人机动出行需求
土地混合利用	不同功能的土地利用（居住、办公、商业、服务等）在一定范围内的就近布局	有助于降低出行距离，引导步行与自行车出行

续表

要素	含义	特征表现
可达性	与目的地或公共服务设施的距离及便捷性	连接度高的路网有助于简化出行路径，降低出行距离
低碳出行环境质量	出行节点空间（公交站点）的空间环境质量的适宜性	站点与周边城市公共空间的整合发展，提高公交的可达性与吸引力
低碳交通设施	步行、自行车与公交优先的交通设施	低碳出行优先的交通设施有助于降低小汽车的使用

8.5.3 低碳城市格局与气候弹性城市规划

1. 弹性城市的空间结构优化

低碳概念的提出，使得当前的城市形态研究已经不仅仅关注20世纪50年代之前的物质形态美学，而且更为关注形态和社会经济等"软"学科、政策决策及能源科学等之间的互动，寻求宜居、高效、节能、安全的城市空间结构。

弹性城市的空间结构是一种打破大尺度功能分区模式的空间结构，强调城市除中心外是一个个相对独立的单元，每个单元的职住相对平衡。通过职住平衡的单元化空间组织，有效减少长距离通勤需求，从而降低交通能耗强度与关联碳排放，最终构建起基于空间结构优化的低碳发展模式。与此同时，弹性城市的空间结构严控生态红线，是一种不向利益妥协的空间结构，最大限度保护生态的绿色生态系统。

不同城市空间结构是节能还是耗能，这仍然是一个有争议的课题。目前高密度和紧凑的空间结构被大多数学者和实践者认为是节能的城市形态。社会基础性设施作为"看得见"的形态元素，可以引导城市形态合理有序地发展，让城市作为一个有机整体而更加低碳。当然，低碳城市规划设计也可以降低住宅建设和使用过程中的碳排量，或是工业生产中的碳排量等，这些方面在本质上更依赖于新能源和新材料的发明、新工艺流程的创造，以及人们的日常生活习惯（如垃圾分类等）。从系统论的角度而言，城市空间结构作为一个基本框架，结合交通体系和社会基础设施体系，可以将城市社会经济活动整合起来，让系统高效运作，这是降低碳排放的一个方向，也是城市空间规划控制和管理的方向。

2. 交通绿色低碳发展的弹性城市

绿色交通是低碳弹性城市发展中的重要专题内容之一。城市交通对我国城市环境质量的影响已为规划和决策者所重视。城市规划编制引导绿色交通系统在城市中的合理布局和交通畅通，耦合其与城市空间布局的关系。弹性城市的交通将改变以往小汽车导向下的城市交通发展模式。弹性城市提倡绿色交通、绿色出行，降低能耗、减少污染，使城市交通发展变得更加可持续。

在交通低碳发展的弹性城市建设模式方面，目前，国家已经构建公共交通导向型发展（TOD）模式、行人导向型发展（POD）模式等绿色交通发展模式。TOD 模式通过公共交通的发展与建设减少居民对于小汽车的依赖，降低出行所消耗的能源，降低温室气体的排放。它为城市开发构建了一个新的框架，使开发中的各个元素融合为混合度高、适于步行且以公共交通为导向的街坊和社区。POD 模式则是对于公共交通导向的进一步补充。它强调对于城市的交通，特别是中心区的交通要充分考虑行人与自行车的交通需求，要建立一种适宜步行及自行车方便、安全的交通模式。在总体规划和控制性详细规划层面，需要有一个新的交通系统来辅助。新的交通系统需要平衡非机动车出行需求与机动车效率，并同时强化公共交通。多种交通出行方式的合理组织，为低碳弹性城市的发展提供市政基础设施的支撑条件。

可持续的公共交通政策是实现弹性城市的必要条件。其具体发展策略包括：在主要交通走廊上，公共交通系统运行速度要快于私家车；区域中心沿着交通走廊布局，并且有足够高的开发密度，同时也可以为公共交通运输系统提供良好服务；良好的运营服务和通达性，保证市民在全天大部分时间都可以使用公共交通；逐步淘汰高速公路并且逐步征收交通拥堵税，并将税收直接用于资助公共交通；步行道和自行车道等设施的建设，以及交通缓行措施的推广；持续改进汽车引擎设备，以减少废气、噪声以及燃油消耗；尤其是向电动汽车方向发展；在区域化和地方化的管理方面，引进一些有远见的绿色交通规划及资助计划等，以降低城市对传统能源的依赖和对自然环境的破坏。

3. 产业生态低碳发展的弹性城市

城市产业转型是一个城市未来竞争力的关键因素，而产业转型不能仅局限于现在，应当更注重长远的计划。城市应逐步淘汰高耗能、高污染、低产出的企业；通过技术革新，降低温室气体排放量，降低对于不可再生能源的依赖，而转向新能源的全面利用。同时城市应提高金融意识，与全球共同建立"碳交易市场"，掌握定价的话语权，不能让企业的减排变成他人的效益。

与传统的产业相比，低碳产业不仅要实现经济增长，而且要致力于节能减排和维持生态平衡，因此它具有经济和生态环境的双重效益，有以下五个特征：①能源消耗结构方面，更多采用清洁能源，化石能源的消耗比重较少；②能源利用方面，相比传统产业，能效高，表现在碳生产力的提高，即用更少的物质和能源消耗产生更多的社会财富；③技术方面，更多采用低碳技术，这里的低碳技术是指提高能效、提高产出效率以及使用节能环保技术，主要应用于能源利用、生产制造、包装运输等环节；④生产方面，在保证产值的前提下节约能源，同时降低对其他物质资源的消耗，既要节能节物，又要保证较高的产出效益；⑤产品方面，针对消费者的低碳消费观开发和生产具备节能、减排效果的低碳产品；⑥废弃物排放方面，从原材料采购到投入生产，再到包装运输和销售的各个环节减少温室气体及其他污染废弃物排放，即要求产业活动对环境的损耗降到最低。

低碳生态发展方式要求构建生态化产业体系，就是依据生态经济学，运用生态、经济规律和系统工程的方法来经营和管理产业，以实现社会经济效益最大、资源利用高效、生态环境损害最小和废弃物多层次利用的目标。其基本要求是综合运用生态经济规律，贯彻循环经济理念，利用一切有利于产业经济、生态环境协调发展的现代科学技术，从宏观上协调整个产业生态经济系统的结构和功能，促进系统物质流、信息流、能量流和价值流的合理运转，确保系统稳定、有序、协调发展；微观上，通过综合运用清洁生产、环境设计、绿色制造、绿色供应链管理等各种手段，大幅度提高产业资源、能源的利用效率，尽可能降低产业的物耗、能耗和污染排放。低碳生态发展客观上要求城市产业由粗放型向集约型经济发展模式转变，由单向型向循环型经济运行模式转变，由污染型向清洁型经济生产模式转变。发展模式转变目标与城乡规划作用、途径、手段如表8.7所示。

表 8.7　发展模式转变目标与城乡规划作用、途径、手段（张泉等，2011）

发展模式转变目标	城乡规划作用	城乡规划途径、手段
由粗放型向集约型经济发展模式转变	对产业发展模式起到指导作用	规定地均投入、地均产出等引导指标
由单向型向循环型经济运行模式转变	通过生态产业链的空间构建引导循环产业园区的发展	积极创建融生态产业链设计、资源循环利用为一体的低碳经济园区，合理规划园区企业的空间布局，将原料生产企业和初级产品、中间产品、最终产品生产企业有机组合、相对集聚；推进物质和能源流动转换，拓展园区循环经济的发展空间
由污染型向清洁型经济生产模式转变	设置产业地块的准入门槛，保证入园企业具有清洁生产的能力	配置高效共享的能源、水资源利用等基础设施体系

8.5.4　案例分析：北戴河新区实证研究

北戴河新区传统用地布局方案（2011～2030 年）（方案一），即优先布局旅游、服务等主导产业用地。广场和康体用地、公共设施用地子类型优先布局在沿海和植被良好的地带，商业商务、文化娱乐、教育科研等公共设施用地子类型优先布局在沿河地带。自然保护区北部原本林业资源丰富，渔业养殖条件良好，但由于其优越的沿海区位，被大规模布置了旅游度假混合用地、游乐用地、酒店用地、康体用地等碳排放产业类型。这样的布局方案（图 8.10）使得现状中北部和中部那些可以为林业发展提供充足水资源的水塘，在规划中却被布局了旅游度假混合用地、康体用地、度假别墅等，破坏了资源优势。这种布局方案虽然有利于旅游业、服务业等快速发展，但同时使适宜发展农业、林业等碳汇产业的用地遭到了大规模的蚕食，削减了当地产业碳汇的潜力。北戴河新区低碳用地布局方案（2011～2030 年）（方案二）优先布局农业、林业等碳汇产业，在碳汇产业优先布局的基础上布局旅游、服务等碳排放产业。这保证了当地的碳汇产业用地质量，从而保证了碳汇总量。在碳汇产业布局优先的导向下，保护了适宜发展碳汇林业、碳汇农业的地块。在保护的基础上，合理布局碳排放产业（图 8.11）。

两个方案在碳排放和碳汇产业用地分布上的不同：①方案一中的碳汇产业用地相对零碎、不成规模，尤其是碳汇能力强的林业规模小于现状中林地的规模；方案二将原有的碳汇林地和碳汇耕地完整地保留下来，并在自然条件良好的生态廊道布局林业用地，扩大林地的规模，形成一个完整的体系。②方案一中的碳排放产业用地沿海岸线呈现连片发展的布局形态，并大面积占用森林公园用地和自然保护区实验区的林地等自然环境良好的地段；方案二中的碳排放产业形成较明显的两个组团，在布局时对林地和耕地进行了避让。

对传统用地布局和低碳用地布局的产业碳排放/碳汇量分别进行计算，在规划期内的产业碳排放总量和总量变化趋势上，两个方案存在着较大的差距。

1）方案一：传统布局方案碳排放/碳汇变化分析

根据方案一土地利用规划用地的变化情况，预测不同时间节点的产业碳排放与碳汇总量进行估算。可以发现，至 2020 年，北戴河新区的累计产业净碳排放量为 27.2 万 t；至 2030 年，北戴河新区的累计产业净碳排放量为 -32.0 万 t，即产业发展总体已达到碳平衡，并贡献 32 万 t 的碳汇。具体结论如下：①发展初期，建设量较大，导致碳排放量的快速增加，农业、林业等未实现规模化、规范化经营，碳汇能力增长缓慢；②发展后期，到 2026 年左右，建设量减少，主要产业碳排放来自建筑使用能耗，增长缓慢，农业、林业等产业发展较为成熟、稳定，碳汇开始进入稳定增长期。

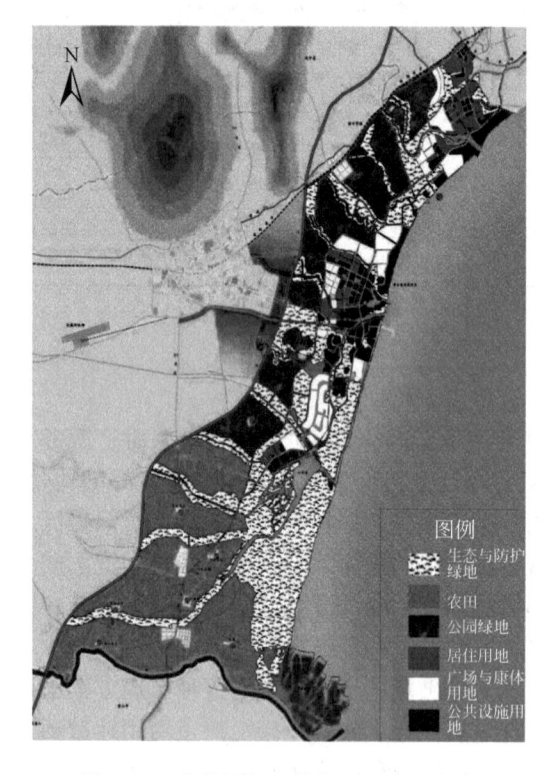

图 8.10　北戴河新区传统用地布局方案 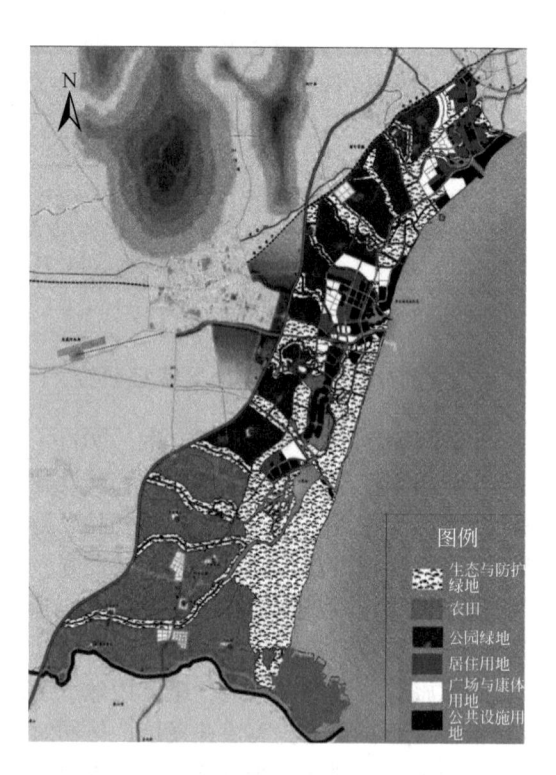　　　　图 8.11　北戴河新区低碳用地布局方案

2）方案二：低碳布局方案碳排放/碳汇变化分析

根据方案二土地利用规划用地的变化情况可以发现，至 2020 年，北戴河新区的累计产业净碳排放量为-33.5 万 t；至 2030 年，北戴河新区的累计产业净碳排放量为-159.9 万 t，即产业发展在 2020 年即已达到碳平衡，并贡献碳汇。具体结论如下：①发展初期，建设量较大，导致碳排放量的快速增加，农业、林业等未实现规模化、规范化经营，碳汇能力增长较缓慢；②自 2017 年之后，主要产业碳排放来自建筑使用能耗，增长缓慢，农业、林业等产业发展趋于成熟、稳定，北戴河新区的产业累积碳排放与碳汇总量实现碳汇净增长时期。

8.6　可持续能源利用与规划控制引导

8.6.1　城市化能源挑战与国内外相关研究动态

1. 城市化能源挑战

城市（包括城镇地区）是国家经济的重要载体，同时又是人口密集、经济发达、能源供应集中的区域生态系统。随着现代城市化演进过程的不断加快，城市系统已成为全球主要的生态单位之一。能源作为城市生态系统中的一个主导性要素,其在城市中的流动过程是以各类能源的消耗与转化为主要特征的。城市能源问题是关系到一个国家经济发展水平和人民生活水平的大问题。城市能源结构是与生产力发展水平相适应的一种要素。城市能源的合理规划与优化配置是解决城市快速发展与能源短缺矛盾、协调城市化进程与能源资源合理利用的关键。城市能源的研究不仅有利于保障城市能源供应,更重要的是要在城市发展模式、城市生活方式、城市建设过程以及城市居民的用能行为中逐步促进能源使用方式的根本性改变。因此,可持续发展的城市能源研究不仅是一个物质系统研究的过程,也包括能源知识、能源观念、能源政策以及城市能源战略的长远和根本目标。制定、实施科学合理的城市能源规划,实现城市能源的生态化、节约化和可再生化,是关系一个城市可持续发展能力的重要课题。

我国城市的能源问题主要表现在优质能源供应不足,利用效率低,浪费大。能源利用是城市空气污染的元凶,也是废水、有害重金属和固体废物的主要来源之一。当今,我国城市能源供应面临两大高峰,形势严峻。其一,我国正处于城市化高潮,全国每年约有180万人从农村迁往城市。一般认为,当城市化比例达到30%时将进入起飞期,我国现在的城市化比例是39%,已处于起飞期。这一时期有可能持续30~40年。城市化的起飞期也正是能源消耗的起飞期,决定了我国能源的消耗将因为城市化而有一个较大的增长。其二,城市化高峰与机动化高潮合并。目前我国城市每年机动车拥有率增长幅度在10%~15%,如果保持这一速度,则中国现有石油储量仅能维持28~35年。可见,我国城市机动化高潮对城市能源供应的压力也是相当大的。而城市化与城市机动化两大高潮对能源的合并压力将大大增加城市能源供应的难度。

2. 国内外发展动态

1) 国内发展动态

目前,我国对城市能源发展的研究主要从两个层面上开展:一是宏观的能源规划,强调能源供需总量平衡,缺乏具体技术支持,与城市规划存在一定的脱节,因而无法形成具体实施方案,可操作性差;二是能源基础设施专项规划,在我国城市规划体系中主要包括电力规划、热力规划和燃气规划三方面内容,这些专项规划由于各专业相互之间缺乏协调,规划方案有专业局限性,得不到客观的整体能源解决方案。这两种现有规划方法在解决城市能源问题中,存在着先天的缺陷,难以适应当前错综复杂的城市能源现状以获得更为科学合理的城市能源解决方案。另外,还有以下几方面的研究动态。

(1) 改善城市大环境,促进城市综合节能的研究。

改善城市大环境,促进城市综合节能是关键。增加城市的植被覆盖率,尤其是三维绿量和屋顶绿化,将城市森林建设纳入城市规划的考虑范畴中,在城市市域乃至更大的范围中,考虑大气污染物的治理以及城市生态环境质量的改善,节约能源。

(2) 城市规划推行生态设计的研究。

城市规划中推行生态设计是节能与城市规划结合的重要方面。生态设计对于节约能源具有重要的作用。生态设计的最低目标,是在目前的技术水平条件下设计一种物质和能源消耗较少的生活方式。在城市形态方面,应强调城市的紧凑发展和适度发展;在解决城市交通问题方面,应优先发展公共交通。

2）国外发展动态

（1）城市规划和建设与节能相结合。

从"可持续发展"目标的确立至今，人们越来越认识到世界能源供应与生态环境正在面临危机的严峻事实。城市是能源消耗的中心，也是生态污染严重的地区，随着越来越多的人口涌入城市，选择城市生活，使全球能源环境压力骤增。国外先进城市将节能与城市规划等加以结合，他们所采取的节能措施或有利于节能的规划策略包括：将城市发展与节能结合，坚持走紧凑型城市化道路；将城镇体系的空间结构与节能结合；将城市土地使用方式与节能结合，强调土地使用功能的适当混合，减少交通量和能源消耗；将优先发展公共交通与城市节能结合。

（2）开发新能源与治理城市污染相结合。

城市生产生活产生了大量的废弃物，消解城市大量的废弃物既是解决城市困境的一个重要方面，也是解决城市能源的一个重要途径。一些发达国家的城市将城市垃圾发电作为重要的能源来源之一。瑞士、新加坡等国家垃圾焚烧发电普及率均达80%以上。

8.6.2 城市规划在能源方面的开源节流原则与方法

1. 基本原则

城市规划应尽可能减少不合理的能源需求，更加有效地利用能源，以较少的资源投入，提供更多更好的能源服务。

1）节能优先

规划需要坚持节能优先的原则。规划编制时，首先要通过能源规划和城市规划的结合促进产业结构的调整。按照提高资源利用效率和减少污染排放的原则优化产业结构，并且倡导节能型的生活方式，目标向建设节能型社会迈进。

2）优化能源结构

矿物质燃烧造成的温室气体排放被认为对全球变暖和气候变化产生作用。规划应围绕环境保护和治理目标，逐步优化能源结构，逐步减少并严格控制燃煤总量，将以煤为主的污染型能源结构逐步转变为以优质能源为主的清洁型能源结构。规划中应关注可再生能源和对新能源的应用。

3）平衡能源供需

城市规划需要与能源需求预测互动考虑，确定国民经济、产业结构调整、人口、建筑总量等方面的城市发展目标。

2. 开源节流方法

1）规划多中心的城市结构

多中心的城市结构主要表现为城市商业区分级布局，通常分为市级商业区、区域级商业区、组团级商业区和社区级商业区。这些商业区的数目通常呈金字塔结构，级别越低，分布越广。市级商业区不只一个。多中心的城市结构与城市居民的多层次消费习惯相吻合。因此城市居民的大部分商业购物需求在城市次级商业中心就可以实现。这有利于减少城市居民往返于城市中心与居住地的距离，从而减少城市交通耗能。在不同等级的城市和区域中心，考虑小规模、均匀分布的公园绿地分散布局。在整体上减少城市居民与公园绿地的平均距离，也可达到减少城市交通耗能的目的。

2) 土地和建筑的多功能混合使用

城市的主要交通出行需求在于工作出行和购物出行。土地和建筑的多功能混合使用有利于减少这些出行需求。例如，无污染工业与居住的混合，有利于减少居民上下班的出行距离，如果距离较近，居民就有可能采用步行或是骑自行车上下班，从而减少了对机动车出行的需求，某些商业与居住的混合，有利于消除商业区出现"死城"现象，同时减少居民购物出行距离和往返于商业区和居住区的机动车交通量，办公与居住的混合同样可以减少居民的工作出行距离和对机动车的依赖。

3) 公共交通和慢行交通系统导向发展

公共交通的使用率增加会减少人们对私人机动车的需求，而且有利于减少居民出行通勤距离和换乘次数，减少交通基础设施的投入，进而实现城市节能。公共交通站点和商业办公设施结合发展利用，城市开发地块规模尺度合理化，避免出现过大的地块产生过多的绕行交通。这些都有利于城市交通的公交导向发展。

城市公共步行通道和专用自行车网络设计、多种模式的街道设计，有利于城市慢行交通系统的合理发展。城市规划与设计应更加重视考虑自行车与公共汽车、地铁等公共交通的换乘设计，在公共交通节点提供足够的自行车停车场。同时也应提高公共交通之间的换乘便利和可达性。这样可以减少人们对机动车，特别是小汽车的需求。

4) 建筑朝向和布局节能设计

城市开发应尊重原来的地形地貌，做到尽量保留水体、树木和土丘等，减少填挖土方量，从而减少消耗更多的能源。城市规划设计应尽量做到"物尽其用"，这不仅可以节约大量物化能源，而且可以减少由于重新生产建造该"物"或是塑造某种改变而产生的运输、建造等耗能，实现城市节能。"物尽其用"主要表现在充分地利用各种现状，如现状建筑、道路、构筑物、设施和现状绿化等。建筑朝向和布局对建筑耗能有相当大的影响。在我国建筑朝向适宜在南偏东或偏西一定倾斜角度范围内。建筑布局应以此为出发点，因地制宜。建筑节能技术主要是以提高建筑的保温隔热性能为基本出发点。合理地选择建筑物的窗墙比和体型系数。外墙、屋面和门窗采用热阻高、保温性能好的新型节能建筑材料，可使建筑物冬夏季能耗下降。

建筑中的中水利用有利于减少建筑污水的排放量，从而减少排水管道的设施投入和降低城市污水厂的污水处理量，同时也减少城市供水管网的设施投入和水厂的供水量，进而降低城市耗能。旧建筑的改造利用可以节约大量的建筑材料，从而减少修建建筑所消耗的物化能源。同时也就相应地减少了修建建筑时运输和建造的能源消耗。因此从能源物化和释放二氧化碳的角度看，破坏没有超过其物理寿命的建筑物，应该被看作是一种"环境不适宜"行为。

8.6.3 可持续能源利用专项规划及其土地使用控制引导

1. 可持续能源利用与规划

1) 可持续能源利用现状

可再生能源在城市建设的基本应用，主要包括太阳能利用、风能利用、生物质能利用及热泵技术利用等方面。

（1）太阳能利用。

在城区与建筑空间层面，目前最常见的太阳能应用包括：太阳能光电利用、太阳能热利用、建筑设计中的被动式/主动式太阳能应用。主要利用技术有太阳能光伏系统、太阳能热水器、太阳能热泵等。

（2）风能利用。

风能是空气运动产生的动能，可以利用于风力发电。风力发电机根据桨叶的驱动轴安装方向分为横轴和纵轴两种。横轴风力发电机一般在风资源丰富的近郊、远郊或低密度发展区有足够空间与发展潜力；纵轴风力发电机适合在高密度城市中，与建筑结合应用，并成为建筑物的一部分。

风力发电的最大问题是一般需要互补系统解决其不稳定性。在城区开发中，因为净空和空间的限制，很少采用大型风力发电机，主要采用风光互补的道路照明，但能真正产生的节能效益有限。

（3）生物质能利用。

生物质能是太阳能以化学能形式贮存在生物质中的能量形式，即以生物质为载体的能量。生物质能源（如秸秆和木材）应用最简单的方式就是直接燃烧，或通过转换使其成为生物质燃料（沼气、乙醇和生物柴油）。从宏观的城市整体建设来看，城市近郊与乡镇地区可以提供不少的生物质能利用潜力。然而，在发展密度相对高的城镇与城区内，生物质能利用可能有一定的局限，目前它在低碳生态城区等规划内应用并不普遍。

城市垃圾处理的方式——焚烧产生的热能可以用来发电，这往往被归入生物质能源利用技术，是低碳生态发展的城市规划建设的重要能源战略之一。

（4）热泵技术利用。

低品位能源主要是指那些与环境温度相近且无法直接利用的热能。其广泛存在于土壤、太阳能、水、空气、工业废热之中，是一种"可再生热源"。热泵是一种能从自然界获取低品位热能，经过电力或热力做功，花费少量电力或热能，提升低品位热源的温度，提供可被人们所使用的高品位热能的装置。热泵的热源和热汇，常见的有空气源和水源两大类。城市规划中应用通常有工业废蒸气等吸收式热泵、地表水热泵、地埋管换热器（或土壤源地源热泵系统）、地下水地源热泵技术。

2）城市规划中的可再生能源利用专题规划

可再生能源资源具有能源密度低、供应不确定性程度高、可获得量与技术密切有关，以及地域性等特点。目前我国城乡规划体系内尚没有在可再生能源领域颁布对应的专项规划方法指导文件。其技术流程和方案构成模式尚处于探索阶段，可以大致概括其规划技术路线如下。

（1）确定上层政策或规划的目标。

由于国家大力推动城市可再生能源利用，不少地方政府都开始设定省或城市的整体可再生能源利用目标，也说明了当地主要的可再生能源与可以考虑的利用。这些宏观目标与指导方向应该是总体规划编制首要考虑确定的上位层面纲要内容。

（2）可再生能源资源储备分析。

可再生能源的资源储量是整个利用规划的基础。理论蕴藏量是指理论上地区每年可能拥有的可再生能源资源量。各种可再生能源资源理论蕴藏量的计算见表8.8。

表 8.8　几种可再生能源资源的理论蕴藏量

能源种类		理论蕴藏量	主要参数
太阳能		地面年所受辐射总量	入射角、大气散射与吸收、云层厚度、大气浑浊度
风能		功率密度×年有效风速小时数	平均有效风速、空气密度、有效风速小时数
水能		$W = \sum_{i=1}^{n}(Q \times H)$ n 为河道随支流汇入分成的总段数，Q 为多年平均流量，H 为河段的落差	流量（m³/s）和水头（m）
生物质能	秸秆	为 $\sum_{i=1}^{n} Q \times r_i$，$n$ 为区域内作物秸秆种类，Q 为第 i 种作物的产量，r_i 为第 i 种作物的草谷比	实物量
	薪柴	林木种植面积×单位面积产柴量	
	粪便	年人畜数量×单位人畜年排泄量	

一般而言，风能、太阳能、生物质能等主要的可再生能源往往具有储量大、密度低、利用困难的特点，也是其规模化利用难以开展的重要原因。因此理论蕴藏量不一定是可利用量，可利用量要通过分析可获得量（技术可行）与可开发量（经济可行）确定，分别对应不同技术经济水平下的实际资源可利用量和程度。

（3）情景分析确定可利用量。

在规划编制中应用情景分析，考虑不同技术可行因素的影响。由于当前技术经济水平不断发展，可再生能源的利用方式和可开发量也在不断变化，应以理论储量为依据，通过采用不同的技术措施和成本投入形成不同的利用情景，对多个开发利用情景进行比较和选择，最终得出比较合理的可再生能源利用方案。各利用情景中将主要考虑不同可再生能源来源的组合、各类能源的资源量、生产率、技术可行性和项目实施的不确定性等要素，并采取相应的评估方法进行研究。

（4）可再生能源供应设备分布方式。

可再生能源规划中除对资源进行核算外，还应对供应设施利用进行空间布局，把空间要求纳入总体规划和详细规划图则与内容中。主要的布局需考虑是集中还是分散。另外也可以考虑资源、交通、地形地质、各类建设制约因素等条件，同时离网式设施布局应靠近负荷中心，而并网式布局则应选择并网条件较好的地区。

（5）建立综合能源管理体系。

由于每个城市有着自身的可再生能源资源禀赋特点及能源结构基础，每个城市的可再生能源规划应是各有特点的，不能照搬其他城市的模式。应围绕电力、交通、供暖与制冷三大领域，选择综合型或是专项型模式。综合能源规划应该是面向绿色经济的能源规划，它涉及生产性能耗，包括产业能耗、建筑能耗和交通能耗三大领域。需要建立能耗总量和各领域能耗目标，建立能耗绩效评价指标，建立产业和建筑的能效准入门槛，以及城区的能源管理体系等。

2. 城市规划对城市能源可持续发展的控制引导

1）城市总体规划的土地使用控制引导

城市总体规划可以通过地形地貌的保护利用、土地多功能混合使用、地块开发尺度的合理控制引导以及公共交通导向发展引导，从城市规划的空间和格局形态方面对城市低碳发展起到控制引导作用。

（1）尊重地形地貌。

建设控制引导层面的城市规划更要充分利用好地形地貌，首先规划设计不能仅靠地形图上的信息进行地块分析。应对地形地貌实景和地形图进行详细比较研究。特别是丘陵地区的城市，对场地实景的充分分析是必不可少的，必须对山丘、水塘、树木、坡地等进行严谨的分析，然后提出一套能够充分利用现状地形地貌各要素，又能保证土地建筑开发设计质量的方案，包括山丘的保护和使用方案、水塘的保护和利用方案、树木的保留或移动方案、道路设计与地形的吻合方案、地块开发与地貌吻合方案等。

（2）土地多功能混合使用。

鼓励用地布局的地块功能在相互不冲突的情况下实现地块的多功能混合使用，如商业与住宅、商业与办公、商业与娱乐、住宅与办公、住宅与部分娱乐等。同时积极探索灵活多变的空间，以期达到与市场条件下经常出现的功能替换相吻合。

（3）地块开发尺度合理化。

土地利用开发过程往往因为规划不够合理，造成某一项目所需土地规模相当大，如大型设施用地、教育用地等。由于大地块被单一单位或开发商所拥有，在项目建成后，这些单位或住宅区往往用围墙将自己的用地圈起来，禁止"外人穿行"。在现今大多数单位和住宅区都普遍使用围墙的情况下，开发地块的尺度合理化显得更加重要。新城市主义提出的密路网、小街区的街区规划设计是一种低碳城市规划方法，建设控制引导层面的规划设计要将地块的尺度和宽度控制在合理的范围内。

（4）公共交通导向发展设计。

建设控制引导层面的城市规划在衔接上一层面的城市规划的同时，应更详细地进行公共交通导向发展设计。公共交通导向发展的规划原则如下：在区域规划层面上组织紧凑的、有公共交通系统支撑的城镇模式；在公交站点周围适于步行的范围内布置商业、居住、就业岗位和公共设施；创造适于步行的道路网络，营造符合行人心理感受的街道空间，在各个目的地之间提供便捷、直接的联系通道；提供多种价格、密度的住宅类型；保护生态敏感区、滨水区，以及高素质的开敞空间；公共空间成为不同区片居民活动的中心，合理布局其功能空间，不宜采用大型停车场环绕场地周边的形式；鼓励在已有发展区域内的公共交通线路周边进行新建和改建。

2）城市详细规划的开发建设控制引导

城市详细规划的开发控制，可以通过合理的土地开发强度控制、建筑建造的多途径节能环保控制以及各类不同城市专题系统规划的合理组织，达到对城市各类开发建设用地的节能发展控制。

（1）土地开发强度控制。

土地开发强度控制是控制性详细规划的重要内容。地块开发强度越大，所耗费的能源也就越多，特别是当地块使用的能源是当地不可再生能源时。由于能源供给总量有限，要求地块开发总量要与能源供给总量平衡。另外当地块使用太阳能时,在目前技术水平下,地块的开发强度应该相对较低。在达到开发目的的情况下,应尽量减少建筑密度、提高绿地率,有条件的情况下提高水域面积比。这些对降低城市热岛效应有积极作用。另外,在交通干线、交通节点和能源供给干线上的地块开发强度应当高些。

(2) 建筑建造规划引导。

建设控制引导层面的规划设计,应该明确要保留、改造的建筑、构筑物和相关设施等,要尊重和充分结合现有用地的地形地貌和现状资源,保证建筑与周边场地、树木、水塘设施之间的设计控制等。规划场地依据建筑多功能混合使用的目标进行规划引导。混合功能使用主要表现为商住建筑混合、商办建筑混合以及商业娱乐混合等,还应该加强社区医疗与住宅、部分娱乐与住宅、小型办公与住宅、某些一类工业与商业等的混合开发建设。在相互干扰较小的前提下,应该特别关注某些工业与住宅的混合设计。

建设控制引导层面的城市规划应该对建筑的朝向做出控制。建筑朝向最好控制在南偏东、南偏西一定倾斜角度范围内。同时对建筑布局做出控制设计和导向设计。特别是利用太阳能的建筑,其布局要求不要形成前后遮挡,主墙体或是屋顶角度应以当地太阳光线角度为依据。城市规划需要加强建筑节能设计控制和引导,一些节能控制指标和引导建议应纳入建设控制引导层面的规划设计中。这包括提高建筑的保温隔热性能,强化建筑通风、自然采光采用的生态节能材料。应加强对建筑水循环和中水设计的控制要求,注意平衡水循环中入、出口端的水量。

建筑控制引导层面的城市规划应明确要求或建议哪些建筑采用当地建筑材料,如特有石材、木材或是其他节能型建筑材料。钢结构建筑比木结构建筑要多耗能。砖混结构和框架结构是目前最为流行的两种结构,它们在建筑材料的生产运输以及建造过程中都是耗能非常大的。减少建筑垃圾的关键是对建筑建造方法的选择和过程的控制,在规划设计方面的措施是充分利用旧构筑物、旧建筑材料,采用生态的建筑结构和环保型的建筑材料等。

(3) 道路交通规划设计。

规划设计时要控制引导形成多模式街道设计。建设控制引导层面的规划设计应给出每个地块的自行车停车场位置、停车位数、停车方式;且在人行道的宽度以及过街、地下通道的密度方面增加设置,也是行之有效的引导城市人行交通和自行车交通的常用方法。

交通换乘设计近来得到越来越多的关注。不仅要合理规划机动车、公交车、轻轨、地铁和城市对外交通(如机场、火车站、长途汽车站)之间的换乘,还要合理安排自行车、步行与以上所列之间的换乘。建设控制引导层面的城市规划对重要交通节点和公交站点的自行车换乘应做出明确设计要求,包括自行车出入口位置、线路、停车位数、停车场位置,以及步行通道宽度、线路和人流集中的广场设计等。

建设控制引导层面需要深化上位规划已经确定的城市公共步行道和专用自行车网络系统的布局引导。明确公共步行道和专用自行车道的详细线路走向、街道宽度、节点广场设计、街道两旁城市设计引导,与公交站点和重要交通节点的衔接、换乘,以及步行道、自行车道跨越城市机动车道的处理方式,街道铺装材料、形式及相关设施设计等。合理规划行人步行和自行车交通设施布局。

(4) 绿地系统和水系、风道规划引导。

建设控制引导层面的城市绿化系统设计涵盖多个关键方面。在地块绿化指标上,要明确绿化率要求，并对绿化形式加以规划。比如立体绿化，鼓励将其与建筑设计紧密结合，像屋顶绿化、室内绿化、阳台绿化等都可纳入考量。对于线状绿地，需把控宽度；对于面状绿地，应控制规模，注重绿地分布的均匀性，并做好具体设计；在绿化植被方面，种类搭配应以当地植物为主，通过多样的植被组合构建完整的植物群落；加强城市水网的连续性，同时明确水系两旁湿地的控制范围、保护措施，这些在水乡城市中显得尤为重要。

规划对城市风道的控制引导，需要明确位于主风道两侧建筑物的摆向、建筑高度、建筑面宽、城市支路或小区级道路走向，建筑物的摆向应利于引入夏季盛行风，高层建筑的面宽不宜过长，城市支路或小区级主要道路走向宜与城市夏季盛行风向平行。

（5）社区商业、服务业规划设计。

社区商业、服务业的规划设计以满足社区居民的日常需求，减少居民出行次数为出发点。商业、服务业的设置应满足多层次、不同年龄的需求，确定社区商业、服务业的功能类型、规模分布及其空间、形态设计等。

（6）市政基础设施规划设计。

余热余气回收利用的规划设计包括余热、余气供给规模，余热余气的消耗规模，平衡供需差量措施，余热余气设备安装及其与建筑设计的协调，余热余气管网定线，管道半径、坡度、埋深等。建设控制引导层面的城市规划应深化城市发展战略层面的城市规划所确定的城市中水回用工程系统设计，其内容包括中水管网定线、管网半径、坡度、管网埋深、与其他管道的安全距离等。

8.6.4 案例分析

延庆区是北京市新能源、可再生能源和循环经济示范区。延庆区地处北京西北，新城距中心城区约74km，区域面积1994km^2，是首都重要的生态屏障与涵养区、水源保护区及未来发展腹地，其中山区面积超过70%。在实现碳减排目标前提下如何提升经济和社会发展水平是地方政府亟待解决的问题。

1. 延庆区城市规划节能减排专题规划

按照城乡碳排放计量框架与方法，研究对延庆区各类碳排放/清除进行评估。碳排放计算采用的各类能源标准煤转化系数及 CO_2 排放因子主要参考《IPCC 国家温室气体清单指南》、《中国温室气体清单研究》和《中国能源统计年鉴2010》，电力部分依据《中国区域电网基准线排放因子》的相关因子和数据。从能耗和碳排放水平分析，2005年和2010年延庆区现状人均碳排放水平减少量为18%，较人均能耗水平有较大幅度减少。进一步分析能源消费情况，2005年其能源消费总量48万t标准煤，2010年为51万t标准煤，延庆区通过建设官厅风电场并实现上网，加大生物质能、太阳能的利用，提高可再生能源在能源消费中的比例，使2010年能源消费总量增加的同时，碳排放较2005年减少16万t。可以看出，碳排放水平指标反映出能源结构优化对于碳减排的重要作用。从现状碳排放结构分析，延庆区城镇建筑、农村生产与生活、工业与建筑业和交通四大板块占排放总量的92%，此外，延庆区生态空间的碳清除功能在减少碳排放方面也起到重要作用。

随着北京市社会经济发展结构、水平的整体提升，延庆区既定产业结构、城镇化目标可以做出进一步调整，并带动城乡用地布局优化；现状该区煤炭消费比例超过50%，与北京市现状70%清洁能源利用水平有较大差距，随着区域天然气、电力管网系统的建设，其能源结构会有较大调整，同时，尽管延庆区现状可再生能源利用已接近20%，远高于北京市2010年3.2%、2015年6%的发展水平，但是其在风能、太阳能、生物质能、地热能的系统化利用方面还可进一步开发；延庆区城镇居住建筑仅有11%、公共建筑仅有16%达到节能设计标准，随着既有建筑节能改造、北京市居住建筑节能设计标准提高、城镇化发展力度加大，其城乡建筑减排潜力较大。延庆区绿色交通出行和生态环境建设已构成发展特点，但由于总体结构已达到较高水平，2010年新城公交、自行车、步行出行比例达70%，既定规划生态空间已占区域总用地的78%，因此在现有基础上交通和生态空间不具备更大的碳减排潜力。

基于区域现状和碳减排潜力可行性分析结果，提出延庆区空间发展节能减排策略：①优化城乡经济社会发展目标。按照社会经济结构细化重组各板块的碳排放，分析延庆区三次产业、城乡生活碳排放水平，得出第三产业和城镇化发展对进一步减少延庆区碳排放有较大作用。采取调整产业结构、城镇化集约发展的策略，适当弱化第二产业、强化第三产业，调整三次产业比重。②优化城乡用地布局和交通系统，完善新城各街区的产业、居住、公共设施职能。城镇体系优化将和区域公交系统完善相结合。③优化能源供应方式。在新城、各乡镇因地制宜地利用风能、天然气、地热和生物质燃料等实现差异化的供能方式，并以新能源产业带动循环经济发展。④建设资源节约型新城。制定低碳模式下城乡生活用水、工业用水水平与供水方案，污水排放水平与污水处理、废弃物处理方案，循环利用处理过程产生的电、填埋气等资源。

2. 延庆区可再生能源开发与利用规划

延庆区地形地势独特、海拔较高、太阳辐射强、昼夜温差大，拥有丰富的太阳能、风能、生物质能、地热能等资源。这些基础使得延庆区在可再生能源的开发上具有突出优势。

通过计算，延庆区的可再生能源资源情况如下。①太阳能：全年日照时数2500h，平均太阳总辐射量5000MJ/m^2，单位面积太阳能理论发电量为166kW·h/m^2。可能的最大发电总量为每年118亿kW·h，约合145万t标准煤。②风能：全县平均风速3m/s，平均最大风速15m/s，有效风年小时数2000h，风功率密度在10~33W/m^2之间，平均风功率密度约20W/m^2。可能的最大发电总量为每年864亿kW·h，约合1062万t标准煤。③生物质能：延庆区生物质能储量为13万t标准煤，可获得量为7.8万t标准煤，可获得量中秸秆可燃气占比52%、沼气占比45%、林木可燃气占比3%。

综观，与全区合计约1214万t标准煤的可再生能源可利用量相比，延庆区的可再生能源储量大。考虑到建设条件、投入成本后设置不同的规划利用情景，研究分析生物质、风电、地热以及优化综合发展不同情景的能耗情况。情景分析的结果表明，可再生能源实际可利用规模可占全区社会总能耗的3%~11%，达2万~8万t标准煤/年，温室气体CO_2减排量可达8万~16万t/年。

从资源本底和技术经济角度综合评估，延庆区可再生能源下一步发展的优势方向在于生物质能和太阳能的开发利用。生物质能具有开发基础好、设施建设成本相对较低等优势，符合新农村建设的发展方向，虽然资源总量比风能和太阳能要小，但可利用水平较高，是近期优先考虑建设的方向。风能在全区整体来看并不具有非常明显的开发优势，但在局部地区，可考虑地形条件选择性地进行风电场资源评估和建设。

参 考 文 献

蔡建明，郭华，汪德根．2012．国外弹性城市研究述评．地理科学进展，31（10）：1245-1255.
曹伟，李晓伟．2010．城市能源规划及其发展战略研究．中外建筑，（10）：79-81.
车伍，吕放放，李俊奇，等．2009．发达国家典型雨洪管理体系及启示．中国给水排水，25（20）：12-17.
戴菲，王可，殷利华．2016．海绵城市雨洪基础设施规划途径初探．现代城市研究，（7）：19-22，46.
傅伯杰．2001．景观生态学原理及应用．北京：科学出版社．
郭婧，顾朝林，杨保．2013．低碳产业规划在城市总体规划中的应用研究．南方建筑，（4）：18-23.
韩依纹，戴菲．2018．城市绿色空间的生态系统服务功能研究进展：指标、方法与评估框架．中国园林，34（10）：61-66.
胡春雷，肖玲．2004．生态位理论与方法在城市研究中的应用．地域研究与开发，23（2）：13-16.
鞠鹏艳．2013．城市总体规划层面低碳城乡规划方法研究——以北京市延庆区规划实践为例．城市规划，37（8）：9-17.
李彤玥，牛品一，顾朝林．2014．弹性城市研究框架综述．城市规划学刊，（5）：23-31.
李伟峰，欧阳志云．2007．城市生态系统的格局和过程．生态环境，16（2）：672-679.
林忠航．2007．考虑能源的城市规划研究．上海：同济大学硕士学位论文．
刘丹，华晨．2016．气候弹性城市和规划研究进展．南方建筑，（1）：108-114.
刘锋章，李东峰．1999．浅论城市化带来的生态环境问题．山东环境，（6）：5-6.
刘贵利．2002．城市生态规划理论与方法．南京：东南大学出版社．
刘家琳．2013．基于雨洪管理的节约型园林绿地设计研究．北京：北京林业大学博士学位论文．
刘洁，吴仁海．2003．城市生态规划的回顾与展望．生态学杂志，22（5）：118-122.
刘洋，蒙吉军，朱利凯．2010．区域生态安全格局研究进展．生态学报，30（24）：6980-6989.
麦克哈格．1992．设计结合自然．芮经纬，译．北京：中国建筑工业出版社．
聂蕊．2012．城市空间对洪涝灾害的影响、风险评估及减灾应对策略——以日本东京为例．城市规划，（6）：79-85.
聂永有，张靖如．2009．产业结构的"低碳"调整．商周刊，（26）：16-17.
纽曼，比特利，博耶．2012．弹性城市——应对石油紧缺与气候变化．北京：中国建筑工业出版社．
欧阳虹彬，叶强．2016．弹性城市理论演化述评：概念、脉络与趋势．城市规划，40（3）：34-42.
欧阳志云，王如松．1995．生态规划的回顾与展望．自然资源学报，10（3）：203-215.
欧阳志云，王如松，符贵南．1996．生态位适宜度模型及其在土地利用适宜性评价中的应用．生态学报，16（2）：113-120.
彭建，赵会娟，刘焱序，等．2017．区域生态安全格局构建研究进展与展望．地理研究，36（3）：407-419.
仇保兴．2015．海绵城市（LID）的内涵、途径与展望．建设科技，（1）：11-18.
沈清基．1998．城市生态与城市环境．上海：同济大学出版社．
沈清基．2005．中国城市能源可持续发展研究一种城市规划的视角．城市规划学刊，（6）：41-47.
史宝娟，赵国杰．2008．城市生态系统承载力理论及评价方法研究．生态经济（学术版），（2）：341-343，347.
宋永昌．2000．城市生态学．上海：华东师范大学出版社．
汤萌萌．2012．基于低影响开发理念的绿地系统规划方法与应用研究．北京：清华大学硕士学位论文．
仝贺，王建龙，车伍，等．2015．基于海绵城市理念的城市规划方法探讨．南方建筑，（4）：108-114.
王如松，杨建新．2000．产业生态学和生态产业转型．世界科技研究与发展，（5）：24-32.
伍业钢．2016．海绵城市设计：理念、技术、案例．南京：江苏凤凰科学技术出版社．
肖杨，毛显强．2008．城市生态位理论及其应用．中国人口·资源与环境，18（5）：41-45.
谢高地，张彩霞，张雷明．2015．基于单位面积价值当量因子的生态系统服务价值化方法改进．自然资源学报，（8）：1243-1254.

谢花林．2008．土地利用生态安全格局研究进展．生态学报，28（12）：6305-6311.

徐延达，傅伯杰，吕一河．2010．基于模型的景观格局与生态过程研究．生态学报，30（1）：212-220.

徐振强．2015．中国特色海绵城市的政策沿革与地方实践．上海城市管理，（1）：49-54.

杨滔．2011．低碳城市和城市空间形态规划．北京规划建设，（5）：17-23.

叶祖达，龙惟定．2016．低碳生态城市规划编制：总体规划与控制性详细规划．北京：中国建筑工业出版社．

尹琦，肖正扬．2002．生态产业链的概念与应用．环境科学，（6）：114-118.

俞孔坚，王思思，李迪华，等．2009．北京市生态安全格局及城市增长预景．生态学报，29（3）：1189-1203.

俞孔坚，等．2016．海绵城市——理论与实践（上、下册）．北京：中国建筑工业出版社．

宇鹏，李健雄．2011．相对环境承载力与压力的计算——以武汉市为例．广西师范学院学报（自然科学版），28（2）：61-65.

张泉，叶兴平．2009．城市生态规划研究动态与展望．城市规划，（7）：51-58.

张泉，等．2011．低碳生态与城乡规划．北京：中国建筑工业出版社．

张娅薇，李军．2015．引导低碳出行的空间策略与设计原则．华中建筑，33（12）：114-117.

张远景，俞滨洋．2016．城市生态网络空间评价及其格局优化．生态学报，36（21）：6969-6984.

曾凡慧．2007．城市化的现状、问题与对策．经济研究导刊，（4）：50-52.

周锐，王新军，苏海龙，等．2015．平顶山新区生态用地的识别与安全格局构建．生态学报，35（6）：2003-2012.

Construction Industry Researchand Information Association（CIRIA）．2000．Sustainable Urban Drainage Systems：Design Manual for England Scotland and Wales Northern Ireland．London：Crornwell Press.

Forman R T T．1995．Land Mosaics：The Ecology of Landscapes and Regions．Cambridge：Cambridge University Press.

Hodson M，Marvin S．2009．Urban ecological security：A new urban paradigm？．International Journal of Urban and Regional Research，33（1）：193-215.

Malmqvist R. A．2006．Strategic planning of sustainable urban waste management．London：IWA Publishing.

Steffen W，Richardson K，Rockström J，et al．2015．Planetary boundaries：Guiding human development on a changing planet．Science，347（6223）：1259855.

UACDC（University of Arkansas Community Design Center）．2010．LID Low Impact Development a Design Manual for Urban Areas．Fayetteville：University of Arkansas Press.

USEPA（United States Environment Protection Agency）．2000．Low Impact Development（LID）：A literature review．United States Environmental Protection Agency．Washington D. C.：United States Environmental Protection Agency.

Vilhelmsen M．2015．Cloudburst mitigation in Copenhagen- Preparing the city for the future climate change．Water and Wastewater Asia，（2）：36-39.

Wilbanks T J，Sathaye J．2007．Integrating mitigation and adaptation as responses to climate change：A synthesis．Mitigation and Adaptation Strategies for Global Change，12（5）：957-962.

Wilson S，Bray R，Cooper P．2004．Sustainable drainage systems．London：hydraulic，structural and water quality advice．Construction Industry Research and Information Association（CIRIA）．

Wong H F T．2002．Urban stormwater management and water sensitive urban design in Australia．Urban Drainage，2002.

Wu J G．2004．Urban ecology and sustainability：The state-of-the-science and future directions．Landscape and Urban Planning，125（2）：209-221.

Yu K J．1995．Security Patterns in Landscape Planning：With a Case in South China．Cambridge：Doctoral thesis in Harvard University.

Zhou R，Wang X，Su H，et al．2015．Identification and security pattern of ecological land in Pingdingshan newly developed area．Acta Ecologica Sinica，35（6）：2003-2012.

第9章 地理信息系统、规划支持系统与大数据

9.1 地理信息系统与城乡规划

9.1.1 地理信息系统概念与数据模型

1. 地理信息系统的定义

地理信息系统（GIS）这一术语可以有多种定义和解释。一般可以从技术系统、应用系统两个不同的角度来看待。

从技术系统角度来看，GIS 作为一种计算机系统，分为 4 个组成部分，分别是针对空间信息的信息获取和数据输入、数据存储和管理、数据查询和分析、成果表达和输出（图 9.1）。其中空间信息的数据存储和管理、数据查询和分析是 GIS 的特有功能，是与其他计算机系统主要的差异。

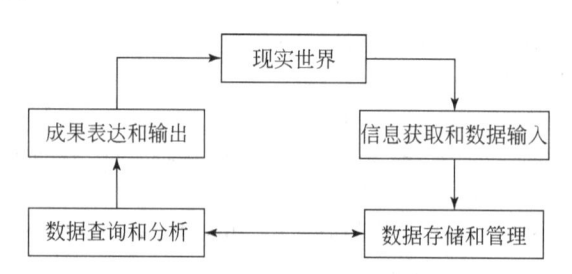

图 9.1 地理信息系统的功能组成

从应用系统角度来看，GIS 有 6 个组成部分，包括网络、硬件、软件、数据、人员、应用过程。当前计算机网络已是整个社会的重要基础设施。随着互联网络遍及社会各个角落，GIS 也在不断地依赖互联网络，硬件、软件、数据、应用模式、技术服务均借助互联网络而发挥作用。现实中很多实用信息系统上可能并未出现 GIS 这个名称（如规划管理信息系统、土地管理信息系统、市政设施信息系统等），GIS 往往作为技术工具在其中发挥着举足轻重的作用，系统运行也符合 GIS 的一般特征，它们实际上就是 GIS 的应用系统。

除了从技术系统、应用系统两个角度之外，从学科的发展角度来看，还有地理信息科学（geographic information science）这个术语。在地理信息的认识、应用领域有一门独立的地理信息科学学科，虽然和其他学科有相互交叉，但是有自己特定的研究范围、理论体系。这一术语在学术界、理论界用得较多。此外，在测绘学界还出现了地理信息（geomatics）和地理信息学（geoinformatics）两个术语，目前也得到较为广泛的使用。如果侧重于地理信息相关的理论问题，较多使用 geographic information science；如果侧重信息获取、处理技术、数据

供应的测绘相关业务、行业问题，较多使用 geomatics 和 geoinformatics。

2. 地理信息的数据模型

1）地理信息同时包含属性、空间信息

从地理的角度表示事物，至少需要属性、空间位置两个方面的信息。例如，上海徐家汇某日最高气温为30℃。上海徐家汇这个地名表示空间位置，还可以进一步在地图上确定；气温30℃就是属性。GIS将事物的属性、空间位置信息同时存储和处理。两者组合起来就是地理信息。

2）属性信息的表达——用二维表格形式

事物的属性信息，一般可以划分为以下四种类型。

定名（nominal），也称定类，用字符型的名称或整数型的编号进行分类、定义。例如，地名、土地使用类型、邮政编码。对定名型的属性不能进行算术运算，大小相互比较没有数学意义。

顺序（ordinal），也称定序，可用字符型、整数型表示。例如，用优、良、中、及格、不及格表示学生的学习成绩，城市规划中往往用一类工业用地、二类工业用地、三类工业用地表示工业对周围环境的影响程度。顺序型属性可以相互比较大小，可以排序，但是一般不能作算术运算，如求平均值就没有意义。

间隔（interval），也称定距，可用整数型、浮点型表示。温度是典型的间隔型属性，可以进行大小比较，如气温高对应天气热，气温低对应天气冷。也可以进行计算，如某地区某季节的常年平均气温，经过多年观察后，取平均值得到。用百分数表示学生的学习成绩也是一种间隔型属性，可以计算某个班级某门课程的平均成绩。某些数学运算没有实际意义，如学习成绩100分比50分高1倍、成绩好1倍，30℃比6℃高4倍、热4倍，这些都是没有意义的比较。

比率（ratio），也称定比，可用浮点型、整数型表示。例如，城市人口（常用长整数型）、土地面积（一般用浮点型）是常用的比率型属性数据。甲城市的人口是乙城市的多少倍，土地面积在甲类和乙类之间是几比几，多种算术运算均有实际意义。

上述四种类型属性在一定条件下，后一种可以转换成前一种。例如，百分制学习成绩为间隔型，可以转换成五级制顺序型，城市人口规模可以从比率型（人口数）转换成顺序型（小城市、中等城市、大城市、特大城市）。一般情况下，前一种不能转换成后一种。

相同的事物往往有多重属性。例如，一个学校可能有4个属性：名称（定名型）、地址（定名型）、在校学生数（比率型）、校舍面积（比率型）。城市道路可能有4个属性：路名（定名型）、道路等级（顺序型）、路段长度（比率型）、道路宽度（比率型）。

3）空间信息的表达——矢量数据模型（离散对象）、栅格数据模型（连续场）

事物的地理位置信息有两种表示方法：离散对象和连续场。

（1）离散对象和矢量数据模型。

现实世界很多空间事物，如房屋建筑、绿地、道路、排水管道、学校、村庄等，均有明确的边界，适合用离散对象表示（图9.2）。离散对象基本空间表达方式是点、线、面。

点（point）。公共汽车站、环境监测站等可用点表示。点没有大小，几何学上常定义为零维，具体位置由一对坐标表示（x,y）。

线（line）。道路走向、市政管线等可用线表示。线没有宽度，几何学上常定义为一维，具体位置由一串有序的点组成,分起点、终点、中间拐点,很多情况下也称折线(polyline)。

面(polygon,也称多边形)。街坊、行政区范围等可用多边形表示,几何上常定义为二维,形状往往不规则,边界由线围合而成。作为多边形边界的线应封闭,呈环状,不能自身交叉。

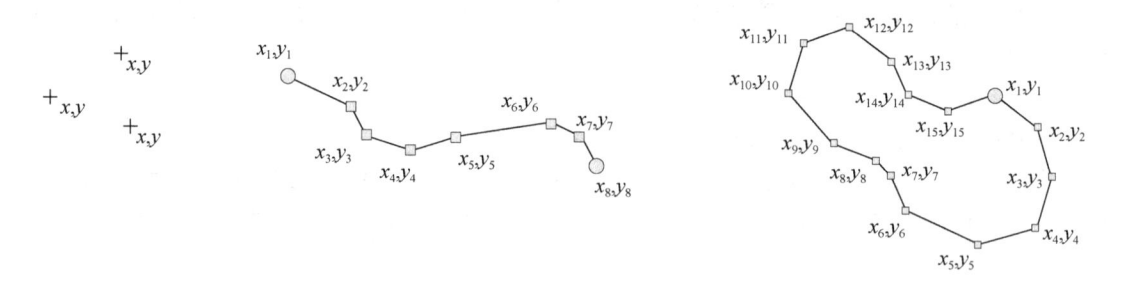

图9.2 点、线、面空间位置的矢量表示

对离散对象的数字化表示方法称为矢量数据模型(vector data model)。坐标点是最基本的数据,一般用浮点型,也可用整数型。一个对象也就是一个地理实体,在矢量数据模型中常称为一个要素(feature),一个要素可以有多个属性。如果多重属性聚合为记录(record),一个要素就可以和一条记录相对应。

某个应用中相同类型的多个地理实体称要素类(feature class,图9.3中分为学校、路段、地块)。一个属性是一个数据项,称为字段(field)。多重属性也就是多个字段,组合在一起,常称为一条记录(record)。同类事物中往往有多个实体,它们的属性项是相同的,也就是构成记录的字段相同,这时可以用表(table)的形式来表示要素类的多重属性。

数字化的位置信息常称为空间数据(spatial data)或几何数据,数字化的属性信息常称为属性数据(attribute data)或非几何数据。一个要素和属性表中一行有逻辑对应关系,一般靠标识号(也称标识码,ID)相同来实现,在同一个要素类内部、同一个属性表中,标识号的取值具有唯一性。一个地理实体若要对应多重属性,可在属性表中定义不同的列。

(2)连续场和栅格数据模型。

连续场适合观察、定义边界不太明确、比较模糊的事物,如地形高程、气温等。在地表上,山峰、沟谷、平地的高程往往是渐变的,相互之间可能没有确切的分界线。土壤的分类也是这样。连续场的数字化一般采用栅格数据模型(raster data model),将需要表示的空间范围划分成格网(图9.4),格网的基本单元一般是正方形,大小固定。每个单元只有一个值,可以是字符型,如土壤类型,也可以是整数型、浮点型,如地形高程。事物按其在格网中哪一行、哪一列确定空间位置,单元值就是属性。每个单元只有一个属性。单元的大小决定了栅格数据的空间分辨率。

对于栅格数据模型来讲,由于单一网格只能有一个取值,如果同一空间事物有多重属性,一般的表示方法是多重相互独立的栅格数据集。例如,地形高程、植被状态、土壤类型,各做一个。这种方式是最常用的,但也带来了数据量的增加,且不同属性之间相互联系不方便。如果属性相似的栅格在形态上和矢量多边形近似,可以将栅格成组分类,使栅格数据也有多重属性(图9.5)。靠成组分类实现多重属性的条件是相同类型的栅格聚集在一起,

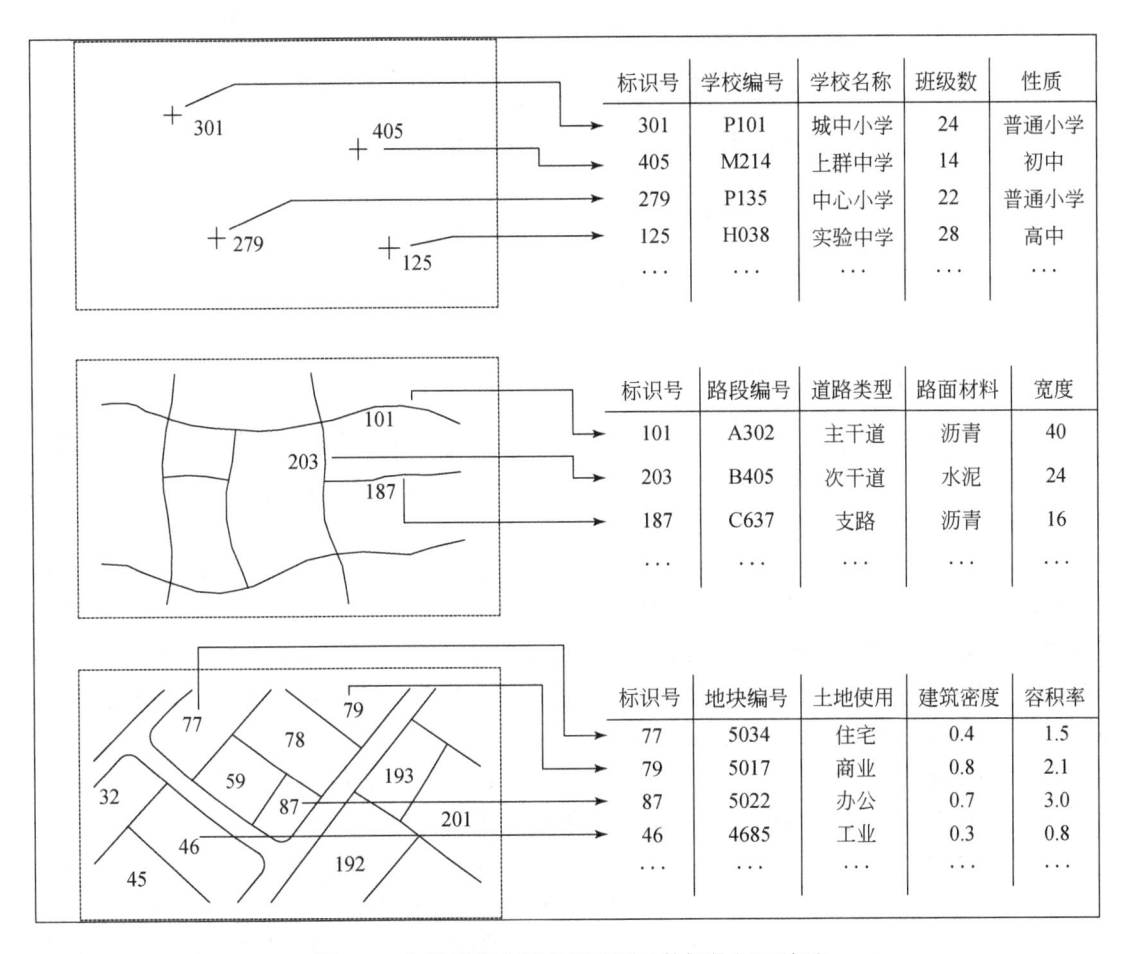

图 9.3 矢量模型空间数据和属性数据的相互关系

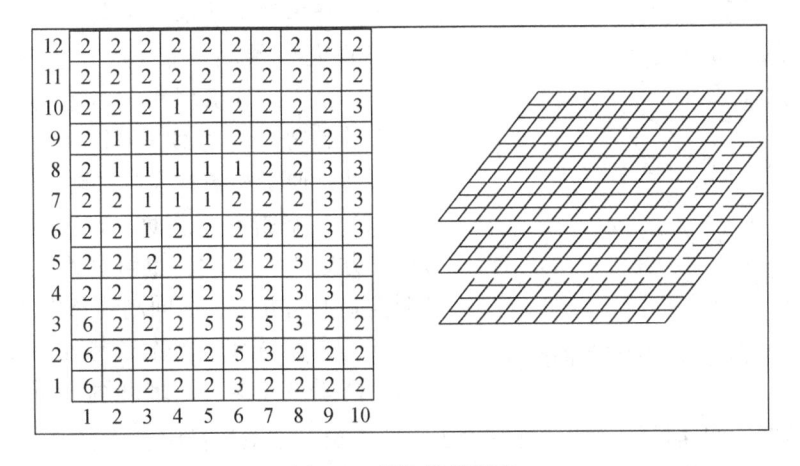

图 9.4 栅格数据模型

单元取值应是字符型或整数型。

单元取值	属性A	属性B
1	a5	3.7
2	a9	6.2
3	b7	14.2
4	a8	7.1
5	c3	4.5
6	b1	9.8

图 9.5 栅格数据的多重属性

9.1.2 地理信息系统在城乡规划中的优势

合理配置城市和区域的空间资源，空间上协调各项开发活动是城乡规划的核心工作内容。GIS 具有地理空间数据的储存管理、查询、分析表达功能，能为城乡规划所应用和服务。

GIS 的典型功能是数据管理、查询制图、空间分析，这些功能在不同规划业务中会有不同程度的体现。在城乡规划日常行政管理中，GIS 的数据管理占重要地位，查询制图使用非常频繁，也往往使用空间分析。在城市开发控制业务中，数据管理也有作用，也经常使用查询制图、空间分析。在规划编制业务中，GIS 的数据管理功能有部分作用，经常使用 GIS 制图功能，GIS 的空间分析功能也很有优势。

城乡规划的编制和实施是一个较长的过程，GIS 在城乡规划以下阶段能发挥作用（图 9.6）。在这些阶段中，GIS 也往往需要与其他技术共同协作。

（1）基础资料调查。遥感、其他数据库系统和 GIS 共同发挥作用。

（2）现状分析。GIS 所具有的地图叠合功能，以及土地适宜性评价是 GIS 的典型应用，遥感影像处理、环境评价技术往往也和 GIS 交织在一起。

（3）模拟预测。非 GIS 的分析方法一般和 GIS 结合起来，分析城市、区域的空间特征，预测未来的趋势。借助 GIS 可以将分析结果用专题地图表达，便于和各方人员讨论、交流。

（4）方案制定。借助 GIS 技术，可根据特定目标对方案进行优化，也可利用上一阶段所建的模型检验不同方案、不同制约条件的相互冲突。

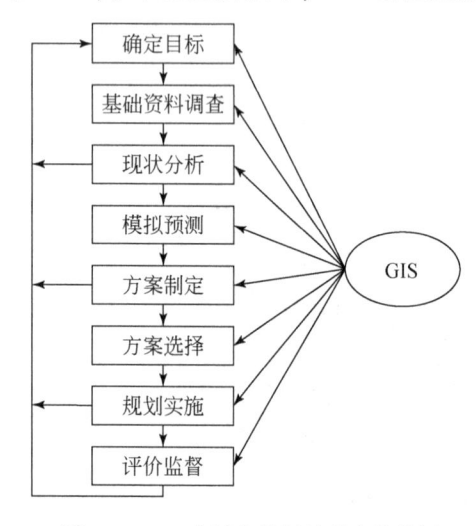

图 9.6 GIS 在城乡规划过程中的作用

（5）方案选择。方案选择往往受政治因素的影响，需要多方参与。多准则分析方法和 GIS 相结合、专题地图的快速显示功能，均有助于专业人员在方案选择中发挥决策支持的作用。

（6）规划实施。城乡规划的各类编制成果借助 GIS 技术来管理，提高日常管理工作的效率以及日常决策的可靠性，已在很多城市得到实现。

（7）评价监督。GIS 和遥感相结合，监测城市、区域的环境变化，检查城市发展是否符合规划。使用 GIS 空间分析功能对各种数据进行转化、分析，也可用于规划实施效果的检验。

9.2 地理信息系统查询与分析功能及其在城乡规划中的应用

9.2.1 查询功能

1. 要素及其相关属性的互访

GIS 提供了空间数据、属性数据之间的查询功能，可以由空间位置查询对应的属性，也可以通过属性表，查询特定记录对应的空间数据位置。

针对属性表还可以输入比较复杂的逻辑组合条件，往往要对多个属性表做综合查询，才能使符合条件的记录进入选择集，对应的地理要素也会同步进入选择集，跟着改变显示符号，实现空间位置的查询。上述是矢量型 GIS 最基本的查询功能，在一定条件下也适用于栅格数据模型。

2. 要素间基于空间位置的选择查询

不同要素之间依据空间关系相互选择，查询满足特定空间关系的要素。这也是 GIS 提供的一种常用查询功能。选择查询的结果可能是一对一、一对多、多对一，也可能是一对零、多对零。基于空间位置的选择查询有以下类型：①点选线，如指定的公交站点有哪些公交线路经过。②线选点，如指定的公交线路经过哪些站点。③点选面，如指定的服务设施在什么街坊。④面选点，如指定的街坊内有哪些服务设施。⑤线选线，如指定道路路段上有哪些公交线路经过，或者指定的公交线路经过哪些路段。⑥线选面，如某高压电缆穿过哪些地块。⑦面选线，如指定地块内有哪些市政管线。⑧面选面，如要开发的地块内有哪些房屋，或者指定的房屋在什么地块内。

基于空间关系的查询结果，如果符合上述空间关系条件的要素则进入选择集，也可在此基础上再做进一步的查询。

9.2.2 常用矢量型分析

1. 查找最近要素、计算相互距离

在上述空间位置查询的基础上，进一步延伸为最近要素查询、相互距离计算。实际运算可能是先在多要素之间比较距离，再找出最近的要素。点、线、面之间可能存在 3×3=9 种关系，部分功能举例如下：①点与点的最近要素，从农户位置查找最近小学。②点与线的最近要素，村庄离公路的距离。③线与点的最近要素，离公路最近的服务设施。④面与点的最近要素，离地块最近的消防栓。⑤面与线的最近要素，建筑物到供水管的距离。⑥面与面的最近要素，靠近危险品仓库的住宅。

2. 缓冲区

在要素的周边产生等距线，形成封闭的多边形，常称为缓冲区（buffer zone），针对点、线、面而产生的缓冲区各不相同（图 9.7）。如果是多个要素，一次计算，不同要素取不同的距离值，一般靠要素的属性值来控制［图 9.7（b）、（e）］，一次计算也可以使每个要素按多个距离指标产生多重缓冲区［图 9.7（c）、（d）］。针对多边形，缓冲区的方向还有内侧、外侧之分［图9.7 (f)］。该方法的常用场合有：公共设施服务半径，道路、铁路两侧噪声影响范围，危险品仓库的安全隔离带等。

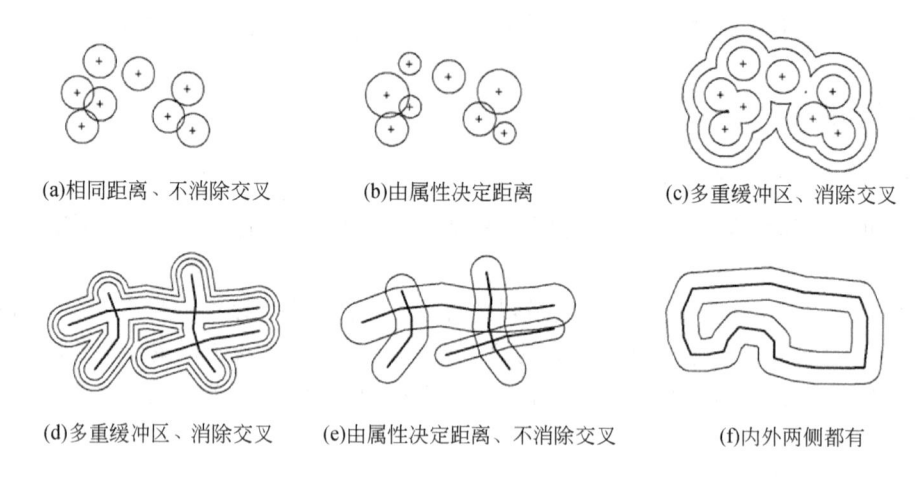

(a)相同距离、不消除交叉　　(b)由属性决定距离　　(c)多重缓冲区、消除交叉

(d)多重缓冲区、消除交叉　　(e)由属性决定距离、不消除交叉　　(f)内外两侧都有

图9.7　点、线、面不同方式缓冲区示意图

缓冲区的计算结果一般为多边形，用于进一步分析。例如，在村庄周围一定范围内穿越的公路有多长，计算过程为先产生缓冲区多边形，再和公路线要素叠合。

一般来讲，缓冲区分析是不会单独使用的，往往是作为一系列分析的步骤之一。得到缓冲区多边形需要再与其他空间要素进行某些分析，满足分析的要求。

3. 泰森多边形

泰森多边形（Thiessen polygon）源于气候学家泰森（Thiessen）提出的一种计算区域降水总量的方法。较大区域范围内，散布若干雨量观测站，在地图上把相邻的观测站用直线连接成三角网，在连线的中点作垂直平分线，相互连接后形成包围每个观测站的多边形，每个观测站的降水强度和该点周围多边形的面积相乘，可估计该范围内的降水总量，再进一步将各多边形的降水量相加、累计，得到区域降水总量。在多边形覆盖范围内任取一点，到自身观测站的距离肯定比到邻近观测站要近，多边形的边界上任取一点，到邻近观测站的距离相同。这种多边形称为泰森多边形，除了估计降水总量等类似的指标，还可用于设施的服务范围划分，分析它们的分布是否均匀。

从几何学的角度，Delaunay证明了用三角形连接离散点，点和点之间尽可能相近，形成的三角形尽可能接近等边形，由此产生的三角网和Voronoi图具有对偶关系（图9.8）。后续的数学家对他们的研究和应用又有进一步扩展，用于描述事物的邻近关系，分析事物的相互影响。Delaunay三角网已成为自动构建不规则三角网的通用方法。目前，该图形在地理领域的应用中，一般称泰森多边形；在空间关系的理论研究中，多称Voronoi图，对应的不规则三角网称Delaunay三角网。

4. 叠合

叠合（overlay）是将两组不同的要素类叠加在一起，形成新的数据集。叠合会有切割处理，使要素的几何形态发生变化，原先的属性可以保留。用得最多的是多边形和多边形的叠合，矢量多边形叠合首先涉及空间数据的处理，对不同专题图层的多边形进行切割，原有边

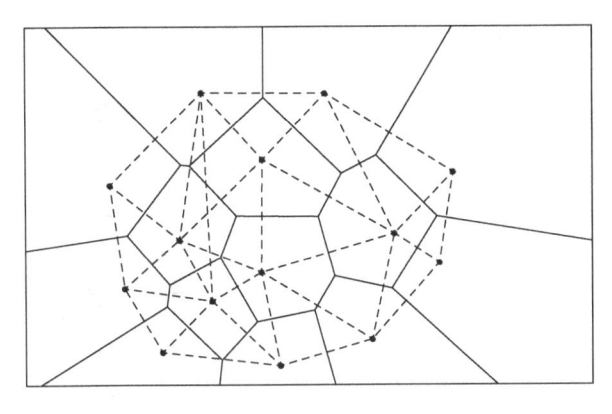

图9.8　泰森多边形（Delaunay 三角网）

界均得到保留。由于边界相交，经切割后，原有多边形划分成许多更小的多边形，这一计算过程非常消耗计算资源和时间。图9.9 是矢量多边形叠合常用的四种方式，最基本的是第一种，获取叠合后的空间要素的并集。在此基础上，可进一步衍生出其他方式，包括得出叠合空间要素的交集、差集等。

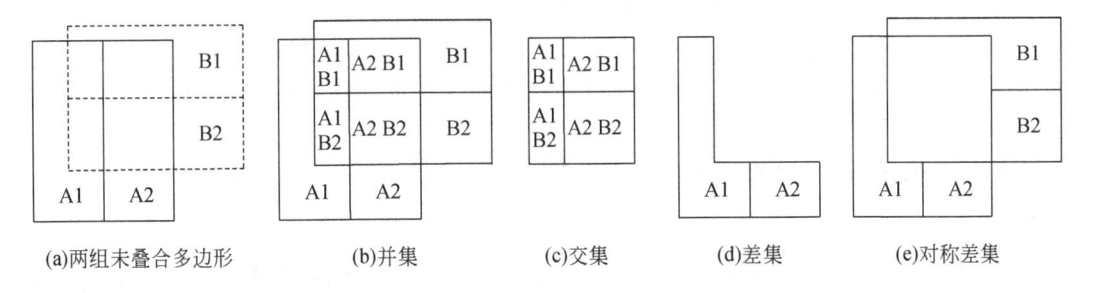

图9.9　四种典型叠合方式

如果原始多边形的边界曲折，不同数据集所表示的多边形边界在相同位置上有少量错位，叠合后容易产生细小的多边形，常称"碎片"（sliver），虽然在计算过程中可以用"容差"来控制，如过于狭长、面积过小的多边形可消除，但是也可能引起该保留的要素未保留的问题。经多次叠合，数据量会激增，零碎、曲折、细小的多边形难以避免。边界过于曲折，形状过于复杂，也容易引起计算差错。

矢量多边形相互叠合后，新产生的要素属性表是叠合前的要素属性表的组合。每个新多边形的各个属性字段的取值，需要判断自己来自何处，根据新老多边形之间的空间关系，继承原有的属性值。叠合过程中，原有要素的属性值暂时不做计算（图9.10），而是在叠合完成后，根据应用的需要做进一步处理。

多边形叠合用途广泛，如将城镇土地使用图和不同重现期的洪水淹没范围相叠合，可以分析城镇建设用地和防洪、受灾的关系。当人口调查分区和规划分区边界不一致时，可以先计算人口分区的人口密度，人口分区和规划分区叠合，计算叠合后的多边形面积，和人口密度相乘，得到叠合后每个多边形的估计人口数，再按规划分区汇总人口，得到每个规划分区的大致人口数。

面和面的叠合也可扩展到点、线、面的相互关系，简单的组合可能会有9种（3×3），

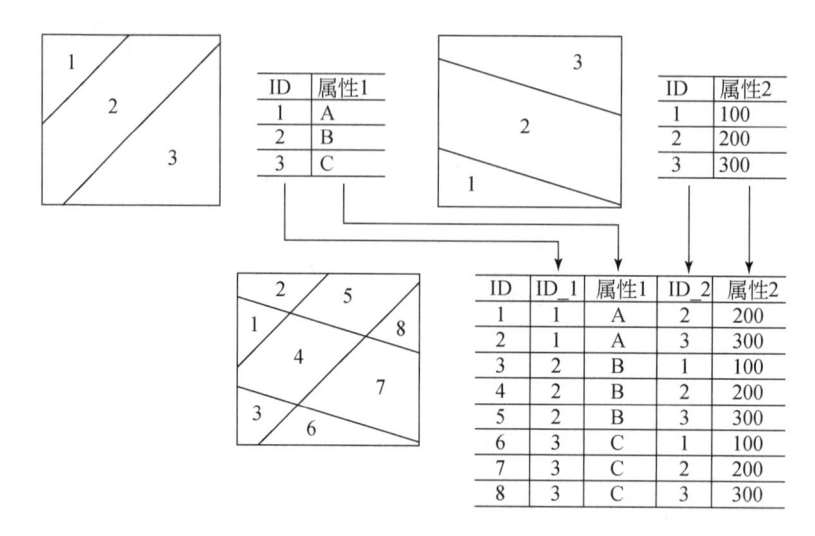

图 9.10　矢量多边形叠合示意图

再考虑不同的组合方式，可能会有几十种，但是能经常使用的很有限。若干有实用价值的举例如下：①线与面，如计算不同范围内道路网的密度（长度/面积）。②面与线，如按管理辖区划分道路路段的管理权限。③线与线，如不同道路路段下埋设的管线有哪些，分别有多长。④点与线，如公交线路和站点叠合，完整的线要素在站点被分割，分割后的线要素有起始点、终止点属性。

空间关系选择查询不改变要素的几何形态，叠合则会改变，这是两者的本质区别。

5. 网络分析

人、物、信息的运动、传递往往借助网络状设施而实现，网络状设施也就成为地理信息系统管理、分析的重要对象。基于网络的空间分析涉及的事物门类、对象、要求变化非常多。GIS 软件主要提供描述数据模型、存储信息的数据库，以及常用的分析方法。一般分为市政公用设施、交通设施两大类。

网络是复杂要素类，由线和点组成（图 9.11）。

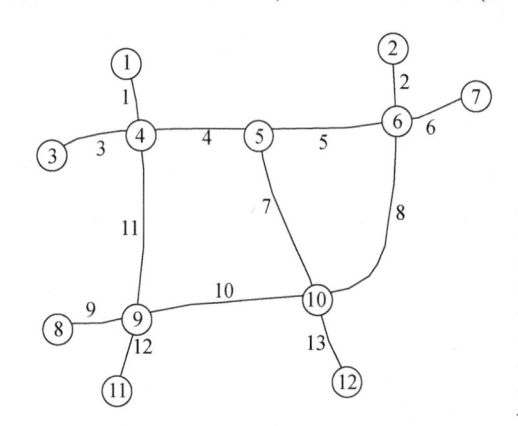

图 9.11　网络数据模型

线：表示连续、不间断的一段道路、铁路或管线。线要素是路径的组成部分，经过某段线，就会产生交通成本，留下交通流量。

起点、终点：每段线必定有起点、终点，和线的数字化方向相对应（指矢量要素的输入过程）。线的方向可用于表示道路单向行驶等交通方向，以及表示上下行车速不同、流量不同等情况。线的方向和线要素的属性共同起作用。

结点：不同的线相互交会称为结点，常表示道路交叉口（或管线接口）。交叉口对交通成本带来影响。

独立点：一般有两类，一是交通的出发、经过、到达的地点，可以用属性表示需求量、供应量；另一类是交通限制，如因道路维修或交通管理需要，某个点暂不通行，或者桥梁、隧道对车辆载重、高度有限制等，也常用独立点表示，有专门的属性。交通事故、犯罪事件的发生地也可用独立点表示，用特定的属性表示事件性质，可分析事件沿道路的线性空间分布特征。

网络分析中，线性阻抗法是最基本的，即资源在网络上运动所受到的阻力、消耗呈线性比例关系，在这个基础上选择路径，估计负荷，分配资源，计算消耗、成本。如果事物比较特殊，或计算精度要求较高，资源的运动方式、受到的阻抗和消耗就呈非线性。这要用特殊的计算方法和 GIS 的数据模型、数据库结合起来。不同专业的设施中，图形的概括也有较大差异。

最常见的网络分析应用是最佳路径分析，使用网络可以计算两点之间的最短路径，也可以计算考虑多个停靠点的最佳路径（图 9.12）。网络最短路径可以广泛地使用在交通出行的路线规划、物流配送等领域。

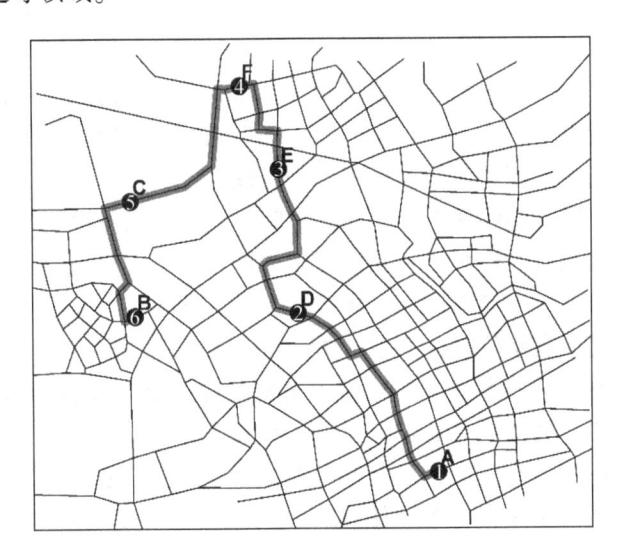

图 9.12 考虑多个停靠点的最佳路径

9.2.3 常用栅格型分析

1. 重分类

重分类是依据某种分类规则，对已有栅格逐个单元进行转换，产生一个新的栅格。常用的分类规有以下两种。

一是在原有单元值和分类值之间指定对应关系。以图 9.13 为例，土地使用性质的栅格原来分为 6 类：C（耕地）、F（林地）、G（草地）、T（城镇）、V（村庄）、W（河湖）；重新分为 3 类：1（建设用地）、2（非建设用地）、3（水体）。分类规则：T、V 转换为 1，C、F、G 转换为 2，W 转换为 3。

C	C	C	C	G	F	W	F
C	V	V	C	G	F	W	W
C	C	C	C	T	T	T	W
F	W	W	C	T	T	T	W
F	F	C	C	T	T	T	T
F	F	F	C	G	G	G	F

⇒

2	2	2	2	2	2	3	2
2	1	1	2	2	2	3	3
2	2	2	2	1	1	1	3
2	3	3	2	1	1	1	3
2	2	2	2	1	1	1	1
2	2	2	2	2	2	2	2

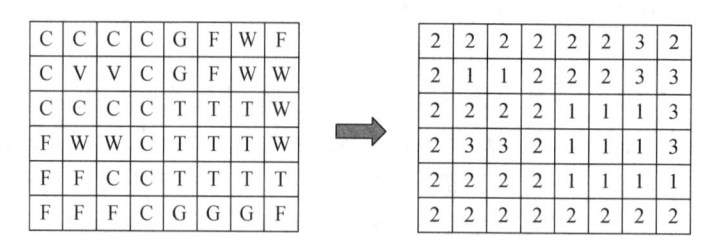

图 9.13　重分类示意图

二是设定一个分类区间，每个区间有一个设定值，原有栅格单元对号入座，在什么区间，取什么值。假设栅格单元所表示的人口密度为每万平方米的居住人口，取值在 0～485 范围内，按要求分为低、中、高 3 类。分类规则：0～100 转换为 1，100～300 转换为 2，大于 300 转换为 3。

多数情况下，原有值和输出值之间是多对一的关系，个别情况下也会一对一，重分类还可看作对原有栅格数据的简化，实现数据概括。重分类的方法常用于土地适宜性分析中的评分环节。

2. 栅格叠合

栅格数据的叠合是在不同栅格之间做逻辑、算术等运算，得到新的栅格。多个栅格的叠合可以看作在同一位置上做多个点的组合计算。规划领域的土地适宜性评价、城市研究中土地使用变化的历史分析等问题经常使用栅格叠合实现。

参与叠合的各个专题图层一般具有相同的空间位置，且栅格单元大小一致。叠合时可直接对不同图层的单元属性值做计算。不同数据集的单元大小、空间范围不一致时，一般将相互不重合的空间位置排除，不参与计算；栅格单元大小不同时，取小者，或者按最大公约数将大单元分小；单元之间有错位时，按单元中心点考虑。

对属性值的计算方法可分为算术叠合、逻辑叠合等类型。图 9.14 显示了对 A、B 两个栅格图层分别进行加法、乘法算术叠合，C 为结果图层。

栅格叠合不改变空间位置，虽然逐个单元进行计算，数据量较大，但是方法简单，实际的计算速度、效率明显高于矢量模型。因此，参与叠合的专题图层较多时，栅格模型相对合适。

A

0	0	0	0	1
0	0	1	1	1
1	1	1	1	1
1	1	2	2	2
2	2	2	2	2

+

B

1	2	2	1	0
1	2	2	1	0
1	1	1	1	0
0	1	2	1	1
0	1	2	2	2

=

C

1	2	2	1	1
1	2	3	2	1
2	2	2	2	1
1	2	4	3	3
2	3	4	4	4

C=A+B

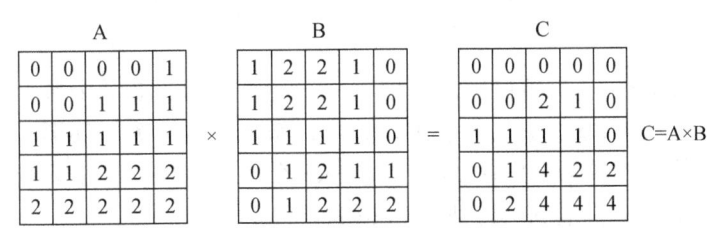

图 9.14　栅格数据的加法叠合和乘法叠合

不同的算术运算方式适用于不同场合。加法运算用得较普遍。当某些因素起到约束作用时，可用乘法。例如，坡度因素中，坡度大于 25% 是一个特殊约束条件，大于 25% 的区域，无论其他因素如何，均不适宜建设。可通过重分类，将坡度大于 25% 的单元赋值为 0，如果采用加法运算，这些单元的最终得分值大小不一，按大小排序，坡度大于 25% 的单元可能被纳入适宜建设的区域（图 9.15）。相比之下，采用乘法运算，这些单元最终得分始终是 0，这就体现了乘法运算的优势（图 9.16）。

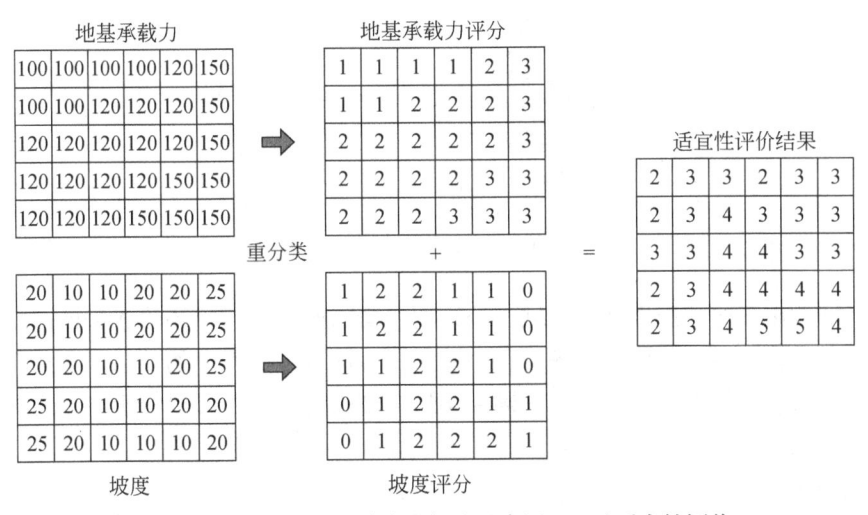

图 9.15　栅格数据重分类和加法叠合用于土地适宜性评价

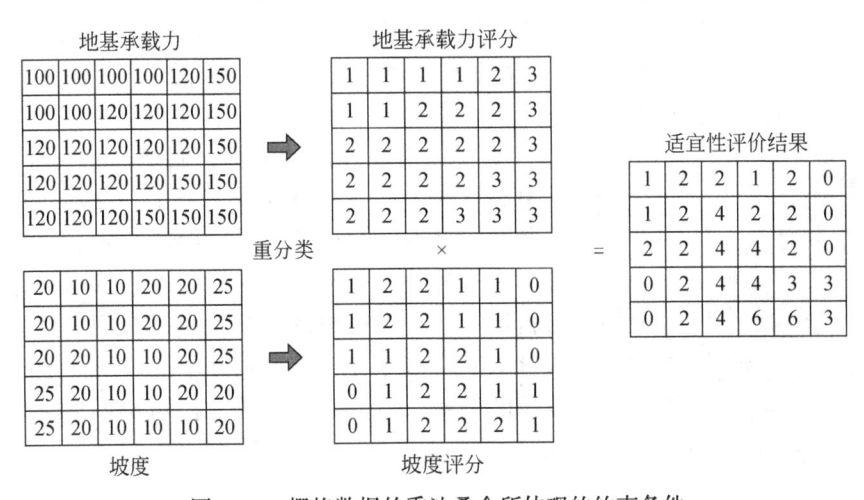

图 9.16　栅格数据的乘法叠合所体现的约束条件

3. 邻域运算

邻域（neighborhood，也称窗口）用来定义一个计算范围，对某个单元做运算，该单元称为焦点（focal cell）。邻域的形状一般为正方形、圆形，也可为圆环形、扇形。如果是正方形，则焦点位于中心，邻域通常由3×3个或5×5个单元组成。移动邻域、焦点，产生新的计算结果，遍历原有栅格范围，得到结果栅格。

统计运算方式有多种，常用的有最大值（maximum）、最小值（minimum）、级差（range，最大值和最小值之差）、求和（sum）、平均值（mean）、中值（median）、标准差（standard deviation）、频率最高值（majority）、频率最低值（minority）、不同值出现次数（variety）。针对特殊应用，可以将多种计算组合或自定义。

邻域的移动方式有两种。一是逐个单元地移动，每次计算结果仅体现在焦点单元上（图9.17）。二是设定一个移动矩形（一般为正方形），整体移动，邻域范围内每个单元都得到相同的计算值。

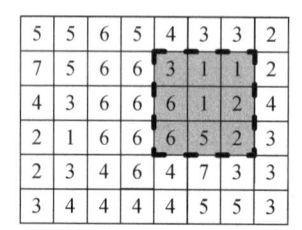

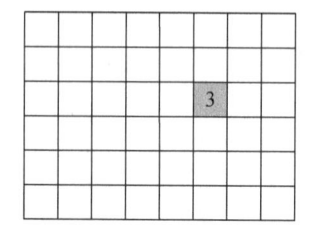

图9.17 邻域平均值运算过程

邻域运算常用于遥感影像处理领域。处理遥感影像时，采用平均值或中值运算，单元值偏高、偏低者受到削弱，总体变得平滑，对遥感影像起到消除噪声的效果。如果采用级差运算，单元值偏高、偏低者进一步突出，则起到边缘增强的效果，可以使水体、道路的边缘更加突出。

4. 分区运算

在栅格数据集中，将同值、相邻的单元识别出来，使其成为连续的、较大的分区（图9.18），对每个分区，可以分别计算它们的一般几何特征，如面积、周长、最大内接圆直径等，还可进一步计算紧凑度指标。由于栅格单元的大小相对稳定，可以避免分形几何学意义上的分辨率对周长的影响。

栅格A需要作统计运算，栅格B已做了分区识别，按B的不同分区，对A做运算（图9.19），可采用前述的邻域计算方法，也可按特殊要求自定义，形成新的栅格。如果B表示地形坡度分区，A表示植被差异，则可分析地形坡度对植物的影响，用于景观、生态问题。如果B表示学区划分，A表示各学区内不同地点到达该区学校的距离，计算结果为区内学校到达各单元的平均距离。

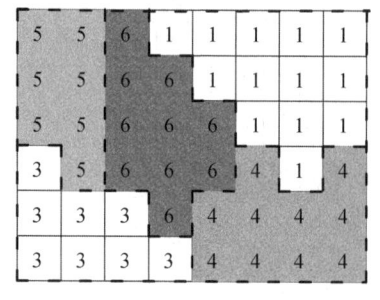

图9.18 分区识别

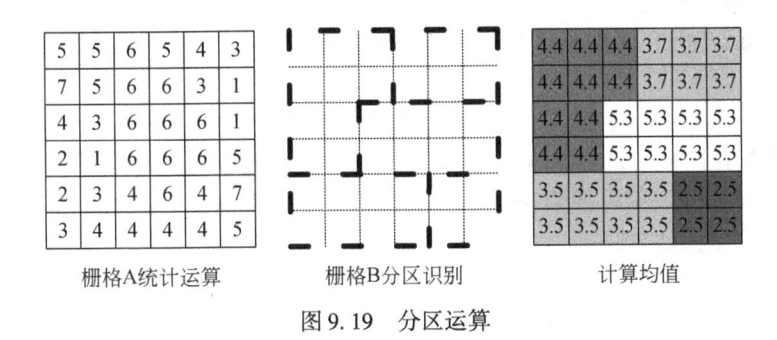

第 9 章 地理信息系统、规划支持系统与大数据 397

栅格A统计运算　　　栅格B分区识别　　　计算均值

图 9.19　分区运算

5. 距离分析

指定某栅格单元作为起始点，计算周围各单元和起始点之间的距离，并赋值在该位置的单元。如果起始点有多个，计算得到的距离也就有多值，一般取最近者（图 9.20）。计算结果即距离栅格可以分级分类显示。距离分析与矢量模型中的多重缓冲区相当。距离栅格常用于服务设施位置评价。

如果多个起始点（或到达点）呈离散状，还可以计算每个栅格离哪个起始点最近，也就是按距离为每个栅格分配对应的起始点，单元值和起始点的某项属性对应。栅格数据的邻近分配近似于矢量模型中的泰森多边形（图 9.21）。

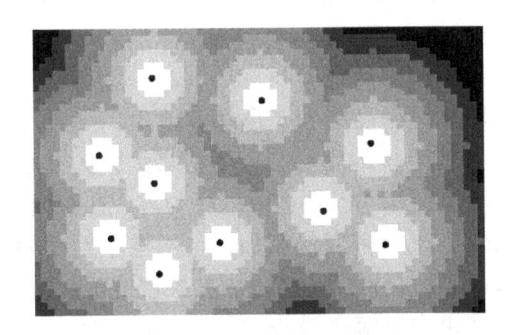

图 9.20　距离栅格 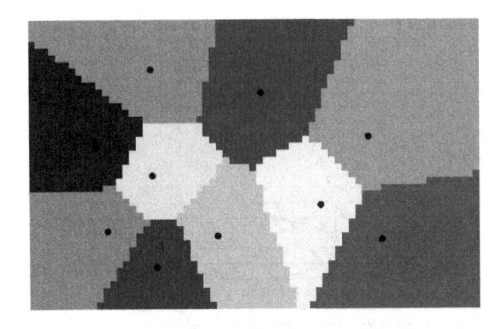　　　图 9.21　栅格数据的邻近分配

6. 空间插值

在一定范围内，用已知点估计未知点的计算过程、方法称空间插值（spatial interpolation）。已知点有确切的位置、属性，按不同的应用对象，常称为采样点。未知点即插入点，一般呈网格状分布。空间插值也可看作用矢量点状数据产生栅格数据，用点产生表面模型。空间插值最常用于地表模型生成，在资源、环境、工程、社会、经济等各领域也有广泛应用。

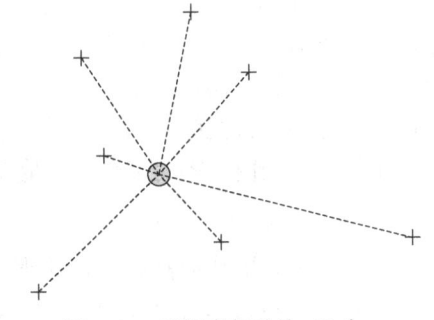

空间插值有若干算法。最常用的是反距离权重法（inverse distance weighted，IDW）。在需要生成的网格中任取一点，该点的估计值受邻近已知点的影响（图 9.22），距离近者影响大，距离远者影响

图 9.22　反距离权重法（7 个已知点有影响）

就小。插值点和已知点之间距离倒数可作为计算权重。

$$Z_0 = (\sum_{i=1}^{s} Z_i/d_i^k)/(\sum_{i=1}^{s} 1/d_i^k)$$

式中，Z_0 为网格中插入点的估计值；Z_i 为第 i 个已知点的观测值；d_i 为第 i 个已知点和插入点之间距离；s 为一定范围内搜索到的已知点个数；k 为距离影响系数，是指定的幂，反映了距离远近对权重的敏感程度，$k=1$ 时，相当于线性插值；$k \geq 2$ 时，距离对插值结果的影响就变得明显。

哪些已知点参与计算，一般有三种限定，即三种搜索方法：一是设定一个距离值，相当于在插入点周围划定一个圆，已知点和插入点的距离超出设定值，即已知点在划定的圆以外，不参与计算，在搜索范围内的参与，s 值随已知点分布的疏密而变化；二是在插入点周围划定一个正方形，搜索过程和圆相似，计算相对简单；三是设定参与计算的已知点个数，在插入点周围由近及远搜索，使已知点的个数满足预先的设定值，s 值是固定的。反距离权重法得到的各个插值点的最大值、最小值不会超出已知的观测值，距离影响系数 k、搜索范围、搜索的样本个数均会影响计算结果。

7. 密度估计

简单的网格密度估计方法是在每个调查点周围划定圆或正方形，将人口数和划定范围的面积相除，得到密度值，并赋值给该范围内所有网格点，如果相邻调查点各自划分的圆或正方形有交叉，某些网格点就有多次赋值的机会，密度值会相加。

应用较多的还有核（kernel）密度估计法，该方法假设密度的分布形状像沙丘（图 9.23），调查点位于核的中心，密度值最大，离中心越远，密度值越小，在边缘处降为零。在核内部，所有网格点的密度值相加，与网格单元面积相乘，等于中心点的调查值。如果密度函数连续，积分值也应该等于调查值。核密度函数一般有正态分布、近似正态分布两种。

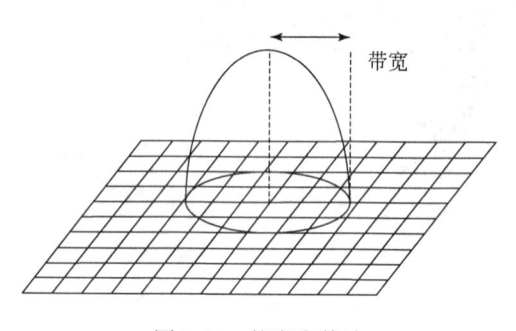

图 9.23 核密度估计

$$p(x, y) = \frac{3}{nh^2\pi} \sum_{i=1}^{n} m_i \left(1 - \frac{d_i^2}{h^2}\right)^2$$

式中，$p(x, y)$ 为估计点的密度值；n 为估计范围内出现的调查点个数；h 为核的半径，称为带宽（bandwidth）；π 为圆周率；m_i 为第 i 个调查值；d_i 为第 i 个调查点和估计点之间的距离。带宽值 h 的大小会影响估计的结果，在调查点，密度值最高，离开调查点，密度值会衰减，h 值越小，随距离发生的变化越敏感，反之，密度下降比较平缓。每个调查点均有自己的带宽范围，带宽值 h 相同，带宽覆盖范围以外的网格点密度值为零，同一个网格点出现在多个带宽范围内，得到多个密度值累计相加。

8. 地形高程的表示

用计算机表示地形高程，常用栅格模型或不规则三角网（triangulated irregular network，TIN）。借助航空摄影（或卫星遥感）测量、激光扫描（light detection and ranging，LiDAR）测量，可得到等间距、大范围、网格状的高程数据，将高程点作为栅格单元的中心，就是栅格高程。借助上述测量方法，或者野外实地测量，得到地形高程变化的关键点，可以对关键点作空间插值处理，产生栅格，或者先产生TIN，再转换成栅格。

对TIN模型，按需要对高程有特殊变化的地方加密采样点（如河流、陡坡、山顶、谷底），高程变化平缓的地方可减少采样点，以总量较少的原始数据量获得较高精度的地表高程模型。但是在地形分析方面，栅格模型的适应面较广，计算方法相对简单（如填挖方、水文计算）。

高程栅格常被称为数字高程模型（digital elevation model，DEM），有时也将TIN纳入DEM。

9. 坡度、坡向

将线要素和DEM（或TIN）叠合，可计算出沿某条线的纵坡，获得纵向剖面图，常用于公路、水利设施选线。

根据高程栅格可计算出坡度、坡向，计算方法有多种。在工程上，坡度习惯以%为单位，坡向习惯以正北为0°，顺时针转360°，因此坡度、坡向值在应用时还需要进行单位转换。当坡度接近0°时，则认为是平地，不考虑坡向。

同样的地形，当栅格单元大小不同时，TIN的密度不同，得到的坡度、坡向会有局部差异，说明分辨率会影响地理现象的描述，和分形原理相似。

坡度计算在工程建设领域应用广泛。坡向计算可进一步分析日照强度，用于农业、林业、生态、景观、居住等领域。

10. 可视性分析

在DEM（或TIN）的表面定义一条直线（起点可能高于地表），可方便地得到沿线各部分是否相互可视（图9.24），这是最基本的视线分析。可进一步从某个视点计算出可看到的所有栅格单元。上述计算中，还可以加入人的站立高度、树林平均高度对可视点、可视面的影响。视线、视域除了用于景观分析，还常用于无线通信基站、微波信号收发塔、森林防火瞭望站的选址、噪声影响分析等。

图9.24 AB之间实线部分相互可视，虚线部分互不可视

9.2.4 GIS在城乡规划中的应用案例

1. 城市公园实际服务范围案例

1) 案例概况

服务区是城乡规划中较常用的空间概念。例如，某小学服务区可定义为步行15分钟的范围。缓冲区（buffer）是产生服务区的简单方法，基于道路网络而生成的服务区比缓冲区更为精确，可以考虑实际道路网络走向等成本因素。本案例是对某城市的公园实际服务范围进行分析，将步行至公园800m范围作为公园实际服务范围，需要计算公园的实际服务水

平。为此，对应的空间、属性数据有以下 3 项。

公园入口：点状数据。一个公园可能有多个点状入口，每个点有表示有限服务量的属性。

道路网：线状数据。每条线段可计量长度，用于计算沿路步行距离。

人口统计区：多边形数据。每个多边形有面积、居住人口属性，表示公园的需求。人口统计区范围也就是城区范围。

2）分析步骤

步骤一：计算公园的网络服务区。

运用 GIS 的网络分析功能，从道路网建立网络数据集。使用网络分析中的设施点网络服务区生成方法，以公园入口的点状数据集作为设施点，设置 800m 为服务距离。网络分析能够计算出分别从 15 个公园入口出发，沿着道路 800m 范围内的网络服务区（图 9.25）。网络服务区实际上是网络最短路径分析的衍生应用，从设施点出发沿最短路径方法向四周延伸得到。在这一步骤中使用了 GIS 网络分析中由独立点出发的最佳路径等功能。

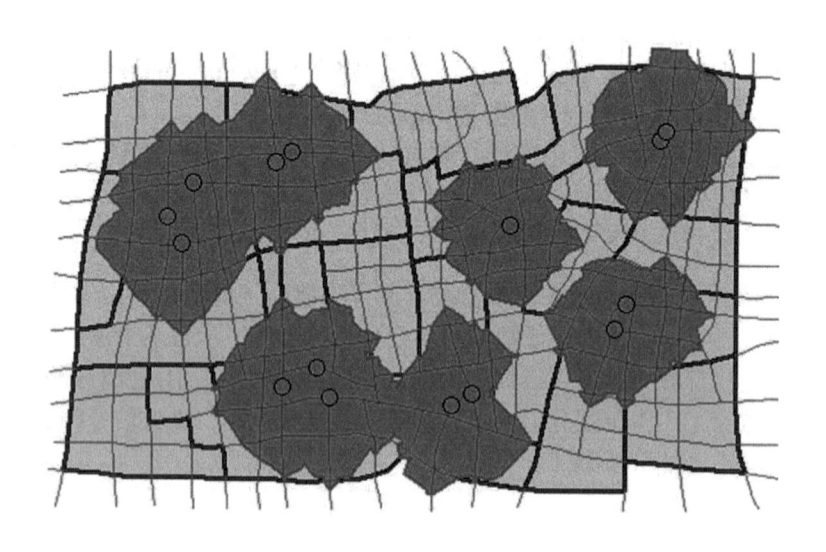

图 9.25　网络分析计算得到公园网络服务区

步骤二：计算公园服务区的服务人口数。

城区人口数量是城区人口统计区图层的属性。首先需要进行属性表的计算，在人口统计区图层的属性表中，新生成一个人口密度字段，由人口总数/统计区面积得到。然后，再采用矢量多边形的叠合方法，将网络服务区多边形与表示城区范围的人口统计多边形进行叠合，具体采用矢量多边形的交集叠合方式，取参加叠合多边形的交集部分（图 9.26）。由于公园入口点和道路网生成的网络服务区范围部分超过了城区研究范围，叠合后还消除了城区范围之外的部分，获得了有效服务区多边形图层。叠合产生的有效服务区多边形图层带有人口密度属性，通过属性表计算，由人口密度、有效服务区面积，就能得到每个有效服务区对应的服务人数。这一步骤中使用了矢量多边形叠合功能、属性表的计算功能。

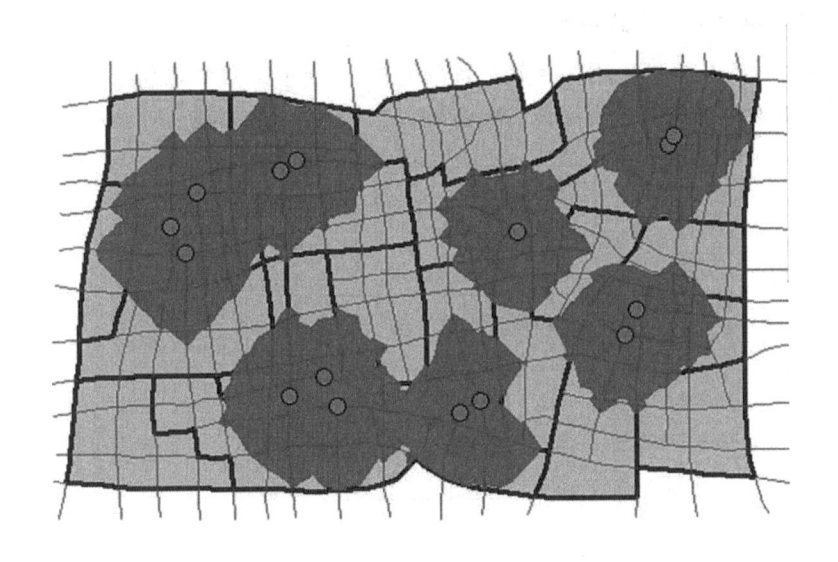

图 9.26　叠合后生成公园有效服务区

步骤三：计算公园实际服务水平。

本案例中公园实际服务水平是以"公园服务容量/服务人口"定义的。这一步骤中获取每个有效服务区内对应的公园能提供的服务容量。公园服务容量是公园入口点数据集的属性。此处采用空间连接的方式，将公园入口点要素图层与公园服务区的多边形图层进行连接。

空间连接属于按空间位置查询的一种分析方法。基于空间位置，将公园入口的点要素按落在多边形内部的空间位置特征进行连接，会得到一个新的多边形图层。这个多边形图层中将会同时带有公园容量、服务人口属性。服务人口属性来自有效服务区图层，公园容量属性来自公园入口点图层。在结果输出的多边形图层属性表中，新增一个表示公园服务水平的字段，由"公园服务容量/服务人口"得到每一个服务区的公园服务水平，该属性的数值反映了公园实际服务水平（图 9.27）。在这一步骤中使用了 GIS 中的空间连接和属性表计算功能。

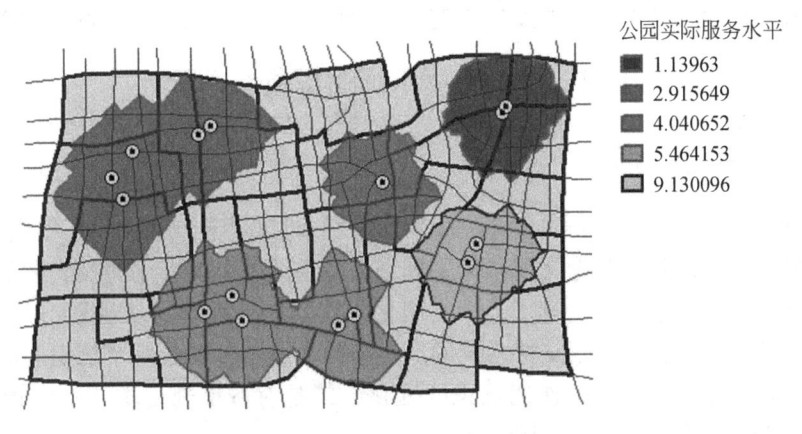

公园实际服务水平
- 1.13963
- 2.915649
- 4.040652
- 5.464153
- 9.130096

图 9.27　公园实际服务水平

2. 城乡规划中 GIS 应用的一般过程

在城乡规划中 GIS 分析应用的一般过程如图 9.28 所示。城乡规划专业人员需要掌握 GIS 基本原理、分析方法，在 GIS 应用分析中步骤（1）、（5）是关键。

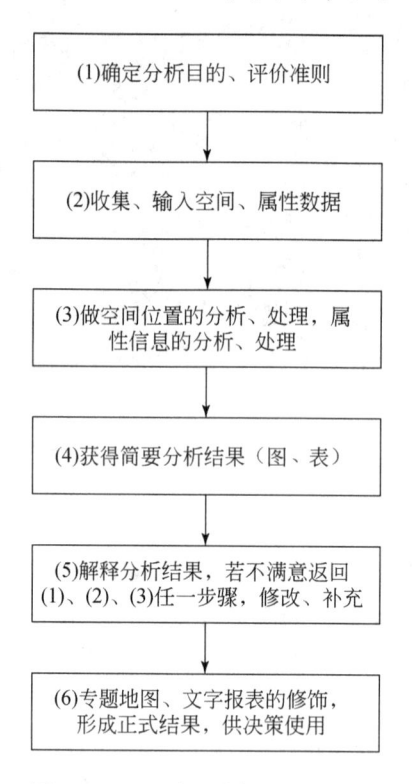

```
(1)确定分析目的、评价准则
         ↓
(2)收集、输入空间、属性数据
         ↓
(3)做空间位置的分析、处理，
   属性信息的分析、处理
         ↓
(4)获得简要分析结果（图、表）
         ↓
(5)解释分析结果，若不满意返回
   (1)、(2)、(3)任一步骤，修改、补充
         ↓
(6)专题地图、文字报表的修饰，
   形成正式结果，供决策使用
```

图 9.28 GIS 应用分析的一般过程

就分析方法而言，GIS 只是提供了一系列基本的分析、查询工具。在城乡规划应用中都要依据所针对的问题设计相应的分析流程，与 GIS 基本分析功能进行组合，才能支持城乡规划分析。正如本节的案例中综合使用了网络分析、矢量多边形叠合、空间连接、属性表计算等多种分析功能。每一个应用案例，由于针对的问题不同，所涉及的分析功能、组合方式都会不同。这就需要使用者对城乡规划应用需求有清晰的认识，同时掌握城乡规划知识。

9.3 规划支持系统的概念与特征

9.3.1 规划支持系统的渊源

规划支持系统（planning support system，PSS）一词起源于 20 世纪 90 年代。进入 21 世纪以来，许多学术会议和相关论文都讨论了规划支持系统的范畴、用途及实践等。规划支持系统的研究与应用日益增加，也有了若干实用化的规划支持系统。从规划支持系统的渊源、产生的背景及其特征来看，规划支持系统的产生与西方城市规划界两个认识上的重要变化有关。一是对计算机在城市规划中作用认识的变化，二是对城市规划本体的认识从"为公众规划"到"与公众一起规划"的变化。

1. 对计算机在城市规划中作用认识的变化

计算机辅助规划始于20世纪50年代,至60年代有了较大的发展。当时的城市规划正开始从以"物质形态设计"为主导,转变为侧重理性决策过程的"科学性"规划。为寻求一种"科学"的规划范式,引入了大量的计算机辅助模型,用于预测城市和区域发展,以各种大尺度城市模型为代表。进入70年代以后,西方的规划界出现了对于城市模型思想及其方法的广泛质疑和批评,批评此类计算机辅助的数学模型过于复杂、过于综合、需要大量的数据,以至于无用。此后,对于此类模型的研究还是在缓慢前进,大尺度城市模型的方法始终没有终止过。大尺度城市模型应用的前提是认为计算机技术是"客观、中立"的,而且计算机中的信息也是与各种价值观无关的。只要提供更好、更多的信息,依托合理的技术,就可以得出最优的规划。而这些假设在70年代被否定,导致了70年代以后城市规划中计算机应用的一次重要变化。

20世纪70~80年代,城市规划中的计算机应用关注点从"模型"转移到了"数据"和"信息"的本身。计算机应用重点转向城市规划和管理业务的日常事务上,更加侧重于规划日常事务的自动化,侧重于信息存储、处理、显示表达。80年代后期,城市规划领域开始引入地理信息系统(GIS),逐步成为城市规划空间分析的主导工具,进入90年代之后,GIS在城市规划中应用范围不断扩大。但是,很快有学者认识到,GIS不是为城市规划而产生的,也不能直接用于各种规划决策。单纯使用GIS不能解决规划中的所有需求。在这段时间内,数据库、CAD、可视化技术等纷纷得以应用,而在辅助规划决策上,计算机发挥的作用在这一时期并无大的进展。

纵观计算机技术在城市规划中的应用历程,多年的研究和实践达成了这样的共识:绝大多数规划的任务是无法通过计算机自动产生的,计算机应用始终在决策和设计中扮演一个支持角色。

2. 对城市规划本体认识的变化

规划支持系统的另一渊源来自对于城市规划本体认识的变化。20世纪60年代以来,西方城市规划思想的演变导致了对城市规划本体认识的变化,由此带来对城市规划中的应用技术——计算机辅助规划的认识变化,从而直接对规划支持系统的出现产生影响。

首先,从20世纪70年代开始,西方的规划学术界意识到城市规划本质上是一个价值判断、具有浓厚政治色彩的过程。而在价值判断方面,规划师和其他人一样,并不生活在价值观的真空里。规划师无法做到真正的"价值中立"。同样,规划是一种公共政策,也不存在"价值中立"的规划。既然城市规划是一个充满价值判断的政治过程,那么在城市规划中使用的计算机技术也必须适应这一要求。寄希望于计算机技术能够提供不含价值观色彩的"科学"规划的思想是错误的。事实上,规划学界已经认识到,在城市规划中使用的计算机技术也总是受到各种价值观、其他因素影响。技术专家、管理者的价值观都会影响到数据的选择、技术方法的选择等,从而影响结果"中立"。计算机技术必须能够反映、体现规划中的不同价值观,而且体现各种价值观的技术必须是公开、透明、易于理解的,从而才能够解决前述的问题。

其次,既然认识到城市规划是一个价值判断的政治过程,那么城市规划的一个重要任务就是在规划过程中协调各种价值观,促进实现符合各方利益的目标。20世纪70年代以来,西方的城市规划更加注重包括决策者、普通公众和规划师在内的"多方参与"规划机制，协调不同利益集团的关系。进入 90 年代以后，在西方规划界，"交流规划"（communicative planning）的城市规划思想开始流行。这一思想将城市规划的本质看作一种"交流行为"，将规划的过程看作是一个"交流沟通"（communicative）和"协作"（collaborative）的过程。规划师寻找有不同政治倾向的、不同利益的各方人士、团体参与规划，力求全面反映全社会各个方面的观点，以求共识。交流、协商、沟通成为城市规划的重要任务。这种城市规划"交流"视角，实质是将传统城市规划从"为公众规划"（planning for people），转变到"与公众一起规划"（planning with people）。

西方城市规划逐步从"为公众规划"转变到"与公众一起规划"，而这一过程需要有新的工具支持。此类新工具能够在"与公众一起规划"的实践中发挥交流、沟通的功能，为参与规划的各方（决策者、规划师、普通公众）搭建一个互动的、用于讨论的平台。这一转变深刻地影响到了规划支持系统的产生。

9.3.2 规划支持系统的定义与特征

1. 规划支持系统的定义

自从"规划支持系统"这一名词提出以来，许多学者给出过不同的定义。综合 20 世纪 90 年代以来的多种文献，较为典型的定义有以下三类。

第一类定义是将规划支持系统定义为一种运用计算机支持城市规划的模式，强调规划支持系统是将一系列以计算机为基础的方法、模型组合为一个综合系统，使之能够支持空间规划功能。规划支持系统将 GIS、模型、可视化功能组合起来，在规划过程中收集、组织、分析和交流信息。

第二类定义认为规划支持系统是一个对规划有用的信息技术构架。这一定义尤其指出，并不是所有城市规划中可以用的计算机技术都包含在规划支持系统内。在城市规划中应用与在其他职业中应用没有区别的技术，如字处理等，不应包括在规划支持系统内。规划支持系统仅包括规划师为了完成其专业任务而专用的计算机技术。

第三类定义认为规划支持系统是所有支持各种城市规划的地理信息技术的综合。这一类定义认为规划支持系统是由多种地理信息技术工具组成的，包括各种空间尺度、不同条件下能在规划过程中提供支持的工具。

虽然这些定义各有不同，但是已经对规划支持系统形成了较为接近的认知。从以上几类定义可以总结出一些共同特点：第一，规划支持系统是用于"支持"规划决策的，而不是直接制定规划的。规划支持系统同在规划过程中，仅是提供各种技术支持。第二，规划支持系统是由"多种"技术组成的，而不是某一种、某一类特定计算机技术。这些技术是与城市规划职业的需求直接相关的技术。

2. 规划支持系统的特征

规划支持系统在应用领域上包含在规划实施中的公共参与，规划编制中的可视化分析，战略规划研究、土地使用规划、基础设施规划、环境管理和规划等，几乎覆盖了城市规划的各个研究领域。目前实践中的规划支持系统，无论在结构、内容、功能上都没有固定的模式，有的是商品化软件，有的是针对特定问题的专用系统，还有的在结构上甚至不是一个完整的集成系统，不过是一组松散的工具组合而已。总体上，规划支持系统（PSS）重点是在第一个"S"（support，支持）上，而不在第二个"S"（system，系统）。规划支持系统可以不是一个完整的应用软件，但是它必定支持规划实践。

现有的规划支持系统都有以下几个共同特性：第一，与多方参与规划的城市规划思想密不可分，都支持"与公众一起规划"的多方参与规划模式，为参与规划的各方（决策者、规划师、普通公众）提供一个互动的、沟通交流的平台。这一特征与西方城市规划界对规划本体认识的变化直接有关。第二，都是一种支持规划决策产生的工具。规划支持系统本身并不做出决策，也不直接推荐最佳方案，只是在各个阶段规划的过程中提供各种支持。支持决策过程是透明的，不是"黑箱"式的。这一特征与规划学界对计算机在城市规划中作用的看法变化有直接关系。

基于对现有多种规划支持系统的分析，可以认为，与其说规划支持系统是一种城市规划中的计算机技术，还不如说是一种在城市规划中应用计算机技术的途径、运用计算机辅助规划的方法。在城市规划中凡是符合上述两个特征的计算机应用系统都可以称为规划支持系统。

9.3.3 典型的规划支持系统

在规划支持系统应用领域中，出现了多种规划支持系统，应用于多个规划领域。其中，土地使用规划支持是最广泛的应用，使用规划支持系统依托计算机技术模拟、预测土地使用的变化。其中，加利福尼亚城市未来（California Urban Future，CUF）模型、What-if?、SLEUTH、GAMe是典型的规划支持系统。

1. CUF 模型

CUF模型的研究对象是美国北加利福尼亚的旧金山海湾地区，预测该地区人口增长、用地增长的模式、位置，为土地使用政策和相应的规划提供一种分析、模拟手段，协助规划师、政府官员、市民比较实施不同的土地使用政策将会有什么效果。CUF模型由四个子模型组成，分别是人口增长模型，用于产生未来人口增长预测值；空间数据库，存储土地数据；空间分配子模型，预测的人口增长分配到合适的用地中去，选择可供开发的土地及开发强度；附加/合并子模型，由一系列决策规则组成，将上一步空间分配到的新开发土地附加到城市中去，或者将其合并成新的城市，模拟城市扩张（图9.29）。

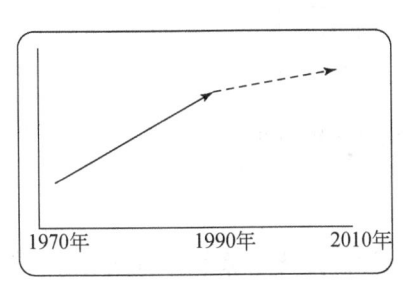

(a) 根据以往趋势、目前的增长率和当地的增长政策，预测城市居住人口增长

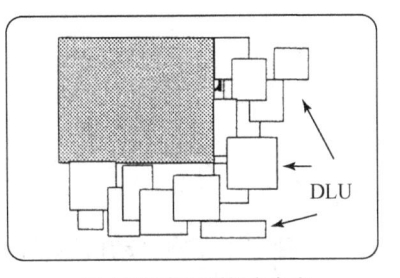

(b) 由不同的图层组合生成 DLU 地图和数据库

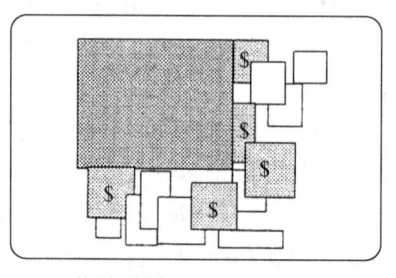

(c)将预测增长的居住人口分配到
与模拟的政策相一致的DLU中

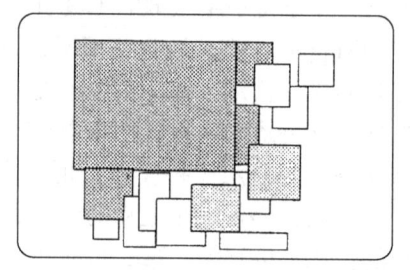

(d)适当附加/合并DLU

图 9.29　CUF 模型可开发土地单元（developable land unit，DLU）的组成和运行流程

2. What-if?

What-if? 系统的产生受到 CUF 模型很大影响。What-if? 系统不是针对某一地区开发的，而是一个通用的技术平台，用于土地使用政策和规划布局的评估。What-if? 系统的核心包括三个模块——土地适宜性评价模块、土地需求预测模块、土地使用需求分配模块（图 9.30）。What-if? 系统的工作流程如下：首先进行土地适宜性评价，得到适宜性等级；再利用历年趋势和现状数据进行土地需求预测；根据模拟的不同政策，以及适宜性评价结果，将土地使用需求分配到各个地块上；得到未来不同的土地使用情况。

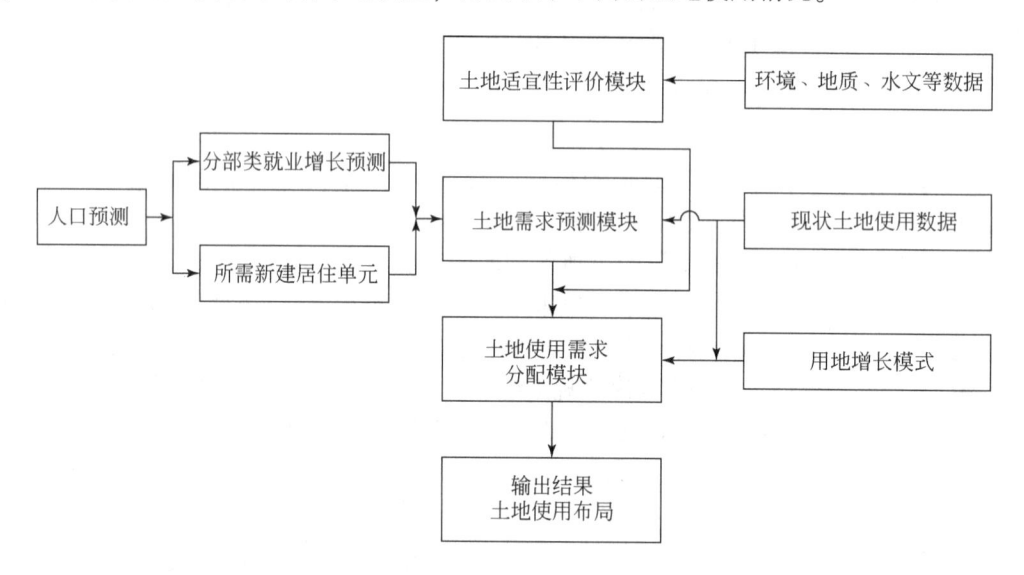

图 9.30　What-if? 系统的结构示意图

3. SLEUTH

SLEUTH 是一种基于元胞自动机模型的土地使用规划支持系统，其名称来源于该系统 6 个输入变量的首字母（slope、landuse、exclusion、urban extent、transportation 和 hillshade）。它采用元胞自动机模型方法，以均质网格空间单元为基础。每个单元有城市/非城市两种属性。它使用不同的转换规则和四种城市增长模式，模拟不同情况下的未来城市土地使用变化。

4. GAMe

GAMe（Growth Allocation Model）是美国新泽西州规划署自己开发的专用工具，用于新泽西州 566 个县市的土地开发规划预测。GAMe 允许用户选择不同的土地开发政策，模拟生成不同的政策实施之后带来不同的增长情况、相应的未来土地使用，以及相应所需的道路、市政、学校等公共投资数额。GAMe 并不对所模拟的政策进行优劣判断，也不提出最佳方案或推荐方案。审查、评估政策的实施效果是否达到预期目的，都是由用户来判断。新泽西州规划署将 GAMe 作为一种多方参与规划决策的工具，目前主要使用对象是非规划专业人员，如普通市民、某些特定团体（如环保组织）。非规划专业人员可以使用这一系统，进一步修正所模拟的政策，直到符合某种价值观的预期结果，得到符合他们价值观的特定政策，从而为最终决策提供支持。

9.3.4 规划支持系统的应用案例

1. 规划支持系统的应用过程

现有的规划支持系统的使用过程一般符合以下模式。先预设几种未来可能发生的情况，接着再模拟出每一种情况的"情景"（scenario）。根据每个"情景"，模拟产生规划实施后的土地使用变化；用可视化方式（如二维图形、三维图形、图像、图表等形式）传达给参与规划的各方，寻求符合各方利益和价值观的规划。在规划过程中，根据不同利益、不同价值观的参与方的意见，模拟不同的"情景"，得到不同的未来土地使用。通过这样的互动作出规划决策。这种应用规划支持系统的方法一定程度上来自"情景规划"（scenario planning）方法的影响。

2. 基于政策的用地适宜性评价

以下将用一个规划支持系统简单实例来说明规划支持系统应用过程。本实例是将传统土地适宜性评价方法用于城市发展政策，服务于城市总体规划阶段的用地布局。以土地开发政策为评价因素，选择城市规划区内不同土地用途，将政策因素落实到用地布局之中，产生不同的布局方案，模拟和评价不同政策实施对规划区内土地使用产生的影响。

应用对象为某县城总体规划的前期工作。当地许多人士都认识到应采取措施对区域内土地开发进行控制，保护必要的农田、地下水源补给区等，还必须控制区域内建设用地扩展。在区域内三个城镇之间应形成"绿心"，限制工业区向"绿心"方向蔓延。为实现这一设想，讨论过多项措施，如扩大保护范围，将更多的土地纳入禁止建设区。这自然可以实现"绿心"的设想，但是否会影响城镇发展需要的空间？不扩大禁止建设区，仅对建设用地的发展方向进行控制，是否也能实现"绿心"的设想？为此，将上述讨论、设想和用地布局联系起来。

1）适宜性评价

本实例中将城市建设用地分为生活区、工业区两大类，分别进行适宜性评价。

工业区适宜性评价准则有 5 个。准则 C_{m1}（与河流的距离），工业区应尽可能远离河流。准则 C_{m2}（与高速公路出入口的距离）和准则 C_{m3}（与省道的距离），共同反映了交通条件的优劣。准则 C_{m4}（与现有工业区的距离），反映新建工业区多大程度上可以依赖现有基础设施。选取准则 C_{m5}（农村居民点的密度）衡量工业区建设的土地获取成本，农村居民点的密度越大,获取土地的成本越高,越不适合工业区发展。

生活区适宜性评价准则有 4 个。准则 C_{r1}（与河流的距离），距河流越近，居住环境越好。准则 C_{r2}（与高速公路的距离）距高速公路越近，居住环境越差。准则 C_{r3}（现有城镇可达性），体现生活区和城镇中心的接近程度。准则 C_{r4}（与现有生活区的距离），反映新建生活区所付出的基础设施建设成本。距离现有生活区越近,对新区建设基础设施投入相对越少。

两组准则的权重和各个准则地图的生成方法如表 9.1 所示。工业区适宜性评价的 5 个准则地图相叠合，生成工业区适宜性评价结果图层，采用简单加权法在属性表中计算工业区适宜性得分数值［图 9.31（a）］。生活区适宜性评价的 4 个准则地图相叠合，生成生活区适宜性评价结果图层，采用简单加权法在属性表中计算生活区适宜性得分数值［图 9.31（b）］。将两个适宜性评价结果图层进一步叠合，用于下一步政策约束。

表 9.1 城市建设用地适宜性评价准则

类别		准则	准则地图生成方法	准则权重
工业区适宜性评价	C_{m1}	与河流的距离	河流图层作邻近区（buffer）	0.46
	C_{m2}	与高速公路出入口的距离	基于道路网络（network）的服务区	0.11
	C_{m3}	与省道的距离	道路图层作邻近区（buffer）	0.05
	C_{m4}	与现有工业区的距离	土地使用图层作邻近区（buffer）	0.11
	C_{m5}	农村居民点的密度	土地使用图层与网格单元图层作叠合（overlay）	0.27
生活区适宜性评价	C_{r1}	与河流的距离	河流图层作邻近区（buffer）	0.06
	C_{r2}	与高速公路的距离	高速公路图层作邻近区（buffer）	0.12
	C_{r3}	现有城镇可达性	基于道路网络（network）的服务区生成	0.52
	C_{r4}	与现有生活区的距离	土地使用图层作邻近区（buffer）	0.30

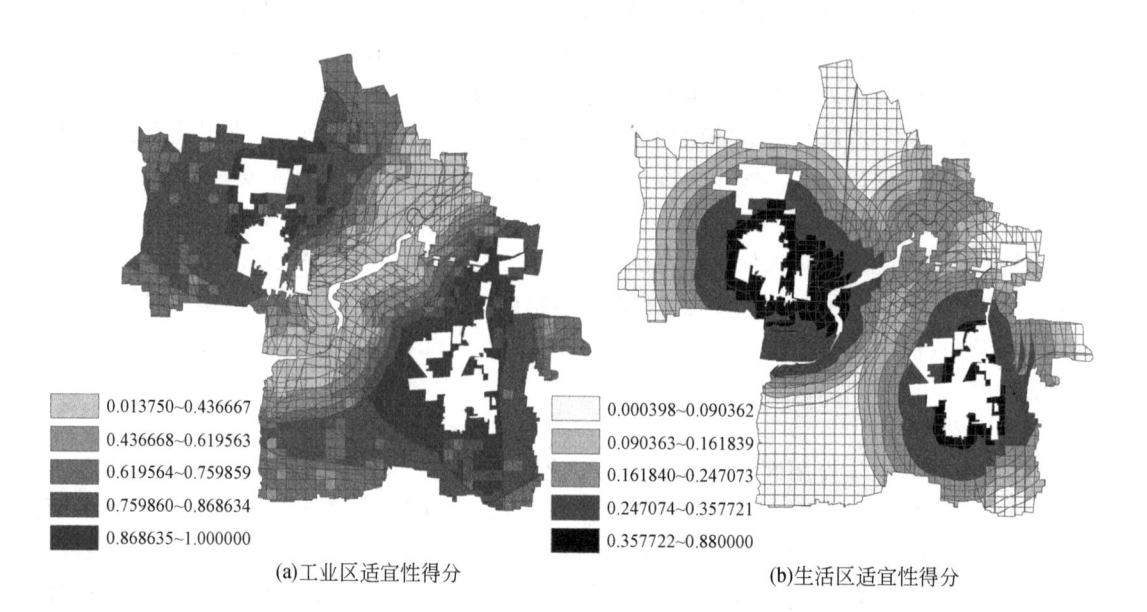

(a) 工业区适宜性得分

(b) 生活区适宜性得分

图 9.31 工业区、生活区的适宜性评价结果图层

2）政策约束

本例考虑两种禁止建设用地管制政策。

"环境底线"政策（E_1）。维持区域正常生态环境所必需的最低限度控制区划入禁止建设区。政策 E_1 划定的禁建区包括生态敏感区以及最低限度的基本农田数量。

"生态优先"政策（E_2）：扩大禁止建设区的范围，将区域可持续发展所依赖的自然系统均划入禁建区。

本例考虑两种城市形态管制政策。

"形态无控制"政策（C_1）：不对建设用地（工业区、生活区）扩展作形态和空间上的限制，即允许在禁止建设区以外任何区域进行开发。

"形态有控制"政策（C_2）：对建设用地（工业区、生活区）扩展作出限制。规划中新增建设用地必须在已有建成区周边 1.5km 范围内。

两种禁止建设用地管制政策和两种城市形态管制政策组成4组土地开发政策方案，也就是4种未来可能的情景（表9.2）。将每一组情景方案中的禁止建设区范围作为约束范围，生成4组约束地图，分别与适宜性评价结果图层叠合，在其中抠除禁止建设区，得到4个政策约束结果地图。

表9.2 政策约束下的情景方案

政策	政策 C_1（形态无控制）	政策 C_2（形态有控制）
政策 E_1（环境底线）	方案1：政策 E_1C_1	方案2：政策 E_1C_2
政策 E_2（生态优先）	方案3：政策 E_2C_1	方案4：政策 E_2C_2

3）评价结果

在政策约束结果地图中，分别按工业区、生活区各自的适宜性得分从高到低顺序选择用地。按照未来生活区增加 20km^2，工业区增加 23km^2 的增长需求，优先选择符合既定规模的生活区，再选择符合既定规模的工业区。相同类型的地块合并，得出整个规划区内生活适合建设区、工业适合建设区。既不是适建区，又不是禁建区的范围就是通常意义上的限制建设区。4组不同土地开发政策方案对应得到4种不同政策下的用地布局方案（图9.32）。

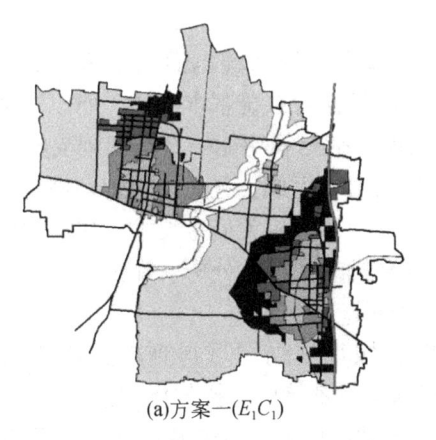

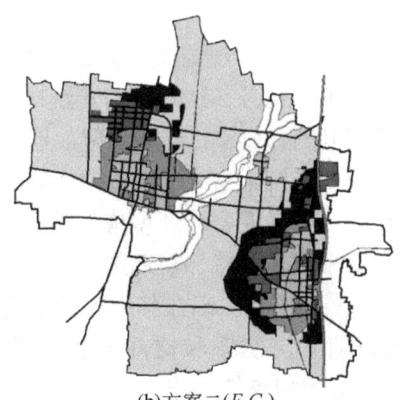

(a)方案一(E_1C_1) (b)方案二(E_1C_2)

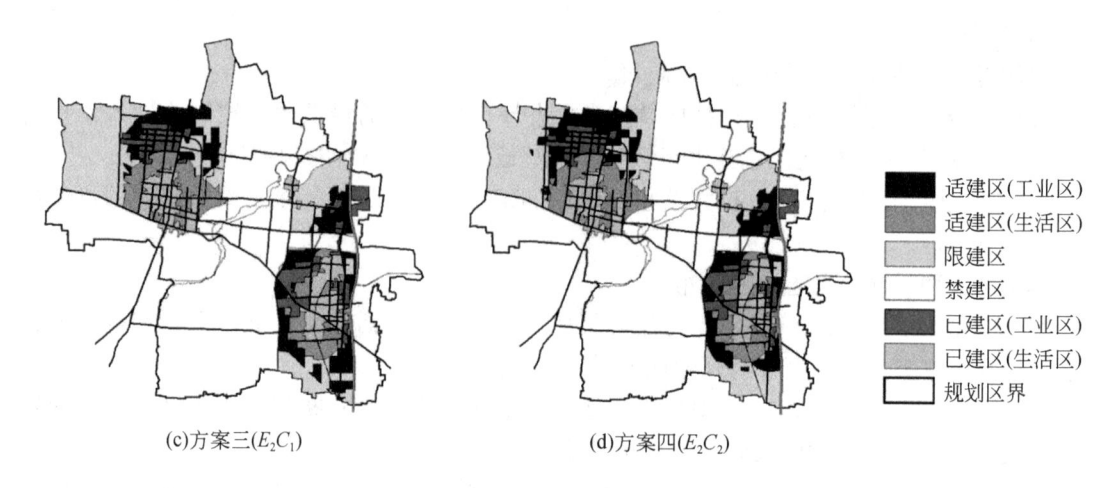

(c)方案三(E_2C_1)　　　　　　　　(d)方案四(E_2C_2)

图 9.32　4 组不同政策下的 4 种用地布局方案

对以上 4 种用地布局方案进行比较，可以得出要维持"绿心"的设想，政策 E_2 比政策 C_2 更加有效。政策 E_2 实施不会制约城镇必要的发展，仅靠政策 C_2 难以控制"绿心"周边的土地使用。对这 4 种方案的比较，有助于最终确定土地使用规划，实施相应的土地开发政策。

9.3.5　规划支持系统与地理信息系统

1. 规划支持系统中使用的 GIS 功能

在 20 世纪 70 年代开始就有了关于决策支持系统的讨论。决策支持系统将数据库管理系统、分析模型等相结合，用于改善决策进程。随着决策支持系统概念扩展到地理空间领域，产生了空间决策支持系统。空间决策支持系统可以协助决策者进行区位相关决策，如进行公共设施服务的最佳选址等。由于 GIS 在存储、管理、分析空间数据上的优势，相当多的空间决策支持系统都开始使用 GIS。早期 GIS 只是用于存储管理空间数据，用 GIS 进行成果的显示，决策分析过程中未使用 GIS。后来随着 GIS 软件集成了一些典型的分析模型，如空间相互作用模型、区位配置模型等，很多 GIS 应用系统和空间决策支持系统逐步变得接近起来。

随着城市规划领域中规划支持系统的形成，规划支持系统也面临处理存储、管理、分析、显示空间数据的任务，这一点与传统的空间决策支持系统基本一致。所以，从规划支持系统提出的早期开始，GIS 的数据管理、地学处理、制图等功能一直是规划支持系统的组成部分。就规划支持系统本身来讲，一个 PSS 不仅由 GIS 组成，还包括规划领域常用的其他方法，如人口预测、交通模型、环境模型等，还涉及一系列相关信息技术，如数据库、专家系统等。规划支持系统是支持、辅助规划，基于计算机的预测、分析、评价、监督、辅助决策等多种技术方法的综合，GIS 在其中起到了重要作用。

GIS 的数据管理、制图和空间分析等功能在城市规划领域得到较为广泛的应用。以 9.3.3 节中典型的规划支持系统为例，GIS 在规划支持系统中承担的作用包括以下三个。

GIS 的第一个作用是空间数据存储、维护、管理。例如，CUF 模型采用的可开发用地单元（DLU）没有 GIS 是无法实现的；SLEUTH 采用了 GIS 的栅格数据模型模拟城市空间单元，更加适宜于表达连续的城市空间。GIS 作为空间数据库，大大提高了存储、维护空间数据的能力，与未使用 GIS 的系统相比，在空间表达上有了明显进步。

GIS 的第二个作用是作为可视化表达工具，用于空间信息显示和输出，将未来的土地使用布局以直观的形式表达给非专业人士，用于支持多方参与规划。大多数系统使用二维可视化的手段。

GIS 的第三个作用是更精确的数据分析、支持方案生成，主要用到的分析功能包括叠合、缓冲区等。

2. 规划支持系统与 GIS 结合的方式

规划支持系统中，将 GIS 与规划分析模型结合有松散型、紧密型、集成型三种方式（图 9.33）。

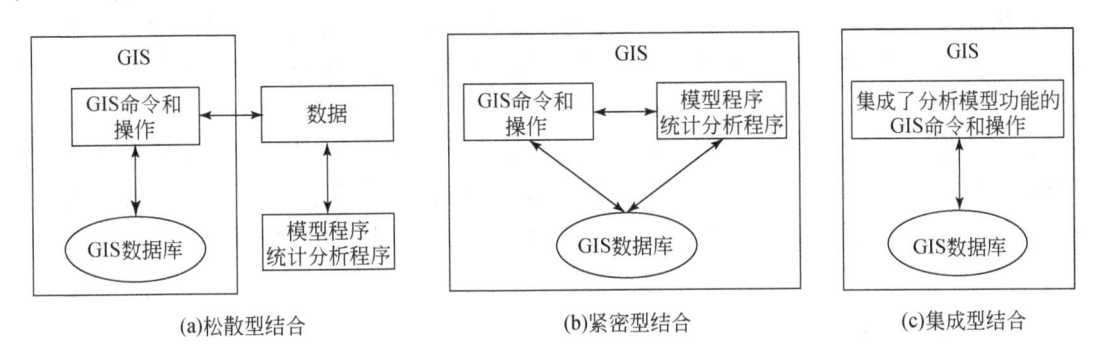

图 9.33 规划支持系统与 GIS 结合的方式

松散型结合是 GIS 软件与规划模型之间只进行数据交换。从 GIS 数据库中提取数据，输入到一个外部程序中进行处理，将运算的结果再传输回 GIS，由 GIS 进行显示、制图或进一步处理。松散型结合是当前许多规划支持系统采用的模式，系统主体功能编写由专用软件实现，部分功能借助通用 GIS 实现。

紧密型结合方式是指规划支持系统自身是在 GIS 软件环境运行的，使用的规划分析模型等也均是用编程语言在 GIS 环境下编写、运行。在紧密型结合方式下，能直接在 GIS 环境中进行分析和运算。紧密型结合方式一般以通用 GIS 软件为平台，进行二次开发实现。

集成型结合方式就是在 GIS 软件中嵌入了各种规划分析模型，用户可以不用编程，直接以命令方式调用这些规划分析模型，用于预测、分析等。

在 9.3.3 节介绍的若干典型的规划支持系统采用了不同方式与 GIS 结合。例如，SLEUTH 采用编写专用模块，部分功能使用 ArcGIS，通过松散型结合方式实现。本节中规划支持系统应用案例也是使用了松散型结合方式。CUF、What-if？系统是以通用 GIS 软件为平台进行二次开发实现的。在当前的通用 GIS 软件 ArcGIS 中已经集成了区位-配置模型、空间相互作用模型等典型规划模型，用户不用自己编写程序，就可以直接调用该模型进行公共设施布局等分析决策，其实也能视为是一种类似整体集成的规划支持系统的趋势。由于常用模型不可能全部集成到 GIS 软件中，整体集成的规划支持系统较为少见。

9.4 移动定位大数据与城乡规划

9.4.1 大数据与移动定位大数据的概念

1. 大数据

大数据（big data）是伴随着信息与通讯技术（ICT）发展而产生的，是指在短时间内无法用常规软件工具进行管理和处理的数据集。从严格意义上来说，传统数据与大数据还没有非常清晰的区分界限。一般认为，大数据应具有"大"而"高频"产生两个显著特点，往往是从个体行为直接记录得到的。第一个特点是"大"，也就是超过了一般办公软件管理、处理的上限。例如，办公软件 Excel 电子表格中一张表的行数上限是 1048576 行，如果一个数据集的记录数超过一张 Excel 表的存储能力，这个数量上就接近了大数据"大"的特征。第二个特征是"高频"产生。随着信息技术、通信技术发展，相应数据产生、更新频率大大提高。例如，某一个网站的访问记录量一日内可能达到几十万条，而且每日几十万的访问记录数还按此频率不断产生、更新，这是传统数据所不能达到的。以人口普查数据为例，如果将我国人口普查的原始数据汇集成一个数据集，那将是一个超过 13 亿条记录的超大数据集，但是一般仍不将其列入大数据之列。这是因为全国人口普查的数据是 10 年一次进行采集、更新，不符合大数据"高频"产生的特点。

2. 移动定位大数据

移动定位大数据（mobile positioning big data）是大数据中的一种类型，是带有地理位置信息标签的大数据。地理信息标签包括地理坐标或地址等位置信息。

移动定位大数据种类包括了来自移动互联网访问记录的 LBS 数据，带 GPS 的出租车、公交车、卡车等产生的浮动车数据，移动通信网络中产生的手机信令数据等种类。用于地铁、公交车的智能公交卡如果能记录用户刷卡时的站点位置，也能视作移动定位大数据。就数据内容而言，移动定位大数据一般包含个体的空间位置、对应的时间戳。移动定位大数据能使我们看到城市中的人、物等个体的时空活动，从而为城市规划提供一种新的数据基础。

9.4.2 移动定位大数据应用于城乡规划的理论基础

1. 移动定位大数据与城市功能的联系

移动定位大数据是一种大规模记录个体时空轨迹的数据集。从时空轨迹角度出发，各种移动定位大数据基本类似，但是每个个体每日产生的时空轨迹点数量则有所差异。例如，移动互联网 LBS 数据是用户在使用移动互联网服务、发出定位请求时记录下来的位置信息。不同 APP 的使用频率不同，对应定位的时空轨迹点数量也不同。地铁刷卡数据是由智能公交卡用户每一次地铁出行产生进站刷卡、出站刷卡 2 个轨迹点，一日往返通勤会产生 4 个轨迹点记录。不同来源的移动定位大数据分别能反映不同类型的人流、物流等移动的时空特征。

从城市居民个体行为的移动定位大数据形成的时空轨迹中，可以按照行为一般时空规律识别出个体行为的特征点，包括"居住、工作、游憩"等特征行为位置。这是城市规划中应用移动定位大数据的基础数据处理方法。例如，匿名用户一个月内有 60% 的日期在夜间同一位置留下了轨迹点，这个位置很有可能是这位用户当月的居住地；同样匿名用户一个月内有60%的工作日在日间同一位置留下了轨迹点，这个位置很有可能是这位用户当月的工作地。类似的规则也能测算用户在休息日常去的游憩地。

城市具有四大功能：居住、工作、游憩、交通。对个体用户来讲，移动定位大数据能识别出来个人行为的"居住、工作、游憩"特征位置点，将上述三个特征位置点串联在一起就是该用户当日的交通出行轨迹。当数据集的样本量占了城市居民的相当大的比例后，众多用户的"居住、工作、游憩"特征位置点总体上就是城市的"居住、工作、游憩"功能空间分布特征。

在传统数据中，人口普查数据能很好地描述城市居住功能的空间分布，经济普查数据能很好地反映城市工作功能的空间分布，然而人口普查、经济普查数据是静态统计数据，无法测算城市"居住-工作"之间的联系。使用移动定位大数据测算出了城市中"居住、工作、游憩"功能位置，也就能建立"居住-工作""居住-游憩"城市功能之间的联系。

2. 移动定位大数据与城市之间的人流联系

移动定位大数据也能用于区域城市群和城镇体系范畴的分析研究。传统数据难以反映城市之间的联系。移动定位大数据能测算城市之间的人流联系，测算出人流联系的流量、流向。从移动定位大数据形成的时空轨迹中识别出居民的"常住地"城镇、跨城镇出行"目的地"城镇。在个体层面，这是居民跨城镇出行的行为时空位置；在总体层面，这是城镇之间人员流动联系，且这种联系具备特定的流量与流向特征。

表示城市之间联系的数据（流向、流量）一直是区域研究所迫切需要的。传统数据难以解决"城市之间联系"的流向、流量。移动定位大数据提供了可靠的人流联系数据。这种由移动定位大数据测算出的城市之间的人流联系，相当于全模式的客运交通联系。

9.4.3 移动定位大数据在城乡规划中的应用方向

移动定位大数据能够解决传统数据不能支持的功能联系测度，可以在城市规划中应用于区域城镇等级结构、区域城镇空间结构、重大服务设施发展水平、城市功能结构与职住空间关系、公共活动中心的多中心体系分析等多个规划领域。相比于传统分析物质形态的土地使用现状、静态的人口普查数据等，移动定位大数据通过对人的活动、物的流动分析，能够有效解决传统方法所不能解决的问题。

1. 城镇体系规划

传统城镇体系的空间结构、等级结构分析很难考虑各城市之间的相互作用，城市的中心性是衡量城镇等级高低的重要指标，因此测算城市之间的联系度成为分析中心性的重要手段，在城镇体系规划中经常使用航空、铁路、公路客运班次来代表城市之间联系度，但该方法无法体现城市之间的实际人流联系。移动定位大数据通过记录用户在城镇之间的出行轨迹识别出用户常住地、跨城镇出行目的地，建立跨城镇出行轨迹，从而汇总跨城镇的人流联系来反映城镇之间的联系，可作为传统城镇体系规划实施分析的重要补充。

1) 城镇体系等级结构分析

传统城镇等级体系结构分析一般采用"位序-规模"法，该方法认为规模分布与等级结构基本一致，因此也被称为规模等级结构。利用移动定位大数据建立人流跨乡镇的起止点

（OD）流动轨迹并进行汇总和统计分析，通过联系流量、流向两个维度来判断区域内城镇的中心性，其中联系流量维度采用网络吸引量法，即汇总以该城市为目的地的人流联系总量来确定区域城镇的中心性（图9.34）；联系流向维度采用优势流法，即以该城市为目的地汇总其他城市流入的优势流数量来确定区域城镇的中心性（图9.35）。相比于传统"位序-规模"法，吸引量法、优势流法结合分析有助于识别城市人口规模不大，但在区域城市间人流联系中心性较强的城镇，从而更合理地分析总体规划城镇体系等级结构的实施效果。

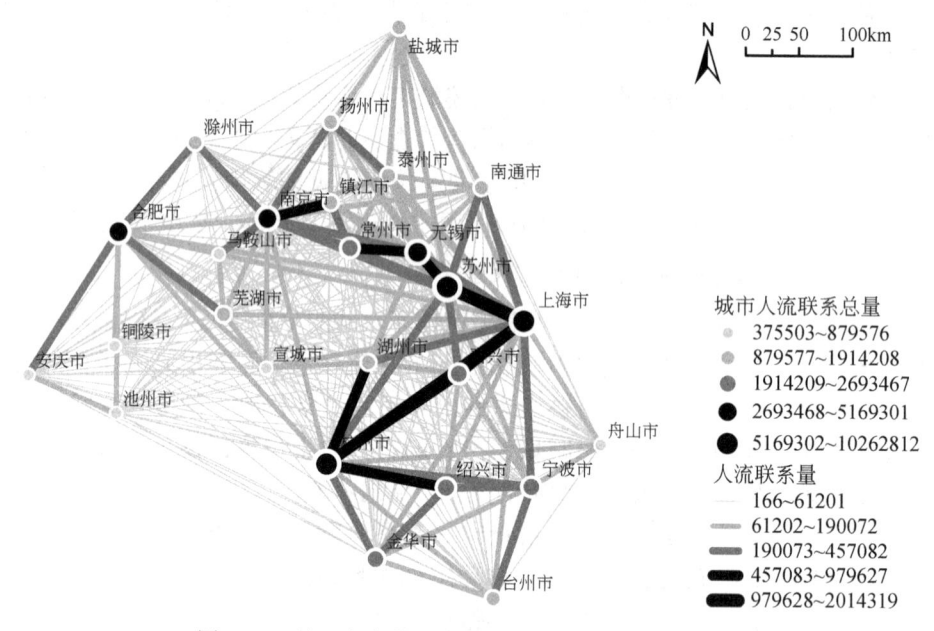

图9.34 基于人流联系总量的城镇体系等级结构分析

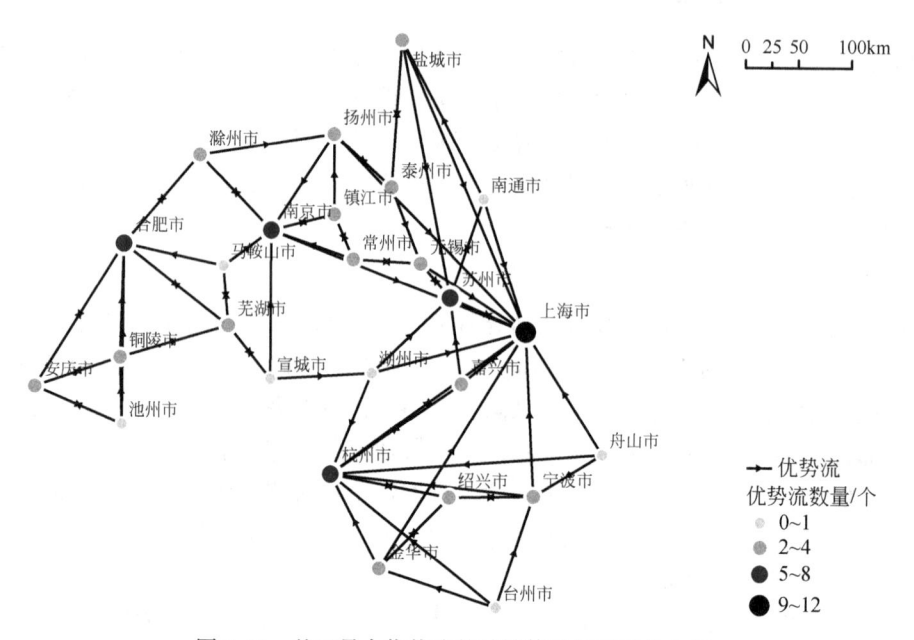

图9.35 基于最大优势流的城镇体系等级结构分析

2) 城镇空间结构分析

利用移动定位大数据的跨城镇出行表示城镇之间的人流数据，还可以界定中心城市发展腹地、都市圈空间范围，从而分析区域城镇空间结构实施成效。其中，中心城市发展腹地依据其他城市与各中心城市联系强度数据进行比较，确定该中心城市的腹地，测算出各中心城市的腹地及影响范围，可以用于分析其辐射带动范围及城镇群发育情况。

都市圈往往以通勤作为重要的评判标准，是以通勤能力为基础划定的空间单元。使用移动定位大数据测算的都市圈以通勤联系为核心，实际是根据通勤率来测算与核心城市通勤联系紧密的范围（图9.36）。

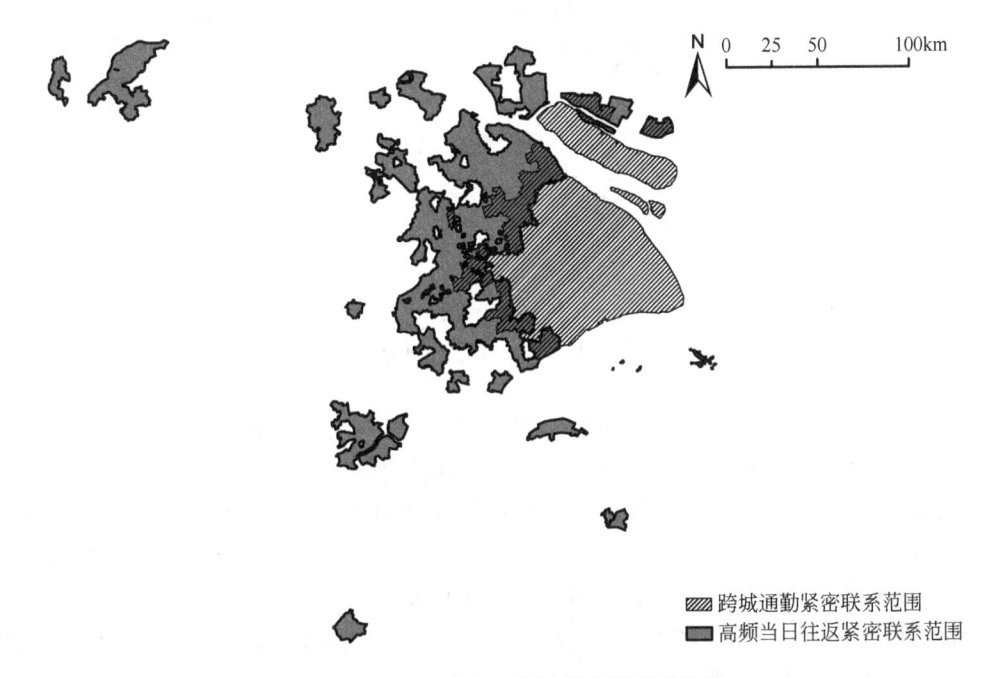

图9.36 基于跨城通勤的都市圈范围分析

2. 中心城区空间结构

传统统计数据源难以同时获取居民就业地、居住地，以获得居民的"居住–就业联系"。虽然可以通过抽样调查分析整个城市的职住关系和通勤特征，但是系统性通勤调查的成本非常高，很难常态化展开。移动定位大数据识别的通勤联系、"居住–就业联系"数据，为从城市居民的就业、居住空间关系的角度定量分析城市空间结构提供了数据基础。使用移动定位大数据，通过居住者就业密度、就业者居住密度、各个片区之间通勤联系等分析城市空间结构实现度，填补了传统上使用土地使用现状数据无法判断片区、组团之间功能联系的空白。

1) 空间结构和布局

居民的职住空间关系是城市空间结构的重要组成部分。使用移动定位大数据识别出用户就业地、居住地，筛选同时识别出工作地、居住地的用户，可以得到中心城区各个片区居住者的就业地分布、就业者的居住地分布，用以判断各个片区之间的通勤联系紧密程度（图9.37）。

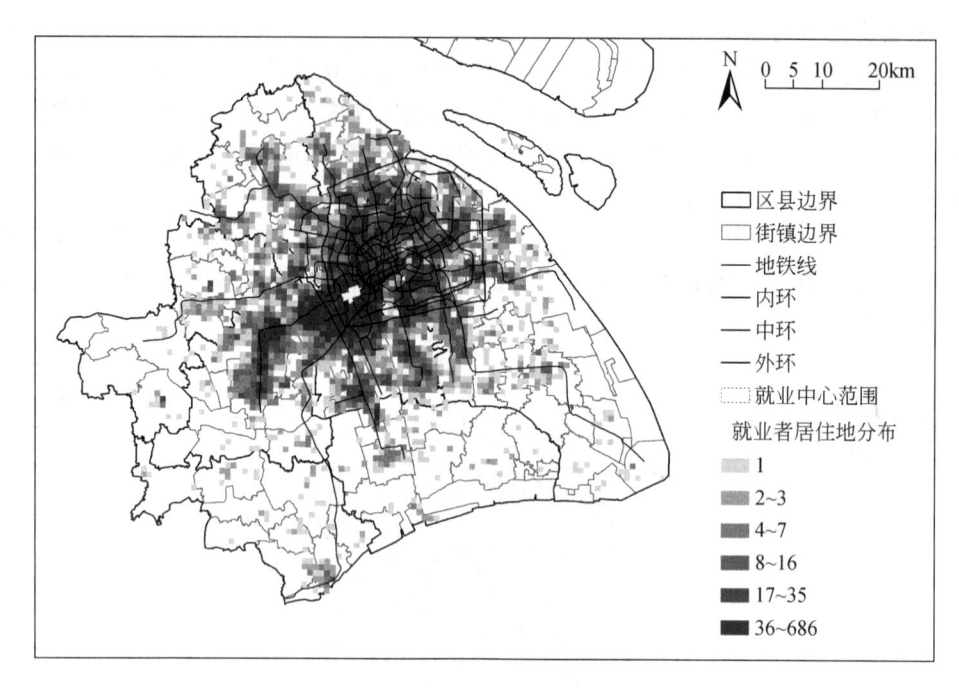

图 9.37　某片区就业者居住地分布

此外，以总体规划划定的各城市片区、城市组团为空间单元计算职住联系总量、总量职住比（就业岗位数/就业居民数）、独立指数（区域内居住并工作的人数/到区域外工作的人数）、外出通勤率［（居住样本-居住且在本区域的就业样本）/居住样本］、外来通勤率［（就业样本-居住且在本区域的就业样本）/就业样本］、就业密度、居住密度等指标来判断各片区、组团间的职住特征，从而判断城市空间结构发育完善程度。

职住联系总量较强，就业密度、居住密度较高，独立指数较高，外来外出通勤率适中，说明片区、组团已经发展成熟；职住联系总量较弱，就业密度、居住密度较高，独立指数较高，外来外出通勤率适中，说明片区、组团发展初具规模，设施较完善，具有较强发展潜力；职住联系总量较强，就业密度、居住密度较高，独立指数较低，外来外出通勤率较高，说明片区、组团产业门类单一，设施不完善，仍需大力扶持；职住联系总量较弱，就业密度、居住密度较低，独立指数较高，外来外出通勤率适中，说明片区、组团仍处于发展初期。

2）居住就业空间关系与职住空间关系

居民的居住就业空间关系能通过职住比、通勤半径这两个简单的指标直接体现出来，通过两个指标的简单组合就能定量分析城市内部各个片区、单元居住、就业空间居住人数、就业岗位及其分离程度，从而分析城市职住平衡和职住空间关系状况。

职住比是某个空间单元内（如街道行政边界、控制性详细规划单元等）识别的就业岗位数量与居住人口的比值（图9.38）。使用移动定位大数据识别用户就业地、居住地，也能计算得到每一个通勤者的居住地、就业地之间直线距离，称为通勤半径（图9.39）。

例如，可以以街道为空间单元计算职住比、通勤距离，通过职住比、通勤距离的不同组合，识别出居住就业空间关系特征。职住比平衡且通勤半径较小，是居住就业空间关系较好

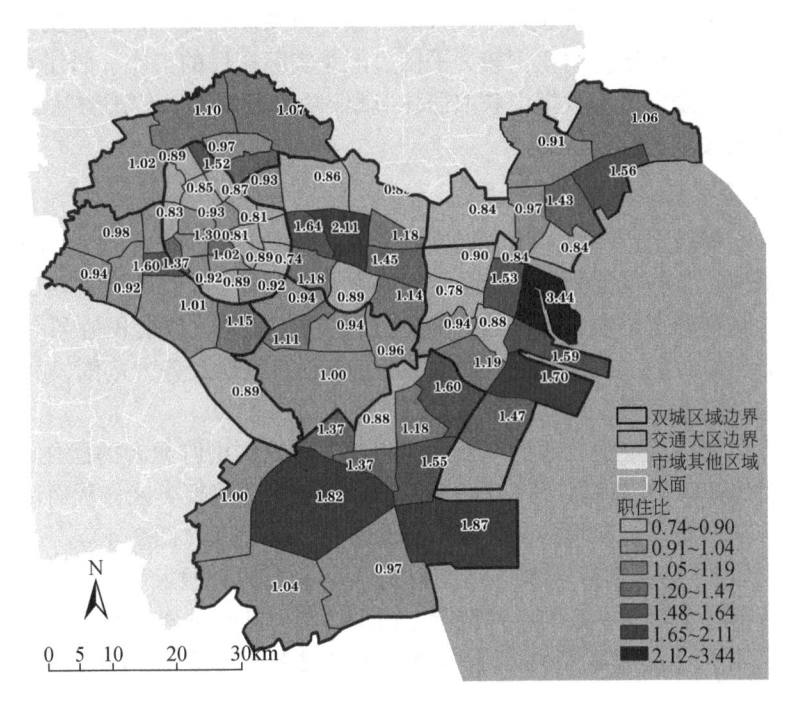

图 9.38　某城市各空间单元职住比

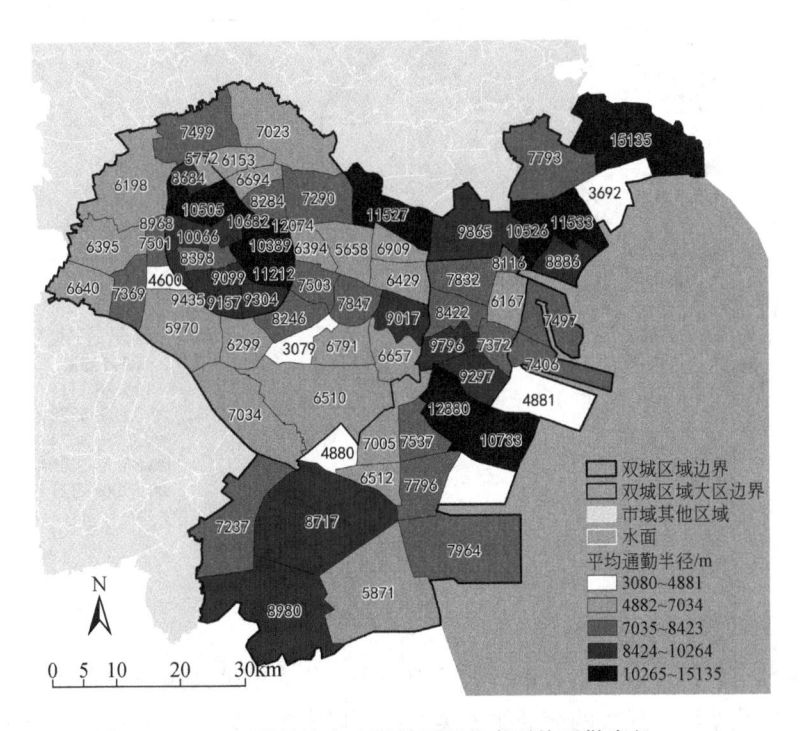

图 9.39　某城市各空间单元居住者平均通勤半径

的区域。职住比小且居住者通勤半径较大，往往是大型居住区集中，但缺乏就业岗位安排的区域。职住比大且就业者通勤半径较大，往往是就业岗位集中，缺乏居住配套的区域。很多城市也存在职住比平衡但就业者通勤半径大的区域，以及职住比平衡且居住者通勤半径大的区域。这些往往是各类土地使用比例较为平衡，但是实际居民的工作、居住并不就近平衡的区域。如果没有从移动定位大数据中获取居住-就业功能的联系，传统方法是无法对上述区域的居住就业空间关系进行分析的。

3. 城市公共活动中心体系

传统公共中心等级结构一般采用土地使用性质、建筑面积规模、业态等静态数据分析，对于消费者来源地、服务范围分析一般采用问卷方式，但样本有限且受主观因素影响，很难把握整体状况。从移动定位大数据识别出游憩-居住功能联系，以居民游憩活动强度识别出城市级商业中心，以游憩-居住功能联系识别城市中心的腹地及势力范围，从而判断城市中心消费者来源地及服务范围，以此分析其发展水平及服务能级。

采用多个休息日移动定位大数据识别出游憩者，再识别出游憩者的居住地得到游憩-居住功能联系。对游憩活动强度做局部空间自相关分析选出高值聚类区，从而识别出居民游憩活动密集区域，从中能确定现状各个公共中心的游憩活动强度（图9.40）。进一步依据移动定位大数据识别居住-游憩功能联系，还能得到各个中心的游憩者居住地来源的空间分布。由此能进一步获得各个活动中心的腹地范围，（图9.41）进而对公共活动中心体系的服务绩效进行评价。利用居住游憩联系划定服务范围的方法比传统的服务半径的分析方法更加有效。

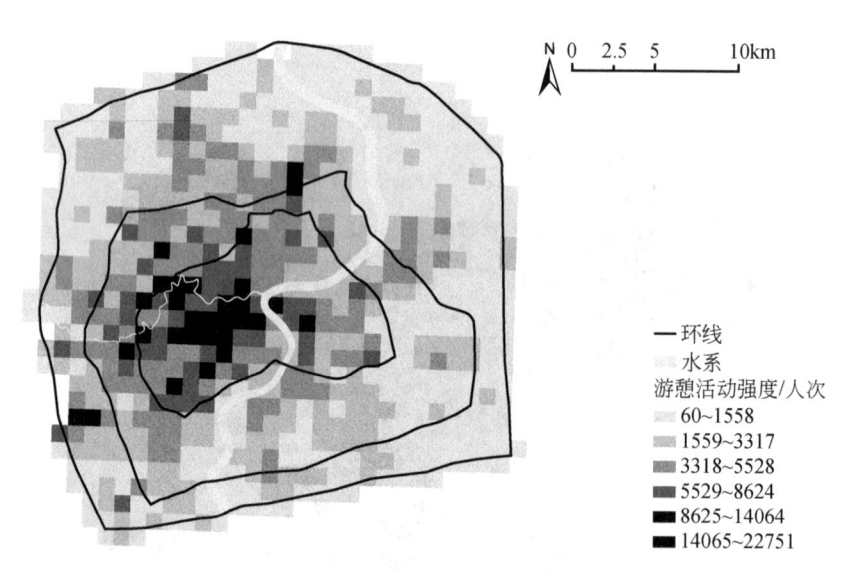

图9.40　中心城区内的居民游憩活动强度

4. 重要设施的规划实施分析

城市重要设施包括以大型体育馆、展览中心等为代表的公共服务类设施，以机场、火车站、枢纽站、地铁站等为代表的交通服务类设施，以大型公园、大型景区等为代表的生态旅游服务设施，这些城市重要设施的运行状况代表了城市重要功能的实现水平，传统分析方法一般采用土地使用、统计等数据分析设施的建设运行状况，很难把握设施使用者的来源地、服务范围。从移动定位大数据中获取设施使用者的时空轨迹，能对设施实际服务范围进行

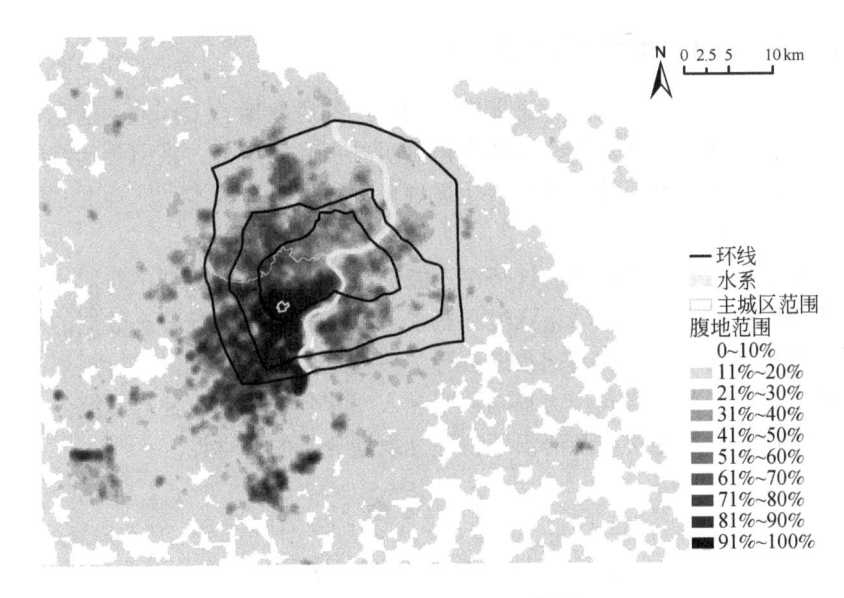

第 9 章 地理信息系统、规划支持系统与大数据 419

图 9.41 某中心的腹地范围

分析。

以城市中景区绿地为例,采用移动定位大数据识别出游憩-居住地功能联系,按游憩人次汇总在景区有过游憩活动记录的用户的居住地,可以得到景区实际游客的居住地来源分布,得出了景区的实际服务范围。可以进一步计算覆盖面积和人口,将面积及服务人口数据与景区到访人次进行对比,从而判断景区的实际使用水平(图 9.42)。

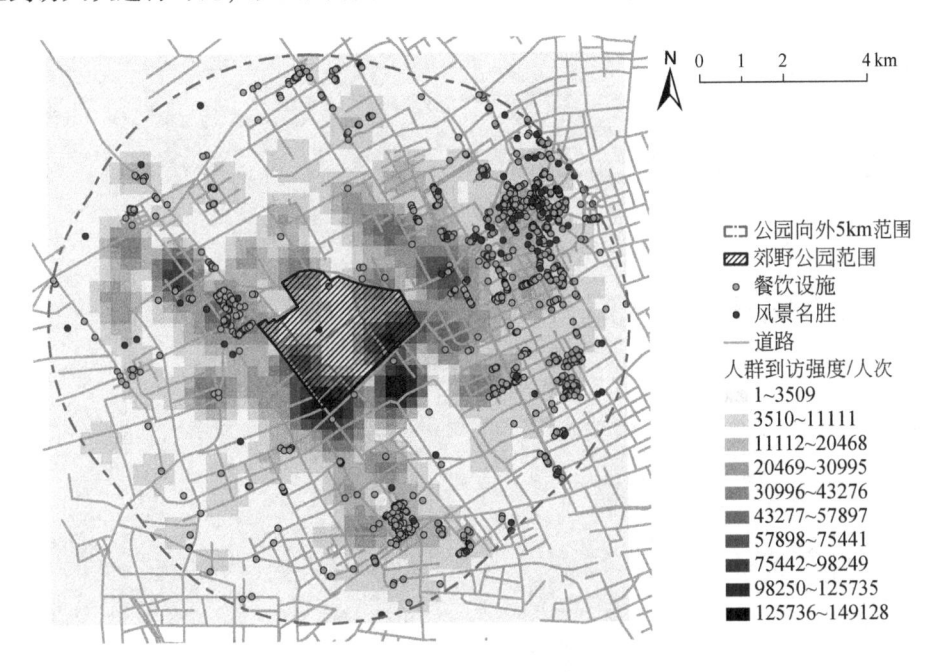

图 9.42 大型景区服务范围分析

9.4.4 移动定位大数据在城乡规划中的优势

与传统数据相比，移动定位大数据能够识别用户的居住地、工作地、游憩地，建立三者之间的空间联系，从而能够从功能联系的视角分析城市和城市群，将引导传统的规划分析由静态数据分析向流动空间联系分析转变，在规划日益强调以人为本、人地关系协调的当今具有重要意义。

移动定位大数据用于城乡规划的优势在于能够从移动定位大数据中获取居民活动时空轨迹，从而能从功能联系出发测算联系强度和联系范围，弥补了传统静态数据的不足。移动定位大数据可以作为规划中的一种基础数据看待。移动定位大数据可以支持规划中多个方向的分析。在规划实践中，可以将其作为基础数据融入现有分析体系，并与传统分析方法相互配合、验证，关注传统数据无法涉及的议题，提升规划分析的科学性。

参 考 文 献

宋小冬，叶嘉安，钮心毅. 2010. 地理信息系统及其在城市规划与管理中的应用. 2版. 北京：科学出版社.
钮心毅，宋小冬. 2017. 城市总体规划中的土地使用规划支持系统研究. 上海：同济大学出版社.